ENCYCLOPÉDIE INDUSTRIELLE

Fondée par M.-C. LECHALAS, Inspecteur général des Ponts et Chaussées en retraite

Conserver la couverture

LE BOIS

2941

PAR

J. BEAUVERIE

DOCTEUR ÈS SCIENCES,
CHARGÉ D'UN COURS ET DES TRAVAUX PRATIQUES DE BOTANIQUE APPLIQUÉE
A L'UNIVERSITÉ DE LYON,
PRÉPARATEUR DE BOTANIQUE GÉNÉRALE

AVEC UNE PRÉFACE

DE

M. DAUBRÉE

CONSEILLER D'ÉTAT,
DIRECTEUR GÉNÉRAL DES EAUX ET FORÊTS AU MINISTÈRE DE L'AGRICULTURE.

Ouvrage orné de 485 figures dont 16 planches hors texte.

FASCICULE I

LE BOIS. STRUCTURE.
RAPPORTS ENTRE LA STRUCTURE ET LES QUALITÉS DU BOIS D'ŒUVRE.
COMPOSITION ET PROPRIÉTÉS CHIMIQUES.
CARACTÈRES ET PROPRIÉTÉS PHYSIQUES. — PRODUCTION DES BOIS. LA FORÊT.
ABATAGE DES BOIS. FAÇONNAGE DES PRODUITS.
TRANSPORT ET DÉBIT DES BOIS. — COMMERCE DES BOIS.
ALTÉRATIONS ET DÉFAUTS DES BOIS D'ŒUVRE. — CONSERVATION DES BOIS.

PARIS

GAUTHIER-VILLARS, IMPRIMEUR-LIBRAIRE

DU BUREAU DES LONGITUDES, DE L'ÉCOLE POLYTECHNIQUE, ETC.
55, quai des Grands-Augustins

ENCYCLOPÉDIE DES TRAVAUX PUBLICS

Directeur : G. LECHALAS, Ingénieur en chef des Ponts et Chaussées, quai de la Bourse 13, Rouen.

Volumes grand in-8°, avec de nombreuses figures.
Médaille d'or à l'Exposition universelle de 1889
Exposition de 1900 (Voir pages 3 et 4 de la couverture)

OUVRAGES DE PROFESSEURS A L'ÉCOLE DES PONTS ET CHAUSSÉES

M. BECHMANN. *Distributions d'eau et Assainissement.* 2ᵉ édit., 2 vol. à 20 fr. ...... 40 fr.
M. BRICKA. *Cours de chemins de fer de l'Ecole des ponts et chaussées.* 2 vol., 1343 pages
  et 464 figures. .... 40 fr.
M. COLSON. *Cours d'économie politique :* Tome I, 10 fr. — Tome II. .... 10 fr.
M. L. DURAND-CLAYE. *Chimie appliquée à l'art de l'ingénieur*, en collaboration avec MM. De-
  rôme et *Féret*, 2ᵉ édit. considérablement augmentée, 15 fr. — *Cours de routes de l'Ecole
  des ponts et chaussées*, 606 pages et 234 figures, 2ᵉ édit., 20 fr. — *Lever des plans et nivelle-
  ment*, en collaboration avec MM. *Pelletan* et *Lallemand*. 1 vol., 703 pages et 280 figures
  (cours des Ecoles des ponts et chaussées et des mines, etc.). .... 25 fr.
M. FLAMANT. *Mécanique générale (Cours de l'Ecole centrale),* 1 vol. de 544 pages, avec 203
  figures, 20 fr. — *Stabilité des constructions et résistance des matériaux.* 2ᵉ édit., 670 pages,
  avec 270 figures, 25 fr. — *Hydraulique (Cours de l'Ecole des ponts et chaussées),* 1 vol., 2ᵉ éd.
  considérablement augmentée (Prix Montyon de mécanique) ; XXX, 685 pages avec
  130 figures. .... 25 fr.
M. GARIEL. *Traité de physique.* 2 vol., 448 figures. .... 20 fr.
M. HIRSCH. *Cours de machines à vapeur et locomotives.* 1 vol. 510 pages, 314 fig. ... 18 fr.
M. F. LAROCHE. *Travaux maritimes.* 1 vol. de 490 pages, avec 116 figures et un atlas de 46
  grandes planches, 40 fr. — *Ports maritimes.* 2 vol. de 1006 pages, avec 524 figures et 2
  atlas de 37 planches, double in-4° (*Cours de l'Ecole des ponts et chaussées*) ..... 50 fr.
M. F. B. DE MAS, Inspecteur général des ponts et chaussées. *Rivières à courant libre,* 1 vol.
  avec 97 figures ou planches, 17 fr. 50. — *Rivières canalisées.* 1 vol. avec 176 figures ou
  planches, 17 fr. 50. — *Canaux,* 1 vol. avec 190 figures ou planches. .... 17 fr. 50
M. NIVOIT, Inspecteur général des mines : *Cours de géologie,* 2ᵉ édition, 1 vol. avec carte
  géologique de la France ; 615 pages, 429 fig. et un tableau des formations géologiques
  de 7 pages. .... 20 fr.
M. M. D'OCAGNE. *Géométrie descriptive et Géométrie infinitésimale* (cours de l'Ecole des
  ponts et chaussées), 1 vol., 340 fig. .... 12 fr.
M. DE PRÉAUDEAU, Inspect. général des P.-et-Ch., prof. à l'Ecole nat. *Procédés généraux
  de construction. Travaux d'art.* Tome I, avec 508 fig. 20 fr. Tome II, avec 389 fig. 20 fr.
M. J. RÉSAL. *Traité des Ponts en maçonnerie*, en collaboration avec *M. Degrand.* 2 vol., avec
  600 figures, 40 fr. — *Traité des Ponts métalliques* 2 vol., avec 500 figures, 40 fr. —
  Constructions métalliques, élasticité et résistance des matériaux : fonte, fer et acier. 1 vol.
  de 652 pages, avec 203 figures, 20 fr. — Le 1ᵉʳ volume des *Ponts métalliques* est à sa seconde édition (revue, corrigée et très augmentée) — *Cours de ponts,* professé à l'Ecole
  des ponts et chaussées, 1 vol. de 410 pages, avec 284 figures (*Etudes générales et ponts en
  maçonnerie*), 14 fr. — *Cours de Résistance des matériaux* (Ecole des ponts et chaussées),
  120 figures, 16 fr. — *Cours de stabilité des constructions,* 240 figures, 20 fr. — *Poussée
  des terres et stabilité des murs de soutènement.* .... 10 fr.

OUVRAGES DE PROFESSEURS A L'ÉCOLE CENTRALE DES ARTS ET MANUFACTURES

M. DEHARME. *Chemins de fer. Superstructure* ; première partie du cours de chemins de
  fer de l'Ecole centrale. 1 vol. de 696 pages, avec 310 figures et 1 atlas de 73 grandes
  planches in-4° doubles (voir *Encyclopédie industrielle* pour la suite de ce cours). 50 fr.
  On vend séparément : *Texte,* 15 fr.; *Atlas,* 35 fr.
M. DENFER. *Architecture et constructions civiles.* Cours d'architecture de l'Ecole centrale :
  Maçonnerie. 2 vol., avec 794 figures, 40 fr. — *Charpente en bois et menuiserie.* 1 vol.,
  avec 680 figures, 25 fr. — *Couverture des édifices* 1 vol., avec 423 figures, 20 fr. — *Char-
  penterie métallique, menuiserie en fer et serrurerie* 2 vol., avec 1.050 figures, 40 fr. —
  Fumisterie (Chauffage et ventilation). 1 vol. de 726 pages, avec 731 figures (numérotées
  de 1 à 375, l'auteur affectant chaque groupe de figures d'un numéro seulement). 25 fr.
  Plomberie : Eau ; Assainissement ; Gaz, 1 vol. de 568 p. avec 391 fig. .... 20 fr.
M. DORION. *Cours d'Exploitation des mines.* 1 vol. de 692 pages, avec 1.100 figures. 25 fr.
M. MONNIER. *Electricité industrielle,* cours professé à l'Ecole centrale, 2ᵉ édition considéra-
  blement augmentée, 1 vol. de 826 pages ; 404 très belles figures de l'auteur.... 25 fr.
M. Mᵉˡ PELLETIER. *Droit industriel,* cours professé à l'Ecole centrale. 1 vol. .... 15 fr.
MM. E. ROUCHÉ et BRISSE, anciens professeurs de géométrie descriptive à l'Ecole centrale.
  Coupe des pierres. 1 vol. et un grand atlas (avec de nombreux exemples)....... 25 fr.

OUVRAGES D'UN PROFESSEUR AU CONSERVATOIRE DES ARTS ET MÉTIERS

M. E. ROUCHÉ, membre de l'Institut. *Eléments de statique graphique.* 1 vol..... 12 fr. 50
MM. ROUCHÉ et Lucien LÉVY. *Calcul infinitésimal,* 2 vol. de 557 et 829 p. (*Enc. indust.*) 15 fr.

(Voir la suite ci-après)

LE BOIS

ENCYCLOPÉDIE INDUSTRIELLE

Fondée par M.-C. LECHALAS, Inspecteur général des Ponts et Chaussées en retraite

LE BOIS

PAR

J. BEAUVERIE

DOCTEUR ÈS SCIENCES,

CHARGÉ D'UN COURS ET DES TRAVAUX PRATIQUES DE BOTANIQUE APPLIQUÉE
A L'UNIVERSITÉ DE LYON,
PRÉPARATEUR DE BOTANIQUE GÉNÉRALE

AVEC UNE PRÉFACE

DE

M. DAUBRÉE

CONSEILLER D'ÉTAT,
DIRECTEUR GÉNÉRAL DES EAUX ET FORÊTS AU MINISTÈRE DE L'AGRICULTURE.

Ouvrage orné de 485 figures dont 16 planches hors texte.

FASCICULE I

LE BOIS. STRUCTURE.
RAPPORTS ENTRE LA STRUCTURE ET LES QUALITÉS DU BOIS D'ŒUVRE.
COMPOSITION ET PROPRIÉTÉS CHIMIQUES.
CARACTÈRES ET PROPRIÉTÉS PHYSIQUES. — PRODUCTION DES BOIS. LA FORÊT.
ABATAGE DES BOIS. FAÇONNAGE DES PRODUITS.
TRANSPORT ET DÉBIT DES BOIS. — COMMERCE DES BOIS.
ALTÉRATIONS ET DÉFAUTS DES BOIS D'ŒUVRE. — CONSERVATION DES BOIS.

PARIS

GAUTHIER-VILLARS, IMPRIMEUR-LIBRAIRE

DU BUREAU DES LONGITUDES, DE L'ÉCOLE POLYTECHNIQUE, ETC.

55, quai des Grands-Augustins

1905

PRÉFACE DE M. DAUBRÉE

En dépit de ce que pensent les esprits superficiels, le bois continue à remplir un rôle de première importance dans la vie de l'humanité.

Sans doute certains de ses emplois sont irrémédiablement abolis. Les arcs en bois d'if qui arrêtèrent la fougue de la chevalerie féodale à Crécy et à Poitiers sont depuis longtemps déposés dans les musées ; les belles escadres de bois qui, pendant plus de deux mille ans, de Salamine à Sébastopol, virent s'accomplir tant d'actes d'héroïsme ne sont plus qu'un souvenir historique ; le fer et l'acier se dressent en charpentes qui se profilent sur le ciel comme de légères dentelles.

Mais la seule fabrication des crosses de fusil des immenses armées modernes absorbe beaucoup plus de bois que n'en exigeait celle des armes d'autrefois. Si nous descendons dans les houillères de l'ancien et du nouveau monde, d'où le travail d'un million de mineurs fait sortir chaque année 800 millions de tonnes de charbon, nous voyons s'allonger, à toutes les profondeurs, d'interminables galeries soutenues par des étais en bois. Songeons que les chemins de fer, actuellement en exploitation sur le globe, ont en service un milliard de traverses dont la durée moyenne ne dépasse pas 10 ou 15 ans. Dans notre fierté de pouvoir transporter au loin notre pensée et notre parole par le télégraphe ou le téléphone, n'oublions pas que les fils sont supportés par des poteaux en bois. Nos grandes villes substituent de plus en plus le pavage en bois au macadam, aux blocs de grès ou à l'asphalte. Enfin, pour nous borner à quelques exemples, le prodigieux développement de la presse à bon marché n'est devenu possible que grâce à la fabrication du papier de bois.

Ce n'est donc pas une étude sans actualité que celle que

M. Beauverie a entreprise sur le bois. Cette étude exigeait, indépendamment du savoir, beaucoup de méthode et de discernement. Le sujet à traiter est tellement vaste, les données à recueillir sont si nombreuses qu'un classement rigoureux était indispensable pour que l'ouvrage constituât un précieux auxiliaire que l'on a sur sa table de travail et que l'on consulte fréquemment sans être, chaque fois, obligé de se livrer à de longues recherches. D'un autre côté, la question du bois touche à beaucoup d'autres qu'il fallait se borner à effleurer discrètement, sans avoir la prétention de les traiter à fond, ce qui aurait conduit à écrire un traité complet d'économie forestière. L'auteur a su éviter cet écueil. Il n'a consacré que quelques pages aux méthodes culturales et aux exploitations forestières. Mais, en revanche, il a donné les plus grands détails sur la constitution anatomique, les propriétés chimiques et physiques des bois, les altérations qu'ils peuvent subir, les défauts qui les affectent, les procédés de conservation. Il n'existe certainement aucun ouvrage de langue française où ces questions si importantes et si complexes soient traitées avec une telle ampleur.

Les bois des colonies françaises font l'objet d'un chapitre très développé. Etant donnée la nature des documents à coordonner — c'est peut-être celui qui a exigé de M. Beauverie la plus grande somme de travail — on y trouve des renseignements intéressants et des plus utiles. Mais l'exploitation, le façonnage et le transport des produits forestiers coloniaux occasionnent bien souvent des frais supérieurs au prix de vente sur les lieux de consommation. Je ne crois donc pas qu'il faille trop compter sur les forêts de nos colonies pour suppléer au déficit de notre production dans la métropole. Tous nos efforts doivent s'appliquer à augmenter et à améliorer cette production.

M. Beauverie, en nous donnant sur le bois des connaissances aussi complètes, nous apporte un précieux concours, et je suis heureux de lui adresser, avec mes félicitations, tous mes remerciements.

L. DAUBRÉE.

INTRODUCTION

Nous étudions dans cet ouvrage le bois considéré surtout avant sa mise en œuvre, et nous nous efforçons de faire connaître cette substance utile le plus complètement possible, afin de permettre de réaliser son emploi dans les meilleures conditions.

A la base de toute étude rationnelle du bois doit se placer l'examen de sa structure anatomique et de sa composition chimique. Cet examen présente non seulement un intérêt théorique scientifique, mais encore un intérêt pratique de premier ordre. En effet, toutes les propriétés des bois sont liées à leur composition et au mode d'agencement des éléments constitutifs ; on peut donc déduire de l'étude de ces facteurs les emplois auxquels seront le mieux adaptés les bois de telles ou telles essences. Nous envisageons ces questions complexes dans les chapitres I et II

L'étude de la constitution et de la composition des bois nous amène tout naturellement à traiter de leurs propriétés physiques et chimiques. Ces propriétés sont, pour ainsi dire, la manifestation expérimentale des faits que pouvait faire prévoir l'examen des caractères de la structure intime de la substance ligneuse. La connaissance de ces propriétés nous renseigne d'une façon immédiate sur l'espèce d'utilité particulière à chaque bois (chap. I, II et III).

Mais de quelle façon s'est élaboré le bois, d'où provient-il ? De la forêt, sorte de vaste usine où les lois naturelles concourent à sa fabrication. Dans l'industrie, les qualités d'un produit dépendent des conditions qui ont présidé à sa fabrication ; il en est de même dans la forêt : les circonstances du milieu peuvent modifier dans une certaine mesure la structure du bois, et nous avons vu que les qualités de cette substance sont liées aux caractères de la structure. Il importe donc de bien connaître quelles sont les meilleures conditions de culture des arbres forestiers, afin de les réaliser dans la mesure du possible et de présider ainsi à l'élaboration de la matière bois dans les conditions les plus favorables. C'est pourquoi nous avons pensé qu'il était de toute utilité de donner, dans ce livre sur le bois quelques notions, fort résumées d'ailleurs, de sylviculture (chap. IV et V). Bien souvent, le marchand de bois est en même temps sylviculteur, fabriquant, pourrions-nous dire, lui-même son bois ; tous ceux qui ont à mettre en œuvre cette substance ont intérêt à savoir quelles sont les circonstances de sa production, pour être mieux à même d'en supputer la valeur d'après le lieu d'origine. Quant au forestier de profession, il ne saurait non plus disjoindre les études de la sylviculture et du bois considéré en lui-même, car, pour bien fabriquer un produit, il importe, avant tout, de le connaître parfaitement. La connaissance approfondie des propriétés des bois lui permettra, en outre, d'orienter son exploitation dans le sens qu'il lui plaira, c'est-à-dire dans le sens de la plus grande demande.

Le bois étant constitué, il passe des mains du producteur dans celles du consommateur, non sans avoir été intercepté par des intermédiaires plus ou moins nombreux. Ce trafic s'exécute suivant des conventions qu'il importe de connaître : nous les signalons en traitant du commerce des bois (chap. VI). Il se produit de grands courants qui entraînent cette substance des centres de production vers les centres de consommation ; ils se manifestent non seulement dans le sein d'un Etat mais encore d'Etat à Etat ; nous abordons l'étude de cette circulation du bois dans le même chapitre.

Jusqu'à présent, nous n'avons envisagé que le bois sain et normal, mais, malheureusement, le bois, soit qu'il fasse encore partie de l'être vivant, soit surtout qu'il ait été soustrait à l'influence de la vie, est en butte à de multiples ennemis qui peuvent promptement devenir les agents de son altération. Il faut les connaître pour mieux les éviter, pour prévenir leurs dégâts ou les enrayer lorsque cela est possible. Ces ennemis sont généralement des insectes ou des champignons ; les plus petits de ces derniers constituent, avec quelques bactéries, les microbes qui, si souvent, désorganisent le bois en provoquant sa pourriture. Nous avons traité ce chapitre des altérations et défauts des bois d'œuvre (chap. VII) avec une attention spéciale, convaincu que nous sommes, d'après les constatations que nous avons pu faire parmi les personnes qui devraient être le mieux au courant de la question, que ce sujet des altérations des bois n'est pas connu des intéressés, ou du moins qu'il n'est entendu que d'une façon tout-à-fait empirique, ce qui entraîne à confondre sous un même nom, et par suite à attribuer à une même cause, des faits d'origines très diverses. Il y aurait grand avantage pour les praticiens à acquérir quelques notions précises en ce qui concerne les altérations des bois : ce n'est qu'en connaissant bien les causes que l'on peut espérer les prévenir. Comment s'y prendre pour prévenir les altérations des bois ou les entraver ? Nous traitons de cette question, dont l'intérêt pratique n'a pas besoin d'être démontré, dans le chapitre ayant trait à la conservation des bois (chap. VIII). Nous lui avons donné le large développement qu'il comporte.

Dans le chapitre suivant (chap. IX), nous faisons l'étude spéciale de chaque bois utile, étude que nous n'avons pas cru devoir séparer de celle de l'essence productrice, pour les raisons que nous donnions plus haut. Cette étude détaillée réunit tout ce qu'il est important de connaître, au point de vue pratique et au point de vue scientifique, sur chaque bois présentant quelque utilité, qu'il s'agisse des bois indigènes ou des bois exotiques d'importation.

Les méthodes qui permettent d'augmenter la durée du bois, prennent chaque jour un intérêt plus considérable, car, comme l'a si lumineusement démontré M. Mélard, la production du bois dans le monde tend à devenir insuffisante. C'est une erreur trop accréditée que de croire que l'usage plus répandu du fer et de la houille a restreint la consommation du bois. Bien au contraire, si certains débouchés se sont fermés, et cela dans quelques centres seulement, car l'emploi du bois ne s'est guère restreint parmi la population rurale, d'autres se sont récemment ouverts, comme par exemple, l'industrie de la pâte de bois pour la fabrication du papier et vingt autres objets ; de plus, la population s'est multipliée, l'industrie en général s'est développée, et avec tous ces facteurs s'est accrue la consommation du bois, alors que

parallèlement le déboisement, non compensé par des plantations suffisantes, tendait à tarir les sources productrices de
la précieuse substance.

L'étude de cette grave question de l'insuffisance de la production du bois dans le monde nous entraîne à étudier la
production de la matière ligneuse dans les divers pays du
globe (chap. X). Cette étude nous permet de nous rendre
compte des ressources de chacun d'eux et de quels côtés on
peut conserver l'espoir de trouver des provisions pour l'avenir
et des richesses nouvelles.

S'il est intéressant de nous rendre compte, par un rapide
regard circulaire, de la richesse en bois de notre terre, il
l'est tout spécialement pour nous de fixer notre attention
sur les ressources dont disposent à ce point de vue nos
diverses colonies. Plusieurs sont fort riches en bois d'ébénisterie notamment, et cependant le commerce que nous
entretenons avec elles est encore fort restreint; il importe
de signaler leurs ressources ; nous nous y sommes efforcé en
rédigeant le chapitre XII. Les nations de la vieille Europe
se sentent chaque jour plus à l'étroit sur le sol des ancêtres,
et elles regardent maintenant autour d'elles, avec une attention anxieuse, quelles sont les richesses encore inexploitées
qu'elles pourraient utiliser pour subvenir à leurs ressources
devenues insuffisantes. L'expansion coloniale est actuellement
une nécessité, elle constitue un mouvement qui nous entraîne
bon gré mal gré, et avec lequel il faut compter; aussi chacun
a-t-il le devoir d'éclairer la question dans la mesure de ses
moyens et dans le rayon de sa sphère d'action, chaque fois
que l'occasion s'en présente. C'est pourquoi nous avons
pensé qu'il était utile d'entrer dans quelque détail au sujet
de la répartition de la matière ligneuse dans le monde et
particulièrement dans nos colonies.

Enfin, dans un dernier chapitre, nous passons en revue les
différents usages du bois, en spécifiant pour chacun d'eux
quelles sont les essences les mieux appropriées. L'emploi des
différents bois est une connaissance de première importance,
non seulement pour les personnes qui ont à mettre cette
substance en œuvre, mais encore pour le propriétaire forestier; c'est grâce à elle qu'il pourra se rendre un compte
exact des ressources de sa forêt, du meilleur parti à en tirer
et des moyens à employer pour y parvenir.

Nous consacrons un chapitre spécial au liège dont il est d'usage de ne pas séparer l'étude de celle du bois.

Nous avons dû, pour la préparation et la réalisation d'un ouvrage de cette nature, recourir à de nombreux documents et leur faire de fréquents emprunts. Bien souvent, notre rôle s'est borné à colliger dans les travaux de nos devanciers ce qui pouvait être utile à notre objet. C'est pour nous un devoir de leur rendre hommage et de les citer en tête de ce travail.

En ce qui concerne la structure du bois, nous avons eu recours, sans parler des mémoires originaux, à divers ouvrages généraux, parmi lesquels nous citerons : le *Traité de botanique*, si merveilleusement clair, de MM. Bonnier et Leclerc du Sablon (1), dont l'éminent professeur à la Sorbonne a bien voulu nous autoriser à reproduire quelques figures ; au grand *Traité de micrographie*, de M. le professeur R. Gérard, de Lyon, etc. (2). Nous devons faire une mention toute spéciale pour les travaux de M. Thil (3), et ce qu'il y a de meilleur dans notre chapitre concernant l'application de la connaissance de la structure intime des bois à l'étude de leurs propriétés et de leurs usages, doit lui être attribué.

Les microphotographies de coupes de bois, que nous donnons dans le cours de l'ouvrage, sont la reproduction d'épreuves dues à la collaboration de MM. Thil et Thouroude.

Nous avons trouvé d'utiles documents en ce qui concerne les propriétés chimiques des bois dans l'ouvrage de M. O. Petit (4), et notre étude de la résistance des bois est rédigée

---

(1) Bonnier et Leclerc du Sablon, *Cours de botanique*. Paul Dupont, éditeur, Paris, 1901.

(2) R. Gérard, *Traité pratique de micrographie*. O. Doin, éditeur, Paris.

(3) *Constitution anatomique du bois*, par A. Thil. Inspecteur des eaux et forêts (Étude présentée à la Commission des méthodes d'essai des matériaux de construction, Exposition universelle de 1900). Imprimerie Nationale, Paris, 1900.

Étude sur les fractures des bois dans les essais de résistance, par A. Thil (Étude présentée au Congrès international des méthodes d'essai des matériaux de construction tenu à Paris en 1900). Veuve Ch. Dunod, éditeur, Paris, 1900.

Description des sections transversales de 100 espèces de bois indigènes, par A. Thil. Chez J. Tempère, 168, rue Saint-Antoine. Paris, 1895.

(4) *Emplois chimiques du bois*, par O. Petit, 1 vol. gr. in-8° avec de nombreuses fig. dans le texte. Baudry, éditeur, Paris.

sur le plan du beau *Traité d'architecture* de M. Denfer (1).
Pour les questions de sylviculture nous avons eu recours,
entre autres documents, à la *Flore forestière*, de MM. Mathieu
et Fliche (2), ouvrage fondamental auquel il est toujours bon
de se référer, ainsi qu'aux traités de MM. Boppe et Jolyet (3)
et de M. Mouillefert (4). On trouve une mine de renseignements dans les livres déjà anciens, mais toujours utiles à
consulter, de Duhamel du Monceau (5), Loudon (6), Carrière (7), etc., etc. Les traités allemands, composés avec cette
patience et cette conscience qu'on connaît, nous ont été de
quelque profit, spécialement les livres de Schwarz (8), Hartwig (9), etc.

Pour l'étude des altérations des bois dues aux insectes,
nous sommes redevable à l'ouvrage classique de Ratzeburg,
mis à jour par Judeich et Nitsche (10) ; au beau livre de
M. Kunckel d'Herculais (11) sur *Les Insectes* ; à la Zoologie

(1) *Architecture et constructions civiles, Charpente en bois et menuiserie*, par J. Denfer, professeur à l'Ecole centrale (Encyclopédie des travaux
publics fondée par M. C. Lechalas), Baudry et Cie, Paris, 1892.

Citons également : *Résistance des matériaux*, par Jean Résal (Encyclopédie des travaux publics).Baudry, Paris, 1898.

(2) *Flore forestière*, par A. Mathieu, 4e édition revue par E. Fliche,
professeur à l'Ecole nationale forestière de Nancy, 1897. J.-B. Baillière et
fils, Paris.

(3) *Les forêts*, « Traité pratique de sylviculture », par Boppe et Jolyet,
professeurs à l'Ecole nationale forestière de Nancy. 1901, 1 vol., 488 p., 95 fig.,
J.-B. Baillière et fils, éditeurs, Paris.

(4) *Traité de sylviculture*, par P. Mouillefert, professeur de sylviculture à l'Ecole nationale d'agriculture de Grignon. 2 vol., 1903 et 1904. Paris,
Alcan, éditeur, Paris.

(5) Du Hamel du Monceau, *Traité des arbres et des arbustes*. Paris,
1755, 2e édition, 1800-1819.

Id., *De l'exploitation des bois*, moyen de tirer un parti avantageux
des taillis, demi-futaies et hautes-futaies, et d'en faire une juste estimation,
avec la description des arts qui se pratiquent dans les forêts, 1704.

(6) *Arboretum et fructicetum britannicum, or the threes and shrubs
of Britain native and foreign, hardy and half hardy, vith theirs
propagation, culture, management and uses in the arts,...* par J.-C.
Loudon, 8 vol., 2.500 gravures et 4 vol. de planches.

(7) Carrière, *Traité général des Conifères*. Paris, 1867.

(8) Schwarz, Frank, *Forstliche Botanik*. Berlin, Paul Parey, 1892.

(9) Hartwig, J. *Illustriertes Gehölzbuch*. Berlin, Paul Parey, 1892.

(10) Dr J.-F. Judeich *und* Dr H. Nitsche, *Lehrbuch der Mitteleuropäis-
chen Fortinsektenkunde*. Paul Parey, Berlin, 1895.

(11) Brehm, *Les merveilles de la nature, Les Insectes*, édition française,

forestière d'Eckstein (1) ; à Ritzema-Bos (2), et enfin au magnifique ouvrage de M. Barbey sur les *Scolytides d'Europe* (3). Grâce à la parfaite obligeance de M. Barbey, nous avons pu reproduire un important tableau dichotomique permettant la détermination, si délicate, des nombreux représentants de ce groupe d'insectes ravageurs des bois. En ce qui concerne les altérations des bois dues aux champignons, notre littérature est pauvre ; il faut faire cependant une mention spéciale de l'ouvrage de M. Prillieux (4) sur les maladies des plantes agricoles ; ce savant s'est d'ailleurs inspiré des travaux de R. Hartig (5) auxquels il faut toujours remonter lorsqu'on aborde l'étude de ce sujet, comme à la source des documents originaux.

Pour l'étude de la question des bois exotiques, il faut partir du livre de Guibourt (6) auquel sont venus s'ajouter un certain nombre de travaux ; ils sont malheureusement loin d'avoir épuisé le sujet, qui reste encore souvent obscur. Les documents concernant les bois de nos colonies sont consignés dans les publications officielles et divers périodiques, la *Revue des cultures coloniales*, par exemple. Il existe sur ce sujet de nombreux mémoires originaux dont nous ne pouvons entreprendre ici l'énumération.

M. Ed. Beauverie, ingénieur des mines au Tonkin, nous a été un guide précieux pour la recherche des documents concernant les bois de nos colonies : qu'il reçoive nos affectueux remerciements.

Nous sommes encore redevable à divers ouvrages géné-

par J. Kunckel d'Herculais. 2 vol. de 1522 p., 2.068 fig., 36 pl. J.-B. Baillière et fils, éditeurs, Paris.

(1) Eckstein, K., *Forstliche Zoologie*. Paul Parey, Berlin.

(2) Ritzema-Bos, *Tierische Schädlinge amd Nützlinge*. Paul Parey, Berlin.

(3) Barbey, Auguste, *Les Scolytides de l'Europe centrale*, étude morphologique et biologique de la famille des Bostriches en rapport avec la protection des forêts. 1 vol. gr. in-4° de 120 p. avec 18 pl.

(4) Ed. Prillieux, *Maladies des plantes agricoles et des arbres fruitiers et forestiers causées par des parasites végétaux*. 2 vol., Paris, Firmin-Didot et Cie, 1895.

(5) R. Hartig, *Die Zersetzungserscheinungen des Holzes*. Berlin, 1878 ; R. Hartig, *Lehrbuch der Baumkrankheiten*, 1889, Berlin, J. Springer.

(6) Guibourt N.-J.-B.-G., *Histoire naturelle des drogues simples*. Paris, Baillière et fils.

raux, notamment ceux de MM. Charpentier (1), Meunier et
Vaney (2), d'Hubert (3), Razous (4), Vœlckel (5), Alheilig (6), etc. ; aux dictionnaires de l'industrie de O. Lami, des
arts et manufactures de Laboulaye, du commerce et de la
navigation de Y. Guyot et de Raffalovich (7), où l'on trouve,
notamment, un très important et très intéressant article sur le
bois, de M. Daubrée, Directeur au Ministère de l'Agriculture,
et des notices de M. Hollande sur les bois exotiques. Le
compte rendu du Congrès international de sylviculture tenu
à Paris, en 1900, sous la présidence de M. Daubrée, contient
de nombreux et utiles documents (8).

Nous n'entreprendrons pas ici l'énumération de tous les
mémoires originaux que nous avons consultés, non plus que
d'un certain nombre d'ouvrages se rapportant à la question
mais d'un intérêt moins général que ceux que nous venons de
mentionner. Nous les citons d'ailleurs au cours de l'ouvrage.

Les principaux périodiques compulsés sont : le *Moniteur
scientifique* du Dr Quesneville, la *Revue générale des sciences*, la *Revue générale de chimie*, la *Revue scientifique*, *Dingler's Polytechnisches Journal*, la *Revue des cultures coloniales*, la *Revue des eaux et forêts*, etc., ainsi que les
documents périodiquement publiés par les Ministères de
l'Agriculture, du Commerce et des Colonies.

Nous sommes heureux de constater, une fois de plus, avec
quel empressement chacun répond, dans les milieux scienti-

(1) Paul Charpentier, *Le bois* (Encycl. chimique de Frémy), Paris, 1890,
Veuve Ch. Dunod, éditeur, 49, quai des Grands Augustins.

(2) L. Meunier et C. Vaney, *La Tannerie* (Encyclopédie industrielle, fondée par M. C. Lechalas), ouvrage publié sous la direction de Leo Vignon.
Paris, Gauthier-Villars, 55, quai des Grands-Augustins.

(3) E. d'Hubert, *Le bois et le liège* (Encycl. technologique et commerciale). Paris, 1902, libr. J.-B. Baillière et fils, 19, rue Hautefeuille.

(4) *Les scieries et les machines à bois*, par Paul Razous, 1 vol. gr. in-8°,
475 p., 332 fig., Vve Dunod, éditeur, Paris, 1902.

(5) Rapport du jury international, Exposition de 1900, groupe IX. Forêts,
chasses, pêches, cueillettes. Classes 49 à 54. Paris, Imprimerie nationale, 1902.

(6) Alheilig, *Recette, conservation et travail des bois*, Gauthier-Villars et Masson, Paris.

(7) *Dictionnaire du commerce, de l'industrie et de la banque*, par
Yves Guyot et A. Raffalovich. Paris, Guillaumin, éditeur.

(8) Imprimerie Nationale.

fique et industriel, à l'appel fait dans le but de réaliser une
œuvre qui peut être utile à tous.

Nous remercions donc toutes les personnes qui ont bien
voulu nous fournir des renseignements et dont nous avons
déjà cité quelques noms. Ajoutons à ces noms celui de M. le
professeur R. Gérard, de Lyon, dont nous éprouvons depuis
de nombreuses années la bienveillance et qui, en mettant à
notre disposition les ressources d'une bibliothèque particulièrement riche, nous a guidé dans le choix qu'il fallait y faire ;
M le professeur Vuillemin, de Nancy, dont nous avons pu
depuis longtemps apprécier la parfaite obligeance et qui a
attiré notre attention sur des questions particulièrement importantes concernant l'altération des bois ; M. Julien Ray,
maître de conférences à l'Université de Lyon, avec qui nous
avons pu entretenir un précieux échange d'idées.

Nous ne pouvons prolonger une liste qui serait longue,
mais nous avons à cœur d'exprimer ici le souvenir de véné-
ration et de gratitude que nous conservons à la mémoire de
feu M. M.-C. Lechalas, qui a bien voulu nous confier l'exécution de ce livre en même temps qu'il nous aidait de ses
avis. C'est grâce aux conseils de tous que ce travail doit de
n'être pas plus imparfait.

Puisse cet ouvrage, où nous nous sommes efforcé de con-
denser l'étude d'une foule de questions et de réunir des
renseignements épars dans des ouvrages de langues variées
et de natures fort différentes, rendre des services à toutes les
personnes qu'intéresse à un titre quelconque l'importante et
complexe question du bois. Nous espérons que ce livre
pourra souvent leur éviter de longues et difficiles recherches.

J. BEAUVERIE.

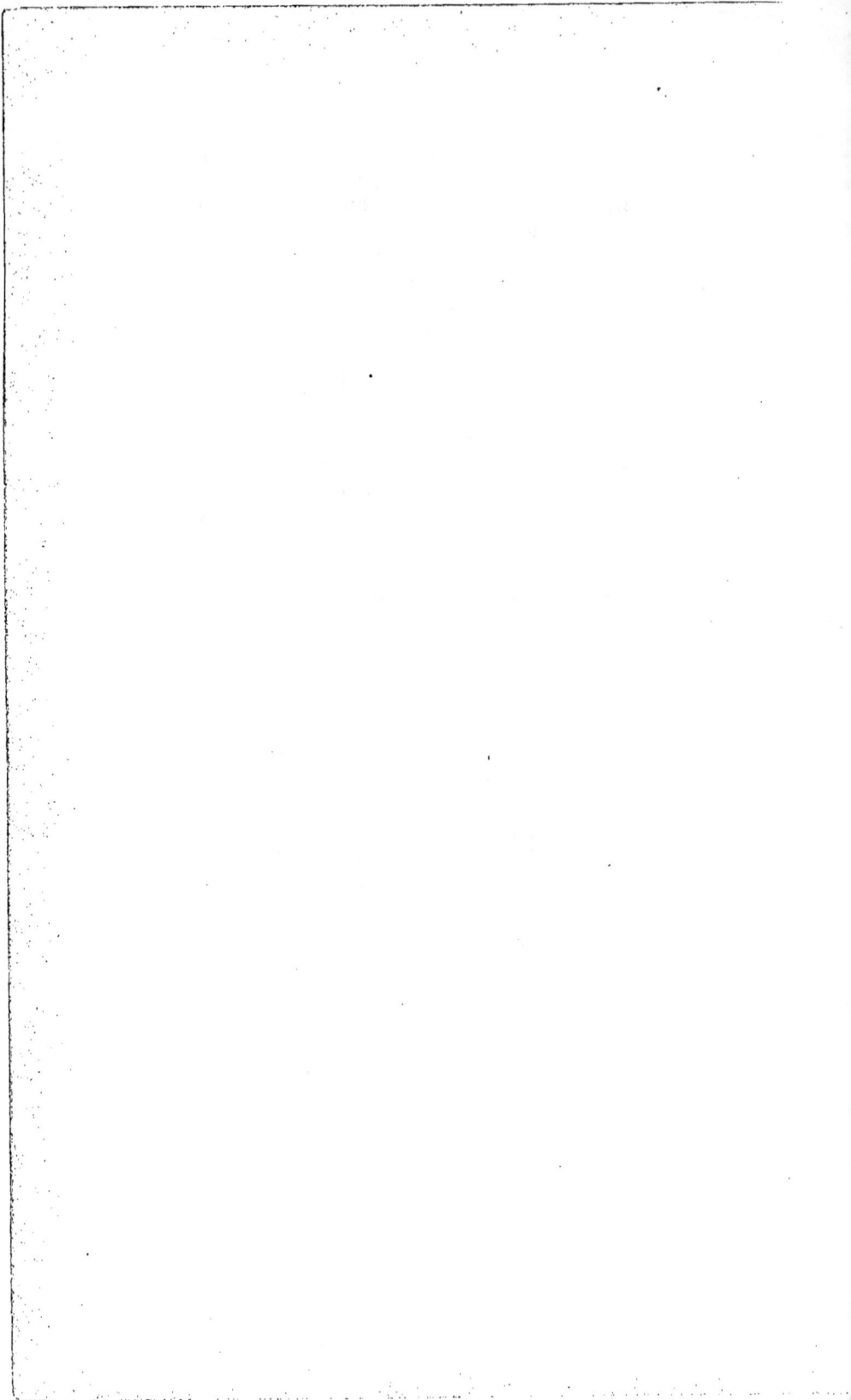

CHAPITRE PREMIER

LE BOIS

GÉNÉRALITÉS. — STRUCTURE

RAPPORTS ENTRE LA STRUCTURE ET LES QUALITÉS DU BOIS D'ŒUVRE

1

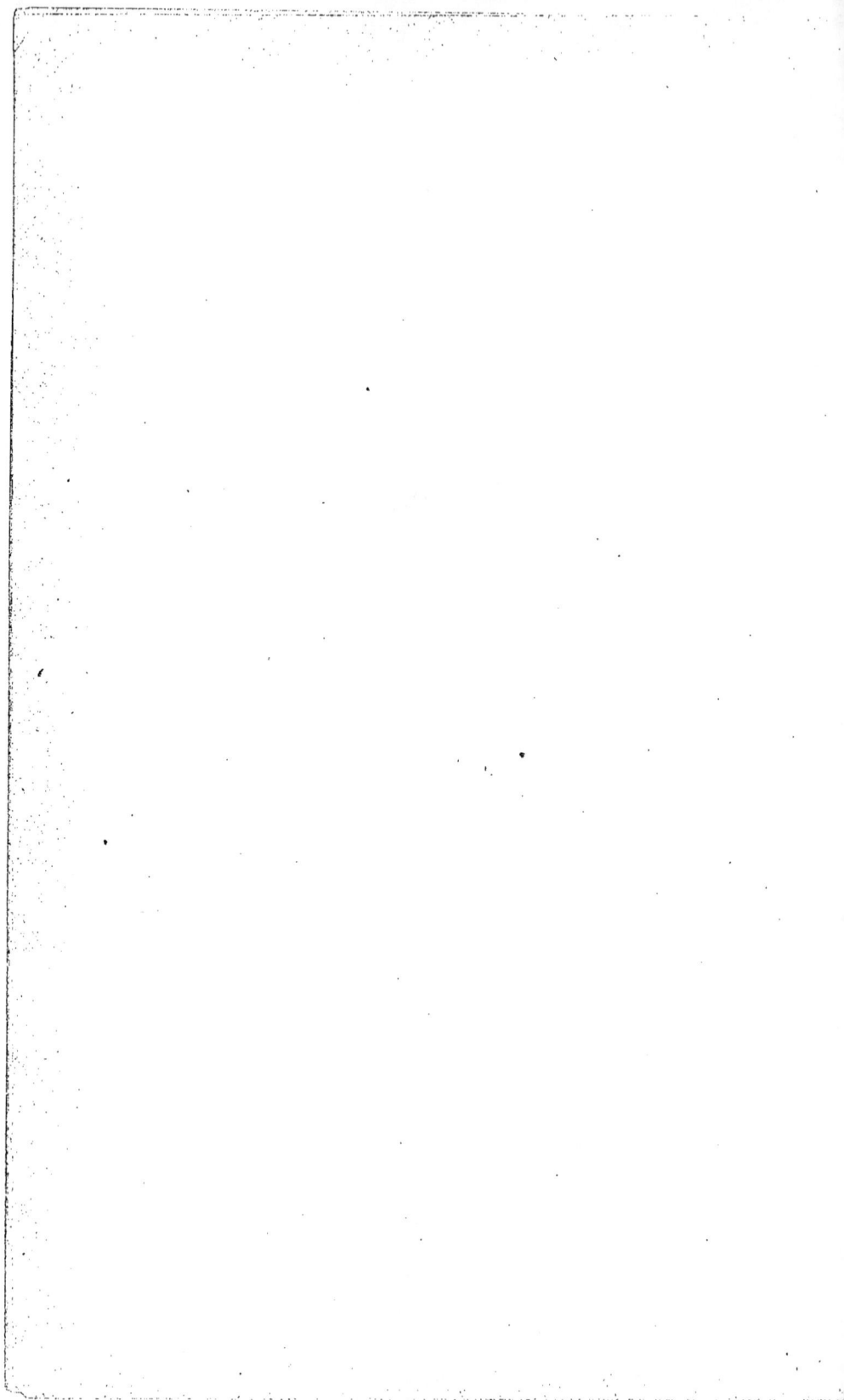

CHAPITRE PREMIER

LE BOIS

§ 1. — GÉNÉRALITÉS

1. Synonymie en langues étrangères. — En anglais, *Wood* (au point de vue botanique surtout) et *Timber* (bois de construction) ; allemand, *Holz* ; italien, *Legno, Legname* ; espagnol, *Leño, Leña, Madera* ; hollandais, *Hout*.

2. Définitions. — Au point de vue physiologique, le bois est un tissu spécial de la plante, qui sert au transport des liquides puisés dans le sol d'un bout à l'autre du végétal. Ces liquides constituent la sève ascendante ou sève non élaborée. Cette sève arrive dans les feuilles et y subit des modifications qui la rendent apte à servir à la nutrition du végétal. Lorsqu'elle a été ainsi élaborée, elle se rend dans les différents organes de la plante par l'intermédiaire d'un autre tissu conducteur appelé *liber*, elle constitue alors la sève descendante ou sève élaborée.

Pour servir à ce rôle de conducteur on conçoit que le bois ne doit point former une masse compacte, mais bien un tissu poreux. Il est, en effet, caractérisé par la présence d'un élément essentiel, les canaux ou vaisseaux qu'accompagnent, comme nous le verrons plus loin, des éléments accessoires.

Au point de vue topographique, le bois, dans une tige, est toute la portion qui va de la moelle à l'écorce ; il se compose, pour la majorité des bois feuillus et résineux (dicotylédones et gymnospermes), d'autant de couches que l'arbre a d'années.

On ne peut faire une étude rationnelle des propriétés physiques et mécaniques du bois sans en bien connaître la structure. Une étude approfondie de la structure des bois, donnera la clef des phénomènes dont ils peuvent être le siège ; elle permettra d'en expliquer le pourquoi et d'en comprendre le comment. La connaissance de la structure des bois est fondamentale pour l'étude que nous nous proposons de faire dans cet ouvrage.

3. Le bois dans les différents groupes végétaux. — Le bois, avons-nous dit, est le tissu conducteur qui sert au transport vers les feuilles des liquides absorbés par les racines. Chez les végétaux inférieurs qui n'ont ni racine, ni tige, ni feuilles, mais qui sont constitués par des cellules à peu près toutes semblables sans différenciation bien nette des éléments par adaptation à des fonctions spéciales, le passage des liquides absorbés dans le substratum nutritif se fait simplement par osmose d'une cellule à l'autre ; il n'y a pas là de bois différencié ; tel est le cas des Champignons et des Algues. Chez les Mousses, déjà plus élevées en organisation, il existe un rudiment d'appareil conducteur ; certaines cellules s'allongent et paraissent spécialement dévolues au cheminement des liquides à travers la plante. Enfin, tous les autres végétaux possèdent des racines dont l'existence entraîne la présence d'un appareil conducteur bien développé ; le bois se présente alors avec tous ses caractères, et possède la structure complexe que nous décrirons plus loin. Chez les végétaux résineux et feuillus qui forment les arbres, le bois constitue la majeure partie du tronc. Il est extérieurement enveloppé par l'écorce.

4. La cellule. — Nous avons plusieurs fois écrit le mot « cellule » ; il est utile, sans doute, d'expliquer ici la valeur de ce terme, dont les personnes non familiarisées avec les sciences naturelles peuvent ne pas apprécier la portée.

Si l'on découpe, au moyen d'un rasoir, une tranche mince et transparente dans une tige jeune, par exemple, et qu'on l'observe au microscope on s'aperçoit bien vite que la structure n'en est pas homogène, mais qu'elle est divisée en une quantité de petits compartiments généralement polygonaux, limités par une paroi. Chacune de ces cases est remplie d'une matière visqueuse que l'on appelle *protoplasme* (fig. 1) ou encore cytoplasme. On observe au sein de cette substance,

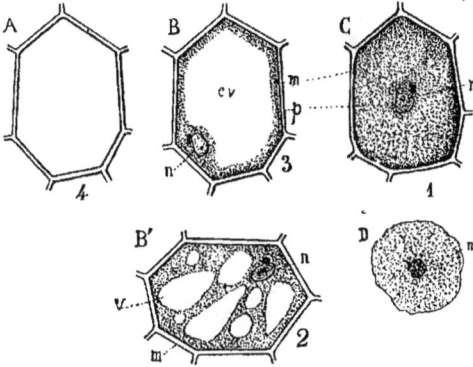

Fig. 1. — Cellules végétales : 1. Cellule jeune, sans vacuoles. — 2. Cellule plus âgée avec vacuoles nombreuses. — 3. Les vacuoles se sont confondues en une grande vacuole centrale — 4. Cellule réduite à la membrane cellulosique (cellule morte). En D est représentée une cellule sans membrane de cellulose telle qu'on en trouve chez de rares végétaux inférieurs : *p*, protoplasma ; *n*, noyau ; *v*, vacuole ; *cv*, vacuole centrale.

plus ou moins hyaline ou grisâtre, un corps différencié qui semble à un examen superficiel, être simplement du protoplasme condensé et que l'on appelle *noyau* de la cellule ; il joue un rôle considérable dans l'activité vitale de cet élément.

5. Différenciations de la cellule. — Les cellules se modifient pour s'adapter à une fonction déterminée. C'est ainsi que dans le bois, certaines d'entre elles s'allongent beaucoup pour donner des *vaisseaux*, que d'autres, sans modifier sensiblement leur forme, épaississent leur paroi pour donner du *parenchyme ligneux* ou *sclérifié*, etc.

La paroi est constituée par une substance dont nous reparlerons, la *cellulose*. Entre les membranes de cellules contiguës se trouve une mince lamelle mitoyenne, qui est de nature pectique.

Ceci est la constitution primitive de la membrane, qui se modifie souvent dans la suite de son développement par l'imprégnation de diverses substances ; les plus intéressantes pour nous sont : la *lignine* qui imprègne les éléments du bois et

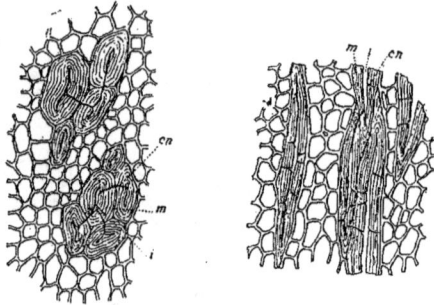

Fig. 2. — Ilots de tissu scléreux en coupes tranvorsale et longitudinale :
m, membrane épaissie des fibres ; *cn*, petits canaux faisant communiquer
les cavités des fibres entre elles (Gross, 150 ; G. Bonnier et Leclerc du Sablon).

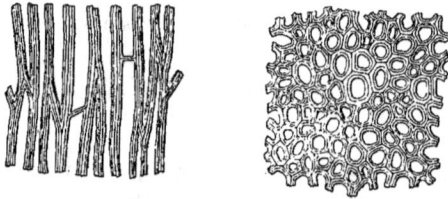

Fig. 3 et 4. — Coupes longitudinale et transversale de sclérenchyme :
(Gross, 160 ; G. Bonnier et Leclerc du Sablon).

d'un tissu de soutien, dit sclérenchyme (fig. 3 et 4), sa présence vaut aux cellules ainsi modifiées la qualification de
cellules lignifiées ou encore sclérifiées, et la *subérine* qui
imprègne les parois des cellules du *suber* ou *liège*.

Bien souvent, quand une cellule devient âgée, son contenu
protoplasmique se résorbe et disparaît. La cellule est désor-
mais une cellule morte. Si la paroi est épaissie, elle joue alors
le rôle d'élément de soutien de la plante. C'est le cas de beaucoup de cellules lignifiées ou sclérifiées.

Les cellules qui ont pris la forme de canaux ont un rôle
conducteur. Tel est le cas des vaisseaux du bois qui servent à
l'ascension de la sève vers les feuilles, et des vaisseaux du
liber qui permettent son retour aux divers organes de la
plante.

Notons ici que tous les êtres vivants, les animaux comme

les végétaux, sont constitués par des cellules, c'est-à-dire par de petites masses essentiellement composées de protoplasma, renfermant un ou plusieurs noyaux, et d'une membrane d'enveloppe plus ou moins résistante : l'organisation cellulaire est générale chez tous les êtres vivants.

6. Importance matérielle du bois suivant l'âge de la plante. — Le bois constitue la majeure partie du tronc des arbres résineux ou feuillus ; sa présence y est manifeste pour les personnes les plus étrangères à la botanique. Chez les jeunes plantes herbacées sa présence est beaucoup plus effacée. Il y existe pourtant, et même parfaitement différencié. C'est le bois de première formation ou bois primaire, dont nous étudierons les caractères au paragraphe *Structure*. C'est sur ces organes herbacés (tige ou racine) qu'il faut étudier le bois si l'on veut élucider la question de son origine et celle de son mode de développement.

§ 2. — STRUCTURE DU BOIS

7. Généralités. — Pour voir ce qu'il y a dans le bois, autrement dit, pour reconnaître sa structure, il est nécessaire de pratiquer des coupes au rasoir, suffisamment minces pour qu'on puisse les observer par transparence, soit au microscope, si l'on désire se rendre un compte exact de la constitution, soit simplement à la loupe si l'observation a plutôt pour but de déterminer l'espèce de bois à laquelle on a affaire à l'aide de ses caractères anatomiques.

Pour bien juger de la composition d'un bois, il faut faire des coupes dans trois directions différentes :

1° Une *coupe transversale*, c'est-à-dire dans un plan perpendiculaire à l'axe de la tige, soit ADEB (fig. 5) ;

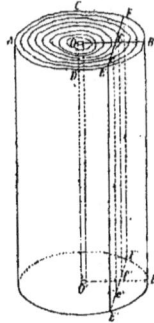

Fig. 5.

2° Une *coupe tangentielle*, ou suivant un plan perpendiculaire aux rayons, autrement dit tangentiel à la circonférence des accroissements annuels, comme EE'F'F. Pour qu'elles soient typiques, ces coupes ne doivent pas être faites trop profondément dans le bois, elles ne doivent pas être rapprochées du centre ;

3º Une *coupe radiale* ou suivant un plan passant par l'axe et un rayon, soit OO'B'B.

Si l'on veut faire une étude approfondie du bois il faut effectuer ces coupes au rasoir, le bois étant fixé dans une des microtomes ordinaires dont on se sert dans les laboratoires de botanique, ou à l'aide de microtomes spéciaux quand il s'agit de bois très résistants ou lorsque l'on veut faire des coupes de grandes dimensions. On peut effectuer ainsi des tranches minces atteignant un trentième ou un centième de millimètre.

Le rabot permet d'obtenir très rapidement des coupes qui peuvent être suffisantes pour une étude moins complète ; enfin, on peut se contenter d'opérer les sections à l'aide d'une scie très fine, sans faire des coupes minces transparentes, lorsque l'on veut examiner superficiellement la structure d'un bois sur lequel on a déjà des données et dont on possède des éléments de comparaison en coupes minces. La section obtenue à la scie est polie ensuite avec du papier verre très fin, on l'examine à l'œil nu ou à la loupe.

On reconnaît immédiatement, sur une section transversale complète d'une tige, trois zones : la *moelle* au centre, constituée par un tissu généralement de teinte assez claire et de consistance peu dense ; tout autour se trouve le bois, avec des zones concentriques correspondant aux accroissements annuels et enfin une zone externe, qui est l'*écorce*.

Cette division empirique et commode ne correspond pas absolument, nous le verrons, avec celle que les botanistes ont établie à la suite de l'étude du développement des tissus et de l'examen de leurs fonctions.

Le bois examiné au microscope apparaît avec toute sa complexité. On y trouve :

A. — Un *tissu fondamental*, ainsi appelé à cause de son rôle physiologique capital. Il est constitué par les vaisseaux ;

B. — Des *tissus accessoires* :

a) de soutien : fibres ligneuses et sclérenchyme ligneux ;

b) de réserve : parenchyme ligneux ;

c) glandulaire : canaux sécréteurs et laticifères.

Nous allons examiner successivement ces tissus constituants du bois.

8. Les vaisseaux. — Les vaisseaux ou canaux du bois,
sont des éléments de calibre relativement fort. Ils se manifestent facilement, même à l'œil nu ou à la loupe, sur une coupe
transversale ; ils se présentent alors, comme des pores ou
trous, tandis que le reste du bois paraît compact ; sur une
coupe longitudinale, ils apparaissent sous forme de sillons
longs et étroits.

Les vaisseaux du bois sont généralement formés par la
superposition de cellules cylindriques, leurs parois longitudinales sont épaissies suivant certains dessins dont les lignes

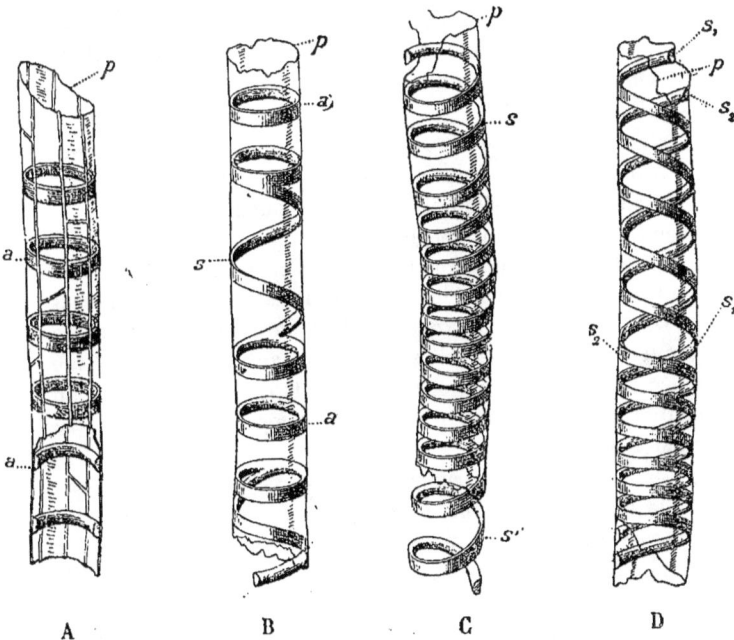

A   B   C   D

Fig. 6. — Vaisseaux annelés et spiralés : A. Vaisseau annelé ; *aa*, anneaux
d'épaississement interne ; *p*, partie mince de la paroi ; B. Vaisseau spiro-
annelé ; *aa*, anneaux ; *s*, spirale ; *p*, partie restée mince ; C. Vaisseau spiralé à une seule spirale d'épaississement interne ; *s'*, spirale en partie
déroulée par rupture du vaisseau ; D. Vaisseau doublement spiralé ; *s¹* et *s²*,
spirales ; *p*, partie mince de la membrane (Gross, 375 ; d'après G. Bonnier
et Leclerc du Sablon).

sont séparées par des dépressions. Il en résulte des ornementations diverses. On s'est fondé sur ce fait pour distinguer les vaisseaux du bois, en vaisseaux spiralés, annelés, spiro-annelés, réticulés, rayés, ponctués.

Lorsque les parois transversales qui séparent les cavités des cellules superposées subsistent, on dit que les vaisseaux sont *fermés* ou *imparfaits*. La sève, pour passer d'une cellule à l'autre, doit subir l'osmose, ce qui en retarde considérablement la marche, d'où le nom de vaisseaux imparfaits. Ils correspondent à une vie peu active du végétal.

Lorsque l'activité vitale est plus grande, et, par suite, la circulation plus active, les parois transversales des vaisseaux disparaissent totalement ou partiellement, ces vaisseaux sont alors des vaisseaux *ouverts* ou *parfaits*.

Il est important de savoir que les vaisseaux adultes sont des éléments morts de la plante ; ils ne contiennent plus ni le protoplasme, ni les noyaux qui sont la base physique de la vie. On se rend compte de ce phénomène en suivant l'évolution d'un vaisseau.

A l'origine, on voit dans l'emplacement du futur vaisseau, des cellules bout à bout contenant protoplasme et noyaux, puis ces cellules s'allongent, leur contenu se creuse de vacuoles et se réduit de plus en plus, puis, disparaît totalement en même temps que les parois s'épaississent et se lignifient en réservant certains points qui demeurent plus minces et constituent les *ponctuations*. Les parois transversales se gonflent en leur milieu, se transformant en une sorte de gelée, substance soluble qui disparaît bientôt, tandis qu'un simple bourrelet annulaire indique encore l'emplacement de cette paroi.

Les caractères des ornements des vaisseaux présentent une réelle importance pour la distinction au microscope des diverses sortes de bois, nous allons donc étudier les différents types d'ornementation des vaisseaux.

9. Vaisseaux annelés, spiralés et spiro-annelés. —
Supposons que la paroi d'un vaisseau reste uniformément mince et non lignifiée, sauf en certaines places en formes d'anneaux tranverses par rapport à l'axe du vaisseau. Ces anneaux épais et lignifiés feront saillie dans la cavité du vais-

seau ; on aura alors un vaisseau *annelé*. Un vaisseau annelé est donc constitué par une série d'anneaux plus ou moins épais, placés les uns au-dessus des autres et appliqués, par leur bord externe, contre la paroi restée mince du vaisseau.

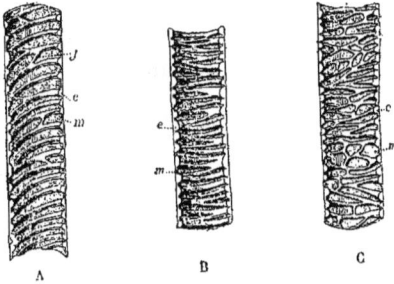

Fig. 7. — Fragment de vaisseaux spiralo-rayés, rayés et réticulés, vus par leur partie interne : A. Vaisseau spiralo-rayé : *e*, spirale ; *j*, jonction ; B. Vaisseau rayé ; C. Vaisseau réticulé ; Gross, 160 (d'après G. Bonnier et Leclerc du Sablon).

Ces vaisseaux sont toujours imparfaits et se terminent en biseau par une cloison oblique. Les anneaux deviennent de plus en plus petits au fur et à mesure que l'on se rapproche de l'extrémité du biseau au niveau duquel ils prennent une forme en D.

10. Vaisseaux rayés, réticulés, scalariformes. — Figurons-nous que dans un vaisseau spiralé les spires devenues plus épaisses se relient entre elles par des épaississements transversaux, on aura alors un vaisseau *spiralo-rayé*. Si ces anastomoses deviennent très fréquentes, on aura des épaississements ligneux séparés par des dépressions de formes diverses, mais étroites et allongées dans un sens perpendiculaire à l'axe du vaisseau, tel est le cas des vaisseaux *rayés*. Lorsque la disposition allongée et étroite des parties non épaissies devient plus ou moins indistincte l'on a affaire aux vaisseaux *réticulés*. La partie plus épaissie de la paroi du vaisseau présente, en effet, l'aspect d'un réseau. Si, au contraire, dans un vaisseau rayé, les parties plus épaissies de la paroi sont régulièrement placées les unes au-dessus des autres, comme les barreaux d'une échelle, le vaisseau est dit *scalariforme* (de *scala*, escalier). Ces vaisseaux scalariformes

sont rares chez les bois feuillus et fréquents chez les bois résineux et les Cryptogames vasculaires (Fougères, etc.).

Les vaisseaux appartenant aux divers types que nous
venons de décrire sont les premiers qui apparaissent dans la
plante, lorsque le bois commence à se différencier et la sève
ascendante les utilise, avant qu'ils n'aient
achevé leur croissance, pendant qu'ils sont
encore vivants, en utilisant la partie centrale de leur cavité.

Les épaississements servent évidemment à
empêcher que ne se produise l'écrasement du
vaisseau par la croissance des tissus voisins
et par la flexion de l'organe qui les contient.

Dans les vaisseaux spiralés l'épaississement s'est effectué suivant une spirale. Assez
souvent les deux sortes d'épaississements
annelés et spiralés, alternent à différentes
hauteurs d'un même vaisseau, on a alors des
vaisseaux *spiro-annelés*.

Les épaississements spiralés, maintiennent
béante la lumière du canal, en agissant sur
sa paroi à la manière d'un ressort. Les tours
de spires deviennent plus lâches, au fur et à
mesure de l'élongation.

Fig. 8. — Vaisseau
scalariforme.

Ces vaisseaux qui se prêtent aisément, par la disposition
de leurs épaississements faciles à distendre, à l'élongation,
sont les premiers éléments du bois qui apparaissent dans la
plante. On les trouve dans les plus jeunes tiges, ayant encore
la structure dite *primaire*.

Plus tard, dans le bois adulte, les vaisseaux s'épaississent
beaucoup plus fortement et presque toute leur surface s'incruste de substances résistantes qui leur font une armature
rigide. Ce sont ces vaisseaux que nous allons maintenant
étudier.

11. Vaisseaux ponctués. — Les vaisseaux dont nous
venons de parler sont le plus souvent imparfaits, au sens où
nous avons défini ce terme. Les *vaisseaux ponctués* sont, au
contraire, presque toujours des vaisseaux parfaits.

Chez les vaisseaux ponctués l'épaississement se généralise

et n'épargne que de petites surfaces qui constituent les ponctuations qui sont, par conséquent, des
trous ou dépressions. D'une façon plus
précise on peut dire que les ponctuations sont formées par un petit canal
traversé dans sa partie médiane par la
paroi primitive du vaisseau restée
mince. Ce canal est de forme cylindrique et il se projette sur un même
plan par un seul cercle. Mais il existe
des cas où les deux ouvertures sont
allongées en ellipses et ces deux
ellipses ou bien ont leur grand axe
dans un même plan ou bien dans deux
plans inclinés l'un par rapport à l'autre. Dans ce cas, la ponctuation se projette par deux ellipses croisées (fig. 9).

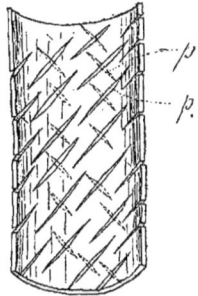

Fig. 9. — Ponctuations
croisées : p, contour de
la ponctuation sur la face
interne de la paroi du
vaisseau ; p', contour de
la ponctuation sur la face
externe (très grossi).

Les vaisseaux ponctués constituent l'élément conducteur
du bois par excellence et existent chez presque toutes les
plantes Angiospermes, c'est-à-dire chez celles qui sont le plus
élevées en organisation. Ils sont plus résistants que les autres
vaisseaux, parce que leurs parois sont plus épaissies et lignifiées, le passage des liquides s'opère cependant avec facilité
d'un vaisseau à l'autre par osmose au travers de la membrane
mince de la ponctuation.

12. Rôle des ornementations des vaisseaux. — Tous
les vaisseaux permettent de distinguer sur leur paroi : 1° des
parties lignifiées et épaissies qui maintiennent le calibre du
vaisseau ; 2° d'autres parties restées minces qui permettent
les échanges osmotiques entre le vaisseau et les cellules qui
l'avoisinent.

Les vaisseaux qui apparaissent les premiers dans les organes encore en voie d'élongation et qui constituent le bois primaire, sont des vaisseaux à ornementation annelée ou spiralée. Dans ces vaisseaux des anneaux peuvent s'écarter ou la
spire se dérouler au fur et à mesure de l'allongement. Lorsque les épaississements annulaires sont reliés entre eux par
des bandes transverses, comme cela a lieu dans les vaisseaux
réticulés, rayés ou scalariformes, l'élongation n'est plus pos-

sible car la membrane ne peut plus subir d'extension dans le sens longitudinal, aussi, voyons-nous ces vaisseaux constituer le bois d'organes ayant achevé leur croissance.

13. Vaisseaux aérolés caractéristiques des bois résineux. — Il existe chez les Gymnospermes (groupe constitué presque entièrement par les bois résineux) des vaisseaux ponctués spéciaux, qui peuvent suffire à faire distinguer au microscope les bois de cette catégorie. Ces vaisseaux ponctués ont ceci de particulier qu'ils sont imparfaits, car ils possèdent des cloisons transverses obliques à différentes hauteurs et leurs ponctuations dites *aérolées* sont d'un type spécial. Voici les caractères de ces ponctuations qu'il est indispensable de bien connaître pour la détermination des bois. Au lieu de présenter la forme cylindrique, ces ponctuations se rétrécissent progressivement vers l'intérieur de la cellule, à partir de la lame mince qui leur sert de base, jusqu'à leur ouverture dans la cavité cellulaire, de manière à figurer chacune un tronc de cône : on a finalement la forme figurée (fig. 10. Voir aussi fig. 11 et 12).

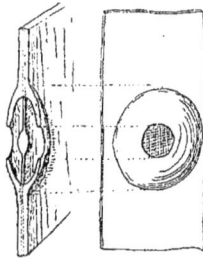

Fig. 10. — Une ponctuation aérolée, très grossie : à gauche, vue en coupe et en perspective ; à droite, vue de face.

Vue de face une ponctuation aérolée montre un cercle clair central qui correspond à une petite base du tronc de cône et tout autour, un anneau, une sorte d'aréole plus sombre, limitée par une circonférence concentrique à celle du cercle clair. La teinte plus sombre de l'aréole vient de ce que la lumière qui arrive à l'œil de l'observateur a dû traverser dans cette région une plus grande épaisseur de membrane et se trouve, par suite, plus affaiblie que dans la zone centrale claire.

Dans certains cas, l'ouverture de la ponctuation, au lieu d'être un cercle clair central, est une fente, et les deux fentes de la ponctuation peuvent être parallèles ou croisées. On a dans ce dernier cas des ponctuations aréolées croisées, dites encore *tournantes*, semblables, à l'aréole près, à celles que nous avons décrites plus haut pour certains vaisseaux ponctués (p. 13, fig. 9).

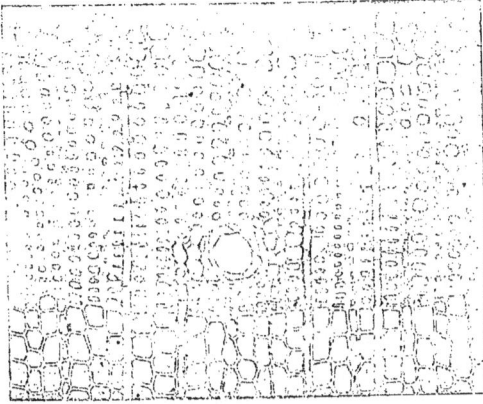

Fig. 11. — Coupe transversale de bois de Pin. On voit en bas de la figure, du bois de printemps à larges éléments ; sur les parois radiales des trachéides se voient nettement les ponctuations aréolées. Plus haut se trouve le bois d'automne dont les trachéides sont fortement épaissies. Au milieu de la coupe on observe un canal résinifère. Plusieurs rayons médullaires à une seule épaisseur de cellules traversent le bois dans le sens radial (Très grossi. D'après Kny).

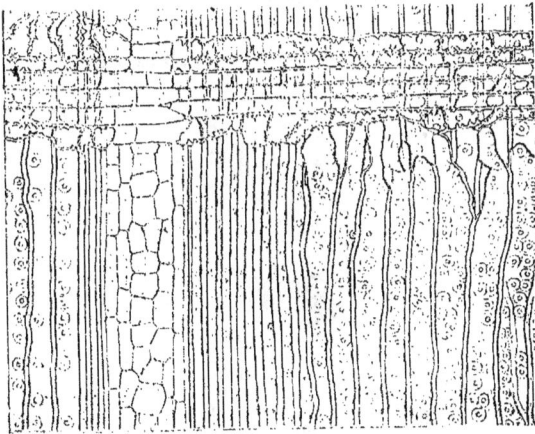

Fig. 12. — Section longitudinale radiale de bois de Pin (observée à un fort grossissement). On voit nettement sur les parois radiales des trachéides les ponctuations aréolées qui se présentent de face dans ce cas. A gauche et parallèlement à la longueur des trachéides ou vaisseaux aréolés, on observe un canal résinifère. En haut, la coupe est traversée par un rayon médullaire dont les cellules présentent des épaississements déchiquetés et de grosses ponctuations arrondies ou ovales (D'après Kny).

Le bois secondaire des Conifères est, si l'on en excepte les rayons médullaires et les canaux sécréteurs, exclusivement formé de vaisseaux aréolés prismatiques, possédant sur chaque face radiale un rang de ponctuations aréolées. Les cellules bout à bout qui constituent les vaisseaux mesurent parfois jusqu'à quatre millimètres de longueur (Pin).

Le bois primaire (c'est-à-dire le plus jeune) des Conifères est d'ailleurs constitué, comme chez les autres plantes, par des vaisseaux annelés, spiralés et rayés et l'on observe des formes de transition entre les vaisseaux rayés primaires et les vaisseaux à aréoles, secondaires.

14. Thylles. — Les vaisseaux ne servent pas indéfiniment à la conduction de la sève ascendante. Au bout d'un certain nombre d'années, variable avec la plante considérée, ils ne renferment plus ou presque plus que de l'air ; ils ne servent, dès ce moment, qu'à donner de la rigidité à la plante.

Il se produit alors le fait suivant : les cellules vivantes des parenchymes adjacents où la pression intérieure due aux sucs est restée très forte, poussent des prolongements au niveau des ponctuations du vaisseau qui viennent faire saillie dans la cavité de celui-ci. Ils s'isolent bientôt de la cellule mère par une cloison. Les cellules ainsi produites ne tardent pas à obstruer entièrement le vaisseau (Robinier faux-acacia, Tilleul, Courge, etc.).

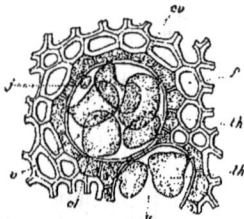

Fig. 13. — Thylles : les cellules *cv*, restées vivantes autour du vaisseau, émettent dans la cavité de celui-ci des prolongements *j*, qui ne tardent pas à s'isoler au moyen d'une cloison *cl* ; *f*, fibres ligneuses ; *v*, vaisseaux. (G. Bonnier et Leclerc du Sablon).

15. Tissus accessoires du bois. — Les vaisseaux qui constituent l'élément fondamental du bois et servent à la conduction, sont fréquemment accompagnés d'éléments jouant un rôle accessoire. Lorsque ces éléments servent à soutenir le bois, ils constituent un *tissu de soutien ;* lorsque certaines substances alimentaires, susceptibles d'être utilisées à un moment donné, s'accumulent dans leurs cavités, ils forment un *tissu de réserve ;* lorsque enfin ils secrètent des substances spéciales ils constituent un *tissu glandulaire.*

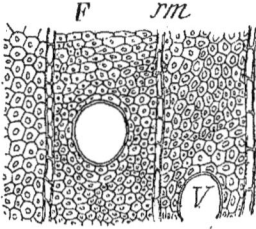

Fig. 14. — Bois de gayac (coupe transversale). Il est constitué par des fibres ligneuses F, formant des massifs ou compartiments séparés par des rayons médullaires *rm,* on y voit encore des vaisseaux V. (Très grossi).

Le *tissu de soutien* du bois est constitué par des *fibres ligneuses* et du *parenchyme ligneux.* Les fibres ligneuses ont presque toujours des sections polygonales (fig. 14), leurs parois sont plus ou moins épaissies suivant le végétal, l'âge de la partie considérée et aussi le moment de leur formation ; de plus, ces cellules sont allongées. Elles sont presque toujours lignifiées et de couleur sombre, elles échappent cependant dans quelques cas à la lignification générale et tranchent alors par leur aspect brillant sur tous les autres éléments du bois.

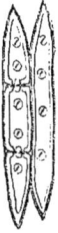

Fig. 15. — Fibres ligneuses de bois de chêne, dont une est cloisonnée.

La cavité des fibres ligneuses, simple le plus souvent, se divise parfois par des cloisons transversales et fines qui partagent la fibre en une véritable file de cellules. Ce sont des *fibres cloisonnées.* On peut les observer, par exemple, sur des coupes longitudinales du bois des tiges de chêne (fig. 15), de platane, de marronnier, de vigne, etc.

Le *tissu de réserve* du bois est constitué par le *parenchyme ligneux.* Le parenchyme ligneux est presque toujours formé par des cellules polyédriques assez isodiamétriques.

Dans le très jeune bois (bois primaire), le parenchyme ligneux a généralement ses cellules isodiamétriques à parois minces et molles, il sert de magasin de réserve à l'amidon ; dans les parties âgées et plus résistantes, le parenchyme épaissit ses parois autant que les fibres dont nous venons

2

de parler ; il devient dans ce cas le *sclérenchyme ligneux*, qui concourt avec les fibres au soutien de la plante. Très souvent, en effet, sclérenchyme et fibres coexistent mêlés l'un à l'autre.

Le tissu sécréteur. Ce tissu est constitué par des éléments qui ont pour but spécial d'élaborer dans leur protoplasma certains produits, tels que des essences ou des résines, que la plante n'utilise plus ultérieurement comme aliments et qui constituent ainsi des substances d'excrétion, qui d'ailleurs sont parfois très utiles à l'homme.

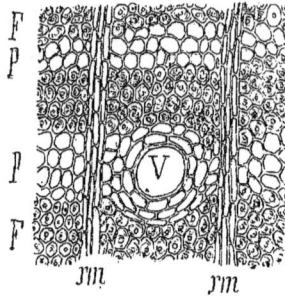

Fig. 16. — Portion de coupe transversale de bois de campêche (*Hematoxylon campechianum*), Rm, Rayons médullaires ; F, fibres ligneuses ; P, parenchyme ligneux ; V, vaisseau.

Ces éléments sécréteurs sont rares dans le bois, sauf dans celui des arbres résineux ou conifères, ils se présentent là, sous forme de canaux dans lesquels s'accumule la térébenthine, comme, par exemple, dans les bois de Pin (fig. 11 et 12) ou de Mélèze. Les éléments sécréteurs peuvent se présenter encore chez certains bois n'appartenant pas aux conifères, sous forme de canaux laticifères ; on appelle ainsi des tubes cylindriques à contenu épais (*latex*), qui s'étendent en se ramifiant dans la plante, sans jamais présenter de cloisons transversales. Ce sont ces *tubes laticifères* qui, dans nombre de plantes, renferment le suc épais d'où l'on tire le caoutchouc. Le bois du Papayer renferme des laticifères dont le latex contient un principe diastasique, la *papaïne*, voisine de la pepsine, principe actif de la salive et qui possède comme elle la propriété de transformer la matière azotée.

16. Faisceaux ligneux. — Le tissu fondamental et les tissus accessoires se groupent pour former un *faisceau ligneux*. Il y a toujours dans la tige plusieurs faisceaux ligneux, ils sont bien distincts quand la tige est jeune ; des bandes assez larges d'un tissu clair et mou constitué par du parenchyme et formant ce qu'on appelle les *rayons médullaires* les séparent les uns des autres. Plus tard, lorsque la tige s'est épaissie par la production des formations dites *secondaires*, ils ne sont plus guère distincts, car les rayons médullaires ont épaissi leurs parois et ne tranchent plus par leur aspect, sur le bois environnant.

17. Disposition du bois par rapport aux autres tissus de la plante. — Cette disposition varie suivant le membre de la plante que l'on considère, tige ou racine, et suivant le groupe végétal auquel elle appartient : Monocotylédones (Palmiers, etc.) ou Dicotylédones et Gymnosperme (bois feuillus et bois résineux).

Nous laisserons de côté l'étude du bois de la racine et celle du bois des tiges des plantes inférieures en organisation aux bois résineux, telles que les fougères, etc. Ces derniers n'ont pas d'intérêt pratique ; quant aux bois de racines ils sont, en général, difficiles à fendre parce que les racines sont très ramifiées et tourmentées, ils sont peu employés à cause de ce fait sauf pour quelques usages spéciaux.

Nous bornerons notre étude à celle du bois de la tige des Monocotylédones (type, palmiers) et des Dicotylédones (type, chêne) que nous confondrons avec les Gymnospermes (type, pin), sauf à établir ensuite, la différence qui existe entre les bois de ces deux derniers groupes.

Lorsque la plante est encore très jeune, de couleur verdâtre, elle est à l'*état herbacé* et sa structure encore simple est dite *structure primaire*, plus tard elle s'épaissit par adjonction de formations nouvelles et sa structure devient la *structure secondaire*. Nous indiquerons ces deux structures successivement dans chacun des deux groupes précités.

§ 3. — FORMATION ET DÉVELOPPEMENT DU BOIS

18. Structure du bois primaire de la tige. — A. *Type Dicotylédone.* — Faisons, au moyen du rasoir, une coupe mince transparente, dans la tige d'une jeune plantule issue d'une graine en germination. On y distingue assez facilement deux zones concentriques ; la plus externe porte déjà le nom d'*écorce* (fig. 17, *Ec*), la plus interne, celui de *cylindre central* (fig. 17, *Ce*). L'écorce est limitée extérieurement par une assise de cellules formant l'*épiderme*, recouvert d'un

mince dépôt protecteur qui est appelé *cuticule* ; intérieurement, l'écorce est bornée par
une assise de cellules, fréquemment épaissies sur une partie
de leur membrane, qui a nom :
endoderme.

Plus intérieurement commence le *cylindre central* ; c'est
la partie plus importante de la
tige car elle comprend l'appareil conducteur constitué par le
bois et le liber. Il débute par
une couche généralement constituée d'une seule assise de cellules régulières, qui alternent

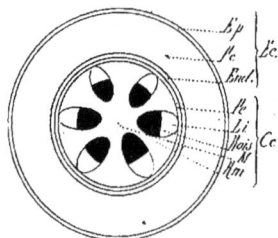

Fig. 17. — Coupe transversale
d'une très jeune tige (Schéma).
Ep, épiderme ; Pc, parenchyme
cortical ; End, endoderme ; Éc,
écorce ; Pe, péricycle ; Li, liber ;
Bois ; Rm, rayon médullaire ;
M, moelle ; Ce, cylindre central.

avec celles de l'endoderme, c'est le *péricycle* ; contre lui se

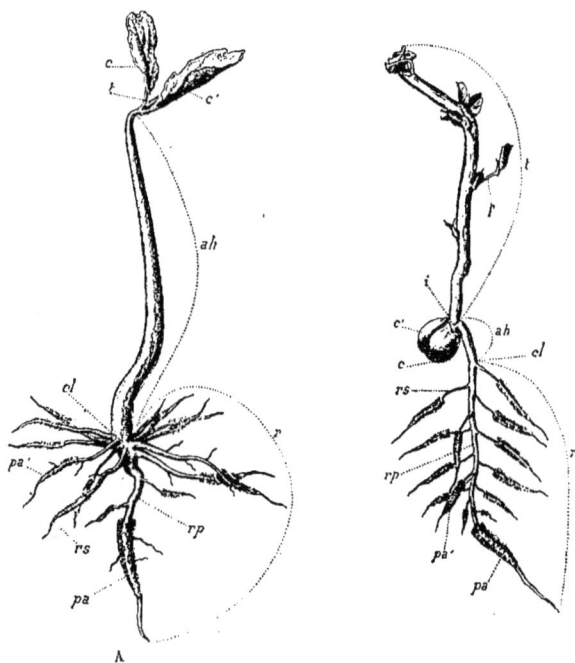

Fig. 18 et 19. — Plantules de Ricin (18) et de Pois (19) en germination. On
peut observer la structure primaire de la tige dans les parties *ah* ou *t*
(G. Bonnier et Leclerc du Sablon).

trouvent situés un certain nombre de massifs de tissu conducteur, constitués chacun par un faisceau de bois et un faisceau de liber appliqués l'un contre l'autre, ces massifs composés portent le nom de *faisceaux libéro-ligneux.* Ils sont sur un seul cercle et disposés contre le péricycle. Nous savons que le bois est constitué par des vaisseaux et tissus accessoires et qu'il sert à conduire la sève qui monte aux feuilles ou sève ascendante, quant au liber il est formé aussi de vaisseaux et tissus accessoires ; les vaisseaux du liber sont fréquemment traversés par des cloisons horizontales, percées de pores ou trous qui leur ont valu le nom de *tubes criblés.* Le liber sert à conduire la sève qui a été modifiée ou élaborée au niveau des feuilles et qui se répartit dans les divers, organes pour les alimenter ; c'est la sève descendante.

Au centre de la tige se trouve un tissu homogène, constitué de cellules plus ou moins arrondies et laissant, par suite, de petits vides ou méats entre elles : c'est la *moelle.*

De la moelle rayonnent des bandes de cellules, un peu allongées radialement, qui séparent les faisceaux libéro-ligneux et vont rejoindre le péricycle, ce sont les *rayons médullaires.*

Moelle, rayons médullaires et péricycle, sont souvent confondus, sous la dénomination commune de *tissu conjonctif,* car ils servent, en effet, à réunir les faisceaux.

B. *Type Monocotylédone* (Palmiers, etc.). — La structure primaire est différente de ce qu'elle est dans les végétaux qui constituent les bois feuillus et résineux.

Pour nous en rendre compte, examinons au microscope une coupe mince faite dans une jeune tige d'Asperge, de Blé ou de Palmier. L'écorce est plus réduite que dans le cas précédent mais la différence est surtout dans la constitution du cylindre central : en dedans du péricycle, d'ailleurs peu distinct, on ne trouve pas seulement un seul cercle de faisceaux libéro-ligneux, mais un très grand nombre de faisceaux épars dans toute l'étendue de ce cylindre, les plus gros étant vers le centre, les plus petits vers la périphérie, tout près du péricycle ; dans chacun d'eux,

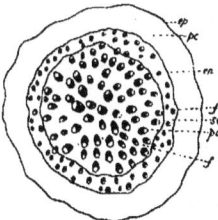

Fig. 20. — Structure d'une tige de Monocotylédone.

le bois est disposé en V, il embrasse le liber entre ses branches. Ces faisceaux sont réunis entre eux par un parenchyme
dont les cellules ne tardent pas à durcir leur paroi en la sclérifiant.

19. Epaississement de la tige. Structure secondaire.
— A. *Type Monocotylédone.* — Chez ces plantes, les palmiers, par exemple, l'accroissement en épaisseur se fait par
production de faisceaux nouveaux au sein du péricycle cloi-
sonné, devenu générateur. Ces faisceaux qui se forment à la
périphérie du cylindre central en accroissent incessamment
l'épaisseur. Ce fait explique que l'on trouve au centre les

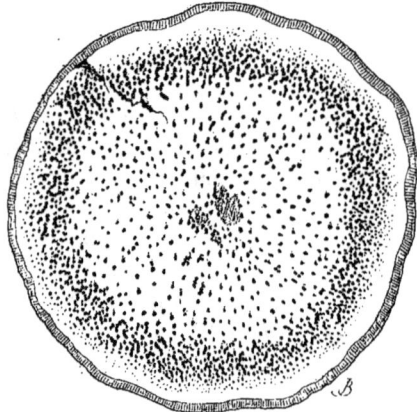

Fig. 21. — Section d'un tronc de palmier (Réduit six fois).

plus gros faisceaux (ce sont les plus vieux), tandis que les
plus petits (qui sont les plus jeunes) sont situés sur le pourtour (fig. 20 et 21).

B. *Type Dicotylédone* (Bois feuillus et bois résineux). —
Par suite de la formation constante de nouveaux rameaux
feuillés, les tissus conducteurs de la tige doivent être de plus
en plus abondants. Il s'en produit, en effet, de nouveaux à
mesure que la plante avance en âge et elle s'accroît ainsi en
épaisseur. Voici quel est le mécanisme de ce phénomène :
une assise de cellules (fig. 23, *cll*), placée entre le bois et le
liber et se continuant à travers les rayons médullaires de

façon à former un anneau continu, devient génératrice ; ses cellules sont le siège d'un cloisonnement très actif, elles produisent alternativement du côté interne et du côté externe de nouvelles cellules, qui refoulent de part et d'autre les cellules préexistantes. Les nouvelles cellules formées à l'inté-

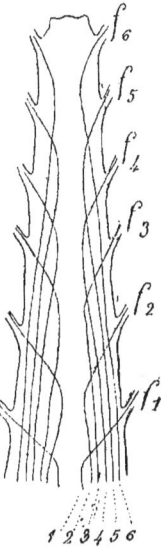

Fig. 22. — Dessin schématique montrant la course des faisceaux libéroligneux dans les tiges de Monocotylédones. Les faisceaux qui se rendent aux feuilles les plus anciennes (f_1, f_2....) sont situés le plus au centre (1, 2....) ; les derniers formés, c'est-à-dire ceux qui se rendent aux feuilles en voie de développement dans le bourgeon terminal (f_4, f_5...), sont les plus externes (6, 5...).

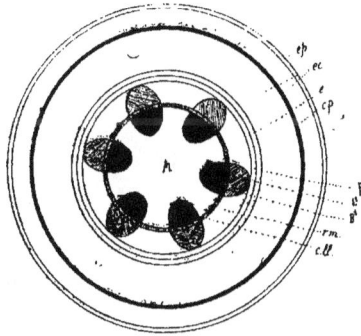

Fig. 23. — Epaississement de la tige des dicotylédones, début des formations secondaires : on voit en *cll*, l'assise génératrice qui va donner, en se cloisonnant, en dedans, du bois secondaire repoussant à l'intérieur le bois primaire et, en dehors, du liber secondaire refoulant vers l'extérieur le liber primaire.

rieur contre le bois primaire s'ajoutent à lui et forment le bois secondaire ; celles qui se produisent à l'extérieur, contre le liber primaire, viennent accroître la masse de celui-ci et prennent le nom de liber secondaire.

Sous la pression des nouvelles formations de bois secondaire, la *zone génératrice* est repoussée plus extérieurement et s'allonge par un cloisonnement radial de ses cellules.

L'examen de la figure 24 permettra de saisir facilement l'accroissement en diamètre des tiges du type Dicotylédone, qui est des plus simples.

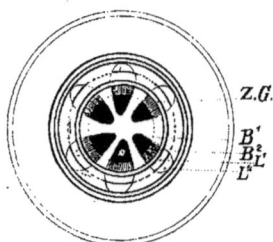

Fig. 24. — Coupe transversale de tige avec début de formations secondaires. L'épaississement de la tige s'effectue par le jeu d'une zone génératrice dont les cellules en se cloisonnant donnent vers l'extérieur du liber secondaire L², qui repousse le L¹, et, à l'intérieur, du bois secondaire B², qui repousse en dedans le bois primaire B¹.

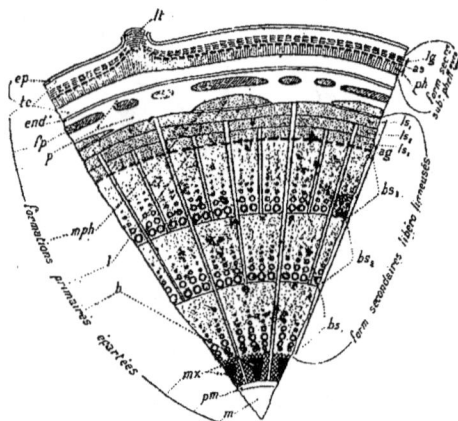

Fig. 25. — Schéma de la structure secondaire d'une tige de Dicotylédone âgée de trois ans : *Ep*, épiderme ; *tc*, tissu cortical primaire ; *end*, endoderme ; *p*, péricycle ; *fp*, massifs de fibres faisant partie du péricycle ; *l*, liber primaire ; *m*, moelle ; *as*, assise secondaire subéro-phellodermique ; *lt*, lenticelle ; *lg*, liège ; *ph*, phelloderme ; *as*, assise génératrice subéro-phellodermique ; *ls₁*, *ls₂*, *ls₃* couches de liber secondaire, *bs₁*, *bs₂*, *bs₃*, couches de bois secondaire. Les rayons médullaires secondaires sont indiqués par un double trait dans le bois et le liber secondaire (D'après G. Bonnier et Leclerc du Sablon).

La zone génératrice peut donner entre les faisceaux libéroligneux, soit du bois et du liber secondaire, et, dans ce cas, la zone de formations libéro-ligneuses est continue, soit, du parenchyme secondaire qui vient accroître la longueur des rayons médullaires primaires.

20. Accroissement annuel du bois. — Nous venons de voir que la tige s'accroît en épaisseur et par quel mécanisme. Nous pouvons maintenant limiter notre étude au bois seulement et étudier comment se fait son accroissement dans le temps.

Dans la première année, dès que la graine a pu donner en germant une tigelle, celle-ci présente des formations primaires avec du bois très simple constitué par les vaisseaux imparfaits (annelés, spiralés, etc.) dont nous avons parlé; mais

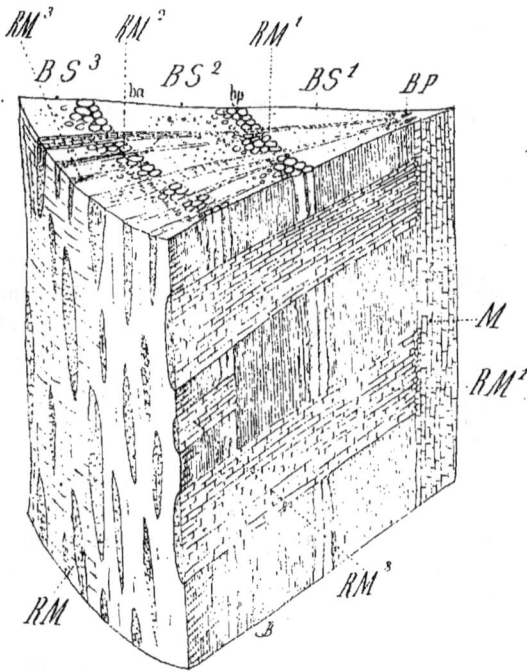

Fig. 26. — Figure demi-schématique, représentant la structure d'un fragment de bois d'un chêne âgé de trois ans, vu en perspective : BP, bois primaire ; BS¹, bois secondaire formé la première année ; BS², bois secondaire de la deuxième année : BS³, bois secondaire de la troisième année ; *bp*, bois de printemps ; *ba*, bois d'automne ; RM¹, rayon médullaire partant de la moelle ; RM², rayon médullaire partant du bois de deuxième année ; RM³, rayon médullaire partant du bois de troisième année (grossi 6 fois).

bientôt l'assise génératrice entre en jeu, et donne un premier
anneau de bois secondaire extérieur aux pointements du
bois primaire. La deuxième année, la zone génératrice ou
cambium, donnera à nouveau des formations secondaires qui
formeront un deuxième anneau d'accroissement ; la troisième,
un troisième anneau, etc. On trouvera sur la coupe du tronc
autant d'anneaux d'accroissement que l'arbre a d'années.

**21. Bois de printemps et bois d'automne. Age des
arbres**. — Pour compter les anneaux d'accroissement il faut
pouvoir les distinguer, les délimiter. Cela est-il possible ? Oui,
et les limites sont dans cer-
tains bois extrêmement nettes. Voici l'explication de ce
fait :

Au printemps, la végéta-
tion est très active ; il se
forme un bois riche en vaisseaux, et en vaisseaux de fort
calibre, pour permettre la
circulation de la sève que les
feuilles nombreuses qui viennent de se former appellent à
elles en grande quantité. Le
bois qui se constitue alors est
le *bois de printemps*. Quand
vient l'automne la végétation
se ralentit, des vaisseaux plus
étroits et moins nombreux
suffisent à assurer la circulation de la sève. Le bois
d'automne, qui se forme alors, est un bois serré, dur, pauvre en vaisseaux, qui y sont d'ailleurs de petit calibre ; les
fibres dominent. L'année suivante, du bois de printemps
viendra se former contre ce bois d'automne et la différence
de compacité de ces deux bois permettra aisément de dire
où finit l'année précédente et où commence l'année nouvelle.

D'après ce que nous venons d'expliquer il est facile d'établir l'âge d'un arbre en comptant sur une coupe transversale,

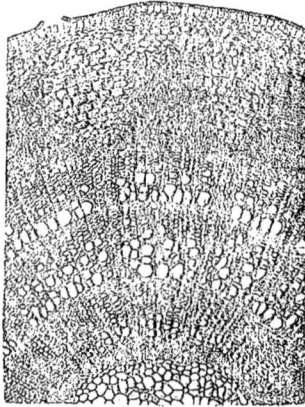

Fig. 27. —Coupe dans une tige de tilleul âgée de trois ans. Le bois de
printemps avec ses gros vaisseaux,
tranche nettement sur le bois d'automne, plus compacte. Ce contraste
permet de compter facilement le
nombre de couches annuelles (Kny).

le nombre d'anneaux emboîtés les uns dans les autres. Il s'en produit un par année.

22. Épaisseur des couches ligneuses annuelles. — On peut remarquer, en examinant les couches annulles sur la section d'un tronc d'arbre, qu'elles n'ont point toutes la même épaisseur. Pendant les premières années, l'épaisseur va en augmentant, elle atteint un maximum et diminue ensuite indéfiniment. Ces variations sont en relation avec l'activité de la circulation de la sève : une couche de bois épaisse comme celle qui se produit chez le peuplier vers sa dixième année, par exemple, correspond à une augmentation considérable de la surface foliaire totale. Cette grande surface de feuilles entraîne une transpiration considérable, une élimination d'eau constamment compensée par

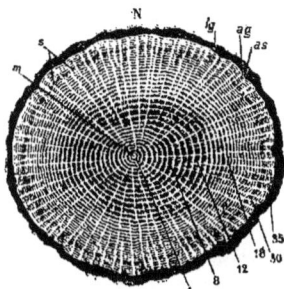

Fig. 28. — Coupe transversale d'un tronc de chêne de 35 ans, ayant poussé isolément et dans un sol homogène. Le haut de la coupe N correspond à la direction du nord ; 1 à 35, couches successives ; *m*, moelle ; *s*, couche plus étroite, correspondant à une année sèche ; *as* et *ag*, assises génératrices libéro-ligneuse et subéro-phellodermiques, très rapprochées ; *lg*, liège (D'après G. Bonnier et Leclerc du Sablon).

un appel correspondant de ce liquide au niveau du sol. Il faut pour la circulation de la sève aqueuse ou ascendante, des vaisseaux gros et nombreux et, par suite, un bois bien développé. Dans un arbre très âgé, la surface foliaire s'accroît d'une façon insensible, aussi les couches du bois sont-elles très minces et de plus en plus minces, au fur et à mesure que l'arbre vieillit.

Abstraction faite de l'âge de l'arbre, les couches annuelles peuvent être encore plus ou moins larges suivant que, pendant les années auxquelles elles correspondent, les conditions extérieures : chaleur, humidité, etc., ont été plus ou moins favorables à la végétation. Des couches plus épaisses existent parfois intercalées entre des couches plus minces. Les premières correspondent à des années particulièrement favorables. On a remarqué, dans cet ordre d'idées, que, après une exploitation, les arbres réservés dans les taillis sous futaie accusent une tendance brusque à accroître le diamètre des couches annuelles. On pourrait dire, en examinant la tranche de tels arbres, quelle année a eu lieu la coupe des taillis, en constatant, à partir d'un cercle déterminé, le brusque accroissement de largeur des anneaux (fig. 31 et 32).

Les couches sont exceptionnellement minces les années où l'arbre a eu à souffrir d'un été trop sec, de gelées printanières, des invasions périodiques des hannetons dévorant les feuilles, etc.

Les variations dont nous venons de parler affectent les zones entières d'accroissement. Il n'en est pas toujours ainsi et, parfois, c'est d'un côté seulement du tronc que s'est fait ressentir l'influence perturbatrice qui provoque un accroissement irrégulier, en modifiant les conditions de la nutrition. Lorsque les racines sont plus développées d'un côté que de l'autre, les couches du bois sont plus épaisses de ce même côté. Cela se produit encore dans le cas d'un arbre qui végète sur un terrain en pente, les racines sont plus nombreuses du côté où le terrain s'élève, les branches feuillées sont plus abondantes de ce côté et par suite les anneaux du bois y sont plus larges.

L'orientation, sous nos climats, exerce aussi une influence sur l'épaisseur du bois. Elle correspond à l'action de la lumière sur les parties aériennes. Les portions de l'arbre situées au nord et au sud ont leurs couches annuelles un peu plus étroites que celles placées à l'est et à l'ouest : les anneaux d'accroissement du bois des branches sont toujours plus étroits que ceux du tronc.

23. Subdivision d'une même couche annuelle. — Il peut arriver qu'une couche annuelle se trouve subdivisée en deux ou plusieurs autres par d'étroites zones de tissu plus compacte, semblable à celui qui la limite extérieurement. Ce fait n'est pas rare chez les Cyprès, Genèvriers, jeunes Pins à végétation vigoureuse comme le Pin maritime, etc. Ces subdivisions pourraient induire en erreur au cours de la numération des couches annuelles d'un arbre, mais un peu d'attention suffit à l'éviter. Ces subdivisions sont, en effet, moins nettement marquées que ne le sont les véritables couches annuelles et, de plus, elles n'ont pas la continuité de ces dernières. Ce phéno-

mène de subdivision est dû à une modification brusque des
conditions ambiantes au cours de la végétation.

24. Variations de l'épaisseur des anneaux d'accroissement chez des individus différents, appartenant à la même espèce, suivant les conditions de leur développement. — Nous avons vu que l'épaisseur des zones
annuelles peut varier, dans le bois d'un même individu, suivant les régions que l'on considère. Cette variation existe
bien plus souvent encore, pour les bois des individus appartenant à une même espèce, mais placés dans des conditions
différentes.

Fig. 29. — Type de croissance
à l'état isolé.

Fig. 30. — Type de croissance en
futaie pleine

Fig. 31. — Type de croissance
en futaie jardinée ou taillis fureté.

Fig. 32. — Type de croissance
en taillis sous futaie (d'après A. Thil.)

L'épicéa ou le mélèze, ont, à ce point de vue, des bois fort
différents suivant qu'ils ont crû lentement, dans les Alpes,
par exemple, ou rapidement dans les plaines. Le pin sylvestre de nos plaines pourra avoir des accroissements annuels
de 5 mm. d'épaisseur, tandis que ses congénères de Finlande
ont des accroissements qui ne sont guère distincts qu'à la
loupe. La croissance est beaucoup plus lente, en effet, sous
les climats froids septentrionaux, que dans nos pays. On conçoit que des différences de même ordre se produisent entre

nos arbres de plaine et les mêmes espèces croissant en montagne.

Il faut tenir compte aussi du fait suivant : l'arbre a pu croître en massif, ou à l'état isolé ou presque isolé comme dans le taillis sous futaie. Dans ces dernières conditions, un chêne, par exemple, développe une ramure constamment baignée de lumière ; aussi donne-t-il des accroissements larges ; ils demeurent minces, au contraire, chez les sujets de même essence qui peuplent les massifs des vieilles futaies et dont la cîme se trouve forcément réduite.

25. — Variation de l'épaisseur des couches annuelles suivant les essences. — L'épaisseur de ces couches varie encore suivant l'espèce que l'on considère. Les arbres à bois tendre, tels que les saules, peupliers, etc., sont ceux dont la croissance est le plus rapide : on y observe souvent des couches annuelles atteignant un centimètre ou deux ; mais, en général, l'épaisseur est beaucoup moindre et chez les vieux orangers, par exemple, les couches annuelles périphériques ont une épaisseur extrêmement faible, soit, quelques centièmes de millimètre. Elles sont aussi très minces dans les bois durs que constituent le buis et l'if.

26. Bois des arbres de pays chauds. — Les zones d'accroissement des bois sont nettes, ainsi que nous venons de le dire, dans les arbres des contrées où l'été et l'hiver sont très différents, comme cela a lieu dans nos pays. Il n'en est pas de même dans les régions chaudes et particulièrement celles qui avoisinent les tropiques. Dans ce cas-là, la variation de la structure du bois secondaire ne dépend plus de la succession d'une saison chaude et d'une saison froide, mais bien des périodes de pluie. C'est ici l'élément humidité qui comporte les plus grandes variations et entraîne la modification de la structure. Or il peut y avoir plusieurs périodes pluvieuses au cours de la même année, et, par suite, on peut trouver dans le bois plusieurs zones successives produites dans une seule année. Le nombre des zones n'est plus constant et dès lors il n'est plus possible d'évaluer l'âge d'un bois en lui attribuant autant d'années qu'il possède de zones d'accroissement.

**27. Variations de la forme des anneaux d'accrois-
sement, utilisation pour la reconnaissance de certains
bois.** — Cette forme peut facilement se constater sur la
branche transversale d'un bloc de bois. Elle est forcément en
relation avec la forme du tronc, elle en suit les contours ou
ondulations. Les couches sont circulaires si le tronc est
arrondi, comme chez les alisiers et sorbiers dont les bois
se distinguent ainsi des bois des poiriers et pommiers qui
possèdent des accroissements flexueux ; ils sont encore légèrement flexueux chez le coudrier, hêtre, etc., ou ondulés très
irrégulièrement comme dans l'if, le charme, le peuplier
pyramidal, etc.. Le fût est alors cannelé extérieurement.

28. Influence de l'écorce sur la formation du bois.
— L'écorce comprime la zone génératrice et influe, par suite,
sur son fonctionnement ; si on fait une incision longitudinale
de l'écorce, le cambium débridé fonctionne plus activement
au niveau de la fente et il se forme une saillie dans le bois
correspondant à cette région ; les gerces qui se produisent
dans l'écorce ont les mêmes effets ; elles déterminent la formation de renflements dans le bois, qui leur correspondent
absolument en nombre et en positions. Les écorces toujours
lisses et se desquamant par plaques, permettent un accroissement beaucoup plus régulier du bois. La différence est
nette pour deux essences voisines : l'érable plane possède
une écorce à rhytidome gercuré chez
les vieux arbres, aussi trouve-t-on sur
le pourtour des couches des saillies
parfois assez prononcées ; chez l'érable sycomore, l'écorce tombe par larges plaques, sans gerçures profondes,
aussi possède-t-il des accroissements
réguliers circulaires.

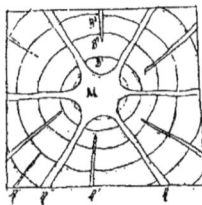

Fig. 33. — Moelle et
Rayons médullaires:
M. Moelle ; R. Rayons
médullaires principaux
(existant dès la pre-
mière année); R', rayons
formés pendant les an-
nées successives.

**29. Action des rayons médullai-
res sur la forme du bois.** — La
forme normalement circulaire des accroissements peut être encore troublée
au niveau de leur rencontre avec les
rayons, surtout ceux qui sont relativement larges. Les an-

neaux sont souvent, en effet, rentrants au passage des rayons ; autrement dit, bombés dans leurs intervalles. Ce fait s'observe bien chez le hêtre et peut se reconnaître aussi chez le chêne et le platane, etc.

§ 4. — ACCROISSEMENT EN ÉPAISSEUR DE L'ÉCORCE. FORMATION DU LIÉGE

30. Généralités. — L'écorce doit forcément suivre le mouvement de dilatation du cylindre central qui s'accroît. Pour cela il se forme une zone génératrice aux dépens de l'assise sous-épidermique du parenchyme cortical ou même d'une assise plus profonde. Cette assise génératrice donne, en se cloisonnant sur ses deux faces, des tissus secondaires qui deviennent bientôt : à l'extérieur du *liège* ; à l'intérieur, un

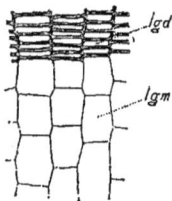

Fig. 34. — Fragment du tissu subéreux du chêne liège : *lgd* liège dur, *lgm*, liège mou (grossissement 120).

parenchyme ressemblant beaucoup au parenchyme cortical, et qui est appelé *phelloderme*. On qualifie souvent l'assise génératrice corticale de *subero-phellodermique*, à cause de la nature de ses productions. L'ensemble de l'assise génératrice et de ses productions est parfois appelé *periderme* (voir fig. 25).

Le liège se distingue facilement à l'arrangement radial et concentrique très régulier de ses couches de cellules.

Le nombre des assises de liège produit est fort variable suivant les plantes, il est particulièrement important chez le chêne-liège ; l'orme, le pin, etc., offrent aussi une couche très apparente de liège.

Les membranes des cellules du liège sont tantôt dures et épaisses (*liège dur*), tantôt minces et souples (*liège mou*). Ces deux sortes de tissus se rencontrent chez le chêne-liège en bandes régulièrement alternantes (fig. 34).

31. Lieu de la production du liège dans l'écorce. Rytidome et lenticelles. — L'assise génératrice du liège se produit, avons-nous dit, le plus souvent aux dépens d'une assise du parenchyme cortical, très rarement aux dépens de l'épiderme comme c'est le cas du saule. Chez le chêne, le hêtre, l'aune, etc., c'est l'assise sous-épidermique qui devient génératrice, et l'épiderme s'exfolie. Dans le bouleau, le tremble, etc., les minces plaques blanches qui recouvrent le tronc sont constituées par cet épiderme plus ou moins exfolié et

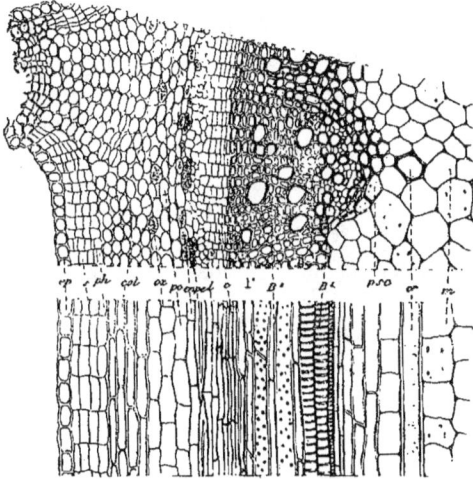

Fig. 35 et 36. — Coupes transversale et longitudinale de la tige de sureau. Cette tige est limitée extérieurement par plusieurs assises de liège ayant repoussé l'épiderme *ep*. On voit une lenticelle figurée sur la coupe transversale. — *s*, suber, *ph*, phellogène ou assise subéro-phellodermique, *l*, liber, *B²* bois secondaire avec vaisseaux ponctués, *B¹* bois primaire avec vaisseaux annelés, *m*, moelle. (D'après R. Gérard).

dont les cellules se remplissent d'air. Quelquefois cette assise se produit beaucoup plus profondément et jusque dans l'endoderme et le péricycle (Vigne). Dans ces derniers cas, c'est l'écorce tout entière qui se dessèche et se desquame en se crevassant profondément ; la tige est réduite au cylindre central protégé extérieurement par le liège qui remplace l'écorce.

L'exfoliation des tissus situés extérieurement au périderme, et que nous venons de signaler, est une conséquence de la production du liège, celui-ci est imperméable, il empêche l'arrivée des sucs nourriciers aux tissus extérieurs à lui, aussi ils se dessèchent et se desquament, distendus qu'ils sont sous la poussée des nouveaux tissus produits. Ils subsistent parfois plus ou moins longtemps sur la tige et lui constituent

3

un revêtement écailleux qui contribue à sa protection. Dans ce dernier cas, sont le chêne, le pin et l'orme, dont l'écorce est sillonnée de profondes crevasses, tandis que chez le platane, par exemple, se détachent chaque année du tronc des plaques mortifiées. Les parties externes ainsi isolées du reste de l'arbre par le jeu de l'assise subero phellodermique constituent ce que l'on appelle le *rhytidome*.

Une autre conséquence de la formation du liège, tissu imperméable, est la production d'appareils *spéciaux* appelés « *Lenticelles* ».

Le liège étant constitué de cellules serrées ne laissant pas de méats entre elles, et formant une enveloppe continue autour de la tige, serait de nature à entraver les échanges gazeux nécessaires entre les tissus profonds et l'amosphère. Aussi le liège se dissout-il localement en arrondissant ses cellules et même en les dissociant complètement. Par les méats produits l'air et les gaz peuvent circuler librement.

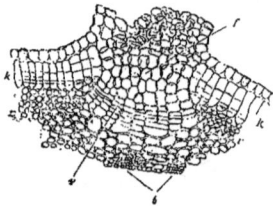

Fig. 37. — Lenticelle isolée.

Ces petites plages poreuses constituent à la surface des tiges, des saillies plus ou moins en forme de lentilles, qu'il est facile d'observer sur le sureau, par exemple. On leur a donné, à cause de leur aspect, le nom de lenticelles. Ces organes jouent en outre, un rôle important dans la transpiration de la plante.

32. — Formation du périderme pendant les années successives. Variations de forme du rhytidome. — Chez certains arbres, la même assise génératrice fonctionne constamment. Elle entre en état de repos lorsque arrive l'hiver et reprend son fonctionnement au printemps suivant et cela indéfiniment, comme le fait se produit chez le charme et le hêtre. Dans ce cas elle est généralement superficielle ; dans les arbres cités elle est sous-épidermique.

Bien plus souvent, l'assise génératrice fonctionne une ou plusieurs années, comme chez le chêne-liège, par exemple, puis cesse toute activité ; elle est alors remplacée par une nouvelle assise plus interne dont l'existence ne sera encore que temporaire, car, à son tour, elle sera remplacée par une assise plus profonde et ainsi de suite.

Les tissus morts qui s'accumulent ainsi à l'extérieur de l'assise génératrice constituent, avons-nous dit, le rhytidome, qui donne à l'écorce des arbres leur aspect caractéristique.

Ce rhytidome peut-être :

1° *Persistant*, lorsqu'il reste indéfiniment adhérent à la tige : chêne, robinier, mûrier. Comme il est inextensible, il se fend et se crevasse au fur et à mesure de l'accroissement de l'arbre. De là l'aspect si caractéristique de l'écorce des vieux chênes, châtaigniers, tilleuls, peupliers.

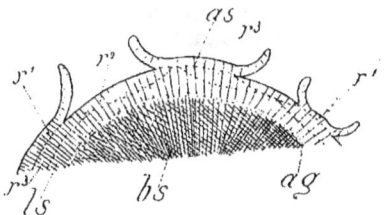

Fig. 38. — Schéma de la formation du rhytidome écailleux du platane. Les plaques *r¹* sont sur le point de se détacher, tandis que les plaques *r²* et *r³* sont en voie de formation, *bs*, bois secondaire, *bs*, liber secondaire, *ag*, zone génératrice libéro-ligneuse (Imité de Bonnier et Leclerc du Sablon).

2° *Ecailleux*, lorsque les assises génératrices successives au lieu d'être toujours concentriques et circulaires, se réduisent à des *arcs générateurs* ou *péridermes partiels* qui chevauchent les uns sur les autres (fig. 38). Le tissu qui se mortifie est naturellement celui qui est compris entre un périderme qui vient de se produire et celui qui s'était précédemment constitué. C'est ainsi qu'il se forme des plaques ou écailles qui se détachent plus ou moins rapidement.

Exemples : Epicéa, sapin, pin, platane. Il arrive que ces écailles deviennent manifestes parfois seulement très tard, c'est ainsi que le sapin peut conserver son écorce lisse jusqu'à 100 ans et au delà.

3° *Annulaire*, lorsque les couches génératrices qui se forment successivement ont l'aspect d'anneaux complets concentriques et s'étendant sur toute la longueur de la tige, le rhytidome se détache alors en zones annulaires après s'être fendu longitudinalement en bandes ou lanières plus ou moins étroites. On peut voir des exemples de ce cas chez la vigne, le bouleau, le cerisier, etc.

Les arbres dont le périderme est toujours superficiel, ont une écorce qui n'est jamais crevassée ni écaillée, elle est lisse, c'est le cas notamment du hêtre et du charme.

Nous avons exposé ici la structure des écorces et leur mode de formation, nous étudierons leurs usages et notamment ceux du liège du chêne liège, dans un chapitre spécial.

§ 5.   LES PARTICULARITÉS ANATOMIQUES DU BOIS AU POINT DE VUE DE LA RECONNAISSANCE ET DES QUALITÉS DES BOIS D'ŒUVRE.

33. Les fibres. — On trouve dans les bois feuillus deux sortes de fibres, les fibres simples et les fibres cloisonnées (Voir aussi p. 17). Chez les Conifères, les fibres sont remplacées dans leur rôle de soutien par les trachéides qui servent en même temps d'appareil conducteur et sont de véritables vaisseaux imparfaits. Considérant ici le bois au point de vue de ses qualités comme bois d'œuvre bien plus qu'au point de vue physiologique, nous étudierons les trachéides avec les fibres. Ces trachéides sont les fibres aréolées décrites, p. 14, fig. 10 à 12.

L'ensemble des fibres constitue la partie la plus compacte du bois, celle que l'on dirait pleine à l'œil nu, on l'appelle parfois à cause de cela : *tissu fondamental* du bois. Nous avons vu antérieurement, qu'au point de vue physiologique cette dénomination doit être réservée aux vaisseaux.

Chez les bois feuillus, les fibres s'associent en massifs ou faisceaux. Lorsque les ouvriers qui travaillent le bois disent de certains, comme le chêne, le frêne, le robinier, qu'ils ont la *fibre longue,* ou que le hêtre, le pommier, ont la *fibre courte,* ces expressions impropres s'appliquent non à la fibre seule, mais aux faisceaux de fibres.

Les fibres sont allongées fusiformes avec une cavité très réduite. Le diamètre et l'épaisseur des fibres, varient beaucoup avec les essences, mais restent sensiblement constants dans une même couche annuelle d'un même bois, autrement dit, le tissu fibreux est homogène dans les bois feuillus où la limite des anneaux est indiquée seulement par la taille plus ou moins forte des vaisseaux.

Chez les résineux, les fibres aréolées ont, au contraire, un diamètre radial, décroissant dans le bois d'automne, la paroi y est d'ailleurs plus épaisse. C'est cette modification qui rend si nettes chez les Conifères les limites des couches annuelles

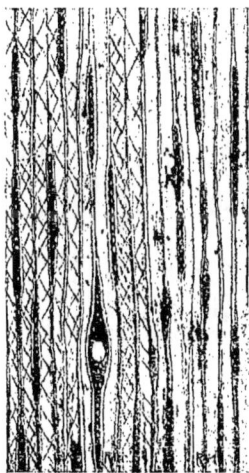

Fig. 39. — Mélèze d'Europe. Section longitudinale tangentielle (70 diamètres) (A. Thil).

et produit les veines caractéristiques de ces bois. En général on ne remarque pas sur les fibres des conifères d'autres accidents que les ponctuations aréolées, cependant, dans quelques cas, se manifestent des ornementations qui sont alors caractéristiques et peuvent servir à reconnaître l'essence ; ainsi la surface de la fibre est chagrinée chez le genévrier thurifère, striée en spirale dans le bois d'automne du mélèze des Alpes (fig. 39) ou striée en spirale d'une façon encore plus visible dans toute l'étendue de la couche annuelle chez l'If (fig. 40). Ces ornements spécifiques viennent accroître encore la résistance des fibres qui sont l'élément principal de la ténacité des bois.

Les trachéides sont généralement fort longues et très droites, ce qui facilite, la résistance du bois aux compressions parallèles à l'axe et le rend très propre à être fendu pour produire des lattes, bardeaux, douves, etc.

Fig. 40. — If commun — Trachéides de printemps et d'automne —
Section longitudinale radiale (286 diam.) (A. Thil).

Lorsque les fibres aérolées sont étroites, elles donnent un bois serré ou à *grain fin*, comme certains genévriers, en même temps la différence s'atténue entre les fibres des bois d'automne et de printemps, il en résulte que le bois tend à être homogène, il se laisse alors bien raboter et polir. Si les trachéides sont grosses, le bois est à *grain grossier*; la différence entre l'épaisseur des parois et le diamètre des fibres s'accentue entre les bois de printemps et d'automne, ce qui donne un bois hétérogène, comme, par exemple, chez le Pin d'Alep.

Un bois à grain fin est en même temps, le plus souvent, un bois dur; un bois à grain grossier est, au contraire, un bois tendre.

Les bois les plus résistants, les plus durs, sont donc ceux qui contiennent les fibres les plus étroites ayant une lumière très réduite. De telles fibres se forment quand le bois croît lentement comme cela a lieu en automne. Plus un arbre résineux croîtra lentement, plus le bois qu'il fournira sera de meilleure qualité.

Le *bois des résineux* possède, surtout s'ils sont à grain grossier, des bois d'automne et de printemps forts différents. On a reproché aux bois de conifères ce manque d'homogénéité dont on a pensé faire un défaut; mais cette disposition augmente, au contraire, leur flexibilité et les font rechercher pour la mâture et la charpente. Il ne faut pas cependant que cette différence entre les deux zones d'accroissement soit trop accentuée, car, dans ce cas, le bois de printemps s'affaisserait facilement par compression et le bois aurait une tendance à se disjoindre en feuillets cylindriques. Cela a souvent lieu, en effet, pour les bois de résineux à croissance rapide.

Chez les *bois feuillus*, l'épaisseur des parois des fibres est également très variable; lorsqu'elle est considérable le bois est *dur* : chêne, olivier, amandier, teck, ébène, buis, bois de fer, etc., si, au contraire, elle est faible, on a des *bois tendres* : peuplier, saule, etc.

Le diamètre des fibres, avons-nous dit, est variable : si elles sont étroites on a des bois à *grain fin* ou même à *grain très fin* : cormier, buis, ébène, ce sont en même temps des *bois durs* et susceptibles d'un beau poli.

La longueur des fibres varie avec les espèces.

La rectitude des fibres n'est pas sensible comme chez les conifères, car, les rayons médullaires étant généralement assez épais, ils provoquent une déviation dans la course rectiligne de ces éléments qui sont obligés de les contourner. Cette déviation fréquemment répétée et accentuée, produit les bois *madrés* ou *ondulés*, très recherchés en ébénisterie. La madrure des fibres est particulièrement nette dans les *loupes*, excroissances du bois, produites sous l'influence de diverses excitations externes ayant agi sur le cambium et ayant déterminé, au niveau de la région atteinte, son fonctionnement plus actif que dans les autres points. Un autre avantage de l'enchevêtrement des fibres est de s'opposer au retrait et fentes par dessication : l'orme dit *tortillard*, si recherché pour la confection des moyeux de voiture, doit tout son prix à une telle disposition du tissu fibreux.

Les particularités de la fibre ont une influence sur la résistance du bois, mais l'influence de la façon dont elles sont groupées est encore plus considérable, de même que le rapport entre leur masse et la masse totale du bois.

La force de résistance d'un bois est d'autant plus grande qu'il contient plus de fibres. La proportion du tissu fibreux est constante pour une même espèce; elle est très élevée dans les *bois durs*.

Le *groupement des fibres* varie avec les espèces et détermine leur force de résistance spécifique :

Les gros faisceaux de fibres augmentent la *rigidité* et la *compacité* (Bois de fer et Jarrah, Robinia pseudo acacia).

L'isolement des fibres dans les autres éléments augmente la *flexibilité* et l'*élasticité*, c'est pourquoi le frêne est plus élastique que le chêne et se prête mieux que lui à la confection des pièces courbes. L'acacia, constitué de gros faisceaux de fibres est très peu flexible mais sa rigidité le rend très utile pour les rais de roues, pieux, etc.; il est pour ces usages supérieur au chêne et au frêne. Le peuplier n'a que des fibres à parois peu épaissies et à gros diamètre, ce qui le rend fort peu solide. Le noyer possède de petits groupes très fréquents de 2 à 3 ou 4 rangs de fibres courtes régulièrement disposés dans le parenchyme et les petits rayons médullaires, cela en fait une belle matière ligneuse pour la sculpture fine, l'armurerie, l'ébénisterie; il peut se fendiller en se desséchant et se couper, sans éclatement, dans tous les sens. Les parties dures du bois qui constituent les fibres, sont noyées dans la substance plastique que forme le parenchyme ligneux.

Par ces quelques exemples rapportés d'après M. Thil, on voit combien les qualités du bois peuvent varier et combien il est utile de choisir la matière ligneuse destinée à un usage déterminé.

34. Vaisseaux. — Les vaisseaux des conifères ou résineux sont, avons-nous dit, les éléments désignés sous le nom de trachéides ou fibres aréolées, nous les avons étudiés avec les vaisseaux au point de vue général (p. 14) et avec les fibres au point de vue de la qualité des bois d'œuvre (p. 36).

Les vaisseaux des bois feuillus, possèdent des ornementations spéciales longuement décrites (p. 9).

Les vaisseaux, sont les premiers éléments lignifiés qui se manifestent dans la jeune plante ; c'est grâce à eux et à la turgescence des cellules, que la jeune plantule peut se maintenir dressée ; ce n'est qu'un peu plus tard que certaines cellules sclérifiant leur paroi, formeront le sclérenchyme qui donne à la plante sa consistance.

La paroi des vaisseaux est généralement assez mince, plus mince que celle du sclérenchyme environnant. Dans quelques

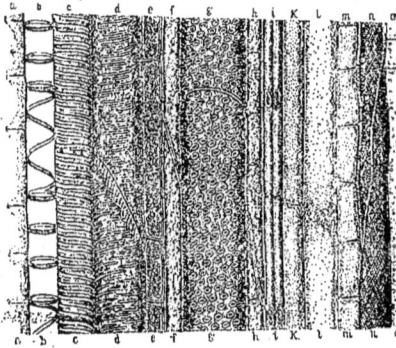

Fig. 41. — Coupe longitudinale d'un faisceau libéro-ligneux ; *a*, moelle ; *b*, vaisseau anno-spiralé ; *c*, vaisseau spiralé ; *d*, vaisseau rayé ; *e*, parenchyme ligneux ; *f*, fibres ligneuses continues ; *g*, vaisseau ponctué ; *h*, fibres ligneuses cloisonnées ; *i*, assise génératrice. Au delà se trouve le liber, dans lequel on remarquera un vaisseau libérien *l*, que l'on désigne habituellement sous le nom de tube criblé (Kny).

cas cependant, elle peut devenir plus épaisse que la paroi des cellules scléreuses, comme cela a lieu dans le frêne. Malgré l'épaisseur de la paroi, des courants osmotiques peuvent s'établir entre les liquides, de vaisseau à vaisseau, par l'intermédiaire de portions plus minces de la membrane, que l'on appelle ponctuations, ce sont ces dépressions qui constituent cette sorte d'ornementation des vaisseaux que nous avons décrite antérieurement.

Diamètre ou grosseur des vaisseaux. — Les vaisseaux d'une couche annuelle peuvent être égaux ou inégaux.

Il sont sensiblement égaux dans le platane, le charme, le noyer, le peuplier, le saule, le pommier, etc. Lorsqu'ils sont inégaux ce sont les vaisseaux du bois de printemps qui ont le plus fort diamètre, celui-ci va en diminuant graduellement ou brusquement au fur et à mesure qu'ils se rapprochent plus du bord externe du bois d'automne. Cette disposition accentue beaucoup la netteté de la limite des couches annuelles, quelle que soit d'ailleurs la nature du tissu fibreux ; exemples : chêne, châtaignier, orme, frêne, robinier, etc. Lorsque les vaisseaux étant inégaux ceux du bois de printemps ont un fort diamètre, le bois devient *poreux* dans cette région, il correspond à ce que l'on appelle parfois un « bois gras ». La présence de ces gros vaisseaux coïncide avec la rareté des fibres et le faible épaississement de celles qui existent. Les facultés de résistance sont très réduites au niveau de ce tissu..

Il faut noter ici ce fait intéressant que le bois de printemps ou bois poreux des feuillus, ne varie presque pas dans son épaisseur avec les circonstances de la végétation comme cela a lieu pour les résineux (v. p. 29) mais que la variation porte sur le surplus du bois, c'est-à-dire sur ce que l'on est convenu d'appeler bois d'automne. D'où il résulte qu'une essence feuillue, ayant eu une croissance rapide, donne un bois plus dense que l'essence de même espèce ayant poussé lentement. C'est tout le contraire de ce qui a lieu pour les résineux.

Le fait est particulièrement net lorsque la différence entre les bois d'automne et de printemps est normalement accentuée comme chez le chêne; il l'est peu dans le cas contraire : noyer, hêtre, buis, etc.

Que les vaisseaux soient égaux ou inégaux, leurs dimensions sont constantes pour une même espèce. Leur grosseur est, par suite, caractéristique. On s'est servi quelquefois de ce caractère pour grouper les bois, et, en même temps, pour les reconnaître à la loupe ou au microscope.

Voici un exemple de ces groupements (1) :

1° *Vaisseaux très gros :* chêne à feuilles caduques; châtaignier.

2° *Vaisseaux gros :* orme, frêne, robinier, mûrier, micocoulier, noyer.

_____

(1) La connaissance approfondie des caractères anatomiques du bois est venue fournir un bon appoint aux botanistes pour la classification naturelle des végétaux. Voir notamment sur ce sujet : Houlbert : « Recherche sur la structure du bois secondaire des Apétales », *Annales des sciences naturelles*, t. XVII, 7e série, 1893.

3°. *Vaisseaux assez gros* : bouleau, peuplier.

4° *Vaisseaux fins* : érable, aune, charme, coudrier, hêtre, platane, cerisier, prunier, tilleul, marronnier, saule.

5° *Vaisseaux très fins:* pommier, poirier, alisier, sorbier.

Dans le cas d'inégalité des vaisseaux, on n'a tenu compte que des plus gros; ce cas ne se rencontre d'ailleurs que dans les deux premières catégories, sauf pour le noyer dont les vaisseaux sont à la fois gros et égaux.

Distribution des vaisseaux. — Ils peuvent être *épars* ou *groupés*. On a utilisé ces caractères, comme ceux du diamètre des vaisseaux, pour la reconnaissance des bois et pour l'établissement de sortes de clefs dichotomiques permettant d'arriver facilement à leur détermination. Ils sont *épars* ou *isolés*, dans les arbres fruitiers : cerisier, pommier, poirier, prunier, etc., et dans les hêtre, noisetier, charme, tilleul, bouleau, marronnier, aune, micocoulier, etc. On range dans cette catégorie, non seulement les vaisseaux solitaires, mais encore ceux qui sont par 2-10 et même davantage, à condition qu'ils restent en petits groupes ne se réunissant pas les uns aux autres. Les vaisseaux épars sont, généralement, de grosseur moyenne et égaux. Ils contribuent à constituer au bois une structure homogène, surtout lorsqu'ils sont répartis uniformément dans tout l'anneau d'accroissement. Ils sont quelquefois plus abondants dans le bois de printemps (cerisier, prunier, hêtre, aune).

On oppose aux vaisseaux épars, les *vaisseaux groupés*. Lorsque les vaisseaux sont groupés en grand nombre, ils forment, sur une coupe transversale bien nette, les dessins les plus variés, ils se détachent sur le fond du bois en couleur plus claire et mate. On peut voir les vaisseaux groupés chez les châtaignier, chêne, mûrier, frêne, orme, nerprun, ajonc. On observera un exemple très net de vaisseaux disposés en bandes concentriques sinueuses chez l'orme champêtre (fig. 42).

On verra tous ces caractères utilisés dans la table dichotomique pour la détermination des bois usuels que nous donnons plus loin.

Au point de vue de la mise en œuvre, dit M. Thil, la résistance des bois est modifiée par la grosseur, le groupement, le nombre et la répartition des vaisseaux.

Les vaisseaux forment des vides et par suite des parties faibles dans le bois. Ce vide est d'autant plus nuisible que le diamètre du vaisseau est plus grand ou qu'il y a plus de vaisseaux groupés en un même massif.

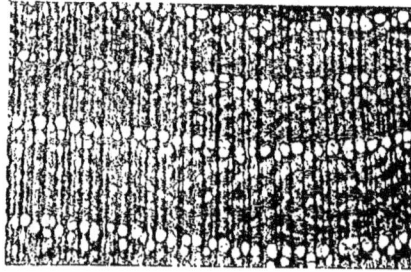

Fig. 42. — Bois d'orme champêtre (Section transversale, 10 diamètres (A. Thil).

Les bois tendres ont beaucoup de vaisseaux de diamètre plus ou moins grand et de parois faibles (saule pleureur, peuplier noir). Les bois durs ont, au contraire, des vaisseaux petits et peu nombreux (buis, cornouillier, amandier, bois de fer, lierre, etc.). Leur répartition, suivant qu'elle est régulière ou irrégulière, donne des bois homogènes, également résistants dans toutes leurs parties ou des bois hétérogènes, comme ceux des conifères, d'une résistance inégale en leurs divers points.

La faiblesse des gros vaisseaux a été mise en évidence par l'usage du pavage en bois. On a dû renoncer à l'emploi du chêne, tandis que des bois exotiques tels que le liem du Tonkin, le jarrah et le karri d'Australie à vaisseaux plus minces, résistent beaucoup mieux.

Les vaisseaux sont des parties faibles pour les bois soumis aux efforts de traction et compression.

Les vaisseaux parfaits des bois feuillus constituent des tubes capillaires ouverts tout le long du bois et par où se fait relativement bien l'injection des solutions antiseptiques employées pour la conservation : il n'en est pas de même pour les résineux, dont les vaisseaux ou trachéides sont imparfaits, c'est-à-dire fréquemment interrompus par des cloisons transversales.

35. Parenchyme ligneux. — Il n'est pas représenté chez les résineux, à moins que l'on considère comme tels les canaux résineux que nous étudierons plus loin.

Chez les bois feuillus, le parenchyme est dit *court* ou *long*, suivant qu'il est constitué par des cellules courtes ou allongées parallèlement à la moelle. Quel qu'il soit, il peut souvent se distinguer à l'œil nu du tissu fibreux, par ce fait qu'il est plus clair et paraît plus mou, les cellules qui le composent ont, en effet, des parois non épaissies ou peu épaissies. C'est dans leur cavité que s'accumulent les substances de réserve, notamment l'amidon et les albuminoïdes, on y trouve aussi des cristaux ou concrétions divers.

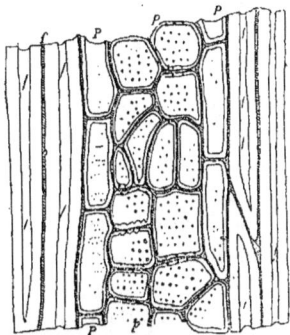

Fig. 43. — Frêne commun ; *p*, parenchyme court ; P, parenchyme long ; *f*. fibres (A. Thil) (Gross. 258).

Il peut être à éléments épars ou groupés : dans le premier cas, il est parfois fort difficile à discerner.

Le parenchyme est généralement situé autour des vaisseaux, auxquels il forme une sorte d'auréole. Il forme quelquefois des masses plus étendues et concourt à produire, notamment dans le bois d'automne, des groupements très apparents et caractéristiques.

La paroi des cellules du parenchyme court est mince et toute criblée de trous où ponctuations ovales ou rondes. Le parenchyme long a des parois souvent épaissies et peu ou pas de ponctuations. Ce dernier élément fait la transition aux fibres ligneuses, dont il est fort difficile de le distinguer.

Les cellules du parenchyme long du chêne sont particulièrement remarquables, elles sont épaissies, souvent cloisonnées et possèdent des ponctuations ressemblant beaucoup à celles des conifères.

Au point de vue de la solidité des bois, il est certain que le parenchyme court, à parois minces et perforées, est la partie la plus faible de la masse ligneuse. Le parenchyme long est plus résistant sans posséder toutefois la force des fibres. Le parenchyme, s'il est abondant, diminue la compacité du bois et sa résistance à la traction et à la flexion.

Ce tissu, lorsqu'il est fibreux, confère cependant aux bois certaines qualités, il lui donne de la *plasticité*.

Après l'abattage, pendant la dessiccation, il permet le jeu des fibres et empêche les fendillements que pourrait produire le retrait radial ou circonférentiel (chez le noyer, par exemple).

Il se produit parfois au niveau de ce tissu des canaux sécréteurs, des laticifères, qui y sont rares d'ailleurs car ils se forment de préférence dans l'écorce, le liber et, quelquefois, la moelle.

36. Canaux résineux des conifères. — Lorsque l'on examine à un fort grossissement une coupe de pin ou de mé-

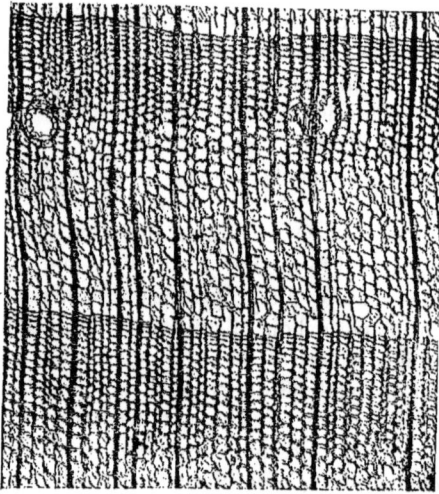

Fig. 44. — Mélèze à croissance lente des Alpes ; section transversale (Gross. 47) (A. Thil).

lèze, par exemple, (fig. 11, 12, 44) on remarque dans le bois, et surtout dans la zone d'automne, des trous relativement grands bordés de cellules à paroi mince bien souvent aplaties contre les trachéides adjacentes et remplis d'une matière brune, ce sont des canaux secréteurs. L'ouverture est la cavité du canal, les cellules à parois minces qui la bordent sont les cellules sécrétrices qui ont déversé leur sécrétion dans le canal où elle constitue la substance brune dont nous avons parlé Cette substance n'est autre que la résine. On retrouve de tels canaux résinifères dans l'épicéa, le mélèze, etc. ; ils manquent dans le bois de sapin. Dans toutes ces plantes on peut trouver, d'autre part, des canaux ou des poches sécrétrices résinifères dans l'écorce.

Dans d'autres cas, l'élément sécréteur ne constitue plus des canaux, mais des cellules allongées dans le sens de l'axe du tronc, c'est le cas des cyprès, genévriers et ifs ; on a alors de simples cellules résinifères.

Ce tissu est un élément de plus faible résistance du bois, mais, par contre, la résine qu'il sécrète, confère au bois une remarquable faculté de résistance aux agents d'altération.

37. Rayons médullaires. — Tandis que les tissus que nous venons d'examiner ont une direction tangentielle, le parenchyme qui constitue les rayons a une direction radiale.

Nous avons appris, en suivant l'accroissement en épaisseur de la tige, de quelle façon se constituaient : 1° de grands rayons, allant de la périphérie jusqu'à la moelle, qui existent dès la structure primaire, et qu'on peut appeler *rayons complets*; 2°, des rayons de second ordre, ou *rayons incomplets*, plus ou moins longs, n'aboutissant pas jusqu'à la moelle, mais s'arrêtant au sein de la couche d'accroissement correspondant à l'année où ils se sont formés par le jeu du cambium (Fig. 25, 26, 33).

a) *Rayons médullaires des bois résineux.* — Tout rayon médullaire doit se caractériser par ses trois dimensions : longueur, hauteur, épaisseur. Examinons de quelle façon peuvent varier chacune de ces dimensions.

Longueur. — On trouve dans le bois des conifères des rayons complets et des rayons incomplets. Ces derniers sont les plus nombreux. Ils traversent tous les couches dans une direction normale par rapport à elles.

Épaisseur. — L'épaisseur est constante pour un bois de même espèce, elle est très faible pour les conifères dont les rayons ont une seule épaisseur de cellules.

Hauteur. — Elle est également très faible, les rayons des

conifères sont le plus souvent, constitués par 7-15 rangs de cellules superposés.

Si on pratique dans le bois une section tangentielle, on se rend bien compte du peu de hauteur des rayons. Ils apparaissent comme d'étroits fuseaux et sont disposés suivant des spirales régulières tout autour de la moelle.

Les cellules placées aux extrémités inférieure et supérieure des rayons ont une section ovale triangulaire. La plus grande partie du rayon est constituée par des cellules plus ou moins arrondies contenant de l'amidon de réserve dans le bois d'aubier; dans le bois de cœur on trouve à la place de cette substance, le plus souvent des résines, huiles ou concrétions. Les cellules des rayons possèdent des ponctuations qui les mettent en communication avec les trachéides voisines, leur forme et leur taille varient avec les espèces, c'est ainsi qu'elles sont fort petites dans le sapin et très grosses dans le pin, cette différence permet de distinguer facilement d'après une coupe radiale, l'un et l'autre de ces bois

On peut trouver enfin au sein des rayons, un peu dilatés à cet effet, des canaux résinifères radiaux (fig. 39).

Influence des rayons médullaires sur la résistance du bois. — Cette influence est fort importante. Les cellules des rayons constituent dans le tissu une partie faible au niveau de laquelle peuvent facilement se produire des affaissements et des déchirements. Les flancs des rayons constituent des plans de moindre résistance, ceci joint à ce fait que, chez les conifères, les rayons sont peu épais, très droits, déviant peu les fibres, explique la facilité toute particulière avec laquelle les bois de ces arbres se laissent fendre et pour ainsi dire cliver, d'où l'emploi des bois de sapin, mélèze, épicéa pour la confection des bardeaux, lattes, tables d'harmonie, etc.

Si étroits que soient les rayons, ils n'en impriment pas moins aux fibres qui les entourent une légère déviation, soit en dessous, là où elles doivent s'écarter pour lui faire place, soit en dessus, là où elles se rejoignent. Dans le cas où s'opérera une compression parallèle à l'axe de croissance, les trachéides déjà courbées seront d'autant plus disposées à se déplacer. Ceci explique les formes de ruptures observées par M. Thil, sur une série d'éprouvettes soumises à la compression parallèle au Laboratoire d'essai de l'École des ponts et chaussées.

Nous relatons ces observations au chapitre traitant de la *Résistance des bois*.

Les rayons s'opposent au retrait radial des bois.

b) *Rayons médullaires des bois feuillus*. — Il y a beaucoup moins d'uniformité dans les caractères des rayons de ces bois que dans ceux des bois résineux.

Longueur des rayons. — Ils sont encore complets ou incomplets, c'est-à-dire qu'ils atteignent ou non la moelle.

Epaisseur. — Celle-ci est très variable dans un même bois, mais constante pour les rayons similaires de bois de même espèce. Les plus épais peuvent atteindre 2 millimètres et les plus minces, constitués d'un seul rang de cellules, ont à peine 2 centièmes de millimètre.

On peut répartir les bois quant à l'épaisseur de leurs rayons en 6 catégories :

1° *Rayons très épais* : Chêne-liège, chêne yeuse ;

2° *Rayons épais* : Chêne rouvre ; chêne pédonculé ; aune blanc, aune commun, noisetier ;

3° *Rayons assez épais* : Hêtre, platane ;

4° *Rayons médiocrement épais* : Erable sycomore, cerisier mérisier ;

5° *Rayons minces* : Erable plane, orme, frêne commun, bouleau ;

6° *Rayons très minces* : Erable champêtre, châtaignier, pommier, poirier, saule. Il faudrait placer aussi dans cette catégorie tous les résineux. On trouve de plus dans les bois d'aune, charme et noisetier, des rayons épais, assez rares, qui sont plutôt de *faux-rayons*. Ils ne sont pas, en effet, constitués uniquement par du parenchyme radial, mais aussi par des bandes de tissu fibreux. Ce sont en réalité, des rayons très étroits à l'état groupé.

La *hauteur* des rayons (qui est leur dimension dans le sens longitudinal) varie beaucoup : soit de 30 centimètres à 2 dixièmes de millimètre. Elle s'apprécie sur une coupe tangentielle.

On peut classer les rayons comme suit, en se fondant sur leur hauteur :

1° *Rayons très hauts* : Clématite des haies ;

2° *Rayons hauts* : Chêne (0 m. 05 à 0 m. 10) ;

3° *Rayons assez hauts* : Hêtre commun (0 m. 005) ;

4° *Rayons courts* : Prunier domestique (0 m. 002) ;

4

5° *Rayons très courts* : Frêne commun (0 m., 0005), buis
(0 m., 0002). C'est ici qu'il faudrait ranger les bois de conifères (1).

Egalité ou inégalité des rayons. — Il y a des essences à
rayons inégaux, d'autres à rayons égaux. Le premier cas se
présente surtout pour les essences qui possèdent des rayons
gros ou assez gros (chêne, hêtre) auxquels sont associés d'autres rayons minces ou très minces, à peine visibles à l'œil nu.

Dans le second cas tous les rayons sont sensiblement égaux :
arbres fruitiers, peupliers, saules, etc. Nous avons vu que
c'était aussi le cas des conifères.

Les rayons sont d'autant plus nombreux qu'ils sont plus
minces.

La disposition des rayons autour de la moelle est spiralée
comme chez les résineux. Cette disposition, assez bien apparente dans la structure primaire, l'est beaucoup moins dans
la structure secondaire. On peut la percevoir cependant lorsque l'on dépouille de leur écorce certains troncs d'arbres,
comme le hêtre commun, par exemple ; les rayons apparaissent alors en creux ou en relief très distinctement, leur couleur
tranchant sur le fond plus clair des autres parties du bois.
On a utilisé depuis longtemps cette ornementation spéciale
pour l'impression des tissus de soie.

La forme des cellules des rayons varie avec les espèces ;
elles présentent, généralement, de petites ponctuations. Les
cellules extrêmes contiennent surtout des cristaux et concrétions, celles du centre sont riches en amidon. Les cellules
cubiques à lumen rempli par des cristaux, que l'on rencontre çà et là, augmentent la résistance du tissu.

Les rayons n'ont plus la rectitude que nous avons signalée
chez les résineux, ils doivent suivre la course des vaisseaux
qui sont généralement inégaux et assez gros.

La proportion du parenchyme des rayons à la masse totale
du bois est des plus variable, elle est parfois considérable, ainsi
dans certains bois, comme le platane, elle peut atteindre 1/3
ou 2/5 du tissu du bois. Plus il y a de parenchyme, plus la
résistance est amoindrie. On voit l'importance, à ce point de
vue, de la question de proportion que nous venons de signa-

(1) Ces tableaux de groupement des bois d'après les caractères des rayons
et vaisseaux, sont empruntés à la Flore forestière de Mathieu et Fliche.

ler : c'est ainsi que le hêtre, où la proportion des rayons est seulement de 1/6 du tissu total, est bien plus résistant que le platane.

L'épaisseur des rayons provoque une déviation parfois assez forte des tissus contigus, aussi le bois des feuillus a-t-il un grain en général moins fin que celui des résineux. Cette

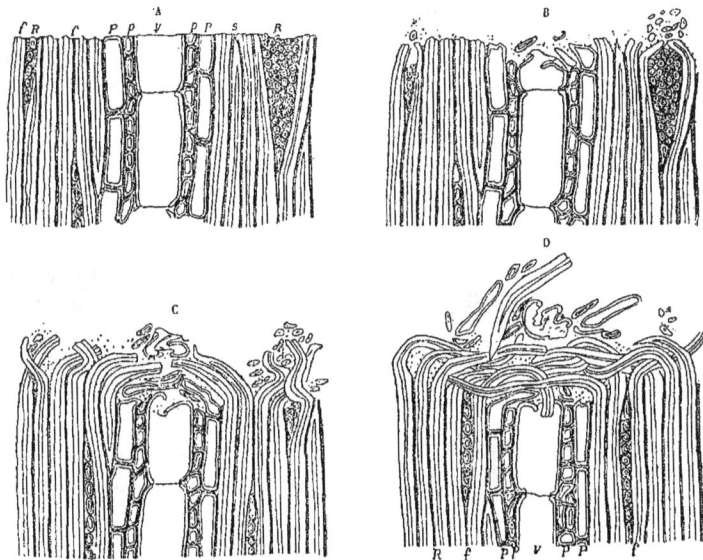

Fig. 46-49. — Usure du pavage en bois (Thil).

disposition le rend aussi moins résistant que ce dernier à la compression parallèle aux fibres, car celles-ci sont déjà infléchies à l'état normal. On vérifie le fait dans les expériences d'essai de résistance et la pratique l'utilise en se servant des résineux comme poteaux de soutien.

Par contre, la plus grande résistance des rayons plus épais et à cellules plus fortes, d'une homogénéité qui vient compenser la différence de compacité des bois d'automne et de printemps, différence d'ailleurs bien moins sensible que chez les résineux, rend les feuillus plus résistants que ces derniers à la compression perpendiculaire aux fibres. Le hêtre et le chêne sont, à ce point de vue, des bois particulièrement désignés pour constituer des traverses de chemins de fer.

Les rayons, s'ils sont larges, constituent une cause d'infériorité pour les bois que l'on veut utiliser pour le pavage. Le parenchyme qui les constitue, exposé au roulage des voitures, s'use promptement laissant à sa place un vide dans lequel viennent forcément se placer les fibres voisines que ce mouvement oblige à se dissocier, c'est ainsi que ces bois se déchiquettent promptement par l'usure (voir schéma de l'usure du pavage, d'après M. Thil, fig. 46).

La disposition des rayons détermine la forme de rupture par compression de la même façon que cela se produit pour les résineux (voir chapitre III).

Les rayons soutiennent ici encore, les tissus pendant le retrait consécutif à la dessication. Les fentes se produisent d'ailleurs généralement sur les flancs des rayons.

38. Maillures du bois. — Les rayons produisent sur le bois débités des dessins très variés qui contribuent beaucoup à donner au bois son aspect plus ou moins séduisant. En

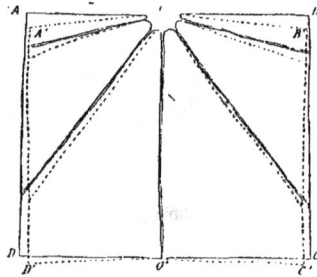

Fig. 50. — A B C D, bois taillé en rectangle au moment de l'abatage (trait plein). — A'B' C' O'D', bois déformé par la dessication (trait pointillé).

coupe tangentielle, ils apparaissent sous forme de traits longitudinaux effilés aux deux extrémités. Leurs dimensions varient beaucoup suivant les espèces ; ils tranchent nettement par leur teinte, généralement plus foncée, sur le tissu environnant. Sur une section radiale, ils forment des plaques moirées et miroitantes, plus ou moins serrées et étendues. Ces plaques sont appelées *mailles, maillures* ou *miroirs* et font dire du bois débité suivant les rayons qu'il est *débité sur mailles* et de celui qui l'est dans le sens tangent, qu'il est débité à *contre-mailles*.

Les chênes qui, parmi leurs nombreux rayons inégaux en possèdent de fort épais, donnent de très belles mailles.

Le débit sur mailles ou à contre-mailles a une grande influence sur la déformation ultérieure du bois. Le bois se déforme beaucoup moins dans le cas du premier débit que dans le cas du second, le bois ayant toujours une tendance à *tirer à cœur*, c'est-à-dire à se courber en sens opposé aux circonférences des anneaux d'accroissement.

Le débit en fente est favorisé par les rayons et cela d'autant plus qu'ils sont eux-mêmes serrés, hauts, droits (pour

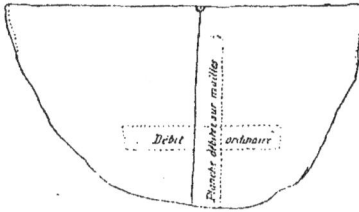

Fig. 51. — Cette figure montre les directions des débits sur mailles et débit ordinaire ou à contre-mailles.

dévier moins les tissus voisins) et régulièrement placés. Les châtaigniers et chênes constituent, pour ces raisons, de beaux bois de fente ; les mailles permettent aussi le débit de l'alisier en fines lames pour les éventaillistes, du coudrier en lanières minces pour les vaniers, etc.

39. La moelle. — La moelle est située au centre de la tige et par conséquent à l'intérieur du bois. Elle existe dès la structure primaire et les modifications qui créent la structure secondaire par le jeu du cambium, ne l'intéressent aucunement. Elle se conserve avec ses caractères primitifs. Elle sera large chez les arbres qui donnent une pousse robuste, comme le marronnier d'Inde, le noyer, réduite, au contraire, chez ceux dont les pousses sont grêles, comme le charme et le bouleau.

La forme de son pourtour est variable avec les essences et peut servir, quelquefois, à les caractériser (fig. 52). Cette forme est généralement en rapport avec le mode d'insertion des feuilles.

La moelle est constituée par un parenchyme de cellules à parois généralement arrondies et molles, comme cela a lieu dans la moelle de sureau, par exemple, mais ces cellules se durcissent quelquefois (hêtre). Dans tous les cas, elles ne tardent

pas à se dessécher en se contractant; elles disparaissent même ,
parfois, en laissant au centre du bois un canal vide par lequel
l'eau peut pénétrer et avec elle, d'autres agents d'altération,
tels que les insectes et les champignons ; des tares et des
défauts nombreux ont cette cause pour origine.

La moelle est, au point de vue de la résistance des bois,
une zone faible d'où partent les fentes lors de la dessiccation ;
elles vont se propageant par les rayons médullaires disposés en spirale tout autour d'elle. Il convient de faire disparaître cette partie du tronc dans les pièces destinées à des
ouvrages soignés.

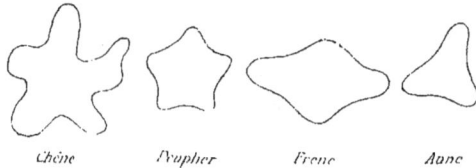

Chêne   Peuplier   Frène   Aune

Fig. 52. — Diverses formes de la moelle des arbres (Thil).

Signalons aussi l'existence de *taches médullaires* dans certains bois: on rencontre parfois des lames d'un tissu parenchymateux analogue à la moelle, noyées dans le bois, loin du
centre ; elles se remarquent seulement chez les bois feuillus
et notamment chez les aunes, chez certains peupliers et saules, et elles peuvent permettre de distinguer dans la famille des
Pomacées les bois des sorbiers, aubépines et alisiers, qui en
possèdent, de ceux des poiriers et pommiers qui en sont dépourvus presque toujours.

M. Thil résume comme il suit les diverses qualités des bois,
qui peuvent être déduites de l'étude anatomique que nous
venons de faire.

**40. Résumé des qualités des bois, susceptibles d'être
déduites de leur étude anatomique. —** a) *Bois résineux.*
— Les bois résineux, dont la zone d'automne n'est pas bien
marquée, qui sont pourvus de petits rayons médullaires et
dépourvus de canaux résinifères, comme l'if et les genévriers,
donnent une matière ligneuse très homogène, et, le plus
souvent, peu résistante, dont les genévriers oxycèdre et de

Virginie sont les meilleurs types. La résistance de ces bois est d'autant plus petite que le diamètre des trachéides est plus grand, mais elle augmente avec l'épaisseur des parois et de leurs épaississements accessoires : l'if en est un bon exemple, puisque sa ténacité devient suffisante pour le faire rechercher par les tourneurs de moyeux de voiture et d'objets de tabletterie ou d'ébénisterie les plus délicats.

Les bois résineux à bois d'automne bien distinct fournissent une matière ligneuse d'autant moins homogène que la compacité de la zone de printemps et de la zone d'automne est plus différente ; sa résistance est d'autant plus grande que les zones d'automne sont plus larges et plus nombreuses sur un diamètre donné. Les pins à cinq feuilles sont, pour cette raison, moins résistants que les pins à deux feuilles pourvus de larges zones d'automne, et les bois résineux crus en montagne sont préférés à ceux de la plaine pourvus de larges accroissements; le mélèze des Alpes, l'épicéa de la même région et les sapins de montagne sont, comme on le sait, bien plus estimés que leurs congénères de la Bourgogne ou de la Normandie.

La résistance de ces bois peu homogènes augmente avec l'épaisseur des parois des trachéides; ainsi le pin Weymouth est moins résistant que le pin cembro et le pin sylvestre est moins résistant que le laricio et le pitchpin, pour cette raison.

L'abondance de la matière intercellulaire cassante et des méats qu'on y rencontre, diminue la cohésion: c'est ainsi que l'araucaria donne un bois bien inférieur à ceux des espèces voisines.

b) *Bois feuillus.* — La compacité et la dureté de ces bois sont proportionnelles à l'épaississement des diverses parois et surtout au nombre des fibres, et inversement proportionnelles à la grosseur des vaisseaux et à l'abondance du parenchyme ligneux et des rayons médullaires.

La ténacité est proportionnelle au nombre et au groupement des fibres, et inversement proportionnelle à la friabilité de la matière intercellulaire.

La flexibilité varie avec la distribution des divers éléments du tissu et la grosseur respective de ces éléments.

L'homogénéité est proportionnelle à la régularité de la

distribution relative des divers éléments du tissu, et inversement proportionnelle à la décroissance des vaisseaux dans les accroissements successifs, à la grandeur des rayons médullaires et à la localisation des divers éléments en faisceaux distincts.

41. Bois torses. — Nous avons considéré, jusqu'à présent, les secteurs fibro-vasculaires comme étant placés suivant des plans passant par l'axe et un rayon perpendiculaire. Il n'en est pas toujours ainsi et ils sont fréquemment inclinés sur cette direction de façon à suivre une hélice, l'inclinaison de cette hélice peut atteindre 45 degrés pour le grenadier et 30 pour le lilas, 3 ou 4 pour le peuplier et le bouleau. On dit dans ce cas que le bois est torse. Ce fait serait dû à l'accroissement des cellules périphériques alors que la croissance du centre de la tige est arrêtée.

Fig. 53. — Bois torse (Thil).   Fig. 54. — (A. Thil).

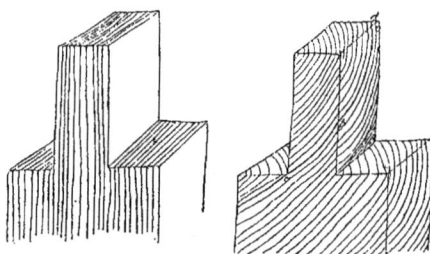

Cette torsion se traduit souvent sur la tige par la présence de lignes spirales.

Que la torsion, soit accidentelle ou spécifique elle agit sur la résistance du bois car les forces n'exercent plus leur effet normalement ou parallèlement mais bien dans une direction oblique par rapport aux secteurs fibro-vasculaires.

M. Thil donne l'exemple suivant : si l'on considère deux tenons ou deux planches l'un avec des secteurs bien parallèles aux surfaces de résistance, et l'autre avec des secteurs hélicoïdaux, il est certain que le premier tenon sera bien plus résistant que le second dont la partie supérieure aura une tendance à se séparer suivant la surface courbe *abcd* (fig. 54). Aussi ces bois sont-ils très dépréciés et ils ne peuvent être employés

qu'en grume comme poteaux ou simplement à l'état de bois
de chauffage. Rares sont les cas auxquels les approprie spécialement leur particularité (Vis de pressoirs, par exemple).

Cette disposition s'oppose aussi au débit en fente, car on
n'obtiendrait par ce moyen que du merrain contourné inutilisable.

**42. Influence des caractères spéciaux des couches
annuelles.** — Nous avons établi (p. 27 et s.) que ces couches
pouvaient être, dans un même bois, larges ou étroites suivant les circonstances de la végétation, et nous avons insisté
sur ce fait que chez les résineux, un bois ayant cru lentement
c'est-à-dire possédant de minces anneaux d'accroissement, est
plus compact, plus riche en résine, meilleur en un mot, que
celui qui a cru promptement et est d'un grain grossier. Chez
les feuillus c'est absolument l'inverse qui se produit (p. 42).

Comme conséquence de ce fait, on doit admettre encore,
que, chez les conifères, le bois des branches est plus dense et
plus riche en résine que celui du tronc, cela par ce fait qu'il
a crû plus lentement. Il est meilleur comme combustible et
comme bois d'œuvre.

Chez les bois feuillus, à vaisseaux inégaux, le bois des branches est au contraire plus poreux et plus léger que celui des
tiges et de moindre puissance calorifique, car ici la lenteur
de la végétation n'influe en rien, avons-nous dit, sur la quantité du bois désigné sous le nom de bois de printemps, mais
porte sur le bois d'automne, qui se trouve réduit d'autant, au
détriment de la bonne qualité du bois.

Nœuds des bois. — La direction du tissu fibreux est notablement déviée là où il doit faire place aux nœuds et la résistance des bois en est très considérablement diminuée.

Nous étudierons l'origine et le rôle des nœuds du bois,
en traitant des tares et défauts (chap. VII).

Aubier et cœur du bois. — Les noms *aubier* et *cœur* donnés aux régions du bois, sont empruntés au langage des ouvriers
qui travaillent le bois. La science s'en est emparé, et a cherché à les généraliser et à les préciser en caractérisant les parties du bois auxquelles ils doivent être appliqués. Le bois de
cœur est encore désigné sous le nom de *bois parfait ou duramen.*

On distingue généralement sur une coupe transversale d'un tronc, deux zones, l'une interne plus foncée, qui est le cœur, c'est le bois le plus ancien; l'autre externe plus claire qui est l'aubier, c'est le bois le plus jeune, il s'est différencié en dernier lieu par le jeu du cambium contre lequel il est appliqué extérieurement. La limite entre les deux zones est quelquefois bien nette, quoique formant une ligne plus ou moins irrégulièrement sinueuse; c'est le cas de certains chênes, de l'orme, du mûrier, du pin, etc.. ; d'autres fois la transition est insensible; ce cas plus rare se trouve réalisé chez le chêne yeuse et le chêne liège, par exemple. Enfin, il est des cas où la distinction de l'aubier et du cœur n'est plus possible, comme dans les bois « *blancs* » : si à la rigueur, on peut encore la reconnaître chez le peuplier et le saule elle devient nulle chez le charme, l'érable, le tremble, le bouleau, les fruitiers en général, l'épicéa et le sapin.

La constitution anatomique du bois de ces deux zones est la même, à cette différence près que les thylles se montrent parfois assez abondants dans le bois parfait, tandis qu'ils font défaut dans l'aubier. Par contre le contenu cellulaire est fort différent dans les deux cas. Le bois nouvellement formé est gorgé de sève, riche en matières albuminoïdes, en amidon, en substances solubles telles que des sucres, glucoses, etc. Ces substances proviennent de la sève descendante que conduit le liber et qu'elle cède au cambium, zone éminemment active qui en passe une partie aux cellules qu'elle produit et qui constituent précisément le bois d'aubier. Ces substances qui servent à l'alimentation du bois, à l'élaboration de nouveaux tissus, sont particulièrement fermentescibles et lorsque le bois est abattu, si l'on n'a pas le soin de le débarrasser de ces substances, il ne tarde pas à devenir la proie d'organismes vivants et parasites qui se nourriront de l'aubier.

Dans le bois plus ancien du cœur ces substances azotées et hydrocarbonées ont presque complètement disparu en se transformant en composés plus stables non assimilables pour les êtres vivants, et même parfois antiseptiques. Le bois de cœur est également beaucoup moins riche en eau que le bois d'aubier; il se colore généralement en rouge; la lignification possède ici tous ses caractères.

En somme, le bois d'aubier est beaucoup plus sujet à la putréfaction que le bois de cœur.

43. Transformation de l'aubier en bois parfait. — Elle s'effectue annuellement, mais il serait inexact de croire, que chaque année, une couche d'aubier devient une couche de bois parfait. S'il en était ainsi il y aurait autant de couches de bois parfait qu'il se serait écoulé d'années depuis le moment de la première transformation.

Il n'en est rien ; chez beaucoup d'arbres âgés, sur le retour, le nombre des couches d'aubier s'accroît considérablement, alors que cependant l'épaisseur totale de la zone est plus faible qu'elle ne l'était aux âges moins avancés. A la formation annuelle de ces couches étroites de nouvel aubier correspond la transformation d'une partie seulement de la couche la plus interne et par conséquent plus large, de l'aubier le plus ancien.

Lorsqu'une couche d'accroissement passe de l'état d'aubier à l'état de bois parfait, il se produit les phénomènes suivants (1) :

1° L'amidon disparaît ;
2° Le tannin le remplace ;
3° Des thylles se forment dans les gros vaisseaux.

Le tannin renfermé d'abord dans les cellules des rayons et du parenchyme ligneux se fixe peu à peu sur les parois des éléments et principalement sur celles des fibres.

Ce tanin qui remplace l'amidon résulte probablement de la transformation de celui-ci, dont il est au moins un sous-produit. L'excès de réserve d'amidon, non transformé en tannin, doit contribuer à la formation des thylles, par la suralimentation qu'il produit des cellules de parenchyme qui environnent les gros vaisseaux.

Le tanin qui se forme, ne peut se répandre qu'en faible quantité dans les couches profondes du cœur déjà presque saturées, aussi reste-t-il confiné dans les couches qui viennent de se produire.

(1) Em. Mer. Des causes qui président à la transformation de l'aubier en bois parfait dans les chênes rouvre et pédonculé. *Annales agronomiques* 1901, p. 281 à 289, et *Comptes rendus de l'Académie des sciences*, 1896, t. CXII, p. 91. ainsi que *Bulletin de la Société botanique de France*, t. XLII, p. 582-598.

Il finit, avons-nous dit, par se fixer sur les parois, mais cette affinité est variable suivant les essences: elle est si faible pour les saules et le prunier que le tanin au lieu de s'y fixer, forme un dépôt brun dans le lumen des vaisseaux. Alors même qu'il se fixe sur la membrane, il y est retenu avec une énergie plus ou moins grande ; c'est ainsi que le bois de sapin lavé par l'eau, se dépouille facilement de son tanin, celui de chêne le conserve au contraire avec ténacité. C'est en raison de cette affinité qu'il absorbe, en se transformant en duramen, 5 et 7 0/0 de son poids sec de tannin et qu'il continue à en fixer longtemps encore par la voie des rayons médullaires.

Le bois, en passant à l'état de bois mort du duramen, augmente très sensiblement de densité, cela provient de ce qu'il s'enrichit du produit de la transformation de l'amidon qu'il possédait en propre et en outre de celui de couches d'aubier plus jeunes, attiré vers la zone de duraménisation.

C'est ainsi que le bois parfait augmente de densité et durcit en s'imprégnant de substances imputrescibles, le tanin surtout, qui se substituent aux éléments éminemment altérables de la sève.

44. Colorations du bois parfait. — Il arrive souvent que le cœur prenne une couleur toute particulière, parfois marbrée ou veinée, qui le fait rechercher pour l'ébénisterie et la marqueterie de luxe Ces couleurs se produisent soit par le fait de la différence des productions annuelles, soit par l'accumulation de matières colorantes dans certaines parties du tissu : ainsi, le bois de noyer est gris roussâtre marbré de noir ; l'olivier, bistre veiné brun et noir ; l'ébène, noir ; le cœur du bois de rosier, rose ; de l'acajou, rose plus ou moins foncé ; du cytise, brun verdâtre ; du mûrier, jaune verdâtre ; de l'if, amarante brunâtre, etc.

Il ne faut pas confondre les teintes particulièrement vives ou foncées du cœur, dues à une coloration normale, avec celles qui ont une origine pathologique étant dues à des commencements d'altération. En général, on peut considérer comme indice d'altération toute coloration qui se superpose à celle du bois parfait au lieu d'être uniforme et de même couleur. C'est ainsi que l'on y peut trouver des taches, zones ou flammes de nuances noires, rouges, brunes, etc., qu'on

pourrait à première vue prendre pour du bois parfait plus
accentué que le reste. On peut reconnaître sûrement au
microscope, si la coloration résulte d'une altération, car, dans
ce cas, elle coïncide avec l'existence de modifications histo-
logiques et la présence de microorganismes. Si les bois qui
offrent les couleurs vives dont nous venons de parler, gagnent
en valeur esthétique, et sont parfois d'un grand prix pour
l'ébénisterie, il ne faudrait pas toutefois en conclure à leur
supériorité au point de vue de la durée ; ils sont au contraire
sujets à une prompte altération. Les bois de poirier, prunier,
chêne à feuilles persistantes, etc., présentent fréquemment ces
accidents.

Il faut citer à ce propos ce que l'on désigne sous le nom de
bois rouge, véritable maladie du bois, sur laquelle nous
reviendrons et qui est malheureusement trop fréquente chez
les vieux hêtres.

Nous parlons au chapitre septième des curieuses altérations
qui produisent les *bois verdis* et les *bois bleuis.*

**45. Valeur relative du bois de cœur et du bois
d'aubier**. — Le cœur et l'aubier, en même temps qu'ils sont
très distincts par leurs propriétés le sont non moins par leurs
qualités. Le bois parfait est d'une valeur bien plus grande
que le bois d'aubier. Le cœur est beaucoup plus durable, à
cause de l'absence dans ses cellules des substances fermentescibles dont nous avons signalé plus haut l'abondance dans
l'aubier. Les parois de cellules de l'aubier se sont modifiées
chimiquement, elle se sont imprégnées de certaines substances
de composition ternaire et surtout riches en carbone et en
hydrogène, parmi lesquelles il faut citer en première ligne le
tanin. Les qualités spéciales du bois parfait peuvent encore être
dues à d'autres causes : c'est ainsi que parfois s'accumulent
dans l'intérieur des éléments du bois (vaisseaux ou parenchyme) des produits qui, par suite de leur insolubilité ou de
l'état de saturation du liquide, se présentent à l'état solide.
Le bois prend alors la coloration de ces concrétions. Ce sont
elles, du reste, qui provoquent les marbrures et les veines
dont nous avons parlé plus haut. Le comblement des cavités
cellulaires par des matières solides, augmente les qualités de
résistance du tissu, puisque les parois des cellules ainsi

soutenues ne peuvent s'affaisser. Les bois de grande densité :
ébène, jarrah, karri, amandier, bois de fer, ont généralement
les cavités de leurs cellules presque absolument pleines de ces
produits résiduaires dont la nature, variable avec les espèces,
a une grande influence sur la durabilité du bois. On constate
disent, Mathieu et Fliche, que pour une essence déterminée
l'aubier est d'autant plus mauvais que le bois parfait est meilleur ; que l'aubier des chênes ou des pins, dont le bois parfait
a tant de qualités, est détestable comme bois de travail ; que
celui du sapin, de l'épicéa, des peupliers équivaut à peu près au
bois parfait et peut s'employer aux mêmes usages ; que, enfin,
sous le rapport de la durée, l'aubier de ces dernières espèces
l'emporte beaucoup sur celui des chênes et des pins.

Conclusion : la valeur de l'aubier, comme bois d'œuvre,
est en raison inverse de celle du bois parfait.

Cette infériorité fait que l'on emploie seul le cœur comme
bois d'œuvre dans la plupart des essences ; par contre, on
préfère l'aubier lorsqu'il s'agit d'obtenir de la pâte à papier,
à cause de la difficulté qu'on éprouve à blanchir les éléments
colorés du bois parfait.

Exceptionnellement, on peut employer comme bois d'œuvre l'aubier aussi bien que le cœur, lorsque leurs qualités
sont sensiblement les mêmes. Cela a lieu pour les bois exploités en France dont les noms suivent : châtaignier, robinier
faux-acacia, etc., qui sont préservés par des substances
imputrescibles antiseptiques et peu solubles dans l'eau, qui
assurent leur durée à l'état d'échalas, par exemple, pendant
25 et 30 ans ; c'est pour le premier bois, le tannin, déjà abondant dans l'aubier, pour le second la robinine.

Nous verrons que l'on peut en injectant dans le bois des
substances antiseptiques, l'employer en lui conservant l'aubier, qui acquiert de ce fait une dureté et une imputrescibilité
qui atténuent la différence qui existe entre lui et le cœur au
point de vue de ses qualités.

Une fois constitué le bois parfait possède toutes les qualités inhérentes à l'espèce à laquelle il appartient : le *temps n'y
ajoutera rien*, il ne le perfectionnera pas. Il n'y a donc pas
lieu de différer l'exploitation d'un arbre, sous le prétexte, qui
serait fallacieux, d'améliorer la qualité de son bois parfait.
Tout ce que l'on peut espérer, c'est que celui-ci se conserve

tel qu'il s'est produit, sans se modifier, car toute modification subie par lui, ne saurait être qu'un commencement d'altération.

46. Table pour déterminer les sections transversales des bois indigènes à l'aide de la loupe ou de la simple vue. — Les connaissances anatomiques que nous avons exposées permettront au lecteur de se servir facilement du tableau suivant, pour peu qu'il y apporte quelque attention. Une expérience personnelle nous a permis d'en apprécier l'utilité pratique.

Les caractères indiqués sont visibles sur des sections transversales de bois bien rabotées, soit à l'œil nu, soit surtout à la loupe. Ils apparaissent avec toute leur netteté lorsqu'on peut les observer sur des coupes minces et transparentes, au moyen du microscope.

TABLE

POUR DÉTERMINER LES COUPES TRANSVERSALES DES BOIS INDIGÈNES LES PLUS UTILES À L'AIDE DE LA LOUPE OU DE LA SIMPLE VUE

d'après la Méthode de M. MATHIEU, professeur à l'école forestière de Nancy, avec l'indication des usages principaux (1).

BOIS FEUILLUS

BOIS RÉSINEUX

PRINCIPAUX EMPLOIS

CHAPITRE II

COMPOSITION ET PROPRIÉTÉS CHIMIQUES DES BOIS

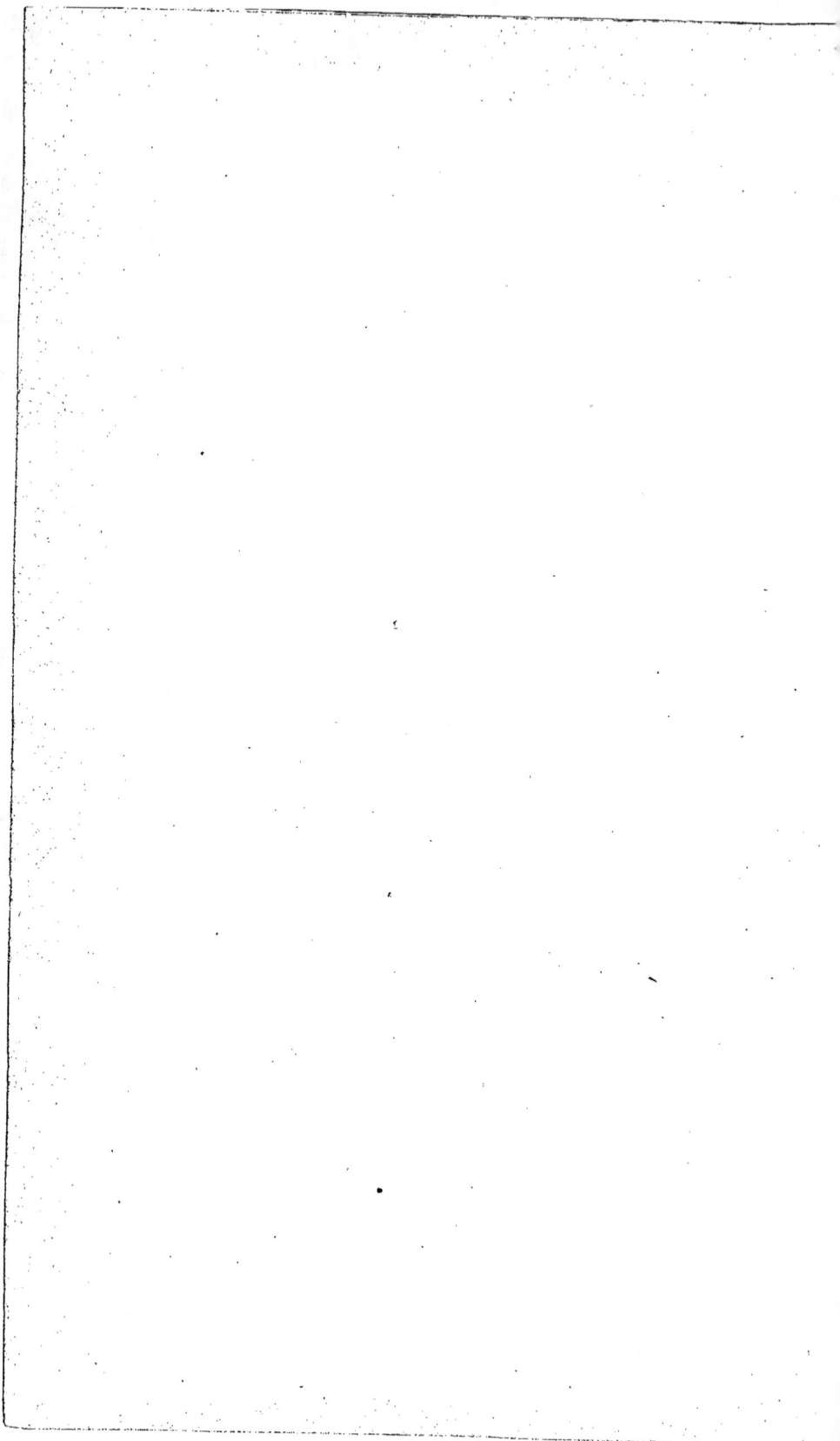

CHAPITRE II

COMPOSITION
ET
PROPRIÉTÉS CHIMIQUES DES BOIS

47. Généralités. — Les propriétés des bois dépendent non seulement de leur structure mais encore de leur composition chimique. Il y a lieu d'étudier à ce point de vue la composition chimique élémentaire, qui résulte de l'analyse brute du bois, et la composition chimique immédiate, qui résulte de l'examen des parties constitutives de ses divers éléments.

48. Composition chimique élémentaire. — Si l'on recueille la sciure produite en sciant un hêtre abattu en hiver et qu'on la soumette à l'analyse, on obtient, d'après E. Chevandier, les chiffres approximatifs suivants:

40 pour 100 en eau
0,65 p. 100 en cendres

	Carbone................	29,61
59,35 p. 100 de principes élémentaires	Hydrogène..............	3,60
	Oxygène................	25,59
100,00	Azote..................	0,55
		59,35

Des analyses répétées sur différentes essences forestières ont donné des chiffres ne s'éloignant pas beaucoup de ceux-là, et il est permis d'admettre que la composition de nos arbres forestiers récemment abattus et non écorcés est en moyenne la suivante, en poids:

40 pour 100 d'eau
1 pour 100 de cendres
59 pour 100 de principes élémentaires
100

Nous allons étudier successivement chacune de ces trois catégories de corps: eau, principes élémentaires et cendres, entrant dans la composition de l'arbre et notamment du bois.

I. Eau. — La teneur du bois en eau varie pour un même arbre :

1° Suivant ses diverses parties ;

2° Suivant la saison durant laquelle il a été abattu ;

3° Avec la durée de dessiccation à l'air libre ;

4° Suivant qu'il est écorcé ou non ;

5° Suivant qu'il est débité ou non.

La teneur en eau varie aussi d'espèce à espèce, comme on peut s'en rendre compte en consultant le tableau suivant :

Teneur en eau de nos principales essences forestières (coupées en hiver), d'après Schubler et Hartig.

Charme (*Carpinus betulus*)................................	18,6 p. 100
Saule Marceau (*Salix capræa*)............................	26,0
Erable sycomore (*Acer pseudo-platanus*).................	27,0
Sorbier des oiseleurs (*Sorbus aucuparia*)...............	28,3
Frêne (*Fraxinus excelsior*).............................	28,7
Bouleau blanc (*Betula alba*)............................	30,8
Alizier commun (*Cratægus torminalis*)..................	32,3
Chêne rouvre (*Quercus robur*)..........................	34,7
Chêne pédonculé (*Quercus pedonculata*).................	35,4
Epicéa (*Pinus abies*)..................................	37,1
Marronnier d'Inde (*Æsculus hyppocastanum*).............	38,2
Pin sylvestre (*Pinus sylvestris*)......................	39,7
Hêtre commun (*Fagus sylvatica*)........................	39,7
Aune commun (*Betula alnus*)............................	41,6
Tremble (*Populus tremula*).............................	43,7
Orme champêtre (*Ulmus campestris*).....................	44,5
Sapin commun (*Pinus picea*)............................	45,2
Tilleul à grandes feuilles (*Tilia Europea*)...........	47,1
Peuplier d'Italie (*Populus pyramidalis*)..............	48,2
Mélèze d'Europe (*Larix Europea*).......................	48,6
Peuplier blanc (*Populus alba*).........................	50,6
Peuplier noir (*Populus nigra*).........................	51,8

Cette eau constitue la majeure partie de la sève et imbibe les parois des cellules elles-mêmes.

1. *Variation de la teneur en eau avec les diverses parties d'un même arbre.* — La teneur en eau est le plus faible dans les parties les plus anciennes du bois ; elle est minimum dans le tronc, moyenne dans les branches et maximum dans les jeunes pousses. Dans le bois du tronc ou des branches, l'aubier est plus riche en eau que le cœur.

Voici les chiffres que donne Chevandier :

Bois coupés depuis six mois	Essences résineuses	Essences feuillues
Vieux troncs................	29 pour 100 d'eau	26 pour 100 d'eau
Branchages................	32 pour 100 d'eau	34 pour 100 d'eau
Jeunes tiges................	38 pour 100 d'eau	36 pour 100 d'eau

2. *Influence de la saison d'abattage.* — Lorsque l'arbre est en sève, surtout au début de la végétation, au printemps, il contient, comme on peut s'y attendre, plus d'eau que lorsque la végétation est suspendue, c'est-à-dire en hiver. Cette différence est en moyenne de 10 p. 100 environ.

Voici les résultats obtenus par Schubler et Neuffer.

	Bois coupés	
	en janvier	en avril
Frêne............	28,8 p. 100 d'eau	38,6 p. 100 d'eau
Châtaigner........	40,2 p. 100 d'eau	47,1 p. 100 d'eau
Epicéa...	52,7 p. 100 d'eau	61,0 p. 100 d'eau

3. *Influence de la durée de la dessiccation à l'air.* — Les bois abattus exposés à l'air libre se dessèchent lentement, mais ils n'évaporent jamais complètement leur eau ; étant très hygroscopiques, ils en contiennent toujours une certaine quantité. Ce n'est qu'après dix-huit mois à deux ans, que le minimum de teneur en eau est réalisé.

La dessiccation est d'autant plus rapide que le tissu est plus poreux, l'atmosphère plus sèche et le bois plus divisé par le débit.

La quantité d'eau, que l'on pourrait appeler hygrométrique, que contient encore le bois, si long qu'ait été le temps de son exposition à l'air libre, peut s'apprécier par des séchages à l'étuve. C'est ainsi que Rumford, en chauffant à 135° C. des bois, déjà aussi complètement desséchés que possible à l'air libre, a obtenu encore les quantités d'eau suivantes :

Chêne........	16,6 p. 100.	Erable........	18,6 p. 100
Sapin	17,5 p. 100.	Tilleul........	18,8 p. 100
Orme........	18,2 p. 100.	Bouleau.......	19,4 p. 100
Hêtre........	18,5 p. 100.	Peuplier.......	19,5 p. 100

Il existe donc une teneur de 15 à 20 p. 100 d'humidité qu'il est impossible de diminuer.

Hartig est arrivé aux mêmes chiffres de 15 à 20 p. 100, au cours de ses expériences.

Il ne faudrait pas croire que l'on puisse obtenir, par l'étuvage, des bois qui demeurent absolument secs ; ils reprennent,

au contraire, en quelques jours ou quelques semaines, une
partie de l'eau évaporée, lorsqu'on les expose à nouveau à
l'air libre (Chevandier et Wertheim).

Le tableau suivant montre d'une façon frappante quelle
diminution considérable se produit dans le poids du bois après
sa dessiccation à l'air libre. Cette diminution, pour les bois
riches en eau comme le peuplier ou le sapin, peut être de 470
à 520 kilog. par mètre cube, soit 98 et 108 pour 100 du poids
du bois sec.

**Différence entre le poids du mètre cube de bois vert
et de bois séché à l'air libre** (d'après GAYER).

ESPÈCES	POIDS du mètre cube de bois		QUANTITÉ d'eau évaporée	PROPORTION p. 100 de l'eau évaporée dans le bois séché à l'air
	vert	desséché à l'air		
	kilogr.	kilogr.	kilogr.	p. 100
Mélèze	760	620	140	22.5
Frêne commun.	920	750	170	22.6
Pin sylvestre.	700	520	180	34.6
Chêne pédonculé	1.100	860	240	27.9
Chêne rouvre.	1.010	740	270	36.5
Epicéa commun.	730	470	260	55.0
Orme champêtre	950	690	270	49.6
Erable Sycomore	930	660	270	40.0
Hêtre commun	1.010	740	270	36.4
Aune glutineux.	820	530	290	54.0
Tilleul	740	450	290	64.4
Pin Weymouth.	730	430	300	69.8
Aune blanc.	800	490	310	60.3
Peuplier tremble	800	490	310	60.3
Saule.	850	430	320	60.0
Bouleau blanc.	940	610	330	50.4
Charme commun	1.080	720	360	50.0
Pin noir	1.000	570	430	70.7
Peuplier blanc	950	480	470	97.9
Sapin pectiné.	1.000	480	520	108.3

4. Influence de l'écorçage et du débit. — On conçoit *a priori* que les bois écorcés et débités puissent plus facilement évaporer leur eau, et qu'ils présentent un plus faible degré d'humidité que les bois qui n'ont pas subi cette opération. M. Uhr a, en effet, trouvé qu'un bois écorcé avait, après trois mois, perdu 40 fois plus d'eau que du bois de même nature qui ne l'était pas.

La valeur industrielle d'un bois de feu étant toujours en raison inverse de sa teneur en eau, il y a tout intérêt à savoir depuis quand il est exploité et dans quelles conditions s'est opérée sa dessiccation.

La question de l'eau contenue dans les bois nous conduit à parler de certains faits, d'un ordre pratique, qui s'y rattachent directement :

5. Retrait des bois par suite de la dessiccation. — La dessiccation des bois change leur poids comme nous l'avons vu plus haut, et, de plus, elle modifie leur volume. En effet, le bois en se desséchant, surtout si cela se produit rapidement, éprouve un retrait et bien souvent se fendille, on dit alors que le bois « tire à cœur » (fig. 50).

M. Marcus a fait des expériences sur des pièces de hêtre et de tremble coupées depuis un an et soumises pendant 48 heures à une température de 100 à 110° centigrades ; les retraits moyens ont été :

Retrait longitudinal ou parallèle à l'axe de croissance .   1/22.
Retrait radial ou perpendiculaire à cet axe. . . . .   1/42.
Retrait tangentiel aux couches de croissance . . .   1/18.
Soit un retrait sur le volume total, de. . . . .   1/16.

Par un phénomène inverse les bois desséchés se dilatent en reprenant de l'eau qu'ils trouvent dans le milieu ambiant.

Des expériences ont été faites à ce sujet par le laboratoire d'essais de l'École des ponts et chaussées, pour se rendre compte du déplacement que la dilatation aqueuse pouvait produire sur les chaussées en bois. Le tableau suivant montre combien cette dilatation peut être considérable.

Dilatation des bois préalablement desséchés, puis plongés dans l'eau jusqu'à saturation (d'après Lave).

ESPÈCES	DILATATION LINÉAIRE pour 100 unités sur la dimension		
	longitudinale	radiale	périphérique
Cèdre.	0.017	1.30	3.38
Ebène	0.010	2.13	4.07
Citronnier	0.154	2.18	4.51
Sapin.	0.076	2.41	6.48
Frêne jeune.	0.821	4.05	6.56
Erable	0.072	3.35	6.59
Frêne vieux.	0.187	3.84	7.02
Pommier.	0.109	3.00	7.39
Chêne jeune.	0.400	3.90	7.55
Chêne vieux	0.130	3.13	7.78
Hêtre pourpre	0.200	5.03	8.06
Robinier faux-acacia	0.035	3.84	8.52
Bouleau blanc.	0.222	3.86	9.30
Buis	0.026	6.02	10.20
Hêtre commun	0.400	6.66	10.90
Poirier.	0.228	3.94	12.70

6. *Influence de la teneur en eau sur les qualités du bois.* — L'eau contenue dans les bois augmente leur plasticité comme le fait observer M. Thil. Tous les ouvriers savent que pour utiliser les bois en pièces courbes, comme les liens ou harts, la vannerie, les brancards des voitures, les pieds de chaises, etc., il faut mettre le bois en œuvre, lorsqu'il est encore gonflé de sève, autrement dit, à l'état vert ou bien encore après lui avoir fait subir une période d'immersion plus ou moins prolongée. Ces mêmes bois sont au contraire cassants lorsqu'ils sont secs.

C'est afin d'augmenter leur plasticité que l'on immerge, avant d'en faire usage, les lanières d'osier, de coudrier, de chêne ou de châtaigner.

Les éprouvettes immergées, soumises à la compression,

reprennent leur forme après des déformations souvent considérables qui auraient causé leur rupture si elles les avaient subies à l'état sec (Thil).

Cette plasticité a cependant l'inconvénient de diminuer la résistance du bois, car les forces agissent alors sur un corps plus mou.

Un autre inconvénient, très grave, de l'humidité des bois, surtout lorsqu'une dessiccation sagement pratiquée n'est pas venue la réduire au minimum, c'est qu'elle les prédispose aux atteintes des insectes et surtout des champignons et de divers microbes végétaux. Les êtres vivants ont besoin pour vivre de rencontrer dans le milieu où ils se trouvent des aliments et, en première ligne, de l'eau. Les aliments, quels qu'ils soient, ne sauraient d'ailleurs être utilisés s'ils ne sont dissous dans l'eau, ou tout au moins accompagnés par elle.

C'est pour ces raisons qu'il convient de dessécher méthodiquement les bois, si l'on veut éviter qu'ils ne s'altèrent promptement.

Nous parlons autre part du séchage des bois (Chapitre huitième).

II. CENDRES. — Lorsque l'on brûle un fragment de bois, il reste toujours une certaine quantité de cendres. L'analyse chimique y révèle un nombre considérable de corps qui se trouvent dans la plante à l'état de combinaisons salines. Ces substances ont été puisées dans le sol par la plante et bien qu'en quantité relativement très faible, elles n'en sont pas moins nécessaires pour que se produise le meilleur rendement du végétal : qu'une seule soit absente du milieu nutritif qui est à la disposition du végétal, aussitôt la différence en poids de ce végétal et d'un autre similaire qui en est pourvu, toutes autres conditions étant égales d'ailleurs, devient très notable en faveur du second. Quelles sont ces substances ? Ce sont, en première ligne : le soufre, le phosphore, le chlore, le silicium, le potassium, le calcium, le magnésium, le fer, le sodium, qui sont communes à tous les végétaux ; il en est d'autres beaucoup plus rares que l'on peut rencontrer exceptionnellement comme l'aluminium, le baryum, le zinc, le bore, etc., etc.

Ces matières minérales sont dans la plante à l'état de combinaisons.

Comme cela a lieu pour la teneur en eau, la teneur en cendres varie avec les différentes espèces d'essences et, pour une même essence, avec les diverses parties qui la constituent.

1. *Variations des matières minérales avec l'espèce végétale.* — Voici les différences relevées dans quelques essences forestières, croissant dans des conditions identiques (1):

	Chêne rouvre	Pin sylvestre	Épicéa	Peuplier d'Italie	Peuplier tremble	Peuplier noir	Orme	Acacia
Chlore	0,30	1,21	2,07	0,29	traces	traces	0,77	0,47
Ac. sulfurique . .	1,61	1,45	1,60	0,74	0,32	1,40	5,42	3,56
Ac. phosphorique.	7,41	3,74	2,60	11,52	13,30	11 »	9,61	11,51
Silice.	1,38	8,72	12,55	0,30	1,61	3,69	6,16	2,71
Potasse.	11,60	27,33	12,84	10,17	13,44	16,90	24,08	10,53
Soude.	2,18	1,52	5,65	0,52	traces	traces	2,10	5,66
Chaux	70,24	60,74	58,27	71.25	66,50	52,54	37,93	58,30
Magnésie.	4,97	4,36	2,81	4,84	3,23	11,67	10,01	6,79
Oxydes de fer, de manganèse d'alumine	0,41	0,93	1,60	0,17	1,60	2,80	3,92	0,47
Parties { solubles .	14,77	15,80	17,20	10,54	7 »	15 »	29,55	16,90
insolubles	85,23	84,20	82,80	89,46	93 »	85 »	70,45	83,10

On peut établir les moyennes suivantes:

    40   0/0 de chaux
    12,6   de potasse et de soude
    5,35   de magnésie
    3,25   d'oxyde de fer et de manganèse
    6,40   d'acide phosphorique
    3,90   »   silicique
    2 »   »   sulfurique.

(1) Les analyses ont porté sur des branches de 0,02 à 0,015 de diamètre, non écorcées.
Ce tableau est extrait de la « Répartition des éléments inorganiques dans les principales familles végétales », de Malaguti et Durocher. *Annales de physique et de chimie*, 3ᵉ série, tome LIV.

Voici, d'autre part, ce qu'avait trouvé Berthier dans la composition des cendres (*Dingler's Journal*, t. XXII, p. 150) :

	Tilleul.	Bouleau.	Aune.	Sapin.	Pin.
Sels solubles :					
Acide carbonique.......	2,96	2,72	»	7,76	2,80
— sulfurique........	0,81	0,37	1,24	0,80	1,67
— chlorhydrique....	0,19	0,03	0,06	0,08	0,92
— silicique........	0,17	0,16	»	0,20	0,18
Potasse	6,55	12,72	»	16,80	4,41
Soude					3,53
Total....	10,68	16,00	18,80	25,14	13,51
Sels insolubles :					
Acide carbonique.......	35,75	26,04	25,17	17,17	32,77
— phosphorique.....	2,51	3,61	6,25	3,14	0,91
— silicique........	1,80	4,62	4,06	5,97	4,19
Chaux...............	46,53	43,85	40,76	29,72	38,51
Magnésie.............	1,97	2,52	2,03	3,28	9,50
Peroxyde de fer........	0,09	0,42	2,92	10,53	0,09
Oxyde de manganèse....	0,54	2,94	»	4,48	0,36
Total......	89,19	84,00	81,81	74,29	86,39

Il ressort de l'étude de ces deux tableaux que les éléments inorganiques qui composent les cendres sont, pour nos arbres forestiers et par ordre d'importance :

	TENEUR MOYENNE
1º *Bases* :	
Chaux...........................	48,00 p. 100
Potasse et soude	12,60 —
Magnésie.......................	5,35 —
Oxydes de fer et de manganèse.......	3,25 —
2º *Acides* :	
Acide phosphorique	6,40 —
Acide silicique.........	3,90 —
Acide sulfurique..................	2,00 —

Au point de vue simplement quantitatif, MM. Chevandier et Bauer opérant l'un dans les Vosges, l'autre dans le duché de Bade, sur des arbres d'une même forêt et placés dans des conditions de végétation semblables, ont trouvé les résultats suivants :

Expériences de M. Chevandier

ESSENCES	TENEUR MOYENNE EN CENDRES P. 100
Saule	2,00
Tremble..............	1,73
Chêne...............	1,65
Charme..............	1,62
Aune................	1,38
Hêtre................	1,06
Pin Sylvestre...........	1,04
Sapin...........	1,02
Bouleau	0,85
Moyenne....	1,37

Expériences de Bauer

Chêne........	2,03
Bouleau.....	0,99
Aune..................	0,87
Pin sylvestre..	0,63
Hêtre.................	0,57
Charme................	0,68
Moyenne....	0,96

La comparaison des deux tableaux précédents nous apprend que non seulement la teneur en cendres varie d'une espèce à l'autre, mais encore qu'elle change pour des individus de même espèce placés dans des conditions différentes.

2. *Influence de la nature minéralogique du sol, sur la composition chimique des cendres.* — Le végétal est soumis à l'influence du sol, il absorbe par ses racines les éléments qui lui conviennent, lorsqu'ils sont représentés et dans une proportion d'autant plus grande (dans une certaine mesure et pour certains d'entre eux) qu'ils y sont représentés plus abondamment. Il en résulte que la quantité et la qualité des substances minérales entrées dans la constitution du bois variera avec la composition minéralogique du sol. C'est ce qu'ont mis en évidence les expériences de MM. Fliche et Grandeau (1) : Ils analysaient les cendres de parties analogues de mêmes essences ayant vécu dans des conditions identiques, sauf en ce qui concerne la nature du terrain. Les résultats obtenus ont été les suivants :

1° *Influence du sol sur la quantité des cendres*

ESSENCES	TENEUR EN CENDRES P. 100	
	Sol crayeux	Sol marno-siliceux
Pin maritime (rameau non écorcé)..	1,53	1,32
Châtaignier (bois)...............	5,71	4,74

On remarquera la différence considérable de chaux absorbée suivant que le sol est très calcaire (crayeux) ou plutôt siliceux. Cette différence est de 16 p. 100 pour le pin maritime et 14 p. 100 pour le châtaignier.

Il existe également une différence très sensible concernant l'absorption de la silice. La quantité de ce corps augmente d'un tiers pour le pin et des deux tiers pour le châtaignier, dans le cas où les arbres ont crû en sol siliceux.

(1) Influence de la composition du sol sur la végétation du pin maritime et sur celle du châtaignier, *Annales de physique et de chimie*, 4° série, t. XXIV et 5° série, t. II.

On remarquera encore que les poids de potasse suivent une marche inverse à celle des teneurs en chaux.

2° *Influence du sol sur la composition chimique des cendres*

SUBSTANCES MINÉRALES de la cendre	PIN MARITIME		CHATAIGNIER	
	sol crayeux	sol marno-siliceux	sol crayeux	sol marno-siliceux
Chlore.	»	»	0,08	»
Acide sulfurique. . .	»	»	0,64	1,43
Acide phosphorique .	9,14	9,00	4,27	4,53
Silice	6,42	9,18	4,36	3,08
Potasse	4,95	16,04	2,69	11,65
Soude.	2,52	4,91	0,28	0,00
Chaux.	56,14	40,20	87,30	73,26
Magnésie.	18,80	20,09	2,07	3,99
Oxyde de fer.	2,07	3,83	1,27	2,04

NOTA. — Les expériences ont été faites avec des rameaux non écorcés et munis de leurs feuilles.

MM. Fliche et Grandeau tirent des résultats qu'ils ont obtenus, cette conclusion que si le pin maritime et le châtaignier ne peuvent prospérer dans des sols trop calcaires, cela tient moins à une influence spéciale de la chaux qu'à ce fait qu'elle empêche la plante de se procurer en quantité suffisante la potasse qui lui est nécessaire.

3. *Variation de la teneur en matières minérales avec les diverses parties d'un même arbre.* — L'écorce renferme plus de matières minérales que le bois, les branches plus que la tige et cette dernière plus que les racines.

Le tableau suivant donne les résultats qu'a obtenus M. Violette (1) en incinérant les diverses parties d'un cerisier merisier.

M. Chevandier, en prenant la moyenne de plus de 500 incinérations pratiquées sur neuf de nos essences forestières des

(1) *Comptes rendus de l'Académie des sciences*, t. XXXVI, p. 850, 1853.

PARTIES DE L'ARBRE incinérées		TENEURS p. 100 en cendres	RAPPORT de ces teneurs à celle du bois de tronc prise pour unité
Feuilles		7,118	24,04
Brindilles.	Écorce.	3,454	11,70
	Bois.	0,304	1,02
Branches moyennes	Écorce.	3,682	12,40
	Bois.	0,134	0,45
Grosses branches. .	Écorce.	2,903	9,80
	Bois.	0,354	1,19
Tronc.	Écorce.	2,657	8,94
	Bois.	0,296	1,00
Grosses racines . .	Écorce.	1,129	3,81
	Bois.	0,231	0,78
Moyennes racines .	Écorce.	1,643	5,50
	Bois.	0,223	0,75
Chevelu non écorcé		5,007	16,20

plus communes, a obtenu les chiffres suivants de teneur en
cendres :

Rondinages de jeunes plants... 1,23
Bois de quartiers.............. 1,34
Roudinages de branches...... 1,54
Fagots 3,27
Moyenne..... 1,84

C'est non seulement la quantité des matières minérales qui
varie d'une partie à l'autre de l'arbre, mais encore leur
nature, comme le montre le tableau suivant :

D'après Hartwig [*Ann. der Chem. u. Pharm.*, t. XLVI, p. 97].

	Hêtre (bois)	Hêtre (écorce)	Sapin (bois)	Sapin (écorce)	Sapin (piquants)
Carb. de potasse...	11,72		11,30		29,09
— soude....	12,37	3,02	7,42	2,95	
Sulfate de potasse..	3,49				
Carbonate de chaux.	49,54	64,76	50,94	64-98	15,41
Magnésie..........	7,74	16,90	5,60	0,93	3,89
Phosphate de chaux.	3,32	2,71	4,43	5,03	
— de magnésie.	2,92	0,66	2,90	4,18	
— de fer......	0,76	0,46	1,04	1,04	38,36
— d'alumine...	1,51	0,84	1,75	2,42	
— de mangan..	1,59	»	»	»	»
Silice............	2,46	9,04	13,37	17,28	12,36

De ces analyses et de celles qu'ont faites dans le même sens MM. Fliche et Grandeau (1), on peut conclure que la silice est particulièrement abondante dans l'écorce et moins dans le bois ; que la chaux se localise surtout dans l'écorce et moins dans le bois ; que la potasse prédomine dans le bois.

4. *Influence de l'époque de l'abatage des bois sur leur teneur en matières minérales.* — Il ressort des analyses de Poleck (1) que les bois abattus au cours de l'été et surtout au commencement de la saison, contiennent une quantité de potasse et d'acide phosphorique beaucoup plus considérable que ceux qui ont été coupés en hiver. Nous verrons que ce fait contribue, comme la teneur en eau plus grande des bois abattus en sève, à les rendre plus altérables. Les bois contiennent dans ce cas des substances susceptibles de constituer d'excellents aliments pour certains organismes de fermentation (voir chapitre septième).

5. *Répartition des substances minérales dans les éléments du tissu.* — Dans quels éléments des tissus du bois se trouvent les substances minérales dont l'analyse chimique vient de nous déceler la quantité et la qualité ?

Le microscope nous permet de constater dans l'intérieur des cavités de certaines cellules des cristaux qu'il est facile de déterminer comme étant des oxalates ou carbonates de chaux, etc., on peut même apercevoir dans certains cas, comme cela a lieu pour les fibres du bois de teck, des cristaux de silice qui sont situés dans la paroi elle-même. Mais ces substances minérales figurées manquent souvent ; on n'en trouve pas moins, en incinérant une section mince de bois, un résidu blanc constitué par des cendres ; il conserve encore la forme de toutes les parois cellulaires. Les substances minérales qui donneront les cendres, peuvent donc parfois imprégner normalement les parois des cellules.

6. *Influence des matières minérales du bois sur ses qualités.* — La proportion des cendres contenues dans le bois est très faible, comme nous venons de le voir ; il ne faudrait pas cependant en conclure qu'elles sont dénuées d'influence sur les qualités de la matière ligneuse.

Dans quelques cas, rares d'ailleurs, pour le teck par exem-

(1) *Ann. de chimie et de physique*, 5e série, t. II.

ple, le dépôt minéral qui incruste les parois d'une façon apparente contribue certainement à donner à ce bois sa dureté
bien connue ; il rend en même temps sa mise en œuvre moins
facile, car il use rapidement les outils. Le bois d'ébène, également fort dur, est très riche en cendres, soit : 3,9 0/0.

L'acide salicylique, que l'on a trouvé dans certains bois, les
rend plus difficilement inflammables et tout-à-fait propres
à constituer des fourneaux de pipes. C'est le cas du bois de
bruyère, qui en contient 1,81 0/0. L'ébène en renferme
0,4 0/0. Il faut signaler, dans les rayons médullaires du bois
d'ébène, l'existence de séries de cellules extraordinairement
volumineuses, remplies de cristaux, qui donnent à ce bois
son scintillement particulier.

Mais le fait le plus important à relever, au point de vue
pratique, est la grande influence qu'a l'existence des matières
minérales sur l'altération des bois, quand elle coïncide avec
l'humidité. Certaines de ces substances constituent des aliments de premier ordre pour des êtres vivants, notamment
les champignons, qui peuvent végéter d'autant plus facilement aux dépens du bois qu'elles sont plus abondantes. Nous
avons attiré l'attention sur ce fait que les bois abattus en sève
sont plus altérables que ceux abattus en saison morte, non
seulement parce qu'ils sont riches en eau et en substances
albuminoïdes, mais encore, et pour une large part, parce
qu'ils possèdent une quantité plus considérable de potasse et
d'acide phosphorique.

7. *Utilisation des cendres comme sels de potasse.* — Les
cendres provenant de la combustion des bois contiennent des
proportions variables de carbonate de potasse, comme nous
l'avons vu précédemment. Cela explique l'emploi qu'on en a
fait de tout temps pour le lessivage du linge. Actuellement les
arts industriels disposent pour leurs besoins en potasse de
sources pour ainsi dire inépuisables ; il suffit de rappeler les
100.000 tonnes fournies annuellement par Stassfurt. On conçoit donc que brûler les bois pour en recueillir les cendres
soit un véritable pis aller ; on n'y a recours que dans certaines
régions de grandes forêts où l'on traite ensuite les cendres
pour en extraire le carbonate impur, auquel on donne le nom
de « potasse » dans le commerce. L'Autriche, la Russie,
la Scandinavie et le Canada sont aujourd'hui les seuls pays
producteurs de cette potasse d'origine végétale.

III. Principes élémentaires. — Les corps simples : oxygène, hydrogène, azote et carbone constituent, d'après Chevandier, en moyenne 59 p. 100 du bois vert. Leur proportion varie peu dans les divers bois.

Il est à remarquer que le bois (séché complètement) renferme, quelle que soit sa provenance, plus de carbone et d'hydrogène que la cellulose pure, cela tient à la présence dans le bois de la matière incrustante dite *lignine* et d'une foule de principes riches en carbone. Il existe toujours une quantité d'hydrogène supérieure à celle qui suffirait pour donner de l'eau en se combinant avec l'oxygène.

Voici la composition en principes élémentaires, des bois de diverses essences, telle qu'elle résulte des analyses de plusieurs auteurs.

	Carbone	Hydro-gène	Oxygène et azote		Carbone	Hydro-gène	Oxygène et azote
Tilleul. . . .	49,41	6,86	43,73	Érable. . . .	49,80	6,31	43,58
Sapin	50,83	6,26	42,91	Peuplier noir	49,70	6,31	43,09
Orme	50,19	6,42	43,39	Bouleau. . .	49,36	6,28	44,19
Pin sylvestre.	50,65	6,20	43,15	Chêne. . . .	50 »	6,06	43,94
Tremble. . .	50,31	6,32	43,37	Frêne. . . .	49,36	6,07	44,57
Mélèze. . . .	50,11	6,31	43,58	Acacia. . . .	48,67	6,27	45,06
Hêtre	48,87	6,12	45,01	Charme. . .	48,84	6,18	45,01

49. Composition immédiate. — Il y a lieu de distinguer dans la composition immédiate des bois les principes qui constituent le contenu des cellules, autrement dit la sève qui reste dans le bois, et ceux qui entrent dans la formation des parois des cellules.

I. Le contenu des cellules du bois. — Les éléments âgés du bois et notamment ceux qui font partie du cœur, sont des éléments morts et vides de tout contenu, il n'en est pas de même du bois d'aubier, et spécialement des cellules de parenchyme tangentiel ou radial (rayons médullaires), qui sont gorgées de sucs. La substance fondamentale de la cellule est le pro-

6

toplasma, dont l'activité engendre des produits très divers et nombreux que l'on trouve bien souvent superposés à lui.

Le protoplasma, qui est la matière vivante par excellence, est une substance incolore ou grisâtre de consistance liquide et comme sirupeuse, elle est de nature albuminoïde formée essentiellement de carbone, oxygène, hydrogène, azote, etc. Il est impossible de déterminer avec précision la composition chimique de cette substance, car elle se modifie constamment sous l'influence de la vie et l'on pourrait dire que cette évolution perpétuelle du protoplasma est la vie elle-même. Les dérivés de l'activité du protoplasma sont extrêmement nombreux et variables d'une plante à l'autre et même d'une cellule à une autre dans une même plante. Il s'y élabore des substances alimentaires destinées, soit à être immédiatement consommées, soit à être mises en réserve, les principales sont : les sucres, le glucose, l'amidon, l'aleurone. Il s'y forme aussi des produits de déchet, comme le tannin, les sels minéraux, les latex divers (caoutchouc, etc.), les résines, les gommes, les huiles, les glucosides tels que la salicine du saule, l'esculine du marronnier, la coniférine des conifères abiétinées, etc.

Beaucoup des substances dérivées de l'activité du protoplasma communiquent au bois des qualités spéciales ; voyons d'abord ce qui concerne l'amidon.

Lorsque le bois a été abattu pendant la saison d'hiver il contient une grande quantité d'amidon de réserve, la proportion en est beaucoup moindre dans le bois abattu en été. Cet amidon prédispose le bois à la vermoulure ; nous disons ailleurs quels procédés propose M. E. Mer pour l'éliminer. Cependant cette substance communique au bois des qualités spéciales qui en font un produit meilleur pour certains usages. Elle rend le bois dur et imperméable, parce qu'elle en bouche les pores, c'est pourquoi dans la fabrication des douves de tonneau on emploie presque exclusivement du bois coupé en hiver ; avec le bois coupé en été le contenu des fûts est sujet à s'évaporer par infiltration à travers les pores. Il est un moyen fort simple de reconnaître si le bois a été coupé en hiver et si, par suite, il est riche en amidon : cette substance se colore en violet par l'iode, par conséquent, si le bois à examiner étant imprégné d'une solution iodurée, sa surface apparaît jaune et non violette, on peut affirmer que l'arbre a été abattu en été ; si, au contraire, il apparaît à la surface du bois des bandes sombres, d'un noir d'encre, révélant l'abondance de l'amidon, se détachant sur le fond jaune, c'est qu'on a affaire à un bois coupé en hiver.

Le tannin qui imprègne surtout les parois des cellules du cœur, rend celui-ci plus résistant que l'aubier aux agents d'altération. Les sels minéraux augmentent parfois la dureté du bois.

Le camphre communique au bois du camphrier des vertus spéciales.

Les résines et oléo-résines du bois constituent, dans la plupart des cas, des produits précieux pour l'homme. Les *résines*, sont des carbures végétaux, le plus souvent associés à des essences ou *huiles essentielles* qui sont elles-mêmes des carbures ; on désigne les produits de cette association sous le nom d'*oléo-résines* ; elles sont exploitées chez de nombreux conifères. Les *baumes* sont des produits oléo-résineux solides ou liquides accompagnés de deux acides organiques : les acides cinnamique et benzoïque ; citons le baume de Tolu qui s'écoule du tronc du *Toluifera balsamum*, le benjoin qui est obtenu du tronc du *Styrax Benzoin* et exhale une odeur suave, etc.

Les huiles, les corps gras et les essences, peuvent assouplir le bois et le rendre plus mou.

Beaucoup d'essences rendent les bois odorants, leur communiquant parfois une odeur désagréable (cerisier à grappe, nerprun, bourdaine, etc.), mais bien souvent aussi, une odeur agréable qui augmente beaucoup leur valeur et permet de les utiliser en parfumerie.

Citons quelques bois odorants : le cerisier mahaleb, le bois d'iris, les bois appelés : bois de cèdre (cedrela, juniperus, icica) ; les bois de rose (*Convolvulus floridus* n. *scoparius*, etc.) ; les bois à linalol de la Guyane (*Acrodiclidium*), un bois à linalol de Mexico (*Amyris*) ; les bois à terpentine ; les bois musqués ; l'*Acacia homalophylla* ou bois de violette du sud de l'Australie ; le *Machaerium* ou palissandre, qui sent également la violette ; les bois de santal (*Santalum, Erimophila, Myoporum*), le *Coumarouna odorata* ou arbre à la fève Tonka, parfumé par la coumarine. Les bois naturellement parfumés conservent indéfiniment leur odeur.

Les cellules du bois produisent parfois des *matières colo-*

rantes, qui augmentent sa valeur esthétique, ou qui peuvent s'extraire et s'utiliser indépendamment du bois lui-même, pour la teinture.

Citons comme exemple : les bois jaunes, tels que le chêne quercitron coloré par la quercitrine ; le mûrier d'Amérique (*Morus tinctoria*) également coloré en jaune sous l'influence de substances mal définies appelées *morin* et *maclurine* ; le fustet, l'épine-vinette, etc. Les bois rouges sont colorés par une substance isolée par Chevreul et désignée par lui sous le nom de *brésiline*, glucoside qui oxydé donne la *brésiléine* de couleur rouge. Les bois rouges appartiennent surtout à diverses espèces de la famille des Légumineuses-Césalpiniacées, les principaux sont les suivants : bois de Brésil, b. de Pernambouc, b. de Sainte-Marthe, b. de Sappan ou Brésillet des Indes, b. de Lima, etc. La plupart des bois de santal rentrent dans la catégorie des bois rouges, leur matière colorante est connue sous le nom *santaline*. Le bois de coliatour est coloré par la même substance, ainsi que le bois de camwood.

Le bois de campêche renferme un principe colorant, mais incolore, l'*hématine* qui par oxydation se transforme en divers produits colorés dont l'un des premiers termes, l'*hématéine*, est rouge.

Le cachou de l'*Acacia catechu* s'obtient du cœur du bois et constitue une matière tannante rouge.

Citons encore les bois de rose du commerce, provenant de diverses essences exotiques et qu'il ne faut pas confondre avec d'autres bois de rose dont nous parlions plus haut, qui sont ainsi nommés à cause de leur odeur et dont on extrait de l'essence de rose.

Il y a encore des bois colorés en noir, dont le plus connu est l'ébène (*Diospyros ebenum* et autres espèces).

Nous aurons l'occasion de reparler des bois qui doivent leurs propriétés spéciales aux matières colorantes qu'ils contiennent.

II. LA MEMBRANE DES CELLULES DU BOIS. — La question de la composition chimique de la membrane des cellules ligneuses est des plus complexes. Il a fallu fort longtemps pour arriver aux connaissances actuelles sur ce sujet, encore est-on en droit de dire que les résultats obtenus dans la voie de cette étude, ne sont ni complets, ni tous, peut-être, absolument acquis à la science.

Une cellule destinée à devenir ligneuse a sa paroi constituée, comme toutes les autres cellules, par l'association de deux principes ternaires, la cellulose qui domine et un principe pectique qui forme presque entièrement la lame mitoyenne placée entre des cellules contiguës; plus tard viennent se superposer à ces substances, un certain nombre d'autres corps plus ou moins bien connus et qui caractérisent la membrane lignifiée. On désigne parfois ces derniers corps sous le nom de *matières incrustantes*.

Nous étudierons successivement les diverses substances désignées sous les noms génériques de : *a*) celluloses, *b*) principes pectiques, *c*) matières incrustantes.

a) *Cellulose proprement dite, paracellulose, métacellulose.* — La cellulose est très rarement pure dans les végétaux ; elle est à peu près exempte de matières étrangères dans la fibre de coton et la moelle de sureau, qui peuvent servir de prototype.

La cellulose est un hydrate de carbone nommé *hexosane* en chimie, de même composition centésimale que l'amidon ($C^6H^{10}O^5$) mais plus condensé que ce dernier, c'est-à-dire que la molécule amylacée étant $(C^6H^{10}O^5)n$, celle de la cellulose, d'après le poids moléculaire, est au moins $(C^6H^{10}O^5)n+1$, n étant environ égal à 5.

Frémy et Urbain (1) subdivisent la substance désignée d'abord sous le nom de cellulose en trois substances distinctes :

La cellulose proprement dite, la paracellulose et la métacellulose.

Nous indiquerons plus loin avec détail, les propriétés de la cellulose simple.

La *paracellulose* est à molécule plus condensée. Elle se distingue de la substance précédente en ce qu'elle ne se dissout pas dans le réactif de Schweitzer (liqueur cupro-ammoniacale) ; elle ne se colore pas en bleu par le chlorure de zinc iodé C'est seulement après ébullition avec les acides étendus

(1) Frémy : Méthode générale d'analyse des tissus végétaux (*Ann. des sciences naturelles*, 6° série, XIII, p. 333,1882). Frémy et Urbain : Études chimiques sur le squelette des végétaux. (*Ibid.*, XIII, p. 360, 1882). Voir aussi Frémy : *Encyclopédie chimique* : Chimie des végétaux.

qui, en l'hydratant et la dédoublant la ramènent à l'état de cellulose proprement dite, qu'elle acquiert ces deux propriétés. Elle n'est pas attaquée par le bacille amylobacter qui décompose la cellulose proprement dite (non celle des fibres libériennes et de quelques autres éléments anatomiques) en la transformant en acide butyrique, acide carbonique et hydrogène.

La paracellulose coexiste avec la cellulose proprement dite dans le bois et surtout dans la moelle et les écorces. Le bois de sapin renferme même beaucoup plus de paracellulose que de cellulose (Frémy).

Le tissu ligneux du chêne se compose de 23 p. 100 de cellulose et de 25 p. 100 de paracellulose, en moyenne; celui du peuplier, de 26 p. 100 de cellulose et 36 p. 100 de paracellulose (Payen).

La *métacellulose* ou *fongine* nous intéresse moins car elle constitue en partie les tissus des végétaux inférieurs (algues et champignons). Elle ne se dissout jamais dans la liqueur cupro-ammoniacale.

D'ailleurs en appliquant aux produits retirés des membranes cellulaires les méthodes élaborées par les chimistes qui se sont occupés des sucres, notamment M. E. Fischer, on a pu voir qu'il y a un grand nombre de soi-disant celluloses, qui sont dérivées non seulement de sucres différents : glucose, mannose, galactose, mais aussi de condensations différentes du même sucre, de telle sorte qu'elles s'hydratent plus ou moins facilement (travaux de Reiss, Gruess, E. Schulze, etc.).

Voici les propriétés de la cellulose considérée dans l'acception habituelle du terme.

3. *Propriétés de la cellulose. Fabrication de l'acide oxalique, du collodion, du celluloïd, de la soie artificielle, de l'alcool éthylique, du glucose, etc.* — La cellulose est une substance blanche, solide, douce au toucher, de densité comprise entre 1,25 et 1,45.

Elle est insoluble dans les dissolvants ordinaires, mais elle se dissout lentement dans l'oxyde de cuivre ammoniacal ou *réactif de Schweitzer.* Pour préparer ce réactif, il suffit de faire passer plusieurs fois de l'ammoniaque sur de la tournure de cuivre. On obtient de cette façon une liqueur d'un beau bleu. Pour réaliser la dissolution de la cellulose, on laissera séjourner les coupes pendant 3 ou 4 jours et plus, dans la liqueur de Schweitzer en ayant soin de renouveler le liquide toutes les vingt-quatre heures.

La réaction caractéristique de la cellulose consiste dans la coloration bleue qu'elle prend avec les réactifs iodés constitués par les *acides* tenant de l'*iode* en dissolution (acide sulfurique, acide phosphorique, acide iodhydrique fumant), ou bien par des *sels métalliques concentrés* additionnés d'*iode* (chlorures de zinc, de calcium, d'étain, d'aluminium), le chloroiodure de zinc est très fréquemment employé pour réaliser la coloration bleue de la cellulose.

Le réactif ajouté à l'iode a pour effet de transformer la cellulose en amyloïde, substance analogue à l'amidon, qui se colore en bleu ou en violet par l'iode libre. Outre le chloroiodure de zinc, on fait le plus fréquemment usage de l'iode et l'acide sulfurique, l'iode et l'acide phosphorique concentré, enfin l'acide iodhydrique iodé fumant. Cette dernière réaction est fort intéressante, elle produit immédiatement une coloration de la membrane en bleu, sans détériorer les coupes, comme il arrive avec l'iode et l'acide sulfurique.

Pour l'employer on dépose la coupe ou préparation microscopique que l'on veut étudier, sur la lame porte-objet, après l'avoir déshydratée par l'alcool ; on enlève l'excès de ce dernier liquide à l'aide de papier buvard, puis on met sur la coupe deux à trois gouttes d'acide iodhydrique iodé fumant ; on enlève après une demi-minute l'excès de réactif au buvard, après quoi la préparation est mouillée avec de l'acide lactique, ou de la glycérine aqueuse saturée de chloral, puis on recouvre d'une lamelle.

La cellulose n'est pas attaquée par les acides et les alcalis étendus à froid ; à chaud, ils agissent comme le font à froid les acides concentrés.

Les oxydants faibles ne l'attaquant pas peuvent servir à son blanchiment (chlore, chlorure de chaux), mais ils la détruisent s'ils sont concentrés et chauds.

L'acide chlorydrique étendu est sans action à froid sur la cellulose, mais par une ébullition prolongée il la transforme peu à peu en dextrine puis en glucose. En vase clos à 130°C., une solution renfermant seulement la moitié de son volume d'acide ordinaire du commerce, opère rapidement cette

saccharification qu'on avait essayé de produire industriellement en vue de la fabrication de l'alcool éthylique (alcool
vinique) aux dépens du bois (procédé Bachet et Machard).
Cette industrie a eu peu de succès, nous verrons ailleurs
pourquoi.

Très concentré, l'acide chlorhydrique résout la cellulose
en acides noirs de nature ulmique et en composés analogues
aux tourbes, lignites, houille et anthracite et enfin au carbone
pur.

L'acide sulfurique étendu agit de même, soit à froid, soit à
chaud; moyennement concentré, soit à 1/2 d'eau, il transforme à froid la cellulose en une matière qui, après lavage
dans une eau légèrement ammoniacale, est translucide, résistante et ressemble au parchemin, de là son nom de *parchemin
végétal* ou *papier parchemin*. Il a été employé,dans l'appareil
appelé osmogène,pour séparer le sucre des sels avec lesquels
il est mélangé dans les mélasses. On l'utilise dans les expériences de dialyse.

L'acide sulfurique concentré et froid transforme, comme
l'acide chlorhydrique, la cellulose en dextrine puis en glucose,
sucre fermentescible. Comme on avait fait d'abord l'expérience avec la charpie, on avait qualifié le glucose obtenu du
nom de *sucre de chiffon*, nom sous lequel il est encore parfois
désigné.

Les alcalis caustiques concentrés n'attaquent la cellulose
que si l'on opère en vase clos à une température notablement
supérieure à 130° C., mais,soumise à l'action des hydrates de
potasse ou de soude fondus, elle se transforme, même à la
pression ordinaire, en oxalates, acétates et formiates avec
dégagement d'hydrogène.

Cette dernière réaction a été utilisée industriellement, pour
transformer la sciure de bois en *acide oxalique*, à Manchester,
en 1856, par Robert Dale. Cette industrie est actuellement
florissante en Angleterre.

L'acide azotique étendu et chaud donne le même résultat.
L'acide concentré et froid, seul ou mieux mélangé à l'acide
sulfurique, donne des celluloses nitrées. Les celluloses les
plus fortement nitrées sont insolubles dans l'alcool qui dissout
celles qui le sont moins.

Les celluloses nitrées, grâce à leur solubilité dans divers

dissolvants comme l'alcool et l'éther, sont susceptibles de nombreux usages industriels, parfois très inattendus et curieux.

Les produits nitrés, en solution dans un mélange d'alcool et d'éther, constituent les liquides visqueux connus sous le nom de *collodions*. Les dérivés polynitrés, qui constituent le *fulmicoton*, se ramollissent dans l'éther acétique et peuvent alors se mouler comme une substance plastique. Ce sont eux qui constituent la base des « poudres sans fumées ».

Le fulmicoton imprégné de nitroglycérine constitue, suivant le mode de traitement, la *dynamite gomme* ou la *poudre Nobel*. Dissoutes dans le toluène et additionnées de camphre, et de chlorure stanneux et quelquefois de matières colorantes, les celluloses nitrées sont la base du *celluloïd*.

Sous l'action du chlorure de zinc, la cellulose peut fixer jusqu'à 25 0/0 d'oxyde de ce métal, et elle forme alors une masse que l'on peut tréfiler sous l'alcool en filaments très ténus. Epuisés par l'acide chlorhydrique et ensuite carbonisés en vase clos, ces filaments sont utilisés pour la fabrication des lampes à incandescence.

Les celluloses nitrées à l'état de collodion, réduites en fils très ténus, dénitrifiés ensuite par un réducteur alcalin, et tissés, constituent la « soie artificielle », que l'on prépare aussi, d'ailleurs, par d'autres procédés, et dont la fabrication constitue une industrie pleine d'avenir.

b) *Principes pectiques*. — Ils forment presque entièrement la *lame mitoyenne* des membranes qui séparent les lames cellulosiques propres de deux cellules contiguës. Ce sont des substances ternaires amorphes, dont les dissolutions concentrées sont gélatineuses.

On en distingue quatre principaux : la *pectose* (qui existe seulement dans les membranes non lignifiées) ; la *pectine* ; l'*acide pectique*, qui se présente à l'état de pectate de calcium et l'acide *métapectique*.

Le rôle de ces substances dans la constitution des tissus végétaux a été mis en évidence assez récemment par M. Mangin (1). Seule des principes pectiques, la pectine est soluble dans l'eau. Ils sont tous aisément dissous par les alcalis éten-

(1) *Bulletin de la Soc. botanique de France*, fév. 1894. — *Comptes rendus de l'Acad. des sciences*, 1889-90-92. — *Journal de botanique*, 1891-92-93, etc.

dus, à l'encontre de la cellulose qui exige des alcalis concentrés ou des acides forts. Ils ne se dissolvent pas dans le réactif de Schweitzer et ne réagissent en bleu, ni en présence de l'iode seule, ni au contact de l'iode et de l'acide sulfurique. Toutes ces propriétés les distinguent nettement de la cellulose. De plus, tandis que celle-ci fixe les colorants acides, les principes pectiques (qui sont acides) ont de l'affinité pour les colorants basiques (bleu de méthylène, safranine, vert d'iode, brun de Bismarck), on emploie ces colorants en solutions aqueuses.

Les composés pectiques offrent les mêmes réactions que le ligneux avec la phloroglucine, les solutions iodées, le sulfate d'aniline, la liqueur de Schweitzer.

La réaction qui permet de mettre le mieux en évidence les composés pectiques est celle du *rouge de ruthénium* (sesquichlorure de ruthénium ammoniacal). Ce produit, introduit depuis peu de temps par M. Mangin dans la technique microscopique, est malheureusement d'un prix élevé ; il est vrai qu'un décigramme peut colorer plusieurs centaines de coupes. Il se vend ordinairement en tubes fermés à la lampe et par décigrammes.

On peut l'utiliser en solution aqueuse. Une très faible quantité de ce produit suffit à donner à l'eau la nuance de vin de Bordeaux qui est celle que doit avoir la solution employée ; en quelques minutes (**10 minutes, un quart d'heure**) les coupes acquièrent la coloration voulue. Chaque tissu y a pris une nuance de rose ou de rouge, différente ; les cadres des cellules du bois et du sclérenchyme y sont marqués par des traits foncés correspondant à la matière pectique et la coupe rappelle un dessin schématique de ces éléments.

M. Chalon (1) indique encore l'expérience suivante pour la coloration du bois de pin. On fait séjourner des coupes transversales de ce bois pendant **24 heures** dans :

                    Acide chlorhydrique.   1
                    Alcool   3

Puis, **24 heures** dans l'ammoniaque, de façon à gonfler les lamelles moyennes. Ces dernières se colorent seules par le rouge de ruthénium, car le ligneux ne fixe presque pas le rouge

_____

(1) J. Chalon, *Notes de botanique expérimentale*, 2ᵉ édition. Namur, 1901.

en question ; la préparation se montre ainsi vraiment remarquable et peut se conserver dans les divers milieux : glycérine, liquide de Hoyer, gelée de glycérine, ou baume de Canada après passage à l'alcool et au xylol.

Le gonflement préalable n'est pas nécessaire, mais alors les cadres rouges sont plus étroits, souvent linéaires, et par suite assez difficilement visibles. Il est indispensable de se servir pour l'expérience, d'un bois âgé de trois ans au moins ; les cellules de l'année courante ne sont pas encore différenciées en ligneux et matière intercellulaire ; elles se colorent uniformément en rose.

Notons que le rouge de ruthénium ne colore pas le ligneux, à moins que celui-ci n'ait été préalablement soumis à l'action de la potasse ou de l'eau de Javelle auquel cas il prend une teinte rouge vif.

c) *Matières incrustantes de la cellulose dans la membrane lignifiée.* — La membrane celluloso-pectique des cellules du bois ne tarde pas à s'imprégner, à s'incruster, de diverses substances. Ces produits sont insolubles dans les dissolvants neutres ou donnent des solutions épaisses, de filtration et de purification impossible, ce fait explique la grande difficulté que l'on rencontre lorsque l'on veut les déterminer.

Suivons l'ordre chronologique des études qui ont été faites sur ce sujet.

Fourcroy considérait le *ligneux* comme un principe immédiat, Dutrochet admettait que la lignification était due à une substance mal définie qu'il appelait *duramen*.

En 1838, Payen, subdivisait cette substance en quatre principes, savoir :

1° La *lignose* soluble dans la dissolution de chaux et de soude ;

2° La *lignone* soluble dans la dissolution de chaux, de soude et d'ammoniaque ;

3° La *lignin* soluble en outre, dans l'alcool ;

4° La *ligniréose* soluble aussi, dans l'alcool, mais insoluble dans l'ammoniaque et, seule des quatre substances, soluble dans l'éther.

Ces analyses portaient sur l'ensemble de l'aubier et sur l'ensemble du bois parfaits ; elles étaient faites au moyen de la potasse fondante et manquaient totalement de précision.

Frémy et Urbain (1) avaient soin d'épuiser les tissus par divers dissolvants (eau pure, alcool, éther, acide chlorhydrique très étendu, eau légèrement ammoniacale), afin d'enlever la plus grande partie des substances constituant la sève.

C'est ainsi qu'ils reconnurent l'existence d'une substance incrustant le corps cellulosique et à laquelle ils donnèrent le nom de *vasculose* qu'ils identifièrent à la substance appelée *lignine*. Pour d'autres auteurs cette dernière substance serait distincte.

On admet aujourd'hui que la membrane, cellulosique ou celluloso-pectique, s'imprègne, au moment de sa lignification, d'un certain nombre de substances : la vasculose et la lignine (dont beaucoup d'auteurs font une simple variété de vasculose, comme nous venons de le dire) ; des pentosanes : xylane ; des hexosanes : galactane ; des glucosides : coniférine, tanin ; des substances de la série aromatique : le lignol de G. Bertrand, l'hadromal de Czapek, la phloroglucine.

1. *Vasculose.* — C'est une substance ternaire, encore assez mal définie, renfermant plus de carbone, plus d'hydrogène et moins d'oxygène que la cellulose, à laquelle on assigne la formule approchée $C^{36}H^{20}O^{16}$. Ce n'est donc pas un hydrate de carbone. Elle n'imprègne pas toujours complètement la paroi des éléments lignifiés du bois, c'est ainsi que chez les conifères la couche interne de la membrane reste de nature cellulosique.

Sa répartition est la suivante : on la trouve imprégnant la paroi de toute cellule lignifiée, mais elle est plus abondante dans les parties les plus dures du bois, c'est-à-dire dans le bois parfait, Frémy et Urbain expliquent cela en admettant que la cellulose tend de plus en plus à se déshydrater et à se déshydrogéner en passant à l'état de bois parfait. En imprégnant plus ou moins les membranes, elle fait les bois durs ou les bois tendres.

Voici quelques chiffres, d'après Frémy et Urbain qui groupaient sous le nom de vasculose les matières incrustantes, ils donneront une idée de l'importance de ces substances dans le bois.

(1) Frémy, *Encyclopédie chimique* : Chimie des végétaux.

	Peuplier	Chêne	Buis	Ébène	Guiac	Bois de fer
Vasculose	18 0/0	28	34	35	36	40
Celluloses	64	53	28	20	21	27

2. *Propriétés de la vasculose : combustion et distillation des bois, fabrication de la pâte à papier, viscose, etc.* — L'étude des propriétés chimiques de la vasculose est très importante pour l'appréciation de la valeur du bois comme combustible et comme produit d'industrie pouvant servir à la fabrication de la pâte à papier, de la cellulose et de ses dérivés.

La richesse en carbone des substances ligneuses fait leur valeur comme combustible ; on peut donc admettre que cette valeur est proportionnelle à la quantité de vasculose existant dans le bois.

Le bois étant soumis à la distillation en vase clos, c'est la vasculose, bien plus que la cellulose de ses éléments, qui donne l'alcool méthylique (esprit de bois) et l'acide acétique (acide pyroligneux).

Les dissolvants neutres sont sans action sur la vasculose. Elle ne se dissout pas non plus dans le réactif de Schweitzer. Les acides étendus non oxydants, tels que les acides chlorhydrique, sulfurique et phosphorique, ne l'attaquent pas. Avec les acides concentrés, tels que l'acide sulfurique, elle se colore seulement en jaune noirâtre. C'est à cette réaction qu'est due la couleur noire qui se produit quand on laisse tomber une goutte d'acide sulfurique sur un morceau de bois.

L'acide azotique concentré agit à la fois sur la vasculose et la cellulose ; étendu de trois fois son volume d'eau, il reste, à froid, sans action sensible sur la cellulose, mais il oxyde dans ces conditions la vasculose, comme le font d'ailleurs tous les corps oxydants, et la transforme en acides résineux (acides résineux de Frémy) solubles dans l'alcool, la potasse, la soude et l'ammoniaque. Or les acides en question constituent avec ces bases des sels solubles facilement éliminables. On peut donc baser sur l'emploi de l'acide azotique un

traitement rationnel ayant pour objet de séparer les deux
principes immédiats du bois pour obtenir la cellulose en vue
de la préparation de la pâte à papier.

Tous les oxydants : eau ogygénée, ozone, chlore, hypo-
chlorites et hyperchlorites, les acides chlorique et chromique,
le permanganate de potasse, l'acide sulfureux et les sulfites, etc., ont une réaction oxydante vis-à-vis du bois, analogue à celle de l'acide azotique : A froid et peu concentrés ils
n'altèrent pas sensiblement la cellulose tandis qu'ils oxydent
la vasculose en formant avec elle des acides résineux.

Ils peuvent donc servir aussi à la fabrication de la pâte à
papier et autres produits pour lesquels on emploie la cellulose
délignifiée du bois.

M. Hermite a imaginé un autre procédé grâce auquel l'oxydation se produit par l'intermédiaire du courant électrique. Il
consiste à soumettre à l'action d'un courant électrique une
dissolution de chlorure de magnésium (ou de chlorure de
sodium) dans un électrolyseur (1). Le chlorure de magnésium
est décomposé en même temps que l'eau. Le chlore provenant du chlorure et l'oxygène provenant de l'eau se réunissent
au pôle positif et produisent un composé oxygéné de chlore
instable (acide hypochloreux) doué d'un grand pouvoir déco-
lorant. L'hydrogène et le magnésium vont au pôle négatif.
Le magnésium décompose l'eau et donne de l'oxyde de magnésium tandis que l'hydrogène est mis en liberté. Si l'on
introduit dans ce liquide des fibres végétales colorées, l'oxygène se combine avec la matière colorante qu'il oxyde pour
donner de l'acide carbonique, le chlore se combine avec
l'hydrogène pour former l'acide chlorhydrique, lequel en

(1) L'électrolyseur, appareil destiné à électrolyser les dissolutions, se compose d'une cuve en fonte galvanisée possédant intérieurement un tube perforé
d'une grande quantité de trous par lesquels entre le liquide à électrolyser.
A la partie supérieure de la cuve se trouve un rebord formant canal d'évacuation. La liqueur est en circulation continue de bas en haut de l'appareil.
Les cathodes sont formés par des disques en zinc montés sur deux arbres
parallèles qui tournent lentement. Les anodes, placés entre chaque paire de
cathodes, sont des plaques constituées par une toile de platine maintenue par
un cercle en ébonite et soudée en haut par une pièce de plomb qui fait communiquer l'anode à un conducteur de cuivre traversant l'électrolyseur. Le
pôle positif de la dynamo qui fournit le courant est relié avec un conducteur en cuivre et le pôle négatif communique avec les cathodes par l'intermédiaire de la boîte en fonte qui sert de cuve.

présence de la magnésie que contient le liquide, se combine pour reformer le chlorure de magnésium, de telle sorte que ce sel rentre à nouveau dans le cycle et sert indéfiniment.

Le bois subit, une désagrégation et un blanchiment complets. Un lavage à l'eau acidulée termine l'opération et la pâte est alors constituée par des fibres blanches et soyeuses.

Le procédé Hermite est employé pour le blanchiment de la pâte à papier en remplacement du procédé au chlorure de chaux, sur lequel il réalise une économie de 10 0/0 environ.

L'acide sulfureux et les sulfites solubles, sont sans action sensible sur la cellulose même à chaud et à l'autoclave. Ils jouent, par contre, sur la vasculose, lorsqu'ils agissent à 110°C. environ, le rôle de réducteurs. L'acide sulfureux abandonne à la vasculose une partie de son oxygène ; il se produit des acides résineux comme dans le cas des corps oxydants. M. Villon réalise la réduction du bisulfite de soude par l'hydrogène électrolytique. Les sulfites sont très employés aujourd'hui pour la fabrication de la pâte de bois, car ils agissent à faible pression et n'attaquent pas la cellulose elle-même comme tendent à le faire d'autres oxydants. La *viscose* s'obtient en traitant la pâte de bois au sulfite par le sulfo-carbonate de potasse. Ce produit, qui peut s'employer aux mêmes usages que le celluloïd, a sur ce dernier l'avantage de coûter deux fois moins, de ne pas présenter de danger d'inflammabilité, de plus sa transparence est remarquable.

Les alcalis n'agissent pas sur la cellulose, même lorsqu'ils sont concentrés, mais ils produisent des acides résineux par déshydratation de la vasculose, lorsque la température est de 130°C., soit 2,67 atmosphères de pression à l'autoclave. Ce mode de séparation de la cellulose pour la fabrication de la pâte à papier, est plus employé avec la paille comme matière première, qu'avec le bois.

La paille renferme, en effet, dans ses parties ligneuses, relativement très abondantes, de la vasculose, qui est beaucoup plus attaquable que celle du bois ; et il suffit dans ce cas de faire agir à 100° sur la paille des lessives alcalines, pour les voir se colorer fortement en brun et donner par saturation par les acides un précipité brun floconneux dont la composition correspond à celle de la vasculose déshydratée. Disons, entre parenthèses, que les produits noirs si abondants dans le jus de fumier proviennent de la vasculose de la paille, dissoute par les alcalis des urines.

Les bois les plus durs étant ceux qui sont le plus riches en vasculose et inversement pour les bois les plus tendres, il en résulte que pour la fabrication de la pâte à papier et autres substances pour lesquelles on utilise la cellulose du bois, il faudra choisir les bois tendres qui sont en même temps, en général, les bois blancs. L'aubier vaut mieux pour cet usage, que le cœur, à l'inverse de ce qui existe pour les bois que l'on doit utiliser comme bois d'œuvre.

3. *Xylane, gomme de bois, sucre de bois, xylose, alcool éthylique de bois.* — Poumarède et Figuier (1), en traitant la sciure de bois par une lessive alcaline, observèrent que le bois cédait une sorte de gomme, analogue, pensaient-ils, à la pectine de Braconnot.

En 1879, Th. Thomsen remarque que la gomme de bois se transforme par ébullition avec l'acide sulfurique étendu en un sucre réducteur et infermentescible qui plus tard fut préparé par Koch à l'état de pureté sous le nom de *sucre de bois* et rapproché par lui de l'arabinose de Scheibler (2).

Kiliani (1889) montre que l'arabinose est un glucose en C^5 et Wheeler et Thollens (3), reprenant l'étude du sucre de bois (qui est désigné aujourd'hui sous le nom de *xylose*), le placent définivement dans le groupe des sucres pentoses et créent l'expression de *pentosanes*, pour désigner toutes les substances plus ou moins voisines de la gomme de bois, qui se transforment en pentoses par ébullition avec les acides étendus. La gomme de bois est donc un pentosane dit *xylane*; elle provient, sans doute, des composés pectiques associés à la membrane.

La répartition de cette substance dans les divers groupes végétaux mérite d'attirer l'attention. Elle fait partie du tissu lignifié de toutes les plantes angiospermes (bois feuillus), qu'il s'agisse d'ailleurs de la tige, des feuilles ou des fruits. Chez les gymnospermes (conifères, etc.) le bois n'a pas tout-à-

(1) Mémoire sur le ligneux et les produits qui l'accompagnent dans le bois. *Comptes rendus de l'Académie des sciences.*
(2) *Pharmaceutische Zeitschrift für Russland* (1886).
(3) Sur le xylose ou sucre de bois, un deuxième pentaglucose, *Liebig's Annalen*, t. CCLIV, page 305 (1889).

fait la même composition, il ne cède aux lessives alcalines que des traces d'une gomme que M. G. Bertrand (1) définit comme un mélange de galactane et de xylane, il y trouve de plus une quantité importante de mannocellulose.

Les bois de conifères et de feuillus, si différents au point de vue des caractères morphologiques et anatomiques le sont donc encore par leur composition chimique.

Essais industriels d'extraction du sucre de bois et de l'alcool éthylique (vinique) du bois. — La différence de composition chimique des bois résineux et feuillus, que nous venons de signaler, a encore un intérêt pratique. Quand on saccharifie à fond du bois de conifères, on obtient un mélange de sucres où dominent, d'après ce que nous venons de voir, le glucose et le mannose provenant de la cellulose. La même opération faite avec des bois feuillus : hêtre, charme, etc., donne du glucose provenant de la cellulose, et du xylose provenant du xylane. Or le glucose et le mannose sont seuls fermentescibles, le xylose résiste à l'action de la levure. Dans tous les cas, la présence du xylose non fermentescible rend l'opération dispendieuse surtout lorsqu'elle est pratiquée avec des bois feuillus.

On ignorait ces détails quand on a voulu fonder l'industrie, vite tombée, de l'alcool de bois (alcool éthylique ou vinique), qu'il ne faut pas confondre avec l'alcool méthylique lequel s'obtient couramment par la distillation des bois en vase clos.

On a repris récemment les tentatives faites en vue d'obtenir de l'alcool avec du glucose préparé par la saccharification de la cellulose du bois ; des brevets nombreux ont été pris, ayant cet objet, surtout par M. A. Classen d'Aix-la-Chapelle. Le procédé Classen est appliqué actuellement, notamment aux États-Unis. La marche de l'opération est la suivante :

1° Saccharification de la cellulose. — Le bois découpé ou la sciure, est placé dans un récipient en tôle doublé de plomb, mobile autour d'un axe. Une double enveloppe permet le chauffage par la vapeur. La sciure est imbibée d'un tiers d'une solution d'acide sulfureux à 3 p. 100 ; puis on chauffe

_____

(1) G. Bertrand, sur la composition immédiate des tissus végétaux, *Comptes rendus de l'Acad. des sciences*, t. CXIV, p. 1492 (1892) et, note sur les tissus lignifiés, *Bull. de la Soc. chimique*, t. VII, p. 468 (1892).

en faisant tourner le cylindre digesteur. On atteint ainsi une
température de 165° correspondant à une pression de 7 kilogrammes. On continue le chauffage pendant une heure et
demie. L'acide sulfureux hydrolyse la cellulose, la transforme
en glucose, et l'excès s'échappe avec la vapeur.

2° Extraction du glucose. — Pour extraire le glucose on
lessive méthodiquement le résidu qui se trouve dans le cylindre, dans une batterie de macérateurs.

Une tonne de sciure donne 200 à 250 kilogrammes de glucose dont 85 0/0 fermentent. Le reste est constitué par des
pentoses infermentescibles.

3° Fermentation. — Le jus sucré est neutralisé par du carbonate de chaux et mis en fermentation dans les conditions
ordinaires.

4° Distillation. — La distillation se fait dans une colonne
ordinaire de distillerie.

Le résidu de la saccharification du bois est aggloméré sous
forme de briquettes, calciné et fournit ainsi du charbon de bois.

4. *Autres substances imprégnant la membrane lignifiée.* —
On peut trouver encore dans certains cas diverses substances
imprégnant la membrane lignifiée. Nous avons cité une substance du groupe des sucres, le galactane (Bertrand) signalé
chez les gymnospermes (conifères, etc.). Il faut citer encore
des glucosides : le *tanin*, dont la localisation dans le bois a été
étudiée surtout par MM. E. Henry, E. Mer, Kraus, Jolyet, etc.
Cette substance, généralement répandue dans le suc cellulaire, finit par se fixer sur les parois mêmes des cellules
ligneuses dans les parties anciennes du bois. C'est toujours
l'aubier qui est la zone la plus pauvre en tanin, c'est au
contraire dans les premières couches du cœur que le tanin
atteint subitement son maximum (chêne et châtaignier), et à
partir de là, il diminue plus ou moins régulièrement vers le
centre. Chez les espèces qui n'ont pas de duramen, ou dont
le duramen est peu marqué et qui possèdent peu de tanin,
comme les érables, le marronnier, et aussi le tilleul, plus
tannifère d'ailleurs, le taux de tanin s'accroît un peu de la
périphérie au centre ou bien il reste constant à partir d'une
certaine zone. Il en est de même pour le hêtre et le charme
(Mer). Nous traitons autre part ce sujet (voir p. 59 : « Sur la
transformation de l'aubier en bois parfait »).

Un autre glucoside qui imprègne aussi parfois la membrane du bois est la *coniférine*. Il contient un principe aromatique, l'alcool coniférylique, on le trouve non seulement dans la membrane mais encore dans le suc cellulaire de certains tissus, notamment du cambium producteur du bois.

Par oxydation la coniférine se transforme en vanilline, principe aromatique qui existe non seulement dans la vanille, mais aussi dans le liège, et que Wiesner (1880) avait cru pouvoir signaler dans le bois. Nous verrons plus loin ce que dit Czapek à ce sujet.

Il faut signaler encore la *phloroglucine*, qui est un phénol trivalent, et que l'on met en évidence, particulièrement dans les éléments du bois ancien, par l'action d'une dissolution de vanilline dans l'acide chlorhydrique, qui le colore en rouge.

M. Czapek a isolé des membranes lignifiées une substance aromatique, dont la nature moléculaire n'est pas encore définitivement établie et qu'il désigne sous le nom d'*hadromal*. Cette substance avait été longtemps confondue avec la vanilline, parce que, comme elle, elle se colore en rouge par la solution de phloroglucine additionnée d'acide chlorhydrique. Pour l'isoler, Czapek prend du bois pur, autant que possible menuisé, et le traite par une solution concentrée et chaude de bichlorure d'étain. Le bois décomposé est agité avec du benzol. Ce benzol donne ensuite une réaction rouge intense par la phloroglucine chlorhydrique.

Des traitements répétés avec le bichlorure d'étain permettent d'extraire toute la substance en question.

Notons en passant que les champignons parasites des arbres provoquent dans le bois une décomposition analogue à celle que donne le bichlorure d'étain (voir chapitre septième).

En combinant le corps dissous dans le benzol, avec du bisulfite de soude, Czapek a pu l'obtenir cristallisé et étudier ses principales propriétés. Il conclut que la substance contenue dans le bois n'est pas la vanilline, mais un autre aldéhyde aromatique jusqu'à présent inconnu. Cet aldéhyde est

(1) Czapek, Fr. Zur Chemie der Holzsubstanz (*Sitzungsber. d. D. nat. med. v. « Lotos »*) et : Sur quelques substances aromatiques contenues dans les membranes cellulaires des plantes. *Congrès international de Botanique à l'Exposition universelle de 1900.*

probablement une combinaison avec des substitutions 1, 3, 4, dans la molécule de la benzine d'après Kékulé. Il n'est pas impossible que cette substance présente des relations avec l'alcool coniférylique. La coniférine du suc du parenchyme donnerait par dédoublement de l'alcool coniférylique qui participerait à la formation de l'hadromal du jeune bois.

La façon même dont « l'hadromal » a été obtenu, montre qu'il ne se trouve pas dans le bois à l'état libre, mais combiné presque complètement à la cellulose, probablement à l'état d'une sorte de combinaison éthérée (1).

Czapek émet timidement l'hypothèse que l'hadromal puisse jouer dans le bois le rôle de substance antiseptique s'opposant à son altération.

50. Teinture et autres réactions microchimiques du ligneux dans les préparations microscopiques. — On peut reconnaître sûrement le bois, ou plus exactement les éléments lignifiés, au moyen d'une série de réactifs colorants.

Les membranes lignifiées n'offrent plus les réactions des matières cellulosiques et pectiques ; par contre, elles en ont qui leur sont tout-à-fait spéciales.

Il est très probable que dans la plupart des cas, ce n'est pas la vasculose qui donne la coloration, mais bien une des substances aromatiques ou autres qui l'accompagnent, car, en la supprimant, on obtient encore la fixation des réactifs.

Pour opérer les colorations suivantes, il faut plonger la coupe dans la solution alcoolique ou aqueuse du colorant, suivant le cas, puis la déposer sur la lame de verre qui servira à l'observation et ajouter une goutte d'acide sulfurique concentré.

Phloroglucine. — (L'acide à ajouter est ici, par exception, l'acide chlorhydrique). On obtient une coloration rose vif du ligneux, très photographique, qui dure souvent 12 heures et davantage. C'est la meilleure réaction employée pour caractériser le bois. La coupe à étudier est immergée successivement dans l'acide chlorhydrique, puis dans une solution

(1) Rappelons, à ce propos, que certains auteurs admettent que les celluloses lignifiées ou ligno-celluloses, ne sont pas de simples mélanges de cellulose et de vasculose et autres substances, mais des composés définis, une sorte d'éther composé.

alcoolique de phloroglucine ; les parois lignifiées seules seront colorées en rose intense.

Carbazol. — Violet et rougeâtre. Très bonne réaction, très photographique. Les réactions suivantes ont moins d'intérêt :

Orcine. — Rouge passant au violet.

Résorcine. — Bleu violacé pâle.

Naphtol A. — Jaune citron passant au vert pâle.

Acide pyrogallique. — Vert bronze.

Indol. — Rouge.

Citons encore les intéressantes réactions suivantes :

La *cyanine* colore fortement le ligneux. Après l'action trop prolongée de l'eau de Javelle, le ligneux d'une coupe est dissous et la cellulose restante ne se colore plus par la cyanine.

La *réaction de Maüle*, qui colore le bois en rouge, s'obtient en traitant la membrane lignifiée par l'acide chromique ou le permanganate de potasse, etc., puis en faisant subir successivement à la substance oxydée, l'action d'un acide minéral et d'un alcali ou d'un sel alcalin.

Il est vraisemblable que c'est par une réaction analogue que l'on obtient une coloration jaune en oxydant la membrane par l'acide azotique ou l'hypochlorite de potassium.

La membrane lignifiée se colore en jaune par l'iode et le chlorure de zinc iodé, en rose par la fuchsine en solution alcoolique, en jaune par le sulfate d'aniline (réaction caractéristique), en rouge par la fuchsine ammoniacale qui colore d'ailleurs également en rose les parois subérifiées et cutinisées, en vert par le vert d'iode. Pour obtenir cette dernière coloration il faut immerger, quelques secondes seulement, les coupes minces dans une solution aqueuse concentrée de vert d'iode ; toute la coupe prend une coloration verte, on lave à l'eau pure pendant cinq à dix minutes, le vert abandonne alors les membranes non lignifiées, les éléments ligneux seuls conservent la coloration. Il faut faire remarquer à ce sujet, que dans un travail récent, M. Guéneau de Lamarlière (1), a montré que le vert d'iode, qui colore si bien la membrane lignifiée, ne doit pas sa fixation à la présence de la lignine, car en sup-

(1) Recherches sur quelques réactions des membranes lignifiées, *Revue générale de botanique*, t. XV, 1903.

primant cette dernière on obtient toujours la réaction. Il paraît vraisemblable que la coloration ainsi réalisée soit due à l'existence de composés azotés qui accompagnent la lignine dans les membranes lignifiées.

Cette observation s'applique également à la réaction obtenue avec la fuchsine ammoniacale.

Nous rappellerons, à propos de ces colorations, les réactions microchimiques suivantes qu'il est utile de connaître : dans la potasse concentrée et chaude on dissout les vaisseaux aériens et les rayons médullaires ; dans l'acide sulfurique froid et concentré, on dissout les fibres ligneuses et les rayons médullaires. Pour que ces réactions réussissent, on doit opérer sur des tranches microscopiques de bois préalablement dépouillées des matières protéiques, du tanin, des sels minéraux et de la cellulose, par des lavages successifs dans : potasse étendue, acide chlorhydrique faible et réactif de Schweitzer. On pourra alors réunir sur une lame les coupes du même bois après les différents traitements.

L'eau de Javelle par une action trop prolongée attaque et fait disparaître le ligneux.

CHAPITRE III

CARACTÈRES ET PROPRIÉTÉS PHYSIQUES DU BOIS

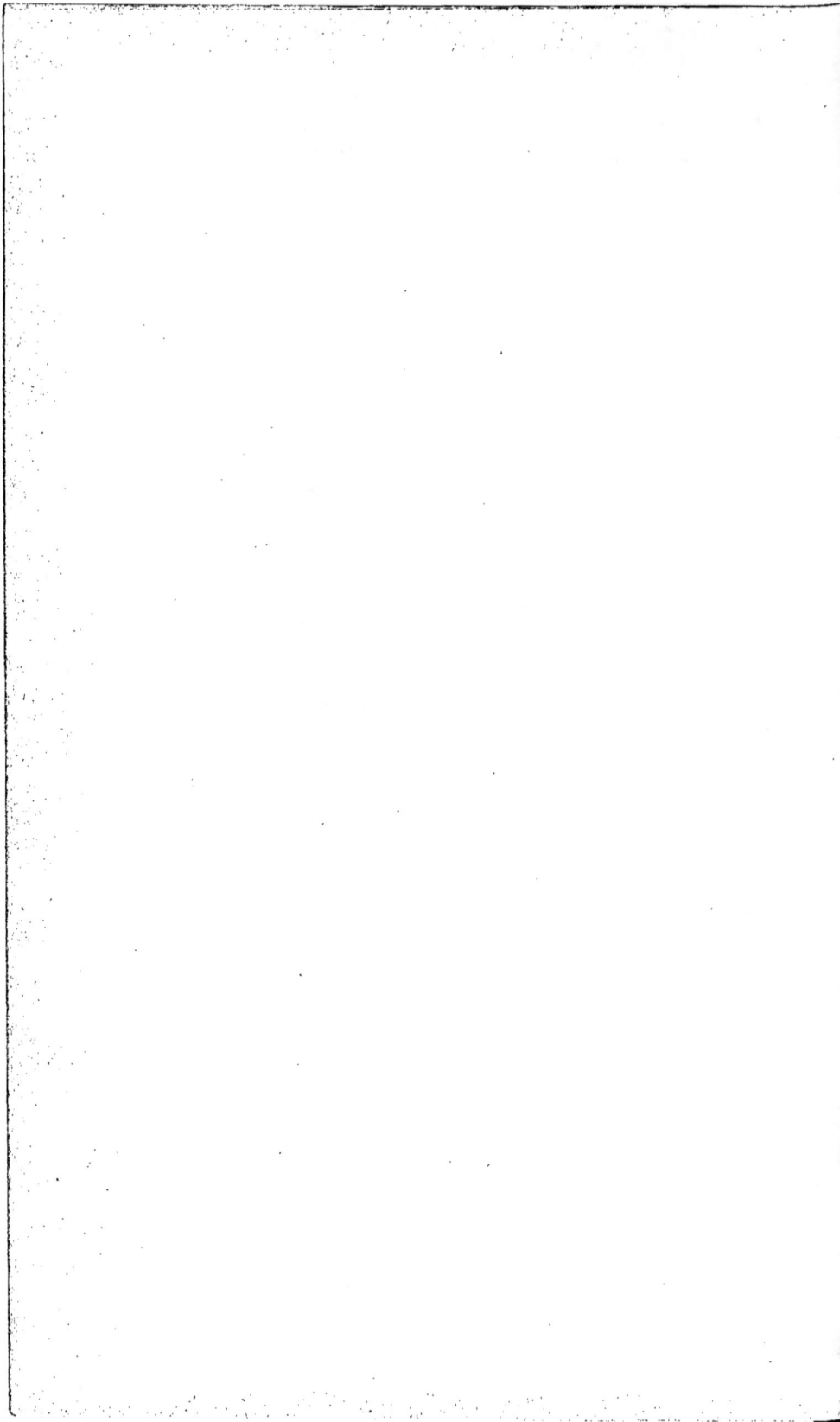

CHAPITRE TROISIÈME

CARACTÈRES ET PROPRIÉTÉS PHYSIQUES DU BOIS

51. Généralités. — Nous avons vu que l'on pouvait déduire de l'étude de la structure et de la composition chimique des bois la connaissance de leurs propriétés ou qualités physiques. Nous passerons celles-ci succinctement en revue ici.

52. Densité. — Il faut distinguer la *densité réelle* ou absolue du bois, qui est celle de la fibre ligneuse, et la *densité apparente* ou relative, qui est celle de la masse du bois.

La densité réelle ou absolue est celle de la matière ligneuse elle-même ; comme celle-ci n'a pas une constitution constante suivant qu'il s'agit d'un tissu ou d'un autre tissu ligneux : fibres, parenchymes, vaisseaux, etc., le chiffre qu'on en donne ne saurait être qu'une moyenne. Cette moyenne est sensiblement la même pour les différentes essences, elle a été trouvée égale 1,40, 1,50. Pour établir cette densité, on a réduit en poudre des bois de diverses essences (Dupont et Bouquet de la Grye) et on a mesuré les densités de ces poudres.

La densité apparente est, au contraire, très variable, elle se modifie avec les différentes espèces suivant leur constitution anatomique ; avec les individus d'une même espèce, suivant les conditions de climat, de sol, d'habitat, dans lesquels ils ont crû, conditions qui influent, nous l'avons vu, sur la structure anatomique et font des bois plus ou moins serrés, maigres ou gras, etc. La densité varie encore dans les diverses parties d'un même bois : celui du cœur est plus dense, en général, que celui de l'aubier ; celui de la base de l'arbre l'est plus que celui du sommet ; celui du tronc, plus que celui des branches dans le cas des résineux et celui des branches

plus que celui du tronc pour les bois feuillus. Elle varie beaucoup, en outre, suivant que le bois contient plus ou moins
d'eau et qu'il est ou non ,débarrassé de sa sève.

La densité est un des principaux éléments d'appréciation
de la valeur du bois, ce qui revient à dire, d'ailleurs, que la
structure en règle les usages, la densité étant fonction de la
structure. Elle en règle, à volume égal, la puissance calorifique absolue, elle en détermine la dureté et, dans une certaine
mesure, la résistance. On ne peut cependant poser en règle
absolument générale que la valeur soit toujours proportionnelle à la densité, car celle-ci n'a pas de rapports avec certaines qualités, comme la flexibilité et l'aptitude à la fente.

Il est facile d'apprécier la densité d'un bois donné. On coupe
une planche assez épaisse qu'on fait flotter dans l'eau et le
rapport de la hauteur immergée à l'épaisseur totale est la densité par rapport à l'eau. Si une planche de 8 m. 10 émerge de
0 m. 02, sa densité est de 0,8 et son poids au mètre cube égal,
800 kilogr.

Voici l'indication des densités moyennes des bois, déterminées par le Comité consultatif des arts et manufactures en vue
de l'application du tarif des douanes.

*Poids moyen d'un mètre cube des diverses essences de bois
déterminé par le Comité consultatif des Arts et Manufactures :*

Abricotier	890
Acacia d'Europe.	800
Acacia granulaire de la Nouvelle-Calédonie	890
Acajou de Honduras	505
Acajou vrai ou cailcédra de Gorée	830
Ajonc.	985
Alisier	940
Amandier.	990
Angélique de Cayenne	785
Arbousier.	825
Aubépine.	680
Aune.	545
Bouleau blanc	610
Cèdre jaune de la Guyane.	400
Cèdre rouge et cèdre du Mexique.	640
Cailcédra du Sénégal	850
Cerisier	700
Chêne blanc ou noir d'Europe.	800
Chêne liège.	865

Chêne (bois de brin ou vert, ou d'Italie, ou d'Algérie, ou d'Amérique)	960
Chêne rouge d'Australie	1320
Cognassier	880
Cormier	900
Cytise	940
Cyprès (Amérique)	800
Érable	705
Frêne	800
Hêtre	650
Houx	815
If	1000
Mûrier	700
Noyer	500
Olivier	855
Orme	760
Peuplier	450
Pin du Nord, sapin blanc, sapin rouge (Suède, Norwège, Finlande, Canada, Nouvelle-Zélande, Corse, Prusse, Carpathes)	560
Pin du Cambodge	930
Pin des Florides	665
Pitchpin (Amérique)	800
Poirier	760
Yellow-pine (Amérique)	800
Saint-Martin (Guyane)	950
Teck ordinaire de Bangkok	720
Teck de Sierra-Leone	855
Teck ou chêne d'Afrique	975
Tilleul	450
Tremble	510

Nous donnons d'autre part, à la monographie des essences, la densité de chaque bois.

53. La dureté. — Elle s'apprécie d'après la résistance qu'oppose le bois à l'outil et à l'usure par le frottement. Elle est généralement proportionnelle à la densité et varie comme elle.

Nous avons vu, en étudiant la structure, qu'un bois est d'autant plus dur qu'il contient plus de fibres et moins de vaisseaux, autrement dit, qu'il a plus de bois d'automne et moins de bois de printemps. Ce fait est réalisé pour les résineux, s'ils ont crû lentement et pour les feuillus, s'ils ont crû rapidement, au contraire. Elle peut être encore en relation avec la présence de concrétions minérales dans les cellules : teck, ébène, etc.

On a subdivisé, d'après le caractère de dureté plus ou moins grande, les bois indigènes en bois durs et en bois tendres.

Parmi les bois feuillus, les *bois tendres* sont : les aunes, tilleuls, saules, bouleaux, marronnier.

On emploie parfois et à tort, la désignation de *bois blancs* comme synonyme de bois tendres. Le charme, par exemple, est un bois très blanc mais aussi très dur, il en est de même pour le robinier faux-acacia qui est blanc jaunâtre, etc. Il peut arriver que la couleur blanche du bois ne soit point due à la faiblesse de la lignification, ce qui entraîne en effet le manque de dureté, mais à la présence d'une matière colorante blanche qui imprègne le tissu.

Parmi *bois durs* indigènes citons : les chêne, hêtre, frêne, orme, châtaignier, noyer.

Citons parmi les bois durs exotiques : le gaïac, les bois de fer, le teck, etc.

Parmi les résineux, le mélèze et même les pins, ayant crû dans des conditions favorables, constituent des bois durs. Les pins des plaines, sapins, épicéa, sont, au contraire, des bois tendres.

54. L'Homogénéité. — Elle dépend de la répartition des tissus dans la masse ligneuse. Si elle est uniforme le bois est homogène, sinon il est hétérogène. Nous avons insisté sur ces faits en étudiant la structure.

Les vaisseaux, par exemple, peuvent être abondants et gros surtout à la face interne des anneaux d'accroissement (bois de printemps), le bois est alors *hétérogène* ; ou bien ils sont sensiblement égaux dans toute l'étendue de la zone annuelle, et aussi d'une zone annuelle aux autres zones annuelles, le bois est alors *homogène*. Les vaisseaux influent le plus sur ce caractère des bois, mais il faut encore tenir compte des autres tissus : fibres, parenchyme, etc.

Nous avons insisté sur le rapport de ces caractères avec la résistance des bois.

Citons parmi les bois homogènes : les érables, sorbiers, arbres fruitiers (poirier, pommier, etc.), tilleul, marronnier ; parmi les bois hétérogènes ou peu homogènes : les chênes, ormes, frêne, sapins, épicéa, pins, mélèze.

Si un bois est à la fois homogène et dur, il est alors suscep-

tible d'un beau poli : érable, alisier, poirier, buis, etc., ils
sont particulièrement utilisés pour la gravure sur bois : buis,
poirier, etc.

55. La couleur des bois, sa variabilité. — La couleur
varie souvent pour un même arbre suivant qu'il s'agit du cœur
ou de l'aubier, celui-ci étant généralement plus clair que
celui-là. Elle varie encore d'essence à essence et elle peut être :
blanche, jaune, rose, rouge, brune. Nous avons indiqué antérieurement les causes normales ou pathologiques de ces colorations, nous ferons, en outre, mention des nuances des bois
en étudiant les diverses essences.

56. Aspect et grain. — Les caractères esthétiques du
bois se traduisent non seulement par sa couleur mais encore
par les dessins plus ou moins agréables que dessinent à sa
surface, les veines et les mailles lorsqu'il est débité ; le
grain serré, ou le poli qu'il est susceptible d'acquérir, sont
d'une importance de premier ordre, lorsqu'il s'agit de bois
devant jouer un rôle décoratif quelconque : bois d'ébénisterie
destinés à la fabrication de meubles, de lambris, de boiseries
diverses, de bois de tournage, de marqueterie, de placage, etc.

Il faut distinguer dans l'ornementation naturelle des bois
les *veines* qui sont droites dans le bois dit de *fil* et ondulées
dans les bois *ondulés* ou *ondés* ou *madrés*. Les veines sont
dues à la compacité plus grande du bois d'automne dans les
couches annuelles ; il se détache généralement en couleur plus
foncée sur les zones contiguës du bois de printemps. On conçoit que les veines se présentent différemment suivant que la
bille a été débitée par des coupes transversales et perpendiculaires à l'axe (ce qui est très rare) ou longitudinales, soit
radiales, soit tangentielles. Plus la coupe sera faite dans une
direction inclinée par rapport au plan normal aux couches
concentriques plus les veines seront larges.

Les mailles forment un réseau complémentaire, elles sont
dues aux rayons médullaires. Le bois peut être débité sur
maille, c'est-à-dire suivant un plan radial ou un plan voisin,
ou à contre-mailles, c'est-à-dire suivant un plan tangentiel
par rapport aux accroissements ; il présente dans ces deux cas
un aspect bien différent.

On peut voir sur les coupes de chêne débité sur mailles, un bel exemple d'enchevêtrement de mailles et de veines.

Le grain des bois doit ses caractères d'être serré ou lâche, à la grosseur faible ou relativement forte de ses éléments anatomiques. Les bois tendres sont en même temps des bois à grain lâche, les bois durs sont généralement à grain serré ; ce dernier cas est aussi, le plus souvent, celui des bois homogènes. Un bois homogène qui est en même temps dur, est, avonsnous dit, un bois susceptible d'un beau poli. Le polissage des bois en fait ressortir tous les avantages esthétiques : finesse du grain, beauté des mailles et des veines ; on en augmente encore l'effet, en recouvrant la surface polie avec une couche mince de vernis ou de cire (laquage, vernis au copal, etc.).

57. Aptitude à la fente. — Nous avons montré qu'elle résulte directement de la structure du bois, notamment de la rectitude des fibres et des rayons. Ce caractère est important au point de vue industriel, car, pour beaucoup d'usages, les bois doivent être fendus et non sciés : tonneaux, articles de boissellerie, layeterie, etc. ; les meilleurs sont : le chêne rouvre, le frêne, le hêtre ; les résineux peuvent constituer aussi des bois pour cet usage. On trouve dans le commerce, comme bois de fente, des lattes, merrains, échalas et le bardeau qui sert pour exécuter des planchers.

58. Qualités mécaniques. — Les bois travaillent dans les constructions surtout à la compression, à l'extension et à la flexion. On traduit souvent dans le langage courant la faculté de résistance des bois soumis à un effort mécanique par les termes de bois *tenace* ou *nerveux*, ce dernier s'appliquant surtout au chêne, et de bois *souples* ou *flexibles*.

Nous étudierons avec quelque détail l'importante question de la résistance des bois.

59. Résistance des bois (1). — 1. *Généralités*. — Il

(1) Nous avons fait, au cours de la rédaction de ce paragraphe de fréquents et importants emprunts aux travaux de M. Thil. D'autre part M. Thil a bien voulu nous communiquer une très importante collection de photographies, encore inédites, reproduisant l'état des éprouvettes soumises à des charges de rupture dans les expériences d'essais de résistance faites au Laboratoire d'essai de la résistance des matériaux de l'École des ponts et chaussées.

importe de connaître la résistance des bois d'œuvre, c'est-à-dire de déterminer les efforts nécessaires pour produire une rupture ou une déformation inadmissible, dans une pièce de forme et de dimension données.

Les efforts auxquels peuvent être soumis les bois sont les suivants :

1° Effort de traction ou d'extension ;

2° Effort de compression ou d'écrasement qui peut-être lui-même parallèle à l'axe de croissance, radial, ou tangentiel aux accroissements ;

3° Effort de flexion ;

4° Effort de torsion ;

5° Effort de cisaillement ;

6° Usure par le frottement ;

7° Choc et autres actions mécaniques.

Des expériences réitérées ont permis d'obtenir des coefficients numériques et d'établir des règles ou formules, grâce auxquelles on parvient, pour chaque cas, à des résultats moyens que l'on peut suivre sans craindre de trop s'écarter de la vérité.

Nous verrons, d'ailleurs, que les constructeurs admettent généralement que la limite de sécurité peut être fixée pour le bois à 1/10 de la limite de rupture correspondante.

2. *Influence de la structure du bois sur ses propriétés physiques et mécaniques.* — La résistance des bois est intimement liée à la nature de sa structure, c'est-à-dire à la composition et au mode d'arrangement de ses éléments constitutifs.

Nous avons déjà fait observer, en décrivant la structure anatomique du bois, les relations qui peuvent exister entre elle et ses qualités physiques et mécaniques. De la structure dépend la densité, la dureté, l'homogénéité, la ténacité, l'élasticité, l'aptitude à la fente.

La connaissance de la structure est la base d'une étude rationnelle du bois.

Nous réunirons dans l'étude de la résistance des bois les données éparses sur ce sujet, dans les chapitres précédents. Rappelons en quelques mots les caractères essentiels de cette structure du bois.

Le bois est formé par des éléments de diverses formes, constitués par une enveloppe solide circonscrivant une cavité, ces éléments sont appelés : cellules.

Les trois sections longitudinales, transversales et tangen-tielles d'un fragment de bois permettent de discerner : 1° des lames radiales, courtes, à section fusiformes, disposées en spirale autour de l'axe, ce sont les *rayons médullaires*. Il en apparaît constamment de nouveaux au fur et à mesure de l'accroissement en diamètre, de sorte que la distance entre deux rayons consécutifs est à peu près constante ;

2° Ces rayons séparent des *compartiments*, qui se soudent entre eux dans les espaces laissés libres entre les rayons mé-dullaires (voir fig. 25, 26).

Les rayons médullaires sont constitués par des cellules de parenchyme, isodiamétriques.

Les compartiments intermédiaires peuvent être formés de *vaisseaux* ou tubes allongés, de *fibres* fusiformes et à parois épaisses qui sont l'élément le plus résistant du bois, et enfin de cellules isodiamétriques à parois plus ou moins épaisses et solides, dont l'ensemble s'appelle le *parenchyme ligneux*. Ce dernier tissu sert le plus souvent de magasin des réserves élaborées par la plante pour l'alimentation ultérieure.

Dans les bois résineux, fibres et vaisseaux se confondent ; à la place de ces deux éléments on en trouve un seul, dénom-mé : *trachéide*.

Les bois feuillus possèdent tous les éléments énumérés ci-dessus.

Il est important de noter encore, au point de vue de la résistance, que la structure est hétérogène, non seulement à la surface d'un cylindre de bois, mais encore sur une coupe transversale. Là, nous voyons une série de couches concentri-ques annuelles, délimitées par ce fait que le bois du bord externe d'une couche (bois d'automne) est plus dense, plus riche en fibres, muni de vaisseaux plus étroits que le bois du bord interne (bois de printemps) qui est moins dense, moins riche en fibres, et muni de vaisseaux plus larges.

En considérant la section totale on distingue encore une zone circulaire externe, plus claire, riche en amidon ainsi qu'en substances fermentescibles, et une zone interne plus sombre, incrustée de tannin, formée de cellules générale-ment vides, qui est le cœur ou duramen.

Les cellules composant ces tissus sont agglutinées par un ciment qui les réunit d'autant mieux, qu'il ne subsiste pas de vides ou méats.

Les fibres à parois fortement lignifiées et ne laissant pas de méats entre elles sont l'élément résistant du bois par excellence.

Le parenchyme est le plus souvent un élément de faiblesse ou d'élasticité.

Dans les résineux le parenchyme est représenté par le tissu résinifère peu développé comparativement au reste du bois. Il est aussi une partie faible ; mais, d'autre part, il présente la grande utilité de sécréter des substances résineuses qui, en se diffusant alentour, amélioreront les qualités de durée et de résistance du bois. Le parenchyme constitue encore les rayons médullaires, où il se présente fréquemment avec des méats.

La rupture se fait le plus souvent au niveau des surfaces de jonction des rayons et des compartiments adjacents, la résistance étant moindre à l'endroit où s'unissent ces tissus différents. Il suffit de rappeler avec quelle facilité les bois résineux, par exemple, se laissent fendre en lames qui se séparent précisément au niveau des rayons.

Les rayons médullaires ont, d'autre part, l'avantage de s'opposer, lors de la dessiccation, au retrait dans le sens radial ; par contre ce retrait s'effectue presque toujours dans le sens longitudinal ou tangentiel, suivant les rayons ou suivant des bandes de parenchyme.

La proportion des divers éléments mentionnés ci-dessus, varie beaucoup selon qu'il s'agit des bois résineux ou des bois feuillus ; elle varie aussi, dans chacune de ces catégories, pour chaque espèce de bois. C'est ainsi que les fibres peuvent être rares ou prédominantes, les vaisseaux avoir une lumière étroite ou large ; le parenchyme peut être plus ou moins abondant, à parois plus ou moins épaisses ; les rayons médullaires sont plus ou moins nombreux, hauts ou épais, etc.

On conçoit, étant donnés tous ces faits et d'autres antérieurement exposés, combien la qualité d'une essence dépend de sa structure et pourquoi les divers bois sont si différents les uns des autres au point de leur utilisation.

Une même essence peut posséder des qualités différentes, être plus ou moins bonne, suivant les conditions où elle s'est développée : or ce développement est en rapport avec de multiples influences extérieures, telles que : nature du sol, humidité, chaleur, lumière, pouvant donner lieu à une croissance plus ou moins rapide, à une variation quantitative des éléments constitutifs, etc.

Il est donc certain que l'examen d'un bois fait au microscope ou simplement à la loupe, peut fournir au praticien éclairé des données précieuses pour déterminer *a priori* si tel bois est susceptible d'être employé à tel usage, ou si un bois d'essence déterminée est de bonne ou mauvaise qualité.

Par exemple, dans ce dernier cas, plus le bois a ses anneaux concentriques serrés plus il est fort et dense. Dès lors l'architecte ou l'entrepreneur pourraient avoir une série de photographies reproduisant des coupes types de bois plus ou moins bons ; il leur suffirait ensuite, de comparer les spécimens des bois qu'on leur fournit pour savoir s'ils sont, comme valeur, au-dessus ou au-dessous du type. Cette méthode, aidée d'un peu d'expérience, pourrait rendre des services.

Il est dans tous les cas certain qu'une connaissance un peu sérieuse de la structure des divers bois serait fort utile dans la pratique.

3. *Influence de l'humidité des bois sur leur résistance.* — Les bois sont d'autant plus résistants que leur dessiccation est plus complète.

Les bois secs sont plus résistants que les bois verts et quelquefois la différence égale 1/2. Les bois verts ne sauraient d'ailleurs être employés dans les constructions parce qu'ils sont sujets à de multiples altérations ; l'opération principale à effectuer pour la préparation des bois en vue d'assurer leur conservation et de les rendre aptes à être mis en œuvre est leur dessiccation. Elle s'opère de manières diverses, comme nous l'indiquons au chapitre traitant de la préparation et de la conservation des bois.

4. *Contraction et dilatation des bois sous l'influence de la chaleur ou de l'humidité.* — A l'encontre de ce qui a lieu pour les métaux, on ne se préoccupe guère pour les bois des phénomènes de contraction ou de dilatation dus aux changements de température, pour plusieurs raisons : 1° le coefficient de dilatation est très faible ; 2° le bois étant très mauvais conducteur de la chaleur, il subit peu les changements éprouvés par la température extérieure ; 3° les bois étant très hygrométriques et changeant de volume suivant qu'ils ont absorbé

plus ou moins d'eau, il en résulte que les changements de volume dus à la dilatation par l'action de la température, sont masqués par ce fait.

Voici d'ailleurs un tableau indiquant (d'après le journal *Engineering*), le retrait ou contraction linéaire éprouvé par les bois pendant leur *dessiccation*. Le retrait est exprimé en centièmes.

DÉSIGNATION DES BOIS	Dans la direction des fibres	Dans la direction radiale au tronc	Dans la direction tangentielle à la circonférence
Chêne	0,00	2,65	4,13
Frêne	0,26	5,35	6,90
Hêtre.	0,20	0,60	7,65
Pin.	0,00	2,49	2,87
Sapin rouge.	0,00	2,08	2,62
Tilleul	1,10	5,73	7,17

La discordance entre les retraits éprouvés dans la direction radiale au tronc et dans la direction tangentielle à la circonférence, explique l'apparition des fentes radiales de retrait qui se manifestent dans la section transversale d'une pièce pendant sa dessiccation : la réduction de longueur est plus grande sur la circonférence que sur le rayon.

Si au lieu de considérer la contraction du bois par perte d'eau, nous envisageons sa dilatation par absorption de celle-ci, nous obtenons les résultats suivants (V. Wood) pour des pièces ayant séjourné **37** jours dans l'eau :

	Allongement 0/0	Dilatation transversale 0/0	Rapport de la dilatation à l'allongement
Sapin.	0,05	2,6	53
Chêne.	0,085	3,5	41
Châtaignier . .	0,16	3,6	22,5

Ces notions vont permettre de mieux saisir les conditions de résistance des bois à l'égard des influences que nous avons mentionnées en tête de chapitre et que nous allons étudier maintenant.

5. *Résistance à la traction ou extension.* — La résistance
que présente un corps est d'autant plus grande que la section
transversale de ce corps offre plus de surface. On a établi
ce principe que la résistance des corps soumis à un effort de
traction est directement proportionnelle à la surface de la
section transversale.

Dans les travaux, on ne dépasse pas, pour les bois qui travaillent à l'extension, les charges suivantes par centimètre
carré :

Sapin du Nord.		8 à 90 kg.
— des Vosges.		40 —
Frêne.		120 —
Orme.		100 à 104 —
Chêne { parallèle aux fibres.		60 à 80 —
perpendiculaire aux fibres.		16 —
Peuplier { parallèle aux fibres.		60 —
perpendiculaire aux fibres.		12 —
Tremble.		60 à 72 —
Pin sylvestre		24 à 25 —
Hêtre.		80 —
Teck.		110 —
Buis.		140 —
Poirier.		60 à 70 —
Acajou.		56 —
Chêne ou sapin { Assemblage par crémaillère ou entaille		40 —
Arcs en planches de champ ou bois courbé		30 —

Ces charges sont les « charges de sécurité », elles sont égales
au 1/10 de la charge de rupture.

Dans la pratique on prend ordinairement le coefficient de
sécurité égal à 60 kg. par centimètre carré, ou de 0 kg. 600
par millimètre carré ; il est applicable aux bois de chêne et
de sapin, qui sont le plus généralement employés dans nos
constructions.

Les chiffres du tableau précédent représentent les coefficients de traction relatifs à un centimètre carré de section
transversale des divers bois. La règle pour calculer l'effort
total de traction consiste à multiplier la section transversale
de la pièce par le coefficient de résistance.

Tableau des efforts totaux de tension que peuvent supporter en toute sécurité des bois carrés ou ronds des dimensions suivantes :

Bois carrés			Bois ronds		
Côté du carré	Section en millimètr. carrés	Tension de sécurité	Diamètre du bois	Section en millimètr. carrés	Tension de sécurité
0,08	6.400	3.840	0,08	5.020	3.012
0,10	10.000	6.000	0,10	7.854	4.710
0,12	14.400	8.640	0,12	11.309	6.786
0,14	19.600	11.760	0,14	15.395	9.234
0,16	25.600	15.360	0,16	20.106	12.060
0,18	32.400	19.440	0,18	25.446	15.264
0,20	40.000	24.000	0,20	31.415	18.846
0,22	48.400	29.000	0,22	38.015	22.806
0,24	57.600	34.500	0,24	45.238	27.140
0,26	67.600	40.500	0,26	53.095	31.860
0,28	78.400	47.000	0,28	61.575	36.945
0,30	90.000	54.000	0,30	70.695	42.417
0,32	102.400	61.400	0,32	80.424	48.254
0,34	115.600	69.000	0,34	90.792	54.475
0,36	129.000	77.700	0,36	101.787	61.070
0,38	144.000	86.000	0,38	113.411	68.046
0,40	160.000	96.000	0,40	125.663	75.397

Il faut remarquer d'ailleurs que ces chiffres sont loin d'avoir une exactitude absolue. La substance ligneuse n'ayant pas une structure homogène, comme le fer par exemple, il faut, pour déterminer la résistance d'un bois, faire des essais multiples consistant à l'explorer dans ses parties différentes. Les chiffres exprimant cette résistance sont donc des moyennes ; il ne faut s'en servir qu'avec la plus grande discrétion si l'on ignore dans quelles conditions ils ont été obtenus.

Ces chiffres peuvent varier considérablement pour un bois d'une même essence. En effet, on peut avoir affaire à un échantillon dont les anneaux d'accroissement sont plus ou moins serrés ; la pièce soumise à l'effort provient soit du cœur, soit de l'aubier; elle comporte une proportion variable de bois d'automne et de bois de printemps, et le premier a plus de résistance que le second, les rayons médullaires y sont plus ou moins larges ou nombreux ; il existe ou non des nœuds, et les fibres inclinées autour des nœuds présentent une résistance moindre ; la pièce porte ou non des embranchements.

Citons, d'après M. Thil quelques exemples. Si nous examinons les essais faits sur une même espèce, nous remarquons que les écarts des résultats sont souvent très considérables :

	Résistance à la rupture par mm. carré variant de :
	kg. kg.
Le cornouiller mâle donne	21,1 à 7,8
Le robinier faux accacia	20,4 à 9,0
Le frêne commun	20,0 à 5,3
Le chêne	17,1 à 5,2
L'orme champêtre	16,4 à 6,1
Le liem du Tonkin	15,4 à 5,3
Le hêtre	15,3 à 5,5
Le pin maritime	14,3 à 6,5
Le sapin pectiné	8,2 à 4,9

Dans le cornouiller la résistance est tombée de **21 kg. 1** à **7 kg. 8** par suite d'un petit nœud et de fibres contournées qui l'entouraient.

Dans le robinier, la chute de **20 kg. 1** à **9 kilogrammes** s'explique par l'obliquité de la tige des essais. Les éprouvettes présentant ces défauts auraient pu être rebutées, ces vices locaux ou de façonnage étant visibles avant l'essai, mais on a préféré faire l'expérience au présent cas, pour mieux étudier toutes les causes qui modifient les résultats.

L'aubier résiste beaucoup moins aussi à la traction que le bois parfait, comme il fallait s'y attendre.

Dans les essais relatifs aux frêne, chêne et orme, les éprouvettes d'aubier ont toujours donné des résultats bien inférieurs à la moyenne du bois parfait. Le nombre d'accroissement existant par centimètre, l'abondance du bois de printemps ou d'automne, les inflexions locales du tissu, l'abondance ou la pauvreté de certaines zones en vaisseaux, justifient encore les écarts plus petits relevés dans les tables d'expériences du Laboratoire des ponts et chaussées.

Pour les feuillus la distance est généralement d'autant plus grande que l'accroissement est plus large et moins riche en bois de printemps ; les chiffres suivants sont particulièrement intéressants :

kg.

L'hickory avec des accroissements assez larges a une résistance à la rupture par mm. carré de	21,6
L'hickory avec des accroissements étroits a une résistance à la rupture par mm. carré de.	19,2
L'hickory avec des accroissements assez étroits a une résistance à la rupture par mm. carré de	19,1
L'hickory avec des accroissements très étroits a une résistance à la rupture par mm. carré de	17,1
L'hickory avec des accroissements excessivement étroits a une résistance à la rupture par mm. carré de.	14,6
Le robinier faux-acacia avec 2 accroissements par cm. a une résistance à la rupture par mm. carré de	20,4
Le robinier faux-acacia avec 2 accroiss. 1/2 par cm. a une résistance à la rupture par mm. carré de.	19,9
Le robinier faux-acacia avec 3 accroissements par cm. a une résistance à la rupture par mm. carré de.	19,7
Le robinier faux-acacia avec 5 accroissements par cm. a une résistance à la rupture par mm. carré de.	16,5

Pour le chêne, l'influence de la largeur du bois de printemps intervient très nettement dans les résultats :

kg.

2 accroissements dans la tige d'essai avec 1 seul rang de gros vaisseaux.	17,1 de résistance
2 accroissements dans la tige d'essai avec 2 à 3 rangs de gros vaisseaux.	13,6 —
2 accroissements dans la tige d'essai avec 3 à 4 rangs de gros vaisseaux	12,7 —
3 accroissements dans la tige d'essai avec 2 à 3 rangs de gros vaisseaux.	13,1 —
3 accroissements dans la tige d'essai avec 3 à 4 rangs de gros vaisseaux.	12,0 —

Dans le hêtre, une accumulation accidentelle de rayons médullaires a fait baisser la résistance à la rupture de 15 kg. 3 à 5 kg. 5.

Pour les résineux, les lois constatées dans les essais de compression se retrouvent pour les variations de la puissance de résistance à la traction qui augmente avec le nombre des accroissements et la largeur du bois d'automne.

kg.

Le pitchpin avec 8 accroissements par cm. a une puissance de résistance à la traction par mm. carré de.	17,2
Le pitchpin avec 7 accroissements par cm. a une puissance de résistance à la traction par mm. carré de	15,8
Le pin maritime gemmé avec 4 accr. 1/2 par cm. et de très larges zones de bois d'automne, de	14,3
Le pin maritime gemmé avec 4 accroissements par cm. et de larges zones de bois d'automne, de	10,9
Le pin maritime gemmé avec 2 accr. 1/2 par cm. et de larges zones de bois d'automne, de . . . . ·	9,5
Le pin maritime gemmé avec 2 accroissements par cm. et de larges zones de bois d'automne, de	9,3
Le pin maritime gemmé avec 3 accroissements par cm. et d'étroites zones de bois d'automne, de	8,2
Le pin sylvestre du Nord avec 9 accroissements par cm. et de larges zones de bois d'automne, de	13,1
Le pin sylvestre du Nord avec 11 accroissements par cm. et de moins larges zones de bois d'automne, de.	12,2
Le pin sylvestre du Nord avec 15 accroissements par cm. et de très étroites zones de bois d'automne, de	10,7

Les ondulations du tissu, amenées par une cause quelconque, modifient aussi, en les amoindrissant, les résultats des essais, parce que la force de traction parallèle est remplacée en partie par une force de traction oblique dans laquelle il faut tenir compte de la traction radiale, bien inférieure d'après les rares expériences faites ; cette infériorité est justifiée anatomiquement par la présence des plans faibles de bois de printemps, par celle des zones de parenchyme et de vaisseaux, facilement rompues par la force de traction.

Les résultats obtenus avec le hêtre sont très instructifs à ce sujet :

kg.

Le hêtre à fibre droite. donne	15,3	de résistance
— à fibres ondulées en partie, donne. . .	11,4	—
— à fibres ondulées, donne	7,1	—

Ces inflexions locales, plus nombreuses dans les grandes éprouvettes, sont la cause de la diminution des chiffres moyens obtenus sur les éprouvettes de grandes dimensions, comme il avait déjà été constaté dans les essais à la compression.

8. *Formes des brisures de rupture et rapport de ces formes avec la structure du bois*. — Nous donnerons maintenant quelques détails concernant la forme des brisures de rupture et les rapports existant entre cette forme et la structure du bois. Nous continuons à citer M. Thil.

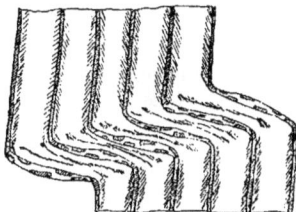

Fig. 55. — Rupture par compression (Thil).

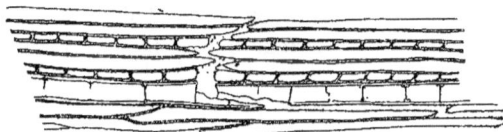

Fig. 56. — Rupture par traction (Thil).

La rupture, déterminant une séparation complète des deux parties adhérentes aux têtes de l'éprouvette, se produit dans l'épaisseur de la matière intercellulaire, brisant ou séparant par places les articles primordiaux des vaisseaux ou le parenchyme voisins de la fente, surtout lorsque les lumens de ces sortes de cellules sont remplis de matières résineuses, gommeuses ou solides.

Les fentes, dans la matière intercellulaire, s'allongent de manière à séparer la masse en longues esquilles dont les surfaces sont très peu obliques à la force. Ces surfaces, le plus souvent, produisent des esquilles aiguës ou pointues, mais quelquefois aussi, lorsque le diamètre de l'esquille devient insuffisant pour résister à l'effort de traction, ou que la pointe vient à rencontrer des parties faibles, elles se brisent brusquement suivant une région transversale.

Les formes de ces brisures, malgré leurs aspects irréguliers, sont tellement nettes que les deux parties disjointes peuvent se réunir si exactement l'une à l'autre qu'au premier abord l'éprouvette paraît intacte. Ce fait tient à la régularité avec laquelle se propagent de proche en proche les fentes de rupture. Si l'on étudie une série d'éprouvettes, on reconnaît que les parties faibles sous l'effort de traction, sont, dans le sens radial, les flancs des rayons médullaires garnis de méats et sur lesquels les fibres sont infléchies plus ou moins légèrement, les accumulations radiales de vaisseaux et de parenchyme ; dans le sens tangentiel, le bord de l'accroissement ou bois de printemps, plus riche en gros vaisseaux, et les alignements de parenchyme et de vaisseaux dirigés de même façon, s'il en existe dans l'espèce botanique étudiée. Si ces derniers plans deviennent obliques à ces deux directions principales, la brisure est alors plus irrégulière.

Généralement, cependant, on peut dire que la section transversale de l'esquille est à peu près rectangulaire, deux côtés étant formés par les rayons médullaires et deux autres par de très petits arcs de cercle de bois de printemps, de parenchyme ou de vaisseaux, que l'on peut confondre avec des lignes droites.

Dans les résineux, cette forme rectangulaire ou par ressauts rectangulaires est beaucoup plus nette, comme on pouvait s'y attendre, en raison de la simplification du tissu. La longueur de l'esquille tient à diverses causes ; le plus souvent elle semble dépendre de la forme de l'élément résistant, c'est-à-dire des fibres le long desquelles la brisure se propage dans l'intervalle de la hauteur existant entre deux rayons médullaires superposés.

Les espèces à faisceaux fibreux denses fournissent généralement de longues esquilles, et dans une même cassure, l'esquille s'allonge dans les parties où les faisceaux fibreux, ou simplement les fibres, sont plus résistants, comme on le remarque dans les résineux et le peuplier (bois d'automne). Souvent aussi lorsque la brisure devient transversale à l'extrémité d'une esquille, par suite d'une cause quelconque (une secousse par exemple), souvent cette partie est hérissée de petites esquilles très fines, émergeant au-dessus des plans transversaux ; ces esquilles très fines sont constituées par les fibres ou les faisceaux des fibres les plus résistants.

Pour ces diverses raisons les brisures par traction varient de forme avec les espèces, mais moins que les brisures par compression.

Si le tissu du bois est très dense, rempli de gomme, de résine ou d'autres matières solides, et les rayons étroits et courts, l'esquille est fine, allongée ; souvent la tige d'essai est arrachée complètement de la tête en une seule esquille de même section que la tige elle-même, mais en suivant les inflexions longitudinales des éléments du bois.

Les bois à faisceaux fibreux peu mélangés de parenchyme, sont aussi plus résistants que les autres ; ainsi l'hickory, l'acacia et le frêne tiennent, pour cette raison, la tête de la liste avec des résistances de 25 kilogrammes, et 20 kilogrammes par millimètres carrés de section.

L'esquille se brise transversalement sur les accumulations de vaisseaux et en particulier dans le bois de printemps, riche en éléments de cette nature, ce qui donne souvent une forme toute particulière par ressaut ou grandes esquilles à la brisure, comme on le voit dans le chêne, l'orme ou l'acacia.

L'esquille, dans ce cas, paraît s'allonger proportionnellement à la longueur des fibres ou des faisceaux de fibres entre les plans transversaux de vaisseaux ; ainsi l'esquille du chêne est plus longue que celle du charme et de l'orme dont les fibres sont plus courtes.

Dans le liem (du Tonkin), l'inclinaison d'une partie du tissu de l'accroissement diminue la résistance à la traction, et l'esquille a une forme très spéciale pour cette raison. Une brisure oblique se produit dans le bois de printemps, elle va en se relevant petit à petit jusqu'au bois d'automne, où les esquilles très fines s'allongent presque parallèlement à la direction de la force pour finir brusquement sur le plan d'accroissement voisin.

Lorsque le rayon médullaire est gros et que sa forme en fuseau tend à devenir ovoïde comme dans le hêtre, l'obliquité des esquilles devient plus grande et la brisure est plus courte.

Enfin, si le tissu est mou et peu résistant, comme dans le cas du peuplier, il se désagrège plus finement et plus courtement, et l'on voit les esquilles s'allonger légèrement dans le bois d'automne.

Pour les résineux, on remarque aussi quelques variations :

Dans le pitchpin, la tige d'essai s'arrache en général de sa tête, mais si sa section est circulaire, l'arrachement est presque rectangulaire et situé sur les plans tangents au cylindre d'accroissement de deux côtés et de l'autre sur les rayons médullaires.

Dans le pin maritime, l'esquille flanquée des rayons médullaires s'arrondit en s'allongeant dans le bois de printemps très large et mou et forme au-dessus des séries de courtes esquilles prismatiques dans le bois d'automne. Dans les bois mous comme l'épicéa, la cassure est courte, elle rappelle celle du peuplier ou celle du bois de printemps du pin maritime.

6. *Résistance des bois à l'extension transversale.* — Les bois sont rarement soumis à des efforts d'extension appliqués dans un sens perpendiculaire aux fibres, c'est-à-dire tendant à arracher les fibres d'une face latérale. Il existe peu d'expériences à ce sujet. Voici les chiffres qui les résument (1) :

Chêne : résistance perpendiculairement aux fibres, 1 k. 60 par mm. carré ; résistance de sécurité, 0 k. 160 ;

Peuplier : résistance perpendiculairement aux fibres, 1 k. 25 par mm. carré ; résistance de sécurité, 0 k. 125 ;

Mélèze : résistance perpendiculairement aux fibres, 0 k. 94 par mm. carré ; résistance de sécurité, 0 k. 094.

7. *Prélèvement des éprouvettes pour l'étude de la résistance des bois.* — Les faits que nous avons exposés au cours de cette première étude nous conduisent à dire un mot de la façon dont on doit procéder lorsque l'on veut se livrer à des essais sur la résistance du bois.

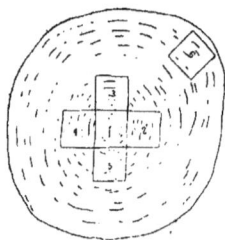

Fig. 57. — Emplacements des éprouvettes à prélever dans une bille de bois (A. Thil).

Les éprouvettes servant aux essais, devront être : 1° assez larges pour comprendre plusieurs anneaux successifs de bois d'automne et de bois de printemps ; 2° elles ne comprendront ni nœuds, ni origine de ramification ; 3° il faudra noter si les fibres sont torses, madrées ou ondulées ; 4° il faudra noter l'emplacement et la direction du débit de l'épouvette, en même temps qu'on se rendra compte de la forme des anneaux d'accroissement emboîtés les uns dans les autres. Il est certain qu'une

(1) *Mécanique industrielle* de Poncelet.

même force produira des effets différents suivant qu'elle
agira sur des éprouvettes dont les zones concentriques pré-
senteront l'un ou l'autre des aspects des figures 58-59.

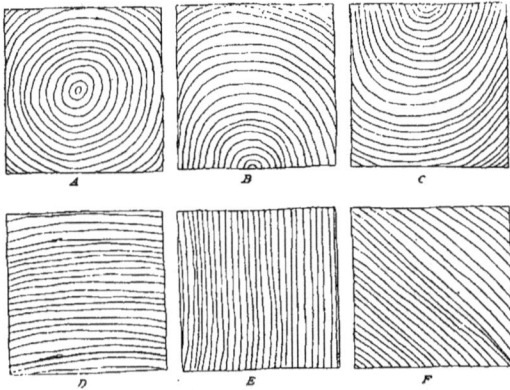

Fig. 58 et 59. — Positions diverses des accroissements dans des éprouvettes
prélevées sur un tronc de sapin (A. Thil).

Il serait bon, écrit M. Thil, que les divers expérimentateurs
s'entendissent pour adopter un type
uniforme, pour l'emplacement des
éprouvettes à prélever dans une bille
de bois, en vue des essais.

La figure 57 donne les emplacements désignés par l'Institut suisse
d'essai des matériaux établi à Zurich.
Ce schéma semble devoir être adopté
par les divers pays, il permet d'étudier
les conditions de résistance sous toutes les formes principales représentées
dans la figure précédente : bois cons-

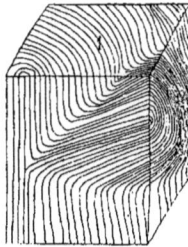

Fig. 60. — Éprouvette
prise dans un branche-
ment (A. Thil).

titué par une série de cylindres emboîtés comme en A ; de
voûtes successives, comme en D et C (fig. 58-59), etc.

8. *Résistance à l'écrasement ou compression.* — La force de
compression peut être :

A. Parallèle à l'axe de croissance, autrement dit parallèle
aux fibres.

B. Radiale, c'est-à-dire dans un sens parallèle à un rayon

de la tige, autrement dit normale aux fibres, autrement dit encore, transversale.

C. Tangentielle, elle se produit lorsque la force agit dans un sens parallèle à une tangente normale aux générateurs du cylindre du fût ou des accroissements successifs.

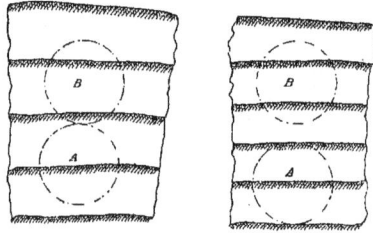

Fig. 61 et 62. — Position de petits échantillons pour les expériences à la traction, pris dans des bois à croissance rapide et qui doivent donner des résultats très différents (A. Thil).

A. *Compression parallèle à l'axe.* — Lorsque la matière ligneuse ne peut plus supporter la charge de compression agissant dans une direction parallèle à l'axe de croissance, il se produit non une rupture proprement dite, mais une dissociation locale des tissus sur un ou plusieurs plans de direction définie et constante, mais d'obliquité et d'épaisseur variable, suivant les espèces.

Les plans de dissociation suivent presque toujours les bords de rayons médullaires.

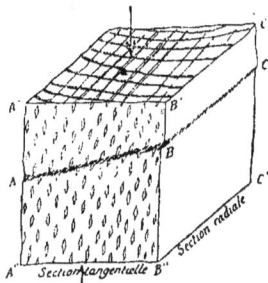

Fig. 63. — Compression parallèle à l'axe de croissance. Première forme de rupture (A. Thil).

Il faut noter que les rayons médullaires dévient plus ou moins de leur direction parallèle à la moelle les cellules ou fibres qui les environnent. A chaque rencontre, ces cellules s'incurvent à droite et à gauche pour laisser place au rayon, puis elles se réunissent à nouveau au-delà de celui-ci.

Si une force vient à agir parallèlement à l'axe de croissance, ces trachéides déjà courbées sont d'autant plus disposées à se déplacer que les cellules extrêmes des rayons médullaires possèdent des parois faibles faciles à comprimer. C'est pour cette raison, dit M. Thil, que dans la série d'éprouvettes soumises à la compression en bout parallèle à l'axe de croissance, examinées au Laboratoire de l'École des Ponts et Chaussées, toutes les ruptures obtenues se sont produites suivant des plans obliques.

Les plans de rupture semblent suivre l'inclinaison de la spirale suivant laquelle les rayons sont disposés autour de la moelle. Les figures 63 et 64 permettent de se rendre compte de ces faits. On peut avoir la disposition de la figure 63, s'il ne se fait qu'un seul plan de rupture, tandis qu'on aura la disposition de la figure 64, s'il s'en produit plusieurs à des hauteurs différentes ; on voit que, dans ce cas, leur direction est parallèle. Lorsque leur jonction s'opère, il en résulte

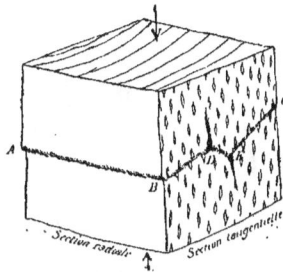

Fig. 64. — Compression parallèle à l'axe de croissance. Deuxième forme de rupture (A. Thil).

des sortes de coins D et E qui disjoignent le bois, chacun de leur côté en produisant des fentes dans le sens radial.

Outre ce plan principal ou ces deux plans principaux, on peut reconnaître dans certains bois (buis, frêne, chêne, hickory) de fins plissements secondaires parallèles.

On pourrait dire, d'une façon générale, que le plan de rupture est perpendiculaire au plan de compression, si, dans le cas de la compression parallèle à l'axe, il ne se produisait une obliquité plus ou moins accentuée de ce plan due à la disposition spiralée des rayons.

Ce que nous venons de dire s'applique d'une façon particulièrement nette aux bois des résineux. La structure des bois feuillus est plus hétérogène, les points de plus faible résistance existent, non seulement au niveau des rayons médullaires, mais encore au niveau du parenchyme ligneux qui manquait aux gymnospermes. Les vaisseaux plus ou moins gros interviennent encore, car ils se laissent écraser plus ou moins facilement. L'affaissement dû à la compression ne doit

donc pas être aussi régulier que dans les résineux. L'examen
au microscope, permet de reconnaître que la rupture provient,
encore ici, de la cassure ou du broiement de la matière intercellulaire et, tandis que les tissus mous sont affaissés ou disjoints, on voit les fibres plus résistantes tenir encore les deux
bouts de l'éprouvette (fig. 65 et 66).

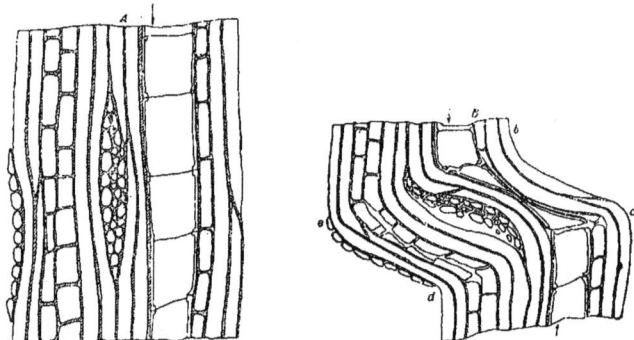

Fig. 65 et 66. — Schéma de la brisure d'une éprouvette par compression
parallèle aux fibres. A éprouvette intacte, B éprouvette affaissée. *a, b, c, d,*
partie dissociée (A. Thil).

L'inclinaison générale des plans d'écrasement est d'autant
plus grande que le bois est plus compact et résistant; c'est
ainsi que l'obliquité varie de 120 à 90 pour 100 dans le bois
de fer du Bornéo, le liem du Tonkin et le pitchpin, qui sont
durs et compacts; elle est seulement de 25 à 15 pour 100
dans le peuplier et l'épicéa qui sont, au contraire, tendres et
très poreux.

Ces faits résultent de ce que dans les premiers de ces
bois, les cavités des cellules sont comblées par des matières
gommeuses et résineuses dures, qui imprègnent d'ailleurs les
parois, de telle sorte que le bois forme un ensemble homogène
et résistant, il ne se produit plus, ou très rarement, des écra-
sements locaux et dès lors les fentes de rupture sont presque
verticales et les esquilles en résultant rappellent celles formées dans les expériences de même nature exécutées sur le
verre.

Dans les bois tendres, poreux et hétérogènes, il n'en est
plus de même et le plan de rupture suit les zones de plus faible résistance, comme nous l'indiquions plus haut.

a) *Prélèvement des éprouvettes pour l'étude de la résistance des bois à la compression. Circonstances accessoires qui influent sur cette résistance.*

Nous avons donné plus haut (p. 124) des indications se rapportant aux conditions que l'on doit toujours observer lorsque l'on prélève des éprouvettes dans le but de faire l'essai de la résistance d'un bois. Elles s'appliquent ici.

On devra, dit M. Thil (1), mesurer la résistance à l'écrasement, caractérisée par un commencement de séparation des fibres, parallèlement et perpendiculairement aux fibres, sur des éprouvettes carrées de 0 m. 10 de côté et de 0 m. 15 de hauteur, débitées à la scie de façon que leurs fibres soient bien parallèles aux grandes faces et rigoureusement perpendiculaires aux petites, car, s'il existe une obliquité dans le débit, la force n'agit plus parallèlement mais obliquement, et la résistance diminue rapidement par suite de la différence qui existe entre la résistance à la compression parallèle et celle due aux compressions radiales et tangentielles qui entrent en jeu dans ce cas.

Pour cette même raison, on doit éviter de faire des expériences théoriques sur des échantillons possédant des nœuds ou des origines de ramification, ce qu'il est d'ailleurs difficile de réaliser pour des pièces de grandes dimensions qui donnent toujours des chiffres inférieurs à ceux que l'on obtient avec des pièces de taille plus restreinte. Dans une forte pièce de bois se trouvent toujours des accidents : nœuds, etc., qui, en détournant les fibres de la direction parallèle à l'axe, enlèvent à la pièce une partie de sa résistance. C'est ainsi qu'une éprouvette de charme normal a exigé pour sa rupture, une charge de 748 kilogrammes par centimètre carré, tandis qu'une autre, à fibres onduleuses, s'affaissait déjà pour un poids de 628 kilogrammes.

Le karri se rompt à 702 et 690 kilogrammes, poids qui tombe à 600 kilogrammes pour une éprouvette dont la fibre est légèrement oblique.

L'état d'humidité des bois a aussi une influence très consi-

(1) Conclusion de l'étude présentée à la Commission des méthodes d'essai des matériaux de construction. Imprimerie nationale, 1900.

9

dérable sur leur résistance : si son taux s'élève, la résistance diminue tandis que la plasticité augmente.

Ces phénomènes s'expliquent par ce fait que le bois mouillé offre un plus grand volume au détriment de l'épaisseur des parois qui deviennent moins résistantes ; de plus, l'eau amollit le tissu ligneux qui cède plus facilement sous l'action de la force, mais reprend aussi plus aisément sa forme première.

L'aubier, moins lignifié que le cœur, est en même temps moins résistant. C'est ainsi que le bois de cœur de l'orme a une charge de rupture égale à 590 kilogrammes, tandis qu'elle n'est pour l'aubier que de 453 kilogrammes.

Des bois appartenant aux mêmes essences de résineux, sont d'autant plus résistants que la croissance de ces essences a été plus lente, ce qui donne lieu à des anneaux d'accroissement plus serrés, possédant des fibres à lumière plus étroite et à parois plus épaisses, fait qui s'explique par la circulation moins active de la sève.

Cela est vrai pour les essences de bois résineux de nos pays, qui donnent des produits bien meilleurs si elles ont crû à l'altitude élevée à laquelle elles sont adaptées, que lorsqu'elles se sont développées dans la plaine.

C'est ainsi, par exemple, que :

	kgr.
Le sapin pectiné du Nord avec 12 accroissements 1/3 par cm. s'affaisse sous une charge de	500
Le sapin pectiné du Nord avec 10 accroissements 1/2 par cm. s'affaisse sous une charge de	461
Le sapin pectiné du Nord avec 7 accroissements 1/2 par cm. s'affaisse sous une charge de	365
Le sapin pectiné du Nord avec 4 accroissements 1/2 par cm. s'affaisse sous une charge de	347

Il n'en est pas de même pour une essence qui croît normalement dans la plaine ; là son alimentation s'effectue dans les meilleures conditions, elle y trouve toutes les circonstances de sol, de chaleur, de lumière et d'humidité qui lui sont utiles et dans ce cas, qui est celui des bois feuillus, la charge de rupture décroît avec la largeur des accroissements. Cela se vérifie non seulement dans les échantillons pris dans des tiges différentes, mais encore dans ceux d'une même tige ; les anneaux peuvent être en effet plus ou moins larges et de bois plus ou moins dense dans une même tige, suivant que les périodes auxquelles ils correspondent ont été plus ou moins favorables à la végétation de la plante.

Ainsi la charge de rupture par centimètre carré pour le liem du Tonkin varie de la manière suivante :

	kgr.
Accroissements très larges.	984
Accroissements larges	861
Accroissements étroits.	742
Accroissements très étroits.	655
Le chêne avec 2 accroissements 4/10 par centimètre cède sous une charge de	564
Le chêne avec 3 accroissements 3/10 par centimètre cède sous une charge de	558
Le chêne avec 5 accroissements 5/10 par centimètre cède sous une charge de	484

b) *Données numériques sur les charges d'écrasement des bois utiles.*

Hodgkinson (*Transactions philosophiques*, **XI**ᵉ volume) a donné les chiffres consignés dans le tableau suivant (p. 132), sur la rupture des bois par compression.

Ce tableau permet de se rendre compte de ce fait que la résistance d'un bois est d'autant plus grande que son état de dessiccation est plus complet ; les chiffres ci-dessous sont encore plus caractéristiques ; ils résultent d'expériences faites à la demande de M. Petsche, ingénieur des ponts et chaussées chargé des pavages en bois de la Ville de Paris, et citées par M. Thil. On comparait au cours de ces expériences des bois séchés à l'étuve à 30⁰ et des bois contenant le maximum d'eau à la suite d'une immersion prolongée.

	CHARGE DE RUPTURE PAR CENTIMÈTRE CARRÉ POUR LE BOIS	
	séché à l'étuve à 30°	immergé
	kgr.	kgr.
Bois de fer de Bornéo.	991 à 790	783 à 700
Liem d'Annam	984 à 848	752 à 655
Teak de Java	802 à 759	453 à 400
Karri	702 à 600	425 à 339
Teck d'Indo-Chine	661 à 538	388 à 372
Jarrah	594 à 507	334 à 326
Pitchpin	756 à 650	431 à 368
Pin maritime gemmé.	661 à 500	299 à 268
Pin maritime non gemmé. . .	589 à 492	221 à 209
Sapin pectiné (Vosges). . . .	574 à 338	199 à 150
Sapin pectiné (Nord).	500 à 347	486
Épicéa	490 à 379	183 à 162

Tableau des charges produisant l'écrasement des cubes de bois.

	Charge d'écrasement par cent carré	
	Etat ordinaire	Très sec
	kil.	kil.
Aune	480	489
Frêne	610	658
Laurier	528	528
Hêtre	543	658
Bouleau { d'Amérique.	»	820
{ d'Angleterre	232	450
Cèdre	399	412
Pommier sauvage	457	502
Sapin { rouge.	404	463
{ blanc	477	543
{ de Prusse.	457	479
Sureau	524	701
Orme	»	726
Acajou	576	576
Chêne { de Québec.	297	421
{ anglais.	456	707
{ de Dantzig	»	543
{ de France (1).	385	463
Pins { résineux	477	477
{ jaune, non gommé	378	383
{ rouge.	379	528
Peuplier.	218	360
Prunier	579	737
Sycomore.	498	»
Teak.	»	850
Mélèze.	225	391
Noyer.	426	508
Saule	203	431

(1) D'après Rondelet.

Dans la pratique il ne faut pas compter soumettre les bois à des charges aussi grandes, car il faut tenir compte des défauts qui peuvent exister et de l'homogénéité plus ou moins grande de la pièce. C'est pourquoi on admet que la charge de sécurité doit s'arrêter au *septième* ou même au *dixième* de la charge de rupture.

Cette limite de sécurité s'applique seulement aux pièces courtes, ayant tout au plus, comme longueur, sept à huit fois la plus petite des dimensions transversales.

A mesure que la hauteur de la pièce augmente par rapport à sa section, sa résistance à la compression diminue, la pièce tendant à se déformer par *flexion*, ainsi que le montre le tableau suivant :

Rapport de la hauteur au plus petit côté de la base	Rapport des résistances
1 à 6	1
12	5/6
24	1/2
36	1/3
48	1/6
60	1/12
70	1/24

Pour les poteaux en bois, Hodgkinson a donné les formules ci-dessous, suivant que la section est un carré ou un rectangle :

$$P = K\frac{a^4}{l^2} \text{ ou } P = K\frac{ba^3}{l^2}$$

P désigne la résistance à la rupture ;

K est un coefficient qui est :

2,565 pour le chêne fort ;

1,800 pour le chêne faible ;

2,142 pour le sapin fort (S. rouge et blanc, pin résineux) ;

1,600 pour le sapin faible et le pin jaune.

a, côté de la section (côté du carré ou du plus petit côté du rectangle) en centimètres.

b, grand côté de la section rectangulaire en centimètres.

l, hauteur du poteau en centimètres.

Les pilotis enfoncés complètement se chargent à raison de 30 à 35 kgr. (quelquefois plus) par centimètre carré de section.

Pour les constructions la charge permanente est, avons-nous

dit, le 1/10 de celle de rupture ; pour les constructions provisoires on adopte 1/6 ou 1/5 au maximum.

En admettant les résultats d'Hodgkinson, cités plus haut, et en prenant comme coefficient de résistance du chêne à la rupture, le chiffre moyen de 120 kgr., en supposant que le coefficient de sécurité soit de 1/7 de la rupture, on a établi le tableau suivant. Il donne les charges de sécurité dont on peut charger les poteaux de chêne à section carrée, à arêtes de dimensions variées ; le bois travaille dans ce tableau, pour les pièces courtes, à 0 k. 600 par mm. carré.

Tableau des charges totales de sécurité que peuvent porter, pour les longueurs ci-après, des poteaux de chêne à section carrée des équarrissages suivants :

Équarrissage des poteaux	Section en millim. carrés	Charge de sécurité dont on peut charger les poteaux ci-contre, pour des longueurs de							
		1m00	2 00	3 00	4 00	5 00	6 00	7 00	8 00
		k.	k.	k.	k.	k.	k.	k.	k.
0.08	6400	3.009	1.800	1.120	600	»	»	»	»
0.10	10000	5.400	3.500	2.450	1.600	900	»	»	»
0.12	14400	8.150	6.200	4.200	3.000	2.000	1.100	»	»
0.14	19600	11.200	8.800	6.700	5.000	3.950	2.500	1.700	»
0.16	25600	14.900	12.400	9.400	7.300	5.850	4.400	3.200	2.100
0.18	32400	19.200	16.600	13.300	10.500	8.500	6.900	5.400	4.000
0.20	40000	24.000	21.300	17.700	14.300	11.600	9.500	7.700	6.000
0.22	48400	29.000	26.500	22.600	18.600	15.400	12.900	10.700	9.000
0.24	57600	34.500	32.000	28.200	23.800	19.800	16.700	14.600	12.500
0.26	67600	40.500	38.000	34.600	29.000	24.600	21.000	18.000	15.600
0.28	78400	47.000	45.000	40.800	36.000	31.000	26.000	22.800	20.000
0.30	90000	54.000	52.000	48.000	42.400	36.400	31.600	27.600	24.600
0.32	102400	61.400	60.000	56.000	51.000	44.400	38.400	33.400	29.300
0.34	115600	69.000	68.800	64.000	58.500	51.600	45.400	39.800	35.200
0.36	129600	77.700	76.800	72.800	67.000	59.600	52.600	46.000	41.600
0.38	144400	86.600	85.000	81.000	74.000	66.000	59.000	53.000	47.000
0.40	160000	96.000	95.000	91.000	86.000	78.000	69.000	61.000	56.000

Nota. — Ce tableau s'applique surtout au bois de chêne, on peut l'utiliser également pour les divers bois dont la résistance à la rupture est analogue. C'est ainsi que, pour le sapin de bonne qualité, on peut les employer avec la réserve que les assemblages seront étudiés avec soin, pour offrir une résistance proportionnée aux charges auxquelles ils seront soumis.

Pour le bois de plus faible structure, on peut encore adopter le tableau précédent en en réduisant les chiffres dans le rapport qui existe entre leur coefficient de rupture et le nombre 420, qui a été pris pour base des calculs.

Lorsqu'il s'agit d'un poteau circulaire, on suppose que la résistance par unité de surface est la même que celle d'un poteau carré de côté égal au diamètre ; ce qui revient à prendre les 3/4 de la résistance du poteau carré correspondant.

Des chanfreins de 0,03 diminuent de 2.000 kgr. la résistance des poteaux.

B. *Compression radiale.* — Cette compression, au lieu de s'effectuer parallèlement aux fibres, se fait perpendiculairement à leur direction ; autrement dit la force comprimante s'exerce dans un sens parallèle à un rayon de la tige (fig. 67) et tend à serrer les fibres les unes contre les autres.

Les formes d'écrasement varient encore ici avec les espèces de bois.

M. Thil rapporte des expériences faites avec des éprouvettes tirées de bois de jarrah, de chêne et de peuplier noir.

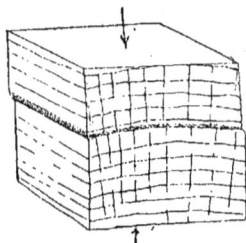

Fig. 67. — Compression radiale perpendiculaire aux fibres. — Forme de rupture (A. Thil).

Pour le peuplier la charge d'affaissement est très faible, elle a été, dans ces expériences, de 45 kg. par centimètre carré. Ce bois mou et homogène s'affaisse sans fissure apparente ; on observe de plus sur les bords latéraux de l'éprouvette, une série de petits bourrelets correspondant au bois du printemps, pour ainsi dire chassé entre les plans un peu plus résistants du bois d'automne. La matière intercellulaire, moins brisante et plus plastique que dans d'autres bois, s'est laissée comprimer sans produire de fentes assez importantes pour qu'on puisse les distinguer à l'œil nu.

Dans le chêne, la charge de rupture a été de 151 à 132 kg. L'affaissement s'est produit au niveau de la zone de bois de printemps, qui est constituée, dans cette essence, par de très larges vaisseaux.

Le jarrah a cédé sous des charges de 97 à 132 kg. C'est un bois très compact et très homogène qui s'est affaissé en bloc.

Les éprouvettes pour les essais de compression perpendiculaire aux fibres seront placées *à plat* entre les deux plateaux d'une presse hydraulique. Pour les essais de compression parallèle, il faudra au contraire placer les éprouvettes *en hauteur* entre ces deux plateaux. On notera la charge d'écrasement et la surface portante, et on rapportera la résistance au centimètre carré de la surface portante.

Applications. — Quand le bois travaille dans une direction perpendiculaire à ses fibres, il conviendrait de prendre une limite de sécurité sept à huit fois moins élevée que lorsqu'il travaille dans une direction qui leur est parallèle, laquelle est fixée, dans la pratique, au dixième de la charge de rupture correspondante. On ne peut pas toujours le faire, c'est ce qui explique que les cales de bois s'affaissent et s'émiettent sous des charges relativement peu considérables ; aussi recommande-t-on de les faire en bois durs, comme le chêne, et jamais avec des bois tendres comme le peuplier ou le sapin. Les poteaux de support pénètrent par leurs abouts dans les semelles qui les supportent ou les chapeaux qui les coiffent. Les traverses de chemin de fer s'affaissent et se cisaillent sous les rails. Dans les charpentes soignées, on évite, autant que possible, de faire supporter au bois un travail transversal de compression ou d'extension supérieur à 10 ou 12 kg. par *centimètre carré* (1).

A cette question de pression normale aux fibres, se rattache celle de la résistance des bois employés comme traverses de chemin de fer.

M. l'ingénieur Jules Michel a rendu compte d'expériences instituées à l'effet de mesurer cette résistance. La compression est transmise aux bois des traverses des voies ferrées,

(1) Résal J., *Résistance des matériaux*, Encyclopédie industrielle, Baudry et Cie, libraires-éditeurs, Paris.

normalement aux fibres, par les patins et les coussinets des rails. Le tableau suivant résume les résultats de ces expériences comparatives.

Résistance des bois de traverse à la déformation permanente

Essences des bois	Compression transmise latéralement par une réglette					
	perpendiculaire aux fibres			parallèle aux fibres		
	bois neuf	bois vieux sec	bois vieux humide	bois neuf	bois vieux sec	bois vieux humide
Chêne de France (Bourgogne . . .	196	324	309	138	190	210
Chêne d'Italie (Calabres).	264	»	»	»	»	»
Hêtre créosoté du Jura.	214	262	245	175	226	156
Mélèze du Dauphiné.	116	»	»	83	»	»
Châtaignier du Dauphiné	120	»	»	89	»	»
Sapin créosoté de la Baltique	80	60	»	41	45	»
Pin sulfaté des Landes	209	»	»	153	»	»

Les résistances sont exprimées en kilogrammes par centimètres carrés.

Les résistances des mêmes bois pressés debout ont été :

	kg.
Chêne de France neuf	435
Hêtre neuf	510
Pin des Landes neuf	500

Il ressort de ces expériences que :

1° La résistance à la pression transmise latéralement aux fibres est plus faible quand la réglette est parallèle que quand elle est perpendiculaire, la différence étant d'environ 25 p. 100 ;

2° Les chênes vieux humides sont plus résistants à la déformation que les chênes secs, à moins, cela va sans dire, qu'ils ne soient atteints par la pourriture. Ce fait est contraire à ceux que l'on observe avec la grande majorité des autres bois qui sont d'autant moins résistants qu'ils sont moins secs ;

3° La résistance des bois tendres tels que le sapin, le châtaigner, le mélèze, varie du tiers à la moitié de celle des bois durs.

C. *Compression tangentielle.* — Elle se produit lorsque la force agit tangentiellement par rapport au cylindre de fût ou aux cylindres que forment les accroissements successifs. Les expériences de cette nature sont très peu nombreuses.

Là encore, les éprouvettes s'affaissent sur leurs parties faibles. M. Thil rapporte des expériences faites au Laboratoire des ponts et chaussées avec le chêne (*Quercus pedonculata vel sessiflora*) et le peuplier noir (*Populus nigra*). Avec le chêne, la rupture se produit entre 155 et 181 kg. par centimètre carré, elle résulte d'un affaissement général par compression du parenchyme des rayons et des vaisseaux avec des éclats circonférentiels.

Pour le peuplier noir, la charge d'écrasement a été de 38 kg. ; elle produit un affaissement spécial sans fissures apparentes.

9. *Résistance à la flexion. Généralités. Cas de pièces posées sur deux appuis et soumises à une charge répartie uniformément.* — La résistance d'une pièce à la flexion est l'effort qu'elle oppose à toute charge agissant dans une direction perpendiculaire à sa longueur.

Les corps peuvent être soumis à l'effort de flexion de plusieurs manières : c'est ainsi que les pièces peuvent être posées sur deux points d'appui et soumises à une charge uniformément répartie, ou chargées d'un poids unique placé au milieu ; ou bien les pièces sont placées en porte à faux avec une charge uniformément répartie, ou unique et appliquée à l'extrémité ; les pièces peuvent être enfin posées sur des appuis et encastrées.

La mécanique montre (1) que lorsqu'une pièce de bois est chargée elle fléchit toujours, d'une façon qui peut n'être que très faiblement sensible, mais qui n'en est pas moins effective.

Du moment que la pièce fléchit il y a en son milieu ou près de ce milieu, une fibre qui n'est ni raccourcie ni al-

---

(1) L'exposé de cette question, ainsi que le tableau pp. 44 et suivantes est emprunté au bel ouvrage de M. Denfer, professeur à l'Ecole centrale : *Architecture et constructions civiles, charpente en bois et menuiserie.* Encyclopédie des travaux publics, Baudry et Cie, éditeurs.

longée et qui ne change pas de longueur, quelle que soit la charge : on la désigne sous le nom de *fibre neutre*.

Toutes les fibres situées au-dessus de cette fibre neutre, sont raccourcies par suite de la déformation et comprimées en même temps, et cela à un degré qui est d'autant plus grand qu'elles sont plus éloignées de la fibre neutre.

Toutes les fibres placées au-dessous sont allongées et par le fait tendues, cela à un degré d'autant plus grand qu'elles sont plus éloignées de la fibre neutre.

En somme, les fibres sont d'autant plus fatiguées qu'elles sont plus extérieures.

Le but que l'on se propose pour la pratique est donc de déterminer les dimensions à donner aux pièces de bois soumises au fléchissement, de façon que la compression ou l'extension des fibres extrêmes ne dépasse pas, par unité de surface, la limite de sécurité.

La mécanique établit la formule :

$$R = \frac{v\mu}{I} \quad [1]$$

où :

R, désigne la tension ou la compression d'une fibre quelconque,

v, la distance de cette fibre au centre de gravité de la section transversale,

μ, le moment fléchissant de la section,

I, le moment d'inertie de la section par rapport à un axe perpendiculaire au plan et passant par le centre de gravité de la section en question (1).

On peut définir le *moment fléchissant* d'une pièce, en un point quelconque de sa longueur, la somme des moments par rapport à ce point de toutes les forces extérieures qui agissent sur la partie de la pièce comprise entre ce point et l'une quelconque de ses extrémités.

La formule [1], montre que la fatigue d'une fibre donnée est proportionnelle au moment flé-

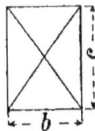

Fig. 68.

(1) Le moment d'inertie d'une surface par rapport à un axe est égal à la somme des produits obtenus en multipliant chaque élément de surface $d\omega$ par le carré de sa distance v à l'axe : $I = \int v^2 d\omega$.

chissant, et il en est ainsi des fibres extrêmes. Cette fatigue est inversement proportionnelle, pour un moment fléchissant déterminé, au moment d'inertie de la section.

Dans les pièces de charpente en bois, la section est constante et rectangulaire et si nous désignons par b et c les côtés du rectangle (fig. 68), le moment d'inertie

$$I = 1/12\ bc^3$$

Remplaçant I par cette valeur dans la formule [1], nous avons :

$$R = \frac{12v\mu}{bc^3}.$$

Si R représente la tension ou la compression des fibres extrêmes $v = 1/2\ c$ et on a :

$$R = \frac{6\mu}{bc^2}.$$

La fatigue d'une pièce de bois soumise à un effort de flexion est en raison inverse de sa largeur, ainsi que du carré de la hauteur. En d'autres termes, la résistance croît comme la première puissance de la largeur et comme le carré de la hauteur de la section.

Il y a donc tout avantage à augmenter la hauteur, à faire travailler les pièces de champ.

Soit, par exemple, une pièce carrée de section 0,13 × 0,13 ; elle peut supporter dans le cas d'une distance de 4 m. entre les points d'appui 370 kg. Une pièce de 0,21 sur 0,08, dans des conditions semblables de sécurité et de portée pourra soutenir à plat 180 kg. Cette même pièce de 0,21 × 0,08, posée de manière que le côté de 0,21 soit vertical, supportera 620 kg. Et cependant dans tous ces cas le cube reste le même.

Il y a une limite que l'on observe, dans la pratique, entre le rapport de la hauteur et de l'épaisseur, au delà de laquelle les pièces se voilent, se déforment, comme il arrive pour celles qui sont trop longues et minces.

Pour les petites pièces on peut multiplier par trois la largeur pour avoir la hauteur maximum admissible ; pour les pièces assez grosses, la hauteur ne doit guère dépasser le double de l'épaisseur.

Lorsqu'il s'agit de bois plus hauts et plus minces, il faut

prendre des précautions spéciales pour éviter le froissement.

Lorqu'il s'agit de déterminer les dimensions d'une pièce de bois posée sur deux appuis placés au même niveau et supportant une charge totale P répartie d'une façon uniforme, on commence par calculer la

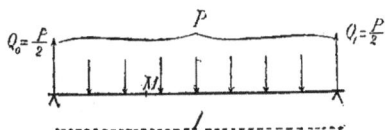

Fig. 69.

valeur du moment fléchissant pour un point quelconque, puis on cherche son maximum.

Soit une pièce posée sur deux appuis A et B, dans un même plan. Les forces extérieures à la pièce sont : la charge P, et les réactions Q et Q_1 des appuis, chacune égale à $\frac{P}{2}$ (fig. 69).

Le moment fléchissant en un point M quelconque situé à une distance x du point A est, par définition, la somme des moments, par rapport au point C, des forces extérieures qui agissent, soit sur la portion MA, soit sur la portion MB, de la pièce.

Les forces qui agissent sur la partie MB sont :

1° La force $\frac{P}{2}$ appliquée en B, et, 2°, la force uniformément répartie $\frac{P}{l}(l-x)$ appliquée au milieu de MB. La somme algébrique des moments de ces forces est égale au moment fléchissant :

$$\mu = \frac{P}{2}(l-x) - \frac{P(l-x)}{l} \times \frac{l-x}{2}$$

$$\mu = \frac{P}{2}(l-x) - \frac{P}{2l}(l-x)^2 = \frac{Px}{2}\left(1 - \frac{x}{l}\right).$$

Le maximum se produit pour $x = \frac{l}{2}$:

$$\mu = \frac{Pl}{8}.$$

C'est à la section médiane de la pièce que les fibres sont le plus éprouvées.

Si l'on substitue à μ sa valeur dans la valeur de R, on aura :

$$R = \frac{6Pl}{8bc^2}.$$

Dans cette formule on peut déterminer les dimensions b et c pour que, sous la charge P, la valeur de R ne dépasse pas, soit à la tension, soit à la compression, la valeur de sécurité 0 kg. 600 par millimètre carré.

On peut encore déterminer la charge P, uniformément répartie qui donne à R la valeur de sécurité 0 kg. 600 par millimètre carré lorsque b et c sont donnés.

On a calculé de cette façon le tableau suivant qui donne, pour les dimensions des bois que l'on peut avoir à employer dans la pratique, les charges limites qui correspondent à la fatigue de sécurité, autrement dit à la résistance que l'on peut demander à la pièce.

La première colonne donne la hauteur de la pièce en centimètres, la deuxième, sa largeur, en centimètres également, la troisième, le moment d'inertie de la section qui peut être utile dans certains calculs, la quatrième le quotient $\dfrac{1}{v}$ souvent applicable aussi ; toutes les autres colonnes indiquent enfin les charges totales de sécurité, *uniformément réparties*, que l'on peut faire porter à la pièce pour des distances des points d'appui variant de mètre en mètre depuis 1 m. jusqu'à 8 m.

Charges totales uniformément réparties dont on peut charger les pièces de bois des dimensions suivantes :

Hauteur en centimètres	Largeur en centimètres	I Moment d'inertie de la section transversale	$\dfrac{I}{v}$	Charges totales de sécurité uniformément réparties pour les portées de							
				1 m.	2 m.	3 m.	4 m.	5 m.	6 m.	7 m.	8 m.
				k.	k.	k.	k.	k.	k.	k.	k.
6	1	0,000000180	0,000006	28	14	8	5	3	2	»	»
	2			56	28	16	10	6	4		
	3			84	42	24	15	9	6		
	4			112	56	32	20	12	8		
	5			140	70	40	25	15	10		
	6			168	84	48	30	18	12		
8	1	0,000000427	0,000010	47	22	14	9	6	3	1	»
	2			94	44	28	18	12	6	2	
	4			188	88	56	36	24	12	4	
	6			282	132	84	54	36	18	6	
	8			376	176	112	72	48	24	8	
10	1	0,000000833	0,000016	76	37	23	16	10	7	4	2
	2			152	74	46	32	20	14	8	4
	4			304	148	92	64	40	28	16	8
	6			456	222	138	96	60	42	24	12
	8			608	303	184	128	80	56	32	16
	10			760	370	230	160	100	70	40	20
12	1	0,000001440	0,000024	114	56	34	24	19	12	8	5
	2			228	112	68	48	38	24	16	10
	4			456	224	136	96	76	48	32	20
	6			684	336	204	134	114	72	48	30
	8			912	448	272	192	152	96	64	40
	10			1140	560	340	240	190	120	80	50
	12			1368	672	408	288	228	144	96	60

Charges totales uniformément réparties dont on peut charger les pièces de bois des dimensions suivantes :

Hauteur en centimètres	Largeur en centimètres	I Moment d'inertie de la section transversale	$\dfrac{I}{v}$	Charges totales de sécurité uniformément réparties pour les portées de							
				1 m.	2 m.	3 m.	4 m.	5 m.	6 m.	7 m.	8 m.
				k.	k.	k.	k.	k.	k.	k.	k.
14	1	0,000002287	0,000032	152	74	47	32	24	17	12	8
	2			306	148	94	64	48	34	24	16
	4			632	298	188	128	96	68	48	32
	6			913	444	282	192	144	102	72	48
	8			1224	592	383	256	192	136	96	64
	10			1530	740	470	320	240	170	120	80
	12			1836	888	564	384	288	204	144	96
				2142	1036	658	448	336	238	168	112
16	1	0,000003413	0,000043	204	99	64	45	33	25	19	12
	2			408	198	128	70	66	50	38	24
	4			816	396	256	180	132	100	76	48
	6			1224	594	384	270	198	150	114	72
	8			1632	792	512	360	264	200	156	96
	10			2040	990	640	450	330	250	190	120
	12			2448	1188	768	540	396	300	228	144
	14			2856	1389	896	630	462	350	266	168
	16			3266	1584	1024	720	528	400	304	192
18	1	0,000004860	0,000054	257	125	81	58	43	32	24	19
	2			514	250	162	116	80	64	48	38
	4			1028	500	324	232	172	128	96	76
	6			1542	750	486	348	258	192	144	114
	8			2056	1000	648	464	344	256	192	152
	10			2570	1250	810	580	430	320	240	190

Charges totales uniformément réparties dont on peut charger les pièces de bois des dimensions suivantes :

Hauteur en centimètres	Largeur en centimètres	I Moment d'inertie de la section transversale	$\frac{I}{v}$	Charges totales de sécurité uniformément réparties pour les portées de							
				1 m.	2 m.	3 m.	4 m.	5 m.	6 m.	7 m.	8 m.
				k.	k.	k.	k.	k.	k.	k.	k.
18	12			3084	1500	972	676	516	384	288	228
	14			3598	1750	1134	812	602	443	336	266
	16			4112	2000	1296	928	688	512	384	304
	18			4626	2250	1458	1044	774	576	432	342
20	1	0,000006607	0,000054	319	157	101	72	54	41	32	24
	2			638	314	202	144	108	82	64	48
	4			1276	628	404	288	216	164	128	96
	6			1914	942	606	432	324	248	192	144
	8			2552	1250	808	576	432	326	256	192
	10			3190	1570	1010	721	540	410	320	240
	12			3828	1884	1212	864	648	492	384	288
	14			4466	2198	1414	1008	756	574	448	336
	16			5104	2512	1616	1152	864	656	512	384
	18			5742	2826	1818	1296	972	738	576	432
	20			6380	3140	2020	1440	1080	820	640	480
22	1	0,000008893	0,000080	382	188	121	87	66	51	40	30
	2			764	376	242	174	132	102	80	60
	4			1528	752	484	348	264	204	160	120
	6			2292	1128	720	522	396	306	240	180
	8			3056	1504	908	696	528	408	320	240
	10			3820	1880	1210	870	660	510	400	300
	12			4584	2256	1452	1044	792	612	480	360
	14			5348	2632	1694	1218	924	714	560	420

10

Charges totales uniformément réparties dont on peut charger les pièces de bois des dimensions suivantes :

Hauteur en centimètres	Largeur en centimètres	I Moment d'inertie de la section transversale	$\dfrac{I}{v}$	Charges totales de sécurité uniformément réparties pour les portées de							
				1 m.	2 m.	3 m.	4 m.	5 m.	6 m.	7 m.	8 m.
				k.	k.	k.	k.	k.	k.	k.	k.
22	16			6114	3008	1936	1392	1056	816	640	480
	18			6870	3384	2178	1566	1188	918	720	540
	20			7640	3760	2420	1740	1320	1020	800	600
	22			8404	4136	2662	1914	1452	1122	880	660
24	1	0,000011520	0,000096	458	225	146	105	80	62	49	38
	2			916	450	292	210	160	124	98	76
	4			1832	900	584	420	320	248	196	152
	6			2748	1350	876	630	480	372	294	228
	8			3664	1800	1168	840	640	496	392	304
	10			4580	2250	1460	1050	800	620	490	380
	12			5496	2700	1752	1260	960	744	588	456
	14			6412	3150	2044	1470	1120	868	686	532
	16			7328	3600	2330	1680	1280	992	784	608
	18			8244	4050	2628	1890	1440	1110	882	684
	20			9160	4500	2920	2100	1600	1240	980	760
	22			10076	4950	3212	2310	1760	1364	1078	836
	24			10992	5400	3504	2520	1920	1488	1170	912
26	1	0,000014667	0,000113	539	266	173	115	95	74	61	46
	2			1078	532	346	230	190	148	122	92
	4			2156	1064	692	460	380	296	244	184
	6			3234	1596	1038	690	570	444	366	296
	8			4312	2128	1384	920	760	592	488	368
	10			5390	2660	1730	1150	950	740	610	460

Charges totales uniformément réparties dont on peut charger les pièces de bois des dimensions suivantes :

Hauteur en centimètres	Largeur en centimètres	I Moment d'inertie de la section transversale	$\frac{I}{v}$	Charges totales de sécurité uniformément réparties pour les portées de							
				1 m.	2 m.	3 m.	4 m.	5 m.	6 m.	7 m.	8 m.
				k.	k.	k.	k.	k.	k.	k.	k.
26	12			6468	3192	2076	1380	1140	888	732	552
	14			7540	3724	2422	1610	1330	1036	854	644
	16			8624	4256	2768	1840	1520	1184	976	736
	18			9702	4788	3114	2070	1710	1332	1098	828
	20			10780	5320	3460	2300	1900	1480	1220	920
	22			11858	5852	3806	2530	2090	1628	1342	1012
	24			12936	6384	4152	2760	2280	1776	1464	1104
	26			14014	6916	4498	2990	2470	1924	1586	1196
28	1	0,000018293	0,000130	621	306	200	145	111	87	70	56
	2			1242	612	400	290	222	174	140	112
	4			2484	1224	800	580	444	348	280	224
	6			3726	1836	1200	870	666	522	420	336
	8			4968	2448	1600	1160	888	696	560	448
	10			6210	3060	2000	1450	1110	870	700	560
	12			7452	3672	2400	1740	1332	1044	840	672
	14			8694	4284	2800	2030	1554	1218	980	784
	16			9936	4896	3200	2320	1776	1392	1120	896
	18			11178	5508	3600	2610	1998	1566	1260	1008
	20			12420	6120	4000	2900	2220	1740	1400	1120
	22			13662	6732	4400	3190	2442	1914	1540	1232
	24			14904	7344	4800	3480	2664	2088	1680	1344
	26			16146	7956	5200	3770	2886	2262	1820	1456
	28			17388	8568	5600	4060	3108	2436	1960	1568

Charges totales uniformément réparties dont on peut charger les pièces de bois des dimensions suivantes :

Hauteur en centimètres	Largeur en centimètres	I Moment d'inertie de la section transversale	$\frac{1}{v}$	Charges totales de sécurité uniformément réparties pour les portées de							
				1 m.	2 m.	3 m.	4 m.	5 m.	6 m.	7 m.	8 m.
				k.	k.	k.	k.	k.	k.	k.	k.
30	1	0,000022500	0,000150	717	354	231	168	129	102	82	66
	2			1434	708	462	336	258	204	164	132
	4			2868	1416	924	672	516	408	328	264
	6			4302	2124	1386	1008	774	612	492	396
	8			5736	2832	1848	1344	1032	816	656	528
	10			7170	3540	2310	1680	1290	1020	820	660
	12			8604	4248	2772	2016	1548	1224	984	792
	14			10038	4956	3234	2352	1806	1428	1148	924
	16			11472	5664	3696	2688	2064	1632	1312	1056
	18			12906	6312	4158	3024	2322	1836	1476	1188
	20			14340	7080	4620	3360	2580	2040	1640	1320
	22			15774	7788	5082	3696	2838	2244	1804	1452
	24			17208	8496	5544	4032	3096	2448	1968	1584
	26			18642	9204	6006	4368	3354	2652	2132	1716
	28			20076	9912	6468	4704	3612	2856	2296	1848
	30			21510	10620	6930	5040	3870	3060	2460	1980
32	1	0,000027307	0,000170	813	402	262	191	147	117	94	76
	2			1626	804	524	382	294	234	188	152
	4			3252	1608	1048	764	588	468	376	304
	6			4878	2412	1572	1146	882	702	564	456
	8			6504	3216	2096	1528	1176	936	752	608
	10			8130	4020	2620	1910	1470	1170	940	760
	12			9756	4824	3144	2292	1764	1404	1128	912

Charges totales uniformément réparties dont on peut charger les pièces de bois des dimensions suivantes :

Hauteur en centimètres	Largeur en centimètres	I Moment d'inertie de la section transversale	I/v	Charges totales de sécurité uniformément réparties pour les portées de							
				1 m.	2 m.	3 m.	4 m.	5 m.	6 m.	7 m.	8 m.
				k.	k.	k.	k.	k.	k.	k.	k.
32	14			11382	5628	3668	2674	2058	1638	1316	1064
	16			13002	6432	4192	3056	2352	1872	1504	1216
	18			14634	7236	4716	3438	2646	2106	1692	1368
	20			16260	8040	5240	3820	2940	2340	1880	1520
	22			17886	8844	5764	4202	3234	2574	2068	1672
	24			19512	9648	6288	4584	3528	2808	2256	1824
	26			21138	10452	6812	4966	3822	3042	2444	1976
	28			22764	11256	7336	5348	4116	3276	2632	2128
	30			24390	12060	7860	5730	4410	3510	2880	2280
	32			26016	12864	8384	6112	4704	3744	3008	2432
34	1	0,000032753	0,000193	923	456	298	218	168	134	108	89
	2			1846	912	596	436	336	268	216	178
	4			3692	1824	1192	872	672	536	432	356
	6			5538	2736	1788	1308	1008	804	648	534
	8			7384	3648	2384	1744	1344	1072	864	712
	10			9230	4560	2980	2180	1680	1340	1080	890
	12			11076	5472	3576	2616	2016	1608	1296	1068
	14			12922	6384	4172	3052	2352	1876	1512	1246
	16			14768	7296	4768	3488	2688	2144	1728	1424
	18			16614	8208	5364	3924	3024	2412	1944	1602
	20			18400	9120	5960	4360	3360	2680	2160	1780
	22			20306	10032	6556	4796	3696	2948	2376	1958

Charges totales uniformément réparties dont on peut charger les pièces de bois des dimensions suivantes :

Hauteur en centimètres	Largeur en centimètres	I Moment d'inertie de la section transversale	$\dfrac{I}{v}$	Charges totales de sécurité uniformément réparties pour les portées de							
				1 m.	2 m.	3 m.	4 m.	5 m.	6 m.	7 m.	8 m.
				k.	k.	k.	k.	k.	k.	k.	k.
34	24			22152	10944	7152	5232	4052	3216	2592	2136
	26			24000	11856	7748	5668	4368	3484	2808	2314
	28			25844	12768	8344	6104	4704	3752	3024	2492
	30			27690	13680	8940	6540	5040	4020	3240	2670
	32			29536	14597	9530	6976	5376	4288	3456	2848
	34			31382	15504	10132	7412	5712	4556	3672	3026
36	1	0,000038880	0,000216	1032	511	334	245	189	150	123	100
	4			4128	2044	1336	980	756	600	1492	400
	8			8256	4088	2672	1960	1512	1200	984	800
	12			12384	6132	4008	2940	2268	1800	1476	1200
	16			16512	8176	5344	3920	3024	2400	1968	1600
	20			20640	10220	6680	4900	3780	3000	2460	2000
	24			24768	12264	8016	5880	4536	3600	2952	2400
	28			28896	14308	9352	6860	5292	4200	3444	2800
	32			33024	16352	10688	7840	6048	4800	3936	3200
	36			37152	18395	12024	8820	6804	5400	4428	3600
38	1	0,000045727	0,000240	1150	570	370	270	210	170	140	110
	4			»	»	1480	1080	840	680	560	440
	8			»	»	2960	2160	1680	1360	1120	880
	12			»	»	4440	3240	2520	2040	1680	1320
	16			»	»	5920	4320	3360	2720	2240	1760
	20			»	»	7400	5400	4200	3400	2800	2200

Charges totales uniformément réparties dont on peut charger les pièces de bois des dimensions suivantes :

Hauteur en centimètres	Largeur en centimètres	I Moment d'inertie de la section transversale	$\frac{I}{v}$	Charges de sécurité uniformément réparties pour les portées de							
				1 m.	2 m.	3 m.	4 m.	5 m.	6 m.	7 m.	8 m.
				k.	k.	k.	k.	k.	k.	k.	k.
38	24			1150	570	8880	6480	5040	4080	3360	2640
	28			»	»	10369	7560	5880	4760	3920	3080
	32			»	»	11840	8640	6720	5440	4480	3520
	36			»	»	13320	9720	7560	6120	5040	3960
	38			»	»	14060	10260	8000	6460	5320	4400
40	1	0,000053333	0,000266	1250	600	400	300	230	180	150	125
	4			»	»	1600	1200	920	920	600	500
	8			»	»	3200	2400	1840	1440	1200	1000
	12			»	»	4800	3600	2760	2100	1800	1500
	16			»	»	6400	4800	3680	2880	2400	2000
	20			»	»	8000	6000	4600	3600	3000	2500
	24			»	»	9600	7200	5520	4320	3600	3000
	28			»	»	11200	8400	6440	5040	4200	3500
	32			»	»	12800	9600	7360	5760	4800	4000
	36			»	»	14400	10800	8280	6480	5400	4500
	40			»	»	16000	12000	9200	7200	6000	5000
45	1	0,000075440	0,000337	1610	800	520	385	300	240	200	165
	5			»	»	2000	2925	1500	1200	1000	825
	10			»	»	5200	3850	3000	2400	2000	1650
	15			»	»	7800	5775	4500	3600	3000	2475
	20			»	»	10400	7700	6000	4800	4000	3300

Charges totales uniformément réparties dont on peut charger les pièces de bois des dimensions suivantes :

Hauteur en centimètres	Largeur en centimètres	I Moment d'inertie de la section transversale	$\frac{I}{v}$	Charges totales de sécurité uniformément réparties pour les portées de							
				1 m.	2 m.	3 m.	4 m.	5 m.	6 m.	7 m.	8 m.
				k.	k.	k.	k.	k.	k.	k.	k.
45	25			1610	800	13000	9625	7500	6000	5000	4125
	30			»	»	15000	11550	9000	7200	6000	4950
	35			»	»	18200	13475	10500	8400	7000	5775
	40			»	»	20800	15400	12000	7600	8000	6600

Ce tableau permet de trouver immédiatement la charge que peut porter en toute sécurité une poutre de dimensions données. Il permet également, étant donnée une charge, de trouver soit la largeur d'une poutre dont on connaîtrait la hauteur, soit les deux dimensions d'une série de poutres de hauteurs diverses satisfaisant au problème et entre lesquelles d'autres raisons permettent de faire un choix.

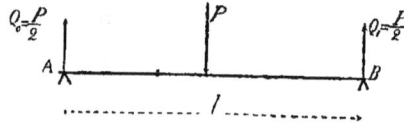

Fig 70.

Cas d'une pièce posée sur deux appuis de même niveau et chargée d'un poids P unique, appliqué au milieu. — Le moment fléchissant le plus fort est au milieu de la pièce (fig. 70) et égal à :

$$\frac{P}{2} \times \frac{l}{2} = \frac{Pl}{4}$$

Comparant au cas précédent, on trouve que, pour un même poids P, le moment fléchissant, et par suite l'effet de l'effort, est double.

De là on peut conclure que la pièce qui portera en toute
sécurité un poids P, appliqué au milieu, aura la même section
que celle qui portera une charge 2P, uniformément répartie.
Pour en avoir les dimensions, il suffira donc de doubler cette
charge et de chercher dans les tables ci-dessus, en considérant cette charge double comme répartie uniformément.

*Cas d'une pièce posée en porte-à-faux, avec charge totale P,
uniformément répartie.* — Le moment fléchissant maximum
se trouve situé au point A, correspondant à l'encastrement
(fig. 71) ; il équivaut à :

$$\frac{Pl}{2}.$$

Il est le même que celui d'une poutre chargée d'un poids P,
uniformément réparti et qui aurait une portée quatre fois plus
grande.

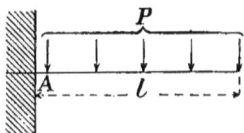
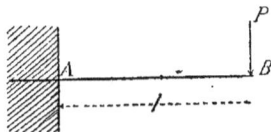

Fig. 71.   Fig. 72.

On peut donc avoir les dimensions correspondant à ce cas
en cherchant dans les tables ci-dessus, la pièce qui conviendrait si elle était uniformément chargée d'un poids total P et
posée sur deux appuis ayant un écartement égal à quatre fois
la longueur du porte-à-faux.

*Cas d'une pièce en porte-à-faux avec une charge P, unique
fixée à l'extrémité.* — Le moment fléchissant, maximum en A,
est Pl (fig. 72). Comparé à celui d'une poutre uniformément
chargée et posée sur deux appuis, il faudrait, pour avoir la
même valeur, que cette poutre eût de huit fois la longueur l.

Par conséquent, pour trouver les dimensions de la pièce
dans les tables précédentes, il faudra la supposer chargée de
ce même poids P uniformément réparti, la distance des points
d'appui étant prise égale à huit fois la longueur l.

Encastrement — L'encastrement (fig. 73) favorise la résistance des pièces à la flexion, mais il ne faut pas oublier que
les portées des bois dans les murs étant particulièrement
exposées à l'humidité sont aussi plus sujettes à la pourri-

ture ; c'est pourquoi il est bon de pratiquer ces encastrements dans des alvéoles métalliques.

Il faut dans le cas des encastrements des pièces de bois, recourir à un calcul direct en appliquant la formule (1).

Pièce quelconque dans le cas le plus général. — Tous les cas précédents peuvent être, sans calculs, ramenés par comparaison à la poutre placée sur deux appuis et résolus au moyen du tableau. Ce sont des cas particuliers fréquents dans la pratique.

La pièce étant soumise à des encastrements ou à des forces multiples, ou appliquées d'une façon irrégulière, il faut alors faire un calcul direct et appliquer la formule fondamentale (1) :

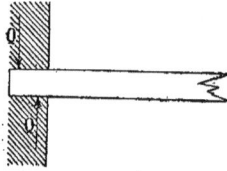
Fig. 73.

$$R = \frac{v\mu}{I},$$

ou s'il existe des tensions ou compressions longitudinales on fait usage de la formule suivante, plus générale :

$$R = \frac{v\mu}{I} \pm \frac{N}{\Omega},$$

où N représente la tension ou compression longitudinale, la section de la pièce étant Ω.

Les règles de la mécanique permettent d'établir le moment en chaque point ; on en cherche le maximum que l'on introduit dans la formule. En affectant à R la valeur de la résistance de sécurité, on en dégagera le quotient $\frac{I}{v}$.

Les tables ci-dessus permettront alors de chercher la section convenable de la poutre, le quotient $\frac{I}{v}$ y correspondant à un centimètre de largeur.

On peut encore, sans se servir du tableau, prendre le moment d'inertie de la pièce en fonction des dimensions b et c de sa section ; si l'on se donne le rapport de b à c, il n'y a plus qu'une inconnue qu'il est facile de calculer.

Données numériques se rapportant à la résistance des bois à la flexion

Voici maintenant quelques *données numériques* concernant des bois utiles ; elles montrent que la résistance des bois à la flexion varie avec les essences auxquelles ils appartiennent.

Résistance à la flexion ; tension maxima en kilogrammes par centimètre carré, qui se produit, lors de la rupture, sur la fibre la plus éloignée de l'axe.

Acacia	1.093	Noyer	732
Bois de fer	1.050	Orme	707
Chêne maigre	690	Pin laricio de Corse	806
Chêne gras	470	Pin sylvestre	633
Chêne de Provence	459	Platane de Provence	671
Chêne-liège	682	Sapin	530
Frêne	1.186	Teck	836
Gaïac	1.771	Tilleul de Provence	648
Mélèze	590		

Coefficient d'élasticité de quelques bois

(Les chiffres ci après doivent être multipliés par 10^9)

Acacia	0,98	Noyer	0,70
Bois de fer	0,82	Orme	0,87
Chêne maigre (Bourgogne	0,94	Pin des Florides	1,32
Chêne gras (Bourgogne)	0,86	Pin sylvestre	1,09
Chêne maigre (Dantzig)	1,07	Platane de Provence	0,97
Chêne vert	0,70	Sapin des Alpes-Maritimes	1,09
Frêne	1,40	Sapin de Suède	0,78
Gaïac	1,17	Teck	1,06
Mélèze	0,65	Tilleul de Provence	0,85

On admet d'ordinaire le coefficient de 1/10 pour les bois à la flexion, c'est-à-dire qu'on ne les soumet pas à une charge supérieure au dixième de la charge de rupture.

10. *Résistance à la torsion.* — Lorsque deux forces agissent en sens opposé et tangentiellement à la surface d'un solide, comme pour le faire tourner en sens contraire, on dit alors que ce solide est soumis à un effort de torsion.

Dans les formules qui permettent de déterminer l'effort maximum que peut supporter, sans être altérée, une pièce de forme déterminée, entre un coefficient dit « de torsion » qui varie avec chaque essence.

On adopte, pour coefficient de torsion, les chiffres suivants :

Sapin rouge de Prusse	69.000.000
Sapin rouge de Norvège . . .	36.600.000
Orme	45.000.000
Chêne de Normandie.	49.000.000
Hêtre	45.000.000
Hêtre injecté	48.000.000

11. *Résistance au cisaillement.* — L'effort tranchant ou de cisaillement agit perpendiculairement à la direction des fibres.

La rupture par cisaillement résulte de l'action de plusieurs forces.

Voici en quoi consiste l'épreuve de cisaillement : on fait dans le bois une mortaise de dimensions déterminées, puis on place dans cette mortaise une tige d'acier de même calibre sur laquelle on opère une traction en maintenant le milieu de la pièce d'épreuve à l'aide de griffes.

L'éprouvette étant prise parallèlement à l'axe de croissance les forces qui agissent sont :

1° Une compression sur le côté de la mortaise contre lequel le tenon d'acier s'appuie ;

2° Une traction produite par la force tendant à éloigner le tenon d'acier de la griffe d'appareillage de l'éprouvette et qui se fait surtout sentir sur les flancs du tenon et de la mortaise ;

3° Enfin, la tige d'acier écrase par compression le tissu voisin ; elle forme ainsi un tampon plus ou moins dur et développé qui tend à écarter latéralement les deux flancs de la mortaise. Il se produit sur ces parties des déchirements par suite des deux forces qui agissent en sens contraires, et de la troisième qui produit un effort perpendiculaire aux deux premiers.

Les expériences du Laboratoire des ponts et chaussées ont été faites sur chaque éprouvette au moyen de deux mortaises perpendiculaires l'une à l'autre ; théoriquement, elles devaient être façonnées, l'une dans le sens radial, l'autre dans le sens tangentiel ; mais on n'a pas toujours obtenu bien régulièrement ces deux directions, par suite de la difficulté que l'on

rencontre à les discerner exactement sur les éprouvettes non
polies, ou même à assujettir exactement dans un sens donné
une éprouvette cylindrique au moment du façonnage de la
mortaise.

La rupture obtenue est généralement un éclat faisant suite
à la mortaise avec une partie plus ou moins écrasée par le
tenon d'acier; suivant les cas, cet éclat conserve la largeur de
la mortaise ou bien va en s'élargissant ou en se rétrécissant
en s'approchant de l'extrémité de l'éprouvette. Parfois même
l'éclat diminue tellement de largeur qu'il n'existe plus qu'une
simple fente sur cette extrémité.

Les flancs de l'éclat sont, ici encore, limités par la matière
intercellulaire ; ils suivent le grain du bois, comme on dit
vulgairement, c'est-à-dire les inflexions du tissu ligneux dans
sa course parallèle à l'axe de croissance. Ces flancs de l'éclat
ne suivent pas le profil exact de la mortaise, mais ils vont
chercher dans le tissu des plans faibles, variables avec les
espèces, la constitution anatomique du tissu et l'emplacement
de la mortaise.

Ces plans de faiblesse sont dans le sens radial :

1° Les flancs des rayons médullaires ;

2° Les alignements radiaux de parenchymes et de vaisseaux.

Et dans le sens circonférentiel :

1° Les plans d'accroissement garnis de gros vaisseaux ;

2° Les alignements circonférentiels de parenchyme ou de
vaisseaux.

Pour les bois résineux les plans de faiblesse sont réduits
aux rayons médullaires et au bois de printemps, aussi la cassure a-t-elle une tendance à avoir une section plus rectangulaire ou à peu près rectangulaire, car dans le sens tangentiel
les flancs des éclats s'appuient sur les courbes des accroissements annuels, plus ou moins prononcées suivant l'âge du
bois et la dimension des fûts.

12. *Résistance à l'usure par le frottement*. — On peut se
servir, pour mesurer cette usure, d'appareils à meules tournantes en fonte saupoudrée d'émeri n° 3, dont on fait usage
pour mesurer la résistance des pierres au même genre d'effort.
Les éprouvettes sont appliquées sur la meule tournante par
l'intermédiaire d'une charge connue, soit 250 kilos par centi-

mètre carré, et on note l'usure après un nombre déterminé
de tours de meules.

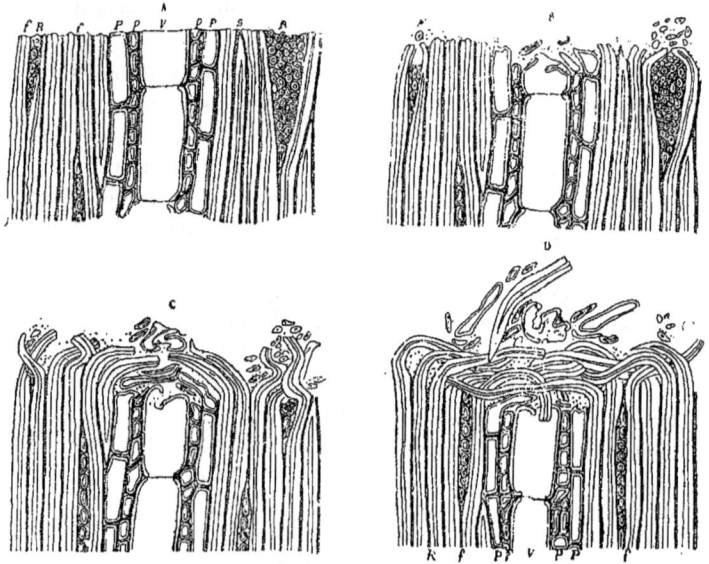

Fig. 74-77. — Schéma de l'usure du pavage en bois ; *f*, fibres ; V, vaisseaux ;
P, parenchyme long ; *p*, parenchyme court ; R. rayons médullaires. A, pavé
neuf ; B, les rayons se détachent ; C, le parenchyme et les articles des vaisseaux se détachent ; D, les fibres commencent à se détacher (A. Thil).

Dans les cas d'usure par frottement, ce sont d'abord les
éléments les plus fragiles, comme les rayons médullaires et
le parenchyme, qui sont dis-
joints et enlevés. Les gros vaisseaux sont aussi un élément de
faiblesse, ils cèdent sous la poussée latérale produite par le frottement ; ils ont une tendance à
s'aplatir, tandis que les éléments
qui les circonscrivent, n'étant plus
soutenus, versent pour ainsi dire
dans la cavité formée. On peut
constater ces faits en examinant
des coupes, au microscope, de bois de pavés soumis depuis
longtemps au roulement des voitures et au frottement des

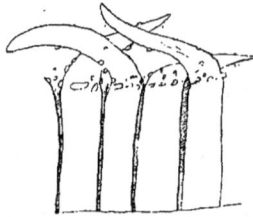

Fig. 78. — Extrémités de fibres
dissociées par le roulement
des voitures (A. Thil).

pieds des passants ou des sabots des chevaux (voir fig. 78 et 74-77).

13. *Résistance aux chocs et autres actions mécaniques.* — Il existe trop peu d'expériences faites jusqu'à présent pour qu'il soit possible d'exposer des résultats intéressants.

Nous donnons ici un tableau qui résume quelques-unes des données que nous venons d'exposer. Il est emprunté à l'ouvrage de M. Résal (1).

14. Propriétés élastiques des bois dans une direction perpendiculaire aux fibres

Désignation des bois	Coefficient d'élasticité longitudinale $E \times 10^{-2}$	Limite de rupture à l'extension $C \times 10^{-4}$	Limite de rupture à la compression $C' \times 10^{-4}$	Limite de rupture au cisaillement $C'' \times 10^{-4}$
Aulne	0,06 — 0,10	30 — 60	»	»
Bouleau . . .	0,08 — 0,16	80 — 110	»	»
Chêne	0 13 — 0,20	80 — 160	108	90
Érable	0,07 — 0,16	40 — 80	»	»
Faux acacia .	0,15 — 0,17	130	»	»
Frêne	0,10 — 0,12	40 — 60	»	70
Sapin	»	»	70	»

(1) *Loc. cit.*

Propriétés élastiques des bois dans la direction des fibres

Désignation des bois	Poids du mètre cube (Δ) vert	Poids du mètre cube (Δ) sec	Coefficient de dilatation linéaire α × 10⁷	Coefficient d'élasticité longitudinale E × 10⁻⁹	Coefficient d'élasticité transversale G × 10⁻⁹	Limite d'élasticité à l'extension N × 10⁻⁴	Limite de rupture à l'extension C × 10⁻⁴	Limite de rupture à la compression C' × 10⁻⁴	Limite de rupture au cisaillement C'' × 10⁻⁴
Aulne	870	550	»	1,10 — 1,20	»	110 — 180	300 — 450	450 — 500	»
Bouleau	990	650	»	1,00 — 1,10	»	160	400 — 600	450 — 600	»
Buis	»	910	»	»	»	»	»	750	»
Charme	»	610	»	1,10	»	430	1.400	500	»
Chêne	970 — 1.070	650 — 710	»	0,90 — 1,20	0,40 — 0,60	235	608 — 900	500 — 700	250
Erable	»	674	»	1,00	»	107	700	»	»
Faux Acacia (Robinier)	820	620	»	1,26	»	»	800 — 1.200	630 — 660	»
Frêne	900	550	»	1,12	0,50	125 — 200	» — 1.000	660	125
Hêtre	980	640	»	0,95 — 1,00	»	200 — 220	800	400 — 500	»
Noyer	900	550	»	0,70	0,50	184	600 — 1.000	730	»
Orme	990	550	»	0,90 — 1,17	»	101	200	250 — 360	»
Peuplier	800	450	»	0,32	»	163	800 — 1.000	350 — 530	200
Pin	910	550	35 — 50	0,60 — 1,3	0,40 — 0,70	215	800 — 900	450 — 520	200
Sapin	890	480	»	0,80 — 1,1	0,40 — 0,60	144	»	500	»
Sycomore	»	550	»	0,70	»	»	600	600	»
Tilleul	»	550	»	0,90	»	110 — 200	600 — 750	»	»
Tremble	»	540	»	1,10	»	»	600 — (1.500)	»	»
Acajou	560 — 860	860	»	0,90	»	»	440	1.300	160
Bambou	»	»	»	1,20	»	»	830	700	»
Ebénier	1.100 — 1.300	»	»	»	»	»	1.100	850	»
Gaïac	»	860	»	1,10 — (1,60)	»	»	»	»	»
Teck	»	»	»	»	»	»	»	»	»

60. Propriétés calorifiques des bois. — 1. *Emploi du bois comme combustible.* — Le bois a été employé de tout temps comme combustible, tandis que la houille n'a été affectée à cet usage que vers le milieu du xii° siècle en Angleterre et un peu plus tard en Belgique. Avant cette époque, le bois servait non seulement aux usages domestiques, mais encore les forges, les verreries, les poteries ne s'alimentaient qu'au bois. Depuis l'emploi des combustibles minéraux, l'usage s'en est de plus en plus restreint et il est fort rare qu'on l'utilise maintenant dans les opérations métallurgiques qui exigent une température élevée, car la chaleur qu'il produit à l'état ordinaire par la combustion est insuffisante. On le convertit, en général, en charbon de bois. Les essences destinées à être brûlées sont subordonnées à la nature des arbres qui croissent dans le voisinage des usines

L'emploi du charbon de bois comme combustible est intéressant dans les contrées, assez rares d'ailleurs, où l'abondance des forêts en a fait conserver l'usage industriel mais c'est surtout comme combustible domestique qu'il acquiert toute son importance, et encore est-il bon d'ajouter que, pour la cuisson des aliments, le bois supporte difficilement, dans les villes, la concurrence du gaz et du pétrole.

C'est ainsi que la consommation annuelle à Paris a été :

De 1873-1876 de 2 hectolitres 69 litres par habitant
1885-1888   2   »   2   »   »
1889-1892   1   »   75   »   »
1893-1894   1   »   64   »   »

En 22 ans, la consommation a diminué de 39 0/0. Il en résulte une mévente des produits forestiers qui s'accentuerait plus encore, si la distillation des bois ne venait absorber la plus grande partie de la production courante.

L'intérêt bien entendu du propriétaire de forêts est donc actuellement de réduire le plus possible la proportion de bois destiné au chauffage, c'est-à-dire du petit bois, dans les exploitations et de s'efforcer, par une modification appropriée de leurs aménagements, de produire des bois de travail, des bois de mines, etc., dont l'écoulement est de plus en plus assuré.

Le charbon de bois, qui est la forme sous laquelle on utilise

11

généralement le bois comme combustible, a, sur celui-ci, les
avantages suivants : il est plus léger et moins volumineux,
plus facile et moins coûteux à transporter, tout en possédant
une puissance calorifique et un pouvoir rayonnant bien supérieurs, étant presque entièrement composé de carbone ; c'est
un réducteur énergique ce qui en a fait un agent chimique
pendant longtemps recherché pour la métallurgie. Il fournit
à la poudre un de ses éléments constitutifs essentiels.

Pour bien se rendre compte des propriétés calorifiques du
bois, il faut analyser les diverses phases de sa combustion.

2. *La combustion du bois.* — La chaleur que dégage la
combustion des parties superficielles, provoque l'évaporation
de l'eau des parties plus profondes. La vapeur d'eau se dégage
dans l'atmosphère, mais une partie rencontrant du bois déjà
porté au rouge se décompose en hydrogène et en oxyde de
carbone qui sont des gaz éminemment combustibles. L'excès
d'hydrogène que contient le bois (vasculose), mis en liberté
par l'ignition, se combine avec le carbone libre et incandescent pour donner des carbures d'hydrogène combustibles.

L'hydrogène et l'oxyde de carbone provenant de la décomposition de l'eau du bois, brûlent à leur tour plus ou moins
complètement en acide carbonique et en eau, dans la flamme
qu'ils viennent alimenter. Une partie de l'acide carbonique
reste dans les cendres à l'état de carbonates.

L'azote, dont la proportion est faible dans le bois, s'échappe
soit à l'état libre, soit combiné à l'état de composés ammoniacaux, avec l'hydrogène.

La combustion du bois est, en résumé, une série de combinaisons et de décomposition s'opérant entre des corps
gazeux au contact du carbone incandescent.

Les produits finaux sont : l'acide carbonique, l'eau qui
s'échappent dans l'atmosphère et les cendres qui constituent
un résidu solide.

Il faut, pour que cette série de phénomènes puisse s'effectuer, qu'ils soient déterminés par une inflammation initiale.
Une température de 300° C est suffisante pour nos bois indigènes, employés bien désséchés.

3. *Variations dans la marche de la combustion avec les
diverses essences. Emplois industriels et domestiques.* — A
volume égal la puissance calorifique des bois est proportion-

nelle à leur densité, et nous savons que celle-ci est subordonnée à la structure.

Les *bois blancs* et les *bois résineux*, dont la texture est peu serrée ou qui sont plus riches en *hydrogène*, s'allument rapidement et brûlent vite; la combustion se produit simultanément dans toute la masse du bois, l'air et les gaz circulant facilement dans l'intérieur de la masse par les canaux du bois lequel ne tarde pas, d'ailleurs, à se fendiller sous l'action du feu.

Lorsqu'il s'agit des *bois durs*, la flamme produite est toujours relativement plus courte, car elle ne reçoit ses aliments que des produits d'une décomposition localisée dans la couche superficielle ou peu profonde. Ils brûlent lentement et avec une faible flamme.

Ce n'est pas toujours le bois ayant la plus grande densité qui est le plus apprécié comme combustible. Il faut tenir compte, outre la somme totale de chaleur qu'un bois est susceptible de dégager, de la façon dont il la produit. C'est ainsi que les bois à grande flamme et à combustion rapide, sont préférés dans les cas où l'on a besoin d'un coup de feu, d'une température élevée peu soutenue, comme cela a lieu dans l'industrie : pour le chauffage des fours de boulangers, pour les verreries, la fabrication de la chaux, des briques, des tuiles, du plâtre ; il faut alors des bois brûlant avec une flamme claire et vive tels que le bouleau, l'aune, le tremble et souvent aussi les pins sylvestre et maritime préalablement écorcés et fendus. Dans les foyers des générateurs à vapeur où la longueur de la flamme et l'effet pyrométrique (voir plus loin) ont une réelle importance, on classe généralement les bois dans l'ordre suivant :

Érable sycomore	Chêne pédonculé
Pin sylvestre	Bouleau
Hêtre	Sapin
Frêne	Acacia
Charme	Tilleul
Alisier	Tremble
Chêne rouvre	Aune
Mélèze	Saule
Orme	Peuplier d'Italie.

Ce classement ne tient que faiblement compte des pouvoirs calorifiques.

Pour le chauffage des appartements, les bois trop compacts qui brûlent lentement et à la surface, ne conviennent pas pour les cheminées d'appartement, à faible tirage ; il faut non seulement un bois donnant beaucoup de chaleur mais ne brûlant ni trop vite ni trop lentement ; produisant une braise se maintenant longtemps et restant incandescente ; n'éclatant ni ne pétillant. Les essences répondant le mieux à ces conditions multiples sont : le charme, hêtre, chêne, etc.

Les principales régions productrices en France, de bois de chauffage, sont : le Morvan, le Nivernais, la Bourgogne, la Champagne, l'Orléanais, pour les bois feuillus, et la Sologne et Fontainebleau pour les bois résineux.

4. *Utilisation pour le chauffage, des déchets industriels provenant des ateliers de travail du bois* (1). — Les scieries, les raboteries et autres ateliers où le bois est travaillé mécaniquement, fournissent, comme déchets, de la sciure et des copeaux qui peuvent, grâce à l'emploi de grilles spéciales, remplacer quelquefois entièrement la houille pour le chauffage des chaudières à vapeur et des chambres de séchage du bois.

A la raboterie de M. Troye, de Bordeaux, la sciure et les copeaux des scies à ruban et des raboteuses sont conduits, grâce à l'aspiration d'un puissant ventilateur, dans une chambre placée au voisinage des chaudières. On fait tomber cette sciure et ces copeaux dans une caisse ou trémie au fond de laquelle se trouve une vis sans fin pénétrant par une de ses extrémités dans la boîte à feu. Deux cônes étagés permettent de donner par courroie, à la vis sans fin, la vitesse convenable pour réaliser automatiquement l'alimentation du foyer. La caisse, analogue comme forme aux wagons à bascule utilisés pour les terrassements, est, comme ceux-ci, supportée par un chariot muni de quatre roues ; on peut ainsi remplir facilement la caisse en l'approchant du local voisin où se trouve la réserve de sciure et de copeaux.

Dans la scierie mécanique de Noël et Cie, à Nogent-l'Artaud,

---

(1) Extrait d'un article de M. Razous, *Revue scientifique*, 1903, 1er semestre, p. 618.

M. Henri Varlet a reconnu que la sciure de chêne donne un meilleur rendement comme combustible lorsqu'on l'emploie douze à quinze jours après sa production ; à cet effet, la sciure fraîche est entassée pendant cette durée de temps sous un hangard couvert. En outre, M. Varlet a apporté au foyer du générateur de vapeur une modification heureuse qui permet de réaliser l'emploi économique et rationnel de la sciure comme combustible ; il est arrivé à assurer le fonctionnement d'un générateur semi-tubulaire à bouilleurs de 80 mètres carrés de surface de chauffe avec une dépense journalière de 8 mètres cubes de sciure.

5. *Pouvoir calorifique.* — Il est très utile de connaître la valeur exacte d'un bois que l'on emploie industriellement, en grande quantité, comme combustible, autrement dit, de savoir quelle somme de chaleur produit l'unité de poids ou de volume du bois utilisé.

Le pouvoir calorifique ou puissance calorifique ou encore effet calorimétrique, se mesure à l'aide d'unités spéciales appelées *calories*. On sait qu'une calorie représente la quantité de chaleur nécessaire pour élever de 0° à 1°, la température de 1 kilogramme d'eau.

On distingue la puissance calorifique absolue qui est celle de l'unité de poids et la puissance calorifique relative qui est celle de l'unité de volume.

Cette deuxième tient donc compte implicitement de la structure du bois. Elle s'obtient, pour un décimètre cube, par exemple, en multipliant le pouvoir calorifique absolu ou par kilogramme, par la densité du bois.

6. *Détermination du pouvoir calorifique.* — On fait usage de deux méthodes pour déterminer la chaleur de combustion des combustibles :

L'une est basée sur la composition chimique du combustible, l'autre, sur la combustion dans un calorimètre.

La première repose sur l'hypothèse que la chaleur de combustion d'un corps composé peut être calculée en fonction de la chaleur de combustion de ses éléments. La seconde est purement expérimentale sans aucune hypothèse.

Ajoutons que, contrairement à ce qui se produit pour les houilles, on procède assez rarement à des essais ou analyses

des bois ou charbon de bois que l'on veut employer comme
combustibles.

Dulong avait formulé une loi ainsi conçue : La chaleur
dégagée par un combustible est égale à la somme des quantités de chaleur dégagée par la combustion des éléments qui
le constituent, en ne tenant pas compte de la portion d'hydrogène qui peut former de l'eau avec l'oxygène du combustible.
Notons, à ce propos, que dans le bois, l'hydrogène et l'oxygène se trouvent dans un rapport voisin de celui où ils
constituent l'eau et que par suite, le pouvoir calorifique peut
être déterminé approximativement par la proportion de carbone qu'il contient.

La formule de Dulong qui permet d'établir le pouvoir calorifique par la constitution chimique, est la suivante :

$$x = 8.080C + 34.500\ \mathrm{H}\left(\mathrm{H} - \frac{O}{8}\right)$$

dans laquelle x représente la chaleur de combustion cherchée; 8.080, celle du carbone; 34.500, celle de l'hydrogène
et $\mathrm{H} - \dfrac{O}{8}$, la quantité d'hydrogène supposée former de
l'eau avec l'oxygène du combustible; C, H et O, les proportions de carbone, d'hydrogène et d'oxygène.

Certains auteurs pensent encore aujourd'hui que l'emploi
de cette formule, et d'autres analogues, donne des résultats
suffisamment précis pour les combustibles; c'est une hypothèse qui ne devrait plus trouver crédit depuis les nombreuses expériences qui sont venues la contredire.

Critiques sur la règle de Dulong. — Le calcul d'après la
règle de Dulong est sujet à plusieurs critiques :

La quantité d'oxygène n'est jamais connue d'une façon
bien rigoureuse puisqu'elle résume les erreurs de tous les
autres dosages.

Même en admettant l'hypothèse de Dulong comme exacte,
ce qui n'est pas démontré, on voit qu'elle ne tient aucun
compte de la chaleur de formation des substances considé-

rées. Ces chaleurs de formation étant totalement inconnues, il est d'ailleurs impossible de les introduire dans le calcul. De là il résulte que deux substances de même composition centésimale, ne possèdent pas nécessairement le même pouvoir calorifique, lequel peut en réalité être plus fort ou plus faible que celui qui est indiqué par le calcul, suivant que la chaleur de formation du composé est négative ou positive.

Exemple	Berthelot et Vieille (bombe)	Calcul d'après Dulong
Cellulose $(C^6H^{10}O^5)x$	4 c. 208	3 c. 690
Amidon $(C^6H^{10}O^5)y$	4 c. 227	3 c. 590

b) MÉTHODES EXPÉRIMENTALES

Dans ces méthodes on détermine la quantité de chaleur dégagée, soit : 1° comme l'ont fait de Rumford et Hassenfratz, d'après le poids de glace qu'elle peut liquéfier ; soit : 2° comme l'ont fait Karmarch, Playfair et de Brix, d'après le poids de l'eau vaporisée par elle, et en faisant, par exemple, des essais de vaporisation dans la chaudière d'un établissement industriel ; soit, comme l'a fait Berthier, en déduisant la puissance calorifique cherchée de la quantité d'oxygène qu'un poids donné de combustible emprunte pour se brûler à un composé nettement défini ; soit, 4° par des essais calorimétriques.

Les méthodes expérimentales donnent des résultats qui sont comparables entre eux. Ils indiquent l'effet utilisable ou calorimétrique, c'est-à-dire la différence entre la chaleur totale engendrée par la combustion et la somme des pertes de chaleur dues aux phénomènes de vaporisation, de volatilisation et de décomposition chimique qui se produisent dans toute combustion. Mais elles ne peuvent, en aucune manière, permettre d'apprécier le *quantum* respectif de ces pertes et par suite d'évaluer la chaleur totale réellement engendrée.

Voici, à ce propos, la méthode proposée par M. O. Petit, que nous citons textuellement (1).

(1) O. Petit, *Des emplois chimiques du bois dans les arts et l'industrie*, Baudry et Cie, éditeurs, 1888, pp. 61-70 ; « Études calorimétriques sur la combustion des bois » *Annales de la Société des sciences industrielles de Lyon.*, Bulletin 4, 1885.

La méthode théorique fondée sur la composition élémentaire du combustible, permet de calculer exactement la quantité maximum de chaleur engendrée par la combustion du bois, ainsi que chacune des pertes de calorique occasionnées par la volatilisation de ce carbone et la vaporisation de son eau hygrométrique et de composition ; il n'y a donc que la perte de chaleur, due à la décomposition chimique du tissu ligneux, dont nous ne puissions, *a priori*, déterminer la valeur, quoiqu'un des éléments importants de cette détermination nous soit connu.

Nous savons, en effet, que la décomposition de l'eau chimique (laquelle représente en moyenne 47 p. 100 environ du poids total du bois à l'état sec) absorbe un nombre de calories égal à celui que dégage la combustion de l'hydrogène de cette eau et qu'ainsi, il ne reste qu'à trouver la quantité de chaleur que nécessite la mise en liberté des autres éléments constitutifs du tissu ligneux : carbone, hydrogène en excès, azote et matières minérales formant ensemble environ les 53 p. 100 du poids du bois.

Mais, si on ne peut évaluer directement cette dernière perte de calorique, il est possible de la déterminer en comparant, pour un même bois, l'effet calorimétrique obtenu expérimentalement, à l'effet calorifique calculé théoriquement (déduction non faite de la seule perte de chaleur due à la décomposition du tissu ligneux). En effet, la différence qui pourra exister entre les deux valeurs comparées, peprésentera évidemment cette perte, ou, tout au moins sa limite maximum ; car tout essai calorimétrique ne peut donner qu'un résultat trop faible, mais jamais trop fort.

C'est par cette méthode que M. Petit a établi, que, si on admet :

1° Que le pouvoir calorifique absolu du carbone, passant par une combustion complète de l'état de charbon de bois à celui d'acide carbonique et celui de l'hydrogène se transformant en vapeur d'eau, sont respectivement de 8.080 et de 34.462 calories (expériences de MM. Favre et Silbermann) ;

2° Que les pertes de calorique dues à la volatilisation de 1 kg. de carbone et à la vaporisation de 1 kg. d'eau, prise à 0° sous la pression de 0 m. 76 sont respectivement de 3.134 et de 627 calories ;

On a, d'une part, en désignant par C, H et O, les teneurs en poids p. 100 du carbone, de l'hydrogène et de l'oxygène de 1 kg. de bois sec ; par $p = \mathrm{H} \dfrac{O}{8}$ l'excès de l'hydrogène sur le $\dfrac{1}{8}$ du poids de l'oxygène ; par P l'effet calorifique du bois, augmenté de la seule valeur inconnue X, représentant le travail de décomposition du tissu ligneux :

$$\mathrm{P} = 1.080\ \mathrm{C} + 34.462\ h - 5.733\ \mathrm{H} \qquad (1)$$

et que, si d'autre part, on désigne par R l'effet calorimétrique de ce même bois, déterminé expérimentalement, et par X l'équivalent calorifique du travail moléculaire de la décomposition chimique du tissu ligneux (abstraction faite de la dissociation de son eau de composition) on a :

$$\mathrm{X} = \mathrm{P} - \mathrm{R} \qquad (2)$$

formule dont tous les termes sont connus à l'exception de X qu'on peut dès lors évaluer comme il va être démontré.

Équivalent calorifique du travail moléculaire de la décomposition du tissu ligneux. — Le docteur de Brix, ayant déterminé avec beaucoup de soins les pouvoirs de vaporisation de six espèces de bois, il est facile d'en déduire leurs effets calorifiques évalués en calories.

Ce savant a trouvé que :

	kg. d'eau
1 kg. de pin à 16,1 p. 100 d'humidité vaporisait	4,129
1 kg. d'aune à 14,7 p. 100 d'humidité vaporisait.	3,818
1 kg. de bouleau à 12,3 p. 100 d'humidité vaporisait	3,720
1 kg. de chêne à 18,7 p. 100 d'humidité vaporisait	3,540
1 kg. de hêtre à 22,2 p. 100 d'humidité vaporisait	3,390
1 kg. de charme à 12,5 p. 100 d'humidité vaporisait.	3,620

Chaque kilogramme d'eau vaporisée, représentant 637 calories (sa température initiale étant supposée de 0° sous la pression de 0 m. 76), on obtient :

	eau hygrométrique p. 100
2.8630 calories pour le pin à	16,1
2.432 calories pour l'aune à	14,7
2.370 calories pour le bouleau à . .	12,3

	eau hygrométrique p. 100
2.255 calories pour le chêne à . . .	18,7
2 159 calories pour le hêtre à . . .	22,2
2 306 calories pour le charme à . .	12,5

Déduisant des résultats ci-dessus ceux qu'eussent donné des bois complètement secs, ce qu'on obtient par la formule suivante :

$$R = (R' + 637\,A) \times \frac{100}{100 - A'} \text{ dans laquelle :}$$

R = puissance calorique du bois sec,
R' = puissance calorique du bois humide,
A = teneur en eau hygrométrique,
On trouve pour les valeurs de R :

	calories
Pin complètement sec	3.257
Aune complètement sec	2.961
Bouleau complètement sec	2.791
Chêne complètement sec	2.920
Hêtre complètement sec	2.958
Charme complètement sec	2.726

Comme d'autre part, MM. E. Chevandier, Bauer, Schœndler et Petersen nous ont laissé des analyses très exactes de dix-huit de nos principales essences forestières parmi lesquelles se trouvent celles du docteur de Brix, si on prend pour chacune de ces dernières la moyenne des analyses connues, on en déduit les valeurs de C, de H et de h.

On possède dès lors tous les éléments de X et on obtient ainsi en appliquant les formules précitées :

$$X = [8.080\,C + 34.462\,h - 5.733\,H] - R$$

Ce qui donne :

	calories
Pour le pin complètement sec	725
Pour l'aune complètement sec.	913
Pour le bouleau complètement sec . . .	1.078
Pour le chêne complètement sec	936
Pour le charme complètement sec . . .	1.028
Pour le hêtre complètement sec	777

Moyenne : 910 calories.

On peut donc admettre, à défaut d'expériences plus nombreuses, que le travail moléculaire de la décomposition chimique du tissu ligneux (abstraction faite de la dissociation
de son eau de composition) absorbe par kilogramme de bois
sec brûlé, un nombre de calories dont la limite maximum
varie, suivant les espèces ci-dessus, de 725 à 1078 calories et
s'élève en moyenne à 910 calories.

Si on prend pour X la valeur maximum moyenne trouvée
ci-dessus, soit 910 calories, et qu'on appelle P_1 la puissance
calorifique absolue *utilisable*, d'un kilogramme de bois complètement sec on a :

$$P_1 = 8.080\,C + 34.462\,h - 5.733\,H - 910$$

et pour généraliser cette formule et la rendre applicable à
tous les bois, soit secs, soit humides :

$$P_1 = 8\,080\,C + 34.462\,h - 5.733\,H - 910 - 637A \quad (3)$$

formule dans laquelle :

P_1 est la puissance calorifique utilisable,
C la teneur en poids p. 100 de carbone,
H la teneur en poids p. 100 de l'hydrogène.
A la teneur en poids p. 100 de l'eau hygrométrique,
h, de l'excès de H sur le 1/8 du poids de l'oxygène.

7. *Pouvoirs calorifiques absolus des principales essences
forestières.* — La formule (3) ci dessus a servi à M. O. Petit
à établir le tableau suivant, donnant les pouvoirs calorifiques
absolus utiles de dix-huit de nos principales essences forestières considérées à divers degrés d'humidité. Les compositions chimiques de ces divers bois ont été calculées d'après
les analyses de MM. Chevandier, Bauer, Schœndler et Petersen spécifiées en notre tableau de la page 81, en observant
que, pour simplifier les calculs, on a supposé que, dans toutes ces essences, la teneur moyenne en matières minérales
(cendres) était de 1,92, celle de l'azote 1,04 ; ce qui laisse
pour les autres éléments : carbone, hydrogène et oxygène,
97,04 p. 100 à répartir suivant les proportions dudit tableau.

État des puissances calorifiques absolues de diverses essences forestières, suivant leur degré d'humidité (D'APRÈS M. O. PETIT).

Essences	Teneurs p. 100 en eau hygrométrique						Effets calorifiques rapportés à celui du tilleul pris pour unité (bois complètement sec)
	0	10	20	30	40	50	
Tilleul	3137	2760	2382	2005	1627	1250	1
Sapin	3114	2739	2364	1991	1614	1238	0,99
Orme	3085	2713	2341	1968	1596	1224	0,98
Pin sylvestre. .	3072	2701	2330	1959	1588	1217	0,98
Tremble	3070	2699	2329	1958	1587	1216	0,98
Saule	3054	2685	2316	1947	1578	1208	0,97
Marronier d'Inde	3045	2677	2309	1940	1572	1204	0,97
Mélèze.	3043	2675	2307	1939	1571	1203	0,97
Érable.	3005	2641	2227	1912	1548	1184	0,96
Épicea.	3002	2638	2274	1910	1546	1183	0,96
Peuplier noir .	2994	2631	2268	1905	1541	1178	0,95
Aune	2964	2604	2244	1884	1524	1163	0,94
Bouleau	2959	2599	2240	1880	1521	1161	0,94
Chêne	2946	2588	2229	1871	1513	1154	0,94
Frêne	2873	2522	2191	1820	1469	1118	0,92
Acacia.	2854	2503	2161	1807	1458	1109	0,91
Charme	2844	2496	2148	1800	1452	1103	0,91
Hêtre	2825	2479	2133	1786	1440	1094	0,90
Moyenne. . .	2994	2631	2268	1905	1541	1178	0,95

L'examen du tableau précédent nous fait savoir :

1° Que les pouvoirs calorifiques absolus, plus grands dans les bois tendres et les résineux que les bois durs, varient au maximum de 10 p. 100, de **3.137** (tilleul) à **2.825** (hêtre) par kilogramme de bois sec brûlé; leur moyenne s'élevant à **2.944** ou en nombre rond à **3.000** calories.

2° Que l'effet calorifique d'un bois donné, diminue de

12,1 p. 100, soit de 364 calories par kg., pour chaque
10 p. 100 d'humidité en plus ; ce qui donne environ 25 p. 100
d'écart entre les bois complètement secs et ceux qui, simplement secs à l'air libre, retiennent encore 20 p. 100 d'eau
hygroscopique ; il y a donc grand intérêt à n'employer dans
l'industrie que du bois bien sec, en utilisant à cet effet la
chaleur perdue des fours chaque fois que cela est possible.

8. *Répartition du calorique engendré par la combustion
entre l'effet calorimétrique et les diverses pertes de chaleur
inhérentes au phénomène.* — Si comme application pratique
de la formule (3), nous calculons théoriquement la puissance
calorifique d'un kilogramme de bois complètement sec ayant
pour composition élémentaire : carbone, 48,79 ; hydrogène,
6,18 ; oxygène, 42,07 ; azote, 1,04 ; matières minérales, 1,92
(composition qui correspond, quand on tient compte des matières organiques, à la moyenne du tableau p. 81).

Nous aurons :

$$P = 8.080 \times 48,79 + 34.462 \times 0,92 - 57,33 \times 6,18 - 910 = 2.994$$

Ces **2.994** calories représentent, comme nous l'avons déjà
expliqué, non pas la chaleur totale développée par la combustion d'un kilogramme de ce bois, mais seulement sa partie utilisable appelée puissance ou effet calorifique, et pour
obtenir cette valeur totale du calorique engendré, il faut, à
ce pouvoir calorifique, ajouter les diverses pertes de chaleur
inhérentes au phénomène de la combustion et que nous allons
calculer ci-après :

1° *Volatilisation du carbone.* — Le carbone du bois se
brûlant à l'état solide et non à l'état gazeux, absorbe pour se
volatiliser un certain nombre de calories que Rankine, le
premier, a démontré (en se basant sur les expériences de
MM. Favre et Silbermann) être égal à **3.134** calories par kilogramme de carbone brûlé.

Notre bois renfermant 0 kg. 4879 de carbone, la volatilisation de ce dernier corps absorbera donc :

$$3.134 \times 0 \text{ kg}. 4879 = 1.519 \text{ calories}$$

2° *Vaporisation de l'eau de combustion.* — On sait que
1 kilogramme d'eau, prise à 0° sous la pression normale de
0 m. 76 nécessite pour se vaporiser 637 calories ; or comme
notre bois renferme 0 kg. 0618 d'hydrogène et que chaque

kilogramme d'hydrogène, en se brûlant produit 9 kilogrammes de vapeur d'eau, nous aurons pour la perte de calorique due à la vaporisation de l'eau :

$$637 \times 9 = 0 \text{ kg. } 0618 = 355 \text{ calories.}$$

3° *Dissociation de l'eau de composition du bois.* - La chimie nous enseigne que tout corps composé, non explosif, absorbe pour se décomposer ou se dissocier, un nombre de calories exactement égal à celui qu'avait engendré sa formation ; or, comme l'hydrogène en se brûlant pour former de la vapeur d'eau dégage, d'après MM. Favre et Silbermann, 34.462 calories par kilogramme, il va nous être facile de calculer la perte de chaleur occasionnée par la dissociation de l'eau chimique du bois. Le poids de cette dernière est nécessairement égal aux $\frac{8}{9}$ de celui de son oxygène, soit donc

$0 \text{ kg. } 4207 \times \frac{9}{8} = 0,4733$ et par suite le poids de son hydrogène sera $\frac{0 \text{ kg. } 4733}{9} = 0 \text{ kg. } 05259$; on aura donc pour la chaleur absorbée par la dissociation des 0 kg. 4733 d'eau chimique de notre bois : $34.462 \times 0 \text{ kg. } 05259 = 1813$ calories.

4° *Décomposition chimique des autres éléments constitutifs du bois.* — Nous avons vu que cette perte avait été trouvée égale en moyenne à 910 calories.

De ce qui précède, il résulte que la combustion de 1 kilogramme de bois considéré engendre en réalité 7.601 calories, qui se répartissent ainsi qu'il suit :

1° Volatilisation du carbone : 3.134 c. × 0 kg. 4879 =	4.329 calories,	soit 20 p. 100
2° Vaporisation de l'eau de combustion : 5.733 × 0,0618 =	355 calories,	soit 5 p. 100
Décomposition chimique du bois :		
3° Dissociation de l'eau de composition : 34 462 × 0,0526 =	1.813 ⎫	soit 24 p. 100
4° Décomposition des autres éléments constitutifs du bois . .	910 ⎭ 2.733 calories,	soit 12 p. 100
Total des pertes. . .	4.607	soit 61 p. 100
5° Effet calorifique utilisable. .	2.994 calories,	soit 39 p. 100
Total de la chaleur développée .	7.601 calories,	soit 100 p. 100

Nous voyons ainsi que l'effet calorifique du bois sec ne

s'élève en moyenne pour nos arbres forestiers, qu'à 39 p. 100 de la chaleur totale engendrée par la combustion, et que le travail moléculaire de décomposition chimique du bois nécessite au total 2.723 calories dont 1 813 pour la dissociation de l'eau chimique et au maximum 910 pour la mise en liberté de ses autres éléments constitutifs.

9. *Pouvoirs calorifiques comparés du bois de tige et du bois de branche d'un même arbre.* — Le pouvoir calorifique absolu du bois d'un même arbre varie sensiblement suivant que ce bois provient de la tige ou des branches, ainsi qu'il résulte du tableau suivant.

Essences	Composition élémentaire des bois préalablement desséchés à 140° C. (D'après E. Chevandier).					Valeurs de h	Pouvoirs calorifiques absolus	Différences en faveur du bois de branch.
	Carbone	Hydrogène	Oxygène	Azote	Substances minérales			
Saule . . {tige . . .	49,85	5,96	39,57	0,95	3,67	1,01	3124	
{branches	51,56	6,26	36,20	1,41	4,57	1,73	3495	371
Tremble. {tige . . .	49,37	6,20	41,60	0,97	1,86	1,00	3068	
{branches	49,50	6,09	40,41	1,02	2,98	1,04	3099	31
Bouleau . {tige . . .	50.21	6,18	41,71	1,12	0,78	0,97	3127	
{branches	51,24	6,23	40,15	1,06	1,32	1,21	3290	163
Chêne . . {tige . . .	49,60	5,91	41,19	1,25	2,05	0,76	3020	
{branches	49,96	6,05	41,18	0,99	1,82	0,91	3093	73
Hêtre . . {tige . . .	49,27	6,00	42,57	0,92	1,24	0,68	2961	
{branches	50,18	6,12	40,85	1,08	1,77	1,01	3143	182
Moyenne {tige . . .		6,05	41,33	1,04	1,92	0,88	3060	
{branches		6,15	39,76	1,11	2,49	1,18	3224	164

Nous voyons par le tableau ci-dessus, que le bois de branches a toujours, à poids égal, une valeur calorifique supérieure à celle du bois de tige, quoique sa teneur en cendres soit supérieure à celle de ce dernier ; la différence étant, en moyenne, de 164 calories par kilogramme de bois complètement sec, si on représente par 1 le pouvoir calorifique du bois de tige, celui des branches sera 1,05.

Etat des puissances calorifiques spécifiques de diverses essences forestières (d'après M. O. Petit).

Essences	Bois à 0 p. 100 d'humidité ayant été complètement desséchés artificiellement.			Bois séchés à air libre renfermant approximativement 20 p. 100 d'humidité.			Pouvoirs spécifiques des bois à 0 d'humidité, rapportés à celui du Charme.
	Pouvoirs absolus par kilogramme.	Poids spécifiques d'après Werneck.	Pouvoirs spécifiques par décimètre cube.	Pouvoirs absolus par kilogramme.	Poids spécifiques suivant Hartig.	Pouvoirs spécifiques par décimètre cube.	
Charme	2844	0,669	1903	2148	0,769	1654	1,00
Chêne	2946	0,644	1898	2229	0,693	1538	0,99
Frêne	2873	0,614	1763	2191	0,644	1403	0,92
Erable.	3005	0,577	1734	2277	0,659	1503	0,91
Bouleau	2959	0,570	1686	2240	0,622	1389	0,89
Orme	3085	0,519	1601	2341	0,547	1282	0,84
Hêtre	2825	0,542	1532	2133	0,591	1258	0,80
Marronnier d'Inde.	3045	0,501	1525	2309	0,575	1317	0,80
Saule	3054	0,446	1362	2316	0,487	1128	0,71
Sapin	3114	0,430	1340	2364	0,555	1312	0,70
Aune	2964	0,436	1293	2244	0,500	1122	0,67
Pin sylvestre. . .	3072	0,421	1293	2330	0,550	1282	0,67
Mélèze.	3043	0,412	1254	2307	0,474	1084	0,66
Epicea.	3002	0,384	1153	2274	0,472	1068	0,66
Tremble	3070	0,374	1148	2329	0,430	1002	0,65
Tilleul	3137	0,348	1092	2382	0,439	1046	0,57
Peuplier noir. . .	2994	0,318	952	2268	0,366	839	0,50
Moyenne . . .	2994	0,483	1446	»	»	»	0,76

10. *Puissances calorifiques spécifiques des principales essences forestières.* — Lorsqu'on connaît le pouvoir calorifique absolu d'un combustible, il suffit de le multiplier par la densité de ce dernier pour avoir son pouvoir spécifique ; il est donc facile, à l'aide des données du tableau p. 172, de calculer

les pouvoirs spécifiques de tous les bois dont la densité est connue, c'est ce qu'a fait M. Petit dans le tableau ci-dessus.

Le tableau ci-dessus nous montre :

1° Que les pouvoirs spécifiques des bois, à l'état complètement sec, sans être proportionnels aux densités, comme il a été dit, suivent très sensiblement l'ordre de ces dernières ;

2° Que les pouvoirs spécifiques sont, contrairement aux puissances absolues, beaucoup plus grands dans les bois durs que dans les bois résineux et les bois tendres, et peuvent différer de 50 p. 100 d'une essence à une autre alors que l'écart maximum entre les pouvoirs absolus ne dépasse pas 10 p. 100.

En ce qui concerne les bois séchés à l'air libre, l'incertitude qui règne sur les degrés exacts d'humidité correspondant aux poids spécifiques donnés par Hartig, ne permet d'attribuer qu'une valeur relative aux résultats consignés au dit tableau ; car nous avons vu, que la teneur en eau hygrométrique des bois séchés dans ces conditions, pouvait varier, suivant les espèces, de 15 à 25 p. 00.

11. *Méthode d'évaluation de la puissance calorifique basée sur le pouvoir réducteur.* — Il s'agit de la méthode d'essai de Berthier ou par la litharge.

Elle consiste dans la détermination du pouvoir réducteur du combustible, calciné avec de la litharge, par la pesée du culot de plomb obtenu. La quantité de plomb fournie par la réduction de la litharge, multipliée par un coefficient constant, est supposée donner un produit correspondant à la chaleur de combustion cherchée.

Cette méthode est basée sur la loi de Velter, que les puissances calorifiques des corps sont directement proportionnelles aux quantités d'oxygène qu'ils absorbent pour se brûler complètement. Cette loi ayant été reconnue partiellement fausse (expériences de Favre et Silbermann), la méthode n'est par suite pas exacte pour tous les combustibles. Elle ne fait connaître ni la véritable valeur de la puissance calorifique du combustible, ni son effet utilisable, elle est cependant suffisante pour ceux qui se présentent toujours dans le même état physique, comme le bois, et elle donne pour les différentes essences des résultats comparables. Elle est, en outre, d'une grande simplicité et on y recourt encore parfois dans les laboratoires industriels.

Voici comment se fait l'application de cette méthode :

On détermine les poids d'oxygène qu'un gramme de charbon de bois et 1 gramme de divers combustibles enlèvent respectivement, dans des conditions d'expérience semblables, à de la litharge, pour se brûler complètement. Le pouvoir calorifique du charbon étant connu, celui du corps mis en expérience s'obtient par la formule suivante :

$$P = \frac{p \times x}{34,5}$$

P représente le pouvoir calorifique que l'on veut déterminer.

p représente le pouvoir calorifique du charbon de bois.

x représente le poids d'oxyde de plomb réduit par un gramme de combustible.

34,5 représente le poids d'oxyde de plomb réduit par un gramme de charbon.

12. *Méthodes calorimétriques.* — Le principe de ces méthodes consiste à opérer la combustion de la substance en vase clos en présence d'oxygène comprimé, ce qui la rend à la fois totale et presque instantanée. Dans une enceinte à parois résistantes, on dispose le combustible, puis on introduit l'oxygène sous pression dans l'appareil hermétiquement clos, et on place ensuite celui-ci dans l'eau d'un calorimètre. On provoque la combustion et on mesure ensuite la chaleur dégagée, comme dans une opération calorimétrique quelconque.

Tous les calorimètres alimentés par l'oxygène gazeux et à pression constante, sont plus ou moins calqués sur celui de Favre et Silbermann. Nous nous contenterons de décrire l'appareil de M. Mahler qui donne les résultats les plus rapides et les plus exacts et est spécialement adapté aux usages industriels.

13. *Bombe calorimétrique adaptée aux usages industriels, par M. Mahler* (1). — M. Mahler a modifié l'appareil de Favre

_____

(1) Voir A. Scheurer-Kestner : Des méthodes servant à la détermination du pouvoir calorifique des combustibles, *Revue générale de chimie*, tome I, 1899, p. 459.

et Silbermann en remplaçant l'intérieur de la bombe en platine par un émail disposé sur l'acier.

L'appareil se compose essentiellement d'un obus en acier B.
Cet acier présente 50 kilogrammes de résistance par millimètre carré de section, et 22 0/0 d'allongement. L'obus a
654 centimètres cubes de capacité. Il a été jaugé à 15° C ; son
poids total est d'environ 4 kg. avec les accessoires. Il est
nickelé extérieurement; intérieurement il est protégé par une
couche d'émail blanc contre l'action oxydante de la combustion, cette couche est extrêmement mince et ne saurait par
suite s'opposer à la transmission de la chaleur.

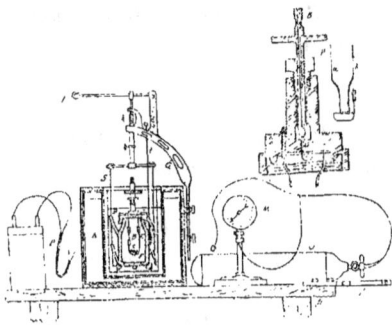

Fig. 79. — Bombe calorimétrique de M. Mahler.

A, enveloppe isolatrice ; B, obus en acier émaillé ; C, capsule en platine ;
D, calorimètre ; E, électrode; F, fil de fer servant d'amorce ; G, support de
l'agitateur; K, mécanisme de l'agitateur; L, levier de l'agitateur ; M, manomètre ; O, tube d'oxygène; P, générateur de l'électricité ; S, agitateur,
T, thermomètre , Z, pièce servant d'étau.

Les figures en haut et à droite donnent les détails concernant le bouchon à
vis et la capsule de platine.

L'obturation de l'obus se fait par un bouchon en fer, à vis,
qui vient serrer une bague de plomb enchâssée dans une
rainure circulaire. Le bouchon porte un robinet à vis conique
dit robinet pointeau. La vis conique est en ferro-nickel,
métal presque inoxydable. Une électrode, bien isolée et prolongée à l'intérieur par une tige de platine, traverse le bouchon.

Une autre tige de platine soutient la capsule plate où l'on
place le combustible à essayer.

Le calorimètre lui-même est en laiton mince, sa capacité est
considérable étant données les dimensions de la bombe elle-

même. On y verse 2,200 kg. d'eau, éliminant ainsi les causes d'erreur qui pourraient provenir de la perte de quelques gouttes d'eau et de l'évaporation.

L'agitateur hélicoïdal de M. Berthelot est commandé par une combinaison cinématique très simple et très douce, dite mouvement de drille, qui permet à l'opérateur d'imprimer sans fatigue au système un mouvement régulier. Le générateur d'électricité est une pile au bichromate Trouvé, de 10 volts et 2 ampères.

L'oxygène est emprunté à un tube où ce gaz est comprimé à 120 atmosphères. Ces tubes peuvent avoir des dimensions variées.

Détermination d'un pouvoir calorifique avec l'obus. — On pèse 1 gramme de la substance à essayer dans la capsule, on noue à l'électrode et au support de la capsule, un petit morceau de fil de fer d'un poids connu qui sert d'amorce. Après avoir introduit le bout dans l'obus, on serre fortement le bouchon de la chambre de combustion, en utilisant à cet effet les mâchoires d'un étau.

On met le robinet pointeau de l'obus en communication avec l'oxygène. Ouvrant ensuite, avec précaution, le robinet du tube qui contient celui-ci, on laisse entrer l'oxygène jusqu'à ce que le manomètre marque la pression jugée convenable, soit généralement 20 à 25 atmosphères. On ferme le robinet du tube à oxygène et ensuite le robinet pointeau et on desserre l'écrou du tube en cuivre qui faisait communiquer l'obus et le réservoir d'oxygène.

L'obus ainsi préparé est introduit dans le calorimètre. On ajuste d'abord le thermomètre et l'agitateur.

On verse l'eau qui a été préalablement jaugée. On agite quelque temps le liquide pour obtenir l'équilibre de température et on commence l'observation.

L'expérimentateur note la température de minute en minute pendant quatre à cinq minutes, et fixe ainsi la loi que suit le thermomètre avant l'inflammation. Puis il met le feu en approchant de l'obus les électrodes d'une machine électrique ou d'une pile : une des électrodes est mise au contact d'une borne correspondante à l'une des tiges de platine; l'autre pôle est simplement appliqué en un point quelconque du robinet. L'inflammation a lieu aussitôt, la combustion est presque instantanée, mais la transmission de la chaleur à l'eau du calorimètre demande quelques minutes. On inscrit la température une demi-minute après la mise à feu, puis à la fin de la minute d'inflammation. On continue les observations thermométriques de minute en minute, jusqu'au point à la suite duquel le thermomètre commence à descendre régulièrement. C'est le maximum. On continue à observer le thermomètre pendant cinq minutes environ afin de déterminer la loi qu'il suit après le maximum. On a alors les éléments principaux du calcul et en particulier de l'unique correction qu'il est convenable de faire dans les circonstances de l'opération. C'est la correction due à la perte de chaleur que le calorimètre a éprouvée avant d'arriver à la température du maximum. Cette correction peut s'effectuer par une règle simple que voici :

1° La loi de décroissance de température, observée à la suite du maximum, représente la perte de chaleur du calorimètre avant le maximum et pour une minute considérée, à la condition que la température moyenne de cette minute ne diffère pas de plus de 1 degré de la température du maximum ;

2° Si la température considérée diffère de plus de 1 degré, mais de moins de 2 degrés, de la température du maximum, le chiffre qui représente la loi de décroissement au moment du maximum, diminué de $0°,005$, donne encore la correction cherchée. Les deux remarques précédentes suffisent dans tous cas avec l'appareil que nous avons décrit.

Il faut faire fonctionner l'agitateur pendant toute la durée de l'observation. Lorsque l'observation est terminée on ouvre *premièrement* le robinet pointeau, puis l'obus lui-même. On lave l'intérieur de l'obus avec un peu d'eau distillée, de façon à réunir le liquide acide formé pendant l'explosion. La proportion d'acide entraînée par l'oxygène au moment de l'ouverture du robinet est du reste négligeable.

On dose volumétriquement l'acide azotique formé, au moyen d'une dissolution titrée.

Tous ces points étant acquis, il est aisé de calculer le pouvoir calorifique Q.

Posons :

Δ, la différence de température observée ;

a, la correction du refroidissement ;

P, le poids de l'eau du calorimètre ;

P′, l'équivalent en eau de l'obus et des accessoires ;

p, le poids de l'acide azotique (AzO^2H constaté) ;

p', le poids du fil de fer ;

0,23 cal. est la chaleur de formation de 1 gramme d'acide azotique dilué ;

1,6 cal. est la chaleur de combustion de 1 gramme de fer ;

On aura :

$$Q^0 = (\Delta + a)(P + P')(0{,}23\,p + 1{,}6\,p')$$

14. *Détermination du pouvoir calorifique par des essais de vaporisation dans la chaudière d'un établissement industriel.* — Ces essais qui offrent l'avantage de pouvoir se faire avec une quantité de combustible aussi grande qu'on le désire, s'ils ne fournissent pas pour la chaleur de combustion des valeurs absolument comparables à celles que donnent les expériences calorimétriques, ils présentent par contre l'intérêt d'indiquer d'une manière précise la façon dont le combustible se comportera dans un usage industriel et l'effet que l'on pourra en attendre sur la grille d'une chaudière à vapeur. Il suffira pour cela de l'employer dans des conditions identiques à celles de l'usage courant (grosseur des morceaux, degrés de dessiccation, mode de chargement, tirage, etc.) et de faire abstraction, dans l'estimation des résultats, de toutes les causes de *pertes qui sont inévitables* dans un chauffage industriel, telles que *chaleur emportée par le gaz, rayonnement des appareils, escarbilles dans les cendres*, etc. On obtiendra ainsi, non un pouvoir calorifique absolu, comme celui que fournit l'obus calorimétrique, mais un *pouvoir relatif à l'usage spécial de la production de vapeur*, lequel sera toujours nécessairement inférieur au pouvoir calorifique réel.

L'installation de l'expérience sera disposée suivant les ressources et l'aménagement de l'usine.

Elle comprendra :

1° *Une chaudière munie de tous ses accessoires ;*

2° *Des bassins, ordinairement au nombre de deux,* destinés à la mesure de l'eau introduite dans la chaudière et placés à une hauteur suffisante pour que le liquide puisse entrer dans celle-ci sans le secours d'un injecteur quelconque. Ces deux bassins fonctionnent alternativement.

Pour éviter les complications, il est d'usage d'échauffer tout l'appareil, au début de l'expérience, avec une certaine quantité de combustible, jusqu'à ce qu'on atteigne 100° et de terminer dans les mêmes conditions, en laissant dans la chaudière la même quantité d'eau et sur la grille la même quantité de combustible. *Une bouteille de purge* est disposée sur la conduite de vapeur à sa sortie de la chaudière, pour recueillir l'eau entraînée mécaniquement par la vapeur. Ce purgeur débouche dans un serpentin rempli d'eau froide et on mesure l'eau condensée que l'on déduit de la totalité de l'eau consommée.

Connaissant alors le poids de combustible brûlé, le poids et la température de l'eau introduite dans la chaudière, et la température de la vapeur produite, on peut calculer *l'effet calorifique,* que l'on exprimera, soit en calories, d'après les règles ordinaires, *soit en unités de vapeur.* Les systèmes employés pour ces dernières sont au nombre de trois. On connaît :

L'unité de Rankine ; c'est la quantité de chaleur nécessaire pour transformer l'unité de poids d'eau prise à 100° en vapeur à 100° (= 537 calories).

L'unité de Brix ; c'est la quantité de chaleur nécessaire pour transformer l'unité de poids d'eau pure prise à 100° en vapeur à 112°5 ou 90° Réaumur (= 540 cal. 6).

L'unité de Hartig, qui prend de même l'eau à 100° et la vapeur à 150° (= 552 cal. 2).

Quelquefois aussi, on définit les unités en partant de l'eau à 0° ; il faut, dans ce cas, ajouter 100 calories aux nombres indiqués précédemment.

La question de l'utilisation du bois comme combustible soulève encore quelques questions intéressantes dont nous allons dire quelques mots.

15. *Quantité d'air à fournir pour permettre la combustion de 1 kilogramme de bois.* — Dans la combustion complète, le carbone et l'hydrogène doivent se transformer totalement en acide carbonique d'une part et en eau d'autre part, en empruntant de l'oxygène. Il est aisé de calculer le poids d'oxy-

gène théoriquement nécessaire pour que s'effectuent ces transformations, et d'en déduire ensuite le poids et le volume d'air correspondants.

Un kilogramme d'hydrogène demande pour brûler 8 kilogramme d'oxygène. Or l'air contient en poids 23 p. d'oxygène ;

On aura donc pour un kilogramme d'hydrogène brûlé :

$$8 \times \frac{100}{23} = 34,78 \text{ kilogr. d'air}$$

et pour un kilogramme de carbone, par un raisonnement analogue :

$$2,67 \times \frac{100}{23} = 11,60 \text{ kilogr. d'air}$$

Un kilogramme de bois sec renferme une moyenne de 0 kg. 4879 de carbone et 0 kg. 0092 d'hydrogène libre. On aura donc :

0 kg. $4879 \times 11,60 + 0,0092 \times 34,78 = 6$ kilogr. d'air soit 4.615 litres.

Ces quantités sont théoriques et doivent être environ doublées par suite de l'utilisation imparfaite de l'air par les foyers, et finalement même, il faudra les quadrupler dans la pratique industrielle, si l'on tient compte des 20 à 25 0/0 d'eau hygrométrique du bois dont on a fait usage, et de la perte de puissance calorifique qu'entraîne sa présence.

16. *Effet calorifique pyrométrique.* — On appelle parfois aussi l'effet calorifique pyrométrique, chaleur *vraie de la flamme.* C'est la température que peuvent acquérir les produits de la combustion à partir du moment où cette température se maintient constante.

Il n'est guère possible de déterminer exactement cette température par des méthodes directes. En effet aucun pyromètre ne donne des résultats appréciables en degrés centigrades. Les effets pyrométriques varient avec des causes nombreuses : la nature du combustible et du comburant et aussi celle des parois du foyer de combustion et celle du fluide qui entoure ce foyer.

Il faut se résoudre à employer pour mesurer la chaleur vraie de la flamme, des méthodes indirectes qui permettent dans tous les cas de comparer entre eux les résultats.

Elles consistent à évaluer les quantités de chaleur dégagées par tous les produits qui se forment pendant la combustion de 1 kilogramme de bois et à diviser ensuite la puissance calorifique utilisable de ce bois par la somme de ces quantités. On trouve pour nos essences forestières, suivant que le bois est à 20 0/0 d'eau ou qu'il est bien sec et réduit en copeaux dans un foyer installé dans les meilleures conditions, des températures qui peuvent varier de 770° à 1.197°. Ce dernier chiffre réalisant un *maximum industriel*.

17. *Pouvoir rayonnant.* — C'est le rapport de la chaleur rayonnée à la chaleur totale dégagée par la combustion de ce corps.

Le pouvoir rayonnant varie avec la grosseur des bûches, tandis qu'il tend de plus en plus vers une constante au fur et à mesure qu'on brûle des bûchettes plus réduites. Péclet a trouvé 0,28 pour le bois complètement sec et 0,25 quand il contient encore 20 0/0 d'eau, comme il arrive lorsqu'il a été mis à sécher à l'air libre.

En somme un quart de la chaleur totale est rayonnée, les trois autres quarts se répandent dans l'atmosphère avec les produits de la combustion.

18. *Puissance calorifique du bois comparée à celle des autres combustibles.* — On trouvera dans le tableau suivant l'indication de la puissance calorifique du bois comparée à celle des autres combustibles.

Combustibles	Puissances calorifiques	Combustibles	Puissances calorifiques
Bois desséché à 140°. . .	4.000	Tourbe desséchée à 60°. .	5.300
Bois ordinaire à 25 0/0		Tourbe à 30 0/0 d'eau . .	3.750
d'eau	3.000	Houille moyenne	8.000
Charbon de bois à 60° . .	7.000	Coke à 0,05 de cendres .	7.600
Tannée desséchée	3.400	Coke à 0,125 de cendres .	7.000
Tannée à 30 0/0 d'eau et		Anthracite	8.000
tannée du commerce .	2.400	Lignite.	6.500

CHAPITRE IV

PRODUCTION DES BOIS. LA FORÊT.

CHAPITRE QUATRIÈME

PRODUCTION DES BOIS. LA FORÊT

60. Généralités. — Le bois est retiré des essences ligneuses qui sont elles-mêmes produites par la forêt. L'étude de la forêt est donc un chapitre nécessaire dans un travail qui se propose pour but de donner une connaissance complète de la question du bois. La forêt est en quelque sorte une usine où s'élabore la matière « bois ». On peut orienter, par des soins convenables, cette fabrication vers la production de certaines qualités de bois, convenant à telle ou telle qualité de marchandise.

Beaucoup d'industriels travaillant le bois, ou de marchands de bois, sont eux-mêmes exploitant des forêts dont ils utilisent les produits. Les questions du bois et celle de l'exploitation forestière, sont donc liées dans la pratique autant qu'elles sont inséparables dans une étude théorique.

61. La forêt. — Il faut distinguer la forêt primitive ou forêt sauvage, qui est celle qui s'est naturellement constituée, et la forêt artificielle ou forêt aménagée créée par l'intervention de l'homme.

62. Forêt sauvage. — De quelle façon les forêts, ou du moins les peuplements qui contribuent à les former, se sont-ils tout d'abord constitués lorsque les conditions géologiques ont permis l'établissement sur le sol de la végétation arborescente? On ne peut répondre à cette question que par l'observation de ce qui se passe actuellement sous nos yeux, quand un rocher, jusque-là stérile, reçoit les éléments qui permettront à la végétation de s'y installer. Les *algues* apparaissent déjà sur le sol nu ; beaucoup de ces plantes sont extrêmement simples, le vent les transporte facilement et elles

peuvent vivre à peu près n'importe où aux dépens de la
lumière et de l'humidité. Elles disparaîtraient d'ailleurs
bientôt s'il survenait une période de sécheresse ; mais il peut
intervenir un autre élément venant à son secours et assurant
définitivement son existence : c'est le *champignon*. Des semences de champignons peuvent être, en effet, apportées à leur
tour par le vent ; en germant elles donneront des filaments qui
s'enchevêtreront avec les éléments constitutifs de l'algue, formant avec eux une véritable alliance. L'être complexe, si intéressant au point de vue biologique, qui en résulte, est ce que
l'on appelle un *lichen*.

Sous cette forme *lichen*, une végétation durable peut s'établir et s'établit en effet, le champignon désorganisant la roche
à l'aide de ses filaments et y puisant pour lui et l'algue, les
sels nécessaires à la synthèse rapide des matières albuminoïdes à l'aide des hydrates de carbone, l'algue décomposant
pour elle et pour le champignon l'acide carbonique de l'air
et faisant la synthèse des hydrates de carbone. A mesure
qu'ils meurent, les débris de lichens s'accumulent avec les
particules de roche désorganisée et le tout forme un sol où
pourront se développer des végétaux d'organisation simple
d'abord, comme les mousses, puis, plus tard, lorsque ce sol
aura été rendu épais et fécond par l'accumulation successive
des débris de la végétation, les plantes à racines pourront y
croître. Les lichens sont partout les merveilleux créateurs
du sol végétal.

De distance en distance, sur cette terre végétale, des
graines, provenant de sujets fertiles déjà existant, germent et
donnent des pousses vigoureuses dites « brins de semence »
qui s'accroissent et deviennent des arbres. Ces arbres arrivés
à maturité donnent eux-mêmes des graines, que le vent disperse en tous sens et qui peuvent germer à leur tour. Il se
forme ainsi des foyers de génération d'essences ligneuses, qui
sont le point de départ de *peuplements*. Les peuplements peuvent être distincts d'abord, mais ils s'étendent comme nous
venons de le dire et convergent ainsi les uns vers les autres.
L'ensemble de plusieurs peuplements se réunissant, constitue
la forêt.

Il est utile de bien connaître le mode d'évolution de la forêt
sauvage, car son étude permettra de déduire les notions né-

cessaires à la création et à l'entretien des forêts artificielles.

Les forêts sauvages furent d'abord très répandues sur le globe, car leur extension était alors facile. Sous le couvert des arbres existants, la reproduction des essences forestières est assurée, de plus, les essences ligneuses sont très rustiques et toutes ces qualités leur assuraient une victoire facile dans la lutte pour l'espace qu'ils avaient à soutenir contre les autres végétaux plus faibles sur lesquels ils étalaient d'ailleurs une ombre nuisible. Puis l'homme est arrivé, la forêt lui a d'abord été favorable, il y trouvait tout ce qui lui était nécessaire : la nourriture au moyen de la chasse, le feu qu'il lui était encore plus facile de se procurer. Bientôt cependant la race s'étant multipliée, il devint nécessaire à l'homme d'assurer sa subsistance en remplaçant les ressources un peu précaires de la faune de la forêt, par l'agriculture qui produisait plus.

On déboisa dès lors. L'homme devenait vainqueur de la forêt dans l'éternel combat pour la sélection naturelle. Cependant, trop souvent, il dépassa le but, déboisant trop et à tort et à travers ; mais la science l'a averti et bientôt l'équilibre nécessaire sera rétabli. Le reboisement, nous le verrons plus loin, a entre autres multiples avantages, celui de rendre productives des terres qui sans cela seraient absolument stériles, non susceptibles d'une exploitation agricole.

63. La forêt aménagée. — La forêt spontanée est un mélange d'essences variées et d'âges divers. Ces circonstances en rendent l'exploitation irrégulière et difficile. Le revenu du capital que représente la forêt est, dans ces conditions, difficile à évaluer et peut être variable ; de plus, la forêt livrée à elle-même ne réalise généralement pas les meilleures conditions économiques, le rendement maximum ; l'exploitation non réglementée de ses produits entraîne des abus de jouissance qui compromettent l'avenir de sa production ; pour toutes ces raisons, l'homme a été conduit à aménager la forêt, il l'a pour ainsi dire domestiquée pour lui faire produire un rendement maximum, sans toutefois que cela puisse nuire à sa production ultérieure. Il lui applique, à cet effet, une série de traitements, dont les principes ont été puisés dans l'étude des phénomènes de végétation de la forêt sauvage. L'ensemble des notions ainsi établies constitue la science de la sylviculture et leur application est l'art de la sylviculture.

64. Constitution de la forêt. — Elle est constituée par des individus appartenant à une essence unique ou à des essences variées ; ils se réunissent en peuplements, dont l'ensemble est la forêt elle-même.

Evolution d'une essence, ses parties constitutives : prenons un chêne comme exemple.

Les graines provenant de sujets déjà fertiles germent en donnant des pousses plus ou moins vigoureuses dites « brins de semence ». La racine s'enfonce de plus en plus ; la tige principale encore à peine ramifiée est terminée par un gros bourgeon qui se développe rapidement entraînant l'élévation de la tige, les ramifications secondaires se multiplient et s'allongent et portent bientôt une épaisse frondaison. A partir de ce moment la tige a une importance relative moins grande, le bourgeon terminal cesse de donner lieu à une croissance rapide : le végétal est devenu un arbre. Il donne naissance à des fleurs, qui mûrissent et produisent des fruits, lesquels renferment des graines qui, en se disséminant au vent, pourront multiplier l'espèce.

La forme de l'arbre : l'arbre dont nous venons d'esquisser les caractères, se modifie suivant que la plante croît à l'état isolé ou bien en massif. La forme à l'état isolé est celle qui caractérise l'espèce, c'est la *forme spécifique.* Dans le cas de la disposition en massif, cette forme est altérée par diverses causes qui empêchent la végétation d'être tout à fait normale, c'est la *forme forestière.* Quoi qu'il en soit il existe un type général, un plan commun de la forme des arbres, que nous allons décrire :

La tige principale a perdu de bonne heure les rameaux dont elle était pourvue dès le jeune âge et cela quand ils étaient assez réduits pour ne laisser que des cicatrices insignifiantes : c'est l'*élagage naturel.* La partie de la tige devenue plus forte en diamètre et qui se trouve comprise entre le sol et les premières branches porte le nom de *fût.* La partie supérieure de l'arbre qui est entourée par les branches se nomme *cime* ou *houppier,* les branches se divisant en *maîtresses branches, rameaux* et *ramules.* Arrivé à cet état l'arbre a au moins cinq à sept mètres de hauteur et son fût un pied de diamètre (un mètre de tour). Un végétal dont les dimensions seraient moindres, porterait le nom d'*arbrisseau.*

La forme spécifique se conserve lorsque l'arbre est isolé et aussi, à très peu de chose près, lorsqu'il croît en taillis sous futaie. Dans ce cas sa cime s'épanouit librement au-dessus du cépée avec sa forme ordinaire, son fût se dénude seulement un peu plus par le voisinage du taillis.

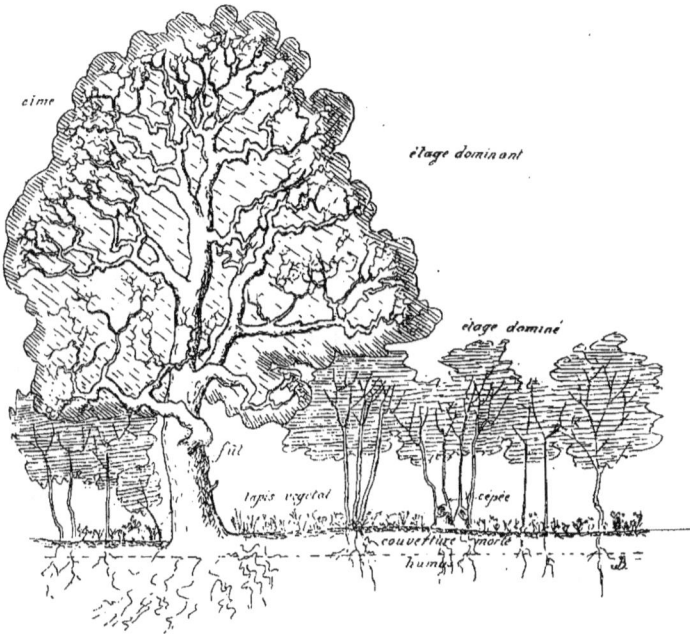

Fig. 80.

Il n'en est pas de même dans le cas de la végétation en massif, la *futaie*, par exemple. Dans ce cas l'arbre s'allonge de plus en plus, son fût se dégarnit et prend des dimensions exagérées tandis que la cime reste grêle. Il acquiert la forme qu'il a le plus souvent en forêt et que l'on appelle pour cela la *forme forestière*.

Lorsque les arbres sont réunis en peuplements et forêts, il y a lieu de distinguer une série d'étages :

1° *L'étage dominant* constitué par de grands arbres, qui sont généralement des *essences de lumière*, c'est-à-dire ayant besoin d'une large exposition au soleil pour végéter. Soit, par exemple : les pin sylvestre, pin maritime, pin d'Alep, mélèze, épicéa ;

2° L'*étage dominé*, situé sous le couvert de la précédente. Il est constitué par des essences qui redoutent le grand jour, des *essences d'ombre*, comme on dit ; ce sont des arbrisseaux ;

3° *Le tapis végétal* ou *couverture vivante*. C'est la couche superficielle qui recouvre le sol minéral, elle est constituée par des plantes de petite taille, ligneuses ou herbacées qui verdissent la surface du sol, sans jamais s'élever au point de se confondre avec le sous-bois. Les espèces de ces plantes varient surtout avec la nature du sol. Sur un sol siliceux ce sera surtout des genêts, ajoncs et bruyères ; sur un sol argileux, des herbes, comme les graminées et les carex, ainsi que quelques mousses ; sur les sols calcaires s'établira une flore herbacée abondante et variée qui luttera pour étouffer les broussailles, buis ou épines. Ces plantes ainsi associées sur un même milieu, s'accommodant des mêmes conditions, luttant contre les mêmes ennemis, sans se nuire entre elles, sont dites *sociales*. Il y a là un fait biologique des plus curieux et des plus intéressants ;

4° *La couverture morte*. Au-dessous du tapis végétal, le sol n'est point nu : on trouve interposé une couche de débris, de détritus : fruits, feuilles mortes, brindilles, débris et déchets d'animaux, qui constituent ce que l'on appelle la couverture morte. Elle a un rôle important dans la végétation de la forêt ; ce rôle est à la fois physique et chimique ; il faut bien se garder de la laisser jamais enlever. Au point de vue physique, elle est capable de retenir, comme pourrait le faire une éponge, une grande quantité d'eau qui peut atteindre jusqu'à deux fois et demi son poids. Cela est dû à ce qu'elle présente de nombreux espaces capillaires, véritables canaux qui retiennent l'eau. Elle protège le sol contre une évaporation trop active qui le priverait de son humidité nécessaire.

Elle empêche la couche superficielle du sol de s'échauffer et de se refroidir trop rapidement.

Au point de vue chimique, c'est le véritable fumier de la forêt. Son rôle est donc extrêmement important. C'est à son niveau que les feuilles rendent au sol ce que le végétal lui a pris.

On y trouve, comme l'ont établi les recherches de M. Henry,

des éléments tels que les silicates de potasse, de chaux, de magnésie, etc., qui constituent de véritables réserves, rendues lentement utilisables et pour ainsi dire au fur et à mesure des besoins.

Voici ce qui se passe : Ces substances, normalement insolubles, sont rendues peu à peu solubles par l'oxygène qui circule facilement dans cette couche meuble et surtout par l'acide carbonique qui est dégagé par le fait des microorganismes lorsqu'ils réduisent la couverture morte en terreau. Il se produit un autre fait très important dans la couverture morte, c'est celui de la fixation de l'azote de l'air par l'intermédiaire des microbes, encore mal déterminés, qui y pullulent (Henry). De cette façon le sol forestier s'enrichit lentement de toutes les substances nécessaires à la végétation et, si la forêt enlève au sol chaque année une quantité énorme de matériaux, elle lui en restitue finalement autant. La forêt fait elle-même sa fumure. C'est ce qui explique que les forêts les plus anciennes, loin d'avoir épuisé le sol et de dépérir, peuvent être, au contraire, parmi les plus belles ;

5° L'*humus* ou *terreau*. La partie la plus profonde de la couverture morte, sous l'influence des nombreux ferments qui s'y trouvent et y agissent en milieu favorable, finit par se résoudre en une matière pulvérulente, de couleur foncée, souvent noire, exhalant une odeur de moisissure. C'est l'humus ou terreau dont le rôle complète celui de la couche précédente.

En outre, une pléiade d'animaux : vers de terre, larves d'insectes y vivent et déterminent un brassage des particules et par suite l'ameublissement et l'aération du sol.

Les couches de couverture sont si bien ameublies que l'on éprouve en les foulant une sensation bien nette d'élasticité qui caractérise ces *terres à bois*.

65. Action du milieu naturel sur la forêt. — La forêt, comme toute association d'êtres vivants, subit profondément l'influence du milieu dans lequel elle est plongée. On sait que les végétaux s'adaptent au milieu, tant que celui-ci se tient dans les limites où il répond aux besoins de la plante. Dans chaque région, dans chaque station même, les principaux agents constituant le milieu ambiant : le *sol* et le *climat* imposent à la forêt des allures particulières que l'homme ne saurait modifier sans causer de graves perturbations.

1° *Action du sol.* Le sol intervient à la fois par ses qualités physiques et par sa composition chimique.

Au point de vue physique, il sert de support au végétal. Il doit être meuble, pour que puisse s'effectuer l'aération des racines et l'imbibition par l'eau des couches profondes, il doit être profond parce que les racines des arbres s'étendent beaucoup.

Au point de vue chimique, on distingue les sols siliceux, les sols argileux et les sols calcaires. Cette division correspond d'ailleurs aux qualités physiques des sols : les sols siliceux sont meubles, les sols argileux ne le sont pas, ils sont impropres aux cultures en pépinières et si la forêt s'y développe bien, c'est à la condition que l'homme veille à sa régénération ; les sols calcaires sont de ténacité moyenne.

Il y a des essences qui affectionnent les terrains siliceux (plantes silicicoles) et craignent les terrains calcaires (calcifuges) et, d'autre part, certaines essences qui affectionnent les terres calcaires (plantes calcicoles) et craignent les terrains siliceux. Cette préférence pour certains éléments du sol, constitue ce que l'on a appelé l'*appétence géique des plantes* (1) ; elle préside pour une large part à la distribution des végétaux. Lorsque l'on veut procéder à un boisement, il est de toute nécessité de bien connaître l'appétence spéciale des essences que l'on se propose de propager ; il faut savoir que le pin maritime, le pin sylvestre, le châtaignier, par exemple, sont silicicoles ; le pin maritime est, en outre, calcifuge, c'est ce qui explique que l'on n'ait éprouvé que des échecs quand on a voulu implanter cette essence dans les plaines crayeuses de la Champagne, tandis qu'on a parfaitement réussi quand on eut l'idée de se servir du pin d'Autriche qui est, lui, calcicole.

2° *Le climat.* Les essences forestières exigent une forte humidité, elles manquent dans les pays secs. Elles craignent les vents violents et ne s'établissent pas ou disparaissent rapi-

---

(1) Il nous plaît de citer ici, au premier rang des personnes qui ont le plus fait pour démontrer la vérité de cette doctrine, M. le Dr Saint-Lager, l'éminent savant et érudit lyonnais. Rappelons également à ce propos, le nom de M. le Dr Magnin, professeur à l'Université de Besançon.

dement dans les régions où ils règnent habituellement. On peut distinguer le climat de plaine et le climat de montagnes dont les caractères sont fort différents et qui, par suite, comporteront des essences forestières différentes ou du moins présentant des caractères particuliers dus à l'adaptation.

Dans les plaines la période annuelle de végétation est longue, par suite l'accroissement de l'arbre est rapide, mais la structure du bois est peu homogène et les anneaux d'accroissement sont d'épaisseur variable ; ce fait tient à une certaine irrégularité des saisons qui peuvent être d'une année à l'autre, plus ou moins chaudes ou plus ou moins pluvieuses.

Dans les montagnes la période de végétation est courte, car l'hiver dure sept à huit mois au lieu de quatre ou cinq ; par contre, pendant l'été l'humidité est maintenue constante par les pluies. Il en résulte qu'en montagne les arbres ont une végétation beaucoup moins rapide, mais que, croissant dans des conditions qui restent semblables à elles-mêmes d'une année à l'autre, leur bois présente des accroissements réguliers et homogènes.

66. Etude de la forêt aménagée : taillis, futaies, etc. — Nous avons déjà fait ressortir les inconvénients de la forêt sauvage, tels que : conditions parfois peu favorables de la production, incertitude et irrégularité du rendement. L'homme a besoin d'une production annuelle pour satisfaire à ses besoins, il a dû, par conséquent, intervenir dans la végétation de la forêt sauvage pour en régler le rendement, il l'a pour ainsi dire domestiquée en l'aménageant. Les traitements appliqués concernent surtout la régénération et l'amélioration des peuplements.

La régénération. — La régénération qui consiste à repeupler d'arbres les espaces laissés vides par le prélèvement des sujets enlevés pour la consommation, peut se faire suivant deux modes différents qui constituent le *régime* de la forêt ; ces deux modes sont : le régime de *futaie* et le régime de *taillis*. Dans le premier, les arbres sont régénérés par *semis*, dans le deuxième ils se régénèrent par *drageons* ou *rejets*. Le mot futaie était employé autrefois, pour désigner un ensemble de beaux arbres ayant à hauteur d'homme le diamètre d'un pied, soit environ trois pieds ou un mètre de tour. La défini-

tion actuelle concorde bien, d'ailleurs, avec cette ancienne
conception, car les sujets issus de semis, possèdent un beau
fût unique; on les laisse croître aussi longtemps qu'il est nécessaire pour obtenir de beaux arbres. Le taillis est, au contraire,
formé de petits sujets de faible diamètre, dont la taille exiguë
tient encore au mode de régénération, celui-ci consistant à
couper chaque année ou après une période de révolution
très courte, les souches des arbres pour leur faire produire sur
leur pourtour des branches d'autant plus grêles qu'elles sont
plus nombreuses ou pour leur faire produire des rejets auxquels on ne laisse jamais le temps d'acquérir des dimensions
considérables. La production de rejets de souche est donc
la base de la régénération des forêts ou bois taillis.

La forme ou aspect de la forêt. — Elle est déterminée par
le mode d'exploitation, grâce auquel la futaie peut être régulière ou jardinée et le taillis, régulier ou fureté.

Pour comprendre ce que c'est qu'une forêt aménagée en
futaie régulière, prenons un exemple : Etant donnée une forêt
de trente hectares divisée en trente lots admettons que dans
chacun d'eux se trouvent des arbres d'âges différents étagés
de un an à trente ans, on a dans ces conditions une futaie
aménagée suivant une *révolution* de trente ans. On coupe
chaque année les arbres de l'hectare où s'est effectuée la
révolution de trente années, puis on régénère cet emplacement par semis et il revient alors la parcelle n° 1. De cette
façon on a chaque année à faire une coupe d'arbres de
trente ans, on obtient donc un revenu régulier de produits
toujours semblables à eux-mêmes ; de plus la coupe se fait
sur un espace restreint bien déterminé, sans qu'on soit obligé
de la répartir sur toute l'étendue de la forêt, comme nous
verrons que cela a lieu dans le cas de la futaie jardinée. Tels
sont les principaux avantages de la futaie régulière. La futaie
régulière est, en somme, constituée par des peuplements d'âge
gradué, chacun de ces peuplements est uniformément constitué.

Dans le cas de la *futaie jardinée* ou *futaie irrégulière*, on
entretient sur toute la surface de la forêt des arbres de plusieurs âges tous nés de semence, dont on coupera chaque
année ceux qui ont l'âge et les qualités que l'on en attend.
Cette dernière opération est le *jardinage* ; il exige la réparti-

tion sur toute la forêt des ouvriers chargés d'en abattre les produits, il dissémine leurs efforts et élève d'autant le coût de l'opération.

Dans le *taillis* la régénération, au lieu de se faire sur semis, avons-nous dit déjà, se fait sur souche. Ici encore l'exploitation détermine les deux formes de *taillis régulier* et *taillis fureté* qui correspondent respectivement, aux futaies régulière et jardinée.

Taillis composé. — C'est une forme mixte dans laquelle des semis convenablement répartis dans un taillis (né de rejets) assurent chaque année l'existence d'unités ayant une plus grande valeur.

Ce mode d'exploitation permet de produire des bois aptes à des usages différents, il est généralement adopté et existe en France, sur plus de 6 millions d'hectares de nos forêts, c'est-à-dire sur plus des deux tiers de la surface boisée.

La forme d'une forêt est déterminée encore par la *nature des essences* qui la constitue et leurs exigences vis-à-vis de la lumière. Il y a les *essences de lumière*, dont le développement est favorisé par un bon éclairage et qui tendent toujours à s'élever pour recevoir le plus de lumière possible ; il y a les essences d'ombre qui s'accommodent d'une lumière tamisée par le feuillage d'arbres plus élevés. Quand la forêt est composée d'arbres ayant les mêmes exigences vis-à-vis de la lumière, elle comportera un seul étage, sinon elle aura deux étages, l'un, l'*étage dominant*, constitué par les essences de lumière l'autre, l'*étage dominé*, formé par les essences d'ombre qui constituent alors le *sous-bois*.

La forme est encore modifiée par le fait de l'espacement plus ou moins grand des unités de la forêt, qui peut être, à ce point de vue, en massif plein, en *massif serré ou en massif clairiéré*; c'est ce que l'on appelle la *consistance* du peuplement.

67. Amélioration de la forêt par transformation ou conversion. — Quand la dégradation d'une forêt s'est produite par le fait de l'emploi d'un régime mal adapté à la station qu'elle affecte, ou bien lorsque pour des raisons économiques on doit produire des marchandises différentes de celles que l'on avait récoltées jusque-là, on peut changer le

mode de traitement par une transformation ou une conversion et amener, par exemple, un taillis régulier à l'état de
taillis fureté, un taillis sous futaie à l'état de futaie régulière, un taillis régulier à la forme de taillis sous futaie, etc.
La durée toujours très longue de cette opération, la suppression de revenu qu'elle entraîne pendant un certain temps,
les connaissances techniques qu'elle exige, ne permettent pas
de l'employer dans les exploitations particulières, mais seulement dans les forêts domaniales.

Nous allons maintenant donner quelques détails sur les
cinq modes de traitement, que nous venons de caractériser.

68. La futaie régulière. — *Son développement.* — Les
graines en germant en terrains découverts produisent les
semis; en s'accroissant serrés les uns contre les autres ceux-ci
ne tardent pas à constituer le *fourré.* A côté des bonnes
essences se glissent généralement des essences secondaires.
Des sujets de choix s'élèvent au-dessus des autres, ils forment
le *gaulis*, dont les sujets sont des baguettes ou gaules flexibles
ayant perdu les branches basses. Un certain nombre s'éliminent à la suite de la lutte pour le soleil et le forestier intervient en pratiquant des *coupes d'éclaircie*, les gaules qui
subsistent forment en s'accroissant le *perchis* constitué par
des perches ayant 1 décimètre de diamètre au moins, l'élagage naturel des rameaux s'opère le long du tronc, tandis
que la cîme se développe. On appelle *haut-perchis* ou *demi-
futaie*, le massif dont les fûts ont déjà pris une grande hauteur. Quand les fûts sont complètement constitués, le massif
prend le nom de « futaie proprement dite » ou « *haute
futaie* ». Les grosses branches de la cîme persisteront alors
indéfiniment, et, si des causes accidentelles en entraînent la
chute, ce sera en produisant des tares qui amèneront lentement la dégradation et peut-être la mort de l'arbre. Quand la
forêt arrive à sa maturité, c'est-à-dire au moment où il va
falloir pratiquer les coupes, sous peine de voir les produits
perdre en qualité, on a alors la *vieille futaie.*

Régénération. — Elle comprend deux séries d'opération :
1º L'abatage des arbres du lot à réaliser ; 2º l'ensemencement des lots dénudés à la suite de l'abatage.

1º *L'abatage.* — Il peut se faire par coupe unique ou par
coupes successives.

Dans le cas de la coupe unique, le procédé consiste à
exploiter en une seule fois tout le lot à réaliser. Le soin de
régénérer est confié à la nature, les graines étant apportées
par le vent sur l'espace dénudé, soit des peuplements voisins,
soit de quelques arbres réservés dans l'enceinte parcourue.
La régénération se fait par conséquent un peu au hasard des
graines apportées, ce qui explique la bigarrure des anciennes
futaies exploitées de cette façon. D'ailleurs cette méthode à
coupe unique ne doit pas être appliquée aux essences à
graines lourdes, car, si les semis de ces espèces n'existent pas
au moment de l'opération, ils ne sauraient s'effectuer normalement ensuite ; le sol ne se recouvre que de graines légères
et l'on obtiendrait un nouveau peuplement qui serait tout différent de l'ancien. Cette méthode a encore l'inconvénient de
laisser les jeunes semis sans protection et exposés à toutes
les causes de destruction. Elle ne peut être par suite employée
que dans des circonstances bien déterminées : soit, pour les
résineux, dont les graines légères et les semis rustiques assurent toujours la réussite de l'ensemencement, soit pour les
feuillus dont les peuplements sont disposés à cet effet en
bandes étroites dirigées vers les vents dominants et vers les
sommets, ce qui assure l'ensemencement par les bandes
voisines.

Dans la méthode par *coupes successives*, au lieu d'enlever
en bloc les produits du lot à réaliser, on le fait par fractions
successives de façon que le nouveau peuplement s'installe
sous l'ombrage de ce que l'on a laissé subsister de l'ancien et
se substitue graduellement à lui. Ces opérations constituent
la *coupe d'ensemencement*, les *coupes secondaires* et la *coupe
définitive*. Cette dernière réalise les unités conservées jusqu'au dernier moment. La régénération ainsi pratiquée peut
réclamer une période de temps de vingt années. Cette méthode
donne des résultats meilleurs que la première ; elle a l'inconvénient de répartir sur une grande étendue les travaux de
l'exploitation.

Avantages et inconvénients du régime en futaie. — On
obtient par cette méthode d'exploitation des sujets d'élite,
recherchés comme bois d'œuvre notamment par les chantiers
de l'Etat (bois de marine). Elle est toute désignée pour les
résineux qui, ne donnant pas de rejets de souche, ne sau-

raient être exploités en taillis. Par contre, elle exige des soins délicats, une attention spéciale surtout pour ce qui concerne les régénérations. C'est un régime artificiel, créé par l'homme et qu'il doit constamment surveiller et diriger. A chaque ensemencement se produit une période critique susceptible de compromettre l'avenir de la plantation.

69. La futaie jardinée. — Nous avons dit que par cette méthode, au lieu de réaliser un lot de la forêt, on réalisait des individus choisis dans toute son étendue. Dans ces conditions la forêt n'a pour ainsi dire pas d'âge, elle est constituée d'individus ayant tous les âges. On enlève seulement ceux qui sont à maturité ou simplement au terme correspondant à l'usage que l'on en veut faire, et ceux qui, étant tarés, doivent être réalisés au plutôt pour les produits qu'ils peuvent encore donner et surtout pour débarrasser la place qu'ils occupent au détriment d'individus sains. Ce mode de traitement convient très bien aux conifères, aux forêts de protection qu'on ne doit pas dégarnir sous peine de supprimer leur rôle protecteur, aux forêts de faible étendue et à toutes celles auxquelles on craint de ne pouvoir donner les soins culturaux, dégagements de semis et éclaircis que comporte la futaie régulière.

A côté de ces avantages très réels, le jardinage a l'inconvénient de donner des sujets moins beaux que ceux de la futaie, les peuplements restent ce que la nature les a faits, les arbres ont souvent acquis des vices ou défauts pendant leur période de lutte et leur tronc est souvent noueux, ils échappent à l'action du forestier ; de plus ce procédé exige que l'exploitation annuelle soit répartie sur la surface entière de la forêt ; la vidange des produits à travers des massifs complets est particulièrement pénible et coûteuse.

70. Le taillis régulier. — Nous savons que la définition du taillis provient du mode de régénération qui se fait par rejets ou drageons. Quand on coupe systématiquement à blanc étoc, et sans laisser aucune réserve, une surface continue de bois constitués de feuillus susceptibles de donner des rejets ou drageons, il se forme un *taillis simple régulier* dès le printemps qui suit la coupe. Il se produit à la suite de

chaque coupe un rajeunissement et non création de nouvelles individualités ; ce sont les premiers arbres qui se continuent par rejets. Ici on régénère par-ce simple fait qu'on
exploite. Il peut se produire parfois la mort de souches
âgées, on les remplace dans ce cas par des brins de
semence. Quelquefois apparaissent dans le taillis des brins
de pieds francs c'est-à-dire issus de semence.

Avantages et inconvénients. — Cette exploitation est facile
et commode, elle assure un revenu régulier et assez élevé. Le
capital engagé est très faible.

Le peuplement est peu exposé aux agents de destruction :
insectes, champignons, bris de vent et de neige. D'ailleurs
lorsqu'un accident se produit, il peut tout au plus entraîner
la perte de la récolte d'une année ; l'assouchement restant
indemne les récoltes ultérieures ne sont pas compromises.
Par contre, ces peuplements sont très sensibles à l'action du
froid et de la gelée. Les tiges herbacées ayant subi cette
action, s'aoûtent mal, elles sont affaiblies pour l'hiver suivant ; s'il se produit pendant plusieurs années successives
des gelées printanières un peu fortes, non seulement de
nombreux rameaux meurent, mais les souches elles-mêmes
sont atteintes et périssent. De plus ces coupes pratiquées à
courte révolution épuisent le sol, qu'elles laissent nu sans lui
rapporter ce qu'elles lui enlèvent.

Ces taillis ne fournissent que du bois de chauffage, du
charbon, du bois pour la distillation, des écorces et du menu
bois d'industrie, à condition toutefois, pour ce dernier cas,
que la période de révolution soit assez longue.

Produits des taillis réguliers. — La production d'un taillis
dépend évidemment des essences qui le constituent et des
conditions de sa végétation. On peut l'évaluer cependant
d'une façon approximative. Dans des conditions moyennes et
pour une révolution de vingt ans, la production annuelle
peut arriver à 4 mc. par hectare soit $4 \times 20 = 80$ mc., dont
60 p. 100 en bois de chauffage, 10 p. 100 en charbonnette et
30 p. 100 en fagots et bourrées, les premiers de 20 litres de
matière et les deuxièmes de 13 litres, soit :

Bois de chauffage : $80 \times 0,60$ ou 48 mc. volume plein et
$48 \times 1,6 = 76$ st. 800.

Charbonnette : $80 \times 0,10$ ou 8 mc. volume plein et
$8 \times 1,5 = 12$ st.

Fagots : 30 p. 100 de 80 : 2 ou 12 mc. ou $\dfrac{12.000}{20} = 600$ fagots.

Bourrées : 30 p. 100 de 80 : 2 ou 12 mc. ou $\dfrac{12.000}{13} = 920$ bourrées.

Dans des conditions particulièrement favorables, ce taillis pourra donner 5 à 6 mc. par hectare et par an. Par contre bien souvent la production descend au-dessous de 4 mc. (Mouillefert).

71. Le taillis fureté. — Il résulte du jardinage appliqué au taillis. Dans ce cas au lieu de tout couper dans un taillis, on se borne à enlever à des intervalles compris entre huit et quinze ans, les perches exploitables, c'est-à-dire celles qui ont de 0 m. 30 à 0 m. 35 à hauteur d'homme. Par ce moyen le sol n'est jamais à découvert et les nombreux rejets de tout âge qui naissent sur les bourrelets cicatriciels des souches coupées, forment un épais fourré. Le remplacement des vieilles souches condamnées à mourir de vieillesse se fait par les brins de semence qui se produisent çà et là et dont on assure le développement. Ce régime est d'une excellente application pour le hêtre.

72. Le taillis sous futaie ou taillis composé. — Les peuplements de taillis sous futaie sont complexes. Ils comprennent un étage dominant constitué d'arbres isolés de forte taille, qu'on laisse croître jusqu'à ce qu'ils aient atteint les dimensions utiles et un étage dominé formé par les cépées d'un taillis. Le premier est la futaie, le second est le taillis.

Pour exploiter un taillis composé, on en jardine la futaie et on procède aux coupes du taillis proprement dit comme on le ferait pour un taillis simple, en ayant soin toutefois de conserver un certain nombre de brins qui passeront dès lors à l'état de réserve pour contribuer à régénérer la futaie. Le taillis est donc une sorte de pépinière où se recrutent les éléments de la futaie; il sert à *perpétuer* la forêt dont la futaie est la richesse.

Ce mode de traitement permet d'obtenir les produits les plus divers, depuis le bois de chauffage jusqu'aux bois d'œuvre.

Constitution. — La futaie est formée d'essences à feuillage léger : chênes rouvre et pédonculé, frênes, érables et même trembles et bouleaux. Tous ces arbres ont d'abord grandi avec les rejets du taillis, comme nous l'avons déjà fait remarquer ; ils prennent le nom de *baliveaux*, dès qu'ils dépassent le sous-étage. Le nom de *baliveau* sert particulièrement à désigner des réserves correspondant à une révolution ou à l'âge du taillis ; ils prennent le nom de *modernes* quand ils constituent des réserves âgées de deux révolutions; les *anciens* équivalent à trois révolutions, les *bisanciens* à quatre révolutions, les *vieilles écorces* à cinq révolutions ou plus.

Le choix et la marque des individus à réserver constitue l'opération du *balivage*.

Le taillis est formé de bois tendres et de charmes qui se vendent pour le chauffage et l'industrie (pâte à papier).

Avantages et inconvénients. — Le sol est utilisé avec ce mode de traitement, d'une façon rationnelle. Les racines superficielles des souches du taillis utilisent la partie superficielle du sol, tandis que les racines profondes des baliveaux de la futaie en utilisent la partie profonde. Si l'on a soin de varier l'emplacement des brins choisis comme brins de réserve, on réalise, en outre, un véritable assolement à longue révolution. La régénération est facile et s'opère par le fait même de l'exploitation. Enfin cette méthode permet d'obtenir des produits très divers : bois de chauffage, bois d'industrie et bois d'œuvre. Malheureusement il est très difficile de conserver le peuplement tel qu'on l'a établi et de déterminer la possibilité qui constitue le revenu forestier.

73. Les ennemis de la forêt. — La forêt est un organisme complexe et délicat, en butte à toutes sortes d'ennemis : êtres vivants ou agents physiques.

Les ennemis des arbres sont les ennemis du bois, lequel nous intéresse plus spécialement, aussi réservons-nous leur étude pour un chapitre spécial concernant les altérations du bois.

74. Les boisements. — Il nous reste un mot à dire, sur la forêt, concernant le boisement.

On appelle ainsi toute production nouvelle de peuplements sur un sol non occupé auparavant par des arbres forestiers.

On réalise le boisement par des procédés généraux : le semis et la plantation et plus rarement, par les procédés spéciaux de la bouture, du plançon et de la marcotte. Chacun de ces procédés s'applique dans des cas déterminés.

Il faut planter :

1° Dans les stations où les influences climatériques trop rudes, détruiraient presque certainement le semis, soit, par exemple, sur les montagnes élevées ou encore dans les régions trop chaudes, où une forte insolation dessèche la partie superficielle du sol ;

2° Sur les terrains couverts d'herbes qui étoufferaient le semis ;

3° Dans les lieux trop humides ;

4° Dans les endroits où les graines seraient exposées à être dévorées par les animaux.

Il est plus facile avec les plantations de régler la consistance d'un peuplement. En somme mieux vaut planter que semer. Le boisement par plantation entraîne forcément l'installation et l'entretien de *pépinières* où l'on puise les plants à mettre en place.

Toutefois le semis trouve son application dans certains cas particuliers :

1° Dans certains terrains pierreux où la plantation serait difficile ;

2° Dans les cas où le terrain ne demandera pas une préparation particulière pour être ensemencé et lorsque les graines pourront être obtenues à bas prix ;

3° Les semis donnent plus tard des plants, toujours très serrés, et qu'il faudra espacer par des éclaircies. Ce travail augmente beaucoup le coût de l'opération.

Quant aux procédés spéciaux, leur application est restreinte.

La bouture s'applique à la multiplication de quelques bois tendres, notamment les saules et les peupliers. Les plançons ne sont autre chose que de fortes boutures, ayant jusqu'à 1 m. 50 à 2 mètres de long sur 5 à 6 centimètres de diamètre.

Le marcottage des branches basses d'un arbre ou des brins les plus extérieurs d'une cépée permet de faire rapidement gagner du terrain à un centre de végétation existant.

75. Le choix des essences de boisement. — Quelles

essences faut-il choisir lorsque l'on se propose de créer une forêt artificielle ? La question est complexe, car ce choix dépend des conditions de milieu qui peuvent être extrêmement variées, et de la région où l'on fera le peuplement. Le choix dépend encore de l'usage que l'on voudra faire des produits ligneux.

Parmi les essences que l'on peut propager il faut distinguer les essences indigènes et les essences exotiques déjà acclimatées ou reconnues susceptibles de l'être.

1° *Les essences indigènes :* a) *Essences résineuses.* — Elles sont rustiques et donnent vite des produits marchands : poteaux télégraphiques, étais de mine, perches, échalas, bois de râperie ou de boulangerie. On peut choisir entre les essences de lumière : pin sylvestre, pin maritime, pin d'Alep, mélèze, épicéa, ainsi que pin laricio, variété d'Autriche. Le pin sylvestre vient bien en terre siliceuse, le pin d'Autriche en terre calcaire, le mélèze et l'épicéa en tous terrains ; le pin maritime, jusque dans les sables siliceux purs du littoral ; le pin d'Alep, sur les rochers calcaires des régions chaudes qui constituent la Provence.

b) *Essences feuillues.* — Les terres que l'on met en forêt sont presque toujours des terres incultes et de mauvaise qualité, ce qui limite beaucoup le choix des feuillus susceptibles d'y être propagés. Ce sont : l'aune dans les stations fraîches et même mouilleuses et quelquefois le saule marsault ; le bouleau un peu partout, ses plants sont peu coûteux, mais les résineux en même situation prennent plus de valeur que lui.

En sol frais et profond, il faut baser son choix sur les espèces qui végètent dans les forêts voisines. Il faut signaler particulièrement le chêne, pour les terrains abandonnés par l'agriculture.

c) *Les mélanges.* — Les mélanges de feuillus et de résineux, de résineux de diverses espèces ou de feuillus de diverses essences, peuvent rendre de bons services. Ils permettent de caser dans la même forêt des essences de lumière et des essences d'ombre et de varier ces essences en les adaptant aux accidents qu'offrent la composition ou l'aspect du sol. De plus le mélange des essences rend difficile la trop grande extension des parasites, insectes ou champignons qui généralement ne s'attaquent qu'à un petit nombre d'hôtes.

2° *Les essences exotiques*. — Notre flore forestière est assez riche pour fournir à tous nos besoins, cela n'est pas une raison cependant pour ne pas *expérimenter* l'acclimatement chez nous d'essences exotiques susceptibles de fournir des produits ligneux plus adéquats à certains de nos besoins, que ceux des espèces indigènes. Il faut noter que la naturalisation a parfaitement réussi pour certains arbres exotiques bien connus : le mûrier, le platane, le tulipier de Virginie, l'ailante, le robinier faux acacia. M. Maurice L. de Vilmorin a fait des expériences pratiques sur cette intéressante question et il a publié des études très documentées sur ce sujet, qui est bien surtout un sujet d'avenir ; nous empruntons au rapport écrit par M. Pardé (1), résumé dans le tableau ci-dessous, les espèces exotiques mises à l'essai, sous notre climat. Dans cette énumération ne sont pas compris, à dessein, le robinier faux acacia, l'ailante et le peuplier de Virginie qui sont suffisamment connus. Il n'est pas fait mention non plus d'aucun tilleul, charme, hêtre, châtaignier, orme, parce que les représentants étrangers de ces genres bien représentés chez nous, n'ont par ce fait qu'un intérêt secondaire.

Essences feuillues

Tulipier de Virginie (*Liriodendron tulipifera*) ;
* Cedrela de la Chine (*Cedrela Sinensis*) (2) ;
Cerisier tardif (*Prunus serotina*) ;
Sophora du Japon (*Sophora Japonica*) ;
Cladastris à bois jaune (*Cladastris tinctoria*) ;
Février à trois épines (*Gleditschia triacanthos*) ;
Chicot du Canada (*Gymnocladus Canadensis*) ;
Kœlreuteria paniculé (*Kœlreuteria paniculata*) ;
Erables à sucre (*Acer saccharinum*), rouge (*Acer rubrum*) et negundo (*Acer negundo*) ;
Parrotia de Perse (*Parrotia Persica*) ;
Distylium rameux (*Distylium ramosum*) ;
Paulownia majestueux (*Paulownia imperialis*) ;

---

(1) Pardé, *Les principaux végétaux ligneux exotiques au point de vue forestier*. Congrès international de sylviculture. Annexe n° 8, p. 266.
(2) Les espèces marquées d'un astérisque sont celles que l'on peut considérer comme occupant le premier rang d'intérêt au point de vue forestier.

Plaqueminier de Virginie (*Diospyros Virginiana*) ;

Frênes blanc (*Fraxinus alba*) et à feuilles de sureau (*Fraxinus sambucifolia*) ;

Bouleaux merisier (*Betula lenta*) et jaune (*Betula lutea*) ;

Chênes * rouge (*Quercus rubra*), des marais (*Quercus palustris*), * de Banister (*Quercus Banisteri*), écarlate (*Quercus coccinea*), des teinturiers (*Quercus tinctoria*), à feuilles de saule (*Quercus phellos*), ferrugineux (*Quercus ferruginea*), falqué (*Quercus falcata*) et à feuilles de laurier (*Quercus imbricaria*) ;

* Noyer noir d'Amérique (*Juglans nigra*) ;

* Caryas des pourceaux (*Carya porcina*), * blanc (*Carya alba*) et amer (*Carya amara*) ;

Pterocarya du Caucase (*Pterocarya Caucasica*) ; zelkowas (planères) * à feuilles crénelées (*Zelkowa crenata*) et * à feuilles acuminées (*Zelkowa acuminata*) ; micocoulier occidental (*Celtis occidentalis*) ; maclure à fruit d'oranger (*Maclura aurantiaca*) ; copaline d'Amérique (*Liquidambar styraciflua*).

Essences résineuses

Libocèdre décurrent (*Libocedrus decurrens*) ;

* Thuya géant (*Thuya gigantea*) ;

Faux cyprès de Lawson (*Chamaecyparis Lawsoniana*), * de Nutka (*Chamaecyparis nutkaensis*) et obtus (*Chamaecyparis obtusa*) ;

Cyprès de Lambert (*Cupressus lambertiana*) ;

* Genévrier de Virginie (*Juniperus virginiana*) ;

Cryptomeria du Japon (*Cryptomeria japonica*) ;

Taxodium distique (*Taxodium distichum*) ;

Séquoia géant (*Sequoia gigantea*) et séquioia toujours vert (*Sequoia sempervirens*) ;

Gingko à deux lobes (*Gingko biboba*) ;

Pins jaune (*Pinus mitis*), rouge (*Pinus rubra*), de Banks (*Pinus Banksiana*), * à bois lourd (*Pinus ponderosa*), * de Jeffrey (*Pinus Jeffreyi*), de Coulter (*Pinus Coulteri*), rigide (*Pinus rigida*), de lord Weymouth (*Pinus strobus*), élevé (*P. excelsa*), peuce (*P. peuce*), de Lambert (*P. Lambertiana*) ;

Faux mélèze de Kaempfer (*Pseudo-larix Kaempferi*) ;

* Mélèze du Japon (*Larix leptolepis*) ;

Epicéas * d'Orient (*Picea orientalis*), * blanc (*Picea alba*), piquant (*P. pungens*) et de Menzies (*P. Sitchensis*) ;

14

Tsuga du Canada (*Tsuga Canadensis*) ;

* Pseudo-tsuga de Douglas (*Pseudo-tsuga Doùglasii*) ;

Sapins de Nordmann (*Abies Nordmanniana*), de Céphalonie (*Abies Cephalonica*), * pinsapo (*Abies pinsapo*), de Numidie (*Abies Numidica*), * de Cilicie (*Abies Cilicica*), de Veitch (*Abies Veitchii*), noble (*Abies nobilis*), baumier (*Abies balsamea*), concolore (*Abies concolor*) et * élancé (*Abies grandis*).

Parmi les espèces exotiques, il en est qu'il n'y a aucun intérêt à introduire chez nous parce nous possédons des essences très voisines, ayant des qualités identiques. C'est ainsi qu'il n'y a pas de raison à vouloir acclimater le *hêtre ferrugineux* qui a un bois sensiblement voisin de celui du hêtre commun, les *sapins de Fraser*, *sapin baumier* et *sapinette blanche* qui ne sont pas supérieurs en qualité à nos sapin pectiné et épicéa.

Par contre, il y aurait profit à multiplier l'hinocki des Japonais (*Chamaecyparis obtusa* Siebold et Zuccarini) ou cyprès obtus qui est fameux au Japon pour son bois employé à la fabrication des meubles et à l'édification des charpentes. Ce bois est léger, très fort et très durable. Malheureusement sa croissance est très lente et l'on peut se demander si la qualité du bois compensera la faible quantité.

Il serait très intéressant également de propager chez nous le cédréla de Chine (*Cedrela sinensis* A. Juss., fam. des Méliacées). Ce bel arbre est voisin au point de vue botanique de l'acajou (*Switenia mahogany*), son bois rappelle d'ailleurs beaucoup le bois de cette essence. Le bois du cédréla possède un aubier blanc verdâtre qui se teinte en rose vif vers le cœur. On observe dans les zones d'accroissement de gros vaisseaux visibles à l'œil nu dans le bois de printemps, le bois d'automne est plus serré et les vaisseaux, plus petits, sont isolés ou par deux. Les rayons sont fins et non visibles à l'œil nu. Ce bois est dur, élastique, pesant. Il est susceptible d'un beau poli. Ce bel arbre d'ornement, s'est montré rustique sous notre climat, sa croissance est rapide, il pourrait donner du bois d'œuvre dès une trentaine d'années. Nous aurons l'occasion de dire qu'une espèce voisine : le *Cedrela odorata*, Lin. ou acajou femelle des Antilles, donne un bois d'ébénisterie et de sciage fort employé, notamment aux Antilles.

Le *Parrotia de Perse* (*Parrotia Persica* C. A. Mey, fam. des Hamamélidées), vulg. bois de fer. Le parrotia est originaire du nord de la Perse. C'est un arbre de 12 à 15 mètres dont le tronc, dans l'âge adulte, possède une écorce qui se desquame à la façon de celle du platane ; les feuilles ressemblent à celles du hêtre par le brillant et les dimensions, et à celles du noisetier par leur forme et leur nervation. Il se contente des sols les plus arides et il s'est montré rustique sous nos climats. Son bois est blanc uniforme, très homogène, dense ; les rayons sont fins et les vaisseaux sont disposés en lignes rameuses radiales ; il est très nerveux, difficile à fendre ; sa dureté lui a valu le nom de *bois de fer*. Il rappelle, en somme, le bois de charme, mais il lui est supérieur, il convient spécialement pour le charronnage, la carrosserie, les pièces de machines, les manches d'outils, les pièces de charpente d'intérieur et pour le chauffage. Comme celui du charme, ajoute M. Mouillefert, ce bois ne doit pas être de nature à supporter les alternatives de sécheresse et d'humidité.

Nous aurons l'occasion de donner ailleurs quelques détails sur le févier à trois épines (*Gleditschia triacanthos*), le noyer noir d'Amérique (*Juglans regia*) et les *Carya*. Le *Paulownia imperialis*, si répandu chez nous comme arbre d'ornement, possède un bois à peine plus lourd que le liège et susceptible, par ce fait, d'emplois spéciaux.

Le zelkowa à feuilles crénelées (*Zelkowa crenata* Spach. ; *Planera crenata* Desf., fam. des Ulmacées) : C'est un grand arbre de 25 à 30 mètres, originaire de la Perse et du Caucase ; il est cultivé en France depuis 1755, comme arbre d'ornement. Il s'est montré très rustique ; il se contente des mêmes terrains que l'orme sur lequel on peut le greffer. L'écorce finit par se recouvrir d'un rhytidome écailleux comme celui du platane, les feuilles sont pointues à l'extrémité, cordées ou arrondies à la base, leur bord est denté de dents ou crénelures presque égales, ces feuilles ont de 3 à 8 cm. de long sur 2 ou 3 de large. La cime est large, obovale allongée, touffue, formée de branches s'élevant suivant un angle inférieur à 45°. Le bois possède un aubier blanc et un cœur rouge ou brun rougeâtre ; la structure est celle du bois d'orme dont il possède les qualités mais à un degré plus élevé. Il est préféré dans le Caucase à celui des ormes et des chênes pour le

charronnage et la charpente. Cet arbre pourrait être avantageusement introduit dans les plantations d'alignement de nos
avenues, surtout dans le Midi et le Centre.

Nous signalerons également parmi les résineux, quelques
espèces exotiques dont la culture se recommande particulièrement chez nous.

Le Pseudo-tsuga de Douglas (*Pseudo-tsuga Douglasii* Carr.),
Sapin de Douglas, Yellow Fir : Ce beau sapin des sols siliceux, donne un de ces excellents bois résineux connus sous le
nom de *pitch-pin*, il forme de vastes forêts aux Etats-Unis.
Nous en reparlerons en traitant des principales essences de
ce pays (chapitre onzième).

Le pinsapo ou sapin pinsapo (*Abies pinsapo* Boiss.), sapin
d'Espagne. C'est un très bel arbre d'ornement, mais dont on
pourrait tirer aussi un excellent bois. Il peut atteindre de 20
à 25 mètres. Il est facile de distinguer le sapin pinsapo de
notre sapin commun : les feuilles au lieu d'être aplaties dans
un plan de part et d'autre du rameau, le hérissent sur tout
son pourtour, de plus elles sont piquantes à l'extrémité, leur
section est presque rhomboïdale ; ces caractères les rapprochent des feuilles de l'épicéa. Les cônes sont cylindro-coniques de 11 à 12 cm. de long, avec bractées plus courtes que
les écailles, autrement dit, incluses. Ce sapin croît naturellement en Espagne, dans la province de Grenade, il a été
introduit en France, dans les cultures, dès 1839. Il s'y est
montré très rustique. Il s'accommode des terrains les plus
divers et peut pousser sur les sols calcaires secs où ne saurait
venir le sapin commun. Le bois ressemble au bois de ce dernier mais il est plus dur, plus dense, plus nerveux, plus
foncé, sa couleur est d'un jaune brunâtre au cœur. Il a toutes
les qualités du sapin à un degré supérieur. On pourrait avantageusement l'employer pour le boisement des sols calcaires
secs de la Champagne, dit M. Mouillefert, il y donnerait un
excellent bois de charpente et de sciage.

Le sapin de Céphalonie (*Abies Cephalonica* Link). Il habite
la Céphalonie, le mont Enos et çà et là dans la plupart des
montagnes du nord de la Grèce. Il atteint 15 à 20 mètres.
Nous pourrions répéter à propos du caractère des feuilles ce
que nous disions pour l'espèce précédente. Les cônes sont dressés, cylindro-coniques, sessiles. Les bractées sont linéaires à

la base, puis élargies au sommet, elles se terminent brusquement en pointe saillante en dehors du cône et finement denti-
culées. Cet arbre se plaît dans les sols calcaires que refuse le
sapin commun, il ne craint pas les sols siliceux ; il est particulièrement rustique et supporte facilement 25 degrés de froid.
Son bois, apte à tous les usages de notre sapin commun, lui est
de qualité supérieure ; il a l'aubier blanc et le cœur rosé ; il
est plus lourd, plus dur et plus nerveux.

Le sapin de Cilicie (*Abies Cilica* Carrière) : Il croît naturellement en Asie Mineure, en Cilicie, sur le mont Taurus. Son
aspect ressemble beaucoup à celui de l'espèce précédente.
Il s'en distingue bien, toutefois, par ses feuilles plus longues, 20
à 40 mm. au lieu de 12 à 20, les cônes sont plus gros et les
bractées plus saillantes. Ses exigences vis-à-vis du sol sont
celles de l'espèce précédente ; le bois en a toutes les qualités.

Le sapin de Numidie (*A. Numidica* de Lannoy), sapin de
Kabylie, *A. pinsapo*, var. *baboriensis* Coss., vul. sapin
d'Algérie : Cet arbre de 15 à 20 mètres croît spontanément
dans la Kabylie entre 1.800 et 1.900 mètres, il rappelle
beaucoup le pinsapo. C'est une espèce précieuse pour les sols
calcaires, même arides. Ce sapin a été introduit en France
en 1862.

Le pin à bois lourd (*P. ponderosa* Dougl.) Yelow Pine : Ce
pin à trois feuilles croît abondamment à l'ouest des Etats-
Unis, c'est une des essences qui donnent le bois de pitch-pin.
Les rameaux redressés vers leur extrémité donnent à l'arbre
l'aspect d'un immense candélabre ; les feuilles ternées ont à
la base des pousses de 10 à 12 cm. et vers le sommet de 20
à 25 cm. Les cônes disposés par 3, sont ovoïdes et ont de 8 à
12 cm. de long. Cet arbre, très rustique, commence à être fort
répandu dans les cultures ornementales. Les qualités du bois
varient avec le lieu et la rapidité de la croissance.

Le séquoia géant, *Sequoia gigantea*, Endl., *Wellingtonia gigantea*, *Washingtonia Californica* Winscow., *Mammouth-tree*
des Anglais, *Big-tree* des Américains : C'est un arbre géant.
Il constitue, avec les eucalyptus, les géants du règne végétal ;
sa taille peut atteindre en effet, dans la Californie, pays d'origine, 75 à 120 mètres de hauteur. Il est actuellement fort
répandu en France et dans toute l'Europe où il atteint fréquemment 22 à 25 mètres. Il lui faut des sols frais et pro-

fonds. Son bois est rose ou rougeâtre rappelant un peu le bois de l'acajou, mais sa densité est très faible (0,282). Il est mou, mais à grain fin et peut acquérir un beau poli. Mis en terre il résisterait bien à la pourriture. Le séquoia est d'ailleurs cultivé chez nous surtout comme arbre d'ornement.

Le cyprès chaux (*Taxodium distichum* Rich.), Cyprès de la Louisiane : Ce bel arbre habite les provinces atlantiques des Etats-Unis dans les régions marécageuses. Il est fort répandu en Europe où il fut introduit dès 1640. Son bois léger, rosé est employé en sciages.

Le thuya géant, *Th. gigantea* Nutt., *T. Menziesii* Dougl., *Red cedar* des Américains : Ce thuya du nord-ouest des Etats-Unis donne un excellent bois d'un brun rose, susceptible de nombreux emplois. Introduit en Europe en 1858, il s'est promptement propagé. Nous aurons l'occasion de reparler de cette essence et de son bois.

Le genévrier de Virginie (*Juniperus Virginiana*) est un arbre de 25 à 35 mètres venant bien sur les sols calcaires secs et même crayeux. Il donne un bois estimé pour divers usages industriels.

A côté de ces essences, sur la plupart desquelles on a fait encore peu d'expériences, il faut en signaler d'autres, suffisamment éprouvées depuis un temps déjà long, et qui ont pour ainsi dire acquis l'indigénat. Nous les citerons simplement ici car nous aurons l'occasion de revenir sur la plupart d'entre elles.

Ce sont : le chêne rouge d'Amérique (*Quercus rubra*), très résistant au froid ; le cerisier tardif (*Cerasus serotina*), espèce américaine voisine du cerisier à grappe et qu'il ne faut pas confondre avec le *cerisier de Virginie*, de qualité inférieure, cet arbre est peu exigeant au point de vue de la fertilité du sol; le *platane* et le *robinier faux acacia* que tout le monde connaît et, parmi les résineux : le pin du lord ou pin de Weymouth (*Pinus strobus*) qui a bien réussi en Allemagne et moins bien chez nous où sa croissance est très rapide et par suite les anneaux larges et le bois poreux, on le coupe d'ailleurs trop tôt ; le sapin de Douglas (*Pseudo-tsuga Douglasii*), etc. Les autres espèces citées dans le tableau ci-dessus sont beaucoup moins connues.

76. La mise en valeur par le boisement. — Il faut distinguer, suivant l'objectif que l'on a en vue, le boisement facultatif et le boisement obligatoire.

Le boisement facultatif est celui qu'exécutent les particuliers pour mettre en valeur des terres, incultes le plus souvent, afin d'en tirer profit. Il est fait dans un but d'intérêt privé.

Le boisement obligatoire est celui qui est entrepris dans un but d'intérêt public. Ce but est de restaurer et de conserver les terrains en montagne par le boisement qui empêche l'affouillement par les eaux torrentielles. Ces reboisements sont prescrits par la loi qui donne à l'Etat, devant le refus, l'incurie ou l'impuissance des particuliers, la faculté de préparer la formidable lutte que bien certainement il sera toujours seul à soutenir car seul il possède des moyens assez puissants pour la mener à bonne fin.

Le boisement obligatoire s'applique encore à la fixation des dunes, dans le but de protéger l'intérieur des terres contre l'envahissement des sables venus de la mer et pour favoriser l'asséchement des marais qui se trouvent autour de ces dunes.

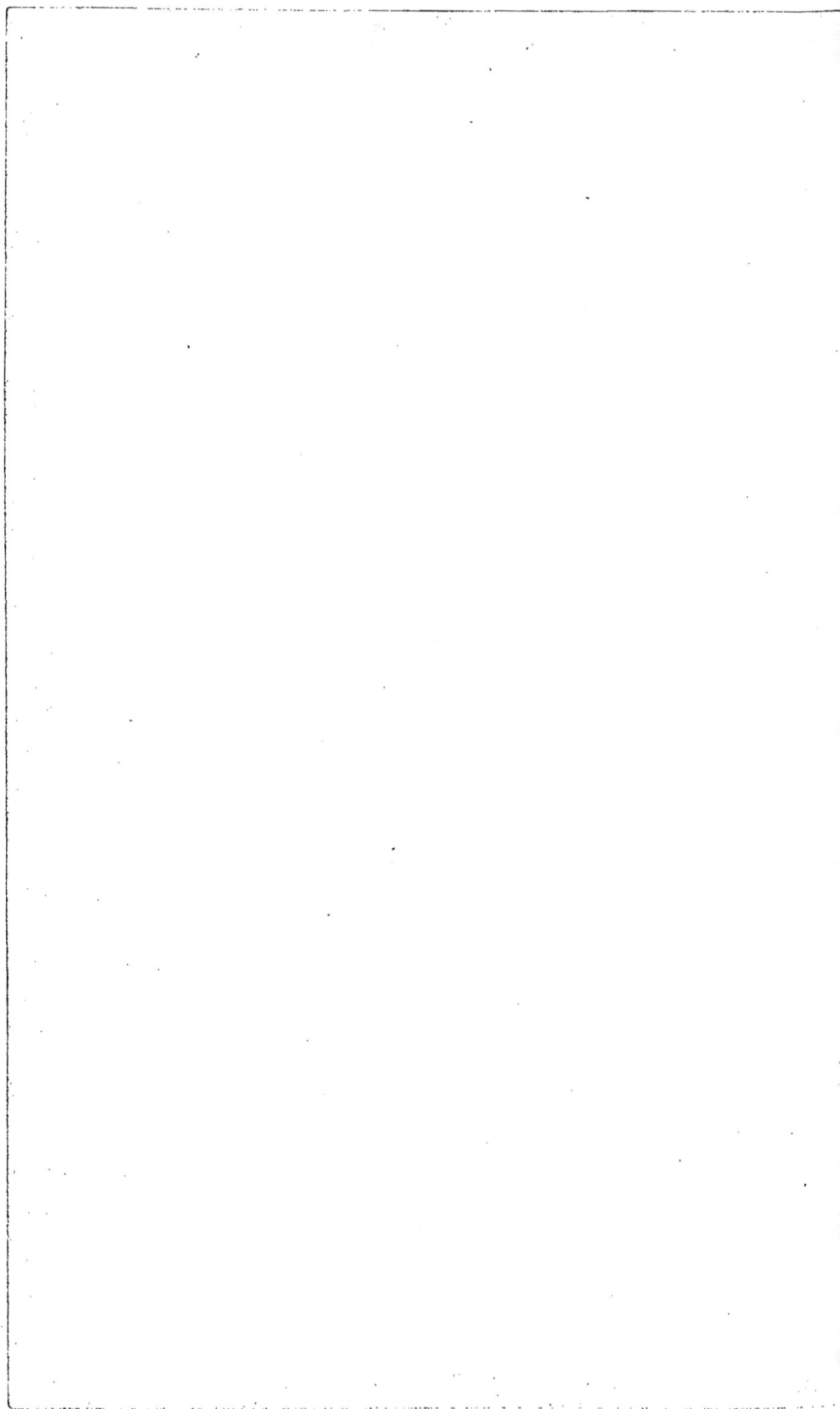

CHAPITRE V

ABATAGE DES BOIS. FAÇONNAGE DES PRODUITS
TRANSPORT ET DÉBIT DES BOIS

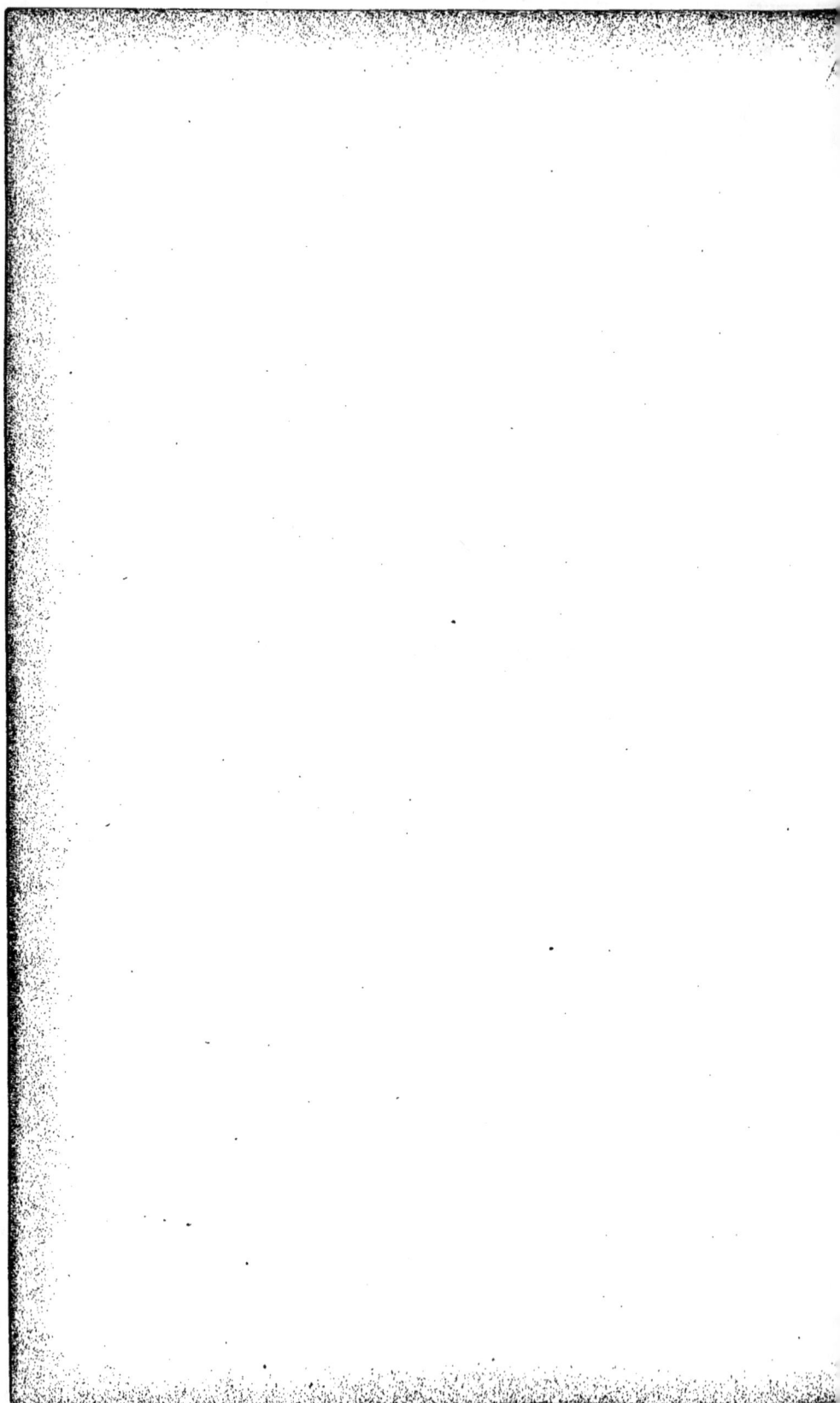

CHAPITRE CINQUIÈME

ABATAGE DES BOIS. FAÇONNAGE DES PRODUITS TRANSPORT ET DÉBIT DES BOIS

77. Abatage des arbres. — L'abatage des arbres, le façonnage des produits ligneux et leur transport, constituent l'exploitation forestière au sens qu'accordent les forestiers à ce terme.

Au point de vue de l'abatage des arbres, il y a lieu de considérer d'abord quel est le moment le plus favorable à cette opération.

1° *Epoque de l'abatage.* — D'une façon générale l'abatage doit se pratiquer en hiver ; cette saison correspond à l'arrêt de la sève, les bois sont moins gorgés de liquides et partant, moins sujets à s'altérer ; de plus les travaux de la campagne étant suspendus, il est plus facile de trouver des ouvriers à ce moment. Il faut cependant suspendre les travaux lorsque les froids deviennent trop rigoureux, car, dans ce cas, le bois perd toute élasticité, les arbres gelés sont sujets à se briser en tombant ; le bois trop dur fatigue le bûcheron et détériore les outils. La fin de l'hiver et le début du printemps, avant que les bourgeons ne soient éclos, constituent l'époque la plus favorable.

Il est des forestiers qui préconisent l'exploitation en temps de sève pour les bois résineux, le bois étant alors plus léger, susceptible d'un plus bel aspect par le débit et d'un écorçage plus facile, cet écorçage étant pratiqué dans le but d'éviter les piqûres d'insectes. C'est, croyons-nous, une opinion dont il faut se défier car les résineux exploités en été présentent, à côté des avantages signalés ci-dessus, le notable inconvénient de s'altérer facilement par l'action des microorganismes, les moisissures notamment. Ils sont plus riches en eau et d'une constitution chimique qui les rend favorables au développement de champignons, rapportés avec eux de la forêt et entre autres, au *Merulius lacrymans*, dont nous parlons autre part (chapitre septième) à ce point de vue (1). La coupe faite pendant la végétation a encore l'inconvénient d'épuiser la souche des bois taillis par suite de l'écoulement de sève qui s'effectue en pure perte par toute la surface de la section.

Il est quelques cas, cependant, où l'on recourt à l'abatage en sève. C'est lorsqu'il s'agit de taillis dans lesquels on pratique l'écorcement pour subvenir aux besoins de la tannerie ; les bois ainsi écorcés ne perdent pas leurs qualités, le *chêne pelard* est même un meilleur combustible que le chêne non écorcé.

Il va sans dire que lorsqu'il s'agit de forêts traitées en taillis, et qui par suite se régénèrent par rejets de souche, il faut faire l'abatage en hiver, afin qu'à la reprise de la végétation se produisent les rejets. L'exploitation au printemps aurait pour effet d'entraîner la perte d'une année de végétation.

2° *Ebranchage ou bottage.* — L'abatage est généralement précédé de l'opération de l'ébranchage qui évite les dégâts dus à la rupture des branches au moment de la chute de l'arbre sur le sol, rupture qui pourrait avoir, en outre, l'inconvénient d'endommager le fût. Cet ébranchage doit se faire de bas en haut et non de *haut* en *bas*, pour éviter la chute des branches supérieures sur les rameaux placés au-dessous. Quelquefois même, pour obvier aux dangers que présenterait la chute de belles pièces sur le sol, on les tronçonne sur pied en billes de quatre à huit mètres de longueur.

3° *Abatage proprement dit.* — Lorsqu'il s'agit de taillis on se sert de la hache pour les brins un peu forts et de la serpe pour les *traînants*. Il faut que la section soit bien nette et pratiquée aussi près du sol que possible, l'écorce ne doit point

---

(1) Il faut noter, toutefois, que les bois abattus en hiver contiennent une grande quantité d'amidon qui est localisé surtout dans les rayons médullaires, par contre, ceux qui sont abattus en été n'en renferment pas. On sait que la présence d'amidon dans les bois les prédispose à la vermoulure. Les bois renfermant beaucoup d'amidon se colorent en bleu très foncé par l'action de la teinture d'iode, ceux qui n'en renferment pas, jaunissent sous l'influence de ce réactif. Nous indiquons ailleurs (chapitre huitième) comment on peut, dans tous les cas, débarrasser le bois de son amidon.

être détachée de la souche, car c'est elle qui donnera les bourgeons qui régénéreront le taillis. Il est préférable que la surface de section soit très légèrement bombée afin que l'eau n'y séjourne pas; si elle était concave, l'humidité deviendrait une cause de prompte altération. Dans le cas où la forêt est inondée l'hiver, il ne faut pas couper rez terre, comme cela doit être pratiqué en général, mais il est bon de laisser alors aux souches une certaine hauteur pour que les premiers bourgeons ne se trouvent point au contact de l'eau. La coupe pratiquée rez terre a pour but de *donner du pied* aux jeunes brins. On constate que ceux qui se trouvent sur de hauts étocs sont peu solides et exposés à être renversés par le vent, ceux qui naissent au niveau du sol ou très près de lui, sont soutenus par les racines et présentent les qualités des *francs de pieds*.

Le procédé que nous venons de décrire et qui consiste, en somme, à couper le tronc immédiatement au-dessus du collet en laissant la souche pour qu'elle opère la régénération du taillis par rejets, est dit quelquefois : *abatage en blanc* ou à la *culée blanche*, ainsi dénommée parce qu'il subsiste sur le sol la section blanche de la souche.

On oppose l'abatage en blanc au procédé qui consiste à arracher l'arbre avec toutes ses racines et qui est beaucoup plus long et difficile.

L'abatage des arbres de futaie s'effectue, suivant les localités, soit à la hache, soit à la scie.

L'abatage à la hache ou à la cognée tend d'ailleurs à disparaître, on lui préfère l'abatage à la scie qui est moins long, et perd moins de bois.

Quel que soit le procédé employé, on pratique d'abord l'ébranchage, comme nous l'avons dit. L'ouvrier qui fait cette opération se rend compte du côté où l'arbre pourra faire le moins de dégâts dans sa chute et d'où il sera le plus commode à transporter; il a soin de laisser dans cette direction quelques branches dont le poids fera pencher l'arbre du côté où il doit tomber. L'ébranchage étant terminé, il attache au sommet de l'arbre une corde résistante qui servira à diriger sa chute.

Le bûcheron fait alors à la cognée une entaille profonde atteignant plus de la moitié du diamètre de l'arbre et regardant le sens de la chute, puis il attaque le tronc du côté opposé par une deuxième entaille, qu'il approfondit peu à peu jusqu'à ce que l'arbre tombe. Un peu avant la chute, lorsqu'il juge le moment proche, il tire sur la corde pour bien diriger l'arbre dans la direction voulue.

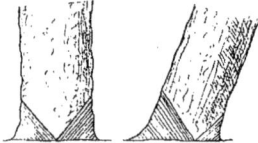

Fig. 81. — Abatage à la cognée :
D'un arbre droit. D'un arbre incliné.

Il faut couper l'arbre le plus près possible du collet pour éviter de perdre du bois. Quoi qu'il en soit d'ailleurs on en perd toujours, à cause de la hauteur que doivent avoir les entailles à la hache.

a) *Abatage à la culée noire.* — Pour éviter la perte très notable de bois que nous venons de signaler, on procède souvent à l'extraction d'une partie de la souche en même temps que de l'arbre. Pour cela, on creuse à la base de l'arbre une tranchée circulaire, dans laquelle les grosses racines sont coupées. L'arbre ainsi déchaussé est amené à terre avec toute sa culée. On appelle cet abatage, abatage à *cul noir* parce que les culées du chêne, pour lequel surtout il est pratiqué, sont en général fortement colorées en noir.

b) *Emploi de la scie passe-partout.* — L'emploi de la scie supprime les inconvénients que nous avons signalés dans l'abatage à la cognée. On peut se servir d'une scie à deux manches dite *passe-partout.* On attaque l'arbre avec la scie du côté de la chute d'abord et on pousse le trait jusqu'aux 2/3 du diamètre. Pour que l'opération soit plus commode, on creuse deux trous, un de chaque côté de l'arbre, dans chacun se trouve un ouvrier, à eux deux ils communiquent à la scie son mouvement de va-et-vient. Il faut pendant l'opération soutenir l'arbre afin qu'il ne pèse pas trop sur la lame de la scie. On introduit des coins dans le trait, puis on fait un deuxième trait du côté opposé et un peu au-dessous du premier en l'amenant jusqu'à l'aplomb de celui-ci, on frappe alors l'arbre, tandis que, d'autre part, un homme tire sur la corde ; l'arbre ne tarde pas à tomber.

M. Razous, cite un nouveau passe-partout, de marque américaine, dont il a pu constater les excellents résultats, pour l'abatage des arbres. Ce passe-partout a une denture spéciale formée de deux dents coupantes et d'une dent dégorgeante qui se suivent alternativement sur le bord de la lame. La lame va en diminuant d'épaisseur des dents au dos et cela de la même quantité sur toute la longueur de la lame. Il en résulte que le bois, en se resserrant, ne peut pincer le dos de la lame. Le seul inconvénient que présenterait ce genre d'outil est l'affûtage spécial qu'il nécessite, affûtage qui, sans être très difficile, réclame, néanmoins, quelque habitude de la part de l'ouvrier qui est chargé de l'effectuer.

c) *Abatage mécanique des arbres.* — L'abatage au passe-partout nécessite un sciage horizontal fort pénible pour les ouvriers, le prix de main-d'œuvre en est élevé et l'opération réclame relativement beaucoup de temps, aussi dans les exploitations forestières importantes, se sert-on de scies actionnées, soit à la vapeur, soit à l'électricité. C'est un anglais, M. Ransome, qui a le premier construit une scie mue par la vapeur permettant l'abatage des arbres. Elle figurait à l'exposition de 1878 et fut l'objet d'un rapport favorable de M. Durand-Claye. Son emploi s'est généralisé depuis cette époque.

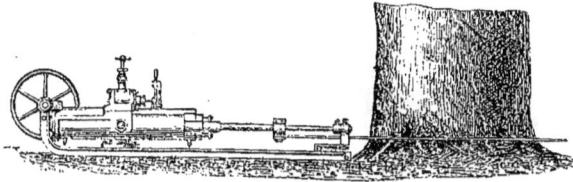

Fig. 82. — Scie pour l'abatage mécanique des arbres (scie Ransome).

Elle consiste en une lame d'acier de 3 millimètres d'épaisseur, munie de dents sur un de ses bords, elle est fixée à l'extrémité d'une tige à piston qui se meut dans un cylindre sous la pression de la vapeur.

Les dents de la scie sont couchées de telle sorte qu'elles coupent seulement pendant la course de rentrée, elles travaillent par conséquent par traction. Cette disposition permet l'emploi de scies fort longues, 2 m. 50 à 3 mètres, sans appareil de tension, sa propre coupe suffit à guider la scie en ligne droite et comme les dents n'offrent pas de résistance à la course de sortie, toute flexion de la lame est évitée.

La vapeur est fournie à cet instrument par une locomobile ou même une simple chaudière, si l'on n'a pas à procéder au débitage sur place.

La vapeur arrive dans le cylindre au moyen d'un tuyau plus ou moins long. Grâce à ce dispositif le générateur de vapeur reste en place, tandis qu'on transporte l'appareil successivement aux différents points où l'on a à l'utiliser. On déplace la chaudière quant tout le travail est terminé dans le rayon déterminé par la longueur du tuyau de vapeur. La lame de cet appareil peut prendre toutes les positions, aussi l'emploie-t-on pour abattre les arbres sur les pentes les plus rapides.

Cette scie, de taille relativement faible, peut s'attacher à l'essieu d'une voiture et être ainsi facilement transportée en forêt. Elle permet d'abattre un chêne de 1 mètre en quelques minutes et elle peut aisément, en une journée de 10 heures, abattre quarante arbres de cette dimension. Elle a encore l'avantage de permettre de couper l'arbre au ras du sol, supprimant la perte de bois qu'entraîne l'abatage à la cognée.

Cette même scie disposée verticalement permet de tronçon-

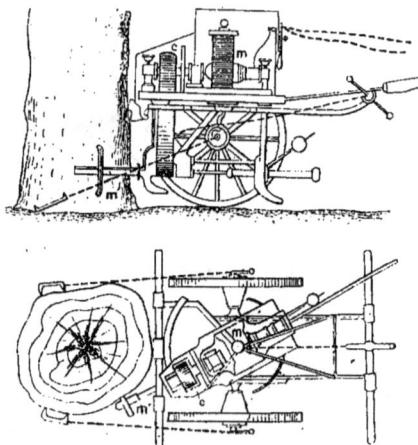

Fig. 83. — Élévation et plan d'une machine électrique à abattre les arbres.
m, moteur ; m', mèche ; c, courroie.

ner les arbres couchés à terre, elle devient alors, de scie à abattre qu'elle était, une scie à tronçonner.

d) *Emploi de l'électricité.* — On a inventé récemment des scies qui permettent l'abatage ou le tronçonnage des arbres en forêt par la transmission électrique d'une force hydraulique, comme celle d'une chute d'eau, à une dynamo dont le mouvement circulaire est transformé en mouvement alternatif pour actionner la scie de l'appareil. Un simple fil conducteur transmet ainsi la force hydraulique aussi loin que les obstacles physiques permettent son développement.

La maison Ganz construit une machine à abattre les arbres qu'on emploie actuellement dans les forêts de Galicie et des Etats-Unis. Elle se compose d'un moteur électrique porté par un chariot à deux roues. La poulie du moteur *m* (fig. 83) actionne au moyen d'une courroie *c*, une foreuse placée à la partie inférieure de l'appareil. Des leviers appropriés permettent de déplacer soit le moteur, soit la foreuse. Le fonctionnement de la machine est simple : on applique tout d'abord l'appareil contre l'arbre, puis on met le moteur en mouvement et l'on déplace la foreuse. La mèche *m'* décrivant un arc de cercle fait une saignée dans le bois. On avance progressivement jusqu'à ce que la coupure atteigne la moitié de l'arbre. On introduit à ce moment des cales dans la fente et l'on reprend le travail de l'autre côté de l'arbre. L'abatage est terminé à la hache ou à la scie. Il se fait rapidement et réalise une notable économie de main-d'œuvre.

4° *Arrachage des arbres.* — Quelquefois au lieu d'abattre l'arbre en le coupant, on l'enlève en l'arrachant avec ses racines. Pour cela, on creuse le sol au pied de l'arbre, de manière à dégager le pivot, puis on suit par des tranchées les plus grosses racines que l'on soulève avec des cordages et des leviers. On maintient l'arbre vertical au moyen de trois cordes au moins, que l'on amarre à d'autres troncs. En lâchant l'une ou l'autre de ces cordes on détermine la chute dans la direction désirée.

On se contente parfois de dégager le pivot et l'on coupe, soit à la hache, soit à la scie, les racines qui s'en détachent et que l'on déterrera ensuite. L'arbre isolé de cette manière tombe sur le sol.

Parfois les bûcherons mettent des charges de poudre sous

15

le pivot et les racines les plus fortes, ils les allument comme des mines ; il ne reste après l'explosion, que peu d'effort à exercer pour renverser l'arbre.

La dynamite rend de grands services pour l'arrachage des souches. Il suffit en général d'une seule cartouche de 50 à 60 gr. avec mèche Bickford, pour une grosse souche ; parfois cependant, il est nécessaire de doubler la charge. On la dépose dans un trou de tarière de 0 m. 03 de diamètre, percé d'un côté dans la couronne des racines jusqu'au cœur du tronc, ou bien on entoure l'arbre, au niveau de la section à obtenir, d'un cordon rempli de dynamite et fixé à l'aide de clous. On met le feu en enflammant la mèche munie de son amorce.

78. Façonnage des produits. — Dans une exploitation importante, lorsqu'un arbre est abattu, on commence par le débarrasser de tout ce qui n'est propre qu'à faire du bois de chauffage, c'est-à-dire d'une partie des branches et des ramilles. Le bûcheron coupe ces branches en morceaux de 1 mètre à 1 m. 35, il refend en *bûches* ou *quartiers* ceux qui ont un diamètre supérieur à 0 m. 12 et empile ceux dont le diamètre est compris entre 0 m. 12 et 0 m. 06 et qu'on appelle rondins. Le reste est assemblé avec les menus brins en *fagots* et *bourrées*. Les bois qui devront fournir du charbon sont coupés en morceaux de 0 m. 60 à 0 m. 80 de longueur et comprennent tous les morceaux qui ont plus de 0 m. 02 de largeur. Les bois d'œuvre restés sur le sol sont expédiés, soit en grume, soit équarris.

1° *Bois en grume*. — On désigne sous ce nom les bois non travaillés et non dépourvus de leur écorce, réservant l'appellation de *bois pelards* à ceux chez lesquels l'écorce a été enlevée. Cependant on conserve quelquefois, pour certains bois écorcés, comme ceux que l'on emploie avec leur forme ronde primitive (pilotis, etc), le nom de *bois en grume*.

Les bois subissent sur le parterre de la coupe un premier façonnage qui a pour but de les mettre en l'état où ils doivent être livrés au commerce. Il doit être fait rapidement et être limité aux opérations nécessaires pour en rendre plus facile le transport, en le débarrassant des parties inutilisables et pour permettre la dessiccation des pièces. Ce façonnage brut doit être limité à l'équarrissage, dont nous parlerons plus loin pour les bois qui ne doivent pas être livrés simplement en grume.

Il ne faut jamais tolérer l'installation en forêt, disent MM. Boppe et Joliet (1), de chantiers destinés à transformer la matière première en produits fabriqués tels que : sabots, merrains, échalas, sciage, etc. Cette coutume ramène chaque année en forêt toute une population ouvrière qui s'installe pendant plusieurs mois sur les points qui demanderaient à être le mieux garantis ; non seulement les places d'atelier sont tassées par la fréquentation des ouvriers et de leurs familles, mais le piétinement exerce partout son influence fâcheuse et les régénérations les mieux assurées ne lui survivent pas. C'est à de pareils abus que l'on doit attribuer, dans une certaine mesure, la destruction de belles futaies de chêne, où de maigres régénérations en pin sylvestre succèdent aux peuplements les plus riches. Ces éminents forestiers proposent, pour parer à ces inconvénients, l'installation dans des places déterminées de la forêt, de baraquements que le propriétaire louerait aux adjudicataires et où l'on pourrait effectuer le débit du bois sans nuire à la forêt. Le débardage serait facilité par de petits chemins de fer ou porteurs Decauville. Ce seraient là de considérables améliorations à apporter aux habitudes funestes enracinées depuis des siècles.

2° *Equarrissage.* — Les bois de construction et de sciage sont souvent expédiés en grume, fréquemment aussi, ils sont équarris sur le parterre de la coupe, ou mieux dans un chantier de débit installé à proximité, dans un emplacement choisi.

L'équarrissage consiste à enlever l'écorce et l'aubier de la bille de bois afin de ne laisser subsister que le cœur. En règle général, lorsqu'il s'agit de bois destinés à durer, on ne conserve que le cœur de l'arbre, seul durable. Il est vrai que, grâce aux excellentes méthodes d'injection dont on dispose actuellement, on a pu arriver à utiliser entièrement les bois de nombreuses essences. Les parties enlevées à la hache ou à la scie constituent les *dosses* ou *flaches*, elles sont au nombre de quatre, et laissent subsister un parallélipipède droit à

(1) Boppe et Joliet, *Les forêts. Traité pratique de sylviculture*, 1 vol. in-8, 460 pages et 95 figures. J.-B. Baillière, éditeur, Paris.

base carrée ou rectangle, qui constitue le bois équarri. Les dosses peuvent être employées à des travaux provisoires.

Bien souvent aussi l'équarrissement à la cognée ne produit que des débris, nommés *ételles*, on a donc avantage à procéder avec la scie, afin d'avoir des dosses dont l'utilisation compense largement les frais supplémentaires de main-d'œuvre.

Les bois obtenus par l'équarrissement, ne sont pas ordinairement carrés, il reste des flaches sur les angles. C'est pourquoi on les nomme *bois flaches*; on appelle, par opposition, *bois vifs*, ceux qui sont équarris à arêtes vives (fig. 84).

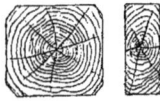

Fig. 84. — Bois flache et bois vif.

Pour procéder à l'équarrissage on place l'arbre scié à la longueur voulue sur des pièces de bois appelées *chantiers* et sur lesquels on le cale avec soin. On établit l'équarrissage, en traçant sur la petite base, un rectangle, le plus grand possible, sans toutefois y introduire d'aubier. Au centre de ce rectangle on fixe une règle parallèle à un de ses côtés. Au centre de la section de grande base on place une autre règle, que l'on fait tourner jusqu'à ce qu'elle arrive à être parallèle à la première, elle permet alors de tracer sur la grande base un rectangle de mêmes dimensions que celui de la petite. On prolonge les deux côtés verticaux de chacun des rectangles jusque vers la circonférence de l'arbre, on détermine ainsi quatre points; entre deux de ces points vis-à-vis, on tend un cordeau imprégné d'encre. En imprimant sa trace à la surface de l'arbre il détermine des lignes par lesquelles passent les plans verticaux limitant les dosses latérales. Ces dosses latérales étant enlevées, on donne quartier à l'arbre, c'est-à-dire qu'on le renverse sur une de ses faces équarries, on bat le cordeau à nouveau et l'on enlève alors les deux autres dosses.

L'équarrissement peut se faire, soit à la cognée, soit à la scie. La première de ces méthodes est appliquée par les bûcherons équarrisseurs ou *doleurs*. L'arbre étant placé sur les chantiers et les directions des faces à dresser étant établies comme nous l'avons dit, on procède à l'ébauchage à la cognée. Pour cela l'ouvrier pratique de petites entailles verticales de distance en distance sur toute la longueur, puis il fait sauter les morceaux qu'elles séparent et polit ensuite les faces à l'aide d'un instrument spécial appelé *doloire* ou *épaule de mouton.*

Ce procédé a l'inconvénient de rendre à peu près inutilisables les parties enlevées qui sont réduites à l'état de véritables copeaux ou *ételles.* Il n'en est pas de même lorsqu'on procède à l'équarrissage au moyen de la scie, on obtient de cette façon des dosses utilisables pour des travaux provisoires. On peut se servir, soit de scies manœuvrées à bras d'homme, soit de scies mécaniques.

Il faut noter que le carré inscrit dans la circonférence de l'aubier, comme nous l'avons indiqué, donne la pièce de bois ayant un cube maximum, mais il ne donne pas la poutre de résistance maxima.

Le moment fléchissant d'une poutre rectangulaire, ayant une hauteur h et une base b, est proportionnel à bh^2 ; il faut donc inscrire dans la circonférence de l'aubier dont le rayon est pris pour unité un rectangle qui réalise le maximum de ce produit (figure 85) :

$$\mathrm{A}c \times \overline{\mathrm{CD}}^2$$

Or nous avons les relations :

$$x^2 \times y^2 = 1$$

$$\mathrm{A}c = \sqrt{y^2 + (1-x)^2} = \sqrt{2\,(1-x)}$$

$$\overline{\mathrm{CD}}^2 = y^2 + (1+x)^2 = 2\,(1+x)$$

Il faut donc trouver le maximum de :

$$2\sqrt{2}\,(1+x)\sqrt{1-x}\ ;$$

la dérivée de cette expression s'annule pour $x = 1/3$, et cette valeur correspond à un maximum.

Ainsi la longueur OM qui détermine la section de la pièce de plus grande résistance est le tiers du rayon.

Le volume qui en résulte est inférieur de 6/100 à celui du cube maximum à section carrée et la résistance à la rupture de la poutre rectangulaire obtenue est cependant supérieure de 9/100 à celle de la pièce carrée (Voir aussi le paragraphe de la résistance du bois).

On a souvent besoin de savoir quel équarrissage auront

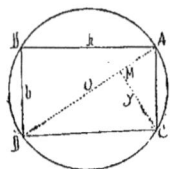

Fig. 85.

les pièces tirées d'un arbre de grosseur connue. On se base dans la pratique, pour y arriver, sur cette donnée fournie par l'expérience que, dans une poutre équarrie provenant d'un arbre court et de diamètres à peu près égaux à ses extrémités, le côté de la section est égal à la circonférence de l'arbre divisé par 4,5.

Ainsi, par exemple, un tronc de 0 m. 90 de tour donnera une pièce carrée de 0 m. 20 de longueur.

79. Transport des produits ligneux. — *Généralités.* — Sans nous attarder à parler de la manutention des billes et des grumes qui exige l'emploi de grues, de crics, de chaînes et de cordes, nous envisagerons le transport du bois du lieu de la coupe à la localité où il doit être mis en œuvre, autrement dit, nous allons examiner les moyens employés pour *faire la vidange* des bois.

Lorsque la consommation locale suffit à absorber les produits de la coupe, la question de transport ne se pose pas ; les acheteurs vont le plus souvent chercher eux-mêmes le produit dont ils se sont rendus acquéreurs. Si, au contraire, les produits de la coupe doivent être expédiés au loin, il faut envisager cette question de transport. Il existe d'ailleurs des entrepreneurs de transport possédant une compétence spéciale, qui se chargent du déplacement des produits ligneux, il en est bien souvent de même des marchands en gros ou marchands au détail, qui sont plus habitués à ce genre de travail que l'exploitant forestier.

Cette question de transport est fort importante, le bois est une marchandise encombrante et le prix du transport peut dépasser promptement la valeur du produit sur le lieu de consommation. Le bois à brûler ne peut être transporté à dos de mulet au delà de 15 à 20 kilomètres et sur essieu il ne dépasse pas un rayon de 40 à 50 kilomètres.

Il est donc nécessaire que l'exploitant assure à ses produits de bons moyens de *vidange* qui leur permettent d'atteindre avec le moins de frais possible les grandes voies de communication telles que cours d'eau, voies ferrées, etc.

1° *Moyens ordinaires de transport.* — Les moyens de

vidange varient beaucoup suivant la situation de la forêt, en montagne ou en plaine et la nature des produits à transporter. Les menus produits, le bois de chauffage, peuvent être conduits à dos d'homme ou à l'aide de la brouette. On se sert de chariots pour les grosses billes ; dans les pays peu accidentés, les arbres abattus sont souvent amenés sur deux paires de roues aux essieux desquelles ils sont attachés par des chaînes. Lorsque les scieries sont peu éloignées on se contente de transporter les arbres avec le *diable*, système qui consiste en deux roues montées sur un essieux à flèche, une barre placée à l'extrémité de la flèche et perpendiculaire à elle sert comme point d'appui aux deux hommes qui manœuvrent la pièce. D'autres fois les arbres sont simplement traînés sur le sol par des chevaux. Ces moyens de transport sont dommageables aux arbres, surtout aux sapins, qui sont assez tendres pour se laisser incruster de petits graviers ou érafler par les aspérités. Ils provoquent une grande usure des instruments au moment de l'équarrissage.

2° *Emploi de voies ferrées.* — Lorsqu'il s'agit d'exploitations importantes, le procédé le meilleur consiste à se servir de voies à rails d'acier reliant la forêt à la scierie ou aux grandes voies d'embarquement des produits. Sur ces rails roulent des wagonnets, munis d'une fourche pivotante, qui peuvent permettre de transporter des arbres de toutes longueurs, lorsqu'on les accouple par deux.

Pour transporter les bois à brûler on enlève les fourches pivotantes et on met de simples morceaux de bois dans les chapes en fer qui existent aux quatre coins du wagon.

La traction se fait par cheval ou mule.

L'installation de ces voies ferrées est des plus simples. Prenons comme exemple le porteur Decauville :

Les rails sont reliés par des traverses en acier embouti qui portent deux trous destinés à recevoir des boulons ou des tire-fonds pour fixer des planches sous les traverses en fer, afin d'augmenter la surface d'appui sur le sol si cela devient nécessaire. La jonction des voies se fait sans chevillette ni boulon, en posant simplement les travées au bout l'une de l'autre ; un des bouts, appelé bout mâle, est armé d'éclisses rivées sur un seul côté du rail ; en poussant ce bout mâle sous le champignon du rail déjà en place, portant le bout

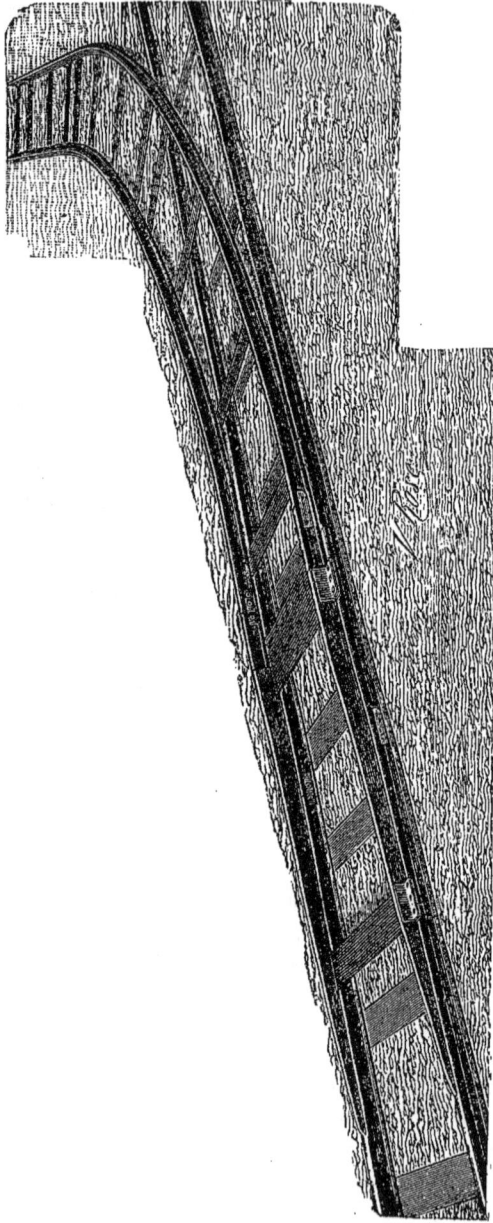

Fig. 86. — Le dérailleur Decauville permettant de brancher instantanément une voie auxiliaire sur un point quelconque d'une voie existante sans la couper.

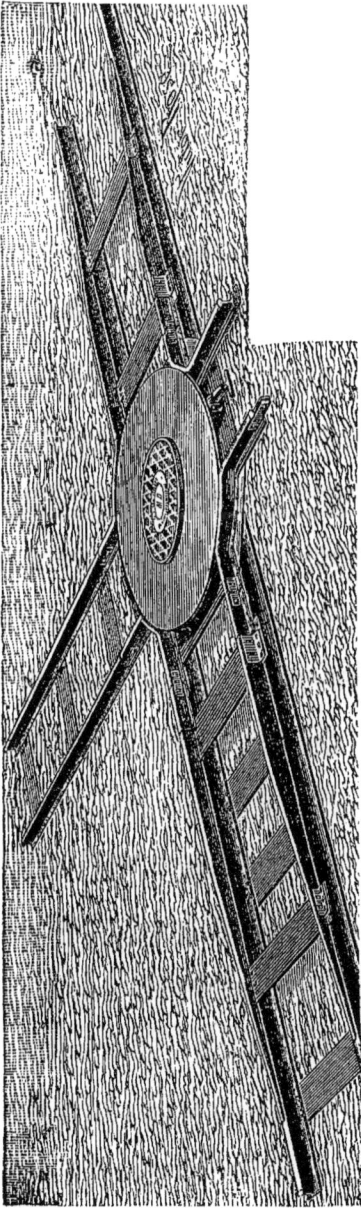

Fig. 87. — Une plaque tournante, précédée et suivie d'un dérailleur, permet de poser une voie auxiliaire d'équerre en un point quelconque d'une voie existante sans la couper et d'assurer la circulation dans tous les sens.

femelle, on obtient une solidité telle que la voie peut être
soulevée en entier sans que la jonction se détruise ; le montage est donc très rapide, car le poids d'une travée de 5 mètres
est de 90 kilogrammes pour la largeur de 1 m. 60 et deux
hommes la portent facilement. Un jeu de courbes à droite
et de courbes à gauche de 1 m. 25 et de 2 m. 50 de longueur
et de 8 mètres de rayon, de changement de voie à droite et de
changement à gauche, permet de rendre le tracé aussi flexible
qu'on le veut et de brancher sur une voie deux ou plusieurs
autres voies.

Un dérailleur breveté s'applique à la voie Decauville. Ce
dérailleur se compose de deux pièces de fer forgé ayant à un
bout la même hauteur que le rail Decauville et s'amincissant
régulièrement jusqu'à l'autre bout. Sa longueur est de
1 m. 25. Comme la voie, il ne forme qu'une seule pièce avec
ses traverses et ses éclisses et, en le plaçant sur une voie déjà
posée, les wagons sortent insensiblement de cette voie et passent sur la nouvelle. On peut, de cette façon, greffer instantanément les voies portatives à un endroit quelconque à droite
ou à gauche d'une voie sans la couper.

En plaçant par-dessus une voie déjà posée une plaque tournante portative précédée et suivie d'un dérailleur, on peut
brancher d'équerre une voie auxiliaire sans interrompre la

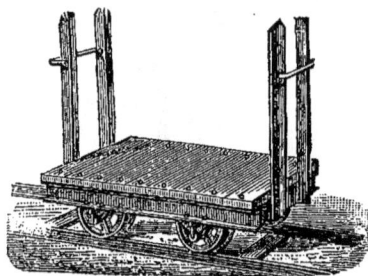

Fig. 88. — Wagonnet plate-forme pour transporter les billes.

circulation sur la voie principale. De plus, un bout de voie,
précédé et suivi d'un dérailleur Decauville, permet de fermer
une voie volante dont la pose, pour être plus rapide, a été
commencée par les deux bouts ; on évite ainsi la coupure spéciale qui serait à faire.

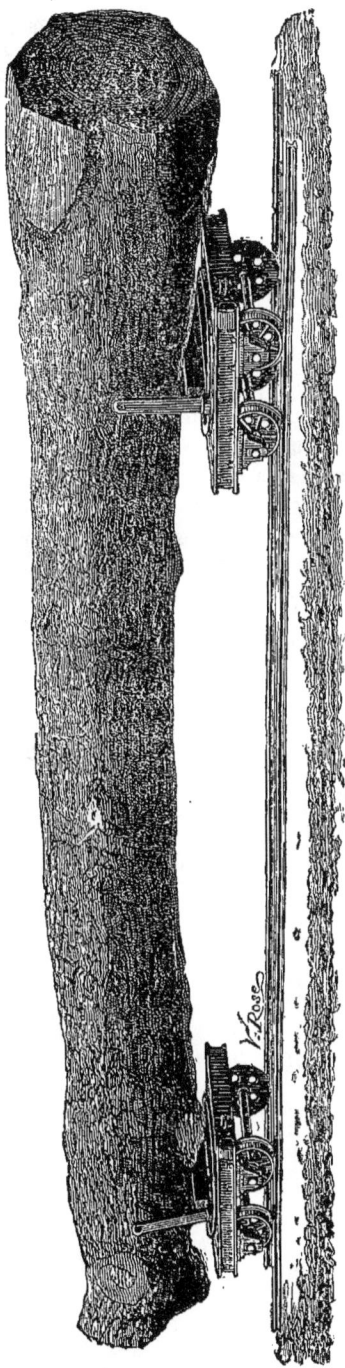

Fig. 89. — Wagonnets accouplés, avec fourche mobile, pour le transport des gros arbres.

La figure 88 représente un wagonnet, tel que ceux qui sont employés dans les usines et dans les chantiers de bois.

Pour transporter les gros arbres, on emploie des wagons accouplés deux à deux, ces wagons sont munis d'une fourche pivotante avec coins en fer et bras amovibles ; ils peuvent servir au transport d'arbres de toute longueur (fig. 89). Pour le transport des bois à brûler, on peut enlever la fourche pivotante, mettre des porte-ranchers et des ranchers dans les bouts du wagon. Il est cependant préférable pour le transport des bois à brûler et des traverses de chemin de fer, d'employer des types se rapprochant de celui que représente la figure 88 et dont la plate-forme soit aussi large et longue que possible.

Il faut adapter des freins aux wagons des voies Decauville ou d'un système analogue. Le type de frein le plus généralement usité pour le transport des arbres est un frein à vis horizontale commandé par une poulie sur le côté et se manœuvrant par le moyen d'une corde (fig. 90).

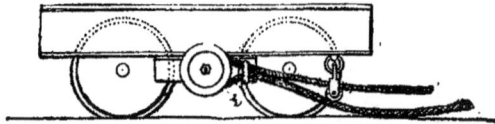

Fig. 90. — Frein à vis horizontale.

Nous donnerons maintenant le devis pour 1 kilomètre de chemin de fer avec 20 wagonnets et les accessoires pour le débardage des forêts avec traction par cheval ou mule :

VOIE DE 0,60, N° 5, EN RAILS D'ACIER DE 7 KILOG.			Prix fr. c.	Poids kil.
180 bouts de 5 m. . . . . . 900 m. à Fr.	6	»	5.400 »	16.200
16 — 2 50 . . . . . . 40 —	6 65		266 »	720
8 — 1 25 . . . . . 10 —	7 10		71 »	180
16 Courbes de 2ᵐ,50 rayon de 8ᵐ. 40 —	7 15		286 »	720
8 — 1 25 — 10 —	7 90		79 »	180
1 Croisement, rayon 8 m., à droite, aig. int. rab., à 2 voies . . . . à Fr.	85 05		85 05	178
1 Croisement, rayon 8 m., à gauche, aig. int. rab , à 2 voies . . . . à Fr.	85 05		85 05	178
4 Dérailleurs . . . . à —	32 05		128 20	140
1 Pince pour poser la voie			14 55	7
1 Bidon de 10 kilog. . . . . à —	4 50		15 50	2
10 Kilog. d'huile russe à 1 fr. 10 . . à — .11	»			10
A reporter. . . .			6.430 35	18.515

Report	6.430 35	18.515

MATÉRIEL ROULANT

16 Wagons type 60 C, wagons spéciaux pour le service des forêts, longueur 1 m., montés sur roues de 0 m. 320 en fonte R. 21, boites à huile B, 107 avec tampon central ordinaire et fourche pivotante en acier ⊓ montée sur galets et munie de coins en fer et bras amovibles pour les arbres de toutes longueurs. . . . . à Fr. 175 95	2.815 20	3 600
4 Wagons type 61 C, wagons plates formes pour le transport du bois à brûler, largeur 1 m. 20, longueur 1 m. 25, roues de 0 m. 320 en fonte R. 21, boites à huile B. 107, avec tampons ordinaires. . . . . à Fr. 166 30	665 20	1.000
2 Chaines de traction renforcées, longueur 4 m. 50.	34 »	20
1 Harnais complet pour cheval	85 55	27
Total	10.030 30	23.162

3° *Le lançage, le traînage, le télphérage et le schlittage.* — En montagne, où les chemins sont rares et l'accès des massifs difficile, on recourt à des procédés spéciaux, qui sont : le lançage, le traînage, le transport par des câbles aériens ou telphérage et le schlittage.

Le lançage s'opère dans des *lançoirs* ou *glissoirs*. Ce sont des rigoles demi-cylindriques qui vont du haut en bas de la montagne, elles sont généralement tapissées d'un revêtement de bois. La pièce de bois atteint, au fur et à mesure de sa descente, une vitesse qui devient énorme et présente de grands inconvénients tant pour la pièce lancée que pour la voie elle-même. On obvie à cet inconvénient en faisant suivre à la voie de lançage un tracé en lacet grâce auquel la pente va diminuant jusqu'à l'extrémité d'une section, où elle devient nulle, puis reprend au début de la section suivante et ainsi de suite. De tels glissoirs sont désignés sous le nom de *wurf*.

Le *lançage*, non plus que le *traînage* ou *glissage*, ne sont à recommander, ils détériorent par trop le bois en le déchirant ou l'incrustant de graviers. Le traînage déplace la couverture morte de la forêt et commence le ravinement, il en est de même du lançage que l'on améliore parfois en creusant des cuvettes en vue de diriger les billes dans leur chute, ce qui n'empêche pas qu'elles bondissent fréquemment hors du lançoir, mutilant tout ce qu'elles rencontrent sur leur passage. Ces procédés ne seront employés que dans le cas d'absolue nécessité, en grande montagne. Il vaut beaucoup mieux

employer le *schlittage* qui consiste à faire glisser les traî-
neaux ou *schlittes* chargés sur des *voies de schlittage*.

La *schlitte* est un traîneau de forme longue, disposé de
manière à recevoir la plus grande quantité possible de bois ;
les patins se relèvent en avant de manière à former deux
brancards arqués, que saisit le schlitteur en se plaçant entre
eux. C'est lui qui règle l'allure de la schlitte et en maintient
la direction. Ce traîneau glisse sur une voie que l'on doit
aménager à cet effet et qui porte le nom de *chemin de schlitte*.
Celui-ci doit être tracé de façon à ce que l'on obtienne une
pente régulière, il est le plus souvent constitué par des troncs
d'arbres placés les uns à la suite des autres en deux séries
parallèles situées de chaque côté de la voie ; sur eux sont
encastrés des rondins de bois placés perpendiculairement à
l'axe de la voie, c'est sur eux que glisse la schlitte. Ce traîneau spécial est surtout employé dans les forêts de la chaine
des Vosges et dans la Forêt-Noire.

Fig. 91. — Le schlittage.

Un mode de transport recommandable entre tous est celui
par câbles aériens (1) auxquels sont suspendues les charges.

(1) Voir sur ces questions : E. Thiéry, *Étude sur les petits chemins de
fer forestiers*, Nancy, Berger-Levrault, 1893.

E. Thiéry et Ch. Demonet, *Les transports par câbles aériens. Extrait
du Bulletin de la Soc. industrielle de l'Est*, 1896. Nancy, Imprimerie
Nicolle, 112 pages.

E. Thiéry, *Société d'encouragement pour l'industrie nationale. Bulletin*, 1897.

Voir aussi, *Revue des eaux et forêts* (1870, p. 153) où l'on trouvera
la description complète de l'installation d'un système de transport des bois
par câbles aériens employée dans les forêts de Beauvoir (Savoie).

Ces câbles sont, en général, imi-
tés de ceux employés dans les
mines et les travaux publics ; un
système spécial a cependant été
inventé par M. Thiéry, professeur
à l'École forestière de Nancy.

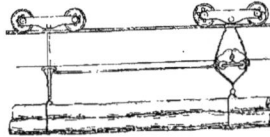

Fig. 92. — Appareil pour le télphérage des bois.

Nous empruntons à M. Thiéry
les données suivantes, concernant les frais d'exploitation.

Ces frais comprennent :

1° Le salaire du personnel ;

2° Les matières consommées pour la mise en marche du
moteur ;

3° L'entretien des câbles et du matériel roulant ;

4° L'intérêt des capitaux engagés et l'amortissement des
frais de première installation.

Les frais par tonne kilométrique diminuent rapidement
avec la longueur de la ligne et l'importance du tonnage.

Voici les chiffres donnés par la maison Bleichert pour les
câbles industriels, non compris le salaire des ouvriers.

TRAFIC JOURNALIER	LONGUEUR DE LA VOIE		
	500 mètres	1.000 mètres	1.500 mètres
50 tonnes	0 fr. 66	0 fr. 47	0 fr. 33
100 tonnes	0 fr. 45	0 fr. 37	0 fr. 26
200 tonnes	0 fr. 24	0 fr. 17	0 fr. 15

Ces chiffres peuvent être considérés comme les maxima s'il
s'agit du transport des bois, les frais d'installation devant
être moindres que ceux d'un câble industriel. Ajoutons qu'en
montagne on pourra également faire l'économie d'un moteur.

Prenons un exemple : On transporte journellement avec
cinq ouvriers (2 au chargement, 1 au frein, 2 au déchargement) 50 tonnes de bois de mélèze sur un câble de 500 mètres
de longueur. Le poids spécifique du mélèze étant de 0,600, à
combien revient le prix de transport d'un mètre cube ?

Le prix de la tonne kilométrique étant de 0 fr. 66, le trans-

port d'une tonne sur 500 mètres, soit d'une demi-tonne kilo
métrique, coûte. 0 33

A ce chiffre il faut ajouter pour le salaire des
ouvriers (5 ouvriers à 3 francs, soit 15 francs, pour le
transport de 50 tonnes) 0 30

Total 0 63

et pour un mètre cube de bois : 0 fr 33 × 600 = 0 fr. 38.

Il est à remarquer que ces chiffres sont supérieurs à ceux de
0 fr. 30 ou 0 fr. 35 correspondant au transport sur essieu
d'une tonne kilométrique.

Mais il ne faut pas oublier que les câbles ne sont généralc-
ment établis que dans le but de raccourcir considérablement
les distances, ou surtout lorsqu'il est impossible de construire
des routes ou des chemins de fer.

Dans les pays où s'exploitent de vastes étendues de forêts,
comme c'est le cas aux Etats-Unis, et où il n'existe pas de
routes permettant de transporter facilement les arbres abattus, on a dû chercher des moyens de transport mécanique
d'une installation rapide. Les câbles télédynamiques, dont
nous venons de parler, permettent de résoudre le problème,
mais seulement pour des distances limitées. Le système a été
perfectionné par M. Lamb et il est maintenant appliqué avec
succès. Il consiste à enfoncer, dans des arbres choisis à des
distances variant de 30 à 60 mètres les uns des autres, des
supports métalliques pour des câbles sur lesquels roulent
deux chariots auxquels on peut attacher les troncs d'arbres
abattus. Ces chariots sont rendus solidaires par une barre
d'attache ; en y suspendant, des deux côtés de la ligne, des
troncs d'arbres dont le volume peut atteindre 14 mèt. cubes,
on équilibre le système. Il s'agit maintenant de communiquer
à cet ensemble un mouvement de translation. A cet effet, on
installe, parallèlement au câble de roulement, un câble moteur
sans fin mis en mouvement par une machine à vapeur placée
à l'une des extrémités de la ligne ; puis, au moment voulu,
on attelle les chariots au câble moteur au moyen d'un *grip* ou
mâchoire qui, en serrant le câble, établit la solidarité nécessaire entre lui et la charge roulante ; quand on veut arrêter on
desserre le grip. On voit que le principe de ce mode de transport est très simple. Il permet, avec une force motrice de
25 chevaux et le concours de 6 ouvriers, de transporter faci-

lement, par jour, à 800 mètres de distance, de 900 à 1.000 mètres cubes de bois. Le déplacement de la ligne et sa pose se font rapidement et ne nécessitent aucuns supports spéciaux, puisque dans une exploitation forestière il est toujours facile de trouver des arbres susceptibles d'en tenir le rôle et qui soient placés en ligne droite et à l'écartement indiqué plus haut.

M. Dickinson a songé à résoudre le même problème en utilisant l'électricité. Il remplace le câble moteur par un conducteur électrique parcouru par le courant fourni par une dynamo. Il munit le chariot d'un électromoteur qui le met en mouvement sur son chemin de roulement formé par des câbles-supports et enfin il prend le courant, nécessaire à la mise en marche de cet électromoteur, sur le conducteur électrique à l'aide d'un trolley analogue à celui qu'on utilise pour les tramways électriques à fils aériens. Ce dernier procédé n'est pas encore d'une application constante, tandis que celui de Lamb est utilisé couramment en Amérique.

4° Le *transport par chemins de fer*, les canaux, etc., ne présente rien de particulier pour les bois qui rentrent, à ce sujet, dans la catégorie des matières encombrantes.

5° *Flottage*. — Le flottage est un mode de transport très particulier aux bois, il permet d'utiliser les cours d'eaux « chemin qui marchent » ; il est très économique et constitue en même temps un véritable traitement pour les bois (voir chapitre huitième). Le flottage se fait non seulement sur les cours d'eau, mais encore par mer.

Il est certain que ce mode si simple de transport a dû être utilisé de tout temps. On veut cependant attribuer l'invention de ce procédé à Jean Rouvet, bourgeois de Paris, qui l'aurait imaginé au xvi° siècle pour approvisionner cette ville de bois venant du Morvan. Cette paternité est contestée et attribuée par d'autres auteurs, à Charles Lecomte, marchand de bois travaillant pour le compte de Jean Rouvet, ou à Sallonyer qui employait le flottage par train et fut officiellement félicité par Henri IV.

Quoi qu'il en soit, le flottage peut se faire : 1° en bûches perdues ; 2° par trains ou radeaux.

a) *Flottages par bûches perdues*. — Ce flottage est utilisé sur les petits cours d'eau et surtout pour les bois à brûler,

16

Les bois coupés et sciés en bûches d'égales longueurs étant
empilés sur les bords du ruisseau ou de la rivière, le *marte-*
leur vient appliquer aux deux bouts de chaque bûche la marque du marchand, puis on attend l'heure du flot, c'est-à-dire
l'époque où les pluies ont suffisamment grossi la rivière, on
jette alors pêle-mêle les bûches de bois. Le flottage commence, aux environs de Paris, généralement en novembre
après les premières pluies d'automne. On a de plus recours
à des étangs de retenue dont l'eau est lâchée au moment du
jetage. Ces bûches, abandonnées au courant, sont surveillées
par un homme, surnommé parfois *poule d'eau* aux environs de
Paris. Si une bûche est retenue par un rocher il la fait immédiatement repartir ; quelquefois les bûches s'entassent rapidement derrière l'obstacle, formant bientôt un véritable bar-
rage, c'est ce qu'on appelle une *prise*. Il faut alors *déprendre*
et l'opération n'est pas sans danger quand il devient nécessaire de monter sur cet amoncellement de bois flottant.

b) *Flottage par train ou radeaux*. — La rivière demeurant
encore trop peu profonde pour permettre le transport par
bateau, les bûches perdues sont réunies par des pièces transversales pour constituer des radeaux, plusieurs radeaux placés à la suite les uns des autres forment un train de bois ; on
donne à l'attache des trains de bois une certaine élasticité à
cause des méandres de la rivière. Lorsqu'il s'agit du bois de
chauffage on forme des « coupons » de 12 pieds de long sur
18 à 22 pouces d'épaisseur, consolidés par 4 perches longitudinales, deux en dessus et deux en dessous. On réunit trois
ou quatre coupons par des perches transversales, puis on attache plusieurs de ces groupes les uns à la suite des autres
pour former un train. Le flottage est très employé dans les
environs de Paris pour amener dans cette ville les bois du
Morvan, notamment par les rivières d'Yonne, de la Cure et
par la Seine. Les bois flottés arrivent en bûches perdues sur
la rivière de Cure aux ports de Vermenton et de Cravant où
de vastes barrages les arrêtent et dans la rivière d'Yonne à
Clamecy. Le flot de bois était jusque vers le milieu du xvıe siècle tiré sur les bord, trié par marque, empilé, compté et
chargé sur les bateaux qui le transportaient à Paris. Mais,
par suite du peu de profondeur de la rivière, il arrivait souvent que ces bateaux devaient attendre dans les gares que les

eaux, retenues de distance en distance par les barrages ou per-
tuis, se soient relevées, pour continuer leur route. C'est alors
que Charles Lecomte, « maître des œuvres de charpenterie de
la ville de Paris », ou Jean Rouvet son associé ou encore Sallonyer, comme nous l'avons dit déjà, eurent l'idée des trains
de bois, que l'on pouvait voir arriver à Paris jusqu'en 1880.
Une certaine quantité de ces trains s'arrêtait à Bercy, les
autres, traversant Paris, allaient s'échouer sur la berge gauche
de la Seine à la hauteur des Invalides. Le transport par
bateaux, abandonné au xvie siècle, est actuellement remis en
usage et le flottage ou transport par trains est de plus en plus
abandonné chez nous.

Dans les pays du nord : la Suède, la Russie, la Finlande,
le Canada, le flottage est toujours très employé. Les bois sont
amenés pendant l'hiver, traînés sur la neige durcie, jusque
vers les lacs glacés ou les rivières. A la débâcle d'été, on en
forme des trains qui sont flottés jusque vers les ports d'embarquement. On améliore le cours des rivières en creusant
des canaux profonds au niveau des rapides. L'extrême modicité des frais occasionnés par ce mode de transport, joint au
bas prix du fret du transport maritime, permet aux bois du
nord de supporter la concurrence de tous les marchés du
monde.

Le flottage par mer existe également et mérite d'être
signalé.

e) *Flottage des bois par mer.* — Les États du sud des
États-Unis sur la côte du Pacifique sont quelque peu dépourvus de bois, alors que les États du nord, sur cette même côte,
tels que l'Orégon et le Washington, disposent, au contraire,
de richesses forestières énormes. Malheureusement le transport par chemin de fer entraînait à des frais considérables.
Après quelques essais on a recours aujourd'hui, pour le trans
port de ces bois, à des trains flottés établis d'une façon spéciale,
qui franchissent sans encombres les 1.100 km. qui existent
entre le débouché de la rivière Columbia et San-Francisco.

Pour former ces trains de bois on se sert d'une carcasse
rappelant la carcasse d'un navire dans laquelle on range les
bois de 24 à 34 mètres de longueur de manière à constituer un
train de 120 mètres de long ayant la forme d'un cigare
allongé, de 30 mètres environ de tour au milieu et conso-

lidé par de fortes chaînes transversales passées tous- les
4 mètres, reliées entre elles par une chaîne longitudinale
qui sert pour la remorque des trains.

La construction d'un train de ce genre prend une huitaine
de mois, mais chaque train renferme le chargement d'une
douzaine de vapeurs de 1.000 tonnes. Le train est remorqué
par un ou deux vapeurs jusqu'à l'entrée du port de San-Francisco et les 1.000 kilomètres que représente ce trajet sont
franchis en général en douze jours (1).

6° *Débardage et bardage des bois.* — Les bois arrivés
par voie d'eau, au voisinage du lieu de destination sont enlevés par les débardeurs, mais, notamment aux abords des
scieries, l'opération est généralement facilitée par l'installation de voies ferrées, système Decauville. On cite à ce sujet
l'installation réalisée par M. Blondeau à Corbeil. Une voie de
0 m. 60 s'étend des machines à travailler le bois jusque vers
le fond de la Seine.

Les arbres, détachés du radeau, sont amenés l'un après
l'autre au-dessus de deux wagonnets immergés. Dès que le
bout d'un arbre se trouve au-dessus du premier wagon on
l'y fixe au moyen d'un cordage et le cheval tire l'arbre jusqu'à ce que l'autre bout se trouve près de la berge, on attache alors l'arbre sur le deuxième wagon et il peut arriver
jusqu'à la scie sans s'incruster de graviers, comme cela arrive
trop souvent lorsqu'on procède par glissage sur le sol.

On peut sortir de l'eau, avec facilité, de cette façon, les
arbres de la plus forte taille comme des sapins de 35 mètres,
et même un chêne de 9.000 kilos.

Lorsque les scieries sont établies au voisinage d'un fleuve
navigable, des dispositions doivent être prises pour assurer le
chargement et le déchargement des bateaux dans les meilleures conditions de célérité. Pour cela on peut utiliser un
plan plus ou moins incliné allant du quai au bateau et constituant une sorte de pont volant. Si la position de ce pont
volant est horizontale, ou voisine de l'horizontale, on peut
avantageusement substituer à la traction à bras celle par
wagonnets ou au moyen de diables, etc. Si les bateaux au
lieu d'être placés le long du quai, sont ancrés assez loin, les

(1) *Revue scientifique*, 2° semestre 1900.

pièces de bois sont alors disposées en radeaux près de lui et un remorqueur les emmène dans la darse à bois ou dans tout autre lieu où l'on doit les emmagasiner.

Le transport des pièces de charpente de fort équarrissage, ainsi que des billes de bois en grume, s'effectue au moyen de véhicules nommés *fardiers* (fig. 95 et 93). Ils se composent de deux limons horizontaux réunis par des traverses nommées *épars*. Cet ensemble repose, par l'intermédiaire de pièces de bois mobiles, sur un essieu dont on peut faire ainsi varier

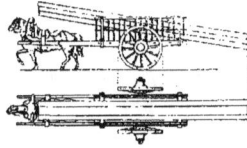

Fig. 93. — Bardage de pièces de bois sur un fardier.

la position, ce qui permet l'équilibre de l'ensemble ; l'essieu porte sur le moyeu des deux grandes roues. Un treuil à chaînes permet de soulever une réunion de pièces au moyen d'un grand levier et de les maintenir soulevées entre les deux roues, en contre-bas de l'essieu ; on consolide ce genre d'attache par une

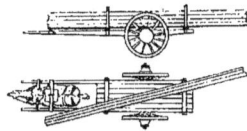

Fig. 94. — Autre disposition des pièces de bois.

ligature en avant, en *d*, aux limons et une ligature en arrière *b*, au levier ou flèche (fig. 95). On a soin de laisser

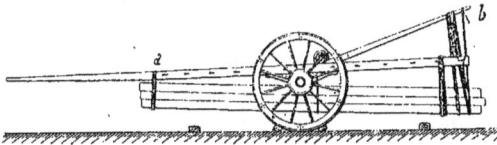

Fig. 95. — Fardier.

complète la place du cheval entre les deux limons. Ces fardiers sont traînés, suivant le cube à transporter, par un nombre de chevaux variant de 3 à 6.

Le *diable* est un fardier plus petit, destiné à être tiré à bras d'homme. Il comprend deux grandes roues, un essieu et une flèche. On

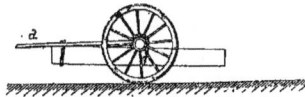

Fig. 96. — Diable.

se sert de la flèche, comme d'un levier pour soulever la pièce ;

on le rabat et on fait une ligature en *a* (fig. 96). La flèche sert alors de limon pour le transport horizontal.

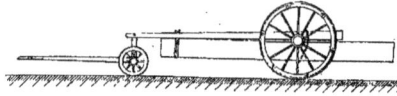

Fig. 97. — Triqueballe.

La *triqueballe* est composée d'un diable dont la flèche vient reposer, par un axe vertical, sur le milieu d'un avant-train ; la traction est un peu plus dure, mais la direction est plus facile lorsque le transport est un peu long et accidenté.

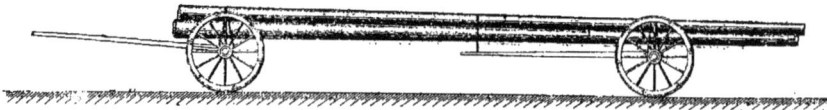

Fig. 98. — Deux diables combinés, formant une sorte de triqueballe pour le transport des pièces longues.

Si les pièces sont longues, on combine deux diables pour faire une sorte de triqueballe ; les bois sont portés par leur extrémité arrière, directement sur l'essieu du premier diable ; ils portent en avant sur une sellette en bois ou en fer, articulée en son milieu avec l'essieu du second diable par un axe vertical. Cela permet un déplacement angulaire et laisse, par suite, franchir aisément les tournants. Le second diable reçoit la traction directe d'un ou plusieurs chevaux.

Dans les chantiers on est souvent obligé de recourir au transport à bras d'homme. Les bois sont *coltinés* à l'épaule par une équipe d'hommes obéissant aux commandements d'un chef.

Lorsque les bois à décharger sont à l'état de planches on les enlève par groupes en employant des chaînes entourées d'une étoffe un peu rude afin d'éviter d'entamer les angles et pour empêcher les glissements. Ces planches sont saisies par des porteurs ou placées sur des trucs ou des charrettes et transportées aux dépôts ou aux chantiers où l'on doit les employer.

Lorsque ces bois sont longs, on les soulève en avant pour laisser la place du cheval; au-dessus duquel ils passent, ou on les met de travers en diagonale, pour laisser la place du cheval sans qu'il soit nécessaire de les soulever (fig. 93 et fig. 94).

80. Débit des bois de sciage. — 1° *Les méthodes employées.* — Par le débit du bois on se propose d'obtenir des planches, ou autres pièces de bois, ayant les dimensions consacrées dans le commerce.

Le débit le plus simple, d'une pièce donnée, consiste à la séparer par des traits de scie parallèles dans toute la section (fig. 99). Ce procédé a de graves inconvénients, il donne des planches très inégales, et de plus ces planches sont de structure hétérogène, les fibres d'une face sont plus serrées que celles de l'autre ; il se produit par suite des retraits ou dilatations plus sensibles d'un côté que de l'autre et le bois ne tarde pas à se voiler, à *tirer à cœur*.

Cette méthode de *débit parallèle* est celle qu'emploient les scieurs de long.

Un procédé bien meilleur est celui du *débit sur maille* que l'on a longtemps employé pour les chênes, en France. Il est pratiqué de telle sorte que les largeurs des planches correspondent aux rayons de l'arbre. Il est onéreux car il fait beaucoup de déchet pour obtenir des planches régulières comme épaisseur ; mais, dans certains bois, il offre la particularité intéressante de donner des pièces présentant des mailles sur

Fig. 99. — Débit avec deux dosses.

Fig. 100. — Débit mixte.

leur plus grande surface. On sait que les mailles sont de petites surfaces brillantes, disposées dans le sens des rayons de l'arbre, car elles correspondent aux rayons médullaires du bois. Elles donnent au bois un aspect parfois très curieux et du plus bel effet. Le débit sur maille est particulièrement en usage en ébénisterie et en menuiserie.

Il est un autre procédé de débit de bois, qui se rapproche du débit sur maille mais donne beaucoup moins de

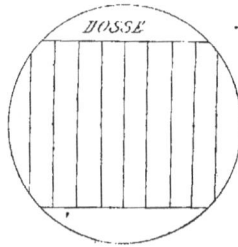

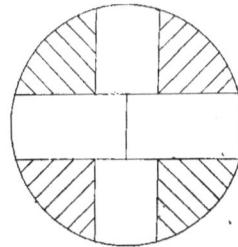

déchets, aussi est-il le plus usité : c'est celui de la *méthode hollandaise* (fig. 101 et 102).

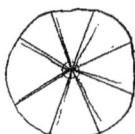
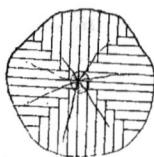

Fig. 101.   Fig. 102.

L'examen des figures montre que dans ce procédé les planches les plus larges sont celles qui correspondent le mieux aux rayons ou mailles du bois.

Il existe une méthode de *débit mixte* qui permet d'obtenir à la fois des madriers et des planches (fig. 100).

On dit que le débit est fait sur quartier, lorsque l'arbre est d'abord scié par le milieu dans le sens de la longueur, et que les planches sont sciées ensuite perpendiculairement à cette section longitudinale diamétrale. Le débit sur quartier donne des planches de la demi-longueur de l'arbre, au maximum.

2° *Instruments de sciage.* — Le débit dont il vient d'être question s'effectue au moyen de *scies*. Ce sont des lames d'acier dont un des bords possède des dents de forme triangulaire, alternativement écartées d'un côté et de l'autre du plan de la lame, cet écartement constitue ce que l'on appelle la *voie de la scie*. Ces scies peuvent être actionnées à bras d'homme ou par un moteur.

On peut donc distinguer les scies à main et les scies mécaniques. Les scies à main servent généralement aux menuisiers et aux ébénistes (Voir fig. 103-114).

Les scies mécaniques peuvent être classées en deux catégories :

A. Les scies métalliques à mouvement rectiligne alternatif : 1° verticales : elles sont très employées et consistent en un châssis avec plusieurs lames animées d'un mouvement vertical de va-et-vient ; la pièce à débiter est poussée contre les lames qui entrent dans le bois et le débitent ; la pièce est à cet effet placée sur un chariot mobile dont le mécanisme moteur est solidaire de celui du châssis des lames. La forme des dents varie avec la nature des bois ;

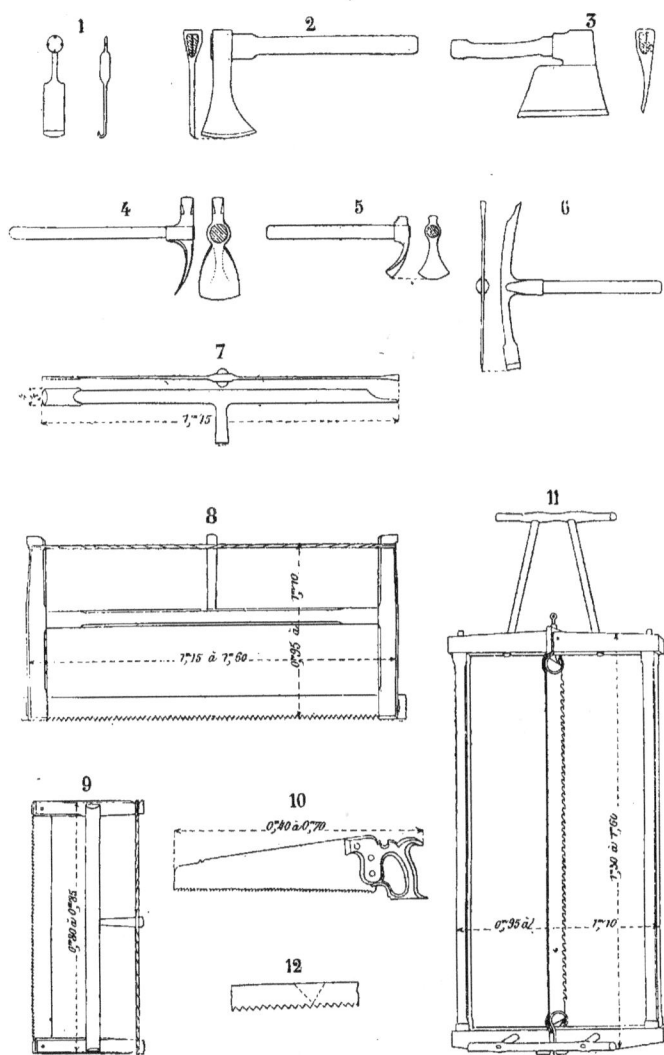

Fig. 103 114. — Principaux outils du charpentier.

1. Rainette. — 2. Hache ou cognée. — 3. Doloire. — 4. Herminette ou essette. — 5. Herminette à gouge. — 6. Piochon. — 7. Bisaiguë ou besaiguë. — 8. Scie de travers. — 9 Scie à débiter. — 10. Scie à main. — 11. Scie de long (Denfer).

2° Horizontales : elles servent surtout au placage, elles ne diffèrent pas sensiblement des précédentes, si ce n'est que le chariot à bois se meut verticalement tandis que le porte-lame se meut horizontalement.

B. Les scies mécaniques à mouvement continu. Ce sont : 1° Les scies circulaires : dans ce cas un disque d'acier à circonférence garnie de dents est monté sur un arbre de fer, tournant avec rapidité. La scie sort d'une fente pratiquée dans une table dont elle dépasse le niveau. On pousse le bois sur cette table jusqu'au contact de la scie, qui l'entame et opère à vitesse régulière sur la pièce au fur et à mesure de la progression en avant. Plusieurs lames peuvent être montées sur le même arbre. La pièce de bois peut encore être poussée mécaniquement ;

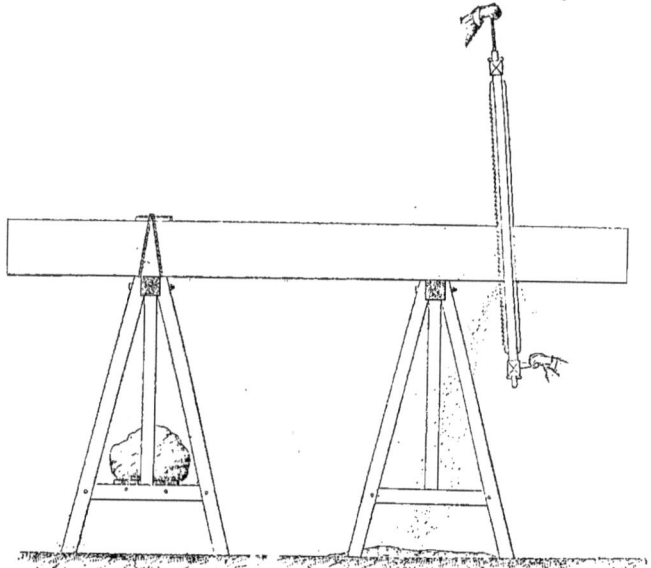

Fig. 115. — Opération du débit du bois au moyen de la scie de long.

2° Les scies à ruban : une lame dentée tourne sur deux poulies comme une courroie sans fin. On pousse la pièce de bois (mécaniquement ou à la main) sur une table traversée par la lame, celle-ci sectionne la pièce verticalement (1).

(1) Nous nous contentons ici de ces brèves indications ; la vaste question des machines à travailler le bois nécessiterait un volume pour être exposée complètement. Nous envisageons surtout, dans l'ouvrage présent, le bois avant sa mise en œuvre.

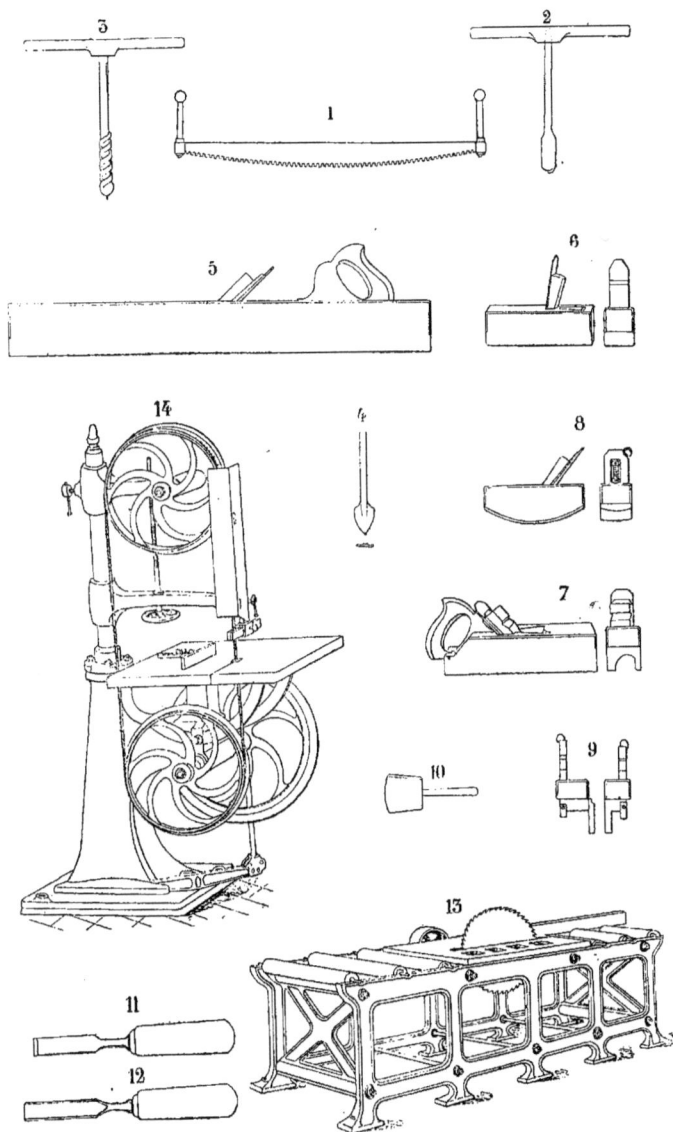

Fig. 116-129.

1. Scie passe-partout. — 2. Tarière ordinaire. — 3. Tarière anglaise. — 4. Tarière à trépan. — 5. Varlope. — 6. Rabot. — 7. Rabot spécial pour nez de marche. — 8. Rabot cintré pour surfaces courbes. — 9. Bouvet à rainure. — 10. Maillet. — 11. Ciseaux et bédanes. — 12. Gouges. — 13. Une scie circulaire et son bâti. — 14. Une scie à ruban (Denfer).

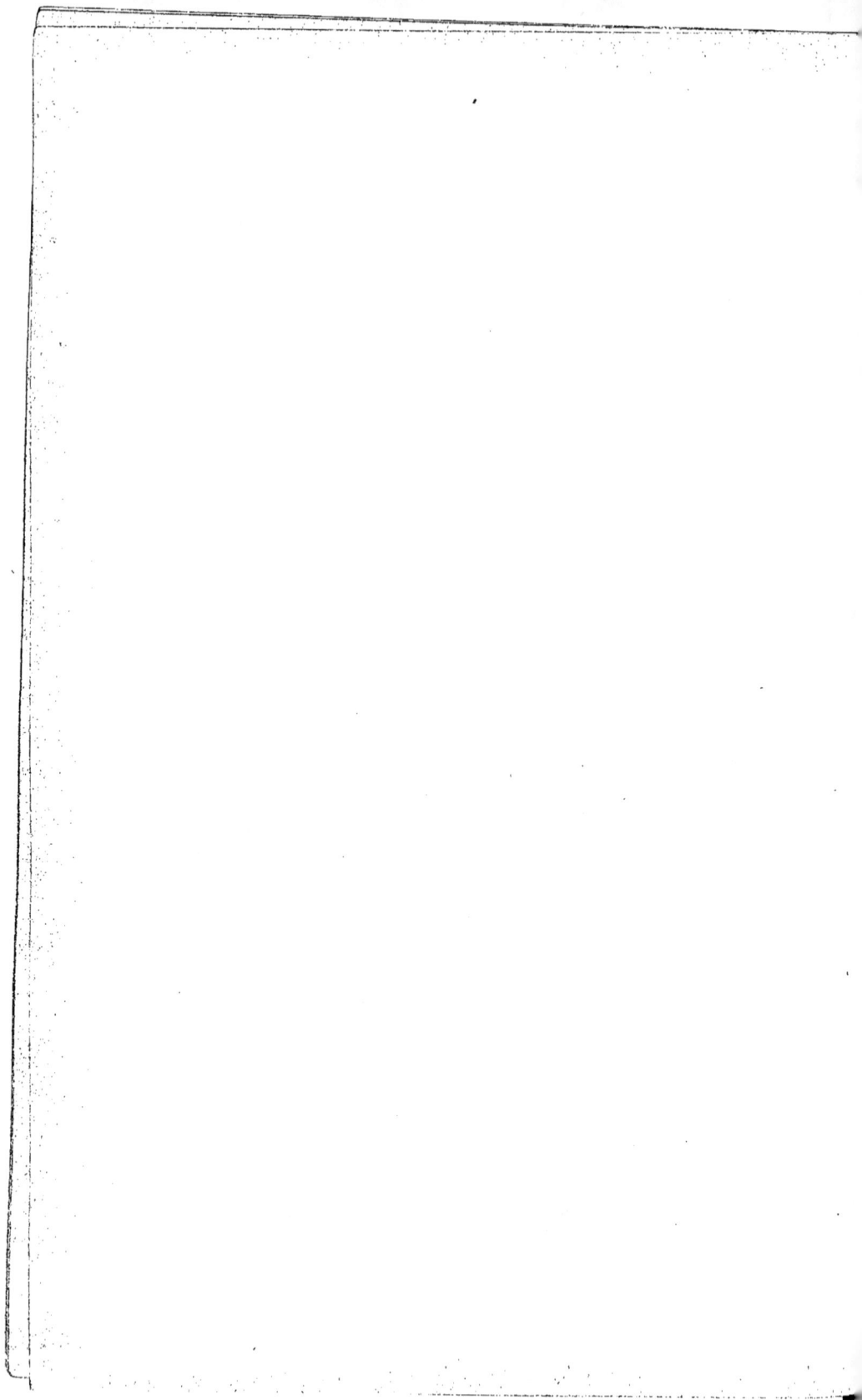

CHAPITRE VI

COMMERCE DES BOIS

CHAPITRE SIXIÈME

COMMERCE DES BOIS

---

§ 1. — EXPLOITATION DE LA FORÊT CONSIDÉRÉE AU POINT DE VUE DU COMMERCE DES BOIS

Nous avons, dans le chapitre précédent, considéré l'exploitation de la forêt, au point de vue technique, en établissant les méthodes susceptibles de produire les essences ligneuses dans les conditions les meilleures. Le but ultime de toute exploitation est de réaliser un profit par la vente des produits, c'est le côté commercial qui vient se greffer sur le côté scientifique et technique.

Nous allons donc étudier maintenant la question de l'exploitation des forêts considérée spécialement au point de vue du commerce des bois.

81. Capital forestier. — La propriété forestière présente des caractères bien spéciaux ; elle exige, pour être rémunératrice, de vastes étendues exploitées, son rapport est fonction du temps, car les arbres qui la peuplent réclament de longues périodes avant de donner des produits utilisables. Pour ces raisons, les forêts étaient autrefois, en France, des biens de mainmorte, propriétés des communautés ou des seigneurs ; aujourd'hui encore, elles n'appartiennent qu'à de riches particuliers ou bien à l'Etat, seuls capables d'immobiliser longtemps de forts capitaux. De plus la propriété foncière ne rapporte qu'un intérêt très minime, sauf les cas exceptionnels où la faune ou une situation particulièrement avantageuse au point de vue des débouchés viennent l'enrichir de ressources nouvelles ou accroître celles qu'elle possède ordinairement.

On peut considérer le capital forestier comme formé de deux éléments : 1° le fonds de terre ; 2° le capital superficiel.

Le *fonds de terre* désigne le sol lui-même, avec son assouchement, la couverture d'humus plus ou moins considérable qui a pu s'y accumuler suivant que la forêt est plus ou moins ancienne et enfin les travaux qui ont pu y être pratiqués afin d'en faciliter l'exploitation.

Le *capital superficiel* ou capital ligneux est constitué par l'ensemble des parties ligneuses émergeant du sol des arbres qui peuplent la forêt. Ce capital est très variable, naturellement, suivant l'âge et la nature de ces arbres.

82. Revenu forestier. — Un certain nombre des arbres qui composent la forêt constitue à la fois le capital et le revenu ; ce sont ceux qui doivent être coupés pour être immédiatement réalisés ; ce sera, par exemple, un lot d'arbres ou d'arbustes à couper immédiatement dans la futaie ou le taillis réguliers, ou bien les individus isolés que l'on va abattre dans la futaie jardinée ou le taillis fureté. Les parties de la forêt qui ne sont pas encore arrivées au terme convenu, constituent le capital générateur.

Il existe un juste milieu à observer dans l'exploitation commerciale de la forêt ; il est d'ailleurs très délicat à reconnaître et à réaliser. En deçà, une exploitation trop timide ne permet de réaliser qu'un revenu inférieur ; au delà, le revenu est au contraire momentanément exagéré, mais au détriment de l'avenir. Il y a dans ce cas abus de jouissance. L'ensemble des méthodes que préconise la sylviculture, à la suite d'une étude rationnelle de la forêt et d'une longue expérience, tendent justement à faire rendre à la forêt le revenu maximum, sans jamais le compromettre pour l'avenir.

Dans une forêt aménagée suivant les meilleures conditions le rendement possible annuel est équivalent à la moyenne des accroissements annuels du capital superficiel, celui-ci résultant de l'augmentation des végétaux ligneux par le fait de la végétation. De plus la série d'exploitation doit comprendre autant de parcelles que le nombre d'années de la révolution choisie, si l'on veut que chaque année apporte son revenu. Si, par exemple, la révolution choisie est de quarante années, il devra exister quarante lots dont les âges seront échelonnés de une année à quarante années,

La durée de la révolution s'établit d'après la nature des essences exploitées à végétation plus ou moins rapide, et d'après l'emploi que l'on se propose d'en faire.

83. Rente forestière. — La rente forestière est le revenu forestier, dont on a défalqué les frais qui se rapportent à l'exploitation.

Le taux du placement se déduit par le rapport qui existe entre la rente forestière et le capital.

Le revenu des taillis à longue révolution, qui donnent naturellement les plus beaux produits, sont très faibles, précisément à cause du long temps pendant lequel le capital ne réalise point son revenu et le prix plus élevé des produits ne suffit pas à relever le taux de l'intérêt, qui peut être de 0,7 p. 100 et souvent moins. Par contre, le capital superficiel est toujours considérable à l'hectare.

Les bois taillis, toujours à très courte révolution et qui exigent un petit capital, s'exploitent à peu de frais, ils donnent un revenu qui ne s'éloigne guère de celui que produisent les autres propriétés foncières, par contre, le capital superficiel est naturellement faible.

Voyons quelques exemples de rendement de futaies : soit le cas de la forêt domaniale de Bercé (Sarthe). C'est une futaie régulière constituée de chêne pur et aménagée à deux cent dix ans, elle renferme de 800 à 900 mètres cubes de bois à l'hectare et donne un rendement moyen de 6 mc. 35, plus des produits détachés des sous-étage de hêtres. L'hectare est estimé à 40.000 francs (capital superficiel), et la rente (brute) à 280 francs, c'est donc un taux de 0,7 pour 100.

Le rendement de la forêt domaniale de Fontainebleau est apparemment plus faible encore. Cette forêt, d'une surface totale de 16.880 hectares, donne un rendement des coupes à l'hectare de 25 fr. 03, avec les produits accessoires : chasse, délivrances diverses, le rendement brut est de 29 fr. 90 ; les frais défalqués on arrive à un revenu net à l'hectare de 23 fr. 75. Il est vrai que toute une section, dite « section artistique » (1.616 hectares), ne contribue presque en rien au

17

rendement des coupes, et l'on peut retrancher comme impro-
ductives, pour diverses causes inévitables, 1.880 hectares, et
compter le rendement sur 15.000 en nombre rond. On a
alors un rendement de coupes à l'hectare de 28 fr. 17. C'est
comme on le voit un revenu extrêmement faible.

84. Les coupes. — Pour réaliser la possibilité, il faut que
le forestier vende ses coupes. Que seront ces coupes ? Cela
dépend de la nature de la forêt, taillis ou futaie, et du mode
d'exploitation régulière, jardinée ou furetée.

Dans une exploitation en futaie régulière on procède généralement par *volume*, en abattant chaque année les arbres
jusqu'à concurrence d'un volume fixé à l'avance ; pour un
taillis on procède par *contenance* en exploitant chaque année
une surface égale ; pour une futaie jardinée ou pour les réserves des taillis sous futaie (baliveaux), on procède par *nombre
de pieds*, c'est-à-dire que l'on coupe un nombre déterminé
de pieds considérés comme bons à être exploités.

Lorsque l'on effectue une coupe, on peut abattre tous les
arbres d'une étendue déterminée ; c'est la coupe à blanc étoc,
ou bien laisser des réserves.

85. L'affouage. — Au temps des anciennes coutumes,
chacun pouvait couper les bois dans les forêts de la commune, au gré de ses besoins, c'était le *droit d'affouage*. Il
va sans dire que cette façon de procéder avait des résultats
déplorables pour l'avenir de la forêt : chacun coupait sans
précaution, ne respectant point, par exemple, l'écorce des
souches, qui ainsi mutilées ne pouvaient plus contribuer à
former un taillis convenable. Il existait dans la forêt tout un
monde spécial, vivant à ses dépens, de charbonniers, sabo-
tiers et fendeurs. Ils détruisaient sans se soucier de l'aménagement et de l'avenir de la forêt.

Ce droit a été réglementé depuis que la science et l'éco-
mie président à l'exploitation des forêts pour en assurer la
conservation et aujourd'hui les coupes et la vente des bois,
des forêts soumises au régime forestier, sont astreintes à des
lois rigoureuses. Les bois soumis au régime forestier sont
non seulement ceux de l'État, mais encore ceux qui appartiennent aux communes et aux établissements publics.

Les coupes affouagères sont déterminées par l'administration forestière et abattues par un entrepreneur spécial. C'est
l'administration forestière qui procède à la délivrance de
l'affouage, mais c'est le conseil municipal qui en opère la
répartition entre les habitants. La répartition des *taxes
d'affouages* est faite au moyen de rôles dressés par les maires
et rendues exécutoires par le préfet.

Le mode de distribution et de partage de l'affouage, tel
que l'avaient organisé la loi du 26 nivôse, an II, et le Code
forestier de 1827, donnait lieu à une foule de conflits, auxquels la loi du 23 novembre 1883 a eu pour objet de mettre
fin.

Cette loi a modifié ainsi l'article 105 du Code forestier :
« S'il n'y a titre contraire, le partage de l'affouage, en ce qui
concerne les *bois de chauffage*, se fera par feu, c'est-à-dire
par chef de famille ou de maison ayant domicile réel et fixe
dans la commune avant la publication du rôle. Sera considéré
comme chef de famille ou de maison tout individu possédant
un ménage ou une habitation à feu distinct, soit qu'il y prépare la nourriture pour lui et les siens, soit que vivant avec
d'autres à une table commune, il possède des propriétés
divisées, qu'il exerce une industrie distincte ou qu'il ait des
intérêts séparés.

« En ce qui concerne *les bois de construction*, chaque
année le conseil municipal, dans sa session de mai, décidera
s'ils doivent être, en tout ou partie, vendus au profit de la
caisse communale ou s'ils doivent être délivrés en nature.
Dans le premier cas la vente aura lieu aux enchères publi-
ques par les soins de l'administration forestière ; dans le
second le partage aura lieu suivant les formes et le mode
indiqués pour le partage des bois de chauffage.

« Les étrangers qui rempliront les conditions ci-dessus
indiquées ne pourront être appelés au partage qu'après avoir
été autorisés, conformément à l'article 13 du Code civil, à
établir leur domicile en France. »

86. Vente des coupes de bois (1). — Ces ventes sont, en

(1) Nous ne pouvons mieux faire que d'emprunter l'exposé de cette question à M. L. Daubrée, directeur des forêts au ministère de l'agriculture
(*Dict. du commerce et de l'industrie* de Yves Guyot et Raffalovitch).

thèse générale, soumises au droit commun, mais des règles spéciales sont édictées pour celles des bois dépendant de l'administration forestière (bois de l'Etat, des communes et des établissements publics). Ces règles particulières consistent surtout dans ce fait que le mode de vente ne peut être que celui de l'*adjudication publique* avec certaines formalités destinées à en assurer la publicité.

Exploitation des bois. — Elle résulte de l'*aménagement*, c'est-à-dire de l'opération qui consiste à régler le mode de culture d'une forêt (taillis ou futaie), la marche et la quotité des coupes. On appelle *coupe ordinaire* celle prévue par l'aménagement. Il ne peut être fait, dans les bois soumis au régime forestier, aucune *coupe extraordinaire*, sans une ordonnance spéciale, à peine de nullité des ventes, sauf le recours, s'il y a lieu, contre les fonctionnaires ou agents qui auraient ordonné ces coupes (art. 17, Code forestier).

a) *Adjudication des coupes des bois soumis au régime forestier.* — On distingue plusieurs espèces de vente opérées par les soins de l'administration forestière : la vente en bloc sur pied, la vente sur pied par unité de produits, la vente de bois façonnés. Le mode le plus usité en France est celui de la vente en bloc sur pied,

Les adjudications se font presque toujours au rabais. On ne vend aux enchères que les produits accidentels ou les coupes de peu d'importance.

Les ventes se font aux chefs-lieux devant les préfets ou les sous-préfets. Toutefois les préfets peuvent, sur la proposition des conservateurs, permettre que les coupes dont l'évaluation n'excédera pas 500 francs soient adjugées au chef-lieu d'une des communes voisines des bois et sous la présidence du maire.

Les adjudications seront annoncées au moins 15 jours à l'avance par des affiches (Code forestier, art 17). Toute vente faite autrement serait considérée comme clandestine et déclarée nulle (*ibidem*, art. 18 et 19). Dans la pratique, cette publicité locale est complétée par la distribution au commerce d'affiches en cahier établies dans chaque inspection forestière.

Les conditions générales des adjudications sont fixées par un cahier des charges que délibère chaque année le Conseil d'administration des forêts et qui reçoit l'approbation du

EXPLOITATION DE LA FORÊT

Ministre de l'agriculture. Les clauses particulières que peuvent nécessiter les circonstances locales sont arrêtées par les conservateurs.

Toutes les contestatious qui peuvent s'élever pendant les opérations d'adjudication, soit sur la validité des dites opérations, soit sur la solvabilité de ceux qui font des offres et de leurs cautions, sont décidées immédiatement par le fonctionnaire qui préside la séance d'adjudication (*ibidem*, art. 20).

Ne peuvent prendre part aux ventes, directement ou indirectement : les agents et gardes forestiers dans toute l'étendue de la France ; leurs parents et alliés en ligne directe, leurs frères, beaux-frères, oncles et neveux dans toute l'étendue du territoire pour lequel ces agents ou gardes sont commissionnés ; les fonctionnaires chargés de présider ou de concourir aux ventes, et les receveurs du produit des coupes dans toute l'étendue du territoire où ils exercent leurs fonctions ; les conseillers de préfecture, les juges, officier du ministère public et greffiers des tribunaux de première instance, dans toute l'étendue de leur ressort. Toute adjudication faite en contravention à ces dispositions sera déclarée nulle (*ibidem*, art. 21).

Les ventes au rabais ont lieu de la manière suivante : la mise à prix et le taux auquel les rabais doivent être arrêtés sont déterminés par le conservateur. La mise à prix, qui est en général beaucoup supérieure à la valeur de la coupe, est diminuée successivement d'après un tarif réglé d'avance et affiché dans la salle d'adjudication, jusqu'à ce qu'une personne prononce les mots : « je prends ». L'adjudication est tranchée au profit de celui qui a prononcé ces mots ; dans le cas où plusieurs personnes se portent simultanément adjudicataires, la coupe est tirée au sort, à moins que l'un des concurrents ne réclame les enchères.

La vente des lots restés invendus est renvoyée à l'année suivante.

La déclaration de commande ne peut être faite que séance tenante (*ibidem*, art. 23).

Dans les cinq jours qui suivent l'adjudication, l'adjudicataire est tenu de donner une caution et certificateur de caution reconnus solvables. Faute par l'adjudicataire de satisfaire à cette obligation, il est déclaré déchu de l'adjudication par un arrêté préfectoral, et il est procédé à une nouvelle adjudication à la folle enchère. L'adjudicataire déchu est tenu de la différence entre son prix et celui de la revente, sans pouvoir réclamer l'excédent s'il y en a (*ibidem*, art. 24).

Les procès-verbaux d'adjudication emportent exécution parée contre les adjudicataires, leurs associés et cautions, tant pour le payement du prix principal de l'adjudication que pour accessoires et frais. Les cautions sont, en outre, contraignables, solidairement, au paiement des dommages, restitutions et amendes qu'aurait encourus l'adjudicataire (*ibidem*, art. 28). La loi du 25 juillet 1867 ayant aboli la contrainte par corps en matière civile, ce mode d'exécution ne peut plus être employé comme garantie du paiement du prix, des accessoires et frais d'adjudication ; mais il est maintenu pour le paiement des amendes, restitutions et dommages-intérêts, encourus pour les délits dont l'adjudicataire est responsable.

Le prix de vente est payé au comptant ou au moyen de quatre traites comprenant chacune le quart du prix, aux échéances des 31 mars et 30 juin, 30 septembre et 30 décembre de l'année qui suit celle de l'adjudication. En cas de paiement au comptant, les adjudicataires bénéficient d'un escompte dont le taux est arrêté chaque année par le ministre des finances pour les bois domaniaux et par le préfet pour les bois communaux (cahier des charges, art. 12).

Le parterre des coupes, comprenant les lieux de dépôt désignés dans la forêt, n'est point considéré comme le chantier ou le magasin des adjudicataires, et les bois qui s'y trouvent déposés peuvent, par suite, être retenus, en cas de faillite, conformément aux dispositions de l'article 577 du Code de commerce (cahier des charges, art. 15).

b) *Exploitation des coupes de bois soumis au régime forestier*. — Cette exploitation doit se faire conformément au procès-verbal de martelage établi par les agents forestiers. Ce martelage a lieu de deux manières suivant qu'il s'agit de coupes de futaie ou de coupes de taillis.

Dans les coupes de futaie, tous les arbres qui doivent être abattus sont marqués, au corps et au pied, du marteau de l'Etat. Les arbres non marqués doivent être respectés et constituent des réserves : on dit, dans ce cas, que le martelage est fait « en délivrance ». L'adjudicataire est propriétaire de tous les arbres abandonnés à l'exploitation, et de ceux-là seulement. Son exploitation terminée, il sera tenu de représenter sur chaque souche, l'empreinte du marteau ; toute souche non marquée sera réputée appartenir à une réserve.

Dans les coupes de taillis, l'adjudicataire n'est pas acheteur d'un certain nombre de pieds d'arbres individuellement désignés, mais de tous les bois situés sur un emplacement déterminé, sauf les restrictions qui peuvent résulter du procès-verbal de martelage. L'assiette de la coupe nécessite une double opération : la mesure et la délimitation de la coupe au moyen d'un arpentage dont il est dressé procès-verbal, et le martelage des arbres réservés.

Quand le mode de traitement appliqué à la forêt n'a en vue que la production du bois de chauffage, il n'est pas marqué de réserves : c'est le cas des taillis simples. Au contraire, dans le traitement en taillis sous futaie, qui est le plus généralement adopté, on se propose d'élever en mélange avec le taillis, un certain nombre d'arbres susceptibles de fournir des bois d'œuvre et d'industrie qui resteront sur pied pendant une ou plusieurs révolutions. Les arbres ainsi désignés pour être réservés sont marqués, au pied seulement, d'une empreinte simple ou double, suivant la catégorie d'âge à laquelle ils appartiennent. Les arbres qui ne portent pas ces empreintes sont abandonnés à l'exploitation. On dit dans ce cas que le martelage a lieu « en réserve » ; les arbres réservés s'appellent les *baliveaux*.

Toutes les coupes sont vendues en bloc et sans garantie de nombre d'arbres, de cubage, de contenance, d'essence, d'âge et de qualité (cahier des charges, art. 1er). Il en résulte que les procès-verbeaux d'arpentage et de martelage, bien qu'établis par l'administration forestière seule, font foi contre l'adjudicataire, qui n'est pas admis à les contredire. Celui-ci peut, toutefois, avant de demander le permis d'exploiter, réclamer une vérification à l'effet de faire constater un déficit dans le nombre des arbres de réserve indiqués au procès-verbal de martelage ; mais il s'engage, par le seul fait de sa demande, à payer une indemnité, d'après un tarif déterminé, pour le travail des agents et gardes forestiers, s'il est reconnu qu'il n'existe pas de déficit (cahier des charges, art. 17). Si l'adjudicataire n'use pas de cette faculté, il ne pourra élever ultérieurement aucune réclamation contre les énonciations du procès-verbal de martelage, qui demeurera, jusqu'à la fin, la charte inaltérable de l'exploitation (Code forest., art. 29).

L'adjudicataire ne peut commencer l'exploitation de sa coupe avant d'avoir obtenu par écrit de l'agent forestier chef de service, le permis d'exploiter, à peine d'être poursuivi comme délinquant pour les bois qu'il aura coupés (Code forest., art. 30). Ce permis doit d'ailleurs être délivré aussitôt que l'adjudicataire présente les pièces justificatives exigées par le cahier des charges (ordonnance du 1er août 1827, art. 92). Le permis d'exploiter est l'acte qui confère à l'adjudicataire l'exercice effectif des droits qu'il tient du procès-verbal d'adjudication. A partir de ce moment la coupe est livrée à l'adjudicataire et placée sous sa surveillance ; en même temps naît pour lui une responsabilité assez étendue, dont on va retracer les principaux traits.

Envisagée au point de vue de son étendue territoriale, cette responsabilité n'est pas limitée à l'enceinte de la coupe ; elle s'étend, en outre, à une zone de 250 m. de large autour de la coupe, qu'on appelle l'*ouïe de la cognée* (Code forest., art. 31).

Considérée au point de vue de son objet et de sa sanction, cette responsabilité se présente sous un double aspect : elle s'applique d'une part aux délits et vices de l'exploitation proprement dite, et elle entraîne, d'autre part, tous les délits ordinaires qui peuvent être commis dans la coupe à l'ouïe de la cognée et qui sont imputés à l'adjudicataire par l'effet d'une présomption légale.

L'exploitation peut elle même être délictueuse, soit à raison de son objet, soit à raison de son mode d'exécution. Sous le premier rapport, il faut considérer l'outrepasse et l'abatage des réserves ; dans la deuxième catégorie on doit ranger : le travail de nuit, l'écorcement sur pied non autorisé, le mode d'abatage et le nettoiement des coupes, l'établissement de fosses à charbon, loges et ateliers, la traite des bois par les chemins non désignés, l'inobservation des délais de coupe et de vidange, le feu allumé en forêt dans les endroits non désignés par l'administration, les dépôts de bois étrangers aux ventes.

L'outrepasse est le fait d'un adjudicataire qui abat des

arbres en dehors des limites de sa coupe. Ce délit est puni d'une amende égale au triple de la valeur des bois non compris dans l'adjudication, lorsque ces bois sont d'une valeur inférieure ou égale à celle des arbres vendus, sans préjudice de la restitution de ces mêmes bois ou de leur valeur. Si les bois sont de meilleure nature ou qualité ou plus âgés que ceux de la vente, l'adjudicataire payera l'amende comme pour les bois coupés en délit et une somme double, à titre de dommages-intérêts (Code forest., art. 29). Pour que le délit d'outrepasse existe, il faut que l'abatage ait été pratiqué à la fois hors de la coupe et dans les limites de l'ouïe à la cognée ; si le délit a été commis à l'extérieur de cette zone, l'adjudicataire ne peut être poursuivi que comme délinquant ordinaire. L'outrepasse ne peut être excusée par la bonne foi de l'adjudicataire.

L'abatage des réserves a, avec l'outrepasse, un caractère commun, en ce sens que, dans les deux cas, l'adjudicataire exploite des arbres qui ne lui appartiennent pas ; mais, à l'inverse du délit précédent, l'abatage de réserves s'applique à des bois situés dans l'intérieur de la coupe. La peine prononcée est aussi différente.

L'adjudicataire est tenu de respecter tous les arbres marqués pour être mis en réserve, quelle que soit leur qualification, lors même que leur nombre excéderait celui porté au procès-verbal de martelage, et sans que l'on puisse admettre en compensation d'arbres coupés en contravention d'autres arbres non réservés que l'adjudicataire aurait laissés sur pied. Les amendes encourues par l'adjudicataire pour abatage ou déficit d'arbres réservés sont du tiers en sus de celles qu'aurait à payer un délinquant non adjudicataire pour un délit de coupe de bois d'après le tarif annexé à l'article 192 du Code forestier, sous préjudice de la restitution et des dommages-intérêts. Lorsque les bois ne peuvent être représentés, la valeur à restituer est estimée à une somme égale à l'amende encourue (*ibidem*, art. 33 et 34).

Les deux délits qui précèdent sont ceux que la loi réprime le plus énergiquement, parce qu'ils constituent une violation directe et frauduleuse du contrat intervenu ; l'aggravation de la peine s'explique par l'abus que l'adjudicataire fait de sa qualité en commettant ces infractions.

La loi ne punit d'ailleurs que l'abatage délictueux, et non le dommage involontaire qui peut être causé à des arbres réservés dans une coupe, par le fait de l'exploitation, notamment par la chute de sujets abattus par l'adjudicataire. Lorsque cette éventualité se produit, l'adjudicataire a la faculté de recourir à un règlement amiable en prévenant l'agent forestier local, qui juge s'il y a lieu de remplacer les arbres brisés par d'autres arbres choisis parmi ceux abandonnés à l'exploitation et qui détermine, le cas échéant, d'après un tarif fixé, le montant des indemnités dues pour le dommage causé (cahier des charges, art. 27).

Les prescriptions suivantes visent les exploitations qui sans être délictueuses à raison de leur objet, le deviennent par la manière vicieuse dont elles sont pratiquées :

Les adjudicataires ne peuvent effectuer aucune coupe, ni enlèvement de bois, avant le lever ou après le coucher du soleil, à peine d'une amende de 100 francs (Code forest., art. 35).

Il leur est interdit, à moins que le procès-verbal d'adjudication n'en contienne l'autorisation expresse, de peler ou d'écorcer sur pied aucun des bois de leur vente sous peine d'une amende de 50 à 500 francs (*ibidem*, art. 36).

Toute contravention aux clauses du cahier des charges concernant le mode d'abatage des arbres et au nettoiement des coupes est punie d'une amende de 50 à 500 francs (*ibidem*, art. 37). Parmi ces conditions, les unes sont d'une application générale, les autres sont variables suivant les circonstances locales et déterminées par le cahier des clauses spéciales.

Les adjudicataires qui veulent établir dans leurs coupes des fosses ou fourneaux pour charbon, des loges ou des ateliers, doivent, sous peine d'une amende de 50 francs par loge ou atelier établi en contravention pour cette disposition, en faire la demande aux agents forestiers qui désignent les emplacements de ces installations (*ibidem*, art. 38). La vidange des bois doit se faire par les chemins désignés au cahier des charges sous peine, contre ceux qui en pratiqueraient de nouveaux, d'une amende dont le minimum est de 50 francs et le maximum de 200 francs outre les dommages-intérêts (*ibidem*, art. 39).

La coupe et la vidange des bois doivent être terminées dans les délais fixés par le cahier des charges pour chacune dé ces opérations, à moins que les adjudicataires n'obtiennent de l'administration une prorogation de délai, à peine d'une amende de 50 à 500 francs et de dommages-intérêts au moins égaux à la valeur estimative des bois restés sur pied ou gisant sur les coupes. Il y a lieu, en outre, à la saisie des bois à titre de garantie, pour les dommages-intérêts (*ibidem*, art. 40). Au terme du cahier des charges, et sauf les modifications qui peuvent résulter des clauses spéciales, l'abatage des coupes, doit être terminé le 15 avril de l'année qui suit l'adjudication, si les bois ne doivent pas être écorcés, et le 1er juillet, si les bois doivent être écorcés ; la vidange doit être terminée le 15 avril de la deuxième année. S'il s'agit, par exemple, d'une coupe vendue en 1898, l'abatage devra être terminé le 15 avril 1900 (cahier des charges, art. **21**).

Il est défendu aux adjudicataires et à leurs ouvriers d'allumer du feu ailleurs que dans leurs loges ou ateliers, à peine d'une amende de 10 à 100 francs, sans préjudice de la réparation du dommage qui pourrait résulter de cette contravention (Code forest., art. **42**).

Les adjudicataires ne peuvent déposer dans leurs ventes d'autres bois que ceux qui en proviennent, sous peine d'une amende de 100 à 1.000 francs (*ibidem*, art. **43**).

A côté des vices d'exploitation proprement dits, certains faits peuvent obliger l'adjudicataire à une réparation civile, sans entraîner de poursuite correctionnelle. Cette situation se présente lorsqu'il s'agit soit d'un dommage involontaire, ainsi qu'on l'a vu pour des bois de réserve, soit de l'inexécution d'un engagement souscrit par l'adjudicataire. C'est ainsi que, dans la plupart des cas, l'adjudicataire est obligé par le cahier des charges à l'exécution de certains travaux accessoires, tels que le nettoiement des coupes des épines, ronces et arbustes nuisibles, la réparation des chemins de vidange et des fosses, le repiquement des places à charbon et autres ouvrages. Lorsque l'adjudicataire n'exécute pas ces travaux dans les délais fixés, les agents forestiers peuvent les faire exécuter en régie sur l'autorisation du préfet, qui arrête le mémoire des frais et le rend exécutoire contre l'adjudicataire (*ibidem*, art. **41**). Les actes de la mise en régie ne sont susceptibles d'aucun recours.

La responsabilité des adjudicataires, à l'occasion des délits commis dans les ventes, diffère de la responsabilité particulière qu'on vient d'analyser au point de vue sanction. Tandis que chaque délit est puni par la loi d'une peine spéciale, il n'est pas édicté pour les autres délits de pénalités particulières aux adjudicataires ; les peines applicables sont les peines ordinaires du Code forestier sans aggravation, ni atténuation. Cette responsabilité n'est pas d'ailleurs une responsabilité purement civile au sens de l'article 1384 du Code civil : elle s'étend à toutes les réparations pécuniaires qui peuvent résulter du délit constaté, et notamment à l'amende. Elle ne souffre aucune excuse et s'impose aux cautions comme à l'adjudicataire. Elle s'applique aux délits commis par les facteurs, ouvriers, bûcherons, voituriers et tous autres employés par l'adjudicataire (*ibidem*, art. 46), aussi bien qu'aux délits commis par des individus étrangers à l'exploitation (*ibidem*, art. 45). La loi présume que ces délits ont été commis par l'adjudicataire ou dans son intérêt.

L'adjudicataire a cependant un moyen de faire tomber cette présomption relativement aux délits commis par des étrangers ; il a, en effet, la faculté d'avoir un facteur ou gardevente agréé par l'agent forestier local et assermenté devant le juge de paix. Ce garde-vente est autorisé à dresser des procès-verbaux tant dans la vente qu'à l'ouïe de la cognée (*ibidem*, art. 31 modifié par la loi du 21 juin 1898). Lorsque ces procès-verbaux sont établis régulièrement et remis à l'agent forestier dans le délai de cinq jours, l'adjudicataire échappe à toute responsabilité (*ibidem*, art. 45).

Celle-ci n'est d'ailleurs pas indéfinie ; elle cesse lorsque l'adjudicataire a obtenu décharge de son exploitation à la suite du récolement (même article).

Lorsque l'exploitation est terminée, il faut s'assurer que l'adjudicataire s'est conformé aux diverses prescriptions qui viennent d'être énumérées. C'est l'objet du récolement qui doit intervenir dans les trois mois suivant le jour de l'expiration du délai accordé pour la vidange des coupes. Ces trois mois écoulés, l'adjudicataire peut mettre l'administration en demeure par un acte extrajudiciaire signifié à l'agent forestier local, et, si dans le mois après la signification de cet acte, l'administration n'a pas procédé au récolement, l'adjudicataire demeure libéré (*ibidem*, art. 487).

L'opération est faite en présence de l'adjudicataire, dûment appelé par un avis qui lui est signifié au moins 10 jours à l'avance ; si l'adjudicataire juge inutile d'assister à l'opération, le procès-verbal qui est dressé n'en est pas moins réputé contradictoire (*ibidem,* art. 48).

L'administration n'est d'ailleurs pas obligée d'attendre l'époque du récolement pour constater par procès-verbaux les délits ou vices de l'exploitation : ceux-ci peuvent être constatés et poursuivis pendant tout le cours de l'exploitation (*ibidem,* art. 44).

Si, dans le mois qui suit la clôture des opérations, l'adjudicataire ou l'administration n'ont pas requis devant le conseil de préfecture l'annulation du procès-verbal de récolement pour défaut de forme ou fausse énonciation, le préfet délivre à l'adjudicataire la décharge d'exploitation (*ibidem,* art. 50).

c) *Les exploitations dans les bois non soumis au régime forestier.* — Elles sont presque complètement libres : conformément au droit commun, c'est la convention intervenue qui fait la loi des parties. La seule restriction qui subsiste est celle qui est relative au défrichement. Sous prétexte d'exploitation les particuliers ne peuvent défricher leurs bois, dans certains cas où l'intérêt public est engagé : ces cas sont énumérés limitativement par la loi (*ibidem,* art. 219, 220 et 224).

§ 2. — CUBAGE DES BOIS

Pour estimer la valeur marchande d'une coupe il est nécessaire de connaître, au moins d'une façon approximative, le volume de sa production, pour cela on procède au *cubage de la coupe.* Pour que cette opération soit possible il faut d'abord effectuer le cubage des arbres, éléments de la coupe. Nous aurons donc à examiner en premier lieu les méthodes employées pour réaliser le *cubage d'un arbre.*

87. Cubage d'un arbre abattu. — L'arbre abattu, non façonné, constitue le *bois en grume* dit encore *bois pelard* parce qu'il possède son écorce.

On ne paie le bois que sur la base du bois parfait, c'est-à-dire en ne tenant pas compte de l'écorce et de l'aubier du bois en grume qu'on fera tomber à l'équarrissage.

Pour arriver à déterminer le volume de bois utilisable dans une bille ronde ou un arbre abattu, on procède à un cubage arbitrairement modifié suivant des conventions qui sont généralement adoptées : on l'appelle suivant les cas :

Cubage au quart sans déduction,

—   au cinquième déduit,

—   au sixième déduit, etc.

Pour procéder au cubage en grume, qui tient compte du volume total du bois, on commence par mesurer la longueur l de la pièce, considérée comme un cylindre, la circonférence moyenne C, à l'aide d'un ruban gradué, ou bien les circonférences des deux bouts dont on prend la moyenne arithmétique. Le volume V du cylindre est :

$$V = \frac{C^2}{4\pi} \times l$$

C'est le cube total.

Dans la pratique on fait presque toujours abstraction de l'aubier et pour cela on emploie une des méthodes suivantes, conventionnellement établies.

a) Par la *méthode au quart sans déduction*, on mesure la circonférence moyenne de l'arbre par-dessus l'écorce ; on prend le quart de la longueur obtenue et on le considère comme le côté d'un carré dont la surface serait équivalente à la section moyenne du bois parfait de la pièce considérée, autrement dit, on prend le 1/4 de la circonférence, on le multiplie par lui-même, puis par la longueur de la pièce.

Cette méthode donne le 0,785 du cube total.

b) La méthode au *cinquième déduit*, consiste à prendre la circonférence moyenne de l'arbre comme précédemment, à en retrancher un cinquième, puis à prendre le quart du restant, la dimension obtenue est considéré comme le côté du carré dont la surface est équivalente à la section moyenne du bois parfait.

Cette méthode donne le cube qu'aurait la pièce si elle était équarrie à arête vive sans aubier.

Le volume ainsi obtenu est environ la moitié du volume total soit 0,503.

c) Le cubage au *sixième déduit* diffère seulement du précédent en ce qu'on retranche le sixième au lieu du cinquième de la circonférence pour prendre le quart du restant comme côté d'équarrissage. Il correspond à un équarrissage moins parfait et donne comme résultat les 0,545 du bois total.

Il existe encore un cubage au 1/10 déduit, dans laquelle on retranche à la longueur de la circonférence, le 1/10 de cette circonférence.

Voici des exemples d'application des trois premières méthodes au cas d'un arbre qui aurait un tronc de 10 mètres de long, pour 2 m. 40 de circonférence moyenne. On arrive aux résultats suivants :

Méthode au quart sans déduction :

$$\frac{2,40}{4} = 0,60 \; ; \; 0,60 \times 0,60 \times 10 = 3,600$$

Méthode au cinquième déduit :

$$\frac{2,40 - \dfrac{2,40}{5}}{4} = 0,48 \; ; \; 0,48 \times 0,48 \times 10 = 2,304$$

Méthode au sixième déduit :

$$\frac{2,40 - \dfrac{2,40}{6}}{4} = 0,50 \; ; \; 0,50 \times 0,50 \times 10 = 2,500.$$

On voit que l'évaluation du volume de bois parfait varie beaucoup suivant la méthode employée, soit dans l'exemple ci-dessus, de 2 m. 304 à 3 m. 600. Il est donc de toute nécessité que dans un contrat passé entre vendeur et acheteur le mode d'estimation de cubage des bois soit nettement stipulé.

Le calcul au sixième déduit est celui qui se rapproche le plus de la vérité, en général ; aussi est-il souvent adopté par les marchands de bois.

La méthode au cinquième déduit s'applique mieux aux bois qui comportent un aubier important, comme le bois de chêne. Cette méthode se rapproche beaucoup de celle qui est usitée dans la marine pour calculer le bon bois des pièces brutes.

La méthode au quart sans déduction, est employée à Paris pour les bois de grume.

Le cubage au dixième déduit est le mesurage adopté par l'octroi de **Paris**.

La méthode dite du *cubage à vive arête*, consiste à remplacer la section moyenne par le carré inscrit ; pour cela, on prend comme côté de ce carré la circonférence mesurée, multipliée par 0,225. Cette méthode donne comme résultat 0,63 du cube total.

d) Cubage par pieds et pouces pleins. — Dans les chantiers des marchands de bois, où les arbres sont grossièrement équarris avec flaches sur les arêtes, le cube commercial fait abstraction des flaches et inégalités ; mais, pour tenir compte du cube manquant, l'usage est de ne mesurer les côtés d'équarrissage que de 3 en 3 centimètres, et la longueur par accroissements de 0,25. Tout ce qui excède les plus grands multiples de 0,03 pour les côtés de la section, tout ce qui dépasse le plus grand multiple de 0,25 pour la longueur, n'est pas compté, l'acheteur en bénéficie par conséquent. C'est une compensation des défauts ou flaches des pièces de bois.

Voici un exemple : un bois qui aurait 0 m. 415 de côté ne serait compté comme n'ayant que 0 m. 39, qui est le plus grand multiple de 3 contenu dans la dimension mesurée. Si la pièce a 10 m. 90 de longueur, par exemple, on admet qu'elle n'a que 10 m. 75, qui est le plus grand multiple de 0,25 contenu dans la longueur mesurée.

Pour les arbres abattus et nettement équarris, on multiplie la section moyenne, c'est-à-dire mesurée au milieu de la pièce, par la longueur.

e) Cubage à la ficelle. — Un autre cubage, dit à la ficelle, existe dans l'est de la France ; il consiste à prendre à l'aide d'un ruban la dimension du contour de la section moyenne en adoptant pour côté d'équarrissage le plus petit multiple de 0,02 ou de 0,03, contenu dans le quart de ce contour.

88. Cubage d'un arbre sur pied. — Le cubage d'arbre sur pied donne une mesure encore plus approximative que celui des arbres abattus et en grume. Il faut, pour l'évaluer, tenir compte, ici encore, de la hauteur et de la circonférence moyenne. La hauteur est celle de la partie utilisable, comptée de la limite de découpe, près du sol, jusqu'à la partie non susceptible d'œuvre. On peut l'évaluer de plusieurs façons : d'abord à l'aide d'une perche légère dressée contre la tige et donnant une unité de mesure pour la comparaison ;

il est bon de s'éloigner quelque peu, pour procéder plus commodément et plus exactement à l'évaluation. Cette méthode est très peu précise et laisse trop de champ à l'appréciation personnelle, elle dépend trop de l'opérateur. On peut employer des instruments qui fournissent des indications plus précises tel est le *dendromètre* : c'est un limbe gradué que l'on place près de l'œil dans le plan vertical de visée contenant l'arbre, la visée horizontale du pied de l'arbre et la visée du sommet forment un angle dont on lit la valeur sur l'appareil. Les divisions marquées indiquent les angles dont les tangentes sont **1, 2, 3**, etc., et comme ces tangentes sont des réductions de la hauteur de l'arbre, il suffit de se placer toujours à une même distance des arbres à mesurer pour traduire la lecture du limbe en mesure réelle ; par exemple, à 5 mètres de distance, un dendromètre indiquera **2, 3** pour des arbres de **10** ou **15** mètres de hauteur.

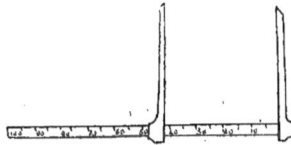

Fig. 119. — Compas forestier.

Pour mesurer la circonférence, on prend le tour de l'arbre à **1** m. environ au-dessus du sol ; on se sert pour cela d'un décamètre flexible, ou bien on mesure le diamètre à l'aide du compas forestier. Pour avoir la circonférence du milieu on fait subir à la mesure obtenue de la circonférence de la base une réduction qui est généralement la suivante :

1/15 pour les hauteurs d'arbre au-dessous de   6 m.
1/12   —   6-8 »
1/8   —   10-13 »
1/6   —   13-16 »

Ces facteurs de conversion peuvent d'ailleurs varier avec les essences. La hauteur et la circonférence moyenne étant obtenues, on peut évaluer le volume en assimilant le tronc d'arbre à un cylindre.

89. Cubage des branches et de la cime. — Une évaluation exacte est ici tout à fait impossible. Pour l'établir approximativement, on se sert des rapports de volume entre la cime et le fût que des observations et des expériences répé-

18

tées ont permis d'établir pour chacune des principales essences de la région.

Ce rapport varie non seulement avec les essences, mais
encore, pour une même essence, suivant que l'arbre a crû à
l'état isolé ou à l'état de massif ; il peut d'ailleurs se modifier
avec beaucoup d'autres circonstances dépendant de la végétation et le résultat qu'il donne est forcément une approxi-
mation grossière, on est cependant forcé de recourir à cette
méthode. Le rapport est d'environ 60 p. 100 quand le fût est
le quart de la hauteur totale de l'arbre ; il s'abaisse à **30** et
même **20** p. 100, quand le fût atteint ou dépasse les trois
quarts de l'arbre total.

Voici quelques exemples : un chêne de Lorraine donne
généralement **55** p. 100 ; un sapin des Vosges, **20** p. 100 et
un sapin du Jura, seulement **10** p. 100.

90. Cubage d'une coupe. — 1° *Cubage d'une coupe de
futaie.* — Deux cas sont à considérer : celui des feuillus et celui
des résineux. Lorsqu'il s'agit de feuillus on réunit les arbres
par catégories de grosseur, on suppose à chaque catégorie
une hauteur et une circonférence moyennes, qui servent à
évaluer leur volume. Le cubage ainsi effectué, se fait soit par
la méthode au cube réel, soit par celle au cinquième déduit
qui diminue le volume de près de la moitié. On l'exprime en
mètres cubes, sauf pour les bois de chauffage dont l'unité de
mesure est le stère, qui compte pour 1 m. 55 de bois, en
raison des vides. La cime fournit du bois de chauffage ; on
estime qu'elle produit 1/3 de chauffage et 2/3 de charbonnette.

Lorsqu'il s'agit des résineux, qui donnent du bois d'œuvre,
on cube en grume ; s'ils donnent du bois de chauffage on
fait l'évaluation en stères. La cime n'est plus que 15 à 20 p. 100
du fût et sa conversion en stères se fait sur la base de 2 stères
pour un mètre cube.

2° *Cubage d'une coupe de taillis.* — On ne peut dans ce
cas faire une évaluation ayant quelque précision. Il faut se
régler sur l'expérience pratique qui permet d'apprécier par
simple observation le volume de la coupe.

Cependant il est un procédé moins arbitraire, qui consiste
à prendre comme type de comparaison quelques ares de la

coupe dont on évalue le rendement après abatage et façonnage des produits ; c'est le *cubage par places d'essai*.

91. Traités de cubage des bois. — Nous n'avons pu, ici,
qu'indiquer les principes sur lesquels se fondent les méthodes ;
il existe des ouvrages spéciaux qui contiennent les calculs tout
faits des opérations que motive la pratique des cubages. Soit,
par exemple, des calculs faits du cubage des bois en grume
de 0 m. 06 à 3 m. de *circonférence*, de centimètre en centimètre, sur la longueur de 0 m. 25 en 0 m. 25 jusqu'à
16 mètres, soit au volume réel, soit avec conversion au quart
de la circonférence ou au cinquième, sixième, dixième déduit.

Ils peuvent contenir encore les calculs faits du cubage des
bois en grume de 0 m. 05 à 1 mètre de *diamètre*, de centimètre
en centimètre, sur la longueur de 0 m. 25 en 0 m. 25 à
16 mètres, au volume réel et avec conversion au quart sans
déduction et au cinquième, sixième, dixième déduit, etc.

Ces ouvrages qui peuvent renfermer encore d'autres indications que celles que nous précisons, sont d'une utilité pratique incontestable.

§ 3. — USAGES COMMERCIAUX

Nous considérerons successivement les usages qui se rapportent au bois de feu et aux bois d'œuvre.

I. Bois de feu. — Ils se débitent sur le parterre des coupes, où on les divise en billes dont les longueurs varient avec
les usages de chaque localité. Les plus grosses sont refendues
et constituent le *bois de quartier* ; celles qui sont de moins
forte taille et laissées intactes forment le *bois de rondin*. Les
rameaux et branchages sont réunis en faisceaux et constituent
les *fagots* et *bourrées*, le mot bourrée désignant plus spécialement les menus branchages. Lorsque les bois sont destinés
à la fabrication du charbon, on les débite en billes de longueur généralement moindre que celle des rondins, et ayant
au plus 2 à 3 cm. de diamètre. Ces menus rondins sont dits :
charbonnette.

Indépendamment des noms précités, dont l'usage est
général, le commerce en a adopté beaucoup d'autres ; ainsi,
à Paris, il y a les *cotrets*, les *falourdes* et les *margotins*.

Les bois de quartiers et les rondins peuvent être appelés sous le nom commun de *bois de corde*. Les bois de corde peuvent d'ailleurs recevoir des noms différents suivant la manière dont ils sont arrivés à destination. C'est ainsi qu'il y le *bois neuf* qui est celui arrivé par chemin de fer, bateau ou charroi ; le *bois de flot*, arrivé par flottage dans les rivières ou canaux ; une immersion trop prolongée lui communique parfois un commencement d'altération qui le fait moins estimer que le bois neuf ; le *bois de gravier*, ou demi flotté, qui n'a été soumis qu'à un flottage de courte durée. Les bois de corde se vendent soit au volume, soit au poids. L'unité de volume est le *stère* ou mètre cube, c'est un cube ayant 1 mètre dans ses trois dimensions ; il diffère du mètre cube en ce qu'il comporte les interstices existant entre les bûches. Le volume réel du stère, c'est-à-dire déduction faite des vides, varie avec la forme plus ou moins régulière des bûches et les soins apportés à l'empilage. En admettant un empilage consciencieusement fait, on peut adopter comme volume réel du stère les chiffres suivants :

Bois de quartier droit à surface unie.   0 mc. 70 à 0 mc. 60
Quartiers raboteux et rondins . . .   0 mc. 55
Branches . . . .   0 mc. 50 à 0 mc. 45

Voici, d'autre part, d'après Chevandier, les poids du stère pour quelques bois, suivant qu'ils sont en quartiers de troncs, ou en rondins.

	Chêne	Hêtre	Charme	Bouleau	Aune	Sapin	Epicea
Quartiers.	371	380	370	338	293	277	256
Rondins	277	304	298	269	283	287	281

Un stère est donc loin de représenter toujours la même quantité de bois. La vente au volume n'offre de garantie que si les conditions de livraison son bien spécifiées et si l'empilage est surveillé attentivement.

Le stère est la seule mesure légale depuis 60 ans ; on fait cependant fréquemment emploi de mesures locales et surtout de la *corde* et de la *moule*.

Les dimensions, et par suite le volume, de la corde, sont très variables suivant les localités. On peut toutefois distinguer surtout :

1° La *corde des eaux et forêts*, dite corde de l'Ordonnance (elle a été réglée par l'Ordonnance de 1669) ; elle a 8 pieds de couche, 4 pieds de haut et 3 pieds 6 pouces de longueur en bûche. Elle équivaut à 3 stères 840. La *voie* de Paris équivaut à une demi-corde d'ordonnance, soit 1 stère 920 ;

2° La *corde de port*, qui a 8 pieds de couche, 5 pieds de haut, 3 pieds 6 pouces de longueur en bûche. Elle équivaut à 4 stères 800.

Le *moule* est une très ancienne mesure, supprimée en 1669, on a cependant continué à en faire usage dans certaines localités. Il représente un solide ayant 4 pieds sur chaque face.

La *vente au poids*, usitée à Paris et dans le midi de la France, a des inconvénients qu'il est bon de signaler. Le poids varie beaucoup pour une même bûche suivant son degré de dessiccation et il est difficile d'indiquer le poids normal d'un stère de chauffage. On peut, cependant, admettre les moyennes suivantes pour les bois ayant un an de coupe :

Stère de chêne vert non écorcé . . .	500 kilogr.
Stère de chêne, de hêtre et de charme.	400 à 500 »
Stère de tremble, d'aune, de bouleau ou de résineux.	300 à 350 »

II. Bois d'œuvre. — Pour les bois de grume et les bois équarris l'unité de vente est, en France, le mètre cube ou le 1/10 de mètre cube, improprement nommé *décistère*.

Nous avons dit, au chapitre cubage, comment on calculait le volume de ces pièces, en suivant des usages généralement adoptés dans une région déterminée.

Il nous reste à parler des bois de sciage et des bois de fente (merrains).

Les sciages de chêne se vendent au mètre courant ou au mètre superficiel. Dans la vente au mètre courant les prix se font par longueur de 208 mètres. Les madriers et plateaux se vendent au décimètre. Les planches de résineux des Vosges se vendent au cent, celles du Jura au m², les lattes au mille ou à la botte. A Paris la botte équivaut à 50 lattes.

Au Canada les bois sciés se vendent à tant les 1.000 pieds « mesure de planche » (en anglais *board measure*), la planche type étant supposée de 12 pouces de large et 1 pouce d'épaisseur : 1.000 pieds B. M. équivalent à 2 mc. 36.

Les unités de vente des merrains sont extrêmement variables ; elles portent généralement le nom de *millier*, mais le nombre de pièces entrant dans ce qu'on appelle un millier est fort différent d'une région à l'autre. A Bordeaux, l'unité de vente des merrains de Bosnie comprend 1.616 douves. Le millier de merrains, façon Nouvelle-Orléans, équivaut à 1.200 pièces.

Pour les *bois du nord*, les transactions se font en mesures anglaises tant pour la vente que pour l'affrètement. L'unité la plus usitée a reçu le nom de *standard* de Saint-Pétersbourg. Pour les planches et les madriers le standard comprend 150 pieds cubes, soit 4 mc. 245 et pour les bois ronds, 120 pieds cubes ou 3 mc. 396. Les autres mesures connues sous les noms de standart de Christiania, standard de Drontheim, standart de Viborg, sont moins souvent employées. Le *last* de Riga comprend 80 pieds cubes anglais (2 mc. 26) pour les bois sciés et équarris et 65 pieds cubes (1 mc. 84) pour les bois ronds. Le *load*, usité en Angleterre a 50 pieds cubes, soit 1 mc. 415.

III. DIMENSIONS DES BOIS DE COMMERCE. — A) *Bois de construction non travaillés*. — On peut cataloguer les bois de construction *non travaillés* ou *bruts*, d'après leurs dimensions, de la façon suivante :

a) *D'épaisseur extraordinaire*, lorsque pour une longueur supérieure à 14 mètres le petit bout mesure une épaisseur supérieure à 34 cm. ;

b) *D'épaisseur ordinaire*, lorsque pour une longueur supérieure à 12-14 mètres, le petit bout mesure une épaisseur de 29 à 34 cm. ;

c) *Bois de moyenne construction* ou *bois d'entretoise*, lorsque pour une longueur de 9-12. m 50, il a 21-26 cm. d'épaisseur au petit bout ;

d) *Bois de petite construction* ou bois de chevrons, lorsque pour une longueur de 9-11 mètres, il a 13 cm. d'épaisseur au petit bout ;

e) *Bois à planches épaisses* (madriers, cartelles), lorsque pour une longueur de 7 à 9 mètres, il a 13 cm. d'épaisseur au petit bout ;

f) *Bois à lattes*, qui a 6-7 mètres de longueur pour 8 cm. d'épaisseur au petit bout ;

g) Arbres auxquels s'attachent les champignons, comprenant les bois ayant 9-12 m. 5, sur 21 à 2 cm. d'épaisseur ;

h) *Blocs ou billes de sciage* (tronçons de long bois), 5 à 8 mètres de long sur 36 à 47 cm.

B) *Bois travaillés.* — Les dimensions des bois d'œuvre que l'on trouve dans le commerce sont variables suivant les espèces et les provenances, il y a là un véritable vice qu'il n'y a guère d'espoir de pouvoir corriger.

a) *Bois de charpente.* — Les gros bois destinés à la charpente ne sont pas débités suivant des dimensions fixes : les grumes sont utilisées telles qu'elles se présentent, de manière à donner le moins de déchets possible, elles sont simplement écorcées puis équarries a arêtes flacheuses. On les subdivise en *bois de qualité* et en *bois ordinaires*, suivant leur dimension en section transversale.

Pour le chêne, le bois ordinaire est compté jusqu'à 0m. 29 de côté et 8 mètres de longueur exclusivement, au-dessus le chêne est de qualité.

Ce dernier se distingue en :

Petit arrimage, constitué par les morceaux de 0 m. 30 à 0 m. 36 de grosseur sur 8 mètres de long et plus ;

Moyen arrimage comprend les billes de grosseur de 0 m. 37 à 0 m. 42 et de toutes longueurs ;

Gros arrimage comporte deux catégories : la première de 0 m. 43 à 0 m. 48 et la seconde de 0 m. 49 et au-dessus.

Le *sapin* est considéré comme *bois ordinaire* (poutrelles et sapin ordinaire) tant qu'il ne dépasse pas 0,29 de diamètre quelle que soit sa longueur ; au-dessus c'est le *sapin de qualité* (ou gros bois, poutre, etc.).

Le sapin de qualité compte trois catégories de prix différents :

1° de 0 m. 30 à 0 m. 41 de grosseur ;

2° de 0 m. 42 à 0 m. 50 ;

3° de 0 m. 51 et au-dessus.

b) Les *bois de sciage* proprement dits, que l'on oppose aux bois équarris ou de charpente, sont obtenus en divisant, à l'aide de la scie, les bois équarris. On obtient ainsi le plus souvent des planches plus ou moins épaisses. Les bois de sciage du commerce sont, en effet, de dimensions différentes suivant qu'il s'agit de chêne, du sapin ou d'autres essences.

Le tableau de la page 281 donne les dénominations et dimensions en usage dans le commerce, notamment à Paris (Emprunté au Dictionnaire des arts et manufactures de Laboulaye).

Chêne. — Tous les échantillons mentionnés dans le tableau en question, se vendent au mètre, et généralement par cent mètres. Le prix de comparaison est celui de la *planche* proprement dite ou bois de 15 lignes (0 m. 034 à 0 m. 042 sur 0 m. 22 à 0 m. 25) : ces mesures sont les mêmes qu'au temps où on comptait par pouces et lignes : ainsi le panneau et le feuillet sont des pièces de 9 pouces sur 9,6 ou 3 lignes, la volige a des dimensions très rapprochées.

On trouve encore dans le commerce des frises pour parquets toute rainées et munies de languettes de 0 m. 027 et de 0 m. 034 d'épaisseur, et dont la largeur varie de 0 m. 06 à 0 m. 11.

On trouve aussi des plateaux de 0 m. 08, 0 m. 10, 0 m. 12 d'épaisseur, sur une largeur qui varie de 0 m. 30 à 0 m. 50 ; ils se vendent au stère.

Le *chêne de Champagne* est considéré comme le plus résistant et le plus durable ; en menuiserie on préfère le bois plus gras comme le *chêne de Fontainebleau.*

Le *chêne des Vosges* est supérieur aux deux précédents pour les ouvrages de luxe.

On appelle *chêne de Hollande*, celui qui est débité sur maille, il n'est point exposé à se fendre ou à se gondoler, mais il ne se polit pas bien et les mailles restent toujours plus saillantes que le fond.

Sapin et autres résineux. — Outre les échantillons mentionnés dans le tableau précédent, il existe, comme pour le chêne, des frises rainées pour parquets de 0 m. 027 d'épaisseur (0 m. 025 effectifs) et ordinairement de 0 m. 11 de largeur.

Le meilleur sapin est le sapin du nord qui est solide facile à travailler, sa couleur rouge et ses veines en font un beau bois décoratif, il donne de bons assemblages ; comme on ne le gemme.pas avant de l'abattre, il conserve sa gomme et ses résines, ses pores sont, par conséquent plus pleins,

Tableau des dimensions et dénominations en usage dans le
commerce.

Dénominations	Longueur L en m.	Largeur l en mm.	Epaisseur en mm.	Observations
Chêne de bateau :				
De rebut	»	»	27	Remplissage, L et *l*
Cloisons de cave . .	»	»	27-41	variables.
Chêne de Champagne :	.			
Feuillet	2 00	230	13	
Panneau.	—	230	20	
Entrevoux.	—	230	27	
Planche	—	230	34	
—	—	220	41	Le chêne de Cham-
—	—	200	47	pagne à Paris est
Doublette	—	320	54	généralement flotté
Petit battant. . . .	—	234	75	
Membrure.	—	160	80	
Batt. de porte coch.	—	320	110	
Chevrons	—	80	80	
Sapin de bateau :				
De rebut.	»	»	27	
Marchand	1 95-5,85	220	27	Remplissages,
D'échafaudage. . .	»	»	34-41	ouvrages provisoires.
Plats-bords.	17-22,75	330-360	54 55	
Sapin de Lorraine :				
Roannais	16 00	320	80	
Feuillet.	3 57	320	13	
Planche	3 57	320	27	Menuiserie commune.
—	3 90	320	34	
—	3 90	250	41	
Sapin du Nord :				
Petit madrier . . .	3 90	220	54-65	
Feuillet	2 00	220	13	
Panneau.	—	220	20	
Planche.	—	220	27	Non flotté.
—	—	220	34	
Madrier	—	220	80	
Chevrons	—	80	10	
Bastingages	—	160	40-65	
Peuplier :				
Voliges	2 00	217	14-16	Couverture.
Planches.	2 00	230	27	

plus gras et moins sensibles aux influences atmosphériques.

Il se fait en France une énorme consommation de sciages de résineux, dont la légèreté et la facilité avec laquelle ils se laissent travailler, le bon marché relatif, font des bois susceptibles de très nombreux usages. Ces sciages arrivent, soit de nos régions de montagnes, soit de l'étranger. Dans les Vosges la planche proprement dite de sapin est généralement débitée à 4 mètres de long et 0 m. 027 ou 1 pouce d'épaisseur avec des largeurs de 12 pouces, 9 pouces, 8 pouces. En exprimant les longueurs en pieds on donne à ces planches les dénominations de 12/12, 12/9, 12/8. On fait, en outre, des madriers de 0 m. 08 sur 0 m. 22, des travures de 0 m. 08 sur 0 m. 16. Dans le Jura on fabrique des planches de 0 m. 040, 0 m. 035, 0 m. 030 et 0 m. 027 d'épaisseur.

Les sciages de résineux, qui proviennent de l'étranger, arrivent surtout de Suède, Norvège, Russie et Finlande et moins souvent des Etats-Unis et du Canada. Ce sont surtout des bois de pin sylvestre, d'épicéa et de mélèze, désignés improprement dans le commerce sous le nom générique de sapin. On distingue toutefois le *sapin rouge* qui désigne les pin et mélèze et le *sapin blanc* qui provient d'épicéa.

Les dimensions des bois du nord sont exprimées en mesures anglaises, les épaisseurs et largeurs sont données en pouces ; ainsi un madrier 3/9 est une pièce de bois mesurant 3 pouces anglais d'épaisseur sur 9 pouces anglais de largeur. Le pouce anglais équivaut à 0 m. 0254. Les madriers ont au moins 3 pouces d'épaisseur sur 8 pouces de largeur ; le madrier type, qui fixe le prix de tous les autres, est le 3/9 : les batteurs ou bastings ont 2 à 3 pouces d'épaisseur ; les planches ont 2 pouces, 1 pouce 1/2, 1 pouce 1/4 d'épaisseur ; les planchettes ont 1 pouce et 5/8 de pouce d'épaisseur.

Peuplier. — Il se trouve dans le commerce sous forme de planches et voliges dont le tableau ci-dessus indique les dimensions. On le trouve aussi en plateaux larges d'une épaisseur variable.

Hêtre. — Il se débite en planches et plateaux de dimensions variables, soit :

Entrevous ou feuillet de   0 m. 216   à 0 m. 243 de largeur
                    sur   0   033   à 0   031 d'épaisseur.

Membrure de....	0	165	à 0	200 de largeur
	sur	0	11 à 0	08 d'épaisseur.
Doublette ou trappe..	0	33 sur 0	075 à 0 m. 081
Quartelot.....	0	236 sur 0	036.

Autres bois de sciage. — La plupart des autres bois que l'on trouve dans le commerce, débités au sciage, sont à l'état de plateaux.

Les bois de sciage se vendent au mètre cube pour les fortes dimensions, au mètre superficiel pour les planches.

c) *Bois de fente.* — Les bois de fente sont des bois débités autrement qu'à la scie, c'est-à-dire refendus suivant le sens des fibres, on les appelle encore *bois de refend*. Le bois ainsi débité a forcément peu de longueur, soit 1 m. 33 à 1,45 ; il forme des planches connues sous le nom de *merrains* qui servent à faire des tonneaux, cuves, baquets, parquets, ou bien des *lattes,* plus étroites encore, utilisées pour les plafonds, cloisons, clôtures légères et treillages.

Le merrain de chêne a une épaisseur de 0,033, 0,040 ou 0,047 sur 0,13 à 0,16 de largeur. Il sert dans le bâtiment à faire des parquets choisis et des panneaux. Les bois de refend se débitent, en général, dans les bois durs chêne : ou châtaignier.

Les merrains destinés à la fabrication des tonneaux sont de deux sortes : les *longailles, douves* ou *douelles*, qui servent à construire le corps du tonneau : longueur 0 m. 83 à 0,87, et les *fonçailles, fonds* ou *traversins*, qui ont de 0 m. 50 à 0,67. Le merrain assorti se compose de 2/3 de longailles et de 1/3 de fonds.

Pour les tonneaux destinés à transporter les matières sèches, on se contente généralement d'employer les bois de sapin, pin maritime, peuplier.

Il y a lieu de connaître les dimensions des merrains d'importation, car la France fait de ces bois une consommation supérieure à sa production.

C'est l'Autriche-Hongrie qui est le principal centre d'approvisionnement de merrains de chêne. Ils sont connus dans le commerce sous le nom de *merrains de Bosnie* ; leur longueur est de 0 m. 91 à 0 m. 97 (34 à 36 pouces), leur largeur, 0 m. 10 à 0 m. 16. Ils sont divisés en qualités correspon-

dant aux épaisseurs de 12 à 14 lignes (0 m. 027 à 0 m. 032);
14 à 16 lignes (0 m. 032 à 0 m. 036); 16 à 18 lignes (0 m. 36
à 0 m. 41); 18 à 20 lignes (0 m. 41 à 0 m. 045).

Les merrains de la mer Baltique (Russie, Allemagne) portent le nom de *merrains de Dantzig* dans le commerce; leur
longueur varie de 0 m. 54 à 0 m. 97, leur largeur de 0 m.10
à 0 m. 16, leur épaisseur de 0 m. 074 à 0 m. 081).

Les Etats-Unis se sont mis à fabriquer des merrains, façon
Bosnie, pour pouvoir lutter sur nos marchés avec l'Autriche-
Hongrie. Les douves *façon Nouvelle-Orléans* ont 40 à 60 pouces de long, 4 p. 1/2 à 5 pouces de large et 1 pouce à 1 p. 1/2
d'épaisseur (mesures anglaises).

La *latte* de chêne a 0,005 à 0,010 d'épaisseur sur 0,04 de
largeur et 1 m. 33 de longueur; elle constitue soit la latte
de cœur, soit la latte ordinaire, suivant qu'elle est constituée
par le cœur ou par l'aubier.

Le *bardeau* est une latte qui n'a que 0 m. 33 de longueur.

On fait en outre des lattes en châtaignier et en résineux.

Il est utile de citer encore les dimensions usitées d'un certain nombre de bois d'œuvre non susceptibles de rentrer dans
les catégories précédentes.

d) *Traverses de chemins de fer.*— La longueur des traverses
est comprise entre 2 m. 50 et 2 m. 75; l'épaisseur varie de
0 m. 13 à 0 m. 18; la largeur, de 0 m. 20 à 0 m. 30. Ces
dimensions permettent de débiter ces traverses dans des
arbres d'âge moyen, dont le diamètre est encore trop faible
pour permettre de beaux sciages, c'est-à-dire dans des bois
de second choix. Leur section est rectangulaire le plus souvent; elles sont à arêtes vives, mais on tolère parfois de
l'aubier aux deux angles supérieurs, tout en conservant sous
les rails ou coussinets une surface d'appui de 0 m. 11 de largeur au moins.

Les dimensions sus-indiquées sont celles qui ont été pratiquement reconnues nécessaires pour supporter convenablement les pressions des rails sur la traverse, ainsi que sur le
ballast qui lui sert d'assiette, et de plus pour s'opposer au
déplacement longitudinal de la voie sous l'action des trains
en marche.

Les bois employés sont le chêne et le hêtre et parfois le

pin ou sapin sur les voies de garage ou sur les parties de
voies ou lignes droites destinées à être peu fatiguées. On augmente la durée des traverses en les injectant de substances
antiseptiques.

e) *Poteaux télégraphiques.* — La longueur des poteaux
ordinaires varie entre 7 à 10 m., celle des poteaux d'exhaus-
sement de 10 à 12 m. Les arbres doivent avoir, d'après les
cahiers des charges des fournitures faites au service télé-
graphique français, un diamètre au sommet d'au moins
0 m. 10 et à 1 mètre de la base un diamètre minimum de
0 m. 18, 0 m. 22 ou 0 m. 26, suivant qu'il s'agit de poteaux
de 8, 10 ou 12 m.

En France, ils sont presque tous de pin sylvestre (non
gemmé) ou de sapin. On les injecte.

f) *Etais de mines.* — On les distingue en *perches* et *étan-
çons.* Chaque compagnie de mines a sa classification, cependant au fond elles sont peu différentes, et celle qui est indiquée dans les tableaux page suivante peut être prise comme
type.

g) *Pavages en bois.* — Les dimensions les plus usitées à
Paris sont :

0 m. 22 de longueur, 0 m. 15 de haut et 0 m. 08 d'épaisseur.

Les bois employés généralement sont : le pitchpin, le pin
maritime, etc., et des bois exotiques : teck, jarrah, liem du
Tonkin, etc.

APPENDICE. — *Classement des bois résineux pour mâture* (1)
(Tarif du 25 février 1848). — Les bois de mâture sont
classés, d'après leurs dimensions, en mâts, mâtereaux, menus
mâtereaux.

Ces pièces sont dites *régulières* lorsqu'il y a entre leurs
dimensions : longueur, grand et petit diamètres, certaines
relations que nous allons donner.

Les diamètres sont donnés avec une tolérance d'aubier de
0 mm. 75 par centimètre sur le diamètre.

Les longueurs L de mâts réguliers croissent de mètre en
mètre.

Le grand diamètre D, qui se nomme aussi le *grand pro-*

(1) Analysé d'après M. Alheilig.

Perches

Classes	Dimensions		
	Longueur	Circonférence au petit bout	Circonférence à 1ᵐ60 du pied avec écorce
	mètres	cm.	cm.
Perches dites de 6 coups. . . .	10	30	60 à 72
—　　5　—	9 à 10	25	48 à 60
—　　4　—	9 à 10	20	40 à 48
—　　3　—	9 à 10	17	32 à 40
—　　2　—	8 à 9	12	26 à 32
—　　1　—	7 à 8	10	20 à 26
—　　S　—	6 à 7	08	16 à 20

Etançons ou bois débités

Classes	Longueur des pièces	Circonférence au milieu (écorcés)
	mètres	centimètres
	3 00	38 à 45
	2 50	35 à 40
	2 00	40 à 45
1ʳᵉ classe	1 80	35 à 40
	1 60	35 à 40
	1 50	35 à 40
	1 40	30 à 34
	1 30	30 à 34
2ᵉ classe.	1 20	25 à 30
	1 00	24 à 27
Rallonges	3 00	18 à 24
Queues	1 20	12 à 17

portionné, a un nombre de centimètres égal à trois fois le nombre de mètres contenus dans la longueur ; il se mesure au $\frac{1}{6}$ de la longueur à partir du pied. On voit que les grands diamètres croissent de **3** en **3** centimètres (cette longueur de **3** cm. forme une palme).

Le petit diamètre *d* ou *petit proportionné*, se mesure au bout de la longueur, et il doit être égal aux $\frac{2}{3}$ du grand diamètre.

La formule d'un mât régulier est donc :

$$d \text{ cm.} = \frac{2}{3} D \text{ cm.} = 2L \text{ m.}$$

Pour mesurer une pièce de mâture, et la classer comme mât régulier, on évaluera la longueur de façon qu'elle soit un multiple de **30** centimètres, en comptant pour 30 centimètres tout reste plus grand que 15 centimètres. De même, le grand diamètre sera un multiple de **3** centimètres, en comptant pour 3 centimètres un reste supérieur à 15 millimètres et le petit diamètre un nombre entier de centimètres, en comptant pour 1 centimètre une fraction de plus de 5 millimètres.

Si le mât est ovale à l'un des proportionnés, on prendra la moyenne du plus faible et du plus fort diamètre.

Le grand proportionné est mesuré au $\frac{1}{6}$ de la longueur totale, et le petit à la longueur du mât régulier qu'on veut obtenir. Ce mât régulier est celui dont les dimensions sont au plus égales à celles qu'on a trouvées.

Les excédents des dimensions sur celles du mât régulier sont comptés en arrondissant les chiffres suivant les règles précédentes ; ils servent pour l'évaluation du prix du mât.

Exemple. — Une pièce a **18** m. **65** de longueur, **0** m. **558** de diamètre à **3** m. **10** du pied et **0** m. **354** à **18** m. du pied.

Le plus grand mât qu'elle pourrait fournir en longueur serait de **18** m. et aurait D = **0** m. **54**, *d* = **0** m. **36**.

Le petit diamètre est donc insuffisant. La classe inférieure donnera L = **17** m., D = **51** cm., *d* = **34** cm., et les excédents seront 1 m. 60 sur la longueur, 6 m. sur le grand diamètre et 1 cm. sur le petit.

Les *mâts proprements dits*, dont la formule est

$$d \text{ cm.} = \frac{2}{3} \text{ D cm.} = 2\text{L}$$

sont compris entre les limites :

$d = 60$ cm.		$d = 34$ cm.
D $= 90$ cm.	et	D $= 51$ cm.
L $= 30$ cm.		L $= 17$ cm.

Pour les *mâtereaux*, la même règle donnerait des longueurs trop faibles, on emploie alors les formules :

$$d = \frac{2}{3} \text{ D} \quad \text{et} \quad \text{L m.} = \frac{1}{10} \text{ D cm.} + 12$$

et les valeurs extrêmes sont :

$d = 32$ cm.		$d = 24$ cm.
D $= 48$ cm.	et	D $= 36$ cm.
L $= 16$ m. 80		L $= 15$ m. 60

Enfin, pour les *menus mâtereaux*, on a :

$$d = \frac{2}{3} \text{D} \quad \text{et} \quad \text{L m.} = \frac{1}{3} \text{ D cm.} + 4$$

et les limites sont :

$d = 22$ cm.		$d = 16$ cm.
D $= 33$ cm.	et	D $= 24$ cm.
L $= 15$ m.		L $= 12$ m.

On voit que les trois groupes de bois de mâtures forment une série continue dont les grands diamètres décroissent par 3 cm. depuis 90 cm. jusqu'à 24 cm.

Mâts tronçonnés. — Les mâts tronçonnés sont ceux qui se trouvent coupés par des nœuds réunis ou par un vice au-dessous de la longueur régulière, sont cependant capables, avec leur longueur réduite, de former des beauprés d'une seule pièce.

Ils ont les diamètres des mâts réguliers depuis D $= 81$ cm. jusqu'à D $= 51$ cm. mais leur longueur est donnée par la formule L m. $= 0,2$ D cm. $+ 1,8$ Au-dessous de 12 mètres on les classe comme billons.

Les mâtereaux et menus mâtereaux doivent être d'une belle essence, droite, sans défauts, et ayant au moins la longueur portée au tarif.

Espars. — Les espars sont d'échantillons plus faibles que les bois de mâture et servent à faire les mâts et les vergues d'embarcation, les bouts-dehors de bonnette, etc. On les reçoit en grume et ils ont les dimensions suivantes :

Grand diamètre . . .	12 cm.	15 cm.	18 cm.	21 cm.
Petit diamètre. . . .	8 cm.	10 cm.	12 cm.	4 cm.
Longueur	6 à 8 m.	8 à 10 m.	9 à 11 m.	10 à 12 m.

Ils proviennent de jeunes pins de bonne essence et ont un bois blanc ou légèrement teinté de rose.

§ 4. — PRIX DES BOIS

Ce prix s'évalue en adoptant les unités de mesure suivantes :

Le *stère* pour le bois de chauffage et la charbonnette ;

Le *mètre cube* pour la charpente et l'industrie ;

Le *cent* pour les fagots et les bottes d'écorces.

Le prix des bois varie avec les régions et les marchés. L'éloignement des centres de production augmente les prix par suite de la cherté plus ou moins grande des transports. Ils peuvent se modifier aussi suivant les variations de l'offre et de la demande. On ne saurait donc demander des chiffres ayant une valeur constante, le mieux est d'avoir recours aux mercuriales locales. On peut dire cependant que la variation du prix d'un arbre est proportionnelle au cube de son diamètre, en raison de la meilleure utilisation des belles pièces.

Voici quelques indications qui n'ont de valeur que sous les réserves que nous venons de formuler.

95. Bois de feu. — L'unité de vente est le stère ou la corde. Le stère sert à évaluer le bois de moulée. Il vaut

6 francs le stère de 480 kilos sur pied (1) et comprend des brins d'au moins 7 centimètres ; le bois de corde contient des bûches de 3 à 6 centimètres (la menuise), des brins de 2 à 3 (la charbonnette hachée) et du menu. La corde a les dimensions suivantes : 5 m. 65 × 0 m. 65 × 0 m. 70, ce qui équivaut à environ 2, 3 stères (de 300 kilos) et vaut 8 francs en forêt.

La vente au volume entraîne toujours une forte indétermination à cause des vides existant entre les bûches ou brins. La vente au poids n'est pas exacte non plus à cause de la teneur variable du bois en eau.

Les formes de vente sont : les bûches (rondins et bûches fendues), les fagots, les cotrets et les margotins.

Charbon de bois. — L'unité de vente est généralement l'hectolitre qui pèse 20 à 25 kilogr. A Paris on vend au poids (exprimé en kilogr.) ou au sac contenant un nombre déterminé de kilogr. Le *beau sac* mesure 150 × 80, il contient 3 hectolitres et pèse 58 à 60 kilos suivant le sens et le mode de carbonisation, son prix est inférieur à 3 francs en forêt, il est de 5 francs à Paris (2).

Un stère produit par carbonisation de 3 à 3 1/2 hectolitres de charbon, la corde de charbonnette donne 2 sacs et demi de charbon. Le rendement de la transformation est en somme à peine 20 p. 100.

96. Bois d'œuvre. — Les prix moyens sont pour la tonne :

		A l'importation	A l'exportation
Bois de construction (ronds)	Chêne . .	85 fr.	75 fr.
	Noyer . .	180 »	100 »
Traverses de chemins de fer	Chêne . .	70 »	75 »
	Autres . .	60 »	65 »
Bois sciés (épaisseur inférieure à 8 cm.)	Chêne . .	150 »	145-180 »
	Noyer . .	90 »	100-1.000 »
	Autres . .	95 »	100 »

(1) Voici d'autre part, les prix moyens du stère de bois de chêne, en 1901, d'après le *Bulletin du ministère de l'agriculture* : moyenne sur les 86 départements : 11 francs (c'est aussi celle des années 1880-1900) ; maximum : 19 francs (Ardèche) ; minimum : 5 fr. 36 (Creuse). Dans le Rhône : 18 francs.

(2) Le voyage aplatit le sac, et à son arrivée à Paris, des 3 hl. 4, il ne reste plus guère que 2 hl. 6 à 2 hl. 7.

On trouvera au Chapitre neuvième des indications concernant la valeur des produits que l'on peut obtenir des principales essences.

Bois de marine. — Le prix d'achat des *mâts* est établi, non pas d'après le cube, mais à tant le mât régulier de telle dimension, de sorte qu'il y a autant de prix de base que de mâts réguliers. Le prix croît d'ailleurs un peu plus vite que le cube du diamètre, à cause de la difficulté plus grande de se procurer des pièces d'échantillons supérieures.

Les excédents en longueur et en diamètre sont payés d'après un tableau spécial fixé par le même tarif.

Les mâts tronçonnés seront reçus au stère et le prix en sera réglé, suivant les grosseurs, dans chaque marché particulier.

§ 5. — DROITS DE DOUANE

On verra, en consultant le tableau suivant, que les droits qui frappent les bois et les produits ligneux à leur entrée en France sont calculés, comme cela a lieu d'ailleurs pour tous les produits étrangers, d'après deux tarifs : l'un dit *tarif minimum* qui s'applique aux produits des pays qui accordent un traitement de faveur aux produits français et un *tarif général,* qui s'applique dans tous les autres cas. Le tarif minimum est appliqué à tous les pays européens sauf au Portugal.

En outre deux surtaxes peuvent venir augmenter les droits désignés dans les deux tarifs : 1° la *surtaxe d'origine* qui s'applique aux produits européens qui sont importés d'ailleurs que de leur pays d'origine ; 2° la *surtaxe d'entrepôt* due pour les produits d'origine extra-européenne qui sont expédiés en France des entrepôts d'Europe.

Pour les bois, les droits sont perçus sur les poids bruts, c'est-à-dire ceux qui résultent de la pesée du contenant et du contenu.

Tarif des douanes. — Les tarifs de tous les bois injectés et ayant reçu une préparation chimique quelconque sont majorés de 20 0/0.

	LES 100 KILOG.	
	Tarif général	Tarif minimum

Bois communs :

	Tarif général	Tarif minimum
Bois ronds, bruts, non équarris, avec ou sans écorce, de longueur quelconque et de circonférence au gros bout supérieure à 0 m. 60 (a) (b) . . .	1	0,65
Bois sciés ou équarris de 0 m. 80 d'épaisseur et au-dessus (a).	1,50	1
Bois sciés ou équarris d'une épaisseur supérieure à 0 m. 035 et inférieure à 0 m. 080 (a)	1,35	1,25
Bois sciés de 0 m. 035 d'épaisseur et au-dessous (a).	2,50	1,75
Pavés en bois débités en morceaux. .	2,50	1,75
Merrains (c)	1,25	0,75
Bois en éclisses (d)	2	1,50
Bois feuillards (e) et échalas fabriqués.	2,60	1,75
Perches, étançons et échalas bruts, de plus de 1 m. 10 de longueur, et de circonférence atteignant 0 m. 60 au gros bout, au maximum (f) . . .	0,45	0,30
Liège brut, râpé ou en planches . .	3	Ex.
Bûches de 1 m. 10 de longueur et au-dessous, en quartiers refendus ou en rondins de circonférence atteignant, au maximum, au gros bout, 0 m. 60, fagots et bourrées	0,20	0,20

(a) L'administration des douanes aura la faculté de faire déterminer par le Comité consultatif des arts et manufactures la densité moyenne de chaque espèce de bois et de percevoir les droits sur cette base, d'après le cubage converti en poids, lorsque les intéressés ne réclameront pas la pesée effective.

(b) Les arbres équarris seulement au gros bout et uniquement en vue de l'arrangement des radeaux, rentrent dans cette catégorie.

(c) On n'entend par « merrains » que des bois fendus et destinés exclusivement à la tonnellerie et aux emballages.

(d) Sont compris seulement sous ce nom les feuillets et les lattes tranchés, sciés ou fendus, d'une épaisseur de 1 cm. au maximum.

(e) On n'entend sous ce nom que les cercles fabriqués, soit en bottes, soit en couronnes.

(f) On comprend dans les perches les bois bruts destinés à la fabrication des cercles.

	Tarif général	Tarif minimum
	LES 100 KILOG.	

	Tarif général	Tarif minimum
Le même bois, transporté par des bêtes de trait, pourvu qu'il vienne directement de la forêt, non d'un port, d'un canal, ou d'une gare de chemin de fer	Ex.	Ex.
Bois d'essences résineuses en rondins, avec ou sans écorce, de tous diamètres, longueur maxima 1 m. 10 (*g*) .	0,03	0,02
Charbon de bois et de chènevotte . .	1,50	1
Paille ou laine de bois.	0,75	0,50
Autres	Ex.	Ex.
Pâtes de cellulose :		
» mécaniques sèches	1,50	1
» mécaniques humides	0,75	0,50
» chimiques.	2,50	2
Ouvrages en bois :		
Futailles vides en état de servir, montées ou démontées, cerclées en bois ou en fer	2,50	2
Pièces de charpente et de charronnage façonnées :		
Bois dur	3,50	2,50
Bois tendre	3	2
Moules de boutons	15	13
Sabots : communs	15	12
» peints, vernis et garnis. . .	30	25
Bois rabotés, rainés et (ou) bouvetés, planches, frises ou lames de parquet rabotées, rainées et (ou) bouvetées :		
En chêne ou bois dur	6	5
En sapin ou en bois tendre	5	3,50

(*g*) A charge de justifier auprès de l'Administration des douanes, de l'arrivée et de la mise en œuvre dans les fabriques de pâte à papier sur lesquelles les bois seront dirigés. La nature des justifications à produire sera déterminée par M. le Ministre des finances, après un avis du Comité consultatif des arts et manufactures.

	LES 100 KILOS	
	Tarif général	Tarif minimum
Portes, fenêtres, lambris et pièces de menuiserie assemblées ou non :		
En bois dur	25	20
En bois tendre	15	12,50
Boissellerie :		
Boîtes en bois blanc, bois de brosse et petits manches d'outils ayant moins de 0 m. 10	40	20
Bobines pour filature et tissage, tubes, brochettes, biots, épeulots, canettes, busettes : ayant une longueur ne dépassant pas 0 m. 10.	50	30
Ayant une longueur supérieure . .	15	10
Petites bobines à dévider pour fil à coudre en bois commun, ni verni, ni teinté	10	7,50
Autres objets non vernis	10	7,50
Autres objets vernis	16	12
Ouvrages de tournerie.	25	15
Les mêmes ouvrages vernis	20	20
Bois équarris pour navettes au-dessous de 500 gr	30	20
Navettes pour tissage de toutes sortes, finies ou non finies	100.	60
Manches d'instruments agricoles en frêne, d'une longueur inférieure à 2 m. 40 et d'un diamètre inférieur à 0 m. 55	Ex.	Ex.
Autres ouvrages en bois	15	12,50
Allumettes chimiques et bois préparés pour allumettes :		
Importés pour compte du monopole .	12	12
Importés pour compte particulier . .		prohibés

Surtaxes applicables aux produits d'origine européenne importés d'ailleurs que des pays de production :

Bois communs, les 100 kilog . . 1

Bois ouvrés   —   . . 1,50

§ 6. — DONNÉES STATISTIQUES

Nous donnons ci-après des tableaux impruntés aux documents officiels publiés par la Direction générale des douanes et par le Ministère de l'agriculture (1). Ils donnent des renseignements très intéressants et instructifs sur le commerce des bois et montrent, notamment, à l'évidence, combien notre production est inférieure à notre consommation.

97. Commerce extérieur (2). — 1° *Commerce spécial* (années 1850 à 1902) (valeur exprimée en millions).

Années	Bois commun			Ensemble du commerce de la France	
	Importations	Exportations	Excédent des importations	Importations	Exportations
1851	51	5	46	765	1.158
1856	77	10	67	1.990	1.893
1861	140	26	114	2.442	1.926
1866	180	32	148	2.794	3.181
1871	90	23	67	3.567	2.893
1876	202	44	158	3.988	3.576
1881	211	32	179	4.863	3.561
1882	228	27	199	4.822	3.574
1883	218	28	190	4.804	3.452
1884	194	29	165	4.344	3.233
1885	159	26	133	4.088	3.088
1886	143	22	121	4.208	3.249
1887	158	25	133	4.026	3.246
1888	166	32	134	4.107	3.247
1889	173	44	129	4.317	3.704
1890	158	43	115	4.436	3.753
1891	251	47	204	4.768	3.570
1892	104	44	60	4.188	3.461
1893	124	40	84	3.854	3.236
1894	147	49	98	3.850	3.078
1895	139	44	86	3.720	3.374
1896	150	50	100	3.799	3.401
1897	155	50	105	3.956	3.597
1898	147	35	112	4.472	3.510
1899	156	46	110	4.518	4.152
1900	177	49	128	4.697	4.108
1901	177	47	130	4.369	4.013
1902	169	46	123	4.394	4.252

(1) *Tableau général du commerce et de la navigation*. Paris, Imprimerie Nationale, et *Bulletin du ministère de l'agriculture*.
(2) Il faut distinguer dans le commerce extérieur d'un pays, le *commerce général* et le *commerce spécial*. Le commerce général se compose de toutes

Les principaux fournisseurs de la France, pour les bois communs, sont : la *Suède*, la *Russie*, l'*Autriche-Hongrie* ; les deux premières nations pour les bois résineux, la troisième pour les merrains de chêne.

A l'exportation nos meilleurs clients sont : l'Angleterre, la Belgique et l'Espagne.

2° *Résumé des importations* de 1897 à 1902 (Commerce spécial. Valeurs exprimées en millions de francs).

Années	Bois communs	Bois exotiques
1897. . . .	154,6	22,8
1898. . . .	147,5	19,8
1899. . . .	157	20,7
1900. . . .	177	23
1901. . . .	178,1	17
1902. . . .	169,1	18,9

Le rang d'importance par rapport aux autres marchandises importées est le *sixième* pour les bois communs ; ce chiffre vient après ceux des importations des laines, soies et bourres de soie, houille, coton, graines et fruits oléagineux ; le rang d'importance pour les bois exotiques est le 38°.

3° *Résumé des exportations* de 1897 à 1902 (Commerce spécial. Valeur en millions).

Années	Bois communs	Années	Bois communs
1897 . .	50,2	1900 . .	49,6
1898 . .	35,3	1901 . .	47,9
1899 . .	46,3	1902 . .	46,6

Rang d'importance : 19°.

4° *Marchandises en entrepôts* (valeurs en millions de francs).

Années	Bois à construire	Bois exotiques
1897. . . .	28,4	0,2
1898. . . .	29,2	0,1

les marchandises qui ont passé la frontière dans un sens ou dans l'autre (c'est-à-dire le commerce y compris le transit) ; le commerce spécial ne comprend que les marchandises françaises qui ont été exportées et les marchandises étrangères qui ont acquitté les droits de douane pour entrer dans la consommation.

Années	Bois à construire	Bois exotiques
1899. . . .	32,7	0,1
1900. . . .	34,5	0,2
1901. . . .	39,6	0,2
1902. . . .	32,2	0,2

Le rang d'importance par rapport aux autres marchandises en entrepôt est le 5e pour les bois à construire, il vient après les marchandises suivantes : cacao, café, poivre, céréales, huiles et essence de pétrole, houille crue.

Le rang d'importance est le 15e pour les bois exotiques. Les principaux entrepôts de bois sont : Bordeaux, Marseille, Le Havre, Nantes, Saint-Nazaire, etc.

98. Statistique des travailleurs occupés par les industries du bois en France. — Il y a en France 70.000 personnes se consacrant aux industries du bois. A ce nombre, qui ne comprend pas les 8.000 agents de l'Etat ou des communes qui gèrent les forêts soumises au régime forestier, il faut ajouter 700 personnes occupées à la carbonisation et à la distillation du bois (en usine) et réparties principalement dans les départements de la Côte-d'Or, de la Nièvre, et de la Mayenne et 300 personnes fabriquant des allumettes-feux, notamment dans la Seine, les Landes et la Gironde.

Les départements les plus importants au point de vue du nombre des travailleurs s'adonnant aux industries du bois sont :

L'Oise   avec **22.300** personnes, soit 5 0/0 de la population
La Gironde   —   **25.600**   —   3 0/0   —
Le Jura   —   **7.700**   —   2,9 0/0   —

Voici quel est le groupement des travailleurs dans le département de l'Oise pris comme exemple :

Forêts de l'Etat ou des communes . . .	175	individus
Forêts (total)	2.216	—
Coupes de bois, bûcherons	2.140	—
Charbonniers en forêt	37	—
Marchands de bois de construction . .	188	—
Charpente en bois	1.155	—

Menuiserie de bâtiment . . . . 1.709 individus
Sciage de long . . . . 350 —
Charronnage, fabrique de voitures . . 1.014 —
Caisses d'emballage . . . . 346 —
Bois pour galoches, brosses, fusils. . . 152 —
Fibre de bois. . . . . 60 —
Saboterie . . . . 67 —
Outils en bois. . . . . 42 —
Cercles et cerceaux. . . . . 25 —
Fabrique d'ameublement. . . . . . 977 —
Chaises et fauteuils. . . . . 982 —
Sculptures sur bois. . . . . 11 —
Tournage sur bois . . . . 229 —
Découpage sur bois. . . . . 105 —
Tabletterie . . . . 1.078 —
Tonnellerie . . . . 265 —
Ustensiles de ménage en bois . . . . 120 —

99. Principaux marchés forestiers de la France. —
Ports de l'Aisne et de l'Oise. — Bois de charpente, chêne,
sciages divers.

Arbois. — Sapin pour charpente, sciage et fente.

Aubenas (Ardèche). — Charpentes sapin ; sciages sapin et
châtaignier ; bois de mines.

Saint-Amand (Cher). — Sciages chêne ; charpente chêne
en grume ; bois de fente (lattes et merrains).

Beaucaire. — Charpente et sciage chêne et sapin.

Bordeaux. — Bois d'œuvre chêne et sapin ; sciages ; bois
de fente (merrains) ; résines, goudrons, brais gras et colo-
phanes.

Châtillon-sur-Loing. — Bois de fente (lattes) ; charpente
chêne et peuplier.

Clamecy. — Bois d'œuvre, de charpente chêne ; merrains et échalas.

Montiers-sur-Saulx. — Charpente chêne ; sciages chêne,
hêtre et charme.

Montréjean. — Charpente chêne ; sciages chêne, hêtre et
sapin.

Moulins. — Sciage chêne ; bois de fente (merrains, lattes,
parquets) en chêne ; charpentes chêne:

Les ports de la Marne et de l'Ourcq. — Bois de sciage chêne. Bois blancs.

Paris. — Bois d'œuvre en grume, bois de charpente et de sciage.

Pontarlier. — Bois de fente, de charpentes et de sciages (sapin et épicéa).

Raon l'Etape. — Sapin, charpentes, sciages, perches, tuteurs et échalas.

Salins. — Sciages sapin ; charpentes en grume, bois de fente (lattes).

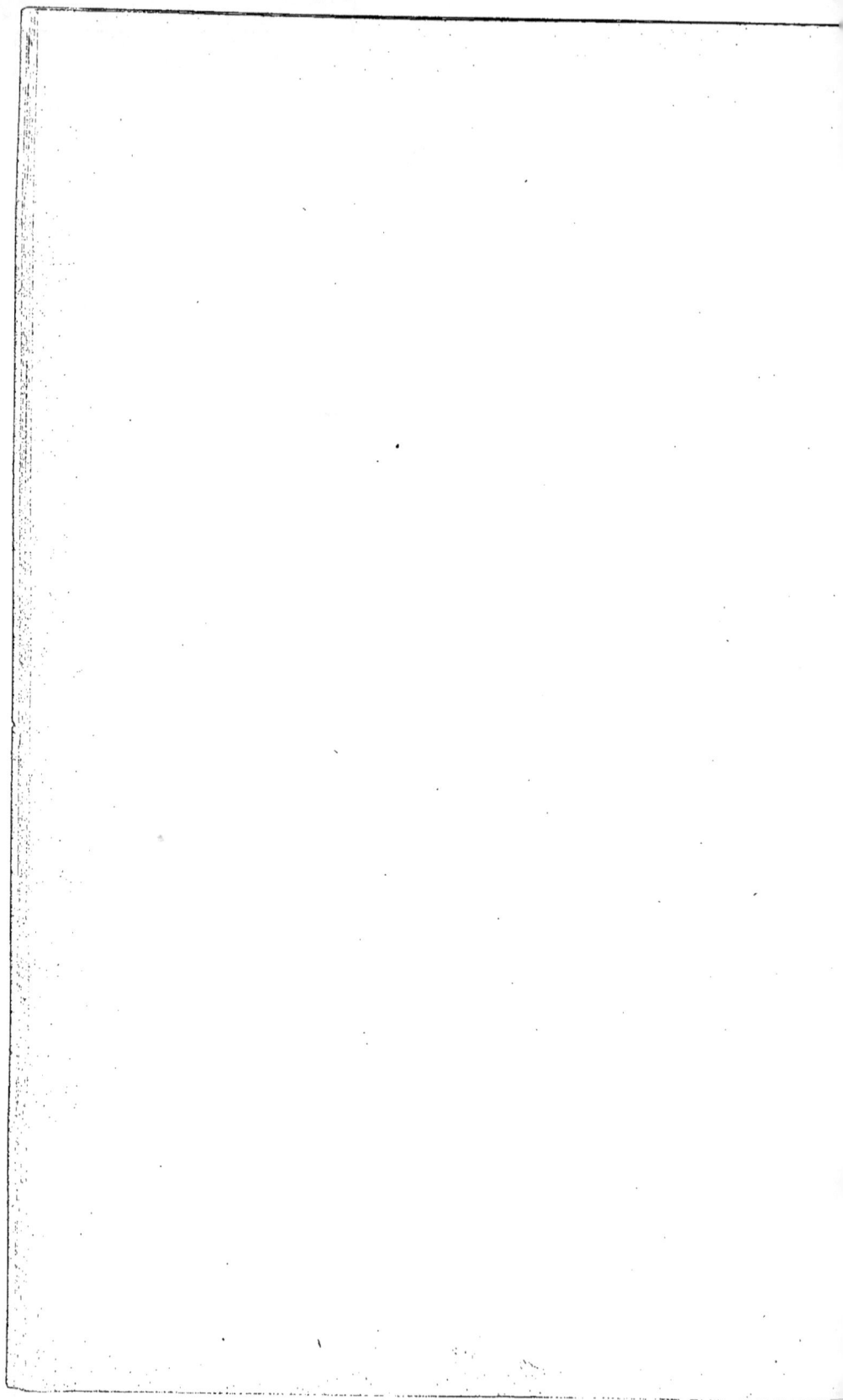

CHAPITRE VII

ALTÉRATIONS ET DÉFAUTS DES BOIS D'ŒUVRE

CHAPITRE SEPTIÈME

ALTÉRATIONS ET DÉFAUTS DES BOIS D'ŒUVRE

Iʳᵉ PARTIE. — DÉFAUTS DES BOIS D'ŒUVRE DUS A LA VÉGÉTATION

100. Torsion des fibres, bois tors ou virants, fibres torses. — Nous avons vu (page 56) que les secteurs vibro-vasculaires au lieu d'être toujours verticaux dans l'arbre sur pied, sont parfois disposés suivant une hélice d'inclinaison variable avec les essences et les conditions de végétation. On se rend bien compte de ce phénomène en observant la surface de l'écorce d'un tronc de lilas, sur laquelle se traduit par des fentes ou des lignes très nettes, la structure pour ainsi dire spiralée de la masse du bois. D'une façon générale les gerçures inclinées et non verticales, qui affectent l'écorce, décèlent ce défaut des bois.

Fig. 120.

M. Van Tieghem attribue ce phénomène à une croissance longitudinale trop vive des cellules périphériques après l'arrêt de la croissance en longueur du centre de la tige.

Nous avons signalé l'influence de cette torsion sur la résistance des bois (page 56), ajoutons qu'ils deviennent impropres à la fente.

101. Inégalité des anneaux d'accroissement. — Nous avons longuement signalé, dans le chapitre premier, les causes qui produisent cette inégalité, soit dans un même bois lorsque les conditions de sa végétation ont été variables au cours de sa production, soit dans des bois d'arbres de même espèce ayant crû dans des conditions différentes comme, par exemple, en plaine ou bien en montagne. Ces circonstances qui rendent les bois plus ou moins hétérogènes, influent considérablement sur leurs qualités et notamment sur leur résistance.

En outre de cette inégalité des accroissements qui est accidentelle, il faut encore signaler l'irrégularité de leur contour due à la nature spécifique de l'arbre.

Il est, en effet, des essences dont le tronc a une forme plus ou moins irrégulière. Le contour d'une section de l'arbre est circulaire et le tronc bien arrondi chez le tremble et le cerisier, par exemple, mais d'autres fois ce contour est légèrement sinueux comme chez le hêtre et le noisetier, ou bien très irrégulier comme chez le charme, le peuplier pyramidal, l'if, etc. Le fût de l'arbre est, dans ce dernier cas, cannelé. Une telle croissance déprécie les bois de ces espèces, car elle augmente les déchets lorsqu'on veut les débiter en pièces régulières, elle modifie aussi les conditions de résistance, en rendant variable l'orientation des diverses parties du tissu.

102. Bois gras et creux. — Ce sont des bois ayant cru dans des lieux marécageux et humides. Quand ces bois sont secs, leurs pores sont larges et ouverts, les ouvriers les appellent bois creux et gras, ils ne conviennent que pour les ouvrages de menuiserie qui sont tenus à couvert de la pluie.

Une partie des bois de chêne appelés à Paris *bois de Hollande* sont abattus en Alsace dans les terrains gras et humides ou dans les îles du Rhin. On sait que ces bois ne valent rien pour la charpente et les ouvrages qui devront être exposés à l'air; par contre on en fait de la très belle menuiserie, car ils ne se retirent point, ils ne se tourmentent point et ne se gercent pas.

Ils sont sujets, étant tendres et poreux, aux attaques des vers et dans les forêts même on les voit souvent atteints et ravagés par les gros vers blancs qui se métamorphoseront en capricornes.

103. Variations de forme des tiges dans le sens de la hauteur. — Généralement le tronc est plus large à la base, notamment au niveau de la partie où s'insèrent les grosses racines, puis son diamètre décroît plus ou moins rapidement suivant les espèces. Cette décroissance est faible pour ce qui concerne le fût, et s'accentue rapidement dans la région où s'insèrent les nombreuses branches de la cime.

La partie vraiment ouvrable de l'arbre est celle du tronc. Dans la région des branches on ne trouve plus qu'exceptionnellement des billes susceptibles de fournir de petites pièces pour la construction. L'empâtement de la base du tronc, vers l'insertion des racines, est constitué par un bois à fibres déviées, peu propre à être mis en service, aussi les ouvriers la font-ils généralement disparaître, en partie, avant d'utiliser la première bille du fût.

Le fût peut être droit mais sa rectitude est liée à la nature spécifique de l'arbre. Elle varie encore pour une même espèce suivant les conditions spéciales dans lesquelles s'est effectuée la croissance. C'est ainsi que l'éclairage plus intense d'un côté quelconque, entraîne la flexion de l'arbre de ce côté (arbres de lisières), de même, des vents soufflant fréquemment suivant une même orientation provoquent une croissance de la flèche dans une direction oblique. Cette inclinaison déprécie la valeur du bois.

104. Excentricité du cœur. Influence des embranchements. — L'excentricité du cœur se produit chez les arbres qui croissent sur des pentes rapides. Elle peut être une cause de rebut pour certains usages.

Chaque fois qu'une branche s'échappe du tronc les tissus du bois s'infléchissent à son niveau. Les branches devenant de plus en plus nombreuses dans les parties élevées de l'arbre, il en résulte que le bois éprouvera, dans ces parties, des déviations particulièrement fréquentes. Ces inflexions diminuent considérablement les qualités de résistance du bois (fig. 121).

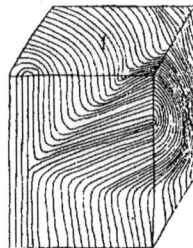

Fig. 121. — Cube de bois taillé au niveau d'un embranchement (Thil).

Les déchets qui proviennent de cette cause, varient naturellement, avec le nombre et l'importance des ramifications. Ces variations dépendent des espèces. C'est ainsi que les sapins et épicéas, qui ont des embran-

20

chements rares et faibles, donnent relativement beaucoup plus de bois d'œuvre que les feuillus plus branchus. Pour

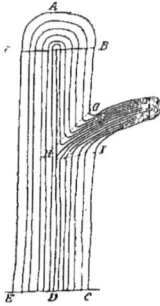

Fig. 122.—Déviation des fibres du bois au niveau d'une ramification (Thil).

ceux-ci il faut encore tenir compte des conditions de végétation : En futaie pleine, les feuillus donnent un tronc plus droit et très peu branchu jusque vers la région de la lumière ; il n'en est pas de même s'ils ont crû à l'état isolé. Dans ce cas, l'embranchement se produit beaucoup plus bas sur le tronc et prend une plus grande extension.

Ces embranchements, qu'ils résultent de l'existence de rameaux encore en place ou de branches mortes et tombées, sont toujours visibles sur l'arbre et on peut les éviter par le débit.

105. Les nœuds du bois. — Les nœuds sont constitué par des branchements dont il ne subsiste que la base par

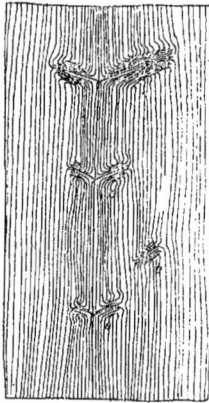

Fig. 123. — a. Nœuds provenant de l'élagage naturel des rameaux latéraux.
b. Nœud provenant d'un rameau adventif (A. Thil).

suite de la chute du rameau, cette portion basilaire ayant été recouvert ultérieurement par du bois de formation plus récente (fig. 123).

Il résulte de ce fait, que les nœuds ne peuvent se déceler par l'examen extérieur du tronc et qu'on ne saurait les prévoir pour appliquer un mode de débit propre à les éviter.

Ces nœuds ont pour origine l'élagage naturel. A cette cause, résultant de la végétation normale, nous joindrons les suivantes résultant de causes accidentelles : le bris accidentel et la taille ou élagage artificiel. Ces causes ne résultent pas de la végétation normale, néammoins, comme elles produisent

les mêmes résultats que l'élagage naturel, nous ne croyons pas devoir en séparer l'étude.

**106. Elagage naturel. Nœuds provenant de bour-
geons axilaires, de bourgeons dormants ou proventifs et de bourgeons adventifs.** —
Les plus jeunes arbres possèdent des
branches latérales depuis la base, ils
proviennent de bourgeons dits *axilaires*
qui se sont produits dès le début de la
végétation à l'aisselle des feuilles.
Après un certain temps, ces branches
s'étiolent meurent et tombent sur le
sol, tandis que se développent des branches à un niveau plus élevé ; c'est un
élagage naturel. La croissance du tronc
continuant, il ne tarde pas à se former
un bourrelet cicatriciel, dont les lèvres
se rejoignent sur la plaie, puis le cambium donne normalement, à partir de
ce moment, du bois qui vient recouvrir la partie du branche-

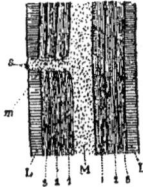

Fig. 124. — Coupe sché-
matique longitudinale,
montrant un bourgeon
dormant *s* ; la moelle
m, communique avec
la moelle M de la tige.
1, 2, 3, couches suc-
cessives de bois secon-
daire. L. Liber et tis-
sus extérieurs à lui
(D'après G. Bonnier et
Leclerc du Sablon).

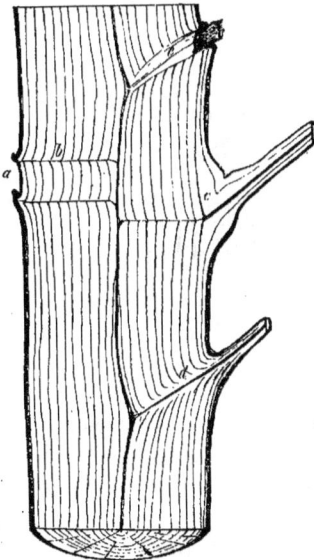

Fig. 125. — Coupe longitudinale d'une tige de hêtre, âgée de 12 années. En *a*,
deux bourgeons dormants dont l'axe *b* est perpendiculaire à l'axe principal ; un troisième bourgeon *c*, s'est développé depuis déjà deux années ;
en *d* on voit une pousse formée par le développement d'un bourgeon dès la
première année (Grand. nat.) (R. Hartig).

ment restée en place. C'est ainsi que se forment des nœuds profonds qui résultent de l'élagage naturel des rameaux latéraux provenant des bourgeons axilaires. Ils sont près de la moelle et comme cette partie est enlevée lorsqu'il s'agit de bois devant servir à la confection d'ouvrages soignés, on en profite pour les supprimer en même temps.

A côté des bourgeons axillaires qui se sont développés en rameaux sur la tige jeune et dont nous venons de parler, d'autres bourgeons axillaires se sont produits en même temps,

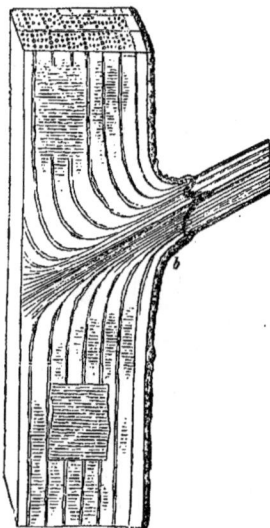

Fig. 126. — Portion de tronc de chêne dont une branche est sur le point de se détacher suivant le processus normal. La rupture s'effectuera en *b* à la base de la branche au niveau d'une zone du bois altéré et devenu brun noirâtre. (R. Hartig).

mais qui, au lieu de se développer en rameaux, sont restés inactifs à l'état de *bourgeons dormants* dit encore *bourgeons proventifs*. Ils restent à l'état rudimentaire et ne s'allongent chaque saison que d'une quantité égale à l'épaisseur de l'anneau ligneux formé. Ils peuvent vivre à l'état latent pendant de longues années, toujours prêts à se développer aussitôt qu'une cause accidentelle leur en fournit l'occasion. Ces causes peuvent être : une blessure grave, la suppression

ou la mort naturelle de branches principales, l'amputation
du tronc en un point quelconque de sa hauteur, une incision
annulaire profonde. Quand une de ces circonstances se manifeste, il apparaît immédiatement au dessous de la blessure
ou de la section, des rameaux plus ou moins nombreux.

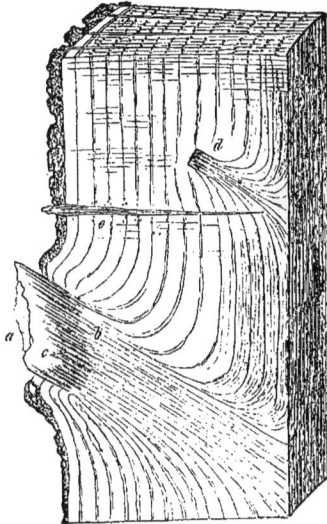

Fig. 127. — Etat d'une portion de tronc de chêne après la chute de branches,
effectuée suivant le processus naturel : c, zone brunie du bois séparant la
partie vivante de celle qui est morte a. Le tronçon de bois mis à nu par la
chute du rameau est bientôt recouvert par le développement du bourrelet
cicatriciel, comme cela s'est effetué en d En e se voit un bourgeon dormant
(d'après R. Hartig).

De même, si l'on, vient à isoler brusquement un arbre
ayant crû en futaie pleine ou en taillis, il se développera
bientôt un grand nombre de ces productions ; le fait se manifeste encore dans beaucoup d'autres cas très divers. Tous
ces effets ont une seule et même cause, l'évolution des bourgeons dormants ou proventifs, localement réveillés par un
apport plus considérable de matières nutritives ou par l'influence d'une lumière plus abondante.

On conçoit que ces bourgeons proventifs soient la cause
d'existence de nœuds, aussi profonds que ceux qui résultent
des bourgeons axillaires actifs dès le début, car ils vont

comme eux jusqu'à la moelle et se prolongent plus près de la périphérie du tronc.

Les bois des arbres de taillis soumis à des dégagements périodiques ou des arbres de lisière périodiquement élagués, sont, pour ces raisons, remplis de nœuds cachés. Ils sont, par suite, fortement dépréciés.

Ces bourgeons dormants, lorsqu'ils n'ont pas produit de rameaux, n'ont pas une vitalité indéfinie.

Chez le hêtre et le bouleau, par exemple, elle s'éteint après une vingtaine d'années au maximum ; chez le chêne et le charme, elle peut se maintenir jusqu'à quatre-vingts ans et plus. Plus l'arbre est vieux, moins nombreux sont les bourgeons capables d'évoluer. Outre le hêtre et le bouleau, citons encore, parmi les feuillus donnant des rameaux proventifs :

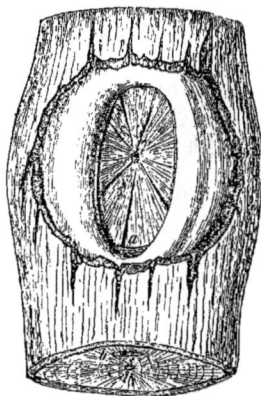

Fig. 128. — Blessure provenant de la chute d'un rameau (chêne) à demi recouverte par formation d'un bourrelet cicatriciel (R. Hartig).

le tilleul, les érables, etc.

Il y a enfin une troisième catégorie de bourgeons susceptibles de donner des rameaux et de provoquer par suite la formation des nœuds, ce sont les *bourgeons adventifs*. Ils n'ont à l'encontre des précédents, aucune relation avec la moelle et sont, au contraire, très superficiels. Ils s'organisent dans le tissu cicatriciel, ou bourrelet de recouvrement, qui se forme sur les bords de toutes blessures ou sections faites sur la tige, et ils donnent bientôt naissance à des rejets (fig. 129). Ils sont particulièrement abondants chez le hêtre et le bouleau. Les rameaux produits sont mal soudés à la souche et un vent violent, ou un simple choc, suffisent à les en détacher. Or conçoit que, là encore, les nouvelles couches de bois qui se produisent autour de la partie basilaire du rameau restée en place, enferment un nouveau nœud.

Il peut arriver que des bourgeons adventifs, végétant d'une façon anormale, donnent naissance à ces curieuses

boules de bois (Sphaeroblaster) que l'on voit parfois faire
saillie sous l'écorce. Ce développement
anormal peut avoir pour cause la présence de filaments de champignon ou
l'influence irritante de piqûres d'insectes.

**107. Elagage artificiel ou taille des
arbres.** — La taille des arbres est une
ressource précieuse pour l'horticulteur
qui peut, grâce à elle, diriger l'évolution
d'un arbre dans le sens d'une production
déterminée, fruits, fleurs ou ombrages.
Elle ne saurait constituer un système
d'exploitation forestière car elle est une
source de dépréciation ou de tares des
bois. Elle provoque, comme nous venons
de le dire, le développement de bourgeons
proventifs et adventifs qui entraîneront
l'existence de nœuds.

Fig. 129. — Rameaux
adventifs nés de
bourgeons adventifs
développés autour
d'une cicatrice.

De plus, chacune des blessures pro-
duites est une porte ouverte à l'humidité et aux champignons destructeurs.

107 bis. Phases de la formation des nœuds. — Nous
avons expliqué l'origine des nœuds du bois. Avant d'être
définitivement constitués, ils passent par des phases qui sont
assez variables suivant les espèces.

La partie du branchement restée en place dans la souche
est recouverte, plus ou moins rapidement suivant les essences, par le fait de la croissance périphérique. Pour le peuplier, les rameaux jeunes, soit : de 1, 2 ou 3 ans, qui s'étiolent, forment à leur base, au niveau de la surface de la tige
dont ils vont se séparer, un tissu spécial, qui, avant même
que le rameau ne soit tombé sur le sol, vient fermer la
plaie.

D'autres fois, le rameau reste à l'état plus ou moins desséché pendant fort longtemps sur l'arbre, puis le vent ou un
choc le brise en laissant une esquille irrégulière. Il faut assez
longtemps pour que cette esquille soit enveloppée par le fait

de la croissance périphérique. Le plus souvent chez les feuillus la pression des tissus environnants dépouille l'esquille de sa partie altérée extérieure et ils s'incrustent dans toutes ses sinuosités. Dans les résineux, une abondante production de résine précède la mort du rameau et elle imprègne la région située entre le tissu vivant du fût et la partie où la végétation va cesser, cette région est rendue plus dure et résistante à l'humidité, il s'ensuit que la branche se brise plus loin du tronc, laissant un chicot assez long, et il faudra un certain temps pour qu'il soit recouvert.

108. Inconvénients des nœuds. — Ils diminuent la résistance du bois, en provoquant la déviation des fibres. De plus, la surface mise à nue au moment de la chute des rameaux est une porte ouverte aux infiltrations d'humidité et

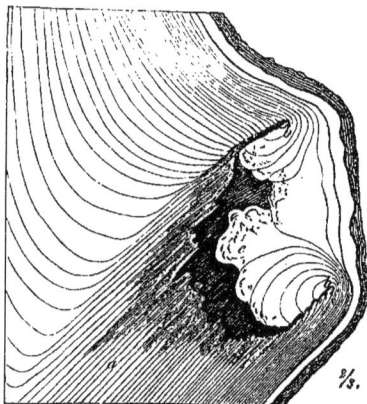

Fig. 130. — Recouvrement par cicatrisation d'un tronçon de branche morte et pourrie. Il restera au sein du bois une portion de substance complètement altérée et d'un brun noirâtre (2/3 grand. natur.) (d'après R. Hartig).

à la pénétration des microbes, notamment des moisissures ; bien souvent la pourriture débute à leur niveau. Les tissus altérés sont enfermés par les tissus de recouvrement et il se constitue souvent, de cette manière, des poches de tissu décomposé dans l'intérieur du bois. Dans certains cas des insectes s'introduisent par la plaie produite et se maintiennent ensuite dans l'intérieur du bois en y poursuivant leurs ravages.

C'est pourquoi, à la recette d'un bois, il faut toujours examiner les nœuds avec soin. Lorsqu'ils sont altérés on les désigne, suivant les cas, par les noms suivants :

Les *nœuds noirs*, qui sont peu dangereux en général et se purgent facilement ;

Les *nœuds jaunes*, qui ont une couleur cannelle, et sont le siège d'une pourriture sèche assez grave ;

L'*œil de perdrix*, qui consiste en un point de couleur foncée qui peut exister dans les nœuds les plus petits. Il indique généralement une pourriture considérable et formant ce que l'on désigne sous le nom de *huppe*. La huppe est une sorte de cavité plus ou moins grande remplie de bois mort de couleur blanchâtre. Ce vice peut se purger lorsqu'il n'est pas trop étendu.

On a proposé de sonder les nœuds, avant qu'ils ne soient recouverts, au moyen d'une tarière, d'enlever la partie altérée si elle ne s'étend pas trop profondément, et de faire entrer ensuite, dans le trou ainsi pratiqué, un bouchon de bois dur, enduit de goudron.

Les nœuds des résineux ont, de plus, l'inconvénient, lorsqu'ils sont mis à jour par le débit et que le tissu se dessèche, de former des parties dures qui arrêtent les outils, en outre, ils se détachent aisément des planches mises en place.

Les nœuds diminuent la résistance des bois, aussi, comme il n'est pas possible d'apprécier à la vue extérieure d'une bille la quantité de nœuds qu'elle contient, est-il bon de l'employer à des dimensions plus fortes, que celles nécessaires pour résister aux forces auxquelles elle doit être soumise. Malgré cela, souvent les nœuds cachés ont conduit à des mécomptes, et leur fréquence, ainsi que la difficulté qu'il y a à s'assurer de leur existence, est une des raisons qui ont fait préférer en maintes circonstances l'emploi des métaux.

Des études scientifiques bien conduites, ajoute M. Thil, produisent déjà en Amérique un mouvement en sens contraire ; elles ont permis de reconnaître qu'à poids égal, certains bois, comme l'hickory, et d'autres, ont une résistance quatre ou cinq fois supérieure à celle du fer et qu'en sélectionnant avec soin la matière ligneuse, son emploi est bien supérieur à celui des métaux dans un grand nombre de circonstances.

109. Madrure du bois. — L'étude des nœuds du bois nous conduit à parler de la madrure, qui constitue pour certains usages une qualité du bois.

La structure madrée résulte de l'entortillement, de l'inflexion des fibres et des vaisseaux autour d'un bourgeon ou d'un rameau. S'il se produit pour une cause quelconque un grand nombre de bourgeons les uns à côté des autres, alors même que les rameaux n'arrivent pas à développement complet, il en résulte autour des petits nœuds formés le grand contournement des fibres caractérisant la structure en question. Elle se produit encore au niveau des loupes, qui sont des excroissances du bois résultant de l'excitation du cambium qui devient plus actif en certains points. L'agent de cette excitation est tantôt un champignon, tantôt un insecte.

Le bois madré est impropre à la fente. Par contre, l'ondulation des couches, l'existence de très nombreux petits nœuds,

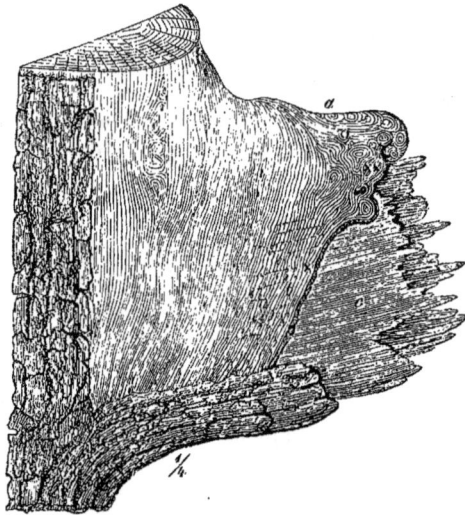

Fig. 131. — Nouvelles formations de bois se produisant au-dessous d'une branche brisée (chez le chêne) ; ce bois présente une madrure caractéristique (1/4 grand. natur.) (R. Hartig).

le marquent de dessins bizarres et inattendus ; ils provoquent aussi un éclat, un châtoiement spécial ; toutes ces qualités font rechercher le bois madré pour le placage et la confection de menus objets ; on le soumet auparavant au polissage.

II⁰ PARTIE. — ALTERATION ET DÉFAUTS DES BOIS D'ŒUVRE DUS AUX VÉGÉTAUX

110. Généralités. — Les végétaux susceptibles de produire des défauts ou des altérations des bois, soit en forêt, soit après l'abatage et même durant la mise en œuvre, sont nombreux. Les plus importants, à ce point de vue, sont les champignons : ils produisent, avec les bactéries quelquefois, les pourritures des bois. Ces végétaux, qui sont des microbes ou qui du moins présentent à certaines périodes de leur existence une phase de vie microbienne, seront étudiés plus loin avec détails. Quelques plantes supérieures : les Phanérogames ou végétaux à fleurs, produisent aussi, parfois, des défauts des bois, mais leur rôle est beaucoup moins important. Nous en dirons quelques mots.

§ 1. — LES PHANÉROGAMES

Ces plantes peuvent nuire aux arbres, soit qu'elles vivent en parasites à leurs dépens, comme le gui, soit qu'appliquées sur eux elles gênent leur développement, comme c'est le cas pour les plantes sarmenteuses ou lianoïdes.

111. Les plantes sarmenteuses nuisibles. — Ce sont, sous nos climats, surtout le lierre, le chèvrefeuille des bois (*Lonicera periclymenum*) et les clématites. En entourant les jeunes tiges des arbres en voie de croissance, ces sortes de lianes en gênent le développement et produisent des déformations, des contorsions de la fibre ligneuse qui dégradent le bois ; il faut toujours les extirper avec soin.

Le plus redoutable des phanérogames parasites des arbres est le gui.

112. Le gui (*Viscum album*. fam. des Loranthacées). — Le gui cause peu de mal, en général, aux bois feuillus parce qu'il s'installe sur la cime et ne détériore que des portions de l'arbre destinées à être débitées en bois à brûler, mais sur les résineux, les sapins notamment, par ses racines traçantes avec les coins profonds qu'elles envoient dans l'intérieur du bois et s'étendant jusque dans le tronc, ce végétal peut détériorer gravement le bois.

Le gui s'attaque à de nombreux arbres : les sapins, pins, peupliers, acacias, poiriers, pommiers, érables et, rarement,

Fig. 132. — Sillons produits par le *Lonicera periclymenum* (chèvrefeuille des haies), ayant crû enroulé à un jeune tronc de hêtre (F. Schwarz).

le chêne, etc. Il ne tue pas les arbres, mais détourne à son profit une notable partie de la sève et à cause de cela, il nuit d'une façon notable à la végétation. Les dégâts physiologiques ne sont pas plus considérables, parce que cette plante à feuillage vert et persistant peut assimiler le carbone de l'atmosphère au moyen de sa chlorophylle ; ce végétal n'est donc que demi-parasite. Le gui produit en outre des dégâts techniques en enfonçant ses racines dans l'intérieur du bois.

Le gui est plus vigoureux sur le feuillus, comme le peuplier noir, par exemple, où il forme de grosses touffes, que

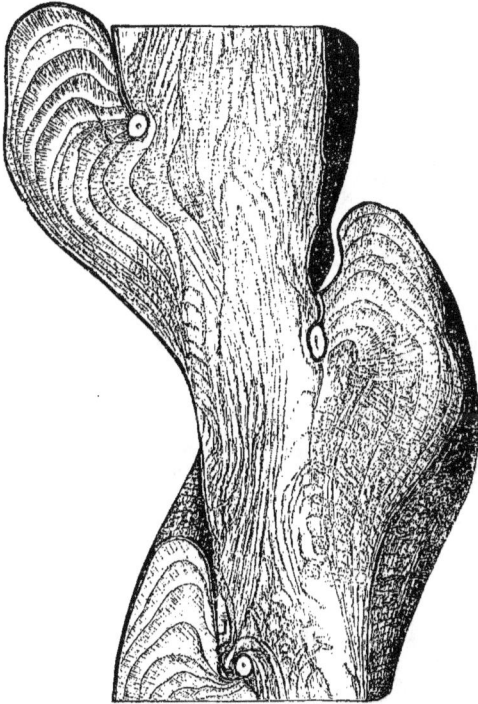

Fig. 133.

Fig. 133. — Même objet que figure précédente. Vu en coupe
            longitudinale (F. Schwarz).
Fig. 134. — Tige de chêne entourée par le chèvrefeuille
            (*Lonicera periclymenum*) (R. Hartig).

Fig. 134.

sur les résineux. Il produit des fruits, sortes de petites baies
blanches, à pulpe visqueuse, dans l'intérieur desquels se
trouve la graine à deux embryons généralement, sauf chez
les résineux où sa végétation est plus chétive et où il ne forme
qu'un embryon par graine.

Les oiseaux sont friands de ces baies, ils ressèment le parasite sur les branches où ils vont se poser et où se collent les

graines du gui engluées de la matière visqueuse, qu'ils emportent à leur bec ou à leurs pattes.

Si une graine vient à être fixée sur un rameau d'un arbre approprié, elle germe bientôt en émettant un suçoir principal qui s'enfonce et traverse l'écorce pour arriver enfin jusque dans le bois. Cette germination se fait le plus souvent en mai,

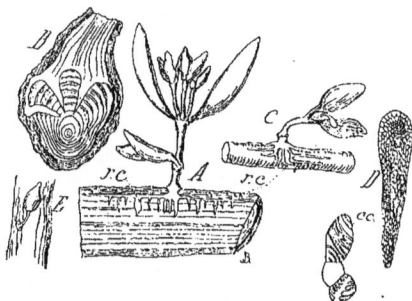

Fig. 135. — A, gui de 3 ans fixé sur un rameau de sapin. Le rameau a été coupé en long pour montrer la marche des racines sous corticales du parasite. En B, coupe perpendiculaire à la précédente. En C, l'écorce a été enlevée et les racines sous-corticales mises à nu. En D, on voit la structure des coins que les racines du parasite envoient dans la profondeur du bois de la plante parasitée ; dans le parenchyme qui les constitue, on distingue des cellules conductrices *cc*, grâce auxquelles les liquides constituant la sève de l'hôte, passent dans les tissus du parasite. E, graine de gui en germination sur un rameau d'arbre.

l'état de la plantule reste stationnaire jusqu'à l'automne où sa végétation reprend, mais ce n'est guère qu'au printemps de la troisième année qu'elle devient notable, et que la plantule se développe pour donner une importante touffe de gui.

Si l'on enlève l'écorce d'une branche de sapin, par exemple, où s'est implanté un pied de gui, on constate qu'il existe à la surface du bois des ramifications verdâtres qui partent du pied de la pousse et courent dans le liber et le cambium, suivant une direction qui est surtout parallèle à l'axe (fig. 135 A). Ce sont des sortes de racines ; elles ne se contentent pas de ramper longitudinalement sous l'écorce, elles envoient encore dans une direction radiale, dans l'intérieur du bois, des prolongements en forme de coins (fig. 155 A et B) que l'on observe facilement sur une coupe longitudinale. Au fur et à mesure que la tige de l'hôte s'accroît, les coins du gui s'allongent aussi, de façon à rester toujours au niveau des zones d'accroissement du bois où ils se sont enfoncés tout d'abord.

Ces racines du gui pénétrant dans le bois, constituent pour lui une tare sérieuse.

Le tissu de ces coins du gui est constitué par du parenchyme entremêlé de cellules à parois épaissies (fig. 135, D, *cc*) que l'on peut appeler cellules vasculaires, car c'est par elles que chemine la sève brute qui passe du bois de l'hôte dans la plante de gui.

Pour lutter contre l'envahissement de cet hôte nuisible des

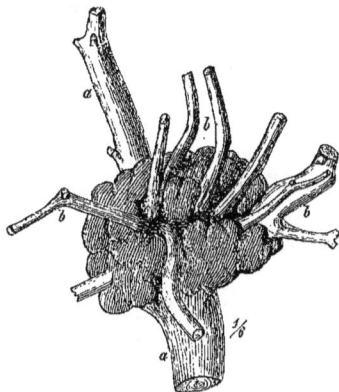

Fig. 136. — Loupe produite sur *Quercus Cerris*, au niveau de l'insertion d'un pied déjà vieux de *Loranthus* installé en parasite (R. Hartig.)

forêts, il faut enlever avec soin, l'hiver, lorsqu'on émonde les arbres, les branches atteintes. Ce serait une erreur grave de croire qu'il suffit simplement de couper les touffes à leur base, on ne ferait, dans ces conditions, que provoquer l'extension du mal. En effet, quand on enlève un pied de gui, les racines sous-corticales qui subsistent, donnent bientôt naissance à de nombreux bourgeons adventifs qui produiront autant de pieds nouveaux. Le traitement doit s'appliquer simultanément sur une grande étendue, car les oiseaux peuvent toujours transporter des graines d'un arbre parasité sur un arbre sain.

§ 2. — LES CRYPTOGAMES

A. Bactéries. — Lorsque le bois est incomplètement desséché et que l'aubier subsiste avec ses éléments toujours assez
riches en sève, il ne tarde pas à être envahi par des microbes
variés. Le premier envahisseur est généralement une bactérie
le *Bacille amylobacter*, qui produit une fermentation spéciale
dite fermentation butyrique. Ce bacille agit à l'abri de l'air
dans les profondeurs des tissus où il attaque certaines varié-
tés de cellulose (parenchymes mous), les principes pectiques
qui se trouvent surtout dans la lamelle mitoyenne des éléments cellulaires, l'amidon, les sucres, etc. qui sont contenus
dans les cellules. Il désagrège plus ou moins le tissu ligneux
et prépare la voie aux autres envahisseurs. Il peut d'ailleurs
continuer son action parallèlement à ceux-ci, et la décomposition des substances ci-dessus, qu'il produit, amène un dégagement d'anhydride carbonique et d'hydrogène, tandis que,
d'autre part, l'acide butyrique s'accumule dans la masse et
donne au bois ainsi décomposé une odeur fétide. Cependant,
l'action du bacille amylobacter dans le bois est presque toujours fort limitée attendu qu'il n'a aucun pouvoir sur la membrane lignifiée. Il n'altère que la substance intercellulaire et
le contenu des cellules ; ses effets sont forcément restreints
au bois d'aubier, lorsqu'il n'est pas desséché ni privé de sève
par flottage, etc.

Il existe d'autres bactéries qui au lieu d'attaquer seulement
les bois morts, s'en prennent aux arbres vivants et altèrent le
corps ligneux. Nous allons citer quelques cas de ce parasitisme des bactéries sur les arbres.

113. Tumeurs bactériennes du pin d'Alep. — M. Vuillemin a déterminé les causes de cette maladie qui dans le
Midi de la France, aux environs de Toulon notamment,
a causé d'importants dommages à certains peuplements
étendus.

La maladie se manifeste par des tumeurs atteignant parfois
la taille d'un œuf de poule (fig. 137 A), qui sont en plus ou
moins grand nombre sur les branches. Ces tubercules sont
ligneux et creusés de vacuoles nombreuses et ramifiées qui

sont remplies des colonies des bacilles que M. Vuillemin a
appelés *Bacillus Pini*. Lorsque la tumeur se dessèche, les
tissus conducteurs qui fonctionnaient encore à sa périphérie,
périssent et les branches prennent une végétation languissante

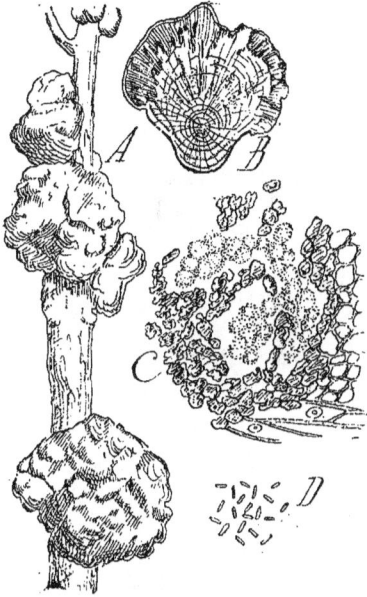

Fig. 137. — Tumeurs bactériennes du pin d'Alep.

A. Rameau avec tumeurs.
B. Coupe transversale d'un rameau au niveau d'une tumeur.
C. Tissu de la tumeur observé au microscope ; on aperçoit les colonies de
   bactéries.
D. Ces bactéries vues à un plus fort grossissement (D'après Vuillemin).

ou meurent si les tumeurs sont nombreuses et font le tour
du rameau.

L'olivier est parfois atteint en Italie et en France (M. Prillieux) de tumeurs analogues un peu moins grosses, mais
aussi nuisibles à la plante.

114. Chancres des arbres (*Chancres du poirier, du
pommier, du hêtre, etc.*). — Les chancres des arbres peuvent
être produits par diverses causes, telles que l'action de champignons, de bactéries, ou d'insectes comme cela arrive sou-

vent pour le pommier attaqué par le puceron lanigère parfaitement reconnaissable au duvet blanc qui le recouvre. Les
chancres peuvent encore avoir pour cause intiale l'action du
froid.

Les chancres les plus dommageables aux arbres, et surtout
aux arbres fruitiers, sont produits sous l'action combinée de

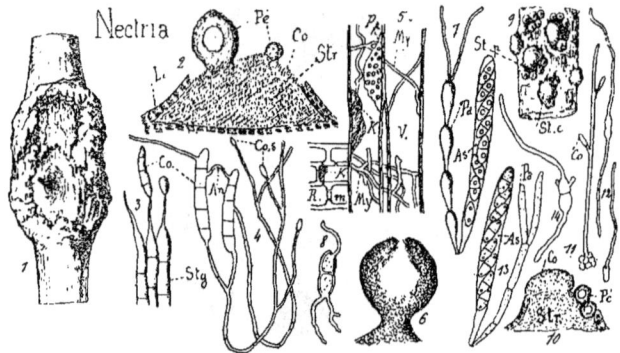

Fig. 138. — Chancre des arbres (*Nectria ditissima*) 1. Rameau de pommier
portant un chancre développé. — 2. Coupe transversale dans le stroma *Str*
qui porte les fruits du champignon : on y voit, en effet, des conidies *Co*, et
des périthèces *Pe*. — 3. Conidies très grossies. — 4. Germination des conidies (D'après R. Hartig). — 5. Coupe longitudinale du bois dans la partie
centrale du chancre : V. vaisseau ; P, p, portion de la paroi ponctuée ; K,
gomme de blessure ; My. mycelium (D'après Gœthe). — 6. Périthèce vu en
coupe longitudinale. — 7. Asque à 8 ascospores, *As* et paraphyses divisées
en articles, *Pa* — 8. Germination d'une ascospore. — 9. *Nectria cinnaba-
rina* (Petit champignon rouge attaquant le plus souvent les rameaux de bois
morts). Portion d'écorce portant des massifs de stromas conidifères, entourés fréquemment de périthèces. — 10. Stroma *Str*. et périthèces *Pe* faible-
blement grossis. — 11. Un filament conidiophore isolé portant latéralement
des conidies. — 12 Germination de la conidie. — 13. Asque à huit spores et
paraphyse. — 14. Germination d'ascospore.
(Fig. reproduite d'après l'Atlas des conférences de pathologie végétale de
M. le Dᵣ G. Delacroix, Lechevalier, éditeur).

champignons et de bactéries : celles-ci altérant profondément
le bois.

Un chancre se traduit d'abord extérieurement sur l'arbre
par l'altération de l'écorce qui se déprime, brunit et meurt.
La place ainsi tuée grandit en s'étendant sur les bords,
surtout dans le sens de la longueur. L'écorce atteinte se fendille, puis tombe par lambeaux laissant à nu le bois altéré.
Sur les bords de la plaie, il se forme un bourrelet cicatriciel,
mais celui-ci, rongé par le parasite, ne peut arriver à fermer la blessure ; et l'on peut définir le chancre : une plaie

qui ne se cicatrise pas. Il peut arriver que le bourrelet cicatriciel qui se forme autour d'une blessure produite par le froid
arrive à fermer complètement la plaie si celle-ci n'est pas
devenue un centre d'infection par les parasites habituels du
chancre.

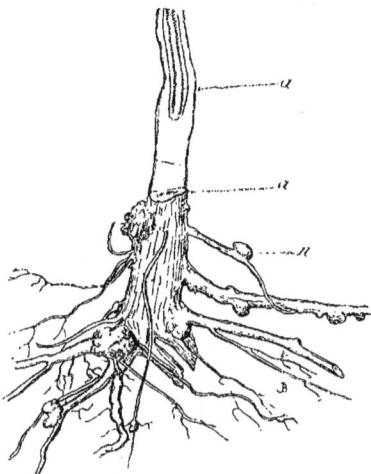

Fig. 139. — Nodosités chancreuses sur les racines d'un pommier de trois ans.
Les sections longitudinales et transversales faites dans le tronc, permettent
de se rendre compte du cheminement de la bactériose par le bois, aa
(d'après J. Brzezinsky).

D'après l'opinion admise jusqu'à ce jour, le chancre des
arbres serait causé seulement par un champignon, le *Nectria
ditissima*, Tul. (fig. 138), lequel produirait les plaies de
l'écorce dont nous venons de parler et sans que le corps
ligneux soit jamais profondément envahi ; il ne serait altéré
et coloré en brun que sur une épaisseur de quelques millimètres au-dessous du chancre.

Des recherches toutes récentes tendent à démontrer que
dans le cas des maladies attribuées au *Nectria ditissima* (1) :

1° La véritable cause est due à une bactérie ;

2° Cette bactérie se développe d'abord dans le bois, où elle
habite les cellules riches en contenu (protoplasma, ami-

(1) Le chancre des arbres, ses causes et ses symptômes, par M. Josep
Brzezinsky. *Bulletin de l'Acad. des Sc. de Cracovie.* Classe des Sc. mathém.
et nat., mars 1903.

don, etc.), c'est-à-dire surtout le parenchyme ligneux et le parenchyme médullaire ; elle détruit le contenu, puis attaque les membranes lignifiées, qui se colorent en brun ; bientôt le parenchyme et les vaisseaux eux-mêmes sont remplacés par une cavité vide. Il se produit donc une nécrose du bois ;

3° La nécrose du bois sous l'influence des bactéries (bactériose), gagne progressivement des parties parfois fort éloignées de la plante. Elle peut être assez étendue sans que rien encore trahisse la maladie à l'extérieur ;

4° La bactériose chancreuse est surtout une altération du bois. Les bactéries peuvent se développer aussi dans l'écorce, mais les lésions de l'écorce ne présentent pas un grand danger pour les arbres si elles ne sont pas le résultat de la destruction du bois. Les manifestations externes de la maladie résultent d'une déviation de la voie suivie par le microbe à l'intérieur de la plante ou par sa généralisation.

La bactériose se manifeste à l'intérieur de l'arbre sous forme notamment de : a) bosses ; b) plaies chancreuses ordinaires ; c) tumeurs des branches ; d) nécrose ; e) bactériose généralisée de l'arbre ; f) bactériose des pousses, et g) nodosités sur les racines.

a) On trouve parfois sur les branches ou le tronc de l'arbre attaqué des bosses recouvertes de l'écorce saine, elles sont produites par une extension vers l'extérieur de la bactériose qui chemine dans le bois.

Le bois ainsi produit en abondance sous l'influence de l'action excitatrice de la bactérie est toujours pourvu d'un abondant parenchyme riche en contenu cellulaire, ce parenchyme s'altère bientôt en devenant mou et spongieux. Lorsque la bactériose arrive au cambium, celui-ci est tué et l'accroissement de la bosse cesse ; il se produit alors une plaie chancreuse ouverte.

b) *Plaies chancreuses ordinaires.* C'est la forme la plus connue. Le chancre affecte alors l'aspect d'une plaie plus ou moins large, sur le bord de laquelle se forme bien un bourrelet cicatriciel, mais il est lui-même corrodé par les bactéries, il n'arrive pas à fermer la plaie et même meurt au bout d'un certain temps. Lorsque la plaie arrive à faire le tour de l'arbre, celui-ci meurt bientôt. C'est sur ce bourrelet que le champignon appelé *Nectria ditissima*, et que l'on considérait

jusqu'à ce jour comme l'auteur de la maladie, développe ses
organes reproducteurs. Selon M. J. Brzezinski, ce champignon
n'a rien à voir avec la production du chancre : il s'installe

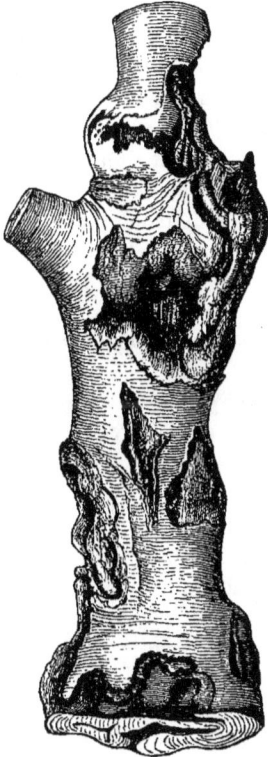

Fig. 140 — Tige de hêtre avec
nombreux chancres. On ob-
serve en quelques points sur les
bourrelets cicatriciels des petits périthèces rouges du *Nectria ditissima* (1/2 gr. natur.)
(R. Hartig).

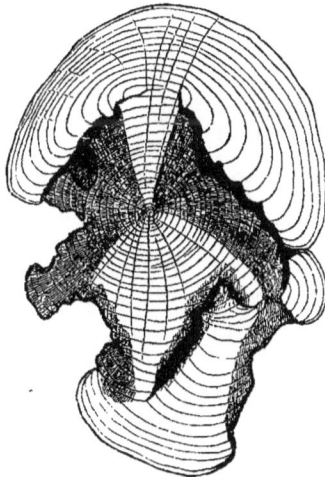

Fig. 141. — Coupe transversale au
niveau de la tige représentée figure
précédente (Grand. natur.) (R. Hartig).

seulement sur les parties mortes ou mourantes de l'écorce ou
du bois.

Au fur et à mesure qu'un bourrelet est tué, il s'en forme
un autre, un peu plus en dehors de la plaie, et ainsi de suite.
Comme la branche grossit en même temps annuellement, les
bords de la plaie deviennent de plus en plus profonds, et les

bourrelets s'élèvent les uns au-dessus des autres, comme les gradins d'un escalier.

c) Les *tumeurs chancreuses*. Elles ressemblent aux bosses, mais elles ne sont pas complètement recouvertes d'écorce : il reste, au centre, une fente qui provient de ce que les bords des bourrelets cicatriciels se sont considérablement développés et se touchent presque.

d) La *nécrose chancreuse*. C'est un chancre aigu. Le bois est altéré sur une grande étendue, le cambium qui est contre lui est immédiatement tué sans pouvoir produire de bourrelet et l'écorce correspondante se dessèche sur une étendue parfois assez grande. La bactériose est dans ce cas particulièrement rapide.

e) La *bactériose généralisée*. C'est le cas précédent qui, au lieu d'être encore localisé, s'étend à l'arbre entier. Le bois du pommier, par exemple, devient jaune canari plus foncé ou plus clair par places, il contient des bactéries à profusion, l'arbre dépérit et meurt bientôt.

Fig. 142. — Coupes longitudinales de rameaux de pommiers portant des plaies dues à des chancres : *n*, bactériose du bois qui a provoqué l'apparition du chancre; *b*, bourrelet cicatriciel corrodé. (D'après J. Brzezinski).

f) La *bactériose des pousses* se produit généralement à la suite de l'invasion des pucerons.

g) Les *nodosités des racines* sont fréquentes et bien connues des arboriculteurs, mais rarement mentionnées. La bactériose qui les produit peut être l'origine de la bactériose des parties aériennes (1).

5° Le parasite producteur du chancre est introduit par des

_____

(1) Suivant J. Brzezinski, la chlorose qui se traduit par la couleur pâle des feuilles, qui sont blanchâtres au lieu d'être vertes, et qu'accompagne souvent le dépérissement de l'extrémité des pousses (poirier, pêcher, etc.), serait due également à une bactériose. L'excès de calcaire dans le sol, l'insuffisance de lumière, l'affaiblissement de l'arbre à la suite des gelées printanières, que l'on considère généralement comme les causes déterminantes de la chlorose, seraient seulement des causes prédisposantes. Cette maladie peut, en effet, atteindre des arbres qui ne sont dans aucune des conditions précitées.

blessures dues souvent à des piqûres d'insectes, tels que le puceron lanigère qui peut introduire la bactérie profondément dans le tissu des jeunes pousses, le kermès, etc., ou par des blessures que produisent la taille et la greffe, surtout si le greffon est contaminé. L'introduction en est encore facilitée par l'eau de pluie qui s'insinue dans l'intérieur des fentes et des plaies et peut amener le microbe au contact même des racines sur lesquelles peuvent se former des nodosités chancreuses si le parasite a trouvé une voie de pénétration dans l'intérieur de la plante.

Les bactéries se trouvent disséminées en grand nombre par suite de la décomposition et de l'émiettement du vieux bois chancreux.

6° Le résultat final, dans les cas les plus graves, est la mort de l'arbre, soit qu'il y ait chancre externe faisant le tour de l'arbre, soit qu'il y ait seulement contamination interne.

Des sujets jeunes et bien portants peuvent être détruits, quoique le plus souvent la maladie attaque des arbres déjà affaiblis par diverses causes : mauvaise alimentation par défaut de potasse dans le sol et épuisement du sol en général, action du froid, grand âge.

Les conclusions et observations de M. J. Brzezinski sont étayées par des inoculations de la bactérie, obtenue en culture artificielle en partant de sujets malades, sur des sujets sains. Ces inoculations ont eu un résultat positif et l'auteur a pu étudier les symptômes de la maladie et en suivre les effets sur les sujets soumis ainsi à des inoculations artificielles.

B. **Champignons**. — Ces végétaux sont des agents de décomposition fort répandus et souvent très actifs, grâce à la faculté qu'ils possèdent de secréter des diastases capables d'une grande puissance chimique.

Les uns vivent en parasites sur les êtres vivants, sur les essences ligneuses par exemple, dont ils produisent l'altération et la mort parfois ; d'autres s'installent sur des substances mortes, sur le bois mort par exemple, et en hâtent la décomposition.

Les seuls champignons dont nous ayons à faire mention ici appartiennent aux grands groupes des Basidiomycètes et des Ascomycètes. Nous allons définir brièvement ces groupes.

a) *Basidiomycètes.* — Les Basidiomycètes sont caractérisés par la présence, dans leur appareil fructifère, d'éléments particuliers appelés *basides.*

Une *baside* est une cellule mère de spores. Elle donne nais-

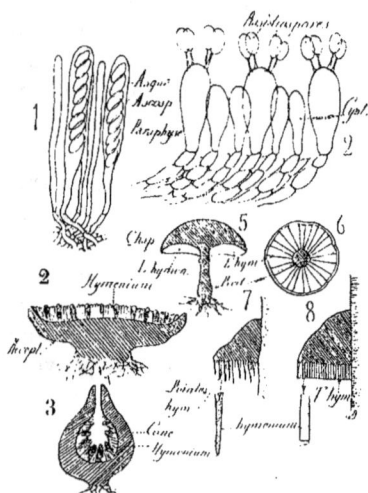

Fig. 143. — Appareil reproducteur des champignons Basidiomycètes et Ascomycètes : 1. Hymenium d'*Ascomycète*, constitué par les *Asques*, contenant des *Ascospores*; entre les asques se trouvent des filaments stériles dits *paraphyses*. — 2. Hymenium de *Basidiomycète*, constitué par de grandes cellules renflées en massue appelées *Basides*. Les Basides produisent à leur extrémité des pointes ou *stérigmates* qui portent les *Basidiospores*, entre les Basides se trouvent des cellules stériles dites *Cystides* et *paraphyses*. — 2. Coupe de l'appareil fructifère d'un Ascomycète du groupe des *Discomycètes*: on voit le réceptacle en forme de disque supportant l'hymenium. Le schéma dessiné ici se rapporte à une Pezize. — 3. Coupe de l'appareil fructifère (conceptacle et hymenium) d'un Ascomycète du groupe des *Pyrénomycètes*. Ici l'appareil fructifère a la forme d'un ballon à col court. — 5. Coupe de l'appareil fructifère d'un Basidiomycète du groupe des *Agarics*. L'hymenium tapisse des lames rayonnantes placées à la face inférieure du chapeau (*chap*) que supporte le *pied*. — 6. Le chapeau du même, vu par dessous. — 7. Coupe d'un *Hydne* : l'hymenium tapisse des pointes placées à la face inférieure du chapeau. — 8. Coupe d'un *Polypore* : l'hymenium tapisse des tubes situés à la face inférieure du chapeau.

sance par bourgeonnement à l'extérieur à un nombre déterminé, constant pour une même espèce, de spores que l'on désigne spécialement sous le nom de *basidiospores.*

Les basides sont placées en grand nombre les unes à côté des autres et entremêlées de cellules stériles, l'ensemble est désigné sous le nom d'*hymenium.*

Les Basidiomycètes sont divisés en groupes suivant la situation de l'hymenium. Nous n'avons à nous occuper que des suivants : l'hymenium tapisse la surface *lisse* de l'appareil fructifère : *Téléphorées* ; l'hymenium tapisse des *pointes* situées à la face inférieure de l'appareil fructifère : *Hydnées* ; l'hymenium tapisse l'intérieur de *tubes* portés par l'appareil fructifère : *Polyporées* ; l'hymenium recouvre des *lames rayonnantes* situées à la face inférieure du champignon en forme de chapeau : *Agaricées* (examiner la fig. 143).

b) *Ascomycètes*. — Les Ascomycètes constituent un grand groupe de champignons ayant, au point de vue de la classification, la même importance que les Basidiomycètes. Ils sont caractérisés, avant tout, par la présence dans l'hymenium d'un élément particulier nommé *asque*. L'asque est une cellule mère de spores, elle devient une sorte de sac renfermant un nombre déterminé (toujours faible) de spores. Ces spores portent dans le cas particulier le nom d'*ascospores*. Il y a des Ascomycètes dont l'appareil fructifère est ouvert en une sorte de disque ou coupe que tapisse l'hymenium, c'est le groupe des *Discomycètes* ; il y en a d'autres chez lesquels il est en forme de bouteille à col plus ou moins long et plus ou moins fermé, c'est le groupe des *Pyrenomycètes*, l'hymenium tapisse dans ce cas la cavité intérieure.

Nous aurons à étudier, en fait d'Ascomycètes Discomycètes, le champignon du « bois verdi », et, en fait d'Ascomycètes Pyrénomycètes, le champignon du « bois bleu ».

Il faut savoir, en outre, que les champignons en général sont très polymorphes, c'est-à-dire qu'ils sont susceptibles de se présenter aux différentes phases de leur existence sous des formes diverses possédant des appareils reproducteurs différents ; ce polymorphisme rend l'étude de ces plantes particulièrement délicate. La production des diverses formes que peut prendre une même espèce est soumise à un déterminisme rigoureux, chacune ne se produisant que dans des conditions bien déterminées ; empressons-nous d'ajouter que les lois de ce déterminisme sont encore peu connues (1).

Quoi qu'il en soit, les Ascomycètes, par exemple, possèdent,

---

(1) Sur ce sujet, J. Beauverie. « Etude sur le polymorphisme des champignons. Influence du milieu ». 268 p., 75 fig. *Annales de l'Univ. de Lyon*, 1900.

outre la reproduction par asque dont nous venons de parler, une reproduction par spores libres ou conidies, qui se produisent, dans certains cas, sur des filaments non rassemblés en corps fructifères et diversement ramifiés. C'est le cas du *Penicillium glaucum*, qui se développe fort bien sur le bois dans certaines conditions, en le recouvrant d'une sorte de poussière verte due à ses conidies. Le *Penicillium glaucum* est une moisissure verte fort répandue, sous sa forme conidienne, tandis que sa forme à asques est au contraire extrêmement rare.

c) *Comment agissent les champignons sur le bois.* — Dans la plupart des cas étudiés jusqu'ici à ce point de vue, le mode d'action des filaments de champignon qui ont pu entrer dans le bois est le suivant :

Ces filaments pénètrent le plus souvent par les rayons médullaires dont les cellules sont plus riches que le reste du tissu en substances alimentaires, azotées et hydrocarbonées (amidon, sucres, etc.), ils peuvent passer aussi, de bonne heure dans les cellules du parenchyme ligneux qui contiennent également de ces substances de réserve. Ces matériaux sont dissous, transformés en une substance brunâtre, qui donne à certaines parties du bois une teinte brun-rougeâtre ; cette dissolution se fait par l'intermédiaire de diastases secrétées par le champignon : diastases amylolitique et protéolitique ; elles ont été, d'ailleurs, peu étudiées jusqu'à ce jour. Le champignon consomme cette substance brune, puis, lorsqu'elle est épuisée, ses filaments, en utilisant généralement les ponctuations des éléments du bois, les perforent et attaquent bientôt les membranes qui, au lieu de se colorer en jaune par le chloroiodure de zinc, se colorent en bleu par ce réactif ; or cette réaction est celle de la cellulose, ce qui peut faire admettre que sous l'influence du champignon, la cellulose est libérée de la lignine qui l'incruste dans le bois normal. Les recherches récentes de F. Czapek permettent de pousser plus loin l'analyse du phénomène : sous le nom de lignine sont comprises des substances différentes ; ce savant a nettement séparé le cas de l'une d'elles, l'*Hadromal*, dont nous parlerons plus loin. Sous l'influence d'une nouvelle diastase produite par le champignon, et qu'il a isolée sous le nom d'Hadromase, l'Hadromal est disjointe de la combinaison éther qu'elle forme avec la cellulose, et mise en liberté. On peut alors facilement l'extraire par le benzol ou l'alcool, et sa dissolution donne une intense couleur rouge avec la Phloroglucine chlorhydrique.

La cellulose des éléments du bois, maintenant isolée, est bientôt attaquée et dissoute par une nouvelle diastase adaptée à cette fonction et qu'émet encore le champignon : la *cytase*.

Le bois ainsi consommé, pour ainsi dire, par le champignon perd de son volume, devient léger et friable et tombe en poussière lorsqu'il est sec. A sa substance s'est plus ou moins complètement substituée la masse des filaments blancs, jaunes ou bruns des champignons qui lui donnent une teinte correspondante (1).

CHAMPIGNONS. BASIDIOMYCÈTES

THÉLÉPHORÉES

Les Théléphorées sont des champignons basidiomycètes, chez lesquels la surface hyméniale est lisse et supportée par un réceptacle en forme de lame ou de croûte.

Le seul genre qui nous intéresse ici est le genre *Stereum* composé d'espèces vivant généralement aux dépens du bois mort et qui causent fréquemment la pourriture du bois des arbres sur pied.

Les deux espèces les plus nuisibles au bois sont le *Stereum frustulosum* et le *St. hirsutum*.

Voici comment on peut les distinguer :

A. Le champignon est en forme de croûte ou lame plus ou

(1) Consulter sur ce sujet :
R. Hartig, *Die Zersetzungserscheinungen des Holzes*, Berlin, 1878 ; *Lehrbuch des Baumkrankheiten*, 1889, Berlin (Traduction française, Paris).
F. Czapek, *Ueber die sogennanten Ligninreactionen des Holzes*. Zeitschrift für physiol. Chemie, vol. XXVII, p. 141 (1899) ; *Zur Biologie der holzbewohnenden Pilze*. Bericht der Deutschen Botanisch Gesellschaft, vol. XVII (1899).
M, Miyoshi, *Durchbohrung von Membranen durch Pilzfäden*. Jahrbücher für wissensch. Botanik, vol. XXVIII, p. 277 (1895).
J. Katz, *Die regulatorische Bildung von Diastase durch Pilze*. Jahrb. für wiss. Botanik, tome XXXI, p. 599 (1898).

moins épaisse, appliquée sur la surface du support, l'hymenium est externe : *Stereum frustulosum*.

B. Le champignon a primitivement une forme en croûte appliquée sur le support, mais il se retourne partiellement en s'accroissant de façon à devenir perpendiculaire à l'axe du support, et il prend, par suite, une forme en chapeau : *Stereum hirsutum*.

115. Stereum frustulosum Fr., Pourriture en queue de perdrix. — Syn. : *Thelephora Perdix*, R. Hartig (1), *Thelephora frustulata* Pers., *Thelephora sinuans* Pers.

Ce champignon produit l'altération du bois de chêne, le plus souvent resté sur pied.

Caractères : Les réceptacles fructifères apparaissent d'abord là où le bois est à nu, au niveau d'une crevasse ou d'une blessure, par exemple, ou sur les branches mortes, ils constituent de petites croûtes, dures, grisâtres, ayant au début la taille d'une tête d'épingle, puis s'accroissant jusqu'à atteindre 6 à 8 mm. ; ils sont de contour arrondi lorsqu'ils demeurent isolés, et polygonal lorsqu'ils se pressent les uns contre les autres.

Ces réceptacles sont l'appareil fructifère du champignon qui se manifeste, d'autre part, par de très nombreux filaments myceliens qui se ramifient dans l'intérieur du bois. La formation des réceptacles fructifères résulte de l'intrication, à la surface, des filaments du champignon. Il se produit d'abord un faux tissu, un « stroma » homogène, et c'est sur lui, du côté libre, que se formera l'hymenium. Celui-ci est consti-

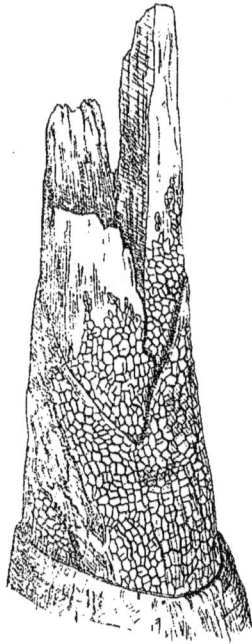

Fig. 144. — *Stereum frustulosum*. Réceptacles couvrant un tronçon de branche (Réduit) (d'après Prillieux).

(1) R. Hartig. *Die Zersetzungserscheinungen*, p. 103, pl. XIII.

tué par des cellules à spores externes ou basides et par des cellules stériles.

Le conceptable est vivace : chaque année se forme une nouvelle couche hyméniale en prolongement de celle de l'année précédente ; cette couche nouvelle résulte de l'allongement et de la ramification des éléments stériles de la couche de l'année précédente (fig. 145).

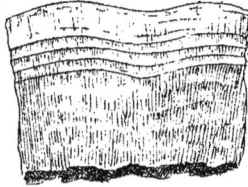

Fig. 145. — *Stereum frustulosum.* Coupe du réceptacle, permettant de distinguer les couches annuelles.

Etude de la corrosion du bois de chêne (1). — L'altération produite par ce champignon dans le bois de chêne est si bien caractérisée qu'il n'est pas possible de la confondre avec aucune des autres altérations produites par les champignons dans le bois.

Le bois devient d'abord rouge brun, puis, sur ce fond apparaissent des taches d'un blanc de neige, parfois très nombreuses,

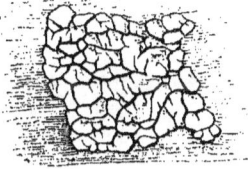

Fig. 146. — *Stereum frustulosum.* Réceptacles (très légèrement réduits).

qui se transforment bientôt en cavités tapissées d'un revêtement blanc ; elles augmentent de dimension aux dépens du bois brun et très dur qui les entoure et qui forme entre elles des cloisons qui vont constamment en s'amincissant et finalement se perforent souvent. Le revêtement prend alors une teinte jaunâtre, si bien que, finalement, le bois corrodé est réduit à une sorte d'échafaudage de coques brunes, très dures, que recouvre intérieurement un revêtement d'un jaune clair. L'aspect de ce bois rappelle celui des dessins du plumage de la perdrix d'où le nom qu'a donné Hartig au champignon, auteur de l'altération (fig. 147 et 148).

Si l'on observe une section transversale de ce bois, on constate que les cavités sont presque toujours situées entre les rayons médullaires et allongées dans le sens radial ; mais

(1) Ce champignon a été bien étudié par Hartig, qui le désignait sous le nom de *Thelephora Perdix.*
R. Hartig, *Die Zersetzungserscheinungen des Holzes,* 1878, p. 103, pl. XIII.

une section longitudinale permet de voir qu'elles sont encore plus allongées dans la direction parallèle à l'axe : elles sont quatre fois plus longues que larges suivant cette direction.

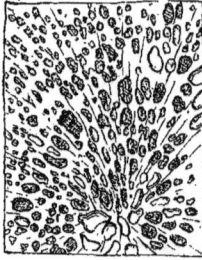

Fig. 147. — Coupe transversale de bois, corrodé par le *Stereum frustulosum* (légèrement réduit).

L'étude anatomique de ce bois corrodé par le champignon, nous renseigne sur la cause et la marche du phénomène. On voit, en observant au moyen du microscope, que le bois bruni situé autour des taches blanches et, plus tard, des cavités, a ses cellules remplies d'une matière brune amorphe, d'abord brun orangé, puis presque noire, qui existe non seulement dans les cellules des petits rayons et du parenchyme ligneux, mais

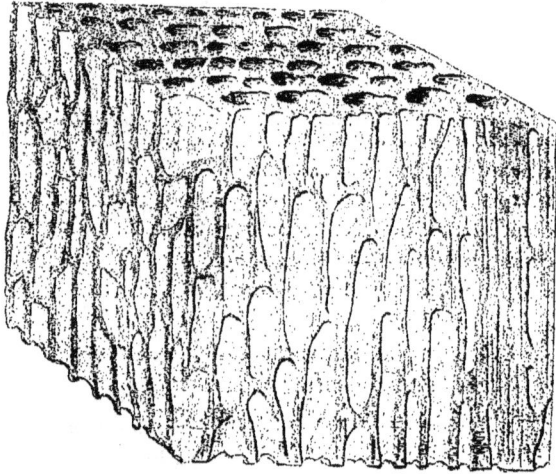

Fig. 148. — Bois attaqué par le *Stereum frustulosum* (*Thelephora perdix*). (D'après Hartig).

aussi quelquefois dans l'intérieur des fibres et vaisseaux ; les grands rayons sont plus rarement et moins abondamment atteints.

Sur le bord des cavités, les éléments du bois se décolorent et se détachent les uns des autres. La substance brune, se forme aux dépens du bois, sous l'action d'une diastase acide que secrète le champignon.

Cette matière brune est d'abord consommée par le champignon, après quoi la substance des parois elles-mêmes des éléments du bois est attaquée, c'est alors que se produit leur dissociation. Le tissu ligneux est par suite transformé en une sorte de charpie blanche dans laquelle on reconnaît les éléments anatomiques, isolés les uns des autres et plus ou moins altérés. Les fibres isolées subissent bientôt un fendillement en spirale et se désagrègent en fibrilles comme celles des toiles usées. La lignine a été détruite, car ces fibrilles réalisent avec le chloroiodure de zinc la coloration violette que donne ce réactif avec la cellulose seule.

Ce que nous venons de décrire est le cas général, mais il arrive que la décomposition soit beaucoup plus rapide : c'est quand les cavités produites par l'action corrodante du champignon, se trouvent dans le voisinage d'une fissure existant dans le bois, ou quand, devenues très nombreuses et plus grandes, elles communiquent les unes avec les autres, en un mot lorsque, pour une cause quelconque, l'air arrive au contact du mycelium avec plus de facilité. Dans ce cas, l'attaque des éléments du bois par le mycelium est directe, les filaments les percent de part en part, avant qu'ils aient perdu la lignine incrustante, car ils peuvent présenter encore la coloration jaune de la lignine par le chloroiodure de zinc et non la coloration bleue que produit ce réactif agissant sur la cellulose.

116. Stereum hirsutum (Willd) Fries. — Pourriture blanche ou pourriture jaune. — Syn. : *Thelephora hirsuta*, Wild. ; *Auricularia reflexa*, Bull. ; *Auricula aurantia*, Schum.

Ce champignon vit surtout sur le bois mort : vieilles branches, échalas, poteaux, piquets, barrières, etc. ; vieilles souches de chêne et de charme. Plus rarement, il pénètre dans l'intérieur du bois sain, par une plaie de l'écorce. Dans tous les cas le mycelium du champignon désorganise le bois.

Caractères. — Comme nous l'avons dit aux généralités sur le genre Stereum, les réceptacles apparaissent d'abord à la surface du bois altéré ou sur l'écorce morte, comme une croûte dure dont les bords sont un peu enroulés, mais qui est, en somme, appliquée sur le support. Lorsqu'elle a atteint quelques centimètres de taille son bord supérieur se détache et se recourbe de façon à devenir à peu près perpendiculaire à l'axe du support. La face supérieure de la lame est couverte de poils bruns, raides, avec des zones plus ou moins nettement marquées, qui correspondent aux accroissements successifs. C'est la face inférieure qui est fertile, elle porte en effet l'hymenium ; elle est lisse et de couleur jaunâtre.

Etude de l'altération du bois (1). — C'est, comme dans le

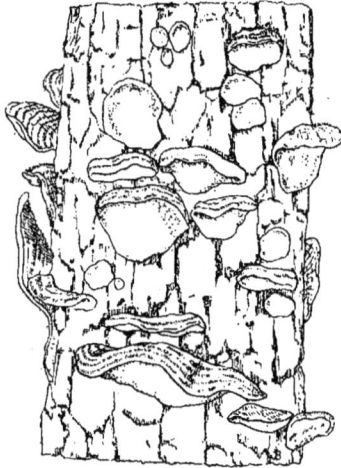

Fig. 149. — Conceptacles de *Stereum hirsutum* recouvrant l'écorce d'un arbre.

cas précédent, le mycelium qui court à l'intérieur du bois, qui produit la corrosion de celui-ci.

Le bois est attaqué par zones concentriques suivant lesquelles il devient d'abord brun, puis blanc ou jaune pâle par places. Ces parties blanches forment des zones allongées suivant l'axe de la tige. Leur extension est parfois très grande, et le bois se change en majeure partie en une masse blanc jaunâtre où tous les éléments du tissu ligneux sont grandement altérés. *C'est une pourriture blanche.*

La coloration brune que nous avons signalée comme existant au début de l'altération est due à une substance brune

(1) Hartig, *loc. cit.*, p. 129, pl. XVIII.

qui se dépose dans les divers éléments du bois, notamment dans les cellules des rayons médullaires et du parenchyme ligneux, plus rarement dans les fibres elles-mêmes.

Dans les parties blanches, cette substance brune a été consommée par le champignon et remplacée par les filaments de celui-ci ; de plus, la substance ligneuse incrustante a été détruite en majeure partie et les fibres présentent avec le chloroiodure de zinc la coloration violette de la cellulose.

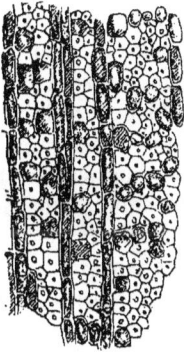

Fig. 149 *bis*.— Altération du bois atteint par le *Stereum hirsutum* lorsqu'il est encore peu attaqué. Une substance brune remplit les cellules des rayons médullaires et du parenchyme ligneux.

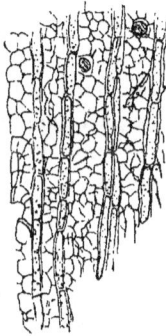

Fig. 150. — Bois presque corrodé par le *Stereum hirsutum*.

Dans le cas de ce champignon, les fibres sont directement attaquées par le mycelium qui les perce et les ronge en tous sens, tandis que nous avons vu que le *Stereum frustulosum* commençait à détruire la substance conjonctive des fibres pour les isoler et les attaquer parfois directement ensuite. Cependant cette dissociation se produit quelquefois, mais le plus souvent c'est la lamelle isolante des fibres qui persiste seule, tandis que tout le reste des parois a été rongé par le mycelium (fig. 150).

HYDNÉES

Dans ce groupe de champignons, la surface fertile de l'appareil fructifère au lieu d'être lisse comme dans le cas

22

précédent (Théléphorées) est hérissée de pointes que tapisse extérieurement l'hymenium (fig. 143,7).

Nous citerons deux espèces qui s'attaquent à des arbres vivants dont elles produisent finalement la pourriture du bois.

116. Hydnum diversidens Fries. — Pourriture blanche.

Ce champignon attaque surtout les chênes et les hêtres déjà âgés, et cause promptement la pourriture blanche de leur bois.

Caractères. — A l'extérieur de l'arbre attaqué, sur des places où l'écorce est entièrement détruite, apparaissent les appareils fructifères du champignon. Ce sont d'abord des coussinets blancs qui prennent l'étendue et la forme de la surface qui leur est offerte : sur une surface large, il forme généralement une simple croûte ; sur une surface étroite, si d'autre part son alimentation est abondante, il forme un chapeau qui croît horizontalement en forme de console plus ou moins étagée. La chair en est blanc-jaunâtre et la surface jaune-clair. La face fertile porte des sortes de dents atteignant jusqu'à 2-3 cm. de long, parfois soudées entre elles sur tout ou partie de leur longueur. L'hymenium, porteur des basides, les tapisse extérieurement.

Cet hymenium s'accroît par couches successives, comme nous l'avons dit pour le *Stereum frustulosum.* Comme ce dernier l'*Hydnum diversidens* est vivace.

Altération du bois. — Le champignon pénètre dans le bois du tronc, surtout au niveau des rameaux brisés, puis il s'étend vers le haut et vers le bas à partir de ce point. Le bois attaqué devient brun, puis gris-jaunâtre, mais le bois de printemps subit le premier cette modification, de telle sorte qu'en coupe longitudinale, on aperçoit des bandes alternantes de couleurs jaune et brune. Les rayons médullaires conservent plus longtemps leur nuance brune que toutes les autres parties du bois. En certaines régions, le bois de printemps s'altère très vite et devient blanc parce qu'il s'est substitué à lui une lame blanche de mycelium. Des lames blanches successives ainsi formées sont encore séparées par des zones persistantes du bois d'automne. Le bois altéré est très tendre, il s'écrase sous la pression des doigts, et il possède une grande légèreté.

Si nous observons de plus près le phénomène, nous constaterons que le brunissement est dû à la production d'une substance brune qui coïncide avec la disparition de l'amidon; puis, quand cette dernière substance a été totalement détruite, la matière brune est résorbée par le mycelium du champignon qui s'en sert évidemment pour sa nutrition ; en même temps, il prend un grand développement, et ses filaments, serrés ou associés en faux tissu, donnent l'aspect blanc et les lames blanches qui caractérisent le bois à un degré avancé d'altération.

Sous l'influence des filaments du champignon, les couches internes et moyennes des fibres qu'ils traversent en tous sens, se gonflent, se transforment en une sorte de gelée et se séparent de la lamelle intercellulaire qui demeure inaltérée ; finalement elles sont dissoutes et absorbées par le mycelium, sans avoir présenté les réactions de la cellulose, comme cela se produit généralement lorsque le bois est altéré par un champignon.

117. Hydnum Schiedermayri Heufl. — Pourriture jaune du pommier. — Syn. : *Hydnum luteo-carneum*, Secrétan.

Ce champignon, assez peu répandu, est parasite du pommier. Son mycelium s'étend dans le bois, il lui donne une couleur jaune-verdâtre, et le décompose enfin totalement; ce bois exhale alors une forte odeur d'anis.

L'appareil fructifère apparaît à l'automne, il rompt l'écorce pour se faire jour à l'extérieur. Il est charnu, jaune-soufre, puis brun-clair ; sa surface est inégale ; sa forme est en console plus ou moins étagée ; les pointes qui portent l'hymenium atteignent de 1 à 2 centimètres de longueur.

POLYPORÉES

La grande majorité des champignons qui attaquent les bois appartiennent à ce groupe. Il est caractérisé par ce fait que l'hymenium tapisse l'intérieur de tubes ou pores (d'où le nom de *Poly-*

Fig. 151. — Coupe de l'appareil fructifère de l'*Hydnum Schiedermayri*.

pores) très nombreux placés généralement à la face inférieure de l'appareil fructifère qui a le plus souvent une forme en console, sabot de cheval, épaulette, chapeau, etc. (fig. 143,8) ; il est attaché latéralement à la surface de l'arbre, tandis que ses filaments mycéliens pénètrent en grand nombre à toutes les profondeurs du bois.

Ces champignons sont des plus redoutables. Généralement leur mycelium attaque le bois sain, et il se nourrit ensuite, pour prendre une plus grande extension, des produits de l'altération qu'il cause.

Le champignon pénètre dans le bois là où il est mis à nu par des blessures faites à l'écorce, par rupture des rameaux ou toute autre cause. Les foyers d'infection ainsi formés s'étendent parfois très loin, le champignon attaque et désorganise les éléments du bois grâce à des diastases très actives qu'il sécrète ; toutefois, si ses filaments sont abondants dans les parties du bois tuées par lui, ils sont rares et fins dans les zones avoisinantes qu'il détruira peu à peu par l'effet de ses diastases.

Contrairement à ce qui se produit pour les insectes, qui s'en prennent surtout à l'aubier, les champignons, qui ont pu pénétrer dans le cœur mis à nu au niveau d'une blessure, d'une branche rompue, etc., y cheminent assez facilement, le détruisent pour ne laisser subsister finalement qu'une fragile enveloppe. La conduction de la sève s'effectue encore grâce à l'aubier et à l'écorce subsistant, mais le moindre vent abattra l'arbre. Inutile de dire que dans ces conditions le bois a perdu toute valeur marchande.

Il est d'autres Polypores qui s'attaquent directement aux parties extérieures de l'arbre, parties qui sont en même temps les plus délicates et les plus essentielles à la vie du végétal (cambium, liber, aubier). L'arbre meurt plus promptement dans ce cas que dans le cas précédent, et son bois ne tarde pas à s'altérer.

Les Polypores qui attaquent le corps ligneux sont très nombreux, nous étudions ici les principaux. Cette étude pourra servir d'exemple pour les autres cas, car ceux que nous citons correspondent aux divers phénomènes qui peuvent se présenter dans les cas de pourriture du bois sous l'action de Polypores.

117 *bis.* **Polyporus annosus** (Fries). — Syn. : *Polyporus subpileatus*, Weinm. — *P. serpentarius*, Pers.— *P. resinosus* Rost. — *Trametes radiciperda*, Hart (1).

Ce champignon est un parasite très dangereux. Il attaque les racines au niveau de blessures préexistantes, et de là s'élève plus ou moins haut dans l'intérieur du bois de la plante, bois dont il produit la décomposition.

Caractères. — L'appareil fructifère du champignon se forme sur les racines, sous le sol, ou bien à la base du tronc des arbres qu'il a déjà tués. Il a une forme des plus variables, ce qui se conçoit facilement, étant donné qu'il peut être gêné dans une direction ou dans une autre en se développant sous terre. Il a, le plus souvent, une forme de plateau appliqué contre la racine sur laquelle il se développe ; ou bien il se redresse en console s'il prend un plus grand développement. La face stérile est brune, bosselée, irrégulière, la face fertile est criblée de petits pores, qui sont les ouvertures des tubes hyménophores (2) (fig. 152). Le réceptacle du champignon est vivace ; à la fin de la période annuelle de végétation les tubes fertiles se bouchent par le développement des filaments mycéliens stériles dans leur cavité,

Fig. 152.— Appareil fructifère du *Polyporus annosus*, sur un fragment de racine.

puis, à la reprise de la végétation, il se produira au-dessus d'eux une nouvelle couche de filaments intriqués aux dépens de laquelle s'organiseront de nouveaux tubes hyménophores. Ce phénomène se produit deux ou trois fois de suite, après quoi la surface qui était fertile devient stérile et de couleur brune. Le champignon présente encore un autre mode de multiplication, au moyen de spores libres (conidies) se produisant sur de simples filaments, aux extrémités renflées en boules, qui tapissent les spores.

Nature des bois attaqués. — Ce sont surtout les résineux : l'Epicéa et le Pin. Il peut ravager des peuplements de ces arbres, ayant de 40 à 60 ans. Parfois, aussi, il tue les jeunes plants de Pins.

(1) R. Hartig, *loc. cit.*, p. 14; pl. 1-IV.
(2) Tubes qui portent l'hymenium.

Il atteint rarement les feuillus ou du moins il prend peu d'extension lorsqu'il se développe sur eux. On l'a quelquefois observé, sur les Sorbier, Alisier, Hêtre, Bouleau, et Chêne vert.

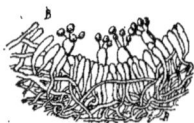

Fig. 153. — Coupe de l'hyménium tapissant les tubes hyménophores de l'appareil fructifère du *Polyporus annosus*.

Marche de la maladie. — Elle est plus ou moins prompte suivant que le champignon a attaqué une partie plus ou moins éloignée du tronc de l'arbre. Sur une grosse racine et au voisinage de celui-ci, les symptômes se manifestent quelques mois après l'attaque.

Le mal gagne des racines d'un arbre à celles d'arbres voisins par l'intermédiaire du sol, et l'on cite des cas où, 7 à 8 ans après la première apparition de la maladie, plus de 10 ares de forêts étaient dénudés autour du foyer d'infection.

Etude de l'altération du bois. — Au début de l'attaque, le bois prend une teinte rougeâtre chez le Pin, gris-lilas chez l'Epicéa, tandis que la coloration normale est d'un blanc jaunâtre. Cette teinte s'affaiblit bientôt et passe au jaune brun, bientôt marqué de petites taches noires, abondantes surtout dans le bois de printemps. Autour de ces taches noires, qui tendent à disparaître, s'en forment ensuite d'autres, de couleur blanche, qui arrivent à se rejoindre. Le bois est alors complètement décomposé et ses éléments dissociés sont à l'état de charpie.

Voici ce que permet de reconnaître l'analyse du phénomène, faite au moyen du microscope :

La teinte violacée du début de l'altération se manifeste seulement dans les rayons, ce qui est suffisant pour donner à l'ensemble du bois la coloration en question, puis, sous l'influence des filaments qui ont envahi les cellules des rayons, l'amidon qui s'y trouve est dissout, tout le contenu s'altère et, finalement, un liquide brun se trouve substitué à lui. Les filaments du champignon, qui se nourrissent de ce liquide, s'étendent à partir de ce moment dans les éléments du bois situés en dehors des rayons et, pour cela, ils percent les parois des trachéides elles-mêmes. Dès ce stade, le bois est devenu léger et peu résistant.

Par les orifices pratiqués par le champignon, la substance brune des rayons se répand dans les trachéides, ce qui produit les taches noires dont nous avons parlé ; grâce à cette substance, qui est pour eux un excellent aliment, les filaments mycéliens se développent encore et s'étendent plus loin, exerçant, même à distance, une action corrosive sur les tissus environnants, qui présentent bientôt les réactions de la cellulose (coloration violette par le chloroiodure de zinc).

Les taches blanchâtres qui se manifestent un peu tardivement et qui se détachent sur le fond brun des parties moins altérées, correspondent à des régions où les fibres du bois sont corrodées, comme nous venons de le dire et, en outre, dissociées par le fait de la dissolution de la substance conjonctive. Ces fibres, ainsi altérées, constituent bientôt une sorte de charpie blanche.

Dans les parties plus éloignées du foyer d'infection, les choses se passent un peu différemment : la lamelle mitoyenne persiste, ce sont les couches formant l'épaisseur de la paroi qui se dissolvent successivement, en allant de l'extérieur à l'intérieur, si bien qu'il arrive un moment où l'on ne trouve plus, dans le lacis des filaments du champignon, que des lames à trois branches, restes de la lamelle moyenne séparant trois trachéides contiguës.

Ajoutons que le champignon se développe non seulement dans l'intérieur du bois, mais encore dans l'écorce des racines ou du tronc.

Moyens d'entraver la propagation de la maladie. — Le mal se propage par le mycelium d'une part, qui chemine d'une racine à l'autre au travers du sol, et, d'autre part, au moyen des spores : basidiospores et conidies, qui peuvent être transportées et inoculées d'une racine à une autre par les rongeurs, par exemple, qui se creusent des terriers.

On a proposé de limiter les foyers d'infection au moyen de tranchées assez profondes pour couper toutes les racines, malheureusement, il peut résulter de l'emploi de ce procédé une production abondante d'appareils fructifères sur les racines mises à l'air au bord de la tranchée et les chances de propagation peuvent être ainsi augmentées. Le meilleur moyen est encore d'effectuer des peuplements mélangés de feuillus et de résineux, l'expérience a démontré que le mal s'étend peu dans ce cas.

118. Polyporus Pini (Pers.). — Pourriture rouge du Pin.
— Syn. : *Dœdalea Pini*, Fries ; *Trametes Pini*, Fries.

Les filaments mycéliens de ce champignon n'attaquent que
le cœur du bois, l'aubier est évité par lui. Ce fait tient à ce
que celui-ci est chargé de résine chez les conifères qui sont
les hôtes habituels de ce champignon ; cette résine est contraire au champignon.

Caractères. — Le *Polyporus Pini*, comme tous les champignons du même ordre, se reconnaît au moyen de l'appareil
fructifère que le mycelium vient
former à la surface du bois qu'il
a ravagé. Il constitue des chapeaux ligneux, durs, épais, du côté
du tronc et mince du côté libre.
La face supérieure est brune,
marquée de lignes concentriques,
et un peu en creux, la masse est
d'un brun jaunâtre sur une section. Les tubes hyménophores
sont à la face inférieure de ce
chapeau. Ces réceptacles sont
vivaces, c'est-à-dire qu'ils demeurent plusieurs années sur l'arbre
en continuant à s'accroître.

Fig. 154. — Polyporus Pini.

Nature des bois attaqués. — Ce sont des résineux, particulièrement le pin et le mélèze, plus rarement l'épicéa.

Altération du bois (1). — Sans être très nuisible à la vie de
l'arbre ce champignon a l'inconvénient capital d'enlever au
bois toute valeur.

Le mycelium se développe seulement dans le bois de cœur,
tandis qu'il laisse de côté l'aubier trop riche en résine. Il
pénètre toujours par une plaie, au niveau de laquelle se
trouve du bois de cœur non isolé par une couche de résine,
ce qui a lieu, par exemple, sur la surface de grosses branches
rompues ; sur des rameaux jeunes, comprenant surtout de
l'aubier, il se serait vite formé une couche de résine protectrice ; aussi le champignon en question est-il propre aux
vieux arbres, ayant dépassé 50 ans, en général.

(1) R. Hartig, *Wichtige Krankheiten d. Waldbäume*, p. 43 et *Zersetzungsersch*, p. 32, pl. V et VI.

Quand les spores sont tombées sur du bois de cœur, elles germent en émettant des filaments qui suivent la longueur du rameau ou de la tige, en même temps qu'ils gagnent radialement et surtout circulairement les portions voisines du bois. Ils s'étendent de plus en plus, mais au contact de l'aubier il se forme une couche de résine, qui leur oppose une infranchissable barrière.

Le bois devient rouge-brun. Il se creuse, au niveau du bois plus tendre du printemps, de cavités qui s'étendent et se réunissent, restant séparées circulairement par les parties

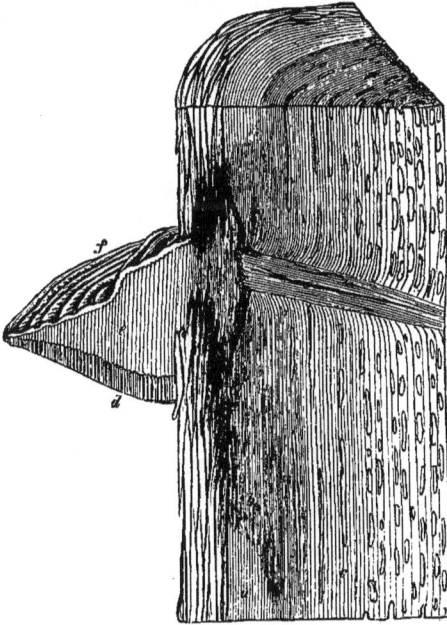

Fig. 155. — Fragment de tronc de pin avec un appareil fructifère du *Trametes Pini*. *a*, aubier sain ; *b*, bois de l'aubier subissant un commencement d'altération au voisinage de l'appareil fructifère du champignon ; *c*, bois profondément altéré ; *d*, tubes sporifères du champignon ; *e*, anciens tubes obstrués par suite de la croissance du champignon ; *f*, surface supérieure zonée du chapeau (1/2) (R. Hartig).

plus résistantes des zones annuelles. Leur paroi se couvre d'un lacis blanc de filaments (fig. 155).

Lutte contre la maladie. — Il faut abattre au plus tôt les arbres atteints, détruire les conceptacles pour entraver la

propagation qui se fait exclusivement par les spores, et tirer
parti des régions non envahies avant que la pourriture ait
fait de trop grands progrès.

119. Polyporus Hartigii (Allescher). — Pourriture blanche du sapin. — Syn. : *Polyporus igniarius*, Fries *pro parte*;
Polyporus igniarius var. Pinuum, Bresad.

Caractères. — Le mycelium, qui vit dans le bois, produit à
la surface de l'arbre son appareil reproducteur. Celui-ci a la
forme d'une console, ou bien il est presque globuleux avec
des tubérosités, la surface stérile est d'un brun-jaunâtre,
rugueuse et poilue quand le champignon est jeune, lisse et
marquée de zones d'accroissement lorsqu'il est plus âgé. Le
côté fertile est troué d'innombrables pores très petits, peu
distincts, qui sont les ouvertures des tubes hyménophores,
les spores qui s'y forment sont incolores, la masse du chapeau est de teinte fauve sur une section.

Bois attaqués. — Il produit la pourriture blanche du bois
de sapin et des résineux en général, mais le sapin résiste
beaucoup moins à ses atteintes
que le pin, par exemple, dans le
bois riche en résine duquel ne
tarde pas à se former une barrière
de matière résineuse qui empêche
le cheminement des filaments du
champignon.

C'est surtout au niveau des
plaies formées par les chancres
appelés « chaudrons », que produit
une rouille (*Peridermium elati-
num*, dont nous parlerons plus
loin), que pénètrent les filaments
du champignon provenant de la
germination des spores.

Fig. 156. — Appareil fructifère
du *Polyporus Hartigii*.

Altération du bois. — Le bois prend une teinte jaune, et la
partie attaquée est limitée par une zone étroite d'un brun
foncé. Il perd toute consistance et les arbres se brisent au
moindre effort.

Le mycelium, de couleur jaune-brunâtre, pénètre dans les
trachéides où il forme de véritables pelotons, il corrode les

parois et les troue ; la lamelle mitoyenne des éléments du bois
se détache des couches plus internes et se dissout, ces couches
elles-mêmes disparaissent à leur tour. Il va sans dire que le
bois perd, de cette façon, toute valeur marchande.

Lutte contre la maladie. — Il faudra abattre aussitôt les
arbres atteints, détruire les conceptacles et isoler les parties
saines de l'arbre dont on pourra utiliser le bois. Pour com-
pléter ce traitement, il faudrait également supprimer partout
où on les aperçoit les chancres du *Peridermium* qui sont des
voies ouvertes à l'infection.

120. Polyporus borealis, Fries. — Pourriture blanche du
sapin. — Syn. : *Boletus borealis*, Wahlenb ; *Boletus albus*,
Schaef.

Bois attaqués. — Ce sont les résineux, notamment le sapin
et l'épicéa.

Caractères. — Sur les bois atteints par le mycelium et
abattus, apparaissent les appareils fructifères du champignon. Ils ne s'observent pas
sur l'arbre vivant. Ils ont une
forme de consoles. Leur couleur est blanchâtre, teintée par
place de rouge-brunâtre. Leur
chair est blanche, puis elle
devient d'un rouge brun par
exposition à l'air, sa consistance rappelle celle du liège
sur des exemplaires âgés. La

Fig. 157. — Appareil fructifère du
Polyporus borealis.

face supérieure est rugueuse, la face inférieure porte les tubes
hyménophores.

Altération du bois (1). — Le champignon pénètre par une
plaie du tronc et envahit souvent une grande partie du bois,
celui-ci devient jaune-brun, avec une zone étroite d'un brun
plus foncé qui limite la région altérée. On remarque encore
l'existence dans ce bois de petites lames horizontales blanches de mycelium qui le coupent régulièrement. Les filaments du champignon prennent un grand développement
lorsqu'on laisse le bois altéré à l'humidité, ils forment à sa

(1) R. Hartig, *Zersetzungserscheinungen*, page 54, pl. X.

surface une peau blanche qui devient ensuite légèrement jaunâtre.

Si nous suivons l'évolution du champignon dans le bois, nous constatons que le mycelium s'enfonce d'abord dans les rayons médullaires, dont le contenu cellulaire se change en une matière brune, tandis que les filaments eux-mêmes prennent une nuance jaune ; c'est à ce niveau que se trouve la ligne limitante brune du bois sain et du bois altéré. Le mycelium a bientôt absorbé complètement la substance brune dont il avait provoqué la formation, il redevient alors lui-même blanc et pénètre dans les trachéides en suivant une direction horizontale ; la diastase qu'il émet modifie la composition des membranes en allant de l'intérieur de la trachéide à l'extérieur, vers la couche limitante, elle détruit la matière incrustante pour mettre en liberté le substratum cellulosique de la membrane comme le prouve la coloration violacée ou gris-violacé que prend la paroi altérée. C'est la lamelle mitoyenne des bois qui résiste le plus longtemps.

121. Polyporus vaporarius, Fries (1). — Pourriture rouge des résineux. Pourriture des bois de construction. — Syn. : *Boletus vaporarius*, Pers. ; *Poria vaporaria*, Pers. ; *Polyporus incertus*, Pers.

Généralités : le champignon en forêt et sur les bois de charpente. — Ce champignon attaque non seulement les arbres en forêt, mais il se développe encore sur les bois de construction qui n'ont pas été assez promptement desséchés ; il se développe alors avec une abondance plus ou moins grande et peut détruire en peu de temps tous les bois de charpente et boiseries d'un édifice. Il est particulièrement fréquent dans les bois des caves et sur les planchers qui reposent directement sur le sol. La destruction qu'il provoque de ces bois ressemble beaucoup à celle produite par le champignon des maisons (*Merulius lacrymans*) avec lequel on a souvent peine à le distinguer.

Le *Polyporus vaporarius* vit en forêt sur l'épicéa et le pin sylvestre. Il pénètre aussi bien par les blessures existant sur

(1) Etudié surtout par Hartig, *loc. cit.*, p. 45, pl. VIII.

les racines, dans le sol, que par celles de la tige causées, le
plus souvent, par les morsures du gibier.

Fig. 158. — Bois envahi par le mycelium du *Polyporus vaporarius*
(d'après Hartig).

Les filaments myceliens. — Non seulement le mycelium se
développe dans l'intérieur du bois, comme nous le dirons
plus loin, mais encore il peut ve-
nir s'étaler à la surface de celui-ci
lorsqu'il est placé en milieu humide ; il forme alors au dehors des
sortes d'éventails ou de rubans ou
bien des cordons assez épais. C'est
ainsi qu'on peut voir ce mycelium
s'étaler dans l'espace formé entre
le bois tué et l'écorce de l'arbre
ou bien à la surface des planches
et des poutres en une sorte de
ouate de filaments richement ramifiés ayant la blancheur de la
neige, ou de cordons, ou de ru-

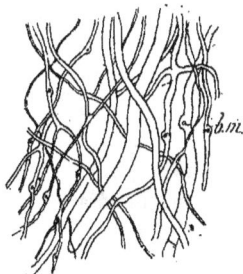

Fig. 159. — Filaments mycéliens du *Polyporus vaporarius* (*bm,* boucle mycélienne)
(d'après Hartig).

bans, ou d'éventails. Cette configuration ressemble beaucoup à celle du Merulius ; toutefois, les cordons sont blancs
au lieu d'être d'une couleur grisâtre, ils ont la consistance

du feutre au lieu d'être raides et comme apprêtés, ils sont souples comme de la corde au lieu d'être élastiques. Néanmoins, il faut une certaine habitude pour ne pas confondre le mycelium des deux champignons, d'autant plus que dans les deux cas, et comme cela se produit en outre chez plusieurs Hyménomycètes, on peut observer au microscope l'existence sur le trajet du mycelium, de boucles latérales au niveau des cloisons (1) (fig. 159). Cependant, là coupe transversale des cordons ne montre jamais la grande différenciation de structure décrite par Hartig, chez ceux du Merulius (v. article Merulius). Il est vraisemblable qu'en forêt les cordons en question propagent le mal d'un arbre aux arbres voisins.

Les corps fructifères. — Ils se développent sur le bois décomposé par le mycelium, ou sur l'écorce tuée, ou sur le mycelium feutré, ou les cordons. Ils forment des croûtes d'un blanc de neige puis d'un blanc-jaunâtre, dépassant rarement 5 mm. d'épaisseur. Ils adhèrent fortement au bois auquel ils sont soudés par toute leur étendue. Les tubes hyménophores portés du côté de la surface libre sont très inclinés, et souvent même presque parallèles au substratum, de sorte que leur ouverture est très allongée. On trouve dans cet hymenium des basides piriformes, réunies par petits groupes, elles portent des spores incolores ayant 5-6 µ de long sur 3-3,5 µ de large, elles sont un peu bombées d'un côté, entre elles se trouvent des cellules stériles terminées en pointe.

Altération du bois. — Le bois envahi devient brun-clair, puis rouge foncé, il se crevasse à la fois dans le sens vertical et dans le sens horizontal (fig. 158). En se desséchant, les fentes deviennent de plus en plus larges, le bois prend une grande légèreté et il ressemblerait beaucoup au charbon de bois, si ce n'était sa couleur brune. Il a perdu toute consistance et se réduit en fine poussière sous la pression des doigts.

Les filaments du champignon sécrètent une diastase qui a pour effet de détruire la substance qui constitue la paroi des trachéides qu'ils perforent en tous sens, ces parois commen-

---

(1) Toutefois, Hartig insiste sur ce fait qui peut servir de caractère distinctif, que ces boucles n'émettent pas, comme chez le Merulius, de filament latéral et restent toujours fermées.

cent par se fendiller de fines crevasses qui n'atteignent pas
les lamelles mitoyennes et sont disposées d'une façon très
caractéristique : elles sont obliques, courtes, serrées les unes
contre les autres, en séries longitudinales par rapport à la
trachéide.

*Transport du champignon dans les maisons. Contamination
des bois de construction.* — Le *Polyporus vaporarius* est,
avons-nous dit, un champignon parasite en forêt des résineux
et surtout des pins et sapins, sur lesquels il est assez fréquent ; il est possible dès lors qu'il soit apporté dans les scieries et dans les dépôts et ateliers des charpentiers avec les troncs
des arbres ; il peut être ensuite transporté avec les planches
et poutres obtenues de ces bois, incomplètement desséchés,
dans les constructions nouvelles. Il pourra même contaminer
des bois sains, mais humides, placés dans son voisinage.

On évitera l'introduction du champignon dans les édifices
en n'employant pour les constructions que des bois sains, et
aussi secs que possible. Il faudra éviter d'appliquer trop tôt
sur les bois, dans les constructions nouvelles, des enduits
(peintures à l'huile), linoleum, parquets, etc., qui en arrêtent
trop tôt la dessiccation, surtout lorsqu'ils ont pu être exposés à
l'humidité, pendant le temps de la construction, par exemple.
Le danger que ce champignon s'étende des caves, des souterrains humides, etc., aux bois, mêmes secs, des étages superposés, n'est pas aussi grand que dans le cas du « champignon
des maisons », dont les cordons mycéliens sont beaucoup
plus aptes à conduire avec eux une grande quantité d'eau,
qu'ils pompent, pour ainsi dire, dans les régions où elle
abonde pour la transporter dans le bois là où elle est nécessaire à l'extension du champignon. Le *P. vaporarius* est donc
moins dangereux que le *Merulius*, mais il cause les mêmes
phénomènes de destruction aux dépens du bois directement
humide.

Ce champignon paraît très peu sensible à l'abaissement de
la température. Il continue à croître et à fructifier en forêt,
lorsque la température est très basse. On l'a vu se développer
avec abondance sur des planches placées dans des caves à
glace.

Tout ce que nous disons au sujet des précautions à prendre
contre le *Merulius* : dessiccation des bois, état et nature des

matériaux de remplissage dans les constructions peut s'appliquer à ce champignon.

122. Polyporus Schweinitzii Fr. — Pourriture rouge du
bois de cœur des pins. — Syn. : *Dœdalea epigea*, Lenz. ; *Sis-
totrema spadiceum*, Swartz ; *Polyporus mollis*, R. Hartig.

Altération du bois. — Ce polypore désorganise le bois de
cœur des vieux pins. Il a été étudié d'une façon fort complète
par Hartig, comme d'ailleurs un très grand nombre de champignons produisant l'altération des bois (1). L'aubier est res-
pecté, car il se protège promptement contre l'invasion par
la production d'une zone fortement imprégnée de résine. Les
phénomènes de décomposition que produit ce champignon,
ressemblent beaucoup à ceux du *Polyporus vaporarius*. Le bois
prend une teinte générale rouge brun, puis il se crevasse de
fentes profondes et perpendiculaires les unes aux autres. Sur les

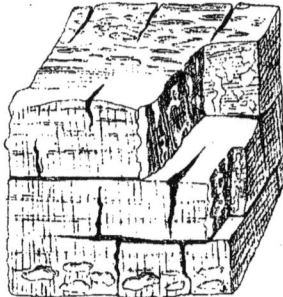

Fig. 160. — Bois fortement attaqué
par le mycelium du *Polyporus
Schweinitzii* (d'après R. Hartig).

Fig. 161. — Filaments mycéliens du
Polyporus Schweinitzii. Tandis que
les filaments ou hyphes de la partie
supérieure ont été traités par l'essence de térébenthine qui les a débarrassés de la résine qui les imprégnait, ceux de la partie inférieure
sont encore entourés de cette substance (d'après Hartig).

fentes apparaissent de nombreuses taches blanches s'anas-
tomosant plus ou moins ; elles sont dues à des amas localisés

(1) R. Hartig, *Zersetzungserscheinungen*, Seite 49, Taf. IX.

de mycelium. Ce bois diminue de volume en séchant et les fentes qu'il possède vont par suite en s'accentuant ; il est alors devenu très léger et il se réduit en fine poussière sous la pression des doigts. Comme dans le cas du *Polyporus vaporarius*, les trachéides se fendillent de fentes nombreuses ayant une disposition spiralée, mais qui sont beaucoup plus larges ; il en est qui se produisent au niveau des ponctuations aréolées et qui se dirigent dans le sens d'une seconde spirale croisant la première. On conçoit qu'un tel fendillement enlève au bois toute solidité.

Le mycelium qui forme les taches blanc de neige, dont nous avons parlé, ne constitue pas des cordons et lames feutrées et légères comme le *P. vaporarius* mais bien, sur les parois des fentes, des croûtes amorphes, plus ou moins complètement imprégnées de résine.

Appareil fructifère. — Il apparaît sur le bois déjà altéré ou sur les fissures de l'écorce de l'arbre atteint. Il a d'abord la forme d'un coussinet rouge brun, puis plus tard d'une console plus ou moins nettement figurée, sa teinte est d'un rouge brun très accentué ; d'abord mou, il prend plus tard la consistance du liège.

123. Polyporus sulphureus. Fries (1). — Pourriture rouge ; — Syn. : *Boletus sulphureus*, Bull. ; *Bol. citrinus*, Pl. etc.).

Bois attaqués. — Ce champignon est un des parasites du bois les plus répandus : il atteint le chêne, le poirier, le noyer, le peuplier, on l'a même rencontré sur le mélèze, mais, en général, il limite ses attaques aux bois feuillus.

Altération du bois. — Le bois attaqué prend d'abord une teinte uniforme d'un brun rouge, cette dernière nuance étant moins accentuée que dans le cas du *P. Schweinitzii*, par exemple ; puis apparaissent, alors que le bois n'a pas encore perdu sa résistance, des amas blancs de mycelium qui se manifestent sous forme de minces lignes blanches sur des sections longitudinales, et de points blancs sur des sections transversales. Ces simples liserés vont en s'étendant et forment finalement des lames radiales dans le sens de la longueur du bois et des rayons assez épais sur la section trans-

(1) R. Hartig, *Die Zersetzungsersch*, p. 110. Pl. XIV.

versale qui sont recoupés par des lames circulaires de distance
en distance. Ces zones blanches sont dues à ce que le bois de
printemps est bourré du mycelium blanc du champignon;

Fig. 162. — Bois de chêne attaqué par le mycelium du *Polyporus sulphureus*
(F. Schwarz).

qui vient bientôt remplir des fentes perpendiculaires, les unes
étant placées suivant la direction des rayons, les autres suivant la direction des couches annuelles.

Le bois devient léger et se réduit en fine poussière jaunâtre
sous la pression des doigts.

Ici encore, le mode de corrosion ressemble à celui des
Polyporus vaporarius et *Schweinitzii*. Les éléments du bois
se remplissent d'une matière brune et les parois des fibres se

fendillent de fines fentes disposées suivant une spirale très inclinée. Si nous suivons le phénomène de l'altération dans le bois de chêne, nous constatons que la cavité des vaisseaux se remplit de bonne heure avec une masse dense de filaments de champignon, c'est ce qui produit les points blancs d'une part et les lignes blanches d'autre part, que l'on observe sur les sections transversales pour le premier cas, et sur les sections longitudinales pour le second. La diastase que secrètent ces filaments agit sur les parois des fibres voisines qui se fendillent, comme nous l'avons dit, suivant une spirale allant de droite à gauche. La lamelle mitoyenne n'est pas attaquée.

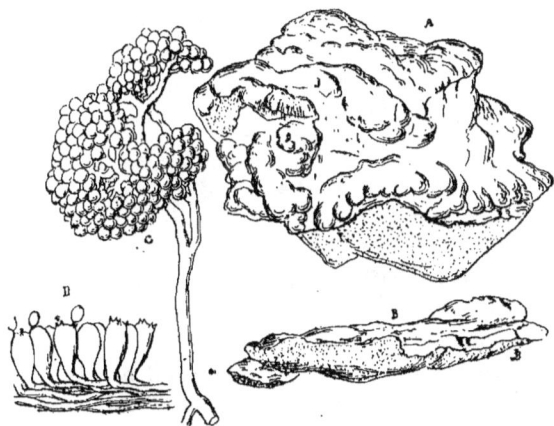

Fig. 163. — *Polyporus sulphureus*. A et B, appareils fructifères du champignon l'un épais, l'autre plat; C, appareil conidien; D, basides de l'appareil fructifère (d'après M. de Seynes).

Comme cela a lieu en général, le bois altéré est beaucoup plus riche en carbone et moins riche en oxygène que le bois sain.

Appareil reproducteur. — Lorsque la décomposition du bois, que le champignon produit, atteint la surface, à travers l'écorce desséchée et fendillée se fait jour l'appareil reproducteur du champignon. Il est constitué par des chapeaux jaune soufre assez minces et souvent étagés en plus ou moins grand nombre; plus tard, leur couleur devient orangé rougeâtre, la substance intérieure est blanche et de consistance caséeuse. Ces chapeaux sont annuels, ils disparaissent à l'automne.

Ces appareils fructifères produisent des basidiospores incolores portées par les basides en massue (fig. 163 D) ; mais, outre ces spores, le champignon peut en former d'autres qui apparaissent soit sur le mycelium, dans l'intérieur du bois décomposé, soit à l'intérieur des fruits qui portent les tubes hyménophores et les basides, soit encore, dans des réceptacles spéciaux. C'est M. de Seynes qui a mis hors de doute la relation de continuité de ces appareils conidiophores (fig.163 C) avec le Polypore en question. Ils avaient bien été aperçus par Hartig dans le bois altéré par ce champignon, mais ce savant crut qu'ils y existaient à l'état de moisissure étrangère, accidentellement introduite. Les spores ou « conidies » que produit cet appareil servent, comme les basidiospores, à la dissémination du champignon.

121. Polyporus hispidus (Bull.) Fries (1). — Pourriture blanche. — Syn. : *Boletus hispidus*, Bull. ; *Boletus velutinus*, Sowerb.

Bois attaqués. — Ce champignon attaque beaucoup d'espèces d'arbres feuillus, notamment des arbres fruitiers et surtout le pommier ; dans les Cévennes il est fréquent sur le mûrier. En causant la mort des arbres, il produit de grands dommages dans les pays producteurs de cidre, mais il produit aussi la pourriture du bois et c'est à ce titre que nous le mentionnons.

Altération du bois. — Les branches et le tronc des pommiers sur lesquels se montrent les chapeaux qui permettent de déterminer ce champignon, sont pourris au cœur ou complètement creux, toutefois les jeunes couches extérieures du bois d'aubier sont encore suffisantes pour assurer assez longtemps la vie de l'arbre.

(1) Ed. Prillieux. Sur le *Polyporus hispidus*, Fr. *Bull. de la Soc. mycologique*, t. IV, 1893, p. 255.

Prillieux et Delacroix. Maladies des mûriers, *An. de l'Institut nat. agron.*, t. XIII, 1893.

Prillieux. Maladies des plantes agricoles et des arbres fruitiers et forestiers, t. I, p. 352. 1895 (Firmin-Didot et Cie).

Comme cela se produit pour tous les Polypores qui attaquent le bois, la contamination se fait au moyen de spores
amenées au contact d'une branche brisée ou coupée; elles
germent et de là le mycelium gagne le tronc; le cœur et la
moelle sont attaqués en premier lieu, le bois y devient brun,
puis très tendre, légèrement spongieux et d'un blanc jaunâtre un peu rosé. Une zone très dure, brun rougeâtre foncé,
sépare le jeune bois d'apparence sain, du bois de cœur complètement décomposé. Dans ce dernier bois, blanc et mou, on
aperçoit aussi des lignes minces, sinueuses, d'un brun très
foncé, de consistance très dure qui entourent des îlots irréguliers de la matière ligneuse décomposée.

Dans le bois jeune, qui paraît encore sain, situé au delà de
la zone brune, on découvre au microscope de très fins filaments de mycelium qui font déjà subir au tissu un commencement d'altération. Les grains d'amidon des cellules du
parenchyme ligneux et des rayons tendent à disparaître, tandis que dans tous les éléments du bois, apparaît une matière
brune d'apparence gommeuse : c'est à ce niveau que se constitue la zone brune que nous avons mentionnée plus haut.
Le mycelium, mieux nourri dans cette région, grossit, se
ramifie et se pelotonne. La matière brune produite est peu à
peu résorbée par le champignon, qui, à partir du moment
de sa disparition, attaque et corrode les parois des cellules
du bois. Les ponctuations deviennent de grands trous ronds
qui se rejoignent par places, divisant les fibres en lambeaux
dentelés ; les couches d'épaississement des parois prennent
une teinte violette sous l'action du chloroiodure de zinc,
comme cela se produit pour la cellulose, et elles s'amincissent progressivement, la lamelle mitoyenne est attaquée la
dernière.

Lorsque les filaments des parties les plus décomposées
sont mis au contact de l'air, comme par exemple sur des
portions coupés de la tige d'un pommier vivant, ils ne tardent pas à donner naissance à l'appareil fructifère.

Appareil fructifère. — Il constitue des masses charnues
d'un brun jaunâtre, ayant la forme de coussins épais de
15 cm. et plus de diamètre ; elles sont tendres et s'écrasent
sous la rpession des doigts lorsqu'on veut les détacher de
l'arbre. La face supérieure est bombée et couverte de poils

agglutinés. Le bord du chapeau, en voie de croissance est

d'un jaune pâle, les parties plus anciennes deviennent brunes. A la face inférieure sont les tubes hyménophores, qui produisent des spores jaune clair, lorsqu'elles sont jeunes et brunes plus tard.

Moyens préventifs à employer contre ce champignon. — L'invasion du parasite se produisant au niveau des plaies de l'arbre, on restreindrait beaucoup le danger, en pansant ces plaies en les recouvrant avec soin au moyen de goudron.

Fig. 164. — Appareil fructifère du *Polyporus hispidus*.

125. Polyporus igniarius (L.) Fries. — Faux amadouvies. — Pourriture blanche du bois de chêne. — Syn. : *Boletus igniarius* L. ; *Polyporus igniarus* Fries *pro parte* ; *Polyporus fulvus* Scopoli, non Fries, etc.

Bois attaqués. — Ce champignon, que l'on confond souvent avec l'Amadouvier vraie (*Polyporus fomentarius*), est un parasite très répandu. C'est à lui qu'il faut attribuer, dans la majorité des cas, la pourriture blanche du bois de Chêne. On le trouve aussi sur le charme, le hêtre, le saule, le peuplier, les fruitiers, etc.

Il attaque surtout les vieux chênes à partir de 50 ans : le champignon pénètre au niveau d'une branche brisée de la cime ou de toute autre plaie et il altère rapidement une grande partie du bois. Le champignon après avoir cheminé dans l'aubier gagne ensuite le bois de cœur qui est rarement attaqué le premier.

Altération du bois (1). — Au début on voit dans le cœur de l'arbre comme des lunures blanchâtres empiétant sur plusieurs couches annuelles, puis, le bois du chêne, qui est normalement brun grisâtre, devient jaune clair lors-

Fig. 165 — Appareil fructifère du *Polyporus igniarius*.

(1) R. Hartig, *Zersetzungsersch*, p. 114, pl. XV et XVI.

qu'il est fortement atteint ; une zone brunâtre foncée le sépare de la portion restée indemne.

Il se produit, en somme, comme dans le cas du *P. hispidus* au premier degré de l'infection, une substance brune qui s'amasse dans les divers éléments du bois sauf les vaisseaux ; elle est bientôt consommée ; à partir de ce moment les parois ligni-fiées sont corrodées par l'action de la diastase sécrétée par le champignon, elles perdent leur matière incrustante et se colorent en violet, comme la cellulose, par le chloroiodure de zinc, puis elles s'amincissent et se dissolvent. Le bois est alors à l'état de masse blanc jaunâtre, friable, sans consistance, séparé du bois encore sain par une zone brunâtre.

Lorsque le mycelium se trouve exposé à l'air au niveau d'une surface libre du bois qu'il attaque, il donne naissance à l'appareil fructifère.

Appareil fructifère. — Il est constitué par des chapeaux de consistance ligneuse, brun rouge à l'intérieur, grisâtre et velouté à la face supérieure. Ils prennent bientôt la forme de consoles ou de sabots de cheval. Ils ont, en général, une dizaine de centimètres, mais peuvent atteindre un diamètre de 30 à 40 cent. dans certains cas.

La face inférieure présente des pores très fins et serrés les uns contre les autres, ce sont les ouvertures des tubes hymé-nophores.

126. Polyporus fomentarius (L). Fries, Amadouvier. — Pourriture blanche du bois. — Syn. : *Boletus fomenta-rius* L. ; *Fomes fomentarius*, Sacc.

Bois attaqués. — Ce champignon attaque surtout le hêtre et produit une pourriture blanche de son bois. On l'observe encore sur le bouleau.

Altération du bois. — Il se forme, dans le bois de cœur de l'arbre envahi, des fentes, les unes circulaires les autres radiales, qui se tapissent des hyphes feutrés du champignon. A un degré plus avancé de décomposition, le bois est devenu blanchâtre, sa consistance est celle d'un liège très mou et il est presque totalement remplacé par une masse dense de mycelium au milieu de laquelle on discerne encore des débris du tissu ligneux primitif. Cette portion décomposée est limi-tée par une zone étroite d'un brun foncé qui la sépare du

bois encore sain en apparence ; les cellules, à ce niveau, renferment, comme dans les cas précédemment décrits, une
matière brune que le champignon produit par son action diastasique aux dépens du contenu de ces cellules.

Appareil fructifère. — Il apparaît sur les vieux arbres,
sous la forme d'un sabot de cheval, le plus souvent. Sa couleur est blanchâtre ou gris noirâtre, la face inférieure est
plane, elle est perforée d'innombrables petits pores qui
correspondent aux ouvertures des tubes hyménophores très
longs. Les spores sont de couleur foncée (tandis que celles
des faux amadouviers sont incolores). L'intérieur du chapeau,
qui est tendre et souple, s'emploie, débité en menues lames,
pour fabriquer l'amadou.

Fig. 166. — Polyporus fomentarius.

127. Polyporus betulinus (Bull.) Fries. — Ce Polypore
attaque, non seulement le bouleau que désigne son nom,
mais beaucoup d'autres arbres. C'est un parasite du corps
ligneux fort dangereux. Des expériences d'inoculation ont
montré qu'il était capable d'attaquer le bois vivant et parfaitement sain et de produire la mort de l'arbre.

Le bois attaqué devient brun, par production, sous l'influence diastasique exercée par le mycelium du champignon,

d'une substance brune aux dépens du contenu des cellules. Les parois des cellules et des fibres prennent elles-mêmes cette coloration. Le mycelium consomme ensuite lentement cette substance et produit plus loin les mêmes phénomènes aux dépens d'éléments encore inattaqués qui, à leur tour, deviendront bruns. La substance foncée contenue dans les cellules ayant été absorbée par le champignon, les parois sont bientôt corrodées par son action et présentent la coloration violette de la cellulose par le chloroiodure de zinc. Il ne subsiste enfin que les lamelles mitoyennes ; en même temps le bois diminuant de volume se fend radialement et circulairement et les fissures produites se remplissent des filaments blancs du champignon et se détachent à l'état de lignes blanches sur fond brun du bois altéré.

Ce bois se réduit en poussière fine, sous la pression des doigts.

Appareil reproducteur. — Au mois d'août, généralement, les filaments mycéliens qui se sont fait jour à travers l'écorce qu'ils corrodent, viennent produire à l'air les corps fructifères du champignon. Ils sont en forme de chapeau généralement bombé, à bord pendant et sinueux, à face supérieure blanche comme l'écorce du bouleau sur lequel ils sont fixés ; la face inférieure et le tissu même en sont d'un

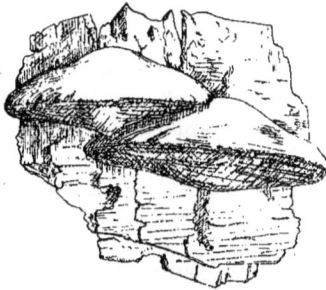

Fig. 167. — *Polyporus betulinus*.

blanc de neige. L'hymenium est constitué de basides en massue avec des spores incolores, allongées sub-cylindriques.

Dégâts. — L'intérieur du tronc étant pourri, l'arbre cède au moindre effort et le bois abattu n'a plus aucune valeur.

128. Polyporus dryadeus (Fr.) (1). — Ce Polypore est un champignon du chêne, dont il peut altérer très profondément le bois.

(1) R. Hartig, *Zersetzungersch*, p. 124, Pl. XVII.

Au début de l'altération, on voit apparaître dans le bois des stries longitudinales, les unes blanches, les autres jaunes ; sur la section transversale, elles forment de très nombreuses petites taches ayant ces mêmes couleurs. Au niveau des lignes blanches, les parois lignifiées sont réduites à leur cellulose par l'altération, et les éléments du bois sont isolés par suite de la dissolution de la lamelle mitoyenne. Au niveau des lignes jaunes, les parois sont peu à peu totalement dissoutes et perforées par place. A un degré plus avancé de décomposition, les filaments mycéliens deviennent bruns ou noirâtres, et la masse du bois est presque totalement transformée en une masse brune de mycelium avec, çà et là, des bandes d'un blanc de neige, étroites, souvent ramifiées. Une coloration brune aussi intense se manifeste surtout quand l'air arrive au contact du bois altéré, comme cela a lieu au voisinage de l'appareil fructifère. Celui-ci est en forme de sabot de cheval, de couleur brun cannelle. Il se produit généralement sur les vieilles branches. Les appareils fructifères s'altèrent très promptement et on en trouve rarement des exemplaires intacts.

Il arrive parfois que les *Polyporus dryadeus* et *igniarius* attaquent simultanément un même bois de chêne, qui, sous l'action combinée des mycéliums des deux champignons, devient jaune pâle ou blanchâtre, tandis que les rayons médullaires sont d'un blanc de neige. Cette dernière particularité ne se produit pas quand le *P. igniarius* agit seul.

129. Polyporus ponderosus. — Pourriture rouge du *Pinus ponderosa* (Pitchpin).

Ce Polypore attaque en Amérique le *Pinus ponderosa*, une des essences qui produisent le Pitchpin. Il cause d'effrayants dégâts, en occasionnant la pourriture rouge de ce bois ; nous l'étudierons plus loin.

130. Merulius lacrymans. — *Le champignon des maisons*, destructeur des bois de charpente. — *Echte Hausschwamm* des Allemands (1).

(1) Nous renvoyons le lecteur pour les détails supplémentaires et la bibliographie de la question à notre travail intitulé : *Etude sur le champignon des maisons*, par J. Beauverie, 64 p., 9 fig. A. Rey, imprimeur-éditeur, Lyon.

Ce champignon est le plus redoutable des parasites de nos maisons, les dégâts qu'il cause se chiffrent par millions, sa présence a été constatée un peu partout et ses ravages sont de plus en plus graves. Dans certaines villes, il produit de véritables *épidémies,* causant rapidement l'effondrement des maisons qu'il attaque ou nécessitant, du moins, une réfection totale des charpentes et boiseries ; à Breslau, en Silésie, notamment, le champignon s'est propagé de maison en maison et de rue en rue, causant de vrais désastres. En Galicie, dans beaucoup de localités, il existe des rues entières dont les maisons sont infectées. Dans beaucoup de régions de l'Europe orientale le Merulius est un vrai fléau pour les habitations. L'existence de ce champignon n'est pas une chose nouvelle, il ne constitue pas un triste privilège de notre époque ; on l'a signalé il y a déjà longtemps : Boussingault rapporte le cas d'un magnifique navire de guerre de quatre-vingts canons, le *Formidable*, qui fut détruit peu de temps après sa construction, par le Merulius. Beaucoup d'autres faits de destruction prompte et singulière de bâtiments en bois, que l'on voit incidemment cités à des périodes plus ou moins éloignées de notre histoire, doivent, vraisemblablement, être rapportés à cette même cause, que l'ignorance de nos pères en Mycologie, faisait méconnaître.

Bien souvent encore aujourd'hui, on attribue à des causes variées des méfaits dont le Merulius est bien l'auteur, tout simplement parce que les techniciens ne sont pas prévenus et ignorent ce champignon.

Il est certain que les cas de destruction par le Merulius sont plus fréquents à notre époque qu'autrefois. Cela tient, comme nous l'expliquerons plus loin, à la trop grande rapidité avec laquelle on procède à l'édification des maisons, sans laisser un temps suffisant pour que les matériaux se dessèchent avant l'achèvement.

Il est du plus haut intérêt pour les propriétaires, les architectes et les entrepreneurs d'être documentés le mieux possible sur ce champignon, car son existence amène fréquemment entre eux des contestations et des procès. Le propriétaire peut refuser le paiement d'une construction, gravement endommagée par le Merulius avant l'expiration du délai de garanti ;

Cela d'après les lois en vigueur, non seulement en France, mais encore dans d'autres pays, en Allemagne, par exemple.

L'article 1792 du Code civil est ainsi conçu : « Si l'édifice construit à prix fait périt en tout ou partie par le vice de la construction, même par le vice du sol, les architectes et entrepreneurs en sont responsables pendant dix ans. »

On ne sera pas étonné si, après les graves mécomptes causés par l'emploi du bois dans les constructions, on tend de plus en plus à le remplacer par le fer et le ciment armé. Ces matériaux ont cependant leurs inconvénients et les techniciens reviendraient certainement sans arrière-pensée à l'usage du bois pour les charpentes, si on pouvait leur donner des moyens certains d'éviter le fâcheux Merulius. Cette question est donc du plus grand intérêt pour tous ceux qui s'occupent du commerce des bois, actuellement un peu menacé, du moins du côté de certains débouchés, car d'autres considérables lui ont été ouverts récemment, comme par exemple, la fabrication de la pâte de cellulose pour la confection du papier et autres objets manufacturés.

Nous pensons avoir suffisamment indiqué l'importance de la question du *Merulius lacrymans* et sa portée pratique.

Dans la première partie de ce travail sur le Merulius, nous ferons l'étude botanique proprement dite du champignon et nous exposerons les notions scientifiques actuellement acquises à son sujet ; dans la deuxième partie, nous envisagerons plus spécialement le côté pratique de la question, en traitant de la technologie, c'est-à-dire, dans l'espèce, l'application des données scientifiques à l'art des constructions.

Notre attention était depuis longtemps attirée sur ce sujet. Nous eûmes l'occasion de constater l'importance des dégâts causés par le Merulius, à Lyon même et particulièrement dans les environs de cette ville ; à Montchat, dans plusieurs habitations, nous pûmes voir les lambris et les parquets, disjoints sous la poussée du champignon et dans un tel état que la réfection des boiseries et d'une partie des charpentes de ces maisons, neuves d'ailleurs, s'imposait. Des architectes de cette ville, voulurent bien nous communiquer des matériaux largement contaminés, tout en nous faisant part des dégâts importants causés par le champignon. La Société des Naturalistes de Châlon-sur-Saône nous communiquait récemment des faits semblables. On nous signalait encore le cas de maisons de Besançon, construites depuis moins de deux ans, dont les planchers s'étaient d'abord incurvés d'une façon inquiétante, sans qu'on soupçonnât la cause du phénomène, et qui s'étaient finalement complètement abîmés, alors que l'on reconnaissait, mais trop tard, le Merulius comme étant l'agent de la catastrophe. Nous avons eu tout récemment l'occasion de constater des faits semblables à Lyon ; un heureux hasard fit que les pièces dont les plafonds s'effondraient ne fussent pas habitées au moment imprévu de l'accident. Nous eûmes aussi connaissance de faits analogues dans le Dauphiné. Enfin, il y a deux ou trois ans, nous pûmes voir le plus bel exemple de développement du Merulius, en visitant l'ancienne prison d'Annecy, actuellement monument historique et connu sous le nom de Palais de l'Isle ; ces vieux bâtiments sont construits sur le canal du Thiou qui se déverse dans le lac. Les fondations et les murailles sont constamment battues par les eaux du canal, et, tandis que l'humidité s'élève des parties basses, l'eau du ciel pénètre largement par les fissures nombreuses des toits et par les lézardes des murs. En somme, cette ancienne prison offre maintenant les conditions les plus favorables au développement du Merulius qui s'y est installé en maître. Il étale au grand jour, sur les planchers, ses appareils fructifères d'un jaune roux, qui y atteignent des diamètres inaccoutumés de 1, 2 ou 3 mètres quand ils sont convergents. Les bois attaqués perdent toute solidité et deviennent, après quelque temps, complètement friables, ils se réduisent en poussière au moindre contact, aussi fait-on cheminer le visiteur sur des planches neuves, jetées d'un mur de pierre à un autre mur de pierre.

Tous ces faits ayant sollicité notre attention, nous cherchâmes dans la bibliographie ce qui avait été écrit sur le Merulius. Nous ne trouvâmes à peu près rien dans la littérature française ; à signaler seulement une mise au point de la question dans le *Traité des maladies des plantes agricoles*, de M. Prillieux, et une intéressante notice de M. E. Henry, professeur à l'École forestière de Nancy, intitulée *La lutte contre le champignon des maisons, expériences récentes*. Par contre, la littérature allemande est très riche, et nombreux sont les savants, comme Hartig, Göppert, Poleck, von

Tubeuf, etc., qui ont exercé tour à tour leur sagacité sur cet important sujet. Hartig est le savant qui a apporté la plus vaste contribution à la connaissance de cette question. Il faut signaler aussi les recherches entreprises en Autriche-Hongrie par divers savants et par le Comité technique militaire. Citons le colonel Tilschkert, B. Malenkovié, le Dr Cieslar, etc. Des recherches ont été également effectuées en Russie, à l'instigation du gouvernement, auxquelles ont pris part diverses personnes, notamment le colonel Baumgarten. En France, M. E. Henry poursuit des expériences concernant ce sujet, et l'on peut dire qu'une véritable émulation anime en ce moment les chercheurs des divers pays pour la lutte contre le champignon des maisons. Ils continuent leurs études sur ce sujet, avec une persévérance qui sera certainement couronnée d'un plein succès. Les résultats que nous pouvons déjà exposer ici sont des plus encourageants.

ÉTUDE BOTANIQUE

Répartition géographique. — Encore que l'on n'ait pas toujours rapporté à leur véritable cause les accidents dus au Merulius, la présence de celui-ci a été constatée dans de nombreuses contrées : en Allemagne, en Russie et en Sibérie, en Suisse, en Autriche-Hongrie où le ministère de la guerre a éprouvé de grands déboires dans les constructions de baraquements en Galicie ; dans l'Amérique du Nord, l'Inde et l'Afrique. On n'a pas constaté sa présence dans l'île de Java, cependant particulièrement bien explorée au point de vue botanique. Il existe aussi en France, nous avons déjà cité un certain nombre de cas où nous pûmes l'observer dans des régions diverses ; à Nancy, on pourrait citer des maisons fort nombreuses où l'invasion de cette peste a nécessité des réfections coûteuses et provoqué de nombreux procès.

LE MERULIUS LACRYMANS DANS LA FORÊT. — Si l'on rencontre trop fréquemment ce champignon dans nos maisons, du moins ne l'a-t-on observé que très rarement dans la nature.

On peut citer à ce sujet les observations d'Albertini et Schweinitz en 1805, puis celle de Ludwig, qui le trouve en 1882 sur des conifères aux environs de Greiz ; de Schneider

qui le trouve en 1886 sur de vieilles souches d'arbres ; de
Hartig, 1887 ; de Magnus, qui le signale plusieurs fois entre
1880 et 1890 sur des souches de vieux troncs de sapin ; von
Tubeuf l'a rencontré également sur des souches déjà mortes.
En somme, ce champignon est fort rare dans la nature, il
semble y vivre à l'état de saprophyte, c'est-à-dire aux dépens
de plantes déjà mortes et non à l'état de parasite. Cependant
Hennings (1891) prétend que le mycelium de ce champignon
existe fréquemment à l'état de parasite dans les troncs des
arbres en forêt et qu'il est apporté avec eux dans les villes.
Cette opinion n'est basée, ni sur l'observation directe du
champignon dans le bois des arbres vivants des forêts, ni sur
l'expérimentation. En se servant de cette dernière méthode,
von Tubeuf en 1902, a recherché si le parasitisme pouvait
exister. Il a essayé d'inoculer le champignon à des arbres
vivants, utilisant pour ses expériences de jeunes pins et
sapin, cultivés en pots et sous cloche pour les mettre à
l'abri de germes apportés par l'air Il a fait, en outre, une
série de boutures de peuplier et de saule, dont la surface de
coupe était au contact d'un sol, largement contaminé par la
présence de fragments de bois très envahis par le Merulius.
Ces expériences n'ont pas donné de résultats positifs et doivent être poursuivies. Quoi qu'il en soit, on peut dire que
l'hôte terrible de nos habitations est rare en forêt et qu'il y
est peu dangereux.

On a pu remarquer que la répartition géographique du
champignon dans les habitations affectait surtout les pays
septentrionaux et froids, comme la Russie, la Sibérie, l'Allemagne, etc. Cette observation avait suggéré à Hartig l'hypothèse que le champignon doit exister dans la nature, surtout
dans les pays plus méridionaux et par suite plus chauds, tandis que dans les contrées froides, il recherche l'abri, la chaleur et l'humidité dont il a besoin, dans l'intérieur des habitations. On a même essayé de faire cadrer cette hypothèse
avec la présence du Merulius constatée quelquefois en forêt,
même dans les pays septentrionaux, en disant qu'il aurait été
transporté des maisons dans celles-ci, d'une façon accidentelle. En résumé, le champignon est rare en forêt où on l'a
trouvé sur des arbres déjà morts, mais il n'est point démontré que des troncs abattus bien vivants puissent apporter

avec eux le Merulius dans l'intérieur de leur substance.

On doit admettre que, dans la très grande majorité des cas, la contamination des bois par le Merulius se fait en dehors de la forêt.

On peut encore émettre cette hypothèse très vraisemblable, que le mycelium du champignon n'est pas rare sur le sol de la forêt et sur les troncs d'arbres abattus, particulièrement sous leur écorce, s'ils n'ont pas été écorcés; si l'on ne rencontre pas plus souvent l'appareil fructifère caractéristique dans la forêt, cela tient peut-être tout simplement à ce que les conditions très spéciales qui sont nécessaires à sa formation (absence de courant d'air, demi-obscurité, etc.), y sont très rarement réalisées. Le mycelium apporté avec les bois n'en sert pas moins à l'introduction du fâcheux Merulius dans les chantiers et dans les habitations (Möller).

PLACE DU MERULIUS DANS LA CLASSIFICATION. — Le *Merulius lacrymans* (Wulf.), Schum. comporte la synonymie suivante : *Serpula lacrymans* (Wulf.), *Merulius destruens* Pers., *Merulius vastator*, Tode. — Les Allemands le désignent couramment sous le nom de « Hausschwamm » c'est-à-dire champignon des maisons.

C'est un Polypore du genre *Merulius*, genre qui se caractérise de la façon suivante :

L'appareil fructifère est superficiel par rapport au substratum, sur lequel il est immédiatement placé sans l'intermédiaire d'un pied. Les tubes hyméniaux sont réduits à de simples dépressions.

Espèce : *Merulius lacrymans*. Ce champignon émet, lorsqu'il végète en milieu humide, de nombreuses gouttelettes de liquide. Fréquent dans les maisons, rare en forêt.

CARACTÈRES BOTANIQUES : MORPHOLOGIE. — Le *mycelium* est d'un blanc pur ou rougeâtre ou même gris-jaune. Quand le champignon est âgé, il conserve cette dernière coloration. Les filaments restent rarement isolés, ils se réunissent généralement en lames ou peaux, parfois très minces. Lorsque le champignon végète entre un mur et ses boiseries, il ne peut, le plus souvent, atteindre qu'une faible épaisseur, par contre les peaux qu'il produit s'étendent indéfiniment dans tout l'espace qui lui est offert. En moins d'une année sa croissance est si rapide qu'il peut déjà s'étendre sur 12 m. de longueur. En milieu humide et lorsqu'il en a la place, le mycelium forme comme une fine toile d'araignée ou prend l'aspect de l'ouate.

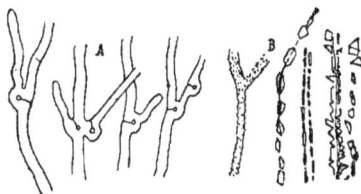

Fig. 168. — A. Mycelium avec les boucles caractéristiques ; B. Mycelium avec cristaux d'oxalate de chaux.

Ces toiles feutrées, ces peaux, peuvent se continuer, par place, en *cordons* blancs légèrement grisâtres, qui s'étendent

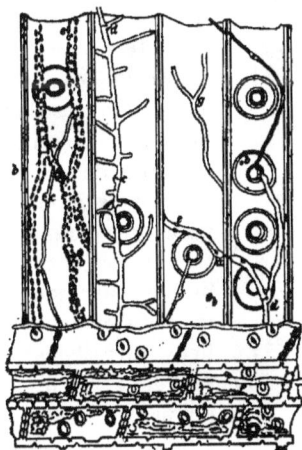

Fig. 169. — Coupe longitudinale dans un fragment de bois de pin attaqué par le Merulius. Dans la partie inférieure de la figure se trouve un rayon médullaire dont les cellules montrent un hyphe *f* et du protoplasma. Dans l'intérieur des vaisseaux on aperçoit les filaments myceliens qui perforent parfois la paroi, comme en *a*. On voit en *b* des pores dans la membrane qui ont servi de passage à des filaments lesquels se sont ultérieurement désorganisés. Les filaments présentent les boucles caractéristiques *cc*, qui donnent souvent naissance à de nouveaux rameaux *dd*. De nombreux cristaux d'oxalate de chaux incrustent la membrane de certains hyphes *ee*. Ils persistent quelque temps après la désorganisation des hyphes et en marquent la trace (d'après Hartig).

au loin et vont s'épanouir en lames feutrées ou en toiles déliées sur les pièces de bois, les murs, les pierres, le

24

sol, etc. Ces cordons peuvent s'épaissir et acquérir le diamètre d'un crayon, ils sont alors durs et résistants et ressemblent beaucoup à ces formations assez fréquentes chez quelques champignons, comme l'Agaric de miel (*Armillaria
mellea* et le *Polyporus vaporarius*), que l'on désigne sous le
nom de rhizomorphes. Ils peuvent
se ramifier plus ou moins. Ludwig
les signale dès 1882 et constate leur
rôle utile pour la conservation du
champignon. Ces cordons peuvent,
en effet, résister à des conditions
passagèrement mauvaises, particulièrement à la sécheresse qui tue si
rapidement les filaments mycéliens
isolés, à tel point qu'une exposition d'une dizaine de minutes, dans
une atmosphère sèche, suffit à détruire en eux toute vitalité. Cette
faculté de résistance des cordons
mycéliens permet d'expliquer la
promptitude de l'envahissement
d'une maison où le mal sommeillait
parce que l'atmosphère y était trop
sèche : survienne une période d'humidité, pour une cause quelconque,
immédiatement les cordons mycéliens, qui restaient inactifs, épanouis-
sent dans tous les sens des filaments

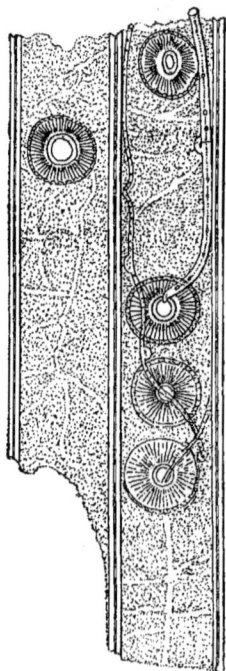

Fig. 170. — Trachéides de
bois résineux présentant
des filaments mycéliens de
Merulius. Les filaments les
plus anciens se sont dé-
truits, mais leur trace subsiste, elle apparaît sur les
parois sous forme de ban-
des ramifiées, nettes, tandis que le reste de la paroi
en question est recouvert
de fines granulations (R.
Hartig).

qui ne tarderont pas à se feutrer en
larges peaux gagnant toujours entre
les boiseries et les murs ou sous les
parquets, etc. Ces organes permettent la conservation du champignon,
non seulement dans le temps, mais
encore dans l'espace ; grâce à eux,
le champignon peut s'étendre d'une
région humide à une autre région
humide en traversant un espace peu favorisé au point de vue
de la teneur en eau.

La structure de ces cordons est des plus curieuses. Hartig

en a fait l'étude. La figure 171 et sa légende, que nous reproduisons d'après cet auteur, peuvent en donner une idée. La différenciation de la structure de ces cordons établit une distinction très nette entre eux et ceux que produit le *Polyporus vaporarius* avec lesquels un simple examen superficiel expose à les

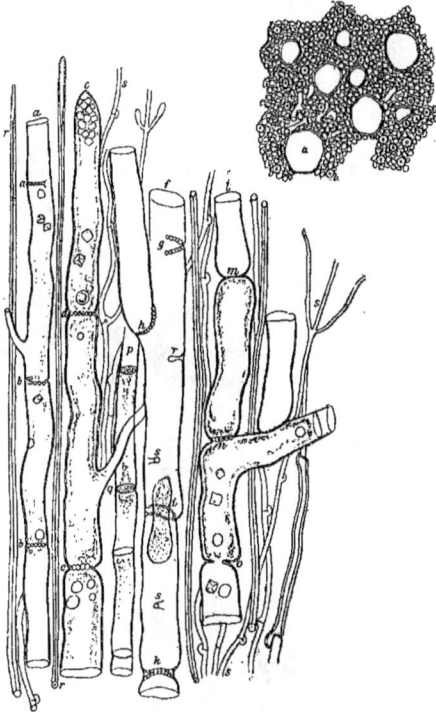

Fig. 171. — Coupes transversale et longitudinale dans un cordon mycélien.
On peut comparer cette structure à celle d'un massif libérien de plante
supérieure: Alors, *a* correspond aux vaisseaux ; *b*, aux fibres de prosen-
chyme; *o*, au parenchyme (d'après R. Hartig). Cette grande différenciation
de structure est caractéristique du Merulius, elle permet de distinguer les
cordons mycéliens qui lui sont propres de ceux du *Polyporus vaporarius*,
qui leur ressemblent extérieurement.

confondre. Le mycelium se trouve, le plus souvent, dans l'intérieur du bois où il pénètre et chemine en se servant des vaisseaux, passant de l'un dans l'autre en utilisant les parties
moins épaisses qui constituent les ponctuations (voir fig. 169),
ou en perforant directement la membrane (*b*). Ce passage

s'effectue par suite d'une action mécanique, et aussi en vertu
d'une action chimique qui consiste dans la désorganisation
locale de la membrane, par différentes diastases sécrétées
par le mycelium au niveau de son extrémité. Lorsque les

Fig. 172. — Bois attaqué par le Merulius. Le champignon est à l'état de filaments mycéliens feutrés en larges lames. Le bois est fendillé (d'après von
Tubeuf).

conditions ambiantes sont favorables et notamment lorsque le
milieu est très humide, le mycelium sort du bois et vient
s'épanouir ou s'étaler à sa surface du côté opposé à la
lumière. Dans les milieux humides, le mycelium laisse suinter
à sa surface des gouttelettes de liquide, il pleure, d'où son
nom de *lacrymans*.

Une particularité morphologique, spécialement intéressante, de ce mycelium est la présence de *boucles* (*Schnallenzellen* des Allemands).

Elles sont constituées par une dilatation latérale, formée d'un petit tube en demi-cercle reliant deux cellules contiguës d'un même filament.

Fig. 173. — Mycelium du Merulius étalé en éventail, à la surface bois attaqué (d'après von Tubeuf).

A vrai dire, on trouve fréquemment ces formations sur le mycelium de beaucoup d'Hymenomycètes, dont plusieurs espèces, d'ailleurs, peuvent attaquer les bois comme le Merulius, mais d'une façon moins dangereuse (voir p. 349, fig. 157). Cependant, ces boucles présentent une particularité chez le Merulius, grâce à laquelle on peut le distinguer avec certitude, même dans le plus petit fragment de bois atteint ; c'est la suivante : l'anse tubuleuse ne tarde pas à donner naissance à une ramification latérale qui produira à son tour des semblables boucles (fig. 168, A).

Dans les parties âgées du mycelium, celui-ci se recouvre extérieurement de cristaux, plus ou moins gros, d'oxalate de chaux, qui subsistent en traînées de longueur variable, alors même que le filament a complètement disparu ; ils en constituent alors la trace (fig. 168, B ; 169, *d* et 170).

Dans les filaments mycéliens qui se trouvent dans le bois, le protoplasma émigre toujours vers l'extrémité en voie de croissance, tandis que le reste du filament se vide et meurt. C'est vers cette pointe que se porte toute l'activité vitale du champignon : là, il sécrète les diastases grâce auxquelles il désorganise les parois ligneuses et pénètre dans l'intérieur des vaisseaux et des fibres. Il peut arriver que l'on ne trouve plus le mycelium dans le bois désorganisé, mais il ne faut pas s'y méprendre et conclure de cette absence que le champignon n'y a jamais existé. Cette absence tient à ce que le mycelium se désorganise, puis disparaît assez promptement dans les parties de bois déjà tuées. Diverses réactions chimiques ou physiques, que nous indiquerons plus loin, permettent d'établir que le champignon a passé par là.

On remarque, dans certaines conditions, l'apparition d'hyphes, de couleur jaune, au sein du mycelium complètement blanc. Ils sont remplis d'un protoplasma dense et de masses d'un jaune intense et d'aspect homogène. Cette substance ne disparaît pas dans l'alcool, mais elle se décolore dans le chloroforme. L'acide osmique la colore en bleu sombre ou en noir ou brun-noir, tandis que les hyphes blancs ne donnent aucune de ces réactions. Von Tubeuf conclut que la coloration jaune de ce filament est due à la présence d'une huile disposée, non en gouttelettes, mais en masses.

Durée du mycelium. — A l'air il est tué en quelques minutes. Dans l'intérieur du bois il se conserve plus longtemps ; mais si on isole une pièce de bois atteinte, qu'on la mette à l'air et à l'abri de la pluie et de l'humidité, il n'y restera plus trace de mycelium vivant, après deux ou trois semaines. Aussi peut-on dire que, presque jamais, des bois de construction, conservés normalement, n'apportent avec eux dans les édifices le champignon à l'état de mycelium dans l'intérieur de leur substance. Nous verrons plus loin que la contamination de ces bois se fait dans ce cas par les spores restées à leur surface ; ces spores sont beaucoup plus résistantes que le mycelium.

ORGANES REPRODUCTEURS. — Le mycelium est encore pourvu d'organes de conservation que l'on appelle *Chlamydospores* (fig. 174), ce qui veut dire « spores à manteau » ; elles possèdent, en effet, une membrane épaisse. Elles se produisent, le plus souvent, aux dépens des filaments dont l'ensemble revêt l'aspect de l'ouate. En certains points de ces filaments, le protoplasma se condense, lorsque commence

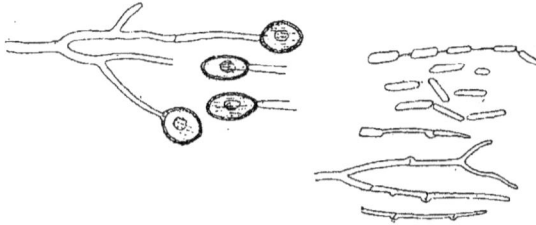

Fig. 173.— Forme conidienne (d'après Wehmer) Fig. 174.— Les chlamydospores et leur germination (d'après von Tubeuf).

à s'épuiser le milieu nutritif, il s'entoure d'une membrane assez épaisse, tandis que les autres parties du filament ne tardent pas à disparaître. Les chlamydospores ainsi isolées sont résistantes et germent, lorsque les conditions le permettent, quand on les transporte sur un nouveau milieu nutritif, en donnant un filament qui présente bientôt les boucles caractéristiques. L'existence de ces chlamydospores peut s'apprécier à l'œil nu, lorsqu'elles sont en masse, par l'aspect enfariné qu'elles donnent au mycelium.

Wehmer a signalé une autre différenciation du mycelium qui servirait à la reproduction et constituerait de véritables *Conidies* (fig. 173). Cet auteur eut l'occasion d'observer directement le champignon dans de grands bâtiments, construits depuis deux ans environ, dont les boiseries et planchers étaient complètement détériorés par le développement du cryptogame. Il trouva des filaments mycéliens qui se terminaient par des cellules ovales ou en boules, de couleur brune, ayant 15 µ 5 × 6 µ, c'est-à-dire des dimensions se rapprochant beaucoup de celles des basidiospores, soit 10-11 µ ×

5-6 µ. Il trouva ces formations dans plusieurs chambres, à l'exclusion de l'appareil fructifère proprement dit. Von Tubeuf révoque en doute la continuité de cet appareil conidien avec le Merulius. Wehmer a fait des observations directes et non des cultures pures qui seules auraient pu lui permettre d'affirmer en toute certitude. Il a pu attribuer, par exemple, au Merulius des fructifications d'un champignon à lui superposé.

De plus, Wehmer n'a ni mentionné, ni figuré les boucles caractéristiques ; ni Hartig, ni Brefeld, ni von Tubeuf n'ont pu observer, ni obtenir ces formations, soit dans leurs observations directes, soit dans leurs cultures. J'ajouterai, cependant, qu'il est digne de remarque que Hartig parle de renflements terminaux du mycelium séparés par une cloison. Ces cellules sont peut-être les conidies de Wehmer ?

Lorsque le mycelium vient s'étaler à la lumière et à l'air libre, il ne tarde pas à donner naissance à l'*appareil fructi-*

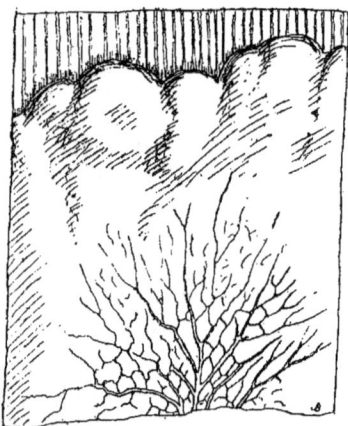

Fig. 175. — Sur le mycelium, fortement développé du Merulius et présentant l'aspect de l'ouate, commence à se former, par suite de l'exposition à la lumière, l'ébauche du réseau de l'appareil fructifère. Elle se détache en jaune sur le mycelium blanc ou légèrement gris.

fère, caractéristique de l'espèce. Ces fructifications apparaissent sur les peaux feutrées qui couvrent la surface des bois ou des murs humides. Elles se produisent le plus souvent aux mois de juin, juillet et août. Ce sont généralement de larges plaques de formes assez irrégulières mais à contour le plus souvent arrondi. Elles sont d'abord blanches comme de la craie et prennent, dans les parties centrales, une couleur rougeâtre et finalement brun-orange ; en même temps la surface se couvre de plis sinueux, se réunissant en réseau (fig. 175) dont les mailles circonscrivent des dépressions que l'hymenium ne tarde pas à tapisser (fig. 176). Ces mailles peuvent avoir 1 à 2 millimètres de diamètre et parfois un peu plus. Les appareils fructifères peuvent atteindre un demi-mètre de diamètre, mais, dans des conditions très favorables, ils peuvent avoir une largeur encore plus considérable, comme

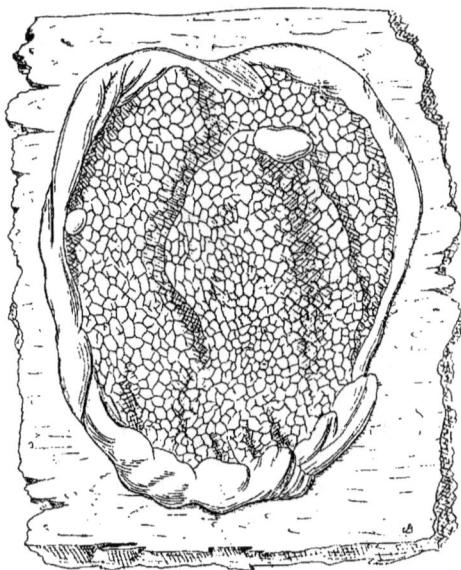

Fig. 176. — Appareil fructifère du *Merulius lacrymans*.

nous le disions plus haut. La portion externe limitante reste blanche ou rougeâtre et toujours stérile, elle donne en milieu humide des gouttelettes de liquide, comme le mycelium. Le stroma, qui supporte le réceptacle, forme un coussinet où le mycelium circonscrit des espaces aérifères, tandis que la partie qui soutient immédiatement l'hymenium est de consistance plus ou moins gélatineuse.

L'hymenium lui-même est constitué par des basides claviformes (fig. 177) placées côte à côte et portant des spores elliptiques ou ovoïdes, un peu bombées d'un côté et concaves de l'autre (fig. 178).

Ces spores ont 10-11 μ de long sur 5-6 μ de large (1) ; leur forme est ovoïde ou légèrement réniforme ; elles sont d'un brun-jaune et contiennent fréquemment dans leur protoplasma une ou plusieurs gouttelettes huileuses, véritables substances de réserve qui seront utilisées lors de la formation du tube germinatif ; telle est du moins l'opinion exprimée par Hartig ; A. Möller, dans un travail récent (février 1903), constate que le protoplasma normal est homogène et que les gouttelettes d'huile apparaissent seulement dans le cas de spores malades ou déjà mortes. Il dit qu'il n'a pas constaté l'utilisation de ces gouttelettes au moment de la germination ; d'ailleurs, lorsque, dans une gouttelette placée sur le porte-objet,

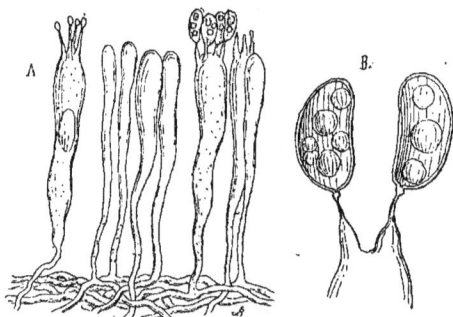

Fig. 177 et 178. — A. L'hyménium. B. Baside et basidiospores.
(très fortement grossi).

se trouvent les deux sortes de spores, avec et sans gouttelettes d'huile, seules ces dernières germent. Pour B. Malenkovic', il s'agirait là de simples vacuoles et non de gouttelettes d'huile. Ces spores, fort petites, ne sont pas visibles à l'œil nu, mais elles se produisent en prodigieuse quantité et leur ensemble constitue une poussière brune qui se dépose sur les objets environnants et parfois à de grandes distances. Il est quelquefois possible de reconnaître au microscope l'existence de ces spores sur de vieux bois pourris provenant de démoli-

(1) Rappelons que le μ est le signe de l'unité de mesure employée en micrographie et qu'il équivaut à 0,001 mm.

tions anciennes. Ce sont ces spores qui, bien plus souvent que le mycelium et les chlamydospores, propagent l'infection du bois.

Il est certain que, dans les localités où le Merulius sévit comme un véritable fléau et que nous citions au début de ce chapitre, les bois sont plus ou moins saupoudrés de spores, dès leur arrivée. Ils auront beau être sains au départ de la forêt ou de l'entrepôt, ils ne pourront échapper à la contamination.

Ces spores germent sur les bois humides, elles émettent vers une de leurs extrémités un tube mycelien qui ne tarde pas à pénétrer dans l'intérieur du bois ; là, le champignon poursuit activement son évolution. Poleck a pu observer directement la germination simultanée d'un très grand nombre de spores répandues sur un bois humide. Il est également assez facile d'obtenir la germination des spores sur différents milieux artificiels, mais on n'arrive pas à avoir un développement bien considérable du champignon pour qui le bois parait réaliser le milieu de culture par excellence. Ces spores conservent fort longtemps leur faculté germinative : Hartig en a vu germer après plus de sept ans ; il relate le cas de germination de spores dont l'âge avait pu être évalué à quarante années !

Comme la plupart des spores de champignons, elles sont peu sensibles au froid, à la chaleur, à la lumière et à la sécheresse.

Constitution chimique du merulius. — Etudions maintenant la constitution chimique du Merulius. Cette étude pourra nous fournir des indications concernant l'alimentation de ce champignon et, par suite, sa culture en milieux artificiels.

L'analyse chimique du Merulius a été faite par Poleck. Il est, comme tous les champignons, très riche en eau ; diverses recherches ont donné 48 0/0, 60 0/0, 68 0/0 de ce liquide. Après dessiccation à 100 degrés, on trouve qu'il contient 4,9 0/0 d'azote et 15,2 0/0 de graisses, du groupe des glycérides, le plus souvent. C'est un des champignons les plus riches en graisses et en azote ; il est cependant notablement surpassé, au point de vue de la teneur en graisse, par les sclérotes du *Claviceps purpurea* (ergot du seigle), qui en renferment 50 0/0 ; on y trouve, en outre, plusieurs acides, un

principe amer et une sorte d'alcaloïde qui donne un précipité avec le molybdate de phosphore et la solution d'iode.

Poleck a, d'autre part, déterminé la *composition minérale*
du champignon. Il a constaté que cette composition variait
beaucoup, suivant que l'on avait affaire au mycelium non
fructifié, par exemple à celui que l'on peut trouver derrière
une planche du côté opposé à la lumière, ou suivant que l'on
analysait, au contraire, le mycelium produit face à la lumière
et commençant à fructifier, ou bien encore suivant qu'il
s'agissait d'un appareil fructifère parfaitement développé.

On remarque, dans le tableau d'analyse que donne Poleck,
que le mycelium non fructifié contient à peu près exclusivement du phosphate de fer : 50,34 0/0 et du phosphate de
chaux : 24,16 0/0 insolubles, tandis que ces sels manquent
dans les appareils fructifères où ils sont remplacés par une
énorme quantité de phosphate de potasse : 74,69 0/0.

En somme, les substances minérales qui dominent dans le
champignon, sont : le *potassium* qui abonde surtout dans
l'appareil fructifère et l'*acide phosphorique* qui se trouve
surtout dans le mycelium. Par son contenu en potasse, le
Merulius dépasse les autres champignons, même la Truffe,
qui en est cependant abondamment pourvue. Sa proportion
en acide phosphorique est dépassée seulement par la Morille :
50,5 0/0 ; cependant que la proportion totale d'éléments
minéraux est équivalente pour le Merulius, la Truffe ou la
Morille.

Il est intéressant de mettre en regard de ces analyses,
comme le fait Poleck, la composition minérale de bois sains
et de bois attaqués, de manière à comparer les éléments
minéraux du Merulius et ceux de son substratum. Le tableau
de Poleck fait ressortir la très grande différence de richesse
en potasse et en acide phosphorique qui existe entre le bois
sain coupé en hiver d'une part, et le bois sain coupé au commencement de l'été, d'autre part. Pour le même poids de
Merulius et de bois sain, le premier contient 3.200 fois plus
d'acide phosphorique que le bois d'été et seulement 248 fois
plus de cet acide que le bois d'hiver. Quant au rapport des
contenus en potasse, dans les deux cas, il égale $\frac{900}{80}$. Ceci
explique facilement que le bois coupé au printemps ou en été

soit une proie bien plus facile pour le Merulius que celui qui a été abattu en hiver. Le premier constitue pour l'alimentation du champignon une nourriture bien plus adéquate que le second. C'est par cette considération de composition minérale, bien plus que par celle de la teneur en eau de ces deux catégories de bois, qu'il faut expliquer leur inégale résistance aux atteintes du Merulius. On peut prévoir, d'après les résultats de l'analyse chimique, les exigences du champignon au point de vue de sa *nutrition* : Il lui faut un milieu riche en eau où se trouvent en assez grande abondance l'acide phosphorique et la potasse, comme cela a lieu dans le bois, surtout lorsqu'il est coupé au printemps. Il lui faut aussi de l'azote ; les substances albuminoïdes sont assez abondantes dans l'aubier, puis elles disparaissent dans le cœur où se trouvent surtout des hydrates de carbone ; les bois d'aubier réalisent donc un milieu particulièrement favorable au Merulius. Il ne faut pas oublier, d'ailleurs, que les filaments mycéliens cheminent, pour ainsi dire, dans l'intérieur du bois, transportant avec eux les substances azotées qu'ils ont puisées dans les parties plus riches, les portions les plus anciennes du mycelium meurent et leurs extrémités vivantes s'alimentent tant aux dépens du bois que de la substance des filaments antérieurement décomposées. Ils rencontrent encore des substances albuminoïdes dans les rayons médullaires (fig. 169, *f*), et la luxuriance du développement dépend beaucoup de la richesse de ceux-ci en contenu azoté.

Parmi les matières incrustantes du bois, le champignon attaque particulièrement la coniférine, il n'agit pas sur le tanin et la gomme de bois (xylane) (Hartig), mais son aliment principal est encore la cellulose. Il agit aussi sur l'amidon contenu dans le bois.

Son alimentation en substances minérales se fait par le contact direct, celle qui s'effectue aux dépens des matières organiques se fait par l'intermédiaire de ferments secrétés par les filaments vers leur pointe.

Il faut retenir, au point de vue pratique, que la composition chimique des matériaux de remplissage, des murs, du sol, etc., a, dans les constructions, une grande influence sur le développement du champignon.

CULTURE DU MERULIUS ET GERMINATION DES SPORES. — Cette question de l'alimentation nous conduit à parler de la *Culture du Merulius*, dont l'étude comporte d'abord l'examen de la question de la *Germination des Spores*. Les spores germent très difficilement ou pas du tout, soit dans l'eau, soit dans le jus de fruit, soit dans la gélatine additionnée d'autres substances, comme le jus de fruit, la coniférine, le tanin et les résines. La germination est difficile à obtenir, même sur bois frais ou sec, placé dans une chambre humide, à la lumière ou à l'obscurité. Hartig obtint d'abord ces germinations en arrosant d'urine le suc de fruit à la gélatine. Dans ces conditions, quelques spores germent dans les vingt-quatre heures, les autres dans les huit jours suivants ; la proportion de 2 ou 3 pour 100 de spores qui germent n'est guère dépassée. L'influence de l'urine doit être vraisemblablement attribuée à un dégagement d'AzH^4. Les carbonates et phosphates d'ammoniaque, pour la même raison, favorisent également la germination des spores.

L'influence de l'ammoniaque explique l'effet nuisible du voisinage des latrines, surtout quand des infiltrations d'urine viennent souiller les bois ; il en est de même d'un sous-sol très riche en humus qui dégage de ce gaz.

L'influence favorable des carbonate et sulfate de potassium, sur la germination des spores, explique aussi l'effet nuisible des détritus et escarbilles de charbon de terre ou de coke, des cendres etc., si ces substances sont employées comme matériaux de remplissage dans les planchers, sous les parquets.

Ces résultats sont ceux qu'a exposés Hartig. Malheureusement, Möller, dans son récent travail (1903), est souvent en contradiction avec son savant devancier. Les résultats de ses travaux, concernant spécialement la germination des spores et la culture du Merulius, doivent trouver place ici.

Influence de la *température* sur la germination des spores :

Il ensemence des spores dans une solution d'extrait de malt et place ce milieu de culture dans une étuve à température constante marquant 25° centigrades. Après vingt-quatre heures, il y a, en moyenne, 90 pour 100 de spores qui germent ; après quarante-huit heures, les filaments germinatifs offrent des ramifications. Parallèlement à cette expérience, des cultures sont placées dans le laboratoire, mais non dans l'étuve, de telle sorte que la température tombe, la nuit, à 18° centigrades. Dans ce cas, il y a un nombre beaucoup moins grand de spores qui germent, et elles ne donnent que de très faibles filaments. Il en est de même si le milieu nutritif est mis dans une étuve à température fixe de 35°.

En résumé, la température de 25° est une température optimum. Les températures au-dessus et au-dessous sont défavorables. Cependant la germination peut s'effectuer à des températures assez basses, dans les caves, par exemple, pourvu que le champignon trouve certaines substances, surtout le phosphate d'ammoniaque. Ce fait appuie l'hypothèse que le Merulius doit être originaire de contrées plus chaudes que celles que nous habitons. Notons, toutefois, qu'il n'a pas été observé dans les contrées tropicales, notamment à Java ; cette île est cependant depuis longtemps explorée par de savants botanistes.

Möller étudie ensuite l'influence de différents *sels minéraux sur la germination.*

Pour cela il ajoute à la solution nutritive d'extrait de malt, 1 0/0 de carbonate de potasse et il constate que, quelle que soit la température, il ne se produit jamais qu'un petit nombre de germinations et très souvent il se manifeste une désorganisation plus ou moins avancée du contenu des spores.

Il compare, ensuite, le nombre et l'importance des germinations dans les milieux suivants : 1° Solution d'extrait de malt, 2° solution d'extrait de malt additionnée de 1 0/0 de carbonate d'ammoniaque, 3° solution d'extrait de malt + 1 0/0 de phosphate d'ammoniaque, 4° eau pure.

Les résultats sont les suivants : Dans le quatrième cas, pas de germination ; dans le premier, le nombre et l'importance des germinations dépend de la température, l'optimum étant 25 degrés ; dans le deuxième, elles sont un peu moins nombreuses et moins importantes que dans le premier, il en serait de même d'ailleurs si on ajoutait 1 0/0 d'acide citrique au lieu du carbonate d'ammoniaque ; enfin, dans le troisième cas, l'influence favorable du phosphate d'ammoniaque est manifeste. Le milieu n° 3, est donc le meilleur de ceux qu'a expérimentés Möller ; on obtient toujours, en le réalisant, la germination, après vingt-quatre heures, de la plupart des spores : seules ne germent pas, les spores dont la faculté germinative est détruite ou atténuée par diverses causes. Nous savons que Poleck avait déjà mis très nettement en évidence l'influence favorable de l'acide phosphorique sur la germination des spores.

Pour B. Malenkovic', l'action favorable du phosphate d'ammoniaque sur la germination n'est pas évidente.

En résumé, pour que les spores puissent germer, il faut :

1° Qu'il existe, dans les maçonneries et murailles au contact desquelles sont les bois, des substances à réaction alcaline.

Les sels de chaux existent toujours dans ce cas, dans les murailles ou le mortier (1) dont elles sont recouvertes ;

2° Absence des circonstances qui empêchent toujours le développement d'une moisissure, telles que l'excès de sels nutritifs. Il faut une humidité moyenne, souvent une humidité excessive produit le développement prépondérant d'autres moisissures et le Merulius n'apparaît pas. La présence de bactéries est un empêchement absolu à la germination des spores ;

3° Absence de courants d'air.

Les spores conservent plusieurs années leur faculté germinative, Malenkovic en a fait germer qui étaient âgées de plus de trois ans ; nous avons d'ailleurs déjà donné des détails concernant la longévité des spores.

Culture du Merulius sur milieux artificiels. — Quand on fait germer des spores sur du bois additionné d'urine, on voit se produire un filament germinatif, mais il s'enfonce immédiatement dans le tissu de celui-ci et son observation devient difficile. Pour obtenir des cultures durables, permettant d'étudier facilement le développement, il est nécessaire de constituer un milieu artificiel convenable. Ce milieu est difficile à réaliser, Poleck y échoua d'abord, mais il y arriva ensuite, après avoir établi la constitution chimique du champignon. Il fait des milieux avec du suc de bois et de la potasse,

(1) D'après Meirach (cité par Fritsche), la germination des spores peut se faire directement sur le mortier. Il avait placé dans une caisse en bois, un fragment de maçonnerie, confectionné avec un mortier infecté de spores. Après 5 ou 6 mois de bois de la caisse était profondément attaqué par le Merulius (!).

dont il a établi le rôle prépondérant dans la végétation du champignon. Nous avons dit comment Hartig obtenait la germination des spores et le développement du mycelium. Marpmann fait des cultures sur gélatine-peptone-urine, qui se développent rapidement.

Von Tubeuf montre combien le mycelium résiste, dans les cultures, à de grandes proportions d'acides, c'est ainsi qu'il supporte 3/100 d'acide acétique. Il emploie le milieu suivant : sels nutritifs, azotate d'ammoniaque 0,5 0/0, phosphate de potasse 0,5 0/0, sulfate de magnésie 0,1 0/0 auxquels il ajoute 2/100 d'acide lactique. Il imbibe de ce liquide du papier filtre. Un tel milieu est, dit-il, préférable aux copeaux de bois de pin. Comme source d'azote, on peut encore utiliser l'ammoniaque à l'état de gaz.

Von Tubeuf obtient aussi des cultures sur gélatine à 25/100 d'eau, à laquelle il ajoute des extraits de viande et de malt, du sucre de canne et aussi de l'acide citrique, cette dernière substance dans le but d'empêcher le développement des bactéries. Le champignon donne, sur des milieux à la gélatine, tantôt une sorte de ouate épaisse, ou une sorte de toile d'araignée déliée et enfin des cordons, comme sur le substrat naturel

Von Tubeuf, puis Möller, dans leurs travaux récents, ont vivement critiqué l'emploi de l'urine concurremment avec des substances nutritives, car sa présence entraîne le développement de nombreuses bactéries ; or, les bactéries empêchent la germination des spores et les tuent, elles arrêtent le développement du mycelium lorsque celui-ci a commencé à se produire. Les cultures d'Hartig étaient certainement toujours contaminées par ces microbes, cela peut d'ailleurs se reconnaître sur certaines figures, qu'il donne, de spores en germination. On y voit une spore qui a donné un tube germinatif à quatre ramifications latérales, dont les extrémités sont dilatées en forme de massue. Cette déformation apparaît chez le Merulius, comme dans beaucoup d'autres champignons filamenteux, seulement quand la culture est envahie par les bactéries, jamais dans les cultures pures. Ce sont des manifestations d'ordre pathologique. Il faut, de plus, noter que la présence d'une dose de 5 0/0 d'ammoniaque dans le substratum tue le mycelium.

Möller poursuit actuellement ses expériences de cultures pures en partant de la spore. Il utilise comme milieu la solution d'extrait de malt additionné de 1 0/0 de phosphate d'ammoniaque, placée dans de grands récipients. Il a obtenu, après cinq semaines, un coussinet mycelien de 18 centimètres de long et 16 centimètres de large, recouvert avec les filaments mycéliens soyeux caractéristiques, comme cela se produit lorsque le champignon se développe dans les caves humides. Il s'accroît de jour en jour ; dans le milieu du coussinet, apparaissent des plissements et des dépressions en même temps qu'une coloration jaunâtre (1).

INFLUENCE DES CONDITIONS DE MILIEU SUR LE DÉVELOPPEMENT DU MERULIUS. — Nous avons déjà eu l'occasion d'aborder ce sujet en traitant des conditions de la germination des spores (2).

Le Merulius ne se développe que dans certaines conditions bien déterminées.

Température. — La chaleur favorise la croissance et le champignon s'étend rapidement pour une température comprise entre 30 et 35 degrés. Les fructifications se produisent le plus abondamment en juin, juillet et août. Une température de 40 degrés est, par contre, déjà nuisible au champignon, et il végète très mal avec seulement 4 ou 5 degrés au-dessus de 0, le mycelium étant très sensible au froid.

Si l'on soumet un fragment de bois, fortement contaminé, à l'action, prolongée pendant une heure, de l'eau à une température comprise entre 40 et 100 degrés, le mycelium qui y est contenu est tué car il demeure incapable de manifester ultérieurement aucun développement.

Humidité. — L'humidité est une condition essentielle pour que le champignon puisse vivre et s'accroître, car il a un grand besoin d'eau. Dans un milieu humide, le mycelium émet beaucoup de gouttelettes de liquide, ce qui lui a valu le nom de *lacrymans* (pleureur).

Le mycelium a la propriété de transporter l'eau assez loin, c'est ainsi qu'il peut transformer en milieu humide un espace primitivement sec, comme, par exemple, lorsqu'il s'étend

(1) Möller poursuit ses expériences. Il donnera ultérieurement à son travail d'ordre biologique une suite concernant les applications à la technologie et à la sylviculture.

(2) Voir p. 382.

entre un mur et les boiseries qui le recouvrent. Exposé dans un milieu sec, le mycelium meurt rapidement, soumis à l'action d'un courant d'air sec pendant quelques instants il perd complètement sa vitalité. Les spores et les gros cordons se dessèchent beaucoup moins rapidement et peuvent résister assez longtemps à l'action d'un milieu sec.

Le mycelium qui existe à l'intérieur du bois peut rester longtemps vivant dans des pièces placées au sec, la durée de résistance varie, naturellement, avec l'épaisseur de la pièce, la quantité d'humidité qu'elle contient, la situation dans laquelle elle est placée, etc., mais il ne faut jamais conclure, de la mort des filaments qui sont à la surface, à la destruction totale du champignon. Il est bien difficile de déterminer la durée possible de la vie des filaments du mycelium à l'intérieur du bois laissé à l'air libre, pour les raisons que nous venons de donner.

Au point de vue pratique, il faut tenir compte, non seulement de la teneur en eau des bois employés, mais encore de la richesse en ce liquide des matériaux avec lesquels ils sont en contact. Ceux-ci peuvent entretenir autour et à l'intérieur des bois, même les plus secs, un degré d'humidité suffisant pour que le développement du Merulius puisse s'effectuer. Ces matériaux peuvent avoir une influence soit par leur teneur en eau, soit par leur hygroscopicité, soit par leur valeur nutritive pour le champignon.

Voici quelques chiffres cités par Hartig, donnant une idée de la plus ou moins grande richesse en eau des substances employées le plus souvent comme matériaux de remplissage.

Matériaux de remplissage	Poids absolu de substance fraîche pour 100 c³	Poids absolu de substance sèche pour 100 c³	contenu en eau pour 100 c³ gr.
1 Graviers lavés	155,75	154,97	0,78
2 Sable gypseux.	180,98	178,11	2.87
3 Sable	143,60	139,48	4.12
4 Escarbilles de coke . . .	64 »	58,13	5,87
5 — de charbon de terre.	87,17	77,63	6,54
6 Décombres.	148,28	136,55	11,73
7 —	155,38	143,31	12,07

Dans la catégorie 6, il s'agit de décombres de vieilles

maisons contenant beaucoup de sable, de plâtras, de chaux, de ciment ; dans la catégorie 7, rentrent les décombres comprenant beaucoup de fragments de chaux, de terre, d'humus et de sable. En somme, les matériaux de remplissage les plus recommandables sont ceux qui sont constitués par des graviers assez gros ; ceux qu'il serait bon de proscrire sont le mâchefer et les décombres.

Il est à remarquer que des bois primitivement secs, rendus humides par le contact des matériaux de remplissage, seront toujours plus superficiellement attaqués que le bois ayant une grande humidité originelle.

Y a-t-il une différence, au point de vue de la sensibilité au Merulius, entre le bois coupé en sève, en juin, par exemple, et celui coupé pendant l'hiver, soit en décembre ?

La question a son importance, car c'est une opinion fort répandue chez les techniciens que les bois coupés en sève sont la cause des calamités causées ces derniers temps par le Merulius. S'il y a quelque chose de vrai dans cette assertion, il ne faut pas attribuer le fait à la teneur de ces bois en eau, car Hartig a établi par ses expériences, pour le pin et le sapin, que les quantités d'eau qu'ils sont susceptibles de céder à des substances sèches, sont sensiblement les mêmes pour les bois coupés au printemps ou en été. Il n'en reste pas moins établi par les recherches ultérieures de Poleck que les bois d'été sont un meilleur substratum pour le champignon que les bois d'hiver, à cause de leur plus grande richesse en potasse et acide phosphorique, corps qui constituent des aliments de premier ordre pour le Merulius.

Lumière. — Le mycelium se développe à l'abri de la lumière, derrière les boiseries, entre elles et les murs, sous les parquets des planchers. Puis, quand le mycelium a fait éclater les planches ou qu'il est parvenu à s'insinuer entre elles par leurs joints, il s'étale à l'air et à la lumière et produit, là seulement, son appareil fructifère.

Air. — Une certaine quantité d'air est indispensable au développement du Merulius, mais cet air doit être presque stagnant, un courant d'air amenant promptement la dessiccation et la mort du mycelium, si bien que les courants d'air constituent le meilleur remède contre le Merulius. Le mycelium qui se trouve à la surface du bois est tué presque instantanément (en moins de cinq minutes) lorsqu'il est placé dans un courant d'air actif. Ce fait ressort des expériences du Comité militaire technique autrichien et de celles de von Tubeuf. — L'opinion, si souvent exprimée, qu'il faut une atmosphère confinée pour que ce champignon se développe, a son fondement dans ce fait, que la grande humidité nécessaire au champignon se maintient le mieux dans une telle atmosphère ; c'est l'humidité du milieu qui favorise la végétation. Il n'en est pas moins vrai qu'une certaine quantité d'oxygène est nécessaire au développement du Merulius. C'est ainsi que l'on constate, lorsque l'on en fait des cultures sur milieux artificiels solides à la gélatine, par exemple, que le développement du mycelium se produit à peu près tout en surface et qu'il n'enfonce que de rares filaments dans le substratum et toujours à une faible profondeur.

Agents chimiques. — Il est à noter, d'après les récents travaux, qu'une réaction alcaline ne paraît pas indispensable pour la germination des spores et que le mycelium s'accommode fort bien d'une réaction acide du milieu, puisqu'il peut supporter jusqu'à 3 0/0 d'acide citrique, par exemple.

D'après les observations d'Hartig, les matières azotées qui dégagent de l'ammoniaque et le carbonate de potasse favorisent singulièrement la germination des spores. Les cendres, les escarbilles de charbon et de coke, employées souvent comme matériaux de remplissage, devraient être rigoureusement proscrites pour cet usage, parce qu'elles contiennent de la potasse. L'urine répandue sur le bois, ou simplement le voisinage des latrines, favorisent la germination des spores par le fait du dégagement d'ammoniaque.

Nous ferons dans la partie « Technologie » un exposé spécial de l'influence des antiseptiques sur le Merulius.

MODE D'ACTION DU MERULIUS SUR LE BOIS. — SÉCRÉTION DE DIASTASES. — Le Merulius possède la faculté de sécréter diverses diastases attaquant les éléments constitutifs du bois, en les rendant solubles et plus ou moins assimilables. C'est particulièrement vers l'extrémité des filaments myceliens que se fait cette sécrétion. Ces diastases, comme beaucoup d'autres, produites par de nombreux champignons qui attaquent aussi les bois, agissent d'abord sur certaines des matières dites « incrustantes ». Ce sont ces substances qui produisent la *réaction de la lignine*, c'est-à-dire qu'elles se colorent en rouge sous l'action de la phloroglucine et de l'acide chlorhydrique ; elles sont détruites sous l'influence des diastases sécrétées par le champignon, et le substratum, qui leur servait de support, et qui est constitué par la cellulose, est libéré ; dès lors, ces bois contaminés donnent la réaction de la cellulose, c'est-à-dire qu'ils se colorent en bleu ou violet lilas sous l'action du chloroiodure de zinc. Cette intéressante constatation était faite par Hartig dès 1884.

Ces phénomènes de production de diastases ont été étudiés après Hartig, notamment par Czapek, 1899, von Tubeuf, 1902, et Schorstein, 1902.

Les matières incrustantes, qui se superposent à la cellulose dans la membrane lignifiée, sont surtout : la gomme de bois ou xylane appartenant au groupe des pentosanes, le tanin, la coniférine chez les conifères, etc. Czapek a isolé récemment, des substances qui donnent la réaction de la lignine, un corps nouveau, dont il est intéressant de dire quelques mots ; il l'a désigné sous le nom d'*Hadromal*. Voici comment il l'obtint d'abord : du bois sain, autant que possible menuisé, est traité par une solution concentrée chaude de bichlorure d'étain. Le bois décomposé est ensuite agité avec du benzol ou de l'alcool. Ce benzol donne alors avec la phloroglucine une coloration rouge intense, c'est qu'il a dissout une grande quantité du principe cherché. Des traitements répétés avec le bichlorure d'étain permettent d'extraire ainsi du bois toute la substance à étudier.

Eh bien ! le Merulius, comme plusieurs autres champignons s'attaquant aux bois, a la propriété de provoquer une décomposition semblable. Il peut disjoindre l'espèce de combinaison éthérée que forme l'hadromal et la cellulose, de façon à mettre l'hadromal en liberté, celui-ci peut être alors extrait facilement par le benzol ou l'alcool. D'ailleurs tout l'hadromal de la combinaison n'est pas mis en liberté, la décomposition dans un bois attaqué est seulement partielle. Il faut noter encore que cet hadromal mis en liberté n'est pas utilisé par le champignon pour sa nutrition.

Cette disjonction se fait sous l'action d'une diastase sécrétée par le champignon. Czapek l'a isolée et l'a nommée *Hadromase*.

Voici comment procédait cet auteur : de larges lamelles
d'hyphes, bien isolées du bois, puis lavées, étaient triturées
dans un mortier avec de l'émeri et ensuite soumises à l'action
d'une presse. Le jus obtenu était filtré. Pour voir l'influence
de ce liquide sur le bois, on faisait des prises de 2 cm³, qu'on
mélangeait avec une « pointe de couteau » de sciure de bois
bouillie dans l'alcool et séchée, puis on ajoutait du chloroforme et on mettait le tout à l'étuve à 28 degrés. De temps en
temps on retirait une de ces prises, on la traitait par l'alcool
et on faisait agir, sur l'extrait alcoolique obtenu, la phloroglucine chlorhydrique. Après trois jours, la réaction était
négative ; après huit jours, faiblement positive ; après quatorze jours, l'extrait donnait une réaction de la lignine fort
accentuée, tandis que le bois, séparé par filtration, donnait,
au contraire, la réaction de la cellulose par le chloroiodure de
zinc, tout en restant susceptible de se colorer en rouge par la
phloroglucine et HCl.

On obtient donc, avec ce jus, extrait du mycelium, les
mêmes altérations du bois que celles qu'il subit par l'action
directe des hyphes.

Cet extrait du champignon perd sa force destructive du
bois lorsqu'il a été bouilli ; il donne par addition d'alcool un
précipité blanc, insoluble dans l'eau, et qui possède, d'après
les expériences de Czapek, l'action directe sur la membrane
que nous décrivions ci-dessus. Tous ces caractères sont ceux
d'une diastase. Ainsi se trouve confirmée l'hypothèse d'un
ferment contenu dans les hyphes, qui disjoint la combinaison
éther d'hadromal et de cellulose. L'auteur le nomme hadromase. Cette diastase doit être rangée dans le groupe de
celles qui exercent leur action destructrice sur les graisses et
glycosides.

Une autre diastase, appelée *Cytase*, agit ensuite sur la
cellulose et la liquéfie ; un troisième ferment agit sur l'amidon. Kohnstamm (1900) dit avoir obtenu, en outre, un
ferment *protéolitique* ; c'est-à-dire agissant spécialement sur
sur les substances albuminoïdes.

TECHNOLOGIE

Nous avons fait ressortir, au début de ce travail, la gravité et la fréquence du mal, l'étendue des ravages causés par le Merulius et l'intérêt qu'il y a pour les propriétaires, les architectes, les ingénieurs et les entrepreneurs, à être exactement renseignés sur le Merulius, cause de nombreux procès, les entrepreneurs étant responsables des dégâts causés par ce champignon avant l'expiration du délai de garantie de dix années ; telle est du moins l'interprétation de l'article 1792 du Code civil qui paraît la plus plausible.

Sous l'influence de l'émotion produite par la recrudescence de l'invasion du Merulius lors de ces dernières années, l'Association internationale pour l'essai des matériaux a créé dans son sein, en décembre 1898, une Commission spéciale, chargée de résoudre les deux questions que voici :

1° Comment peut-on reconnaître, au moment de la réception des bois, s'ils renferment ou non des germes d'infection (spores ou mycelium) ; en d'autres termes, si l'on a le droit de les refuser comme étant de mauvaise qualité, ou si l'on est tenu de les accepter ?

2° Quels sont les moyens à prendre pour se préserver des attaques du *Merulius lacrymans* ou l'empêcher de se développer si les bois en contiennent en germe ?

Avant de répondre à ces questions, il est nécessaire d'établir plusieurs faits importants.

Bois susceptibles d'être attaqués par le Merulius. — Ce sont non seulement les résineux : pins, sapins, épicéa, etc., mais encore les bois des arbres feuillus, comme le chêne, l'aulne, le bouleau, etc. Toutefois, c'est presque toujours une pièce de bois résineux qu'il attaque d'abord et aux dépens de laquelle il forme le premier foyer d'infection d'où il se propagera. De la solive de sapin d'abord atteinte, il gagne rapidement, non pas seulement les solives voisines, mais des feuilles des parquets et des lambris de chêne. Il ne respecte pas plus le cœur que l'aubier de ces bois. Il peut atteindre d'autres substances et les décomposer, ce sont surtout des tapisseries, tapis, papiers (dans les herbiers, par exemple), les meubles et les divers objets en bois, les étoffes, etc. Il a même causé des dommages notables en altérant des pierres lithographiques placées sur un support en bois : le mycelium peut en corroder la surface. On l'accuse de perforer des revêtements d'asphalte n'ayant pas au moins 5 cm. d'épaisseur.

MODIFICATIONS PHYSIQUES ET CHIMIQUES DU BOIS ATTAQUÉ. — Ce bois prend une teinte jaune-brun, bientôt se produit une diminution de son volume par perte de substance, elle se manifeste par la production de nombreuses fentes qui se croisent à angles droits et pénètrent profondément dans le bois (fig. 172). Ces fentes ressemblent beaucoup à celles que produit un champignon voisin, le *Polyporus vaporarius*, mais celui-ci les remplit d'un mycelium feutré et blanc qui ne s'observe pas dans le cas du Merulius. Le bois altéré absorbe l'eau du dehors plus vite et plus rapidement que le bois sain, il se gonfle et les fentes cessent rapidement d'êtres distinctes ; ce bois prend la consistance d'un beurre très ferme et peut facilement se débiter au rasoir en coupes minces pour l'observation microscopique. Au microscope on peut voir que les parois des vaisseaux ont un aspect granuleux (fig. 170), ce fait est dû à ce qu'elles se sont incrustées d'une multitude de petits cristaux d'oxalate de chaux ; on remarque aussi que sur les emplacements des filaments mycéliens ultérieurement détruits, ces cristaux manquent, de telle sorte qu'il se dessine sur les parois des vaisseaux des traces plus ou moins ramifiées qui indiquent très nettement le parcours suivi par les filaments qui se sont déjà désorganisés. Les aréoles des ponctuations du pin, par exemple, présentent des stries radiales très évidentes, tandis que, sur leur pourtour, existe un anneau de cristaux particulièrement épais. La lamelle mitoyenne des membranes est également occupée par une couche régulière de ces granulations.

Les *propriétés polarisantes* des bois attaqués sont caractéristiques, comme nous le verrons plus loin.

La *constitution chimique* du bois atteint par le Merulius est également profondément modifiée. Il arrive un moment, où il ne présente plus la « réaction de la lignine », c'est-à-dire ne se colore plus en rouge par l'action de la phloroglucine et HCl, mais il réalise, au contraire, la réaction de la cellulose en se colorant en bleu ou lilas par le chloroiodure de zinc.

COMMENT LE MERULIUS S'INTRODUIT-T-IL ET SE PROPAGE-T-IL DANS LES MAISONS ? — Nous savons que la contamination des bois en forêt est extrêmement rare ; il faut cependant admettre qu'à l'origine ce sont des bois atteints dans la nature qui ont introduit le champignon dans les maisons. Mais, bien plus souvent, il se propage par ses spores, et quelquefois aussi par son mycelium, de maisons en maisons et de rues en rues, causant ainsi des épidémies plus ou moins étendues. Quel est le mécanisme de cette propagation ? Elle peut s'effectuer de différentes manières : le plus souvent le champignon apparaît dans des maisons neuves, les spores peuvent y être apportées par les charpentiers venant de travailler à la réparation de maisons atteintes par le Merulius, ils peuvent transporter des milliers de germes sur leurs souliers, leurs outils ou quelque partie de leurs vêtements. Ces spores peuvent conserver pendant des années leur faculté germinative, d'où il résulte qu'un ouvrier qui a travaillé à des réparations de maisons infectées, surtout s'il s'y trouvaient des fructifications, peut pendant longtemps encore servir de véhicule au mal. Non seulement l'homme, mais encore les animaux : chiens, chats, rats, insectes, etc., peuvent servir d'agents de transport des spores du champignon. Le vent est, naturellement aussi, un important agent de dissémination.

Il ne faut pas oublier que la contamination se fait surtout par les *spores*, c'est-à-dire par cette poussière jaune-roux, qu'émet en grande quantité le champignon qui fructifie. Cette poussière, dont chaque particule est capable de contaminer le bois, peut se disséminer partout, se loger dans des fentes quelconques et s'y conserver pour propager ensuite le mal quand elles se trouveront dans des conditions favorables. Elles sont parfois assez peu nombreuses pour n'être pas visibles, mais elles n'en sont pas moins dangereuses.

La contamination peut résulter de l'emploi de décombres provenant de vieux bâtiments où existait le Merulius Lors de la démolition d'une vieille maison, il faudra, si on a l'intention d'utiliser des matériaux en provenant, porter spécialement son attention sur l'état du rez-de-chaussée et du sous-sol, beaucoup plus aptes à recevoir le Merulius que les étages élevés. En somme, il ne faut employer les vieux matériaux encore utilisables, dans les constructions, à côté de matériaux neufs, qu'à la condition que les premiers ne soient absolument pas suspects.

Un autre mode de propagation est le suivant : il arrive trop souvent, lorsque l'on procède aux réparations d'une maison atteinte de Merulius, qu'on laisse des bois, plus ou moins couverts du champignon frais ou sec, des jours entiers dans la rue ou dans les cours, exposés au vent ou à la pluie. Pour certaines pauvres gens, les matériaux de la plus faible valeur sont encore désirables, aussi arrive-t-il que ces bois soient enlevés avec ou sans autorisation ; ils sont transportés dans les rues et jusque dans les maisons habitées par ces personnes ; d'innombrables spores peuvent être disséminées de cette façon. Ces faits devraient être surveillés et, d'ailleurs, la destruction immédiate par le feu des bois atteints devrait les rendre impossibles.

Nous venons de parler de la contamination par les *spores*, elle peut encore se réaliser par le *mycelium*. Alors que les peaux et filaments qui existent à l'extérieur des pièces de bois se détruisent promptement par la dessiccation, le mycelium qui est à l'intérieur de ces pièces peut conserver quelque temps toute sa vitalité. C'est pourquoi de vieux bois, ayant l'apparence de bois sains, employés concurremment avec des bois neufs, peuvent les contaminer, pour peu que le milieu soit humide. Il faut donc rejeter l'emploi de tous les bois ayant appartenu à une maison où s'est développé le Merulius, alors même qu'ils présentent une apparence saine.

Lorsque le champignon est introduit dans une maison, il ne s'y développe et devient dangereux que s'il y rencontre les conditions qui favorisent son développement. Nous allons les étudier maintenant.

CONDITIONS QUI FAVORISENT LE DÉVELOPPEMENT DU MERCULIUS DANS LES CONSTRUCTIONS. — Nous avons traité cette question au point de vue biologique en parlant des conditions de la germination des spores (p. 382) et de l'influence du milieu sur le développement du Merulius. Envisageons maintenant la question à un point de vue plus spécialement pratique.

Les substances alcalines, même à l'état de traces, favorisent la germination des spores, il faut donc éviter avec soin que les bois ou matériaux de remplissage ne soient mis en contact avec de l'urine qui donne bientôt naissance à un dégagement d'ammoniaque. On a observé plusieurs fois la contamination rapide de bois de parquets souillés sous le lit de malades, il en est de même dans le cas de suintements, le long des murs, provenant de latrines. Le simple voisinage de celles-ci favorise la germination des spores de Merulius par suite de la production d'ammoniaque. On voit combien sont exposées aux atteintes de ce fléau des bois, les maisons où l'on méconnaît les règles élémentaires de l'hygiène.

La potasse est une autre substance alcaline qui favorise la germination des spores. C'est ainsi qu'il est dangereux d'utiliser comme matériaux de remplissage les escarbilles de charbon de terre ou de coke, très souvent employées d'ailleurs, à cause de leur richesse en sulfate de potasse ; de plus, ces matériaux, s'ils sont mis en place après avoir été, même peu de temps, exposés à la pluie, contiennent de grandes quantités d'eau ; a ce titre encore, ils favorisent le développement du Merulius. On recouvre parfois la couche supérieure des scories par un lit de lehm forcément un peu humide lorsqu'on le met en place ; cette pratique est nuisible, car cette terre suffit à produire une humidité qui permettra la germination des spores dont les filaments germinatifs iront bientôt contaminer les solives.

L'existence sous les planchers des rez-de-chaussée de substances riches en humus ou autres matières organiques : certaines terres, le plus souvent, est une chose très dangereuse, non seulement à cause de leur richesse en eau, mais encore parce qu'elles peuvent donner lieu à un dégagement d'AzH^3.

Les alcalis, qui sont si utiles pour la germination des spores, le sont moins lors du développement du mycelium. Il faut à ce moment une grande quantité d'eau. L'humidité des matériaux permet l'extension du champignon, et il est de toute nécessité de veiller à leur dessiccation préalable ; d'ailleurs, si bien desséchés qu'ils soient, ils peuvent généralement récupérer en milieu humide une quantité d'eau plus ou moins grande, suivant qu'ils sont plus ou moins hygroscopiques ; on voit donc qu'il y a lieu de considérer l'hygroscopicité des matériaux, particulièrement de ceux que l'on emploie pour le rem-

plissage des planchers. On a fait à ce sujet les expériences
suivantes : diverses substances, servant à l'usage que nous
venons de mentionner, étaient immergées dans l'eau pendant
quelque temps, puis on les retirait et on laissait le liquide
s'égoutter sur papier filtre, jusqu'à ce qu'il ne s'en échappe
plus du tout ; on mesurait alors avec soin la quantité d'eau
restée adhérente aux substances solides. Hartig donne les
résultats suivants :

100 centimètres cubes de matériaux de remplissage contiennent en eau :

1. Graviers lavés . . . .   1,9 grammes
2. Sable blanc avec gypse   19,9   —
3. Décombres (plâtras, sable, ciment) . . 20,0   —
4. Scories de charbon de terre.   23,1   —
5. Décombres (plâtras, terre, humus, sable). 23,2 —
6. Sable.   39,4   —
7. Mâchefer   40,3   —

On voit que les graviers présentent le plus de garanties,
tandis que les substances 6 et 7 sont susceptibles de retenir
beaucoup d'eau, si, par malheur, elles sont exposées à son
contact.

Une des causes qui font que le Merulius est plus fréquent
aujourd'hui qu'autrefois, c'est la grande hâte que l'on apporte
à l'édification des maisons, que l'on construit souvent en
moins d'une année. Les poutres sont le plus souvent attaquées au niveau de leur portée, parce que dans cette zone
elles reçoivent l'humidité des murs ; cette humidité se
communique aux lambris, aux bois des fenêtres, des portes,
des planchers, etc.

Le faux luxe, qui sévit dans les maisons les moins élégantes,
veut que l'on recouvre d'une couche de peinture à l'huile les
planches des planchers. L'humidité est ainsi retenue dans les
bois de charpentes et bien souvent les calamités dues au
Merulius proviennent de cette circonstance.

Il faut citer encore, comme circonstance favorable au Merulius, l'insuffisante protection de la maison contre les eaux de
pluie ou d'écoulement à la surface du sol. Ces eaux, par leur
contact ou leur infiltration, maintiennent les sous-sol et les
rez-de-chaussée dans un état continuel d'humidité. Les plan-

chers et les boiseries du rez-de-chaussée seront bien vite
atteints dans ces conditions.

Trop souvent les maisons pauvres manquent d'aération,
parfois la même chambre sert comme habitation, comme
chambre à coucher, cuisine, lavoir, etc., et une humidité constante y règne dans une atmosphère mal renouvelée. Bien
souvent le plancher est rendu constamment humide par les
eaux provenant des lavages. On ne s'étonnera pas que de telles
demeures soient une proie facile pour le champignon des
maisons. On pourrait en dire autant des chambres de bain
mal installées et des latrines défectueuses. C'est encore le cas
de certaines usines dont l'atmosphère est maintenue constamment humide, par suite du dégagement de vapeur d'eau.

Trop de plantes dans un appartement peuvent aussi y entretenir une humidité dangereuse, surtout si un copieux arrosage, mal distribué, y maintient mouillées certaines boiseries.

Dans le cas de locaux où l'atmosphère doit être constamment saturée d'eau, le mieux est encore d'employer le moins
de bois possible et de le remplacer par le fer et les autres
métaux, concurremment avec le béton, le plâtre, le ciment,
l'asphalte, etc. Dans le cas de constructions très simples, sans
sous-sol de fondation, ou bien lorsque les caves, souterrains, etc., qui constituent les substructions, sont très humides, on fera bien de se servir, comme d'une couche isolante,
de l'asphalte ou d'une substance analogue. On se servira de ces
substances isolantes, imperméables et imputrescibles, dans
les cas cités ci-dessus où l'on ne peut éviter que l'eau ne soit
répandue ou que l'atmosphère ne se maintienne trop longtemps humide.

Nous pouvons maintenant passer à l'étude de la première
question que nous posions en tête de la partie technologie :

PEUT-ON RECONNAITRE, A SA LIVRAISON, QU'UN BOIS EST ATTEINT
PAR LE MERULIUS ? — A cette question nous répondrons : oui ;
mais nous ajouterons que les méthodes préconisées ne sont
pas toujours d'une réalisation facile dans la pratique et que,
si elles permettent de dire qu'un bois est attaqué par un
champignon, elles sont généralement insuffisantes pour autoriser à affirmer que ce champignon est le *Merulius lacrymans*
ou bien une autre espèce.

Nous allons exposer successivement les diverses méthodes proposées. Elles sont au nombre de quatre : 1° observation directe au moyen du microscope ; 2° méthode des cultures ; 3° examen des propriétés polarisantes ; 4° emploi des réactifs chimiques.

1° *L'Observation directe au moyen du microscope* permet de trouver les filaments de champignon dans le bois ou à sa surface, ainsi que les spores dont la forme chez le Merulius est caractéristique. Le mycelium trouvé appartient-il au Merulius ou à une autre espèce ? Il n'est pas très facile de répondre, car plusieurs champignons Basidiomycètes s'attaquant au bois présentent les boucles que nous avons signalées (page 373). Cependant, d'après Hartig, la production au niveau de ces boucles, d'une ramification latérale est un fait tout à fait particulier, spécial au *Merulius lacrymans*, et qui permet de le diagnostiquer de suite, dans le plus petit fragment de bois (voir fig. 168). S'il existe des cordons mycéliens, il est facile de reconnaître s'ils ont la structure dont nous avons parlé pages 369 et suivantes, figure 171. Enfin, si l'appareil fructifère existe, il n'est plus possible d'hésiter. Il ne faut pas oublier que, dans un fragment de bois très altéré, le mycelium peut ne plus exister parce qu'il s'est désorganisé lui-même. On reconnaîtra, alors, si l'altération est d'origine cryptogamique, en employant les réactifs chimiques indiqués plus loin. Parfois, le champignon est si peu abondant, qu'il pourrait échapper à l'observation directe du bois, il faut alors recourir à la méthode des cultures pour obtenir un supplément d'information.

2° *Méthode des cultures.* — Le but de cette méthode est de faire évoluer promptement les spores qui peuvent être incluses dans les fentes du bois ou le mycelium qui pourrait y être contenu à l'état vivant. On prend des petits fragments des bois destinés aux essais et on les place dans un récipient dont l'atmosphère est saturée de vapeur d'eau, comme, par exemple, sous une cloche de verre ou dans une boîte en fer-blanc à herborisation ; ces fragments de bois sont soutenus par un substratum de sciure de bois ou de terre ou de papier filtre ; le tout est placé dans une étuve à 25-30 degrés. Le mycelium, s'il existait dans le bois, apparaîtra dans peu de jours à sa surface et s'étendra alentour. Plusieurs auteurs recommandent, en outre, d'arroser le bois avec de l'urine qui favorise beaucoup le développement du champignon ; mais ce procédé a trop souvent l'inconvénient d'introduire des bactéries qui ne tardent pas à tuer le cryptogame. On peut étudier aisément la structure de ce mycelium une fois qu'il s'est développé et voir s'il présente les boucles caractéristiques, mais, pour acquérir une certitude absolue il faudra pousser l'expérience jusqu'à la réalisation de l'appareil fructifère. On ne peut affirmer que la germination des spores qui peuvent exister sur le bois ou dans ses anfractuosités se produise toujours par l'application de cette méthode (voir : Germination des spores, p. 382).

Voici la méthode que préconise Marpmann : On procède d'abord comme nous venons de le dire, on place ensemble des fragments de bois sains et des bois altérés dont on veut déterminer le champignon qui les atteint, dans une atmosphère humide, on les arrose d'urine. Dans l'intervalle d'un jour à une semaine, on voit apparaître des filaments mycéliens qu'il est facile de saisir et d'ensemencer sur un milieu constitué par de la gélatine additionnée de peptone et d'urine, où l'accroissement se fait rapidement. Il est possible d'obtenir ainsi le mycelium à l'état pur. On l'ensemence alors sur du bois sain de sapin, par exemple, que l'on place sous cloche et que l'on arrose avec de l'eau stérilisée. Cette culture permettra d'observer :

1° La production d'une odeur spécifique ;

2° Le développement des hyphes dans le bois sain et particulièrement dans les rayons médullaires ; ses caractères morphologiques : boucles, etc. (coupes minces observées au microscope) ;

3° Le développement d'un appareil fructifère, qui permettra de déterminer avec certitude l'espèce de champignon.

Malheureusement, de l'aveu de Marpmann lui-même, il faudra pour obtenir cette fructification, trois, quatre mois et plus. Cette méthode n'est donc qu'incomplètement pratique. Il est d'ailleurs douteux que Marpmann ait poursuivi son expérience jusqu'à la production de l'appareil fructifère du Merulius.

D'ailleurs, von Tubeuf pense qu'il est inutile d'aller si loin.

On obtient le développement du mycelium avec des portions de bois atteints placés sur de la terre humide, de la sciure de bois ou du papier-filtre, mis dans un milieu humide et sous cloche. Un arrosage avec de l'urine est, suivant von Tubeuf, tout-à-fait à rejeter, ce liquide introduisant divers champignons et de nombreuses bactéries, qui entravent la culture en la contaminant. Quant à la culture sur gélatine, elle est, selon lui, difficile et inutile. Dans les conditions qu'il indique, le champignon met seulement quelques jours à se développer et un simple coup d'œil suffit à une personne tant soit peu exercée, à distinguer si elle a affaire au *Merulius lacrymans* ou au *Polyporus vaporarius* ou à quelque autre champignon. Ces diverses espèces, sont suffisamment caractérisées par leur forme et leur aspect, pour qu'avec quelques connaissances en Mycologie, il ne soit pas possible de les confondre. Nous sommes entièrement de cet avis. La méthode des cultures peut donc déjà rendre des services, encore qu'elle soit bien loin d'avoir acquis à l'heure actuelle toute la perfection désirable.

3° *Pouvoir polarisant* du bois attaqué par des champignons. Les propriétés optiques des bois observés au microscope polarisant sur des coupes minces, sont totalement différentes, suivant qu'il s'agit de bois sains ou de bois attaqués.

Une des substances incrustantes de la membrane lignifiée est le xylane ou gomme de bois, qui appartient au groupe des Pentosanes. Elle existe dans tous les bois, mais elle est beaucoup plus abondante dans les bois des Angiospermes que dans ceux des Gymnospermes (Bertrand).

Ces faits étant connus, nous allons exposer la méthode employée par M. Schorstein pour reconnaître les bois infectés.

Ses expériences ont été faites avec des bois de pin, sapin et chêne. Ces bois attaqués sont râpés et traités par une solution de soude à 5 ou 10 pour 100 ; l'extrait, après décoloration, est étudié au polarimètre ; on constate qu'il ne manifeste aucune activité optique, tandis qu'un extrait obtenu de la même manière avec un fragment de bois sain, dévie à gauche le plan de polarisation. Cette déviation est précisément égale à celle que donne le xylane $= (\alpha\,(\mathrm{D}) = -84°)$. Le champignon a dû, dès le début de son activité, détruire le xylane du bois. L'auteur prouve, contre Hartig, que le xylane est bien attaqué par les champignons habitant la substance des bois et qu'on ne le retrouve plus dans les bois infectés.

Par cette méthode, on démontre que le bois est infecté par un champignon, sans pouvoir dire à quelle espèce il appartient, car la propriété que nous venons de signaler est certainement commune à tous les Hyménomycètes qui végètent dans le bois. Elle a une valeur générale, mais non spécifique.

4° *Emploi des réactifs chimiques*. — Cette méthode, étudiée par Marpmann (1901), n'est pas non plus spécifique pour le Merulius, mais générale pour toutes les altérations du bois dues aux champignons.

L'auteur met en évidence la présence du Merulius par la voie des réactions microchimiques sur des coupes de bois attaqués, comparativement à leur action sur des coupes de bois sains. De plus, il opère parallèlement avec des extraits obtenus au moyen de ces bois (Voir tableau page suivante).

Marpmann indique ensuite un certain nombre de réactions macrochimiques.

Les bois à essayer seront mis à digérer pendant quelques heures avec 1 : 5 d'eau.

Le liquide ainsi obtenu sera filtré ; puis on additionnera 50 centimètres cubes du liquide filtré avec 5 centimètres cubes de la solution du réactif.

Les résultats que l'on peut obtenir sont consignés dans le tableau de la page 404.

En outre, on peut constater directement, en faisant agir le réactif Nessler sur les bois frais de pin, sapin, chêne, peuplier, que ces bois étant sains donnent une coloration jaune, tandis que les mêmes bois moisis se colorent en gris. Il faut remarquer aussi, qu'un vieux bois moisi est toujours d'une teinte allant du gris au brun.

Les réactions ci-dessus sont excellentes pour guider les architectes ou entrepreneurs qui cherchent à savoir s'ils peuvent accepter, sans risques, des bois de construction.

Les réactions macrochimiques, indiquées ci-dessus, renseignent sur les altérations de la cellulose et de la lignine qui peuvent résulter, non seulement de l'action du Merulius, mais encore de toutes sortes de champignons.

I. Réaction microchimiques

RÉACTIFS	BOIS SAIN	BOIS ATTAQUÉS PAR UN CHAMPIGNON
Iodol + HCl SO⁴H² dilué.	Frais : indigo. Conservé dans alcool + glycérine } Indigo ou plus pâle	Les parties attaquées sont jaune ou brun jaune.
Chloroiodure de zinc ou Iode + SO⁴H²	Frais : jaune. Conservé : jaune.	Après une demi-heure d'action, la partie attaquée se colore en bleu et cette coloration se maintient durant cinq jours.
Réactif de Nessler [1]	Rayons médullaires : jaune ou jaune citron. Membrane : jaune ou jaune citron. Lamelle mitoyenne des cellules : jaune sombre.	Les parties attaquées sont brun à brun noir. Les parties apparemment indemnes sont jaune gris et plus tard grises.

Quand il s'agit du bois de Conifères (arbres résineux), on peut encore user d'une autre réaction. On sait que le Merulius s'attaque d'abord à la coniférine, qui constitue une des matières incrustantes du bois de Conifères, il la détruit ; dès lors, les bois sains présentent les réactions de la coniférine, tandis qu'elles font défaut chez ceux qui sont atteints.

Parmi les réactions de la coniférine, citons la suivante : sur les coupes humectées par SO⁴H² et additionnées d'orcéine, elle se colore en violet, tandis que la lignine prend une teinte rouge sombre. Cette réaction ne peut s'appliquer qu'au

---

(1) Réactif de Nessler se prépare comme suit : 2 grammes d'iodure de potassium sont mis à dissoudre dans 5 centimètres cubes d'eau, puis on ajoute à chaud de l'iodure de mercure en quantité suffisante pour qu'une partie reste non dissoute. Quand le liquide est refroidi, on l'étend avec 20 centimètres cubes d'eau. Après quelque temps, on filtre et on mélange 20 centimètres cubes du liquide filtré avec 30 centimètres cubes de solution concentrée de potasse. Filtrer si le liquide est trouble.

II. Réactions macrochimiques

RÉACTIFS		BOIS NORMAL	BOIS VERMOULU (ACTION D'INSECTES)	BOIS ATTAQUÉ PAR DES CHAMPIGNONS	BOIS POURRI
1. Réactif de Nessler.	Précipité : Liquide surnageant :	Gris jaune. Jaune clair.	Jaune gris. Jaune clair.	Gris. Jaune brun.	Jaune gris. Jaune grisâtre.
2. Nitrate d'argent dissous dans 1/100 d'eau avec de l'ammoniaque.	Précipité : Liquide :	Gris argent brillant. Opaque.	Gris. Jaune sale.	Argent. Brun rouge.	Gris noir. Rouge terne.
3. Liqueur de Fehling (après ébullition).	Précipité : Liquide :	Rouge Jaune verdâtre.	Brun rouge. Jaune.	Brun. Jaune rouge.	Vert bleu. Jaune verdâtre.

bois de conifère, car la coniférine manque chez les autres essences.

Enfin, on pourrait encore utiliser, pour reconnaître si un bois est attaqué par des champignons, la *réaction de l'hadromal*.

Nous avons rapporté, dans la première partie (page 390), comment Czapek (1899) avait montré que, lorsqu'un bois est atteint par un mycelium de Merulius, par exemple, la combinaison éthérée d'hadromal et de cellulose, qui existe dans la membrane, se disjoint, et qu'une quantité d'hadromal relativement grande est mise en liberté. Celle-ci se laisse directement entraîner par l'alcool ou le benzol, et l'extrait donne une coloration rouge avec la phloroglucine et l'acide chlorhydrique. Le bois sain cède, au contraire, très peu d'hadromal à l'alcool.

Disons de suite que cette méthode est assez précaire, d'abord parce que l'hadromal est dans le bois en très faible proportion, constituant seulement 2 pour 100 environ de la substance sèche du bois ; en second lieu, parce que l'alcool permet d'extraire de l'hadromal du bois, même lorsque celui-ci n'est pas attaqué.

Il faudra donc, de préférence, recourir à l'une ou à plusieurs des méthodes ci-dessus : examen microscopique, polarisation de la lumière, emploi des réactifs chimiques.

En somme, nous voyons qu'il est possible d'établir, à la réception des bois, s'ils sont ou non atteints par un champignon ; toutefois, il est très délicat d'affirmer si ce champignon est le Merulius (de beaucoup le plus dangereux), ou quelque autre espèce.

LUTTE CONTRE LE CHAMPIGNON DES MAISONS. MOYENS PRÉVENTIFS ET CURATIFS. - Quel que soit l'intérêt de cette première question traitée, elle a moins d'importance que la deuxième, à savoir : quels sont les moyens préventifs et curatifs à employer pour lutter contre le Merulius, car il faut bien savoir que même s'il est préexistant, le champignon ne se développera que si les conditions lui sont favorables. Il faut, avant tout, éviter ces conditions.

Qu'importe la présence du Merulius, s'il est avéré que l'imprégnation, par exemple, au moyen d'antiseptiques, empêche à la fois la contamination par le champignon à l'extérieur et son évolution à l'intérieur ?

Il faut procéder, avant tout, à l'*examen des bois* par une des méthodes indiquées ci-dessus et brûler sur place ceux qui sont atteints. Le Merulius, très peu actif en forêt, où il est généralement saprophyte, avons-nous dit, peut devenir très nuisible dans les bois utilisés dans les constructions, si les circonstances lui sont favorables.

Séchage du bois. — Il doit être pratiqué dans les conditions requises que nous indiquons au chapitre suivant.

Bois flottés. — L'immersion prolongée des bois dans l'eau, produit la disparition des parties solubles de la sève et enlève, par suite, aux champignons, quelques-uns de leurs meilleurs aliments. De plus, le flottage favorisera l'opération de la dessiccation, qu'il faudra opérer avec soin plus tard. En somme, ces bois se conservent mieux. Il faut dire, toutefois, qu'ils perdent un peu de leurs qualités de résistance, en raison de l'enlèvement par l'eau des matières gommeuses qui concouraient à agglomérer leurs éléments (voir, sur le flottage, le chapitre suivant).

Epoques de l'abatage des bois. — Quelques forestiers soutiennent encore qu'il doit se faire au printemps ou en été. Cette époque est certainement mal choisie. A ce moment la sève imprègne les tissus qui, par suite, seront exposés à une fermentation rapide due à l'envahissement de toutes sortes de microorganismes. Nous avons rapporté, page 380, les travaux de Poleck, qui établissent, en outre, que le bois coupé en été a une composition chimique fort différente de celui abattu en hiver, que, notamment, il contient beaucoup plus de potasse et d'acide phosphorique, ce qui en fait un excellent milieu de culture pour le Merulius.

Les indications que nous venons de donner concernent particulièrement les personnes qui s'occupent du bois avant sa mise en œuvre : les forestiers, marchands de bois, etc. Les conseils suivants s'appliquent spécialement à celles qui mettent le bois en œuvre dans les constructions : les architectes, entrepreneurs, etc.

RÉSUMÉ DES PRÉCAUTIONS A PRENDRE POUR ÉVITER L'APPARITION DU MERULIUS DANS LES MAISONS. — *a*) Eviter le transport des spores du Merulius : Les ouvriers, après avoir procédé à des réparations d'une maison contaminée, devront nettoyer avec le plus de soin possible leurs outils avant de s'en servir à nouveau. Cela peut se faire au moyen de lavages répétés dans de l'eau plusieurs fois renouvelée. Les parties du vêtement, les souliers, qui ont pu être en contact avec les matériaux atteints par le champignon, doivent être également nettoyés par lavages. Cela n'est d'ailleurs pas toujours nécessaire comme pour les outils.

b) Il faut sévir rigoureusement contre les ouvriers convaincus d'avoir sciemment, dans un but de vengeance, par exemple, apporté avec eux le Merulius pour en contaminer une maison qu'ils contribuent à construire.

c) Rejeter absolument l'emploi, pour le remplissage des planchers, de décombres ayant appartenu à une maison où sévissait le Merulius.

Rejeter de même l'emploi de bois d'apparence encore utilisables, ayant appartenu à des maisons contaminées. Ils ne doivent plus servir comme bois de construction.

d) Brûler sur place les vieux bois provenant de réparations de maisons attaquées par le champignon. Ne point les abandonner aux pauvres gens qui croient pouvoir en retirer quelque utilité et qui dissémineraient le mal.

e) Ne jamais réunir, dans les chantiers à bois, des bois neufs avec d'autres provenant de démolitions.

f) Eviter, comme dangereux, l'emploi des matériaux susceptibles de servir aux remplissages entre les solives et poutres des planchers, lorsqu'ils contiennent de la potasse, comme les cendres et les escarbilles de coke et de charbon de terre, les scories, etc., ou qui sont susceptibles de dégager de l'ammoniaque, comme l'humus et autres matières organiques, ou qui sont hygrométriques : c'est-à-dire les mêmes substances, le mâchefer, etc.

Les meilleurs matériaux pour cet usage sont les graviers plus ou moins gros.

Ne jamais utiliser à cet effet des substances mouillées, humides ou congelées.

g) Eviter tout contact des bois avec l'urine, les lessives alcalines, les cendres.

h) Eviter le voisinage des latrines, à cause de la production possible de gaz ammoniac qui favorise la germination des spores de Merule sur les bois.

i) Vérifier, à la recette des bois, s'ils sont convenablement secs.

Lors de l'achat des bois on ne doit pas accepter aveuglément ceux qui sont proposés aux plus bas prix, mais bien ceux qui présentent les meilleures, les plus sûres garanties de dessiccation. Ces derniers bois ont occupé plus longtemps une place dans les entrepôts du marchand de bois, il faut que celui-ci fasse des sacrifices pour avoir des emplacements vastes et qu'il paye un loyer plus fort. C'est à juste titre que ses prix seront plus élevés que ceux de son concurrent qui, se débarrassant promptement de sa marchandise, peut limiter l'étendue de ses entrepôts et ne pas immobiliser aussi longtemps ses capitaux.

j) Il est facile aux grandes institutions de l'Etat, aux grandes Compagnies : chemins de fer, établissements publics, d'avoir, par une entente avec l'administration des forêts, de vastes entrepôts de bois où ceux-ci se dessèchent lentement, tandis que les plus anciens sont utilisés au fur et à mesure des besoins.

Dans les chantiers de la Marine, par exemple, se trouvent des approvisionnements de bois pour dix ou quinze ans et plus. Les bois résineux sont conservés sous de vastes hangars à parois mobiles. Les pièces, après simple équarrissage, sont isolées les unes des autres et disposées sur des cadres à claire-voie. On peut ainsi vérifier facilement leur état et arrêter les dégâts des insectes ou la pourriture. La mobilité des cloisons qui ferment les hangars permet d'arrêter ou d'activer la circulation de l'air suivant les saisons.

k) Procéder aux constructions avec une sage lenteur. Une maison doit rester, avant son achèvement, assez longtemps à sécher, une aération constante étant assurée pendant tout ce temps par les ouvertures non closes. D'autre part, la construction à cet état doit être parfaitement protégée contre la pluie.

L'apposition des parquets, l'application de peinture à l'huile ou de linoléum à leur surface, le crépissage des murs, doivent être ajournés aussi longtemps que possible.

l) Séparer les fondations de la partie aérienne de la maison au moyen d'une couche de substance isolante comme, par exemple, l'asphalte (1), le béton, les plaques métalliques: zinc, plomb, tôle, etc., afin d'empêcher l'ascension de l'eau par les murs.

Les têtes des poutres seront en relation avec des pierres sèches, non réunies par un mortier humide.

m) Une partie de l'habitation qui doit être l'objet d'une attention particulière est celle des sous-sols. Si dans une cave ou cellier humide, sans soupiraux, il se trouve, par hasard, une poutre de sapin infectée en un point par le mycelium du Merulius, celui-ci, dans ce milieu très favorable, ne tarde pas à croître activement, en même temps que la pourriture gagne dans l'intérieur du bois, les filaments mycéliens forment à sa surface une toile feutrée d'où des cordons poussent dans toutes les directions, gagnent les poutres voisines jusqu'alors saines et souvent, de proche en proche, atteignent les portes, les parquets du rez-de-chaussée, les lambris. sous lesquels le champignon fructifie, et l'infection devient générale. La précaution (*l*) prévient cette contamination.

(1) La couche d'asphalte, pour isoler avec toute sécurité, doit avoir au moins 5 cm. d'épaisseur. On a, paraît-il, constaté des cas où des lames plus minces ont été perforées par le mycelium (B. Malenkovic', *loc. cit.*, p. 15).

n) Lorsqu'il n'existe pas de sous-sol, le sol doit non seulement être recouvert d'une couche aussi épaisse que possible de béton, asphalte, ciment, etc., mais il faut encore interposer au-dessous du plancher, un lit de graviers secs ou de briques concassées ou autres substances analogues, des canaux d'aération permettant, d'ailleurs, qu'ils se maintiennent en état de dessication.

o) Les travaux des menuisiers ne doivent pas être effectués avant que l'emplacement destiné à les recevoir ne soit bien sec.

p) Les pierres plus ou moins hygrométriques (certains calcaires et grès) devront être recouvertes à leur surface d'un enduit isolant d'asphalte, etc., surtout à la base des murailles.

q) Les planches des planchers ne devront pas s'étendre strictement jusqu'à la muraille, mais en être légèrement distants.

r) Il serait bon de revenir aux chambres à air pratiquées dans les murs lents à sécher ou exposés aux pluies, vis-à-vis de la portée des poutres et destinées à assécher la portée de celles-ci. D'une façon générale il faut multiplier les trous d'aération au niveau des pièces de charpente et des boiseries.

s) Assurer une protection parfaite de la maison contre les eaux d'écoulement.

t) Assurer une aération régulière empêchant la stagnation de l'humidité. Ceci est très important. A l'appui de l'utilité de cette précaution, on peut rappeler que le *Merulius* ne se développe à peu près jamais dans les bois des combles d'une construction, cela parce que cette région de l'édifice est généralement bien aérée.

u) Dans les locaux exposés à une humidité continuelle : salles de bains, lavoirs, cuisines, certaines usines, jardins d'hiver, etc., éviter que les bois ne soient mouillés, dessécher l'atmosphère par un chauffage convenable quand il n'y a pas d'inconvénients, ou mieux, renoncer dans les locaux en question à l'emploi du bois.

v) Recourir à l'imprégnation des pièces de bois par certains antiseptiques (voir plus loin).

Réparations à la suite des premiers dégâts causés par le Merulius. — Si le champignon a déjà commencé ses ravages, il faut, dès qu'on s'en aperçoit, enlever les planches atteintes

et les brûler sur place en évitant leur manipulation qui dissé-
minerait le champignon. On s'assurera que le mal ne s'est
pas étendu au delà en soulevant de place en place les planches des parquets ou les panneaux des lambris.

On pratiquera une aération active, les courants d'air étant
peut-être le meilleur remède contre ce champignon, dont ils
tuent promptement le mycelium ou les peaux mycéliennes
(Voir p. 380).

Ils sont cependant sans effet sur les semences ou spores.

Les matériaux enlevés seront remplacés par des pièces de
bois saines et traitées par les antiseptiques, comme nous
allons le dire.

Emploi des antiseptiques. — Les substances antiseptiques,
employées depuis longtemps pour préserver le bois des
atteintes de nombreux agents d'altération, sont précieuses
pour l'immuniser contre les atteintes possibles du Merulius,
ou même pour détruire ce champignon s'il s'est déjà insinué
dans l'intérieur des pièces. Les antiseptiques sont nombreux
et d'ailleurs plus ou moins efficaces.

Nous parlerons d'abord du *sulfate de cuivre*. Celui-ci est
l'antiseptique le plus employé. On l'utilise pour l'injection
des bois par le procédé Boucherie. On l'emploie, concurremment avec de la chaux ou de la soude, sous les noms de
bouillies bordelaise et bourguignonne, pour lutter contre
d'innombrables maladies dues à des champignons qui s'attaquent aux végétaux cultivés.

Il ne faudrait pas croire cependant que ce soit là un remède
universel, apte à détruire tous les champignons; on sait
qu'il en est qui lui résistent fort bien, certains même végètent en faisant bonne contenance dans des solutions nutritives contenant, d'autre part, du sulfate de cuivre. Le remède
universel est, certainement, une utopie, car la substance
vivante, si elle est constituée par un substratum identique
chez tous les êtres vivants, n'en diffère pas moins notablement d'une espèce d'être à une autre espèce et même d'un
individu à un autre individu placé dans des conditions différentes. Il s'ensuit que des êtres d'espèces différentes réagi-
ront de façons variées vis-à-vis d'un antiseptique donné et
que certains pourront demeurer peu sensibles à son action.

C'est ainsi que le sulfate de cuivre a peu d'influence sur le

Merulius, comme le montre von Tubeuf (1902) qui a fait, au moyen de ce sel, les expériences suivantes :

Il place un cristal de sulfate de cuivre sur de la gélatine 6 pour 100, additionnée d'extrait de malt, d'extrait de viande Liebig et de 1/100 d'acide citrique. Le cristal se dissout sur place dans l'eau de la gélatine et sa solution envahit un espace limité de celle-ci. Ce milieu ayant été ensemencé avec le Merulius, on constate que le mycelium croît aussi bien dans la région bleuâtre où se trouve le cuivre que dans les parties alentour jaunes, qui n'en contiennent pas. Cette expérience préliminaire montre déjà combien peu d'influence possède le sulfate de cuivre vis-à-vis de ce champignon. L'auteur plaçait ensuite dans des boîtes de Petri le même milieu nutritif, dans quelques boîtes il ajoutait 1 pour 100 de SO^4Cu, dans d'autres 2, 3 et 5 pour 100 de ce sel. Dans les premières, le champignon croissait très bien ; dans celles de la deuxième série, beaucoup moins bien et, dans celles de la troisième, son développement est encore plus faible. Mais, finalement, le mycelium végétait encore après un mois, temps auquel von Tubeuf limitait son expérience.

Ensuite, l'auteur additionnait le même milieu nutritif, non plus de sulfate de cuivre, mais de la bouillie bordelaise alcaline ou bouillie cupro-calcaire (chaux et sulfate de cuivre), et il constatait que, sur ce milieu, le mycelium est facilement tué.

Il faut qu'il y ait dans cette solution cupro-calcaire une quantité de chaux suffisante pour neutraliser tout le sel de cuivre ou même un excès. Un milieu à la gélatine additionné de 2 pour 100 de SO^4Cu et seulement 1/2 pour 100 de chaux est acide et n'est point toxique pour le champignon. Toutes ces expériences tendent à démontrer que le champignon est sensible à la chaux et que le sulfate de cuivre n'a pas ici d'action toxique !

D'une façon générale, le Merulius supporte fort bien les substances acides, c'est ainsi qu'il peut végéter avec 3 pour 100 d'acide citrique.

La solution de *sulfate de fer* n'est pas non plus efficace. Le mycelium contenu dans une pièce de bois, préalablement immergée pendant une demi-heure dans une solution de vitriol vert, continue à se développer et il apparaîtra plus tard à la surface.

*Créosote ou substances en contenant des quantités nota-
bles : Carbolineum, carburinol, huiles lourdes de résine, etc.*
— Hartig, dès 1885, propose l'emploi de l'huile de créosote
comme étant la substance la plus efficace contre le Merulius.
On en badigeonnera les murs de fondation, par exemple,
pour que le champignon ne vienne point s'étaler et se propager à leur surface. Ses expériences ne lui ont donné que
des résultats peu favorables ou nuls avec le goudron de
houille et certains produits fabriqués en Allemagne et connus sous les noms de Mycothanaton, d'Antimerulion et Thon-
theergries, dont les fabricants vantent l'efficacité à grands
coups de réclame.

Expériences récentes. — Depuis cette époque on a fait de
nouvelles et intéressantes expériences, principalement en
Autriche et en Russie, d'une part, et en France, d'autre part.
Nous allons en rapporter les résultats d'après le travail de
M. Henry (1902).

L'*huile de créosote* et les produits qui en contiennent des
quantités notables sont d'une efficacité certaine, mais ils ont
quelques inconvénients : l'huile de créosote est très volatile et
un peu soluble dans l'eau, ce qui fait qu'elle perd assez vite
sa qualité protectrice quand le bois qu'elle imprègne est
exposé à l'air ou à la pluie. Le *carbolineum*, le *carburinol* et
matières analogues gênent dans les habitations par leur forte
odeur. Aussi, les fabricants allemands se sont-ils ingéniés à
fabriquer de nombreux ingrédients capables de donner
entière satisfaction. Outre ceux dont nous avons parlé, il faut
citer le plus récent l'*antinonnine* de Frederic Bayer et Cie à
Elberfeld.

Cette substance, avec laquelle des essais ont été faits en
Autriche, est une dissolution savonneuse d'orthodinitro-cré-
sol-potassium.

$$C^6H^2(NO^4)^2CH^3OK.$$

Ce produit extrait du goudron est peu volatil et n'est pas
d'odeur désagréable ; le kilogramme vaut environ 12 francs,
prix assez élevé. Il se vend en pâte.

Il ressort, d'une façon très nette, des expériences du colonel du génie autrichien, M. Tilschkert, que l'antinonnine,
employée simplement en badigeonnage superficiel, empêche

à la fois la pénétration du champignon par le dehors et le développement des spores ou filaments qui peuvent exister dans l'intérieur de la poutre badigeonnée.

Nous renvoyons, pour le détail des expériences faites en présence d'une Commission technique, au travail de M. Henry (1).

Le lieutenant-colonel russe Baumgarten a fait aussi des expériences sur les moyens de détruire le Merulius si nuisible dans l'Europe orientale. Il admet que dans des bois secs, renfermant du mycelium, celui-ci ne se propagera pas au dehors si ces bois sont protégés contre l'air et l'humidité par des badigeonnages extérieurs. Ceux-ci empêcheront, en outre, la contamination par les spores venues du dehors.

Baumgarten pense que les corps gazeux, tels que la créosote volatile qui peut pénétrer dans le bois avec l'air et l'humidité, sont les plus propres à détruire le champignon. A ce titre le *mycothanaton* de Muller, agit efficacement par le chlore qu'il contient et il rapporte que de très nombreux bâtiments de la ville de Brest-Litowski, dans le gouvernement de Grodno, furent protégés contre le Merulius par badigeonnages des bois avec cette substance.

Sa composition est la suivante :

750 grammes chlorure de calcium.
1.500 — sulfate de soude.
2.250 — HCl.
66 — sublimé (bichlorure de mercure).
57 litres d'eau.

Il faut prendre certaines précautions en l'employant à cause du chlore et du sublimé ; c'est ainsi qu'il convient d'ouvrir les fenêtres pour établir un courant d'air. Il a sur le carbolineum les avantages de n'avoir pas d'odeur désagréable et de ne pas rendre le bois plus inflammable.

Des *expériences ont été faites en France*, notamment à Nancy, par M. Fromont, chef de section à la Compagnie de Chemins de fer de l'Est, et, d'un autre côté, par M. Henry à l'Ecole forestière.

(1) 1902. — E. Henry : La lutte contre le champignon des maisons. Expériences récentes (*Revue des eaux et forêts*, t. XLII, liv. 17, p. 513-521).

M. Fromont a fait des expériences comparatives avec le Carbolineum Avenarius, le Carbolineum supra (contrefaçon du premier) et un mélange de goudron et de pétrole. Il imprégnait de chacun de ces liquides trois morceaux de planche de sapin, un quatrième ne subissait aucun traitement. Il les enfonçait en terre et les laissait exposés aux intempéries pendant plus de six ans. En les extrayant du sol, il constatait que les deux derniers morceaux, dont il a été question, étaient complètement pourris, que celui qui était imprégné de Carbolineum supra présentait de grosses taches de pourritures, tandis que l'échantillon traité par le Carbolineum Avenarius était complètement sain.

Depuis cette expérience, M. Fromont convaincu de l'efficacité du carbolineum contre la pourriture des bois en contact avec le sol, c'est-à-dire contre leur destruction par les champignons, en fait imprégner toutes les poutres ou planchers des rez-de-chaussées des constructions qu'il édifie pour le compte de la Compagnie du chemin de fer de l'Est.

M. Henry a fait de son côté quelques essais à l'École forestière avec le carbolineum. Il n'y a pas à craindre avec ce produit, dit il, la dissolution lente des phénols et autres composés utiles solubles, qui se produit sur les bois exposés aux intempéries. Il imprègne des planches de 3 cm. d'épaisseur avec le carbolineum chauffé à 60 degrés, température à laquelle il est plus fluide; dans ces conditions, l'imprégnation est pour ainsi dire instantanée avec les bois de hêtre et le cerisier; il suffit d'une minute pour imprégner une planche de hêtre dans toute son épaisseur. Avec le frêne, le chêne et même le sapin, l'imprégnation est plus lente. Ainsi après 10 minutes d'immersion l'imprégnation est seulement superficielle; mais si on observe plus tard ces bois ainsi traités, on voit, sur des sections transversales, que la couleur brune, due au Carbolineum, gagne de jour en jour plus profondément : après 4 jours elle a atteint le centre pour le sapin, elle est beaucoup moins avancée pour le chêne et le frêne.

Les faits que nous venons de relater démontrent qu'il est possible de lutter efficacement contre le Merulius, soit en veillant sur les conditions des constructions, soit par l'emploi de certains antiseptiques.

Cette question est d'un intérêt pratique si évident qu'il est utile de poursuivre des essais méthodiques. C'est ce que fait en ce moment en France M. Henry. Voilà ce que dit à ce sujet l'éminent professeur de l'Ecole forestière de Nancy :

« Nous installons, en ce moment, à l'Ecole forestière, des expériences relatives à l'efficacité des divers antiseptiques sur les différentes essences employées dans les constructions, à l'influence de l'état de dessiccation du bois, de la durée et du mode d'imprégnation, relatives aussi à leur action sur la constitution du bois et sa résistance à la rupture, de manière à fournir aux architectes, aux entrepreneurs, aux propriétaires des résultats nets, rigoureux, qui, dégagés de toute attache mercantile, de tout soupçon de réclame, pourront inspirer pleine et entière confiance ». Il faut prendre bonne note de ces promesses et attendre avec confiance les résultats.

Il nous reste un mot à dire concernant :

LE MERULIUS AU POINT DE VUE DE L'HYGIÈNE. — Les opinions sont assez partagées à ce sujet. C'est ainsi que Poleck et quelques auteurs prétendent que la présence de ce champignon dans les maisons peut être la cause de certaines Mycoses de l'homme et des animaux ; Marpmann exprime également l'opinion que les spores inspirées par l'homme peuvent amener des troubles graves de la santé ; il tient même pour très vraisemblable l'existence d'un rapport entre le développement de l'*Actinomyces bovis* et le Merulius. Behla (1900 et 1901) admet l'existence d'une liaison entre la présence de ce champignon et la production d'affections cancéreuses. Klug (1903), prétend constater une relation de cause à effet entre le Merulius et les affections cancéreuses. Cet auteur avait remarqué qu'à la suite de fortes inondations les cas de cancer s'étaient multipliés d'une façon considérable ; il avait trouvé en examinant, soit les tissus atteints, soit les déjections, une abondante quantité d'éléments de champignon végétant en levure (à la façon des Saccharomycètes). D'après l'opinion de l'auteur, ces cellules bourgeonnantes seraient issues de spores de Merulius « Meruliocytes » ; il se base pour faire cette identification surtout sur la présence, dans les cellules en question, de gouttelettes huileuses analogues à celles que l'on trouve dans les basidiospores de Merulius (voir p. 378, fig. 178). Nous doutons fort que ce soit là la solution du problème, tant cherché, du parasite du cancer !

Quoi qu'il en soit, on a, à ce propos, émis seulement des hypothèses, exprimé de simples opinions, sans donner de démonstrations scientifiques. Il est sans doute plus sage d'admettre, avec Hartig, que le Merulius n'est pas dangereux directement par lui-même, mais par les gaz dégagés sous son influence lors de la décomposition des bois qu'il engendre, et, plus encore, lorsque son appareil fructifère se décompose à son tour. De plus, la coexistence de nombreuses maladies et du Merulius n'a rien qui doive nous surprendre, étant donné que celui-ci se développe dans des maisons humides et par suite malsaines, dans des maisons d'une hygiène défectueuse. Nous rappelons ici que le mycelium transporte l'eau avec lui et rend humides tous les lieux où il se développe. Il faut se hâter d'assainir lorsqu'il s'est développé quelque part en établissant une ventilation active et en ayant recours aux autres moyens de lutte que nous avons préconisés au cours de cette étude (1).

(1) A la bibliographie étendue que nous donnons des travaux faits sur le Merulius dans notre étude (*Loc. cit.*), nous ajoutons les mémoires suivants :

1895. — Gottschlich. Die hygienische Bedeutung des Hausschwammes. *Zeitschrift für Hygiene und Infektionskrankheiten.*

1898. — Petrin : « Der Hausschwamm und seine Bekämpfung ». *Mitteilungen über gegenstände des artillerie-und Geniewesens* (Autriche).

— Tilschkert. Plusieurs études dans les *Mitteilungen über gegenstände des artillerie — und geniewesens* (Autriche).

1900. — R. Hartig. *Lehrbuch der Pflanzenkrankheiten.* Berlin.

1901. — *Internationaler Verband für Materialprüfungen der Technik. Kongress in Budapest*, 1901.

a) Vericht der Kommission 20 : « Wie kann man sich schon bei Ubernahme von Bauholz gegen das eventuelle auftreten des Hauschwammes (*Merulius lacrymans*) schützen ? » Vorgelegt von F. Friedrich. Zurich, 1901.

b) « Referat über Aufgabe 20 » von Dr A. Cieslar.

1901. — Dr Von Knieriem. Centralbatt Agricultur Chemie 19, p. 486-488.

1901. — E. Henry. *Revue des eaux et forêts*, p. 72 (analyse critique de l'article du Dr Cieslar).

1902. — Dr Heinrich Zickes : Uber holzzerstörende Pilze und deren Bekämpfung. *Mitteilung, der österreich. Versuchstation für Brauerei und Mälzerei in Wien.*

1902. — Basilius Malenkovic'. Bestimmung der wachsthumhemmenden Dosis für Stoffe, die als mittel gegen Schimmelpilze in Betracht kommen. (OEsterr. Chemiker Zeitung, 1902, no 19).

1903. — Dr C. von Tubeuf : Hausschwammfragen. *Naturwissensch. Zeitschr. fur Land-und Forstwirtschaft.* Heft III. Iahrgang 1903 (Stuttgard, Ulmer).

AGARICINÉES

131. Armillaria mellea ou **Agaricus melleus.** Pourridié des arbres. — Ce champignon n'est pas un ennemi spécial du bois, mais il attaque tant d'arbres forestiers que nous devons le signaler. Il s'en prend à la fois aux résineux et aux feuillus.

Le mycelium de ce champignon pénètre dans les racines des arbres où il se développe en partie dans l'écorce, en partie dans la portion externe du bois. Puis il produit ses appareils fructifères sur les souches qu'il a tuées. Ce sont des « champignons à chapeau », qui, comme toutes les Agaricinées, possèdent des lames rayonnantes à la face inférieure du chapeau. Ces lames portent l'hymenium avec ses basides et ses spores.

Ce champignon est d'un jaune miel quand il est jeune, d'où le nom d'Agaric de miel qu'on lui donne parfois.

Mais, bien plus souvent, on n'a pour discerner l'existence de ce champignon que l'appareil végétatif et non la forme à chapeau, on peut néanmoins le caractériser assez facilement.

Le mycelium peut se présenter : 1° A l'état de filaments

1903. — Basilius Malenkovic' : Zur Hausschwammfrage. *Centralblatt für das gesamte Forstwesen.* Heft 7.
1903. — Professor Dr A. Möller : Neue Untersuchungen über den Hausschwamm (aus der mykologischen Abteilung bei der Hauptstation des forstlichen Versuchwesens in Eberswalde).
— *Centralblatt der Bauverwaltung.* Nummer 22 vom 18 märz 1903.
— Herausgegeben im Ministerium der öffentlichen Arbeiten.
1903. — Prof. Dr A. Möller. Uber den Hauschwamm *Zeitschrift für Forst- und Jagdwesen.*
1903. — P. Hennings. Uber die Gebaüden auftretenden wichtigsten holzbewohnenden Schwämme. *Hedwigia*, Berlin, Band, XLII, Heft. 5, p. 178-191.
1903. — Klug, A. Der Hausschwamm, ein pathogener Parasit des menschlichen und thierischen Organismus, speciell seine Eigenschaft als Erreger von krebsgeschwüsen [Freiheil-Johannisbad] (Selbstverlag. Gross. 8°, 139 pp. 42 Textab. und 1 Tabelle).
1904. — Basilius Malenkovic'. Mit der sporenkeimung zusammenhängende Versuche mit Hauschwamm. *Naturwissenschaftlichen Zeitschrift für Land-und Forstwirtschaft.* 2 and 3 Heft, 1904 (Verlag von E. Ulmer in Stuttgart).

déliés pénétrant dans l'intérieur du tronc ; 2° de lames feutrées qui s'étalent entre le bois et l'écorce (fig. 178 C.) ; 3° enfin,
en cordons noirs ou brun foncés, épais, ramifiés, parfois
fort longs, qui s'étendent dans le sol même autour de l'arbre
attaqué et finissent par pénétrer sous l'écorce de celui-si

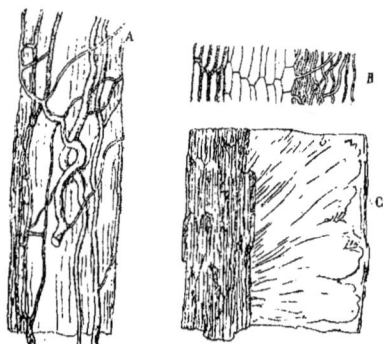

Fig. 178. — *Agaricus melleus* :

A. Cordons rhizomorphes (1/2 grand. natur.). — B. Coupe longitudinale,
fortement grossie, correspondant à la partie extérieure du rhizomorphe —
C. Rhizomorphe s'étalant en lame sous l'écorce (partiellement enlevée pour
montrer l'aspect du champignon).

(fig. 178 A.). Ces cordons, si on les examine en coupe longitudinale, au microscope, présentent à l'intérieur un faux
tissu de cellules à parois brunes, cutinisées, épaissies, puis
des cellules à parois plus minces et, à l'extérieur, des filaments
étroits (fig. 178 B).

Les rizomorphes ne sont pas toujours dans le sol même,
il en existe de sous-corticaux dans les racines ; ceux-ci
émettent de fins filaments feutrés qui pénètrent jusque dans
le corps ligneux par les rayons médullaires. Les tissus délicats, que constituent le cambium et le liber, sont tués rapidement par le champignon qui cause fréquemment la perte
des arbres qu'il envahit.

Ce champignon attaque souvent les pins, il se propage en rond, autour des premiers arbres attaqués, à l'aide
de ses rhizomorphes souterrains et cause la mort des
arbres sur toute la surface envahie.

Il vit souvent sur le bois mort où il produit son appareil
fructifère.

Le développement du pourridié, ou pourriture des racines des arbres, qu'il soit dû à l'*Agaricus melleus* ou à un autre champignon comme le *Dematophora necatrix* (du groupe des Ascomycètes Pyrénomycètes), n'est en rapport ni avec la nature du sol, ni avec l'influence des agents atmosphériques. Les rhizomorphes peuvent infecter le sol et contaminer les arbres, qu'il s'agisse d'un terrain pauvre ou d'un terrain riche, d'un sol humide ou d'un sol sec.

Il ne peut pas y avoir de remède curatif étant donnée la situation du champignon dans le sol ou dans la plante ; on peut seulement essayer d'enrayer l'invasion. Pour cela il faut extirper et brûler les souches

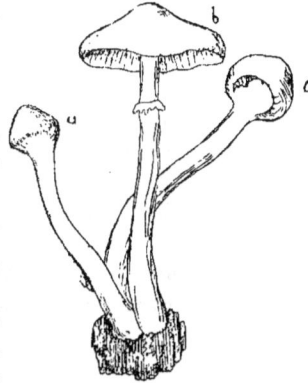

Fig. 179. — Appareil fructifère de l'*Agaricus melleus*. En *a* le chapeau n'est pas encore ouvert ; en *c*, il commence à s'ouvrir ; en *b*, il est complètement étalé.

et racines des arbres atteints ainsi que des sujets voisins, qui ont de grandes chances de l'être à leur tour. Il faut, en outre, pratiquer une tranchée tout autour de l'éclaircie faite et en rejeter la terre du côté du centre. Il faudrait aussi, mais cela n'est pas toujours possible, ne laisser subsister aucune souche dans les exploitations forestières de résineux et veiller à l'enlèvement de tous les châblis d'essences feuillues, puisque les bois morts constituent le substratum nécessaire à la production de l'appareil reproducteur de ces champignons. Il faudra renoncer à replanter ces éclaircies avant au moins deux ou trois ans, pour permettre la disparition complète, par décomposition, du mycelium qui serait resté dans le sol.

132. Pourriture sèche et pourriture rouge des bois abattus. — Ce ne sont pas seulement les bois d'arbres sur pied qui sont susceptibles d'être attaqués par des champignons parasites, mais encore ceux qui sont abattus peuvent être atteints entre le moment de l'abatage et celui de leur emploi. C'est ce qui arrive, presque toujours, pour le bois des arbres qui restent trop longtemps sur le sol de la forêt après leur abatage. Le tronc est alors fréquemment infecté par le mycelium du *Polyporus vaporarius* et de beaucoup d'autres champignons, ainsi que par celui du terrible champignon des charpentes *(Merulius)* mais plus rarement sans doute. Lorsque le tronc n'a pas été écorcé, il ne tarde pas à se développer entre l'écorce et l'aubier une riche flore et une faune non moins abondante qui, à elles deux, ne tardent pas à produire l'altération du bois. Les insectes et autres animaux, les filaments de champignons, poursuivent à l'aise leurs travaux de destruction dans ces bois dont la dessication est empêchée par l'enveloppe imperméable que l'écorce constitue autour d'eux ; en outre l'humidité y est entretenue par le sol humide de la forêt et le ruissellement des eaux de pluie. Ces dernières amènent avec elles au contact du bois, par les fissures de l'écorce, de nombreuses spores de champignons, qui ne tarderont pas à germer dans le milieu éminemment favorable que constitue l'espace situé entre le bois et l'écorce, puis les filaments produits s'enfonceront dans le bois d'aubier, riche en substances alimentaires pour les champignons : matières albuminoïdes, amidon, etc., et ils poursuivront plus ou moins rapidement leur œuvre de désorganisation. Le bois écorcé laissé longtemps sur le sol n'est pas non plus à l'abri de l'infection, il ne tarde pas à se fendiller ou à se fendre sur son pourtour et les eaux de pluie entraînent dans l'intérieur de ces fissures des spores de champignon, qui y germent bientôt. Le bois prend autour des points infectés une teinte brune, et parfois même les appareils fructifères du champignon (chapeaux, etc.,)se manifestent sur ces bois, au niveau des régions attaquées, sans que le mycelium soit visible extérieurement.

Il arrive aussi qu'après la pluie le bois se dessèche promptement à la surface (s'il est écorcé) et que les fentes elles-mêmes ne donnent plus asile qu'à un air sec et renouvelé, dans ce cas les spores qui y auront été entraînées n'y germeront pas de suite, mais elles seront transportées dans cette situation à la scierie, sur les chantiers ou dans les dépôts ; si elles retrouvent dans ces nouvelles conditions un degré d'humidité convenable, ces spores, qui conservent longtemps leur faculté germinative, pourront être le point de départ de la pourriture du bois. Si le bois est conservé bien au sec, les spores resteront inoffensives et finiront par périr avec le temps. Sur les bois attaqués, dans les conditions que nous établissions plus haut, se manifesteront les premiers symptômes de la *pourriture sèche* ; celle-ci résulte de l'action de champignons divers, mal déterminés, qui ne produisent pas sur le bois des peaux blanches ou des cordons comme le *Merulius lacrymans* et le *Polyporus vaporarius*, mais, sont dans le bois à l'état de filaments myceliens très ténus, très fins et difficilement visibles. Lorsque le bois sera débité en planches ou poutres, on verra à la surface de celles-ci des stries colorées en brun, dues à la décomposition locale du bois. C'est ce qu'on peut appeler le *rouge strié* du bois, que l'on constate souvent dans les scieries (*Roststreifigkeit* des Allemands).

Le bois atteint de pourriture sèche, tombe en poussière très facilement, il est comme fusé, et n'offre plus aucune résistance ; il a naturellement perdu toute valeur comme bois d'œuvre.

Les bois débités, atteints d'un commencement de pourriture sèche, ont perdu une partie de leur résistance, néanmoins ils peuvent servir encore pour certains usages, à la condition qu'ils soient aussi secs que possible et maintenus dans un milieu exempt d'humidité, une dessiccation rapide tue, en effet, promptement le champignon et arrête ses effets ; mais, si ces bois se trouvent dans les maisons, au contact de matériaux humides, le champignon ne tarde pas à se développer. Il a produit parfois, dans ces conditions, de graves dégâts dans les maisons, surtout quand il a été employé pour l'édification de la charpente. Il faut particulièrement surveiller, à ce point de vue, les têtes de poutres, incluses dans les murs, le mal y progresse rapidement, s'étendant aux parties voisines et à toute la longueur de la pièce. On peut recommander, comme étant très efficace, d'imprégner de substances antiseptiques, sur un mètre environ, ces têtes de poutres en contact avec des murs qui sont d'autant plus humides et difficiles à sécher qu'ils sont plus épais. On peut faire usage, pour ce traitement, non seulement de la créosote, mais du carbolineum, carburinol, etc., que nous citons au chapitre traitant de la conservation des bois. La portion des poutres libre à l'air a beaucoup moins à redouter l'influence de la pourriture que celle qui est enclavée dans le mur, parce que sa dessiccation se fait bien plus facilement. On peut se rendre compte, d'une façon frappante, de l'influence de l'humidité sur le développement de la pourriture en constatant, comme on peut le faire d'ailleurs aussi pour le « champignon des maisons », que le côté du bois appliqué sur les matériaux de construction, non absolument secs, peut être très atteint par les agents de décomposition, tandis que celui qui est exposé librement à l'air, qui est plus sec, par conséquent, est absolument intact.

Les accidents causés par la pourriture sèche, et les réparations qu'ils nécessitent, sont fréquemment la cause de dispendieux procès entre les architectes, entrepreneurs, marchands de bois, propriétaires ou locataires, comme cela se produit plus souvent encore, dans le cas des dégâts causés par le *Merulius* ou « champignon des maisons ». Il y a lieu, en effet, dans le cas de la pourriture sèche, à un recours contre la personne qui a introduit, ne fussent que quelques pièces contaminées, au sein d'une charpente saine. Il faut bien noter que, dans ce cas, la pourriture ne se manifeste pas extérieurement au bois par des peaux blanches ou cordons formés par le champignon, ce qui n'empêche pas que le mycelium soit plus ou moins développé dans l'intérieur de la pièce de charpente ou autre. Ici le mal se manifeste bien par ses effets, mais la cause ne peut se discerner que par un examen attentif au moyen du microscope.

183. Noms vulgaires employés fréquemment pour désigner les altérations du bois dues aux cryptogames : *Pourritures blanche, jaune, rouge, grisette, carie, pourriture sèche, bois échauffé, etc.* — Ces noms ne sont point spécifiques, car souvent une même désignation englobe des altérations qui ont quelques caractères communs, comme la coloration qu'elles donnent au bois, mais dont les causes peuvent être diverses. Ces noms ne donnent aucune indication sur l'évolution possible du mal, ils manquent de précision, ils sont mauvais en un mot et n'ont pour raison d'être que l'ignorance où sont ceux qui les emploient des véritables causes de ces phénomènes d'altération. Nous avons décrit précédemment, avec des détails suffisants, empruntés surtout aux travaux d'Hartig, les diverses pourritures dues à des champignons déterminés, nous avons vu qu'il y avait des pourritures rouges ou des pourritures blanches, etc., ayant des origines différentes, etc. Réunissons cependant ici un certain nombre de termes qu'il est nécessaire de connaître, parce qu'ils sont constamment employés par les techniciens :

Pourriture rouge, voir : *Polyporus Pini, Polyporus sulphureus, P. Schweinitzii.*

Pourriture blanche, voir : *Stereum hirsutum, Hydnum diversidens, Polyporus igniarius, P. fomentarius, P. Hartigii, P. borealis.*

Pourriture jaune, voir : *Hydnum Schiedermayri, Stereum hirsutum, Polyporus fomentarius.*

Bien souvent la pourriture du bois n'affecte pas celui-ci d'une façon uniforme, comme nous l'avons décrit pour les *Stereum frustulosum, Stereum hirsutum, Trametes Pini*, etc. Dans ces cas, en effet, sur un fond d'une couleur uniforme : brune, grise, etc., se manifestent des taches d'une nuance différente et généralement blanche. On donne quelquefois à ces altérations le nom de « *grisettes* » : *grisette à chair de poule*, lorsque le bois est parsemé de taches blanches, ou *grisette à flammes*, lorsqu'il existe des taches jaunes ou blanches, qui, d'ailleurs, sont parfois d'un bel effet pour les bois de menuiserie et d'ébénisterie, à condition que l'altération soit à son début.

Il ne faut pas oublier que, bien souvent, l'altération débute au niveau de branches mortes ou de branches brisées formant *chicot* ; ces rameaux attaqués se prolongent dans l'intérieur du bois, ils forment des nœuds qui, étant pourris de diverses manières, suivant qu'il s'agit de l'un ou de l'autre des agents que nous avons décrits, ou simplement de l'état plus ou moins avancé de la décomposition, portent les noms de grisette, de nœuds noirs, d'œil de perdrix ou huppe, etc.

Nous avons dit ailleurs, quelles précautions il y avait à prendre pour éviter la pourriture au niveau des nœuds (pages 312 et suiv.).

Nous avons parlé p. 419 de la *pourriture sèche*. Les pourritures qui s'attaquent surtout au cœur de l'arbre, sont appelées quelquefois aussi *caries*, elles peuvent être produites par des agents d'altération très divers. Lorsque, sous l'influence de la décomposition, le bois commence à changer de couleur et de consistance, en prenant une odeur carastéristique, on dit que le bois est *échauffé*.

Tous ces termes servent à marquer qu'il y a décomposition du bois, ils ne veulent rien dire de plus. Pour avoir des notions précises sur les altérations des bois, il faut en connaître les causes : champignons ou bactéries, et savoir quels sont les modes d'action spéciaux à chacune de ces causes.

LES CHAMPIGNONS ASCOMYCÈTES

134. Le « bois bleui » et le « bois verdi ». — Nous parlerons maintenant de deux altérations curieuses du bois, désignées sous les noms placés en tête de cet article. Le bois verdi est connu depuis longtemps en Europe, le bois bleui existe actuellement dans des proportions effrayantes dans une des régions forestières les plus importantes des Etats-Unis, sur un des arbres qui fournissent le bois bien connu sous le nom de *pitchpin (Pinus ponderosa)*.

Cette question a généralement peu attiré l'attention chez nous, elle acquiert cependant des faits actuels une grande importance, aussi croyons-nous devoir entrer à ce sujet dans quelques détails. Tous les documents mis en œuvre dans l'étude suivante sont puisés dans deux mémoires fort intéressants, l'un publié par M. Vuillemin, en 1898 (1), l'autre écrit par M. Hermann von Schrenk, qui a poursuivi des recherches sur cette question à l'instigation du Ministère de l'Agriculture des Etats-Unis (2).

Actuellement une immense quantité de bois morts ou mourants de pin existe dans la Réserve des forêts des *Black Hills*, dans le South Dakota (Etats-Unis). L'estimation de ces pieds détruits est faite officiellement à environ 600.000.000. La mort des arbres est causée par un coléoptère, comme l'ont démontré les investigations faites par la Division de l'Entomo-

---

(1) Paul Vuillemin, *Le bois verdi (Bulletin de la Société des sciences de Nancy)*. Communiqué en 1896, tirage à part datant de 1898).

(2) Hermann von Schrenk, The « bluing » and the « red rot » of the western yellow pine, with special reference to the Black Hills forest reserve.

U. S. Département of agriculture. Bureau of plant industrie. Bulletin nº 36, publié le 5 mai 1903.

logie du Département de l'Agriculture des Etats-Unis. A la suite de l'attaque des arbres par les insectes le bois est envahi par des champignons variés, dont un produit la coloration bleue du bois. Il a été démontré, toutefois, que le champignon qui cause le *bleu* ne modifie pas la résistance du bois.

Souvent le bleuissement du bois est suivi, chez les arbres restés sur pied, de la décomposition rapide du bois ou *pourriture rouge*, « *red rot* », qui est produite par un autre champignon. Ses ravages peuvent être prévenus par un traitement approprié.

Hermann von Schrenk, dans ses recherches faites pour le Département de l'Agriculture des Etats-Unis, s'est proposé de déterminer :

1º La cause de la couleur bleue du bois mort du Pin (*Pinus ponderosa*) que les Américains désignent vulgairement sous le nom de *bull pine* et qui est un des arbres qui donnent le bois que nous connaissons en France sous le nom de *Pitchpin*, et de déterminer l'effet de la coloration en question sur la valeur du bois ;

2º La raison de la décomposition subséquente du bois, l'importance de cette décomposition et la possibilité de la prévenir ;

3º S'il serait possible d'utiliser le bois mort avant sa décomposition ; de prévenir la décomposition et de sauver par là une énorme quantité de bois.

a) *Changements dans l'aspect extérieur de l'arbre atteint.* — *Sa mort.*

Les premières modifications physiologiques qui se produisent dans le *bull pine* (*Pinus ponderosa*), résultent de l'attaque de l'écorce par un coléoptère (*Dendroctonus ponderosæ* Hopk). (1).

Les galeries primaires creusées par les insectes adultes et les galeries transversales, autrement dites, galeries de larves, se produisent dans l'écorce et le liber, tout autour de l'arbre, de telle sorte que sur un anneau plus ou moins large les fonctions si importantes de ces tissus sont empêchées, ils ne

(1) Hopkins, A. D., « Insect Ennemies of the Pine in the Black Hills Forest Reserve ». *Bull.* 32, n. s., Division of Entomology, U. S. Dept. of Agriculture, pp. 9, 10.

tardent pas à être tués et détruits. Le feuillage de l'arbre attaqué ne montre pas de modifications la première année, mais, au printemps suivant, leur coloration commence à s'affaiblir ; elles jaunissent. Les aiguilles les premières affectées sont celles du sommet de l'arbre, puis le mal ne tarde pas à s'étendre aux feuilles situées plus bas. Les arbres jaunissant peuvent se distinguer de fort loin parmi les autres.

Les aiguilles jaunes sont moins riches en eau que les autres, elles apparaissent nettement plus sèches et la décomposition de la chlorophylle y est manifeste. La dessiccation continuant, la couleur passe du jaune au brun, et cette dernière coloration devient très marquée lorsque les arbres ont passé le deuxième hiver. Les aiguilles sont alors complètement sèches et commencent à tomber. Enfin, au dernier stade, l'arbre est complètement dépouillé de ses feuilles.

En résumé : les arbres peuvent être attaqués en juillet et août ; le printemps suivant les feuilles deviennent jaunes et graduellement rouge-brun ; la troisième année elles se détachent toutes à la fois. On peut considérer alors l'arbre comme mort, surtout si l'écorce commence à se détacher.

b) *Le bleuissement du bois.* — Bientôt après l'attaque de l'écorce par l'insecte (*Dendroctonus ponderosæ*), la couleur du bois du pin tourne au bleu ; la coloration est d'abord très faible, mais elle devient bientôt plus intense. Si on fait une coupe dans le tronc d'un arbre attaqué depuis quelques mois par l'insecte, on aperçoit nettement une ou plusieurs taches bleues qui partent de la périphérie et envoient des prolongements radiaires, plus ou moins nombreux, vers le centre. Petit à petit, tout le bois devient coloré, sauf la partie la plus centrale du cœur qui reste jaune. Le bois est alors d'un très beau bleu (1).

Les premières manifestations de la couleur bleue du bois se produisent à la base du tronc, puis le bleuissement gagne de plus en plus en hauteur. Le bleu se développe très rapidement lorsque l'arbre a été attaqué : c'est ainsi que des arbres atteints par les insectes en juillet 1902 montraient cette teinte à la base du tronc trois semaines après ; trois mois

(1) De belles planches en couleur adjointes au mémoire de von Schrenk, cité plus haut et que nous analysons ici, permettent de se rendre très bien compte de ce phénomène.

plus tard, l'aubier du bois de la partie supérieure du tronc, était complètement bleu à son tour. La deuxième année, le bleu atteint les branches de la cime, et la troisième année tout l'aubier de l'arbre est affecté de cette coloration.

c) *Nature du bois bleu.* — Quelques semaines après le début de l'attaque de l'écorce du bois par les *Dendroctonus,* les canalicules produits par ces insectes sont assez profonds pour que (les premiers flux de résine ayant cessé de se produire) le cambium et le bois de la plus récente formation soient mis en communication avec l'extérieur. Par ces canaux, l'humidité de l'air, l'eau des pluies, arrivent à entretenir une moiteur continuelle autour du bois. Cet état d'humidité est très favorable au développement de champignons. Bientôt, les cellules de l'écorce et du cambium perdent leur eau et ces tissus, en se ratatinant, arrivent à se disjoindre et à se séparer plus ou moins du bois. Dans les chambres ainsi produites se maintient une atmosphère humide. La surface du bois est noire, humide et parfois visqueuse, de nombreuses traînées blanches de filaments de champignon font leur apparition après six mois ou plus.

Le bois bleu diffère très peu, à part sa coloration, du bois sain. Il est d'abord très humide, mais il se dessèche rapidement, même en restant sur pied et sous son écorce.

On dit le bois bleu beaucoup plus résistant et dur que le bois ordinaire, si bien que les bûcherons éprouvent quelque difficulté dans les Black Hills à couper ces bois.

d) *Résistance du bois bleu.* — On a beaucoup discuté sur les qualités du « bois beu » depuis le jour où on en a constaté l'existence. On a cru d'abord qu'il se montrerait très inférieur au bois sain, il n'en a pas été ainsi cependant. Des épreuves ont été faites au laboratoire d'essai au Département des ingénieurs civils de l'Université Washington, à Saint-Louis, pour déterminer la force comparative du bois bleu et du bois sain : des sections de troncs d'arbres de 5 pieds étaient faites à 10 ou 15 pieds (de 0 m. 304) du sol et étaient expédiées à Saint-Louis où elles étaient sciées en blocs de diverses grandeurs. Pour les essais de compression les blocs avaient $3 \times 3 \times 6$ pouces (de 0 m. 025) et $3 \times 3 \times 4$.

Pour la résistance à la flexion on préparait des blocs de bois de 2×2 pouces sur 4 pieds de long. Ces blocs destinés aux essais étaient desséchés à 172° F., et cette opération permettait de constater que le bois bleu contient beaucoup moins d'eau que le bois vert.

Les résultats de ces essais sont consignés dans les tableaux suivants :

Résistance à la compression, exprimée en livres, par pouces carrés

	CŒUR DU BOIS		AUBIER	
	Nombre de pièces soumises à l'essai	Résistance moyenne	Nombre de pièces envoyées	Résistance moyenne
A. Bois vert	»	»	»	»
B. Bois bleu, âgé d'un an.	210	3,919.74	1,575	5,089.98
C. Bois bleu, âgé de deux	190	3,876.44	649	5,130.95
ans	131	4,017.48	770	5,308.32

Résistance à la flexion, en livres, par pouces carrés

A. Bois vert	338	5,375.26	553	5,832.60
B. Bois bleu, d'un an. . .	317	5,361.17	242	5,818.84
C. Bois bleu, de deux ans.	322	5,665 »	272	6,843.31

On voit que le bois bleu est plus résistant que le bois vert, cela tient certainement, pour une bonne part, à ce qu'il est plus sec. Quoi qu'il en soit, pour tous usages pratiques, le bois bleu est au moins aussi fort que le bois vert, et les Américains protestent contre le discrédit dont on voudrait le frapper.

e) *Effet du champignon du « bleu » sur la dureté du bois.* — Nous avons appelé l'attention sur ce fait que le bois bleu est plus dur que le bois sain. Les travailleurs chargés de couper ces bois à Black Hills le constatent constamment et réclament même un supplément de paye pour le travail de ces bois. Quand on les fend dans le sens de l'axe, les deux moitiés des blocs semblent tenir plus fortement l'une à l'au-

tre et requièrent une force plus grande pour leur séparation ;
voici l'explication qu'en donne von Schrenk : Le bois bleu
contient une énorme quantité de filaments s'étendant radialement dans le bois, ces filaments sont généralement entrela-
cés ; on peut estimer à 3.700.000 le nombre de rayons par
pieds carrés ; si la force de résistance de chacun de ces
rayons bourrés de filaments ne peut être considérée que
comme très faiblement accrue, il est certain, que, lorsqu'elle
est multipliée par un chiffre aussi fort, elle devient très notable. Cette hypothèse est appuyée encore sur ce fait qu'il est
plus facile de fendre ce bois radialement que tangentiellement. Toutefois, cette dernière raison invoquée nous paraît
faible, car cette propriété peut se constater aussi bien sur le
bois sain.

f) *Durée du bois bleu.* — Le bois du *Pinus ponderosa* est un
des plus résistants aux attaques des champignons de décomposition. Dans les conditions normales, il peut se conserver
de 4 à 6 ans dans le sol. Les arbres morts restés debout
dans la forêt demeurent plusieurs années sans pourrir, particulièrement lorsqu'ils ont été tués par l'incendie ; mais
habituellement, quand l'écorce reste sur l'arbre, le bois
commence à se décomposer après la troisième année.

Des observations qui ont été faites sur les arbres morts à
la suite de la maladie que nous étudions, il semble résulter
que la durée du bois bleu est très réduite. Mais il n'est certainement pas juste de comparer ces arbres avec ceux qui
sont sains, car leur écorce est pleine de pores produits par
les insectes et par ces ouvertures les spores des microorganismes de la décomposition peuvent facilement pénétrer ; de
plus, les filaments du champignon du bleu ont ouvert des
voies au mycelium d'autres champignons et à l'eau, surtout
au niveau des rayons médullaires. La pourriture du bois est
donc, au point de vue absolu, indépendante du bleuissement.
Si ce bois bleu est bien desséché et convenablement empilé,
une fois débité, de façon à ce que l'air puisse circuler aisément entre les pièces, il pourra durer aussi longtemps que le
bois ordinaire. La tendance à la décomposition du bois bleu
peut être entravée par les traitements habituellement appliqués pour la conservation des bois. On a mis en expérience,
pour en comparer la durée, du bois ordinaire et du bois bleu

injectés au chlorure de zinc, les résultats ne sont pas encore connus.

g) *Le champignon du « bois verdi » et le champignon du « bois bleui »*. — La coloration verte du bois est due à la croissance dans des cellules, d'un champignon particulier. Cette teinte anormale du bois est connue depuis plusieurs années, notamment la forme désignée sous le nom de « *green wood* » ou *bois verdi*. La coloration verte a attiré, en Europe, l'attention des forestiers et des savants dès le milieu du dernier siècle et de nombreuses descriptions et discussions parurent de temps à autre, en France surtout, concernant ce sujet. Une substance verte a été extraite du bois verdi, que l'on a même pensé pouvoir utiliser dans la pratique à cause de son inaltérabilité. Divers arbres du groupe des Dicotylédones ont montré cette coloration verte du bois, parmi eux : des hêtre, chêne, charme, châtaignier, bouleau blanc et bouleau verruqueux, aune, ainsi que les épicéa et pin. Elle se produit, dit M. Vuillemin, à toutes les altitudes, depuis les plaines jusqu'aux hautes régions montagneuses, pourvu que le milieu présente une humidité persistante.

Malgré les nombreuses recherches faites sur ce sujet, les causes de la coloration verte du bois étaient restées obscures jusqu'à ces dernières années. Parmi les savants qui s'étaient occupés de la question, les uns admettaient que le bois élabore lui-même la matière verte, soit par transformation purement chimique, soit par un effet indirect de la nutrition de l'arbre ; pour d'autres, le bois subissait cette transformation sous l'influence de certains champignons ; d'autres encore attribuaient aux champignons eux-mêmes la faculté d'élaborer le pigment dont le bois ne serait, par suite, imprégné que passivement.

M. Vuillemin a repris cette étude et il a établi :

1° Que la matière verte ne se produit pas dans la substance du bois. Les membranes des cellules ligneuses se sont toujours montrées, aux plus forts grossissements, complètement incolores, le pigment coloré se trouve dans l'intérieur même de la cellule, et si, par extraordinaire, on rencontre des parois teintées, ce fait doit être attribué sans doute à ce que le pigment s'est partiellement dissous dans les liquides ammoniacaux produits à la longue sous l'influence de la décomposition ;

2⁰ La matière verte existe dans des champignons développés sur le bois coloré ;

3⁰ Ces champignons appartiennent au groupe des Ascomycètes Discomycètes. Ce sont : l'*Helotium æruginosum* (Oeder) Fries, et peut-être aussi l'*Helotium æruginascens* (Nyl.) Schrœter, espèce d'ailleurs très voisine de la première. Ils montrent assez fréquemment sur les bois atteints de pourriture verte, leurs fructifications, qui constituent de petites pezizes vertes.

M. Vuillemin cite d'autres champignons auxquels on avait, avant lui, rapporté l'altération du bois.

Nous renvoyons les Mycologues, que la question intéresse, au savant mémoire du professeur de Nancy.

La matière colorante verte du champignon, et du bois par conséquent, a été nommée *xylindéine* (1), elle est soluble dans les alcalis et peut être extraite facilement.

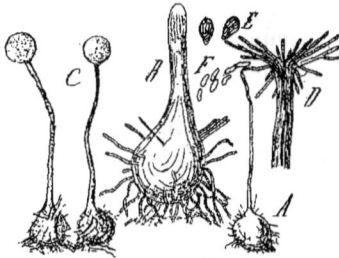

Fig. 180. — A, appareil fructifère (périthèce) du champignon du « bleu », le *Cerastomella pilifera* — B, jeune périthèce — C, périthèce mûr ; à l'extrémité du col se trouve une gouttelette de mucilage où sont plongées les spores. — D, extrémité du col du périthèce à maturité. Ce sont les filaments que l'on voit étalés à l'extrémité de ce col qui soutiennent la gouttelette de mucilage. — E, asques avec spores. — F, spores (D'après H. von Schrenk).

Des relations très étroites relient le *verdissement* du bois avec le *bleuissement* observé particulièrement en Amérique dans la région que nous avons signalée.

En Europe, le bleuissement a été constaté d'abord par Hartig, qui en attribue la cause à un champignon, le *Ceratos-*

(1) Nom donné par Rommier, parce que cette substance se rapproche par certaines de ses propriétés de l'indigo.
Voir : A. Rommier, sur une nouvelle matière colorante appelée xylindéine et extraite de certains bois morts (*Compte rendus de l'Acad. des sciences*, 13 janvier 1868).

toma piliferum (Fr) Fuckel ; il constate que les filaments du champignon, qui sont bruns, croissent rapidement dans l'intérieur du tronc, à travers les rayons médullaires et qu'ils évitent cependant le cœur du bois, probablement parce qu'il ne contient pas l'eau nécessaire à son existence.

H. von Schrenk pense qu'il faut attribuer à ce même champignon le bleu des pins américains, il lui substitue le nom de *Cerastomella pilifera* (Fr.) Winter, parce qu'il a constaté que les ascopores en étaient hyalines, tandis qu'elles sont brunes dans le genre *Ceratostoma* ; ce caractère constitue, d'ailleurs, la seule différence des deux genres, dont la distinction est par conséquent peu motivée. L'un et l'autre nom peuvent donc également s'employer pour désigner le champignon qui cause la production du bois bleu (1).

Voici comment se fait la contamination du bois et par suite son bleuissement. Les spores mûres du champignon sont dispersées par le vent, et, au moment où les insectes attaquent l'écorce des pins. c'est-à-dire vers juillet et août, ces semences du champignon pénètrent dans les canaux creusés par eux. L'atmosphère est maintenue constamment très humide dans ces galeries par l'eau qui s'évapore du tronc. Les spores peuvent germer dans ces conditions en moins d'un jour, les filaments produits se développent dans l'écorce et le cambium et de là pénètrent dans les rayons médullaires du bois où se trouvent abondamment des substances nutritives de réserve ; ils s'y développent très vite, en se ramifiant beaucoup (fig. 181). Les grains d'amidon qui se trouvent à son contact sont rapidement dissous et servent à son alimentation. Les filaments mycéliens sont d'abord incolores, à paroi très mince, avec de nombreuses cloisons et un contenu riche en vacuoles et globules d'huile. Leur épaisseur dépend de la richesse de l'alimentation. Les hyphes âgés tournent au brun et avec les premières manifestations de la teinte brune, com-

---

(1) Nous donnerons ici les caractères de ce champignon : périthèce plus ou moins superficiel ou enfoncé, généralement dur, coriace, carbonacé avec un bec le plus souvent bien développé. Les spores sont variables, typiquement unicellulaires, hyalines.

Le champignon se trouve sur les bois de conifères et surtout de pins. Il est à noter que malgré le très grand nombre de périthèces observés sur les milliers d'arbres morts en Amérique, les asques y ont été vus très rarement, autrement dit on a rarement rencontré des périthèces mûrs.

mence la coloration bleue du bois. Un des premiers effets
que l'on observe après la pénétration des hyphes dans les
rayons médullaires est la dissolution graduelle des membranes séparatrices des cellules de ces rayons (fig. 181), elles
deviennent très minces mais sont rarement entièrement
détruites. Parfois quelques filaments passent des rayons dans
les cellules adjacentes du bois et s'y ramifient, si bien

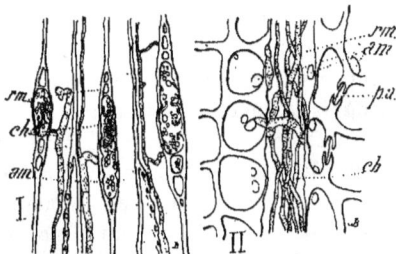

Fig. 181. — I. Section tangentielle dans le bois attaqué par le champignon.
II. Section transversale (d'après Herm. von Schrenk).

qu'après un temps assez court le bois est complètement rempli de filaments bruns ; mais ils sont toujours beaucoup plus
abondants dans les rayons et le parenchyme ligneux que
dans le reste du bois. Cela tient à ce que le champignon
trouve en bien plus grande quantité les matériaux qui sont
nécessaires à son alimentation dans les premiers tissus que
dans les seconds, il ne paraît pas pouvoir attaquer les membranes lignifiées.

Les conduits résinifères peuvent être attaqués par le champignon de la même façon que les rayons.

La rapidité particulière avec laquelle des filaments cheminent dans les rayons explique pourquoi la teinte bleue procède
d'abord par taches vers la périphérie avec des prolongements
radiaires allant se rétrécissant vers le centre. La croissance
des filaments s'arrête lorsqu'ils ont atteint le cœur du bois, ce
qui s'explique par l'absence d'aliments dans les rayons et par
l'intensité de la lignification dans la partie centrale de l'arbre
et la rareté de l'eau à ce niveau. Il suffit d'une sixaine de
mois et quelquefois moins pour que le champignon ait pénétré dans le bois à la plus grande profondeur où il puisse
atteindre.

Le champignon du bois bleu forme ses organes fructifères à la surface du bois où il a crû ; il lui faut, pour fructifier, l'air et l'humidité. Aussi lorsque plusieurs mois après l'attaque de l'écorce par le *Dendroctonus*, celle-ci commence à se détacher, dans les espaces ainsi formés entre elle et le bois, se forment des fructifications de champignons moisissures qui trouvent là l'air et l'humidité convenables ; ce sont des *Alternaria* et des *Verticillum* ; cependant l'air ne s'y renouvelle pas assez pour que le champignon du bleu émette ses appareils fructifères. Par contre, les périthèces noirs du *Ceratostomella* sont très communs sur les planches et bardeaux de bois bleu, où ils se développent en quelques heures quand les conditions sont favorables (fig. 180). Le long col que l'on voit sur la figure devient très fragile à maturité du fruit et se brise au moindre attouchement ; les filaments de l'extrémité du bec, se disjoignent et s'étalent à maturité et soutiennent ainsi la masse des spores (fig. 180). Le ventre du périthèce a, à ce moment, 180μ de diamètre sur 160μ de hauteur, le bec a en moyenne 1.050μ de hauteur sur 20μ d'épaisseur. Les asques sont arrondis ou ovoïdes et extrêmement fugaces, leurs parois se dissolvant très facilement ; si bien qu'il est difficile de les observer ; les spores sont très petites (5,5μ sur 2,5μ), allongées et quelquefois incurvées. A maturité les spores sont d'abord retenues au sommet du bec par une grosse goutte de mucilage.

h) *Cultures en milieux artificiels du champignon du bois bleu.* — Elles se réalisent très facilement sur divers milieux, notamment l'infusion ou décoction de bois de pin rendue solide au moyen de l'agar ou de la gélatine. Le mieux est d'ensemencer le milieu stérilisé avec un fragment de bois bleu prélevé dans des conditions qui permettent d'éviter sa contamination par des microorganismes étrangers. Les filaments s'échappent du bois, gagnent l'agar et une semaine après produisent des périthèces. Les spores issues de ces périthèces germent en quelques heures et donnent un mycelium qui produit bientôt des conidies. Quatre ou cinq jours après l'ensemencement, les filaments, d'abord incolores, prennent une coloration brune. La maturité des périthèces et l'émission des spores réclament seulement quelques jours pour s'effectuer.

i) La *dissémination des spores* du champignon s'opère par l'intermédiaire du vent et surtout des insectes perforants du bois et de l'écorce qui les transportent sur leur corps.

j) *Applications du bois verdi.* — Voici ce que dit M. Vuillemin à ce sujet :

Récolté de bonne heure et soustrait aux causes banales de décomposition, le bois verdi se distingue par sa dureté et son indestructibilité. Loin d'être une forme particulière de pourriture, le verdissement paraît conférer au bois une résistance spéciale, comme dans le cas du bois bleu. Ces qualités exceptionnelles trouveront leur application dans la nature même du pigment que renferment les filaments mycéliens qui remplissent ce bois. Rommier a pu extraire du bois coloré une matière verte, qui forme avec la chaux et la magnésie une laque verte insoluble dans l'eau.

Au rapport de R. Hartig (1), on chercherait à employer dans l'industrie le bois verdi en raison de son indestructibilité. On a fait des essais pour produire artificiellement, en grande quantité, du bois présentant ce caractère. D'après Berkeley (2), les tourneurs anglais ont depuis longtemps utilisé le bois verdi pour décorer leurs œuvres.

Les amateurs de marqueterie tireront un excellent parti de ce brillant produit naturel. Une fois desséché, le bois verdi ne s'altère, ni à l'air, ni à la lumière. L'eau, l'alcool, l'éther, le sulfure de carbone, la benzine, la plupart des acides étendus ne modifient pas sensiblement ses propriétés.

Le bois verdi pourrait également fournir des produits utilisables dans la teinturerie. Rommier (3) a signalé un fait intéressant à cet égard. Le précipité vert obtenu en traitant par un acide de la potasse dans laquelle on a fait macérer du bois coloré, se fixe très facilement et sans mordant sur la soie et la laine et leur communique une teinte bleu-vert très brillante.

(1) R. Hartig. *Traité des maladies des arbres* (Traduction fr., 1891. p. 243).

(2) Berkeley, cité par Tulasne, *Selecta fungorum carpologia*, t. III, p. 188.

(3) Rommier A., sur une nouvelle matière colorante appelée xylindéine et extraite de certains bois morts (*Comptes rendus de l'Acad. des sciences*, 13 janvier 1868).

j) *La couleur bleue.* — Nous avons dit déjà que M. Vuillemin avait montré que le *bois vert* devait sa coloration spéciale à l'existence dans certaines de ses cellules des filaments à pigments verts de champignons tels que l'*Helotium æruginosum*.

Un fait analogue se produit, dans le cas se présentant parfois, de bois de pins et de sapins, offrant des lignes brunes ou noires dues à l'existence de masses de filaments de champignons, de couleur sombre, dans l'intérieur des cellules. Les lignes en zigzag que l'on observe sur le bois du tulipier et sur celui des bouleaux et érables serait due, d'après Schrenk, à une cause semblable. Dans aucun de ces cas les parois des fibres ne sont elles-mêmes colorées.

La coloration du bois bleu est difficile à définir d'une façon très exacte, c'est une sorte de bleu gris approchant du *gris de Payne.* Fraîchement coupé, ce bois paraît franchement bleu, mais à mesure qu'il se dessèche, la teinte s'affaiblit, et lorsqu'il est complètement sec elle devient gris souris. Elle est d'ailleurs plus ou moins irrégulière à la surface d'une même coupe et devient parfois jaunâtre.

Dans le cas du bois bleu, comme dans les cas précités, la teinte en question n'est point due à la coloration des membranes lignifiées elles-mêmes. La cause en réside dans les filaments des champignons, mais elle est difficile à établir, et sa recherche réclame de nouvelles études que les Américains poursuivent actuellement. En effet, les filaments montrent sur des coupes de bois atteints, observées au microscope, une couleur rougeâtre brun pâle ; elle est très distincte et tranche nettement sur le jaune des parois des fibres avoisinantes. Il est difficile de comprendre comment ces hyphes bruns peuvent donner une coloration bleue ou grise, car un tel brun, même combiné avec les rayons jaunes (des fibres du bois), ne peut produire un gris bleu. Il semble plus probable, vraisemblable en tous cas, qu'il existe quelque pigment avec un élément bleu dans les filaments du champignon, mais il serait si peu intense que sa détermination est impossible sur des sections microscopiques. Ce mode d'observation peut, comme on le voit, être insuffisant ou défectueux quand il s'agit d'analyser des colorations.

k) *Relation entre l'infection bleue du bois et les galeries creusées par les insectes.* — Nous avons déjà dit que les couloirs d'insectes étaient des voies ouvertes à la pénétration des spores. Mais les galeries en question ne sont pas confinées à l'écorce : un insecte particulier (1) en pratique d'autres jusque dans la profondeur de l'aubier, elles atteignent même le cœur en peu de mois. Ces canaux sont très favorables au cheminement des hyphes du « bleu ». Les insectes apportent d'ailleurs avec eux des spores d'un autre champignon appelé champignon « ambrosia » (2) qui se développe abondamment, mais sans s'étendre au delà du voisinage immédiat du canal. Les filaments de ce champignon sont à paroi incolore ne tournant pas au brun très rapidement comme ceux du *Ceratostomella*. Il ne paraît pas exister de relation entre les deux champignons ou du moins cette question est à l'étude.

Les mêmes insectes transportent avec eux des spores de *Ceratostomella*, comme doit le faire admettre ce fait que le bleuissement se manifeste en divers points le long de ces canaux ; de là, la teinte bleue s'étend surtout dans le sens longitudinal, puis, lorsqu'elle a gagné un rayon médullaire, elle envahit celui-ci en tous sens.

l) *Résumé.* — Nous venons de décrire dans l'article précédent, une maladie spéciale du pin d'Amérique (pitchepine) *Pinus ponderosa.* Le bois prend une coloration bleue après que l'arbre a été attaqué par les insectes. Cette coloration part de la base du végétal et s'élève graduellement jusqu'à ce que l'aubier tout entier de l'arbre soit devenu bleu. Le bois bleu est un peu plus dur que le bois sain et il a été démontré qu'il est pratiquement aussi résistant que lui.

m) *Pourriture du bois bleu. Pourriture rouge.* — Les modifications que le champignon du bois bleu apporte dans la structure du bois ne peuvent être véritablement désignées sous le nom de pourriture. Il est vrai que les rayons médullaires sont détruits en partie et que les membranes de beaucoup de fibres ligneuses sont trouées par les filaments, mais l'ensemble du bois est sain dans l'acception ordinaire du

(1) *Gnathotricus occidentalis.*
(2) Hubbard, H.-G. The Ambrosia Beetles of the United States. *Bull.*, 7, nᵒ s., *Division of Entomologie, U. S. Depart. of Agriculture,* 1897, pp. 9-30.

terme, il ne devient pas aqueux, friable ou ramolli, bien au contraire, avons-nous vu.

Le champignon attaque le contenu des cellules et non leur membrane.

Quelque temps après la mort du bois, cependant, une véritable décomposition commence à se manifester, elle sera bientôt totale, mais cette pourriture n'est point connexe du bleuissement, c'est la même qui affecte tous les bois, qu'ils soient sains ou bleus, lorsqu'ils sont placés dans certaines conditions, parmi lesquelles l'humidité joue le rôle principal.

La pourriture rouge du pitchpin (Yellow pine). — Elle se manifeste sur les bois des pins tués depuis deux ou trois ans par la maladie que nous venons d'étudier. Dans ce cas sur un ou plusieurs points de l'arbre, habituellement sur les côtés Nord et Est, on remarquera qu'immédiatement au-dessus de l'écorce le bois commence à pourrir, cette pourriture part de la périphérie et s'étend progressivement vers l'intérieur ; le bois devient alors fragile et s'émiette facilement en menus fragments ; la couleur du bois passe du bleu au jaune rouge. L'altération gagne jusqu'au cœur, et, comme celui-ci est très réduit, surtout dans les branches, la masse presque entière du bois se trouve enfin transformée en une substance molle, fragile, friable, sans aucune résistance et s'émiettant entre les doigts ; il prend « la consistance du fromage », est-il dit dans le mémoire américain.

Causes de la pourriture rouge. — Cette pourriture rouge du pin d'Amérique est produite par un nouveau champignon qui croît dans le bois. Les spores en sont éparses dans l'air de la forêt et viennent parfois se déposer dans les crevasses de l'écorce des arbres morts, les nombreuses galeries d'insectes, pratiquées dans l'écorce, facilitent encore leur pénétration. Les spores germent et les hyphes croissent dans le cambium mort et le bois, où ils attaquent non seulement le contenu des cellules, mais encore les parois des fibres dont ils détruisent la cellulose et la substance conjonctive, de telle sorte que ces fibres finissent par se séparer les unes des autres et les espaces vides formés sont promptement comblés par la masse du mycelium qui se développe activement.

Conditions favorisant le développement du champignon de la pourriture rouge. — Celle qui le favorise au plus haut

degré, c'est l'humidité. Les arbres sont remplis d'eau après
leur mort, surtout la cime, car celle-ci, ayant vécu plus longtemps que la base de l'arbre, a pompé une forte quantité de
ce liquide qui y est demeuré en grande partie après la mort
du végétal. Le sommet de l'arbre est la partie la plus favorable à la pourriture rouge, et c'est, en effet, par lui qu'elle
débute généralement, ou du moins c'est à son niveau qu'elle
se développe avec la plus grande rapidité, tandis que le pied
du tronc, qui a eu le temps de sécher, est rarement gravement atteint, au moins pendant la première année de l'apparition de l'altération sur le bois de la cime. Cette remarque
est importante au point de vue pratique.

Cette influence de l'humidité se constate d'une façon frappante dans le cas d'arbres partiellement écorcés ; c'est toujours dans les parties du bois protégées contre l'évaporation
de l'eau par l'écorce, que la pourriture se montre, tandis que
la portion du bois située vis-à-vis, mais au niveau d'une
région écorcée, demeure à peu près saine.

Lorsque le pin croît sur les flancs de collines peu exposées
au vent et à l'abri du soleil, la pourriture peut attaquer le
tronc aussi bien que la cime, parce que la dessiccation n'a
pas été assez prompte et que la base de l'arbre, aussi bien que
le sommet, est encore gorgée d'eau.

Quand la cime est pourrie elle se brise au moindre vent
et c'est par milliers que de tels arbres manquant de cime se
montrent dans la réserve des forêts de Blacks Hills.

Lorsque la pourriture gagne le tronc, elle peut également
atteindre les plus fortes racines souterraines qui deviennent
incapables de soutenir l'arbre, lequel ne tarde pas à s'affaisser.

Après la destruction complète du bois, les organes fructifères du champignon de la pourriture rouge commencent à se
former. Certains filaments mycéliens poussent au travers de
l'écorce et viennent constituer à sa surface, en s'intriquant,
en faux tissu, une protubérance couleur de chair, qui s'accroît
rapidement en prenant une coloration rouge et une forme
en épaulette ; de nombreux canalicules se forment sur la face
inférieure du champignon ; ils sont bientôt tapissés par les
spores, qui se produisent par milliers, et que le vent disperse
facilement dans tous les points de la localité. Nous avons

affaire ici à un champignon du genre Polypore (Basidiomycètes Hyménomycètes) dont le nom spécifique est *Polyporus
ponderosus*, H. von Schrenk (1).

Les tubes producteurs de spores, ou tubes sporophores, ou
encore tubes hyménopho-
res, s'accroissent chaque
année d'une quantité va-
riable suivant les condi-
tions plus ou moins favo-
rables qui ont présidé à
la croisssance. Ceux de la
dernière couche annuelle
sont seuls fertiles. Il se
produit, de cette façon,
les étages successifs re-

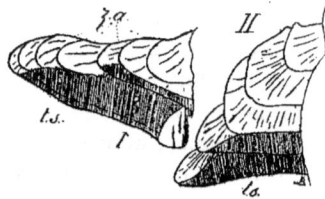

Fig. 182. — Le champignon du *rouge* (*Polyporus ponderosus*), d'après H. von
Schrenk, *za*, zones annuelles d'accroissement; *ts*, tubes hyménophores.

présentés fig. 182. La surface supérieure de l'espèce de chapeau constitué par le champignon est rude, recouverte d'une
sorte de substance qui ressemble à de la résine.

Rapidité du développement de la pourriture rouge. — Elle
est variable; néanmoins on peut admettre, en se basant sur
une expérience, d'ailleurs peu prolongée, qu'elle atteint les
arbres qui en sont à la fin de la deuxième année après l'attaque de l'écorce par les insectes. Le plus grand nombre des
arbres sont, sans doute, inaltérés par la pourriture rouge
jusqu'à la troisième année.

La rapidité d'extension de cette pourriture, après qu'elle a
débuté, dépend de la quantité d'eau contenue dans l'arbre, de
l'abondance des pluies, etc.

Toutes ces questions sont très importantes à connaître, car
elles règlent le moment propice pour l'abatage des arbres
malades.

n) *Résultats économiques.* — On a dû exploiter immédiatement les forêts ravagées du South Dakota, afin d'écouler le
bois bleu qui, avons-nous dit, a toutes les qualités du bois
sain. Il était nécessaire de se hâter pour éviter l'envahissement par la pourriture rouge. On rencontre à cela de grandes

_____

(1) Cette espèce se rapproche le plus des *Polyporus pinicola* et *P. mar-
ginatus*; son aspect général, sa couleur rouge, la substance résineuse qui la
recouvre, la distinguent de ces espèces.

difficultés. Les moyens de transport de cette région sont précaires lorsqu'il s'agit de réaliser l'évacuation de plus de 75.000.000 de pieds utilisables. Le coût du transport jusqu'à Nébraska augmentera considérablement le prix de ces bois. Une autre difficulté, que l'on rencontre dans l'utilisation de ces bois, réside dans les règles adoptées partout pour l'inspection des matériaux, la coloration bleue de ces bois excite la défiance et en rend l'écoulement difficile. Il y a lieu cependant d'accepter le bois bleu, mais il ne faut pas employer le bois ayant les moindres traces de pourriture rouge.

Quoi qu'il en soit, le choix des bois parfaitement sains, la distinction des bois bleus et des bois pourris, ces derniers, dans le but de les supprimer et de restreindre ainsi les chances de propagation, exigent l'entretien sur place d'un personnel nombreux et spécialement compétent.

135. Les moisissures communes : Le *Penicillium glaucum*, le *Botrytis cinerea et le bois.*

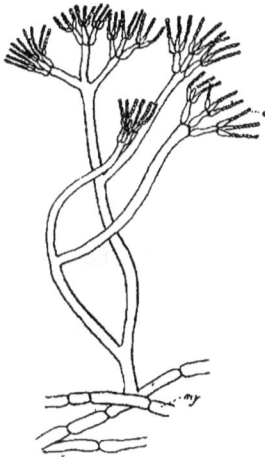

Fig. 183. — *Penicillium glaucum* : *my*, mycelium ; *c*. conidies (Très grossi).

Le Penicillium est cette moisissure verte si répandue dans la nature et aussi dans les appartements où il envahit parfois les substances alimentaires.

Le *Botrytis cinerea* est une moisissure grise, très répandue également, qui recouvre d'un duvet velouté les débris végétaux tombés sur le sol humide et quelquefois les raisins en place, lorsque l'automne est très pluvieux.

Ces moisissures se développent quelquefois sur le bois, mais le fait est rare. Nous avons vu des souches d'arbres fendues dont le bois était complètement recouvert d'une couche verte due aux innombrables spores que produit le champignon à l'extrémité de ses filaments fertiles ramifiés en sortes de petits pinceaux (d'où le nom de Penicillium).

Des expériences directes sont venues établir l'influence destructive de ces moisissures communes sur le bois. Les filaments de *Penicillium* et de *Botrytis* pénètrent au travers des ponctuations des trachéides du bois de sapin, par exemple, et arrivent, lentement d'ailleurs, dans les parties profondes du bois, et, comme on l'a vu pour le *Penicillium*, les hyphes utilisent, pour leur nutrition, l'amidon des rayons médullaires [Miyoshi (1) Marshall Ward (2)]. — Les éléments du bois, dans les régions localisées le plus immédiatement autour des filaments, prennent une coloration violette, comme la cellulose, sous l'influence du chloroiodure de zinc ; ils produisent aussi une faible quantité d'*hadromase*, mettant l'hadromal en liberté (J. Katz). Mais ces actions sont beaucoup moins intenses pour ces moisissures que pour les espèces attaquant les bois qui appartiennent aux genres : *Trametes*, *Polyporus* et *Agaricus* (3).

IIIᵉ PARTIE — ALTÉRATIONS DES BOIS DUES AUX ANIMAUX

136. Mammifères. — Quelques-uns de ces animaux causent des dommages aux arbres et aux bois en forêt, les dégâts qu'ils font sont généralement peu importants. Certains animaux d'assez forte taille : cerfs, daims, chevreuils, occasionnent des blessures aux perches, lorsqu'ils *fraient leur tête*.

(1) M Miyoshi, Durchbohrung von Membranen durch Pilzfäden, *Jahrbücher für Wissenschaft Botanik*, vol. 28, p. 277 (1895).

(2) Marshall Ward, *Annals of Botany*, vol. XII, p. 565 (1898).

(3) J. Katz, Die regulatorische Bildung von Diastase durch Pilze, *Jahrb. für Wiss. Bot.*, Bd. 31, S. 599 (1898).

Mais les mammifères les plus nuisibles aux bois appartiennent au groupe des *rongeurs*.

Fig. 184. — Coupe transversale de tronc de pin ayant présenté une blessure du fait d'un animal. Cette blessure n'est pas totalement recouverte après 24 années. 1/3 grand. natur. (R. Hartig.).

Fig. 185-189. — Traces laissées par le campagnol (*Arvicola agrestis*) sur : *a*, hêtre; *b*, bouleau; *c*, carya ; *d*, érable ; *e*, sapin de Donglas (gr. nat.) (Eckstein).

Les *lièvres* rongent à la base l'écorce des jeunes arbres lorsqu'en hiver la neige recouvre le sol. Les *lapins* sont particulièrement dangereux en forêt : ils fouillent le sol, rongent les écorces jusqu'au bois, broutent les jeunes semis et déracinent les plants. En cas de disette extrême, ces rongeurs voraces s'attaquent au bois vif et même au bois sec ; les ennemis naturels de cet animal, qui se multiplie très facilement, sont les renards, fouines, belettes, etc., qu'il faut protéger.

Les *écureuils* coupent les cônes des résineux et les jeunes

Fig. 190. — Coupe transversale d'un tronc de sapin présentant trois blessures dues à des animaux sauvages, plus ou moins complètement cicatrisées (1/3 grand. nat.) (R. Hartig.).

bourgeons ; ils s'attaquent aussi à l'écorce qu'ils rongent jusqu'au bois et s'adressent de préférence aux sapins, épicéas et hêtres.

Les *souris* et les *campagnols* (pelage fauve et pattes blanches, longueur 0 m. 10), non contents de détruire les semences, rongent l'écorce des jeunes brins sur plusieurs centimètres (charmes, coudriers, etc.) : ils sont alors perdus. Ces animaux apparaissent quelquefois en très grand nombre et produisent de véritables invasions (1).

(1) La méthode du Dr Danysz, de l'Institut Pasteur, pour la destruction des campagnols a donné de brillants résultats, dans les Charentes notamment. Cette méthode consiste essentiellement à donner aux campagnols, par un microbe inoffensif pour l'homme, les animaux domestiques et le gibier, une maladie mortelle et contagieuse. L'infection primitive est déterminée par l'absorption d'appâts (blé, orge, avoine, pain) contaminés à l'aide de bouillon de culture du microbe.

137. Les oiseaux. — Les
Pics sont des oiseaux grim-
peurs, munis d'une queue
formée de plumes raides,
qui leur sert de point d'appui pour monter le long
des arbres. A l'aide de leur
bec puissant, ils frappent
violemment les troncs d'arbres et font sortir des fentes

Fig. 191. — Hêtre dont les racines
sont écorcées sur une assez grande
surface par des campagnols. On
voit sur le fragment de racine représenté ici, que de nombreuses
racines adventives se sont développées sur la partie de l'écorce
restée saine au dessus de la blessure (grand. natur.) (R. Hartig.).

Fig. 192. — Résultat produit par
les piqûres du *Picus major*, sur
la surface d'un tronc de chêne
(Eckstein).

de l'écorce les insectes qui s'y trouvent. A ce titre ils rendent service à la sylviculture. Ils établissent aussi leurs nids dans les troncs des arbres pourris ou vermoulus et y pondent des œufs d'un blanc pur ; suivant le Dr Altum, ils sortiraient parfois de leur rôle utile, en faisant, par exemple sur l'écorce des tilleuls, des séries de piqûres régulièrement alignées en couronne autour du tronc, non dans le but de chercher des larves d'insectes pour s'en nourrir, mais pour percer de petites ampoules placées sous l'écorce et absorber la goutte de liquide sucré qu'elles renferment. Mais d'une façon générale, le pic fréquente surtout le bois mort, abattu ou en place, c'est là qu'il trouve surtout les larves dont il se nourrit. L'espèce la plus répandue en Europe est le *Picus major*.

138. Les insectes. — 1. *Généralités.* — Les insectes sont des ennemis très redoutables du bois, soit qu'ils l'attaquent à l'état frais, soit qu'ils le détériorent lorsqu'il est abattu et déjà mis en œuvre à l'état de meubles ou de charpentes. Tout le monde a entendu parler des termites ou fourmis blanches, des vrillettes ou horloges de la mort, qui détériorent les bois des maisons et causent parfois de grands ravages dans les charpentes.

2. *Insectes phyllophages et insectes xylophages.* — Il existe beaucoup d'insectes qui attaquent les essences ligneuses en forêt ; alors même qu'ils n'atteignent pas le corps ligneux lui-même, ils causent à l'arbre, dont il dépend, des dégâts qu'il faut signaler.

Il est des insectes qui dévorent les feuilles ou les aiguilles, ainsi que les jeunes pousses et les bourgeons. On peut les réunir sous le nom de *Phyllophages*. Les feuilles étant plus ou moins complètement détruites, l'alimentation de la plante par l'assimilation chlorophyllienne ne s'effectue pas, ou fort incomplètement, la végétation est plus ou moins suspendue, les jeunes pousses ne peuvent plus s'aoûter et elles auront tout à craindre des gelées de l'hiver. A une année d'invasion des feuilles par des insectes, correspondra, dans le bois, une couche plus mince. Ces invasions se répétant plusieurs années de suite, peuvent avoir raison de la vie même de l'arbre. D'autre part, les phyllophages, en affaiblissant l'arbre, préparent l'invasion des insectes qui vivent aux dépens du bois.

On est à peu près désarmé contre les attaques de ces insectes ; on peut seulement recommander d'élever des peuplements d'essences mélangées, car, bien souvent, une espèce
d'insecte s'en tient exclusivement à une espèce d'arbre, la propagation s'en trouvera donc ralentie ou entravée ; en second
lieu, il est nécessaire d'assurer la protection des animaux
insectivores utiles.

D'autres insectes rongent les racines, comme la larve ou ver
blanc du hanneton commun (*Melolontha vulgaris*) et la cour-
tilière (*Grillotalpa vulgaris*) dans toutes les phases de son
développement ; d'autres encore détruisent les fleurs ou les
fruits.

Une autre catégorie d'insectes, et c'est celle qui nous intéresse le plus, s'attaquent au corps ligneux, soit que ces insectes vivent dans le bois lui-même, soit qu'ils creusent leurs
galeries entre le bois et l'écorce. On peut les opposer aux
Phyllophages, sous le nom de *Xylophages*.

D'une façon générale, les résineux ont plus à souffrir que
les feuillus des ravages des insectes. Les feuillus peuvent, en
effet, reproduire assez facilement des rameaux feuillés grâce
aux bourgeons proventifs dont ils sont pourvus et qui manquent aux résineux ; de plus, ils cicatrisent mieux leurs plaies,
aussi leur végétation peut elle être simplement ralentie, sans
que mort s'ensuive comme cela arrive trop souvent aux résineux quand leurs aiguilles sont dévorées. Les plaies produites, entraînent la formation d'écoulements résineux et une
altération prompte du bois ; la perte du bourgeon terminal
fait perdre à l'arbre sa rectitude ainsi que sa valeur industrielle, « il est déshonoré » comme disent les forestiers.

Il arrive bien souvent que telle espèce d'insecte a, parmi
les arbres forestiers, un ou quelques hôtes d'élection, c'est-
à-dire qu'elle s'attaque toujours à la même espèce d'arbre ou
à un petit nombre d'espèces. Aussi le mal s'étend-il parfois
avec une rapidité extraordinaire quand il s'agit d'un peuplement pur, les conditions étant favorables. Nous donnerons
des exemples de ces faits en parlant, plus loin, du Bostriche
typographe se développant dans des forêts d'épicéas. On
est obligé d'abattre le massif entier pour tirer partie des bois
morts ou dépérissants ou même de recourir à l'incendie pour
entraver la propagation d'un mal sans merci.

Lorsque les conditions sont favorables, les insectes se multiplient avec une fécondité prodigieuse, leur nombre augmente en progression géométrique, ce qui explique l'extension particulièrement prompte des invasions auxquelles nous venons de faire allusion.

Les conditions favorables au pullulement des insectes dans la forêt, sont surtout : l'absence d'ennemis capables de les détruire, tels que certains animaux : oiseaux, etc., ou microbes ; comme certains champignons susceptibles de vivre en parasites à leurs dépens ; l'abondance d'aliment ainsi qu'une température et un état hygrométrique convenables de l'atmosphère.

On peut citer parmi les phyllophages les plus dangereux : dans les forêts de résineux les chenilles de *Lasiocampa pini*, *Fidonia piniaria*, *Liparis monacha*, *Lophyrus pini*, et, dans les forêts de feuillus, celles des *Bombyx neustria* et *processionnea*, de l'*Orgya pudibunda*, des Tenéïdes et Pyrales.

Il faut ajouter à ces noms celui du hanneton qui exerce périodiquement ses ravages sur les feuilles à l'état d'insecte parfait, tandis que, comme nous l'avons dit déjà, il ronge les parties souterraines du végétal à l'état de larve.

Nous allons nous occuper maintenant des Insectes Xylophages

Les insectes qui attaquent le bois des arbres, soit sur pied, soit abattus, sont fort nombreux ; ils le perforent en y creusant des galeries (*Dégâts techniques*). On ne peut guère séparer de l'étude de ces insectes du bois, ceux qui vivent entre le bois et l'écorce, ils détruisent le tissu délicat et essentiel à la vie des arbres, aussi ceux-là ne tardent-ils pas à succomber à leurs atteintes.

Les bois détériorés par les insectes deviennent impropres à être utilisés comme bois d'œuvre.

Avant d'entreprendre l'étude des espèces d'insectes nuisibles aux bois, il est nécessaire de définir les termes que comporte leur description.

3. *Parties constituantes du corps d'un insecte.* — Le corps de l'insecte offre toujours trois parties distinctes à considérer : la tête T, le thorax T*h* et l'abdomen A*b* (fig. 193).

I. La TÊTE porte à sa face supérieure deux sortes de cornes, nommées *antennes* (*a*), qui sont des organes du toucher déli-

cats, ainsi que de l'odorat ; puis des yeux (*y*). A la face inférieure de la tête, on remarque la *bouche*, entourée d'un
ensemble de petites pièces mobiles, servant à la préhension
et à la mastication des aliments et qui constituent ce qu'on
appelle l'*armature buccale*.

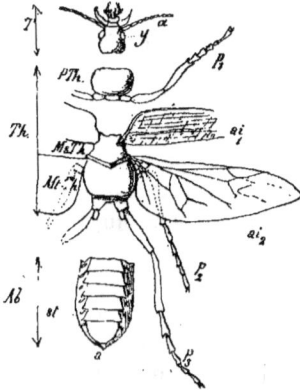

Fig. 193. — Parties constituantes du corps d'un insecte (squelette externe).
T, tête ; *a*, antennes ; *y*, yeux ; T*h*, thorax comprenant le Prothorax PT*h*, le
Mésothorax M*s*T*h*. et le Métathorax M*t*T*h*. P₁, première paire de pattes sur
le Prothorax ; *ai₁*, première paire d'ailes sur le Mésothorax, qui porte aussi
la deuxième paire de pattes, P₂ ; *ai₂*, deuxième paire d'ailes sur le Métathorax
qui porte aussi la troisième paire de pattes, P₃ ; A*b*, abdomen composé
d'anneaux portant chacun une paire de stigmates, *st* (orifices respiratoires) ;
a, anus.

Armature buccale. — Sa constitution varie suivant le
régime de l'insecte. Il en est qui sont broyeurs, d'autres
lécheurs et d'autres suceurs.

Examinons l'armature buccale d'un *insecte broyeur*. Ces
insectes sont ceux qui nous intéressent le plus, car ils peuvent
se nourrir de substances solides, comme les feuilles, le bois,
etc. Au-dessus de la bouche se trouve une petite pièce
carrée, la *lèvre supérieure* (*a*) (fig. 194) ; de chaque côté, les
mandibules (*c*), pièces très fortes, courbées en serpe et
dentées intérieurement, elles servent à inciser les aliments
et peuvent être très développées. Après les mandibules
viennent les mâchoires (*f*), munies chacune d'un petit doigt
ou palpe (*e*), qui saisit les aliments ; enfin, en arrière de la
bouche, la *lèvre* inférieure (*b*), munie également de deux
palpes mobiles (*d*).

Les *insectes lécheurs* tels que l'abeille et la guêpe *suceurs* comme les papillons, et *piqueurs* comme les taon et cousin, nous intéressent peu ici.

II. Le *thorax* ou *corselet* (fig. 193, Th) est formé de trois anneaux, portant chacun une paire de pattes (P_1, P_2, P_3). Les deuxième et troisième anneaux sont, en outre, munis d'une paire d'ailes (ai_1, et ai_3). Dans le groupe des Coléoptères, qui nous intéresse entre tous, les deux ailes antérieures sont cornées, rigides et, lorsqu'elles sont fermées, elles se juxtaposent en formant étui, d'où le nom de ces insectes dont l'étymologie signifie ailes en étui ; elles se désignent sous le nom d'*élytres*.

Fig. 194.—Pièces buccales d'un insecte broyeur : a, lèvre supérieure ; c, c, mandibules ; f, f, mâchoires munies de palpes e, e ; b, lèvre inférieure.

III. L'*abdomen* (fig. 193 Ab) se compose ordinairement d'une dizaine d'anneaux mobiles, dépourvus de membres. Chacun d'eux est muni sur les côtés de deux orifices (stigmates) en forme de boutonnière, qui laissent entrer et sortir l'air nécessaire à la respiration.

4. *Les insectes revêtent plusieurs formes au cours de leur existence. Métamorphoses.* — Au moment où les insectes sortent de l'œuf, ils ont une forme bien différente de celle qu'ils revêtiront à l'état adulte. Pour acquérir leur état adulte, ils subissent, en effet, des métamorphoses, à la façon des grenouilles, par exemple, dont l'œuf donne d'abord une larve dite têtard, qui, progressivement, se métamorphose en grenouille proprement dite.

Dans le cas de métamorphoses complètes, voilà ce qui se passe le plus souvent : l'œuf donne naissance à une larve qui est dépourvue d'ailes et présente l'aspect d'un ver, elle est généralement munie d'une armature buccale faite pour broyer, alors même que l'adulte posséderait une trompe pour lécher. Elle vit souvent dans le bois qu'elle ronge en creusant des galeries. Après cette période de mobilité, l'insecte entre dans une période de repos absolu et ne prend plus de nourriture. Les formes de l'adulte commencent à se dessiner. L'insecte à cette phase est désigné sous les noms de *puppe, nymphe* ou *chrysalide.*

Lorsque la nymphe a achevé son développement, elle brise l'enveloppe dans laquelle elle s'était enfermée, et en sort à l'état d'*Insecte ailé,* dit encore *Insecte parfait* ou *Imago* (Voir fig. 195 I. Imago, II. Larve, III. Chrysalide).

Le temps nécessaire à la réalisation de ces métamorphoses est très variable ; il est, en général, de quelques mois.

Il est des insectes dont la larve ne diffère guère de l'adulte que par l'absence d'ailes et qui ne donnent pas de nymphe ; leurs métamorphoses sont dites *incomplètes* (Orthoptères, Hemiptères).

Ceux qui présentent les phases : larve, nymphe et insecte parfait, ont des métamorphoses dites *complètes* (Coléoptères, Hyménoptères, Lépidoptères),

5. *Classification des insectes qui attaquent le bois.* — Les insectes qui s'attaquent aux arbres forestiers et particulièrement au bois, sont, à très peu de chose près, tous compris dans les groupes suivants : les Coléoptères pour le plus grand nombre, puis les Lépidoptères, les Hyménoptères et les Névroptères. Nous allons les définir brièvement.

Coléoptères.— Les *Coléoptères* sont des insectes broyeurs, pourvus de quatre ailes, les deux antérieures cornées, rigides, dites *élytres,* recouvrent au repos les deux postérieures en se juxtaposant par leur bord interne et en formant à l'insecte une sorte d'étui ; les deux ailes postérieures sont plissées sous les précédentes. Les métamorphoses sont complètes.

Ce groupe, qui contient plus de 100.000 espèces, compte parmi ses représentants les plus dangereux ennemis des bois.

On les subdivise en : 1° Pentamères qui ont 5 articles à tous les tarses ; 2° Hétéromères, 5 articles aux tarses antérieurs et intermédiaires, 4 articles aux tarses postérieurs ; 3° Tétramères, appelés quelquefois Pseudopentamères, 4 articles à tous les tarses ; 4° Trimères, tarses composés de 4 articles dont l'avant-dernier est rudimentaire.

On s'appuie constamment, pour distinguer entre eux les groupes de coléoptères, sur des caractères tirés de la constitution des antennes et des pattes ; il est donc indispensable de connaître la constitution de ces organes. Décrivons les en prenant pour exemple une antenne et une patte de tomique, coléoptères dont les larves et insectes parfaits creusent des galeries dans le bois. L'*antenne* (fig. 195, IV) s'attache sur la tête par un article appelé *scape*, auquel succède une partie plus étroite, appelée *funicule*, composée de plusieurs articles ; elle se termine par une masse renflée, appelée *massue*. Cette forme se modifie avec les genres et les espèces, et ces variations fournissent précisément des caractères pour les distinguer entre elles.

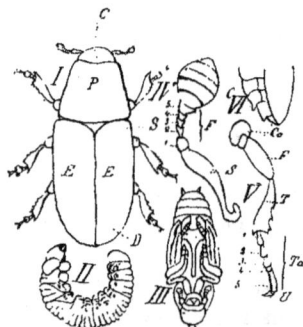

Fig. 195. — Organisation (squelette externe) d'un Tomique (Coléoptère) : I, corps de l'insecte parfait ; II, larve ; III, nymphe ou chrysalide ; IV, antenne ; V, patte ; VI, abdomen.
I : *c*, tête ; P, corselet ou thorax ; S, écusson ; E, élytres ; D, déclivité. — IV : *c*, massue ; F, funicule ; 1-5, les cinq articles du funicule ; S, scape. — V : *Co*, hanche ou coxa ; *Tr*, trochanter ; F, femur ou cuisse ; T, tibia ou jambe ; *Ta*, tarse ; 1-5, articles tarsaux ; U, ongle.

Les *pattes* locomotrices ou appendices thoraciques (figure 195, V), comprennent 5 parties : la *hanche* ou *coxa* (Co), articulée au thorax ; le *trochanter*, Tr ; le *femur* ou *cuisse*, F ; le *tibia* ou *jambe*, T ; le *tarse*, Ta, qui possède dans les différents groupes un nombre variable d'articles, comme le montre la classification ci-dessus : et enfin les ongles, U.

HYMÉNOPTÈRES. — Ce sont des insectes lécheurs dont les 4 ailes sont membraneuses ; elles sont parcourues par un réseau de nervures à mailles larges.

Métamorphoses complètes.

Ce groupe comprend des insectes connus de tous comme les abeilles, les fourmis et les guêpes, et en outre les sirex, xylocope, etc. qui détériorent les bois.

LÉPIDOPTÈRES. — Insectes suceurs dont les mâchoires sont, le plus souvent allongées en une longue trompe enroulée en spirale ; 4 ailes couvertes d'écailles fines et diversement colorées. Métamorphoses complètes : larve appelée *chenille ;* nymphe appelée *chrysalide;* imago nommé *papillon.*

Les chenilles des papillons, pourvues d'une armature buccale faite *pour broyer*, s'attaquent fréquemment aux bois : cossus, sesia, tortrix, etc.

NÉVROPTÈRES. — Insectes broyeurs à 4 ailes dont la nervation est délicate et en réseau. Le type de ces insectes est la libellule.

Les métamorphoses sont incomplètes chez certains représentants de ce groupe constituant les *Pseudonévroptères.* Ceux-ci ne présentent pas de phase nymphe et la larve donne directement l'insecte parfait dont elle ne diffère guère que par l'absence d'ailes. Les névroptères proprement dits présentent des métamorphoses complètes.

Seuls de ce groupe, nous intéressent les Pseudonévroptères qui comptent parmi eux les termites ou fourmis blanches.

6. *Distinction entre les insectes qui attaquent le bois et ceux qui vivent entre le bois et l'écorce.* — Parmi les insectes qui attaquent plus ou moins directement le bois, les uns se tiennent dans le bois même, d'autres, entre le bois et l'écorce. Il faut encore distinguer, parmi les insectes de ces deux catégories, ceux qui se développent aux dépens des tissus vivants et ceux qui, au contraire, vivent de tissus morts ; les premiers sont de dangereux parasites de l'arbre en forêt, ils en altèrent le bois et causent souvent sa mort ; ceux de la seconde catégorie détériorent plus ou moins promptement les bois abattus, qu'ils soient conservés en chantier ou déjà mis en œuvre sous forme de charpentes, de meubles, etc.

Nous aurons l'occasion d'insister sur chacun de ces faits en décrivant successivement les espèces ; cependant nous donnerons dès maintenant quelques exemples.

7. *Insectes vivant entre le bois et l'écorce des arbres :*

A. Écorce vive :

Le *Bostrichus typographus* de l'épicéa, etc. ;

Le *B. curvidens* du sapin, etc. ;

Le *B. stenographus* du pin ; le *Scolytus intricatus* du chêne, etc.

B. Écorce morte :

Ils sont plus rares que les précédents ; parmi eux il faut citer :

L'*Hylesinus Fraxini* et l'*H. crenatus* qui s'attaquent aux frênes abattus ou dépérissant.

8. *Insectes vivant dans le bois :*

A. Bois frais : Le *Cossus ligniperda* qui attaque le bois de nombreux arbres, mais semble préférer le peuplier et l'aune ; le *Zeuzera Aesculi* qui attaque également divers feuillus ; le *Trypodendron lineatum* Oliv. et le *Xyloborus monographus* qui se jettent parfois sur les massifs de forêts, le premier sur les résineux, le second sur le chêne, mais qui recherchent plus encore les bois des scieries et des dépôts.

B. Bois mort (abattu, en chantier, ou déjà mis en œuvre) :

Les vrillettes ou horloges de la mort (*Anobium*), le *Lymexylon navale*, le *Lyctus canaliculatus*, le *Xylocopa violacea*, le *Callidium* (*Hylotrupes*) *bajulus* et autres, les termites ou fourmis blanches (*Termes*), plusieurs Bostrichides.

9. *Protection des bois contre les xylophages.* — Il y a lieu de considérer, à ce point de vue, les arbres sur pied et le bois des arbres abattus.

Lorsqu'il s'agit des arbres sur pied, en forêt, il faut, pour prévenir le développement des insectes nuisibles, supprimer, autant que possible, ce qui constitue leur milieu le plus favorable, leur meilleur aliment, c'est-à-dire le bois mort. Presque tous les insectes lignivores ont besoin, pour se multiplier beaucoup, de bois dépérissant ou déjà mort. Ces matériaux créent, en forêt, autant de foyers d'infection, car, lorsqu'ils sont eux-mêmes épuisés, les insectes passent sur les bois sains, qui sont attaqués et deviennent dépérissants à leur tour. Il faut donc veiller à n'entretenir dans les peuplements que des arbres à l'état sain, et, pour cela, choisir des essences bien appropriées au climat, au sol et à toutes les conditions du milieu dont on dispose ; il faut encore leur appliquer le traitement forestier qui convient le mieux à leurs exigences pour n'avoir point de sujets faibles qui donneraient prise aux parasites. Il est certain qu'il faut avant tout réaliser les meilleures conditions de culture afin d'avoir des arbres de végétation vigoureuse et bien résistants. Il devient très difficile de supprimer les insectes parasites, il vaut mieux prévenir le mal que de chercher à le guérir. Les insectes parasites pourront exister sans nuire sensiblement au peuplement en général si celui-ci se trouve, d'autre part, dans de bonnes conditions. Il faudra encore, pour entraver la multiplication des insectes, enlever annuellement les bois morts ou affaiblis ainsi que les produits de la forêt dès qu'ils seront abattus ; enfin ce sera une précaution des plus utiles que d'écorcer totalement les arbres résineux dès qu'ils seront à terre, afin de rendre impossible l'installation des insectes, si nombreux, qui se développent entre le bois et l'écorce.

Pour ce qui est de la préservation des bois en chantier ou en œuvre contre les insectes, nous donnons au chapitre traitant de la conservation des bois des indications qui se rapportent à toutes les altérations des bois, quelle que soit leur origine.

139 Etude spéciale des insectes s'attaquant au corps ligneux. — Nous allons passer en revue les espèces qui vivent entre le bois et l'écorce ou plus exactement dans l'écorce, et celles qui se développent dans le bois même. Nous suivrons pour cela l'ordre zoologique. On trouvera, au chapitre traitant spécialement des essences ligneuses, l'énumération par hôtes de ces divers insectes.

I. — COLÉOPTÈRES

1° Pentamères.

a) Serricornes. — Antennes dentées en scie.

Les *Vrillettes*, Syn. Anobiés. — *Caractères.* — On reconnaît les Anobiums aux caractères suivants : ce sont de petits coléoptères à antennes dentées en scie (serricornes) et s'insérant au bord antérieur des yeux ; le corselet bossu, en capuchon, à bords tranchants, cache presque entièrement une tête petite, dirigée en dessous ; le corps est cylindrique et pubescent. Ces insectes sont de fort petite taille (5 ou 6 mm. pour la vrillette marquetée, 2 à 3 pour la vrillette des tables).

Les cinq articles des tarses sont entiers et peuvent se replier sous le corps comme les antennes ; ces coléoptères ont l'habitude de faire le mort quand un danger les menace, défiant alors toutes les excitations, ce qui leur a fait donner le surnom de « boudeurs ».

Les vrillettes et le bois. La vermoulure. — Ces insectes font entendre fréquemment des coups secs, rappelant le tic-tac de la montre. Une superstition ancienne attribue à ce bruit entendu dans le silence de la nuit, dans la chambre d'un malade, le sens de l'annonce d'une mort prochaine, ce qui a fait surnommer certaines espèces « Horloge de la mort ». En réalité, il est dû au bruit que fait l'insecte en usant le bois par à-coups. Voici comment : l'insecte rentre ses pattes antérieures et ses antennes, puis, appuyé principalement sur les pattes du milieu et redressant son corps il le projette en avant et frappe le bois avec le front et la partie antérieure du corselet.

Les anobies perforent à l'état de larve le bois mort, préférablement celui des bois tendres : conifères, peupliers, tilleuls, bouleaux et aulnes. Ils sont transportés ensuite dans divers lieux, mais se trouvent particulièrement bien dans les églises, les maisons ou châteaux inhabités, partout où le silence et la tranquillité viennent les favoriser. Ils s'installent alors un peu partout, dans les boiseries, colonnes, poutres, vieux meubles, qu'ils détériorent d'une façon très appréciable. Les larves, courbées et ridées, avec six pattes courtes, se creusent des galeries en ayant soin de ménager la couche extérieure, et, le soir, elles se font entendre dans le silence et poursuivent leur œuvre destructrice à l'intérieur d'une chaise, d'une table ou d'une clôture. L'intérieur du bois est petit à petit rongé, transformé en poussière, vermoulu en un mot. Les larves acquièrent, en général, toute leur taille en mai, ou plus tard, suivant les espèces ; elles se font alors une logette un peu spacieuse pour se transformer en nymphes, qui produisent, après quelques semaines, les insectes parfaits. Ceux-ci continuent l'œuvre des larves et finalement arrivent au jour en produisant ces trous bien connus des bois, vieux meubles, etc., atteints de vermoulure, trous que les marchands d'antiquités s'efforcent à imiter. Ces trous serviront encore plus tard aux nouvelles larves à rejeter au dehors la poussière de bois qu'elles produisent, poussière que l'on désigne parfois sous le nom de « vermoulure » qu'il vaudrait mieux réserver à l'acte lui-même.

Lorsque l'insecte est récemment introduit dans le bois, rien ne trahit sa présence et il peut continuer ses ravages sans qu'on ait l'idée d'intervenir ; c'est seulement lorsque les trous extérieurs sont formés que la vermoulure devient évidente.

Nous exposons au chapitre suivant, d'après M. Mer, quelle est la condition nécessaire à la production de la vermoulure (présence de l'amidon dans le bois) et par quels moyens on peut tenter de la prévenir.

Espèces de vrillettes. — Les principales sont :

La *V. marquetée (Anobium tessellatum)* qui est celle qui atteint les plus grandes dimensions ; elle se distingue, en outre, de toutes les autres, par son corselet qui n'est pas creusé sur les bords et par la ponctuation fine dont sont recouvertes ses élytres. La face supérieure du corps est marbrée du fait de l'existence de poils gris jaunâtre, irrégulièrement disséminés.

La *V. opiniâtre (Anobium pertinax).* — Elle est noirâtre,

Fig. 196. — Vrillette opiniâtre. (Très grossi ; longueur réelle, 6-7 mm.).

plus petite, les bords et les angles du corselet sont arrondis et marqués de chaque côté d'un creux en losange ; les élytres portent une ponctuation profonde, comme l'espèce suivante.

La *V. des tables (Anobium striatum).* — Elle est presque la moitié plus petite que la précédente et n'a pas plus de 2 à 3 mm. de longueur ; elle est couleur de poix, couverte de poils fins. Elytres striés ponctués ; bords du corselet courbés en angles vers les épaules, sans être entaillés.

D'autres espèces de vrillettes s'attaquent même au bois vivant, surtout dans les jeunes pousses.

Il existe encore quelques vrillettes dont on a fait des genres particuliers et qui peuvent être très dommageables pour les bois. Ce sont :

Ptilinus pectinicornis. — Petit insecte de 4 mm. de long ; antennes caractéristiques, pectinées chez la femelle, flabellées chez le mâle, et formant ainsi des panaches élégants. Il est fréquent dans les maisons ; sa larve perfore les meubles vieux ou neufs, surtout si l'on a fait usage de bois non débarrassés de l'aubier.

Apate capucina. — Taille moyenne, thorax noir, élytres rouges. La larve se développe dans le bois.

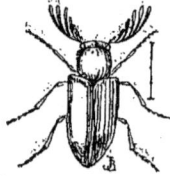

Fig. 197. — *Ptilinus pectinicornis*, mâle. (Très grossi ; long. réelle 3-4 mm.).

Fig. 198: — *Lyctus canaliculatus* (Le trait placé à droite donne la grandeur vraie de l'insecte).

Lyctus canaliculatus. — Forme allongée, 3 à 4 mm. de long, élytres à sillons nombreux. La larve qui se développe dans le bois réduit en poussière les meubles, poutres, etc., en chêne, où il reste des traces d'aubier.

Le lime-bois. *Lymexylon navale*. — Couleur noire, ailes dépassant les élytres, tête bien distincte, forme très allongée, 12 mm. de longueur. Abdomen et jambes jaunes.

On le trouve particulièrement dans les bois de chêne des chantiers de construction (fig. 200).

Fig. 199. — *Lymexylon navale*, (Grossi).

8. LAMELLICORNES. — Antennes coudées terminées par des lamelles disposées en éventail.

Les Lucanes. — Le cerf-volant (*Lucanus cervus*). — Très grande taille, les mâles ont des mandibules énormes. Longueur du mâle : 22-60 mm. ; de la femelle, 22-45 mm.

La larve vit dans les troncs des chênes pourris ; son développement est fort lent et réclame pour s'effectuer complètement de 4 à 5 ans ; elle a alors 105 mm. de long, l'épaisseur du doigt et l'aspect d'un énorme ver à tête noire.

Les anciens, au dire de Pline, en étaient friands et désignaient cette larve sous le nom de *cossi* (1).

_____

(1) Ce mot, qui signifie ventru et paresseux, était donné en surnom à certains consuls romains. Il sert aujourd'hui à désigner un genre spécial de Lépidoptère, le genre *cossus* dont nous parlerons.

On sait, d'autre part, que le mot *cossu* est passé dans notre langue.

Les Dorcus. — *Le Dorcus parallélipipède* (*Dorcus paralléli-pipedus*). — Cet insecte de couleur noire, peut être considéré comme un cerf-volant dont les mandibules seraient restées courtes ; la forme de ces mandibules est arquée, elles sont

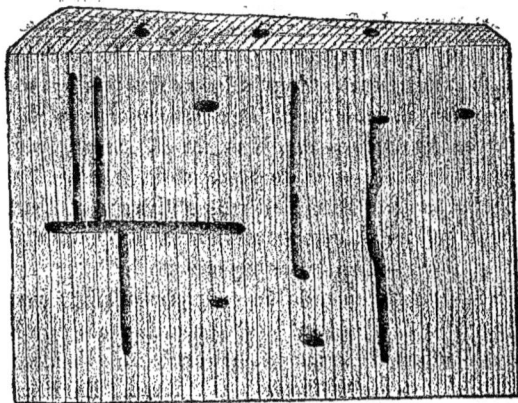

Fig. 200. — Bois de chêne attaqué par le lime-bois (gr. nat.) (Eckst.).

pourvues de deux petites dents sur le bord interne. On désigne parfois ce Dorcus sous le nom de *Petite biche*.

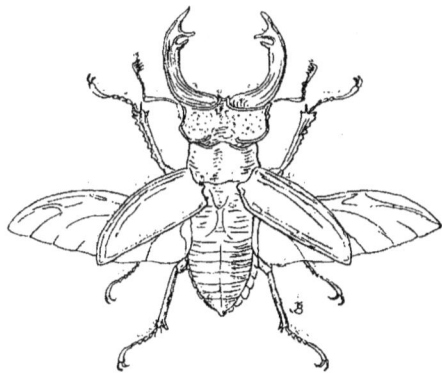

Fig. 201. — Lucane cerf-volant (Réduit 2/3).

Cet insecte est commun en France, et dans toute l'Europe, sur les troncs d'arbres; notamment les saules, les hêtres, etc., il développe ses larves dans le cœur pourri des bois du tronc de ces végétaux.

c. BUPRESTES. — Ces coléoptères ont le corps allongé, terminé en arrière en pointe émoussée, offrant souvent une riche coloration d'un brillant métallique. Les larves sont allongées, vermiformes et généralement dépourvues de pattes, elles possèdent un prothorax très élargi, elles vivent dans le bois comme les larves de Cerambyx auxquelles elles ressemblent; les galeries qu'elles creusent sont plates, ellipsoïdales. Quelques espèces ne vivent qu'aux dépens des vieilles souches et des arbres morts comme le *Buprestis mariana* L. dont la larve habite les souches des pins, le *B. Berolinensis* qui se trouve dans le bois pourri de hêtre et de charme. Mais d'autres espèces pondent dans des arbres vivants, et leurs larves détériorent le bois et compromettent la vie de l'arbre. Nous citerons quelques-unes de ces espèces :

Le *Corœbus bifasciatus* Oliv. est très nuisible aux chênes. Rare autrefois, il s'est multiplié d'une façon déplorable. Il est répandu dans l'Europe méridionale, sa limite, au nord va de la Hongrie à l'Alsace. En France on a souvent signalé ses ravages sur les chênes-lièges, les chênes verts, les chênes yeuses, les chênes blancs, les chênes rouvres et pédonculés.

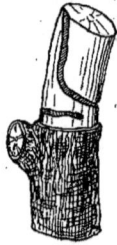

Fig. 202. Galerie creusée par la larve de *Corœbus bifasciatus* (2/3)

L'insecte a une longueur de 11 à 15 mm. La femelle dépose un œuf à l'extrémité de chaque rameau, la larve qui éclot promptement, se met à creuser une galerie descendante, d'abord sous l'écorce, puis en plein aubier. Cette galerie atteint fréquemment un mètre de longueur. Au moment de se transformer en nymphe, soit après deux années, la larve change brusquement de direction et décrit une galerie annulaire complète; cette incision profonde provoque l'arrêt de la sève dont la circulation la gênerait pendant sa période de transformation en nymphe. Cela fait, elle creuse une galerie remontante de 5 à 15 cm. au-dessous de l'écorce et se fore, en plein bois, une loge en boucle, aboutissant à l'écorce. C'est là qu'elle accomplit tranquillement ses métamorphoses.

Le *Corœbus undulatus* se développe dans l'épaisseur des écorces riches en liège et cause aussi des dégâts techniques notables.

Les *Agrilus*, dont nous parlerons maintenant, ont un corps à peu près cylindrique, étroit, linéaire et à surface cependant un peu aplatie. Leurs larves vivent sous les écorces et causent, lorsqu'elles apparaissent en masse, des dégâts considérables.

L'*Agrilus viridis* se présente çà et là en sociétés nombreuses sous l'écorce des jeunes chênes (lorsqu'elle est encore lisse). Les larves creusent leurs galeries depuis le pied de l'arbre jusqu'à 1 m. 60 à 2 m. de hauteur. On est obligé d'arrêter l'invasion en abattant les arbres atteints dès mai ou dès les premiers jours de juin ; on les décortique et on brûle les écorces.

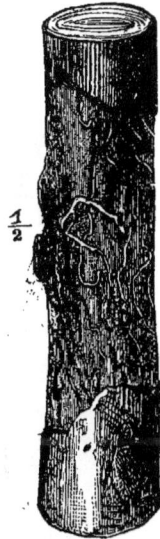

Fig. 203. — Dégâts causés par l'*Agrilus viridis* (sur le hêtre) (Ni.)

2° Tétramères (Pseudo-pentamères).

a) Les Curculionides ou Charançons. — Cette vaste famille comprend des insectes bien caractérisés par l'existence, à l'avant de la tête, d'un prolongement en rostre ou bec, ce qui leur fait donner parfois le nom de *Rhynchophores*.

La plupart sont de petite taille, mais toujours très nuisibles aux végétaux, dont ils peuvent ronger toutes les parties sans en excepter aucune. C'est la larve qui se charge de cet office. La tête de celle-ci est arrondie, dirigée en-dessous, le corps est légèrement courbé, ridé, privé de pattes, plus ou moins velu et atténué en arrière. La tête cornée est pourvue d'un chaperon carré, de mandibules courtes et robustes ; les antennes sont réduites à de petites saillies.

Espèces nuisibles aux arbres des forêts.

Nous en citerons quelques-unes :

Le grand charançon du sapin (*Hylobius Abietis*) dont nous parlerons en traitant du sapin (chap. neuvième).

Les Pissodes. — Ils diffèrent des Hylobius parce que leurs antennes sont attachées au milieu du rostre, au lieu de l'être à l'extrémité de celui-ci (fig. 212-216). Parmi eux, il faut citer :

Le *Pissodes notatus* ou petit charançon des pins ou Pissode à points blancs : Il apparaît en mai, comme le grand Hylobius brun, mais en plus grand nombre encore. Il s'installe sur le pin sylvestre, le p. Weymouth, le p. maritime et le p. noir, entre l'écorce desquels il introduit son bec pour y puiser ses aliments. Il fait ainsi des plaies nombreuses qui ressemblent à des piqûres d'aiguilles et donnent lieu à des écoulements

Fig. 204-206. — *Hylobius abie-tis*. E. insecte parfait ; D. puppe ; C. larve (grand. natur.) (R. Bos).

Fig. 207. — (*Hylobius abietis*). galerie de larve et berceau de puppe dans une racine de pin.

multiples de résine, donnant à la plante un aspect gal-leux. Ils attaquent surtout les jeunes plants, jamais les arbres de plus de 30 ans. Au moment de la ponte, la femelle ne recherche pas seulement les troncs maladifs de 15 à 30 ans pour y déposer ses œufs, ou des arbres malades plus âgés, mais encore des troncs vigoureux et aussi parfois des bois abattus et coupés.

Les galeries de larves, généralement creusées au niveau des premières branches, serpentent irrégulièrement, s'élargissent progressivement et prennent bientôt sous l'écorce une direction nettement descendante. De ces galeries longitudinales la larve se creuse dans la profondeur du bois une cavité ovoïde qui peut arriver à la moelle si le tronc est de petit diamètre ; là elle se fait une coque ayant l'aspect de charpie avec de fins copeaux : c'est à l'intérieur de celle-ci qu'elle se transforme en nymphe. Lorsque des jeunes plants sont atta-

Fig. 208 et 209. — Mélèze et pin fortement attaqués par l'*Hylobius abietis* ;
le dernier présente un fort écoulement résineux (à droite de la figure).

qués, ils sont généralement condamnés par avance ; il faut les abattre et les brûler.

Fig. 210. — Pin attaqué dès sa troisième année par le *Pissodes notatus*. Galerie de larve et chambre de puppe (1/1) Eck.).

Fig. 211. — Portion d'un tronc de pin avec chambre de puppe du *Pissodes Pini* (2/3 gr. nat.). Dans la partie inférieure de la figure on voit les chambres de puppe dans leur situation naturelle ; en haut, elles se présentent en section longitudinale : *a*, trace de galerie de larve sur l'aubier ; *c*, détritus de bois destinés à fermer la chambre de puppe ; *e*, trou de sortie.

Il existe de nombreuses espèces du même genre qui intéressent le forestier : le *Pissodes Pini* L., dont la jeune larve

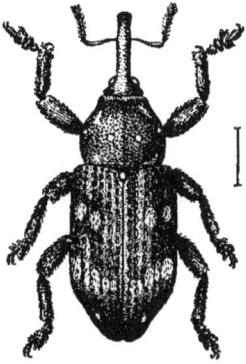

Fig. 212. — *Pissodes notatus* (D.).　　Fig. 213. — *Pissodes Pini* (D.).

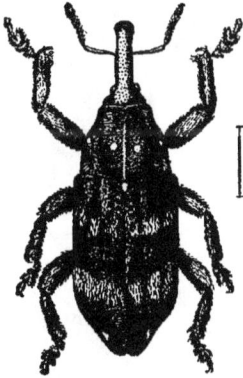

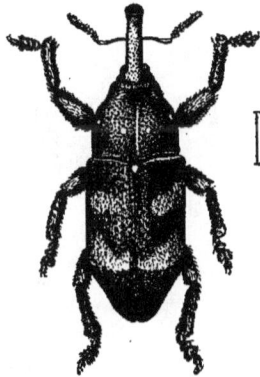

Fig. 214. — *Pissodes Piceæ* (D.).　　Fig. 215. — *Pissodes harcyniæ* (D.).

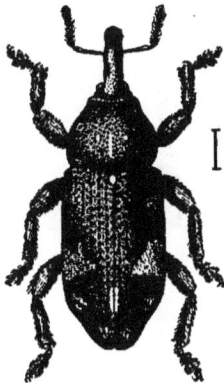

Fig. — 216. — *Pissodes piniphilus* (D.).
(Les traits placés à droite représentent la vraie grandeur).

creuse sous l'écorce des vieux pins des galeries qui sont
d'abord du type étoilé (fig. 217), puis d'un type irrégulier

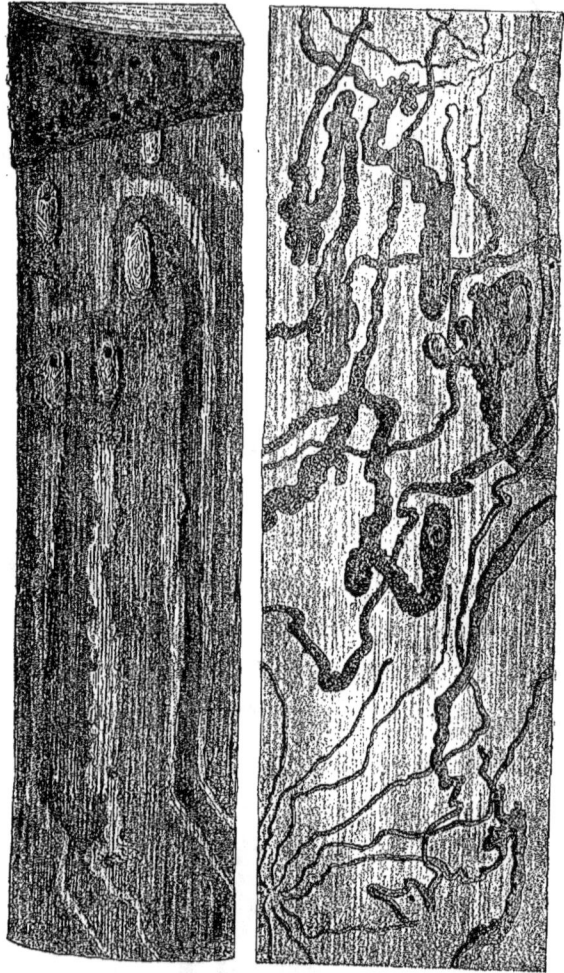

Fig. 217. — *Pissodes Pini*, galeries de larves et berceaux de puppes : à gauche, sur le tronc lui-même ; à droite, sur le côté interne de l'écorce (1/2)
(Eckstein).

analogue à celui des galeries de l'espèce précédente ; le *P. harcyniæ* Hbst., attaque aussi les pins (fig. 218) ; le *P. Piceæ* Ill,

les épicéas ; le *P. piniphilus* Hbst., dont les chambres de nymphes s'enfoncent parfois profondément dans le bois de pin (fig. 219).

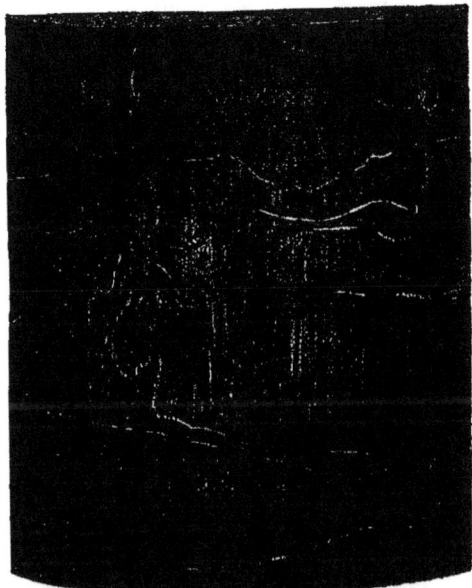

Fig. 218. — *Pissodes harcyniæ*, galeries de larves et berceaux de puppes sur épicéa (1/2) Eckstein).

La distinction de ces espèces est fort minutieuse, nous nous contentons de les figurer (fig. 212-216).

Magdalis violacea. — C'est un insecte de couleur bleue à tête ponctuée d'une façon peu distincte, les élytres possèdent elles-mêmes des séries de ponctuations, le petit bec porté en avant de la tête est à peine recourbé, la longueur de l'insecte atteint 3-5 mm. Il attaque les pins et sapins. La larve se développe sous l'écorce des jeunes branches ou des tiges ayant au plus une quinzaine d'années, elle ronge l'écorce et pratique sa chambre de nymphe plus ou moins profondément dans le bois. Il en est de même du *Magdalis duplicata*, espèce voisine de la précédente, ayant même taille, mais s'en distinguant par la netteté des ponctuations de la tête et par la courbure accentuée du rostre. (Voir fig. 220).

Le Cryptorhynque de la Patience (Cryptorynchus Lapathi). —
Ce charançon est un fort joli insecte ayant 7 1/2 mm. de long,
à surface rugueuse ; le corps est couvert d'une couche serrée
d'écailles noires, brunes, blanches et d'un blanc de craie
sur le dernier tiers des élytres. Il vit sur les saules et les aulnes, dont il ronge les feuilles, mais sans leur causer grand

Fig. 219. — Surface de l'aubier sillonnée par les galeries de larve du *Pissodes
piniphilus* (gr. natur.) (Eckstein).

dommage. Ce sont les larves qui portent préjudice au bois
des arbres cités.

La femelle pond ses œufs dès le mois de mai, dans la partie
ligneuse de l'arbre ; la larve, lorsqu'elle est éclose, commence
à ronger par places la partie du bois qui est sous l'écorce et
perfore celle-ci de trous, puis elle se creuse une galerie verticale en plein bois pour s'élever plus ou moins haut. La larve
adulte demeure à l'extrémité de la galerie où elle passe à l'état
de nymphe.

Ces larves sont fort dangereuses. Elles attaquent surtout
les souches des osiers, les jeunes aulnées et les jeunes plants
de bouleaux, qu'elles font périr facilement (fig. 212). Il faut
abattre et brûler au plus tôt les parties infestées.

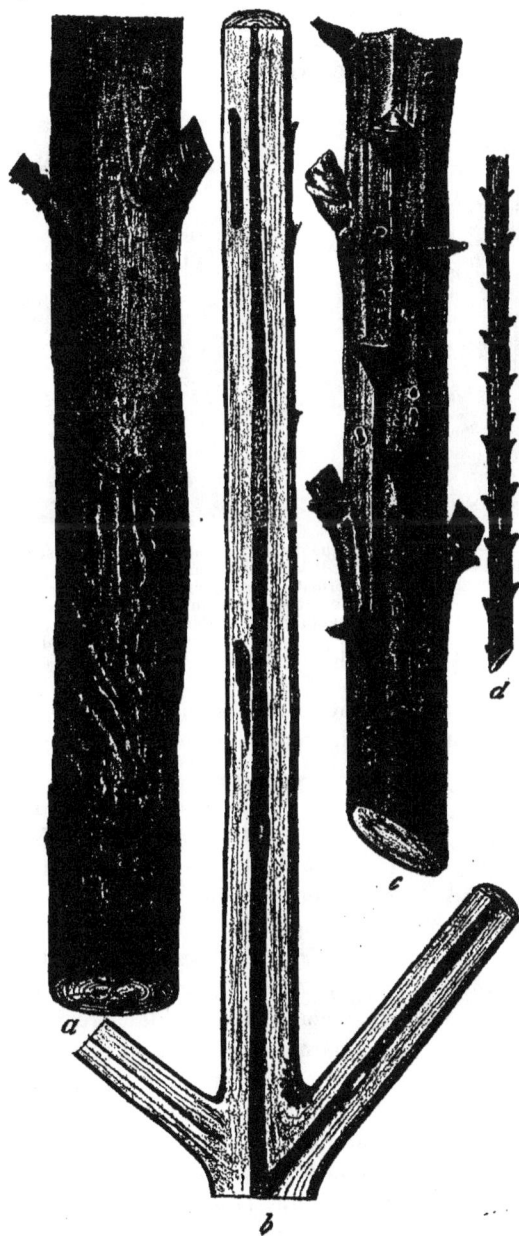

Fig. 220. — a, *Magdalis violacea*, sur épicéa : galeries de larves, berceaux de puppes et trous de sortie de l'insecte ailé ; b, *Magdalis duplicata* : galerie de larve dans la moelle d'un jeune rameau de pin ; berceau de puppe dans le bois ; — c et d, traces du coléoptère de cette dernière espèce sur un rameau de pin. La fig. c est grossie, toutes les autres sont grandeur naturelle (Eckstein).

b) Capricornes ou longicornes ou cerambycides.

Ces insectes ont des antennes extrêmement longues. Les larves, souvent énormes, vivent dans l'intérieur du bois des

Fig. 221. — Le Cryptorhynque de la Patience. Dégâts causés sur l'aulne : I, récente galerie de larve avec la larve elle-même ; — II, galerie plus ancienne avec commencement de formation de bourrelet cicatriciel sur le bord de la blessure ; — III, aspect du rameau attaqué, lorsque l'insecte parfait s'est envolé. *a*, surface de la plaie produite au début par la larve ; *b*, galerie de la larve ; *c*, larve ; *d*, petits copeaux de bois, produits par l'action de la larve ; *e*, trou de sortie (Nitch.).

arbres et se nourrissent de sa substance ; elles arrivent parfois à tuer leur hôte. Elles sont allongées, d'un blanc jaunâtre,

Fig. 222.— *Cerambyx heros.* Insecte parfait et larve (Réduit).

avec des téguments mous : quand elles ont atteint leur grosseur maximum elles agglutinent des débris ligneux avec de la salive et se font ainsi une coque où elles passent leur phase de nymphe.

Espèces de capricornes. — Le *Cerambyx heros* (*Cerambyx heros*). — Bel insecte de 20-50 mm. de longueur. La larve, marquée de plaques chagrinées sur chacun de ses anneaux, du côté de la face dorsale, vit durant plusieurs années (3 à 4) dans l'intérieur des vieux chênes, dont elle rend le bois inutilisable comme bois de service. Les galeries que creusent ces larves sont très larges, plates, nombreuses, étroitement entrelacées sous l'écorce et de là pénétrant dans la profondeur du bois où elles atteignent parfois une taille extraordinaire. Les chênes géants, les plus beaux sujets de la forêt, sont les hôtes préférés de ces larves colossales, qui causent parfois d'incalculables dégâts, car les sujets les plus puissants finissent par succomber à leurs atteintes.

Le *Petit Cerambyx noir* (*Cerambyx cerdo*). — Il ressemble à l'espèce précédente, avec des dimensions plus réduites (18 à 29 mm.). Il est plus répandu et n'est pas confiné seulement aux vieux chênes; la larve vit sous l'écorce et dans le bois de divers arbres malades : chênes, pommiers, cerisiers, etc.; elle a la même taille que celle du *C. heros*.

Une espèce voisine, dont on fait quelquefois un genre particulier, possède une larve qui habite le bois des saules étêtés ou les souches plus ou moins informes des osiers, c'est le *Capricorne musqué* (*Aromia moschata*). Cet insecte exhale une odeur agréable.

Les Hylotrupes (*Hylotrupes*). — *Caractères* : Longicornes à tête presque plane entre les antennes; antennes grêles pubescentes, n'ayant pas la moitié de la longueur du corps; yeux très échancrés; corselet plus large que long, cordiforme; corps large et très poilu.

Fig. 223. — Dégâts du *Cerambyx cerdo* sur bois de chêne (1/3) (ludeich et Nitche).

Hylotrupes bajulus, capricorne domestique.— Cet insecte est d'un brun foncé ou châtain et son corps est recouvert de poils cotonneux grisonnants, surtout sur le corselet où certaines irrégularités de dessin rappellent parfois un visage. Il existe souvent, vers le tiers de la longueur des élytres, deux mouchetures blanchâtres et une troisième postérieure. La taille varie entre 6 1/2 et 20 mm. (il y a de petits et de grands exemplaires). La forme générale du corps est aplatie. La femelle a le corps prolongé par une longue tarière.

Comme chez plusieurs autres longicornes, la larve des Hylotrupes habite le bois des charpentes de nos maisons, et cet insecte est quelquefois appelé, à cause de cela, le capricorne domestique.

La larve est particulièrement fréquente dans les bois de pin et de sapin, et l'on voit parfois, surtout dans les vieilles constructions, sortir des boiseries l'insecte parfait, qui se met à voler après quelque hésitation et cherche à s'enfuir.

La femelle introduit sa longue tarière dans les fentes des vieux bois de sapin et de pin : pieux, poteaux, boiseries, parquets, fenêtres, meubles, etc. ; elle pratique ainsi de gros trous, assez caractéristiques du capricorne domestique. Les larves qui résultent de l'éclosion des œufs déposés par la femelle sont aplaties en avant, sans dessins ni inégalités sur les anneaux ; elles sont dépourvues de pieds. Ces larves creusent des galeries dans le bois.

M. E. Henry a constaté que les bois badigeonnés avec du Carbolineum sont à l'abri des atteintes de divers insectes, notamment de l'*Hylotrupes bajulus* (1).

Les Callidies (Callidium). — Tête munie d'un faible bour-

Fig. 224. — Altération produite par le *Callidium variabile* sur bois de chêne. A droite est représentée une chambre de puppe. (1/2 gr. nat.) (Iud. et Ni.).

_____

(1) Communication directe faite à l'auteur.

relet entre les antennes ; antennes sétacées, de longueur variable, le 3e article plus long que le 4e ; prothorax déprimé très arrondi sur les côtés ; élytres planes, arrondies, parallèles ; les pattes ont des cuisses pédicellées et renflées en massue.

La Callidie variable (Callidium variabile). — Coloration très variable, tantôt d'un noir luisant, uniforme, avec les élytres d'un bleu d'acier ; tantôt antennes, corselet (entièrement ou seulement sur les bords) et jambes rougeâtres ; tantôt jaune rouge, avec les élytres jaune noir, etc. Longueur 7-10 et même 14 mm.

Cet insecte, fort commun, vit dans les bûches qui sont destinées au chauffage ; on le trouve aussi dans les chantiers et les maisons. Sa larve creuse, sous les écorces des chênes surtout et aussi des hêtres et des châtaigniers, des galeries larges et irrégulières qu'elle remplit de sciure.

La Callidie mélancolique (Callidium melancholicum). — Couleur aussi très variable. La femelle, dit Perris, pond ses œufs sur les pieux récemment coupés ou les branches récem-

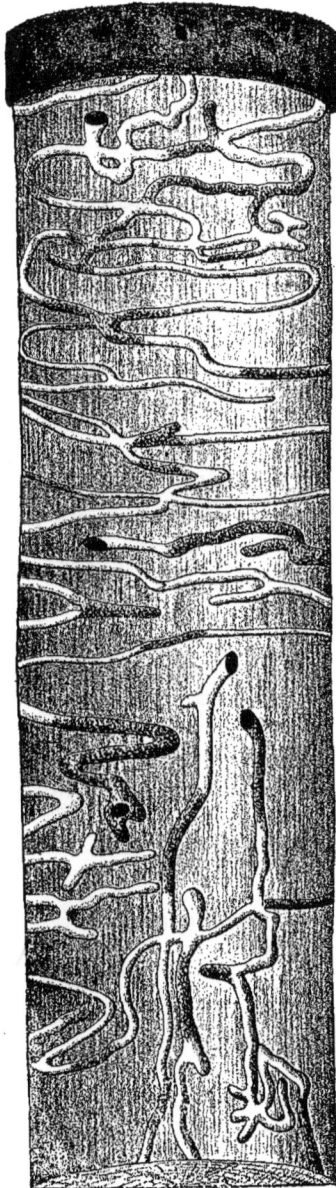

Fig. 225. — Tronc d'épicéa présentant des galeries de larves de *Molorchus minor* (grandeur naturelle) (Eckst.)

ment mortes du chêne et du châtaignier, tout en paraissant préférer ce dernier, ce qui rend cet insecte très désagréable aux propriétaires viticulteurs et négociants en vins, surtout dans les contrées où les cercles des futailles sont presque exclusivement de châtaignier. Les larves, souvent très nombreuses, cheminent sous l'écorce, sillonnent l'aubier de cannelures sinueuses longitudinales et enchevêtrées : aussi, si elles sont nombreuses, l'écorce du cercle tend à se détacher et celui-ci perd sa résistance. De plus, la larve, pour mettre bien à l'abri la nymphe future, s'enfonce dans le bois et y creuse une cavité, si bien qu'au bout d'un an ou deux les cercles sont hors de service ; heureux s'ils n'éclatent pas aux époques de la fermentation ou durant les transports. Perris recommande, pour éviter ces graves inconvénients, de conserver les barriques dans des celliers inaccessibles à la lumière et d'écorcer les cercles.

La Callidie sanguine (Callidium sanguineum). — Elle est noire, mais revêtue, sur la tête, le corselet et les élytres, d'un épais duvet soyeux d'un beau vermillon. Longueur : 9-10 mm.

Cet insecte commun se rencontre dans nos maisons. Sa larve, qui vit dans l'aubier du chêne, est introduite avec ce bois dans les chantiers et bûchers.

D'autres Callidies vivent dans le bois mort.

Citons encore une espèce appartenant à un autre genre : le *Molorchus minor*, dont la larve creuse ses galeries sous l'écorce du pin en entaillant assez fortement l'aubier ; les chambres des puppes sont profondément cachées dans le bois (fig. 225).

c) Les Bostrichides ou Scolytides (*Die Borkenkäfer* des Allemands).

Cette famille renferme les ennemis les plus redoutables des bois sur pieds dans la forêt ; les insectes qui la constituent vivent presque entièrement dans le bois, ils en sortent seulement pour chercher de nouveaux arbres ou pour s'accoupler.

Caractères. — Ces coléoptères sont de petite taille, ayant seulement quelques millimètres (1 à 9) de long ; la forme de leur corps est trapue, la tête épaisse est retirée dans le prothorax, les antennes sont courtes et épaissies à leur extrémité.

Le corselet est presque toujours de la même largeur que les élytres. Les mandibules, fortes et saillantes, permettent à ces insectes de creuser des galeries dans les bois les plus durs.

Les larves sont ramassées, cylindriques, avec des bourrelets qui remplacent les pattes ; leurs mandibules sont fortes, les yeux manquent, les antennes sont à peine perceptibles. Ces larves ressemblent beaucoup à celles des charançons.

Comme chez tous les coléoptères, les métamorphoses sont complètes, mais elles s'opèrent très rapidement.

Ils vivent toujours en commun, soit à l'état de larve, soit à l'état d'insecte parfait, ce qui les rend d'autant plus dangereux.

Insectes parfaits et larves creusent des galeries dans le bois et se nourrissent de sa substance ; quelques espèces vivent cependant sur des plantes herbacées, nous ne nous en occuperons pas.

On peut diviser, au point de vue biologique, cette famille en deux groupes : les Bostriches vivant entre l'écorce et le liber et entamant plus ou moins ces deux organes, et ceux dont les couloirs courent dans l'intérieur même du bois. Nous avons donc deux sortes de ravages : des *ravages physiologiques*, causés par les insectes du premier groupe, et des *ravages techniques*, causés par les insectes xylophages proprement dits.

Galeries.— Ces insectes creusent dans l'écorce, ou immédiatement au-dessous d'elle, mi-partie, dans elle-même, mi-partie à la surface du bois, et d'autres fois dans la profondeur de celui-ci, d'élégantes arborisations dont la forme est caractéristique d'une espèce donnée, à tel point que l'on peut déterminer l'auteur des dégâts par simple examen d'un fragment d'écorce ou de bois attaqués, sans qu'il soit nécessaire de trouver l'insecte lui-même.

Voici comment ces galeries sont le plus souvent constituées : il existe au commencement de la galerie une sorte d'antichambre, où, chez la plupart des espèces, se produit l'accouplement ; puis les femelles continuent à allonger cette antichambre dans une direction déterminée pour établir la « galerie maternelle » (*Muttergang* des Allem.). Les œufs sont pondus dans de petites loges creusées à des espaces réguliers dans cette galerie de mère que l'on appelle encore, à cause de cela, « galerie de ponte ». Tout ceci constitue la partie centrale du système.

Les larves, après l'éclosion, creusent des galeries latérales qui deviennent de plus en plus larges à mesure qu'elles s'accroissent et qu'elles s'éloignent davantage de la partie centrale ou galerie principale ; l'extrémité de chaque couloir est particulièrement dilatée pour devenir une loge commode destinée à la nymphe.

Ces systèmes de galeries constituent un prodigieux travail, dont seules les fourmis et les abeilles, parmi les insectes, donnent un exemple.

On peut dire que, d'une façon générale, les scolytes préfèrent de beaucoup les arbres déjà dépérissants ; ils n'attaquent guère les arbres sains que lorsque les arbres malades leur font défaut.

Les diverses espèces de scolytes sont : les unes monophages, les autres polyphages suivant qu'elles s'attaquent à la même espèce d'arbre ou à un petit nombre d'espèces. Cependant la nécessité porte souvent un scolyte d'espèce déterminée à vivre aux dépens d'un hôte qui ne lui est pas habituel. D'une façon générale, les Bostriches des résineux ne s'attaquent pas aux feuillus et inversement. Les premières essences ont, d'autre part, beaucoup plus à souffrir que les secondes, des ravages de ces insectes.

Moyens de lutter contre les Bostrichides. — Les invasions de ces insectes sont parfois si soudaines et si considérables qu'il devient absolument impossible à l'homme de lutter directement et même de sauvegarder l'avenir de la forêt. Il faut, dans ce cas, exploiter au plus tôt, pour réaliser le bois avant que le mal ne soit par trop grand. Les invasions des Bostriches typographe et chalcographe dans les forêts d'épicéas et de l'Hylésine piniperde dans les forêts de pins, sont les plus fréquentes et les plus dangereuses ; elles ont anéanti de magnifiques peuplements forestiers en Allemagne, dans le Jura, etc., en moins de quelques semaines.

Le seul moyen que puissent employer les forestiers pour prévenir les désastres dans le genre de ceux que nous venons de signaler est de constituer des arbres-pièges sur lesquels viendront en grand nombre ces insectes au moment de leur vol et où ils déposeront leurs œufs. On se sert pour ces pièges, de branches, de racines ou d'arbres abattus dépérissants, au moment où les insectes essaiment et pondent. Ces végétaux affaiblis sont recherchés par les insectes et les systèmes de galeries ne tardent pas à s'y enchevêtrer à tel point qu'il devient très difficile de dire à quel type elles appartiennent.

On surveille l'arbre-piège et, quand on est assuré que les femelles ont pondu et que les larves commencent à creuser leurs galeries, on écorce d'une seule fois tout l'arbre et on détruit par le feu, aussi soigneusement que possible, toute l'écorce renfermant les larves.

On voit que le point important, celui que les forestiers doivent bien connaître pour lutter efficacement contre les Bostriches, consiste à savoir à quelles époques se produisent les différentes phases du développement de ces insectes ; à quels moments ils essaiment, pondent, se métamorphosent et s'accouplent, en un mot, combien de générations arrivent à maturité dans le cours d'une année. Cette question est d'ailleurs très difficile à trancher, car le nombre de ces générations dépend, pour une bonne part, des conditions ambiantes : chaleur, lumière, altitude, etc. ; on admet qu'il s'en produit, en général, deux par année.

Il est particulièrement important, pour la lutte contre les Bostriches, de savoir à quelles époques ont lieu les principaux essaimements. Chez le plus grand nombre d'espèces, les insectes qui hivernent à l'état parfait sortent de leurs refuges en avril ou mai, l'essaimement est plus ou moins long suivant les circonstances extérieures : chaleur, etc. ; on peut dire, cependant, qu'il faut de 8 à 12 semaines pour arriver du stade d'œuf au stade d'insecte parfait.

Les arbres-pièges, dont nous avons signalé l'emploi, ne peuvent servir quand il s'agit d'espèces de scolytes qui redoutent d'attaquer des arbres abattus, comme par exemple le *Tomicus curvidens* Germ. Il faut alors se contenter d'abattre les arbres atteints et de les écorcer aussitôt en brûlant l'écorce pour détruire les insectes. Enfin, certaines espèces opèrent leurs dernières métamorphoses dans l'aubier même ; dans ce cas l'écorçage ne peut détruire les larves, et il faut carboniser tout le tronc pour les tuer, ce qui déprécie considérablement le bois.

Lorsqu'il s'agit d'insectes vivant profondément dans le bois (xylophages proprement dits), le traitement est encore plus difficile, il devient même impossible. Ces espèces sont heureusement moins dangereuses que les premières au point de vue forestier ; il faut cependant citer pour leurs dégâts en forêt : le *Bostrichus lineatus* et le *Xyloborus monographus* qui abondent parfois, le premier dans les peuplements de résineux (épicéas, pins, etc.), le second sur le chêne.

Par contre, les insectes de cette catégorie ont une influence néfaste sur les bois dans les scieries, les dépôts et les bois mis en œuvre.

On peut conclure que l'extension du développement des insectes de la forêt sera entravée le plus possible par l'application des méthodes les plus rationnelles de culture qui, faisant des arbres forts, feront par suite des arbres résistants et sains. L'homme peut en outre compter sur des auxiliaires, malheureusement trop irréguliers : le froid survenant brusquement, l'apparition de conditions météorologiques nuisibles à l'insecte, ou de parasites de ces insectes; circonstances qui, mieux encore que ses propres efforts, peuvent faire disparaître le fléau, parfois presque subitement.

Subdivision en trois groupes de la famille des Scolytides. — On distingue :

1° Les Scolytes ou Bostriches de l'aubier ;

2° Les Hylésines ou Bostriches du liber ;

3° Les Tomicides ou Bostriches proprement dits.

Nous reproduisons, à la suite, une table dichotomique qui donne le détail des subdivisions de cette famille et qui permet d'arriver à la détermination des espèces. Cette table a été établie par M. Barbey pour son grand ouvrage sur « Les Scolytides de l'Europe centrale ». Elle sera précieuse pour toutes les personnes, les forestiers entre autres, désireuses de remonter à la cause, à l'auteur des dégâts d'un bois.

Nous avons ajouté en regard de ce tableau, vis-à-vis du nom de l'espèce, des indications concernant : la synonymie ; le type des galeries creusées (l'abréviation : T. G., n°..., signifie qu'il faut se reporter au n°... des fig. 226-240 pour connaître le type du système de galeries creusées par l'insecte en question); les essences attaquées ; l'importance des dégâts et les dimensions de l'insecte à l'état parfait.

Nous étudions, à la suite de ce tableau, deux espèces d'une importance spéciale : le Bostriche typographe qui creuse ses galeries dans l'écorce, et le Bostriche linné qui les ouvre dans le bois de certains résineux. Nous ne pouvons nous étendre beaucoup sur l'étude des autres espèces. La connaissance de ces insectes présente un haut intérêt pratique pour toutes les personnes qu'intéresse la question du bois, et notamment pour les forestiers. Nous ne pouvons mieux faire que de leur signaler l'ouvrage de M. Barbey sur les Scolytides de l'Europe centrale, dans lequel tous ces insectes sont minutieusement décrits et étudiés; eux et leurs dégâts sont dessinés et photographiés en grandeur naturelle ou grossis, ce qui permet d'arriver sûrement et facilement à leur détermination.

Figures schématiques de la disposition des systèmes de galeries des Scolytides (fig. 226-240) :

A. *Galeries creusées entre l'écorce et le bois.*

Fig. 1. Galerie de ponte verticale simple : *c*, galerie de ponte, avec, en bas, le trou d'entrée ; *a*, galerie de larve ; *b*, larve (ou trou de sortie de la larve transformée en insecte parfait).

Fig. 2. Galerie de ponte verticale double : *a*, trou d'entrée ; *b*, chambre d'accouplement ; *c*, galerie de ponte ; *d*, trou à air ; *e*, encoches de ponte.

Fig. 3. Galerie de ponte verticale à plusieurs bras ou fourchue : *a*, galerie de ponte.

Fig. 4. Galerie de ponte horizontale simple.

Fig. 5. Galerie de ponte horizontale double (en accolade).

Fig. 6. Galerie de ponte horizontale à plusieurs bras ou fourchue.

Fig. 7. Galerie de ponte arrondie, irrégulière, et galeries de larves rayonnantes.

Fig. 8. Galerie de ponte étoilée (Il y a autant de bras de ponte que de femelles).

Fig. 9. Galerie de famille : La femelle dépose ses œufs dans un cul-de-sac qu'elle pratique dans la galerie de ponte, puis les larves issues des œufs creusent simultanément en tous sens une chambre commune (galerie de famille).

Fig. 10. Galeries de ponte et de larves irrégulières, le plus souvent verticales, difficiles à distinguer, se confondant plus ou moins en s'entrecroisant.

Fig. 11. Galeries de ponte irrégulières : en forme de crochet, d'éperon, en demi-cercle, etc. Les galeries de larves sont généralement disposées sur un autre plan.

B. *Galeries creusées dans la profondeur du bois*

Fig. 12. Galerie en échelons.
La galerie perpendiculaire à l'axe du tronc est creusée par la femelle ; les galeries plus courtes, dirigées suivant les fibres, sont forées par les larves.

Fig. 13. Galerie de famille irrégulière.
La femelle creuse le trou d'entrée, puis la galerie perpendiculaire à l'axe

et la chambre irrégulière ; les larves agrandissent ensuite celle-ci en tous sens.
Fig. 14. Galeries fourchues.

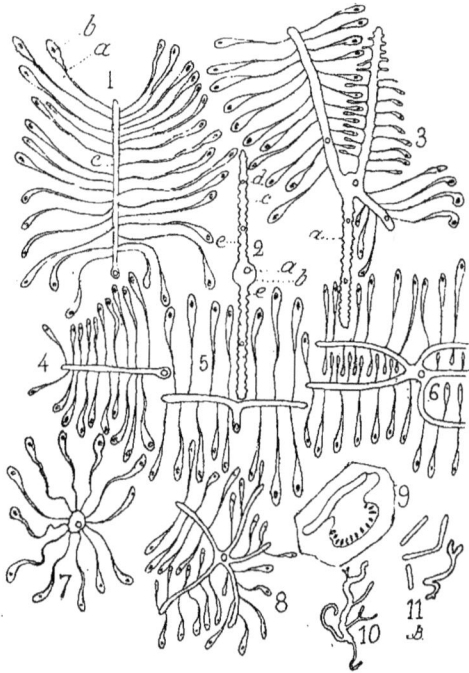

Elles sont creusées par la femelle dans un même plan perpendiculaire à
l'axe du tronc ; les larves ne pratiquent pas de couloirs et se nourrissent
des sucs provenant du bois.

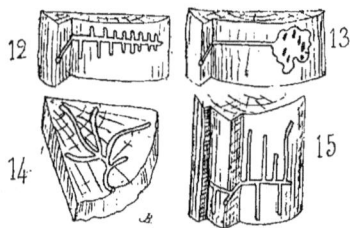

Fig. 15. Galeries ramifiées sur des plans différents, creusées entièrement par
la femelle ; les larves se comportent comme dans le cas précédent.

TABLE DICHOTOMIQUE

POUR LA DÉTERMINATION DES ESPÈCES DE SCOLYTIDES

TABLE DICHOTOMIQUE POUR LA DÉTERMINATION DES ESPÈCES (1)

---

1. Tête plus étroite que le corselet, 1er article tarsal plus court que les suivants réunis. Sous-famille : *Scolytidae*.

1.1. Tête libre, presque plus large que le corselet, tarses très allongés ; 1er article tarsal au moins aussi long que les suivants. Sous-famille : *Platypodae*.

1. — SCOLYTIDAE

Antennes peu allongées, généralement coudées, avec grosse massue terminale, funicule raccourci ; gros corselet, de la largeur des élytres recouvrant la tête ; tibia plus long que le tarse, son côté extérieur généralement dentelé.

1er article tarsal généralement de la même longueur que les deux suivants, le 3e peu développé, le 4e allongé et toujours muni de deux ongles simples.

1. Tête inclinée avec un museau court et large, généralement visible d'en haut, 3e article tarsal cordiforme ou bilobé.

2. Elytres à peine inclinés vers la pointe ; abdomen tronqué, relevé vers l'extrémité à partir du 2e anneau. Tibias entiers à leur bord externe munis d'un crochet terminal.

1er groupe : **Scolytini**

2.2. Elytres inclinés vers la pointe, abdomen horizontal, tibias dentelés extérieurement.

2e groupe : **Hylesini**

1.1. Tête sphérique, cachée sous le bord antérieur du corselet. Corselet ordinairement rugueux en avant, souvent ponctué ou uni vers la base. 3e article tarsal simple.

3e groupe : **Tomicini**

---

(1) Cette table dichotomique est empruntée au beau travail de M. A. Barbey sur les *Scolytides d'Europe*. Il nous a aimablement autorisé à la reproduire. Nous y ajoutons quelques renseignements complémentaires et des indications pratiques. De nombreuses figures viendront aider à la compréhension des faits.

OBSERVATIONS

Appelés encore Scolytes ou Bostriches de l'aubier, parce qu'ils creusent leurs .leries profondément sous l'écorce et entament plus ou moins l'aubier. Ils pro-isent le dépérissement de l'arbre et parfois sa mort (Dégâts physiologiques).

Hylésines ou Bostriches du liber. Ils causent des dégâts physiologiques.

Bostriches proprement dits.
Beaucoup vivent dans l'intérieur même du bois et causent des « dégâts tech-ques », ils enlèvent au bois sa valeur marchande, sans, d'autre part, nuire aucoup à la végétation de l'arbre lui-même, en général.

1. — SCOLYTINI

Scolytus

Tête inclinée, munie d'un rostre court et large ; funicule de sept ar[...] massue articulée et écailleuse.

1. 2e segment abdominal sans saillie médiane.

2. 3e et 4e segments abdominaux, au moins chez le ♂, munis d'un tub[...] saillant.

3. Interstries des élytres larges et toujours plus finement ponctuées c[...] stries.

4. Front à carène longitudinale distincte, surtout chez la ♀ ; 3e anneau[...] minal muni en son milieu d'un tubercule verruqueux. Le 4e re[...] son bord postérieur et faiblement sinué en son milieu ; segments[...] mes chez la ♀.

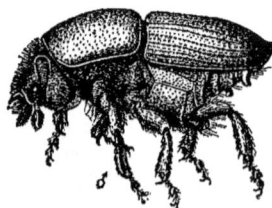

Ratzeburgi Jans[...]

Fig. 241. — *Scolytus Ratzeburgi*, très grossi (II.).

4.4. Front sans carène longitudinale ; 4e segment abdominal muni, du r[...] chez le ♂, d'un tubercule verruqueux.

Geoffroyi Gœtz.

OBSERVATIONS

Syn. : *Scolytus destructor*
oms. *Eccoptogaster des-*
ctor Ratz.
Scolyte destructeur.
T. G. n° 1 (1).
Creuse ses galeries sous
corce du tronc et des
osses branches du bou-
u.
(Longueur : 4,5 — 5,5
m.).

Syn. : *Scolytus destructor*
—*Sc. Ratzeburgi* Thoms.
Eccoptogaster scolytus
tz.
Grand scolyte de l'orme.
T. G. n° 1.
Attaque les bourgeons et
euse des galeries sous
corce des vieux ormes et
général des ormes végé-
nt dans de mauvaises
nditions.
(Long. : 4-5 mm.).

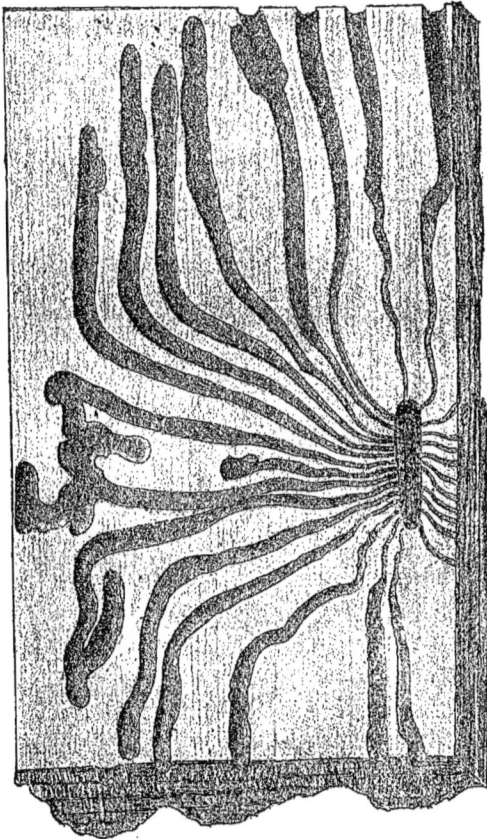

Fig. 242. — *Scolytus Geoffroyi.*
Galeries de mère et de larves dans l'écorce de l'orme
(1/1) (Eckstein).

(1) Cette indication renvoie aux types de systèmes de galeries des fig. 226-240.

3.3. Elytres très densément striés-ponctués ; interstries étroites et à ponctuation presque aussi dense et profonde que celle des stries.

pygmæus Fabr.

2.2. Tous les segments sans tubercules.
3.   Insterstries des élytres ponctuées régulièrement.
4.   Front portant une ligne longitudinale relevée en carène.

Ratzeburgi Janson (voir ci-dessus).

4.4. Front sans carène.
5.   Suture non enfoncée, sauf près de l'écusson ; élytres à peine plus long que le corselet, très densément et régulièrement striés-ponctués.

pygmæus ♀. Fabr. (voir ci-dessus).

5.5. Suture enfoncée derrière l'écusson en un sillon s'étendant au-delà de la moitié des élytres ; ces derniers striés-ponctués, à insterstries portant de fines, mais visibles, lignes de points, diffuses sur les côtés.

pruni Ratz.

Syn. : *Eccoptogaster noxius* Ratz.

Scolyte pygmée.

Vit dans les branches supérieures des ormes.

Biologie peu connue.

(Long. : 3-3,5 mm.).

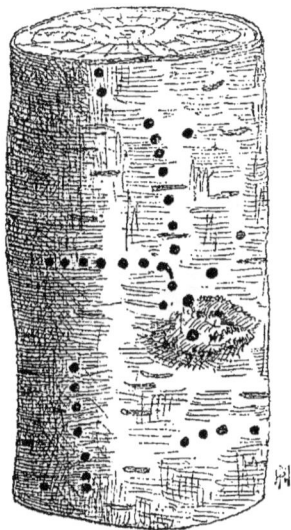

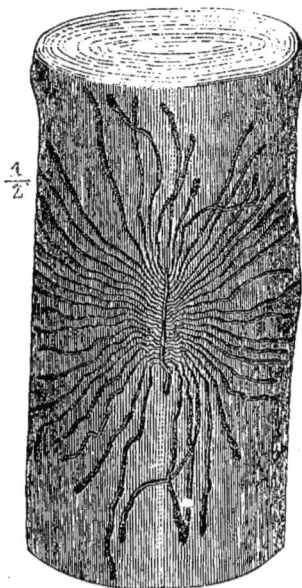

Fig. 243. — Séries de trous d'air du *Sco-lytus Ratzeburgi* sur Bouleau. Les sé-ries verticales appartiennent aux galeries maternelles, les lignes en écharpe appar-tiennent aux galeries de larves (I. et N.).

$\frac{1}{2}$

Fig 244. — Galeries de *Scolytus Ratzeburgi*, sur bouleau (1/2) (I. et Ni.).

Syn. : *Eccoptogaster pruni* Ratz.

Scolyte du prunier ou des arbres fruitiers.

T. G. Nº 1.

Hôtes : les arbres fruitiers tels que : prunier, cerisier, pommier, poirier, et aussi l'aubépine, l'orme, etc.

Il attaque les arbres dépérissants. Il creuse ses galeries entre le bois et l'écorce et les enfonce profondément dans l'aubier pour y constituer les berceaux des chrysalides.

(Long. 3,5-4,5 mm.).

3.3. Elytres à fines rides superficielles obliques.

4.   Corselet plus large que long, à rides rugueuses et rapprochées sur les côtés, à ponctuation fine et éparse sur le disque.

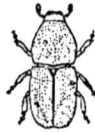  **intricatus** Ratz.

Fig. 245.   Fig. 246.

4.4. Corselet plus long que large.

rugulosus Ratz.

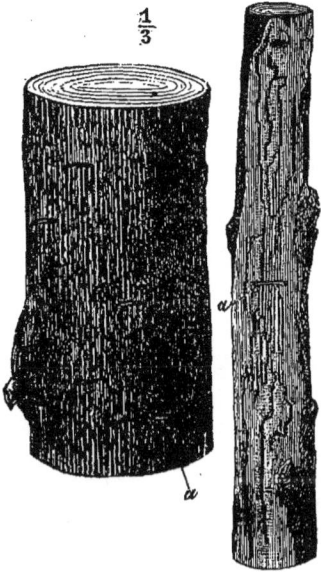

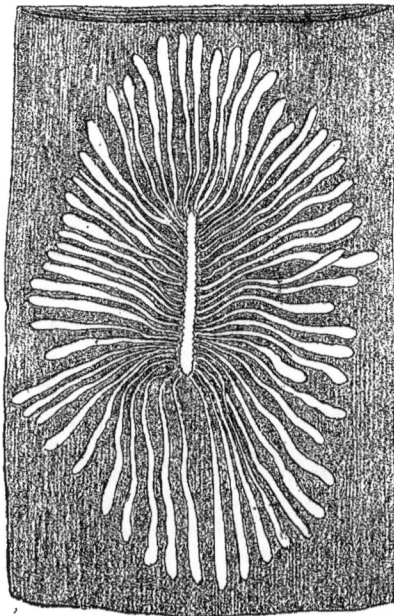

Fig. 247. — Dégâts produits sur le chêne par le *Scolytus intricatus* (Iud et Ni).

Fig. 248. — *Scolytus multistriatus*. Galerie de ponte et galeries de larves dans l'aubier de l'orme (1/1) (Eckstein).

Syn. : *Eccoptogaster intricatus* Ratz. — *E. pygmæus* Gyll.
Scolyte du chêne.
T. G. n° 4.
Galeries sous l'écorce, laissant sur le bois une empreinte cannelée ; berceaux des chrysalides souvent profondément enfoncés dans l'aubier. Attaque les chênes dépérissants ; dégâts parfois très graves. Fréquent sur piquets et pièces de bois abattu non écorcé.
(Long. : 3, 5-4 mm.).

Syn. : *Eccoptogaster rugulosus* Ratz.
Scolyte rugueux.
T. G. n° 1.
Caractères biologiques à peu près semblables à ceux du Sc. du prunier.
(Long. : 2-2,5 mm.).

1.1. 2e segment abdominal armé chez les deux sexes d'un appendice épineux ou présentant une carène longitudinale médiane.

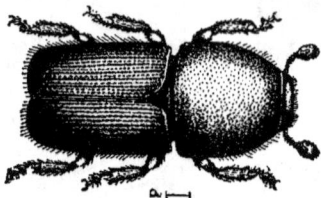

multistriatus. Marsh.

Fig. 249 — Scolytus multistriatus.
(mâle) fortement grossi (H).

2 — HYLESINI

Tête inclinée, terminée par un rostre court et large ; corselet généralement rétréci en avant, et toujours exactement ponctué à sa partie dorsale ; tibias dentelés ou munis d'un crochet à leur bord externe ; 3e article tarsal généralement cordiforme ou bilobé ; base des élytres à rebords généralement relevés ; déclivité des élytres convexe.

1.   Antennes insérées sur les côtés et à la base des mandibules.
2.   Massue sphérique ou en forme de gland, non comprimée.
3.   Hanches antérieures contiguës.
4.   Funicule de 7 articles. Prosternum enfoncé, à bords latéraux anguleusement tranchants, base des élytres à rebords non, ou à peine, relevés.

Hylastes.

Fig. 250.

4.4. Funicule de 6 articles.
5.   Prosternum non échancré devant les hanches, 3e article tarsal cordiforme ; massue sphérique, très densément ponctuée et longuement velue

Hylurgus.

Fig. 251.

5.5. Prosternum échancré jusque vers les hanches antérieures ; 3e article tarsal bilobé ; massue oblongue, oviforme, dessus du corps éparsément ponctuée et moins velu.

Eccoptogaster multistriatus Ratz.

Petit scolyte de l'orme.

T. G. n⁰ 1 (V. fig. 248).

Accompagne généralement le grand scolyte de l'orme, mêmes caractères biologiques.

(Long. : 3-3,5 mm.).

Myelophilus

Fig. 252.

3.3. Hanches antérieures distantes.

6.   3e article tarsal cordiforme ; funicule de 6 articles.

Kissophagus.

6.6. 3e article tarsal simple ; funicule de 5 articles.

Xylechinus.

2.2. Massue comprimée.

7.   Yeux divisés en deux parties ; massue solide, beaucoup plus longue que le funicule ; 3e article tarsal simple.

Polygraphus.

7.7. Yeux simples, massue articulée.

8.   Hanches antérieures contiguës.

9.   Yeux à bord antérieur entier ; le 1er article tarsal est le plus long ; le 3e, large bilobé ; bord antérieur du corselet échancré dans son milieu, très velu.

Dentroctonus.

9.9. Yeux réniformes, antérieurement très échancrés ; 1er article tarsal le plus court, le 3e faiblement cordiforme ; corselet non échancré ou arrondi antérieurement ; insecte à peine velu.

Carphoborus.

8.8. Hanches antérieures non contiguës.

9.   Yeux échancrés antérieurement, funicule de 5 articles, tarses filiformes, 3e article tarsal simple.

Phlœosinus.

9.9. Yeux allongés, ovales, à bord antérieur entier ; funicule de 7 articles, 3e article tarsal large, cordiforme.

Hylesinus.

Fig. 253.

1.1. Antennes insérées sur les côtés du front, au-dessus des mandibules ; massue à articles très distincts, et bien plus longue que le funicule.

OBSERVATIONS

2.   Massue de 3 articles, faiblement dilatés intérieurement ; abdomen non relevé, horizontal.

Phlœophthorus.

2.2. Massue de 3 articles lamelliformes ; abdomen convexe relevé vers l'anus.

Phlœotribus.

1. — **Hylastes** Erichson

1.   Elytres tronqués presque verticalement à la base ; corselet pas plus large que long, peu rétréci antérieurement ; 3e article tarsal à peine plus large que les précédents.

2.   Museau présentant en avant une carène longitudinale.

3.   Côtés du corselet presque droits et parallèles jusqu'au delà du milieu.

ater Payk.

Fig. 254.

3.3. Côtés du corselet arrondis.

cunicularis Erichs.

Fig. 255.

2.2. Museau non caréné présentant souvent un petit sillon longitudinal.

3.   Sillon situé à la base du rostre, corps très allongé.

attenuatus Ratz.

3.3. Rostre sans sillon, ni carène ; corps plus trapu ; corselet arrondi sur les côtés.

opacus Erichs.

1.1. Elytres séparément arrondis à la base ; corselet plus large que long, antérieurement rétréci-resserré ; 3e article tarsal largement bilobé.

2.   1er article de la massue grand, les trois suivants très petits ; corselet à ponctuation enfoncée sur le disque.

3.   Front avec une impression transversale, distincte entre les yeux ; corselet finement et densément ponctué sur les côtés ; interstries des élytres indistinctement tuberculées vers l'extrémité seulement.

decumanus.

OBSERVATIONS

Syn. : *Hylesinus ater* Fabr.
Hylésine noir du pin.
T. G. N° 1.
Dangereux « ravageur des racines » des pins indigènes ou naturalisés.
(Long. : 4-4,5 mm.).

Syn. : *Hylesinus cunicularis* Ratz.
Hylésine noir de l'épicéa.
T. G. N° 1. Dangereux ravageur des racines d'épicéa.
(Long. : 3,5-4,5 mm.).

Syn. : *Hylesinus attenuatus* Erichs.
Peu connu, peu répandu ; attaque les pins.
(Long. : 2-2,5 mm.).

Syn. : *Hylesinus opacus* Ratz.
T. G. N° 1.
Attaque les pins d'une dizaine d'années au niveau de la racine et du collet.
(Long. : 2-2,5 mm.).

Syn. : *Hylastes glabratus* Zett.
Il se plaît dans les climats froids et attaque l'épicéa, l'arolle. Biologie peu connue.
(Long. : 4-5 mm.).

3.3. Impression interoculaire faible ; corselet ponctué-ridé sur les côtés ; élytr
à intervalles visiblement tuberculés.

palliatus Gyll.

Fig. 256.

2.2. 1ᵉʳ et 2ᵉ articles de la massue d'égale grandeur, les deux suivants tr
petits ; corselet à rides coriacées ; élytres densément revêtus de po
gris.

OBSERVATIONS

yn. : *Hylesinus palliatus* Gyll.

Hylésine paillé.

*. G. N° 1.

.ttaque surtout l'épicéa ; atteint aussi le sapin, le mélèze, les pins sylvestre,

ymouth et maritime.

Long. : 3 mm.).

g. 257. — *Hylesinus palliatus.* En haut, galeries maternelles et galeries de larves s'enfonçant un peu dans l'aubier au-dessous ; à droite, se voient les chambres de puppes
creusées dans le bois et obstruées en partie avec des rognures de bois : au-dessous et à
gauche on observe enfin les galeries de mères d'où partent des galeries de larves (grand.
nat.) (Ecks).

3. Base des élytres crénelée ; interstries sans tubercule ; mais granuleus
corselet presque mat, à ligne médiane courte.

Trifolii Müller.

3.3. Base des élytres dentelée, interstries tuberculées. Corselet finement po
tué, mat, sans ligne médiane.

Fankhauseri Reitter.

2. — **Hylurgus**, Latreille.

Antennes avec funicule de 6 articles s'élargissant antérieurement, mas
conique articulée ; prosternum non échancré jusqu'aux hanches ; c
supérieur très densément ponctué et fortement velu.

ligniperda Fabr.

3. — **Myelophilus**, Eichhoff.

Antennes avec funicule presque filiforme, de 6 articles ; massue ovifor
pointue et non comprimée ; prosternum échancré jusqu'aux hanc
antérieures ; ces dernières juxtaposées ; côté supérieur très éparsém
velu.

1. 2e interstrie creusée en sillon sur la déclivité des élytres et non tubercu
en cette partie.

piniperda L.

1.1. 2e interstrie tuberculée jusqu'au bord postérieur des élytres, mais non
sillon.

minor Hart.

Hylésine du trèfle.
Importance nulle au point de vue forestier.
(Long. : 2-5 mm.).

Syn. : *Hylesinus Fankhauseri* Reitter.
Attaque le Cytise. Importance à peu près nulle au point de vue forestier.
(Long. : 2, 5-3 mm.)

Hylésine gâte-bois,
Creuse des galeries de gros calibre dans le liber des souches ou des racines
s pins ; le système de ces galeries est peu caractérisé. — Rare.
(Long. : 4-5 mm.).

Syn. : *Hylesinus piniperda*, Gyll. — *Darmestes
niperda*, Linn. — *Blastophagus piniperda.*
Hylésine du pin ou Grand blastophage.
T. G. N° 1.
C'est un des ennemis les plus dangereux
s pins. Il attaque aussi bien les jeunes
pusses et les bourgeons que le tronc.
(Long. : 4-4,5 mm.). (Voir fig. 258 et 263).

Syn. : *Hylesinus minor*, Hart. — *Hylurgus
inor*, Dœbner. — *Blastophagus minor.*
Hylésine mineur ou Petit blastophage.
T. G. N° 5 (Type différent du précédent).
Compagnon du précédent. Mêmes carac-
res biologiques.
(Long. : 3,5-4 mm.). (Voir fig. 259 et 260).

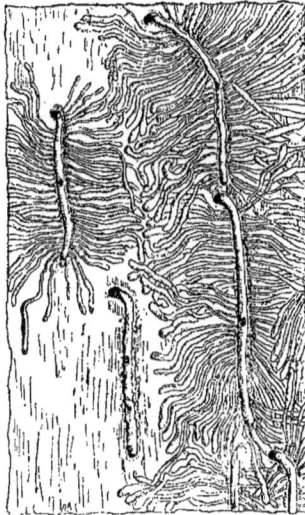

Fig. 258. — Galeries de ponte et galeries de larves de *Hylesinus piniperda* (1/2) (Ni).

4. — **Kissophagus**, Chapuis.

Antennes avec funicule presque filiforme, de 6 articles; massue oviforme pointue et non comprimée. Hanches antérieures séparées par un appendice du prosternum. Côté supérieur écailleux ; élytres couverts de poils hérissés.

Hederæ Chapuis.

OBSERVATIONS

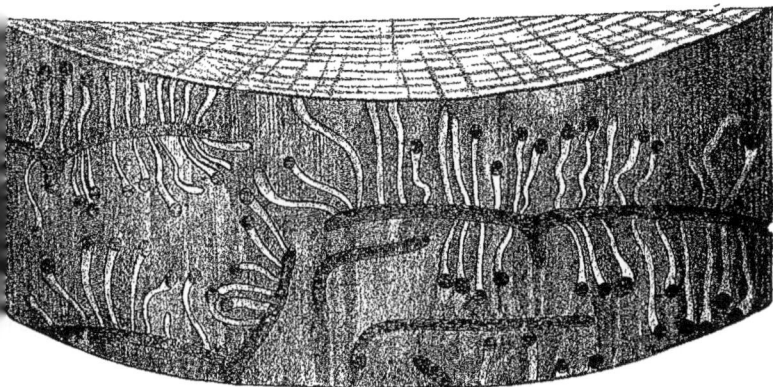

Fig. 259. — *Hylesinus minor*. Galeries de ponte et galeries de larves (grand. natur.)
(Eckst.).

Hylésine du lierre.
Il détruit le lierre et est, à ce titre, un auxiliaire précieux pour les forestiers.
(Long. : 2-2, 5 mm.).

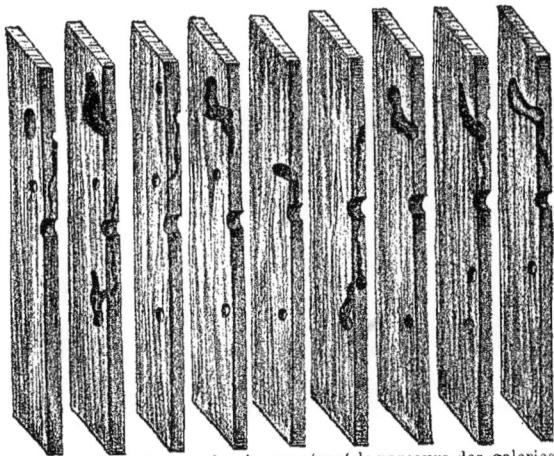

Fig. 260. — Coupes radiales de bois de pin, montrant le parcours des galeries de larves de l'*Hylesinus minor*, ainsi que la chambre de puppe.

5. — **Xylechinus**, Chapuis.

Antennes avec funicule de 5 articles ; massue courte, oviforme et n
comprimée. Hanches antérieures séparées. Yeux à bord antérieur pr
que entier 3e article tarsal simple.

pilosus Ratz.

6. — **Polygraphus**, Erichson.

Yeux séparés en deux ; funicule très court, de 5 articles ; massue beaucou
plus longue, non articulée. Elytres écailleux, velus. ♂ front à pube
cence épaisse, déclivité sillonnée de chaque côté ; ♀ front à pubescen
clairsemée, muni de 2 tubercules, déclivité convexe.

1.   Massue petite, à extrémité appointie ; ♀ front finement et densém
ponctué, souvent avec une tache glabre en son milieu.

polygraphus L.

Fig. 261.

1.1. Massue grande à extrémité tronquée ; ♀ front velu sur le pourtour, régu
lièrement, densément et fortement ponctué ; beaucoup plus grand que
le précédent.

grandiclava Thoms.

OBSERVATIONS

Syn.: *Hylesinus pilosus* Ratz.
Hylésine pileux.
T. G. Nº 5.
Tronc et branches de l'épicéa et du mélèze. Rare.
(Long. : 2,5 mm.).

Syn. : *Hylesinus polygraphus*, Ratz. — *Dermestes polygraphus*, L. — *Eccoptogaster lygraphus*, Gyll. — *Polygraphus pubescens*, Bach.
Hylésine polygraphe.
T. G. Nº 11, assez embrouillé et peu net.
Assez dangereux pour les épicéas et pins sains ou dépérissants.
(Long. : 2-2, 5 mm.).

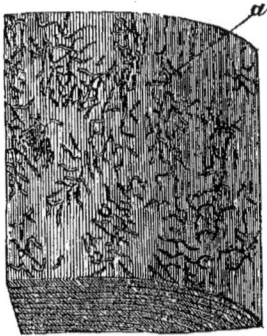

Fig. 262. — Bois d'épicéa avec galeries de larves, galeries de mères (*a*) et chambre de puppe de l'*Hylesinus polygraphus* (1/2) (lu. et Ni).

Fig. 263. — *Hylesinus piniperda*. Traces sur épicéa. L'écorce a été enlevée. (lu. et Ni).

T. G. Nº 11.
Tronc et branches des cerisiers.
Peu connu ; peu important.
(Long. : 4-4,5 mm.).

7. **Dentroctonus**, Erichson.

Antennes avec funicule de 5 articles ; massue comprimée, articulée ; yeu en ovale sublinéaire, 1er article tarsal le plus long, le 3e bilobé ; part antérieure du corselet échancrée en son milieu.

micans Kug.

8. — **Carphoborus**, Eichhoff

Antennes avec funicule de 5 articles. Massue comprimée articulée. Yeu réniformes, profondément échancrés intérieurement ; 1er article tarsa le plus court, le 3e légèrement cordiforme ; corselet non échancr antérieurement ; corps très petit ; à la déclivité des élytres, la suture la 3e interstrie relevées en carène et liées au bord latéral qui est lu même caréné.

minimus Eich.

9. — **Phlœosinus**, Chapuis

Antennes avec funicule de 5 articles ; massue allongée, ovale et articulée yeux réniformes ; prosternum échancré jusqu'aux hanches antérieu res ; ces dernières séparées l'une de l'autre ; 3e article tarsal simple.

Thuyæ Perris.

OBSERVATIONS

Syn. : *Hylesinus micans* Ratz. — *Bostrichus micans* Kug. — *Hylesinus ligniperda*
yll.

Grande Hylésine de l'épicéa.

T. G. n° 9. Ses galeries sont très spéciales; elles entament à la fois l'écorce et
aubier. L'insecte creuse d'abord un grand couloir d'entrée; après l'accouplement la femelle dépose ses œufs en tas. Lorsque l'éclosion s'est effectuée les
arves blotties les unes contre les autres creusent en tous sens et finissent par
ormer une vaste chambre. C'est ce qu'on appelle un couloir de famille (fig. 264).

Attaque les épicéas de tous âges. Dangereux.

(Long. : 7 mm.).

Syn. : *Hylesinus*
inimus Fabr. —
Dendroctonus mini-
us Bach.

Hylésine mini-
ne.

T. G. n° 1.

Attaque les pe-
tes branches des
ins. Assez dange-
eux.

(Long. : 1,3-1,5
m.).

Fig. 264. — *Hylesinus micans*. Galerie maternelle avec
trou d'aération ; les œufs se trouvent dans la poussière
de bois et les larves sont régulièrement réparties sur
le bord de la chambre de famille. En haut de la figure,
on voit, creusées dans la poussière de bois, les galeries des larves accrues et les chambres de puppe.

Syn.: *Hylesinus Thuyæ* Perris.

Hylésine du Thuya.

T. G. n° 2.

S'attaque seulement à des arbres ou arbrisseaux d'ornement :
Thuya, genévrier, etc.

Fig. 265. — Galeries de l'*Hylesinus*
minimus sur Pin (1/1) (Eckst.).

10. — **Hylesinus** Fabricius

Antennes avec funicule de 7 articles, presque filiformes; massue allongée, ovale et comprimée; cette dernière plus longue que le funicu... base des élytres à bord relevé; partie supérieure du corps souve... revêtue de squamules bigarrées.

1.   Milieu de la base du corselet s'avançant à angle aigu vers l'écusson; dess... du corps entièrement sombre, noir de poix.

2.   Dessus presque glabre ou à poils épars extrèmement courts.

crenatus Fabr.

2.2.   Dessus densément hérissé de soies, surtout le long de la suture.

Oleiperda Fabr.

1.1.   Corselet tronqué, presque droit à la base; dessus du corps baric... d'écailles.

3.   Elytres assez généralement convexes de la base vers l'extrémité qui est ... peine en pente; abdomen convexe, relevé vers l'anus.

Fraxini Fabr.

3.3.   Elytres plus fortement convexes derrière que devant, ceux-ci en pente.

4.   2ᵉ interstrie rétrécie sur la déclivité des élytres et n'atteignant pas l'extrémité

Kraatzi Eich.

OBSERVATIONS

Hylésine crénelé.

T. G. n° 4.

Attaque les frênes et les chênes, sains ou dépérissants, mais semble préférer les vieux arbres.

(Long. : 4-5 mm.).

Hylésine gâte-olivier.

T. G. n°3.

Ennemi de l'olivier.

(Long. : 2,5 mm.).

Hylésine du Frêne.

T. G. n° 5.

Très fréquent sur les frênes qu'il attaque à tous les âges. On le rencontre encore dans tous dépôts de bois de frêne, aux environs des scieries et des dépôts de charronnage.

Cet insecte a plusieurs parasites, notamment un petit hyménoptère, l'*Eurytoma rufipes*, qui pond dans les galeries de l'hylésine ; chacune des larves produites s'attache à une larve d'hylésine et la suce.

(Long. : 2,5-3 mm.). (Voir fig. 268 et 270).

T. G. n° 5

Attaque les Ormes (*Ulmus campestris*) dans l'Europe méridionale ; rare.

(Long. : 1,5-2 mm.).

Fig. 266 — Ecorce de chêne présentant des galeries de *Hylesinus crenatus* (Réduit.) (Ni.).

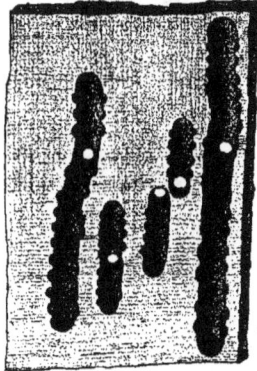

Fig. 267. — *Hylesinus crenatus* Galeries de ponte, (grandeur naturelle) (Eckst.).

4.4. Interstries régulières et atteignant toutes l'extrémité des élytres.

5.   Forme ovale; corselet plus large que long; élytres finement striés-ponctués, recouverts de taches carrées en mosaïque, souvent disposées eraies obliques.

vittatus Fabr.

5.5. Forme oblongue; corselet à peine plus court que large; élytres hérissde petites soies sombres.

vestitus Muls. et Rey.

OBSERVATIONS

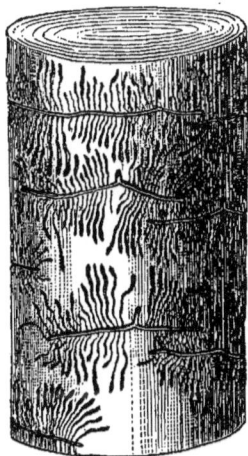

Fig. 268. — Galeries de *Hylesinus Fraxini* sur frêne (1/4) (Iu. et Ni.).

Fig. 269. — Direction anormale des galeries maternelles de l'Hylésine du frêne sur une branche de faible diamètre.

T. G. n° 5.
Compagnon du précédent, attaque les Ormes.
(Long. : 2-2,5 mm.) (Voir fig. 271).

Sur olivier et lentisque; midi de l'Europe. Peu connu.
(Long. : 2-3 mm.).

11. — **Phlœopthorus**, Wollaston.

Antennes insérées au-dessus des mandibules, à côté du front ; massue à
3 articles indépendants, faiblement élargis intérieurement.

1. Corselet beaucoup plus large que long, sensiblement rétréci antérieurement ; élytres striés-ponctués, avec interstries peu relevées.

Spartii Nœrdl.

1.1. Corselet à peine plus large que long ; élytres profondément striés-crénelés,
à interstries très étroites, relevées en carène.

rhododactylus Marsh.

OBSERVATIONS

Fig. 270. — Roses de l'écorce de frêne provenant de bourrelets formés autour de blessures produites par l'Hylésine du frêne (1/2).

Fig. 271. — Galeries de l'*Hylesinus vittatus* dans l'écorce d'orme. (1/1) (Ni.).

Syn. : *Hylesinus tarsalis* Fœrster.
Sur genêt à balai, surtout dans le Midi de l'Europe.
Peu important.

T. G. N° 5.
Sur l'épicéa. Rare.
(Long. : 1,5-2 mm.).

12. — **Phlœotribus**, Erichson.

Antennes insérées au-dessus des mandibules à côté du front; masse composée de 3 articles très allongés et indépendants.

Oleæ.

3. — TOMICINI

Tête généralement sphérique, repliée sous le corselet, à peine ou pas visible d'en haut; antennes insérées entre les yeux et la base des mandibules; massue toujours comprimée; partie antérieure du corselet rugueuse, les côtés sans bords relevés; 3º article tarsal simple.

1. Lobes maxillaires clairsemés à leur bord interne de soies rigides; dernier article des palpes maxillaires glabre; élytres à strie suturale généralement enfoncée.

2. Tête inclinée à museau très court; corselet régulièrement ponctué, sans rides transversales; massue solide, beaucoup plus longue que le funicule qui est très court.

Crypturgus

Fig. 272.

2.2. Tête sphérique cachée sous le corselet; ce dernier ridé, surtout antérieurement, beaucoup plus finement ponctué ou glabre en arrière; massue articulée et plus courte que le reste de l'antenne.

3. Corselet plus large que long, présentant antérieurement une tache rigoureusement granulée de tubercules à bordure basale relevée; massue également divisée.

4. Funicule de 4 articles; massue obtusément ovale.

Cryphalus

Fig. 273.

4.4. Funicule de 5 articles.

OBSERVATIONS

Syn. : *Hylesinus Oleæ* Fabr. — *Phlæotribus Oleæ* Chap.
Hylésine de l'olivier.
T. G. Nº 5.
Attaque l'olivier.
(Long. : 2-2,3 mm.).

Glyptoderes.

3.3. Corselet plus long que large, à rides transversales, plus marquées an
rieurement, mais sans présenter un espace de tubercules circonscri
funicule de 5 articles.

4. Sutures de la massue divisant assez également celle-ci de la base vers l'e
trémité.

5. Corselet bordé à sa base; tibias très étroits, filiformes; massue ovale oblo
gue, à articles bien distincts; élytres creusés en sillons postérieureme
et présentant, surtout en cette partie, de petits tubercules sétigères.

Pityophthorus.

Fig. 274.

5.5. Base du corselet sans bord relevé; massue ronde, sutures courbes et ar
cles peu distincts. Elytres non sillonnés postérieurement.

Taphrorychus.

4.4. Article basilaire de la massue plus étendu que les autres et embrassa
ces derniers; article terminal spongieux.

5. Tibias à peine comprimés, à l'extrémité obliquement tronqués, mur
extérieurement et intérieurement d'un crochet terminal.

6. Massue à suture orbiculaire; 1er article rond, les suivants accolés à celui-
en forme de croissant.

Xylocleptes.

6.6. Massue spongieuse au sommet, à sutures droites un peu sinuées, marg
apicale de la déclivité des élytres ordinairement en gouttière.

Tomicus.

Fig. 275

5.5. Tibias fortement comprimés antérieurement, à bord externe arrondi, der
telé en scie; tout le dessus du corselet régulièrement tuberculé-écaillé
extrémité des élytres sans bordure relevée.

Dryocœtes.

1.1. Lobes maxillaires arqués en faucille; ciliés à l'extrémité de soies trè
serrées; dernier article des palpes maxillaires strié parallèlement; stri
suturale des élytres non ou à peine enfoncée.

2. Yeux simples; massue articulée, au moins antérieurement.

OBSERVATIONS

Xyleborus.

2.2. Yeux partagés en deux ; massue non articulée.

Trypodendron.

1. — **Crypturgus**, Erichson.

Tête terminée par un court museau ; funicule très court ; massue glab
plus longue que le reste de l'antenne ; corselet régulièrement ponct

1. Corps presque lisse, élytres ponctués et striés, corselet assez profondém
mais éparsement ponctué.

pusillus Gyll.

1.1. Elytres à stries crénelées, les points étirés en travers ; corselet densém
et finement ponctué.

cinereus Hbst.

2. — **Cryphalus**, Erichson

Corselet plus large que long, recouvert antérieurement d'une tac
rugueuse ; funicule de 4 articles ; massue oblongue sphérique ; tib
élargis antérieurement, extérieurement dentelés.

1. Yeux échancrés en avant ; massue à sutures transversales ; bord antérie
du corselet sans granulations proéminentes.

2. Elytres hérissés de longues soies rigides.

Piceæ Ratz.

2.2. Elytres sans soies rigides, ou du moins extrêmement courtes et à pei
perceptibles.

Abietis Ratz.

OBSERVATIONS

Syn. : *Bostrichus pusillus* Gyll.
T. G. N° 6 (?)
Vit entre l'écorce et le bois des épi-
céa, sapin, mélèze, pin, etc.
Peu dangereux.
(Long. : 1 mm.).

Syn. : *Bostrichus cinereus*, Hbst.
Sur pin sylvestre et épicéa. Dégâts
peu importants.
(Long. : 1,2-1,5 mm.).

Fig. 276. — Galeries de larves de *Tomicus pusillus*, sous l'écorce du pin. Ces galeries partent des galeries maternelles de l'*Hylesinus minor* (grand. nat.) (Eckst.).

Syn. : *Bostrichus piceæ*, Ratz
Bostriche du sapin blanc.
T. G. N° 7.
C'est, avec le *Tomicus curvidens*, l'ennemi le plus dangereux du sapin.
Il attaque surtout les sujets affaiblis par quelle cause que ce soit.
(Long. : 1,5-1,8 mm).

Syn. : *Bostrichus abietis*, Ratz.
Bostriche granuleux de l'épicéa.
T. G. N° 7.
Creuse ses galeries sous l'écorce, et, de plus, les chrysalides s'enfoncent dans l'aubier.
Attaque l'épicéa et plus rarement les pin et sapin. Assez dangereux pour les jeunes arbres.
(Long. : 1,7-2 mm.).

1.1. Yeux échancrés en avant ; bord antérieur du corselet présentant 2 ou 4 granulations proéminentes

2.   Massue à suture droite, ou à peine courbée ; corselet beaucoup plus large que long, présentant au milieu antérieur du disque un espace triangulaire formé par des lignes transversales de petits tubercules disposés en arcs réguliers ; 4 granulations épineuses saillantes sur le bord antérieur

Tiliæ Panz.

2.2. Sutures de la massue courbes ; devant du corselet parsemé de petits tubercules, et portant sur le bord antérieur deux très petites granulations.

Fagi Fabr.

3. — **Glyptoderes**. Eichhoff

Antennes avec funicule de 5 articles ; massue pointue, ovale, articulée corselet plus large que long, s'avançant en pointe ; le milieu du bord antérieur parsemé densément de granulations apparentes.

binodulus Ratz.

4. — **Pityophthorus**. Eichhoff

Antennes avec funicule de 5 articles ; massue de 4 articles, bien déterminés au bord. Corselet plus long que large, ses bords relevés à la base, le dessus antérieurement ridé en travers, postérieurement ponctué ; tibia linnés, munis de quelques dents du côté antérieur externe. Extrémité des élytres des deux côtés, avec un sillon non ponctué, et généralement munie de tubercules sétigères peu apparents.
1.   Bord extérieur des élytres obtusément arrondi.
2.   Élytres assez profondément striés, ponctués, à déclivité portant de petits tubercules sétigères.

OBSERVATIONS

Syn. : *Bostrichus Tiliæ*, Ratz. — *Gryphalus Ratzeburgi*, Ferrari.
Bostriche du tilleul.
T. G. N° 5.
Sur les branches dépérissantes des tilleuls.
(Long. : 1,3-1,8 mm.).

Syn. : *Bostrichus Fagi*, Fabr.
Bostriche du hêtre.
T. G. N° 10.
Le système de galeries entame souvent l'aubier. Ce bostriche attaque très
réquemment les branches dépérissantes des Hêtres.
(Long. : 1-1,8 mm.).

Syn. : *Bostrichus binodulus*, Ratz. — *B. asperatus*, Gyll.
Bostriche binodulé.
Sur le tremble — Très rare.
(Long. : 1, 5-2 mm.).

3 .   Déclivité des élytres creusée en larges sillons latéraux lisses.

Lichtensteini Ratz.

3.3. Déclivité des élytres creusée en sillons étroits finement ridés, chagrinés.

ramulorum Perris.

2.2. Elytres glabres, très finement ponctués en lignes.

glabratus Eich.

1.1. Elytres à anglé apical saillant.

4 .   Bords latéraux de la déclivité des élytres de même hauteur et de mêm
inclinaison oblique que la suture.

micrographus Gyll.

4.4. Côtés de la déclivité des élytres à bord abrupt, bien plus relevés et e
pente que la suture.

macrographus Schrein.

5. — **Taphrorycus**, Eichhoff

Antennes à funicule de 5 articles, plus courts que la massue, celle-ci sphé
rique, articulée, avec des sutures transversales de chaque côté, point
non spongieuse ; corselet pas plus large que long, non bordé à la base
extrémité des élytres à pente inclinée et non sillonnée sur le dessus, à
ponctuations en lignes très serrées.

OBSERVATIONS

Syn. : *Bostrichus Lichtensteini*, Ratz.
Sur divers pins. — Rare.
(Long. : 1,5-1,7 mm.).

Syn. : *Tomicus ramulorum*, Perris.
Bostriche des rameaux.
Il vit dans les plus petits rameaux dépérissants de pins.
ssez rare.
(Long. : 1,5 mm.).

Bostriche glabre.
T. G. Nᵒ 8.
Les galeries incrustent assez profondément l'aubier. Sur
ins et mélèze ; peu fréquent.
(Long. : 1,8-2 mm.).

Syn. : *Bostrichus micrographus*, Gyll. — *B. pityographus*,
atz.
Bostriche micrographe.
T. G. Nᵒ 8 (type étoilé).
C'est la plus petite espèce du genre : 1,3 mm.
Il attaque les branches et petites perches, surtout si elles
ont déjà dépérissantes, des pin sylvestre, sapin, cèdre, etc.

Bostriche macrographe.
T. G. Nᵒ 3.
Perches et branches dépérissantes de l'épicéa. Rare.
(Long. : 2 mm.).

Fig. 277. — Galeries
de *Tomicus micro-
graphus* (grand.
natur.) (Eckst.).

Corselet rétréci antérieurement, arrondi également antérieurement sur les
côtés de la base ; déclivité des élytres sans tubercules.

bicolor Herbst.

1.1. Côtés du corselet droits et parallèles depuis la base jusqu'au delà du
milieu, obtusément arrondis antérieurement ; déclivité des élytres munie
de chaque côté de deux lignes de tubercules peu visibles.

Bulmerincqui Kolen.

6. — **Xylocleptes**, Ferrari

Antennes à funicule de 5 articles, plus court que la massue, dont l'article
basal est compact et sphérique du côté antérieur ; les articles suivants
sont en forme de croissant et entourent concentriquement l'article basal

bispinus Duff.

7. — **Tomicus**, Latreille.

Antennes à funicule de 5 articles ; massue postérieurement compacte
antérieurement articulée, articles terminaux spongieux, sutures trans
versales courbées ; corselet gros, antérieurement ridé et tuberculé, pos
térieurement finement ponctué, sans bord postérieur relevé. Extrémité
des élytres échancrée et dentelée ou munie de crochets, extrémité à
bord en gouttière plus ou moins étroite et proéminente.

1.   Prosternum saillant entre les hanches antérieures ; tibias plus larges vers
l'extrémité ; déclivités des élytres ponctuées.

2.   Massue oviforme, obtusément acuminée ; élytres obliquement tronqués en
arrière depuis leur moitié environ, extrémité en large gouttière.

3.   Bords de la déclivité des élytres présentant de chaque côté 6 dents, la
4° la plus longue (comptées à partir du sommet).

sexdentatus Bœrner.

OBSERVATIONS

T. G. nº 2 (très irrégulier).

Attaque surtout les branches dépérissantes du hêtre ou les vieux troncs bles-
s de cet arbre. Observé exceptionnellement sur le charme et le noyer.
(Long. : 2,7 mm.).

Syn. : *Bostrichus villifrons* Duft. — *Dryocetes
pronatus* Perrès. Rare. A été observé dans
midi de l'Europe sur le chêne, le hêtre, etc.

Syn. : *Bostrichus bispinus* Duft.
T. G. nº 5.
Commune sur la clématite.

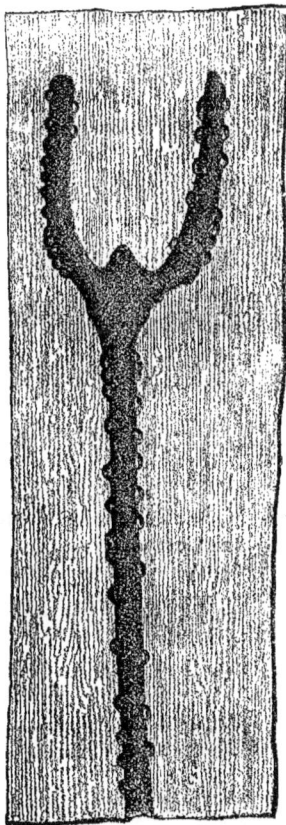

Fig. 278. — *Tomicus sexdentatus*.
Galerie de ponte, chambre d'accouplement et 3 bras d'incubation
avec excavations pour les œufs
(grand. natur.) (Eckst.).

Syn. : *Bostrichus stenographus* Duft. — *B.
nographus* Gyl — *B. pinastri* Bechst. — *Tomi-
s sexdentus* Eichh. — *Dermestes sexdentatus*
erner.
T. G. nº 3. Très gros calibre des galeries
-5 mm. de large et jusqu'à 80 cm. de
ng). C'est le plus grand des Tomicides
ropéens : 5,5-9 mm.

Dangereux pour les arbres dépérissants,
rtout les pins et quelquefois l'épicéa ; fré-
ent sur les bois abattus et non écorcés, dans les dépôts de bois, scie-
es, etc. (Les caractères biologiques de cette espèce se rapprochent de ceux
typographe. [*B. typographus* Ratz., voir ci-après]).

3.3. Bords de la déclivité des élytres présentant de chaque côté 3 ou 4 dents, la 3e la plus longue.

4. Bords de la déclivité des élytres présentant de chaque côté 4 dents, l'avant-dernière la plus forte.

5. Dessus des élytres à interstries convexes et lisses ; front muni d'un petit tubercule ; déclivité des élytres d'un aspect mat.

typographus L.

5.5. Dessus des élytres à interstries planes ou à peine convexes, visiblement ponctués en arrière, déclivité brillante.

6. Bord de l'extrémité des élytres en large gouttière ; forme allongée ; front sans tubercule ; 1re, 2e et 3e dents de la déclivité également distantes entre elles.

7. Elytres à stries presque crénelées ; forme cylindrique, taille plus grande, gris velu ; front très densément tuberculé.

Cembræ Heer.

7.7. Elytres non profondément striés-ponctués ; points espacés dans les stries, intervalles plans et plus ridés en travers ; corps éparsément et finement velu ; front à ponctuation moins serrée ; corps sensiblement rétréci antérieurement ; taille moindre.

amitinus Eich.

6. Extrémité des élytres à bord en étroite gouttière ; corps trapu cylindrique ; 2e et 3e dents de la déclivité des élytres très rapprochées l'une de l'autre.

4.4. Chaque élytre ne portant sur la déclivité que 3 dents, la plus inférieure la plus forte ; corselet sans ligne médiane lisse.

 **acuminatus** Gyll.

Fig. 279. — Individu ♀.

OBSERVATIONS

Syn. : *Bostrichus typographus* Ratz.
Bostriche typographe ou B. de l'épicéa.
T. G. n° 1 et n° 3.
Fléau des forêts d'épicéa (voir plus loin étude spéciale).

Syn. : *Bostrichus Cembræ* Heer.
Bostriche de l'arolle.
T. G. n° 3.
C'est l'hôte habituel des arolles et des mélèzes des altitudes élevées. — Dangereux et commun. Il est fréquent, non-seulement en forêt, mais aussi dans les dépôts des bois de ces deux essences non écorcées.
(Long. : 4,5-5,5 mm.).

Syn. : *Bostrichus amitinus* Kellner.
T. G. n° 3.
Ses caractères biologiques ressemblent beaucoup à ceux du typographe.
Dangereux parasite, de l'épicéa surtout, puis du pin sylvestre et rarement du mélèze et du sapin. — Abattre les arbres attaqués, les écorcer et brûler les écorces.
(Long. : 4-4, 5 mm). Voir fig. 280.

Syn. : *Bostrichus acuminatus*. — *B. geminatus* Zett.
T. G. n° 3 (forme assez variable).
Attaque le pin sylvestre et quelques autres pins. Assez rare.
(Long. : 3-3,7 mm.).

2.2. Massue sphérique ou plus large que longue, obtuse; élytres presque ve
ticalement tronqués derrière le milieu ; extrémité en étroite gou
tière.

3. Sur la déclivité des élytres, la dent la plus inférieure est située sur
milieu du bord latéral, et l'espace assez étroit, compris entre cette de
nière et les deux petites dents supérieures, est occupé par un seul tube
cule.

4. Allongé, cylindrique, corselet visiblement plus long que large, finemen
ponctué en arrière, sans ligne médiane distincte ; élytres finement
striés-ponctués, postérieurement tronqués à angle droit ; 2e dent très
grande chez ♂, à base large, fortement comprimée.

rectangulus Eichh.

OBSERVATIONS

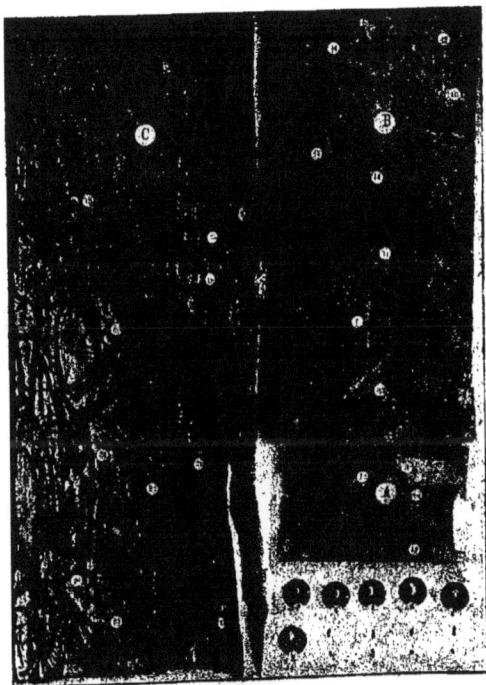

280. — *Tomicus amitinus.* — A, morceau d'écorce de pin avec commencement de dégâts sur l'aubier. B, fragment de tronc de pin en partie écorcé, montrant encore les dégâts sur l'aubier, de même que les trous d'entrée et de sortie sur l'écorce. C, morceau d'écorce de pin (vu par la face interne) avec galeries mères et galeries larvaires, larves jeunes et adultes, nymphes et insectes non encore colorés (Réduit).

Syn. : *Tomicus erosus* Woll. — *Tomicus laricis* Perris.

C. G. n⁰ 3.

Attaque les pins du midi de l'Europe. Il est assez commun dans les pineraies des Landes.

Sa biologie rappelle beaucoup celle du sténographe et du typographe.

(Long. : 3-4 mm.).

4.4. Corps plus trapu; corselet à peine plus long que large, profondément p
tué en arrière, à ligne médiane lisse; élytres striés-ponctués, rug
sement ridés, à extrémité sensiblement tronquée en oblique et à d
émoussées.

proximus Eichh.

Fig. 281.

3.3. Sur la pente postérieure des élytres, la dent le plus inférieure est si
près du bord extrême et l'espace, sensiblement le plus grand, com
entre cette dernière et les deux dents supérieures, est occupé par d
petits tubercules.

4. Corselet à peine impressionné de chaque côté du disque; stries ponct
des élytres non élargies en arrière; bord terminal non crénelé.

5. Sutures droites; corps cylindrique; pattes d'un ferrugineux brunâ
corselet largement arrondi antérieurement, impression de l'extré
des élytres circulaire.

Laricis Ratz.

Fig. 282.

5.5. Sutures de la massue courbes; fémurs et tibias d'un noir de poix; cors
sensiblemenl rétréci et étroitement arrondi antérieurement; impress
de l'extrémité des élytres étroite.

suturalis Gyll.

4.4. Corselet à impressions transversales distinctes de chaque côté du disq
stries des élytres ponctuées, sensiblement plus larges et plus profon
en arrière; celles-ci crénelées dans le milieu de leur bord; fron
portant une longue et épaisse touffe de poils jaune d'or.

OBSERVATIONS

T. G. n° 3.

Attaque le Pin sylvestre. Peu commun. Biologie
u connue.

g. 283. — Galeries (1/2 schematiques) de *Tomicus laricis*:
ʒ, amas d'œufs : *b*, larves. Le trou d'aération est marqué
ɔn noir. (1/2 grand. natur.) (Iud. et Ni).

Syn. : *Bostrichus Laricis* Fabr., Bostriche du
élèze.

T. G. n° 11.

Attaque surtout les pins. Observé aussi sur les
élèze, sapin et épicéa. Vit sur les gros troncs
mme sur les perches. Dangereux. Attaque aussi
bois abattu.

(Long. : 3,5-4 mm.).

Syn. : *Tomicus nigritus* Gyll.

T. G. n° 3. Les berceaux des chrysalides sont
ofondément enfoncés dans l'aubier.

Attaque le pin sylvestre et aussi l'épicéa et l'a-
lle. Peu connu.

(Long. : 3 mm.).

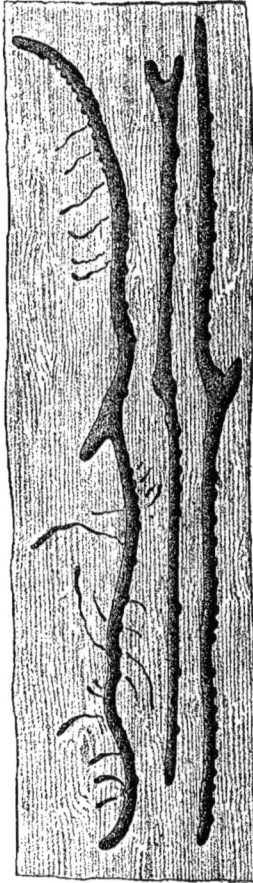

Fig. 284.— *Tomicus proximus*,
3 galeries de mères avec de
courtes galeries de larves
(1/1) (Eckst.).

34

5.   ♂ Déclivité des élytres à trois dents, la 1re (supérieure) et la 3e (inférieu
recourbées en haut, la 2e (médiane) plus grande, en crochet, recour
en bas. ♀ Déclivité des élytres à trois dents peu saillantes.

curvidens Germ.

OBSERVATIONS

Syn. *Bostrichus curvidens*, Germ.

Bostriche curvidenté ou B. du sapin.

T. G. N° 6. Berceaux des chrysalides profondément creusés dans l'aubier.
Hiverne à l'état d'insecte parfait, essaime très tôt au printemps et peut avoir
•is générations par année.

Dangereux ennemi du sapin ; commence ses ravages dans la couronne, à la
·issance des grosses branches, et descend progressivement.

(Long. : 2,5-3,2 mm.).

Fig. 284. — Ecorce de sapin avec galeries de *Tomicus curvidens* (grand. nat.) (Wa.).

5.5. ♂ Déclivité des élytres à trois dents fines, allongées, recourbées intéri
rement, la 1ʳᵉ petite, la 2ᵉ grande, recourbée en bas, la 3ᵉ fine, horiz
tale. ♀ Déclivité des élytres à trois dents très peu saillantes et tronqu

heterodon Wachtl.

1.1. Prosternum non saillant entre les hanches antérieures ; tibias antérie
linéaires, non élargis vers l'extrémité ; corselet rétréci, resserré antéri
rement ; impression du sommet des élytres lisse, du moins chez les

2.   Front de la femelle excavé ; chez le ♂ la déclivité des élytres est creu
d'un profond sillon longitudinal muni de chaque côté sur ses bords
trois dents presque égales, recourbées en bas et intérieurement ; ch
les ♀, ces 3 dents sont remplacées par 3 tubercules.

3.   Les stries très fines des élytres cessent derrière la moitié de ces dernie
les interstries sont lisses et sans lignes de points ; chez la ♀, l'excavati
du front touche à la lèvre supérieure.

chalcographus L.

OBSERVATIONS

T. G. Nº 3.
Se rapproche beaucoup du précédent et s'attaque aux mêmes essences.
(Long. : 2,5-3 mm.).

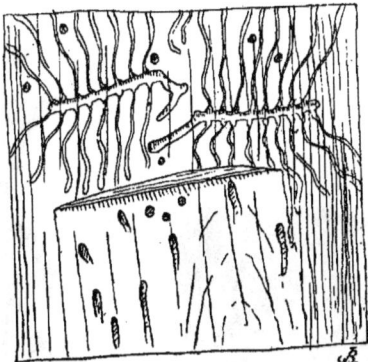

Fig. 285. — Galeries du *Tomicus curvidens* dans le liber d'un tronc de sapin. La partie inférieure de la figure représente, sur une entaille de l'aubier, les berceaux des chrysalides.

Syn. *Bostrichus chalcographus*, Fabr. — *Pityophtorus chalcographus*, Thoms.
Bostriche chalcographe.
T. G. Nº 8 (le distingue du Typographe [1-3] qu'il accompagne souvent).
Est, avec le typographe, le fléau des forêts d'épicéas. Il attaque les arbres périssants et aussi les sujets vigoureux. Observé en outre sur les pin, sapin, mélèze.
Les bois gisants, les perches de piquets ou barrières sont fréquemment atteints.
(Long. : 1,5-2 mm.). Voir fig. 286, 287, 289, 290.

3.3.   Les stries atteignent l'extrémité des élytres, et les interstries présentent
       lignes de points fins et distants ; chez la femelle, l'excavation, grand
       ronde, est placée au milieu du front, elle ne touche pas à la l
       supérieure.

trepanatus Nœrdl.

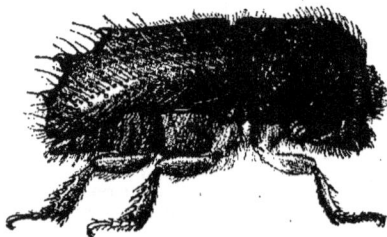

Fig. 286. — *Tomicus chalcographus.* Individu
femelle (gross. 25/1) (Wa.).

Fig. 287. — *Tomicus chalcographus.* Individu mâle (25/1)
(Wa.).

2.2.   Front de la femelle non excavé ; chez la ♀, les sillons de la déclivité
       élytres présentent sur les bords des bourrelets ou tubercules.

3.   Les côtés et le bord externe de la déclivité des élytres, crénelés et sétigèr
      chez le ♂, de chaque côté, une seule grosse dent recourbée en arriè
      chez la ♀, les bourrelets latéraux portant seulement, dans le haut, u
      petite verrue presque indistincte.

bidentatus Herbst.

Fig. 288. — Individu mâle.

OBSERVATIONS

Syn. : *Tomicus austriacus*, Wachtl. — *Tomicus elongatus*, Löwend — Couloirs
·ilés ; berceaux profondément enfoncés dans le bois.
Attaque les pins sylvestre et d'Autriche. Observé surtout en Autriche
(Long. : 2,5-3 mm.).

g, 289. — Galeries de *Tomicus chalco-*
graphus sur l'écorce d'épicéa (1/2) (Iu.
et Ni.).

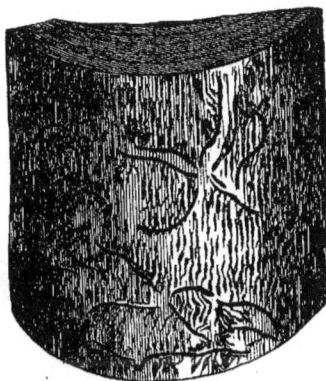

Fig. 290. — Galeries de *Tomicus chalco·*
graphus sur le tronc de l'épicéa-
(2/2) (Iu et Ni.).

Syn. *Bostrichus bidens*, Fabr. et Ratz. — *Pityophtorus bidens*, Thoms.
Bostriche bidenté ou à deux crochets.
T. G. N° 8. Berceaux des chrysalides creusés dans l'aubier.
Dangereux et répandu, attaque les jeunes pins de 5 à 10 ans (Pins sylvestre,
·naritime, Weymouth, d'Autriche, etc.).
(Long. : 2,2-3 mm.). Voir fig. 293.

3.3. Côtés et bord externe non sétigères.

4. Chez le ♂, le bord latéral portant 2 dents à crochets recourbés en arrièr\
    dont la supérieure est la plus grande ; chez la ♀, les deux dents se\
    remplacées par 2 petites verrues.

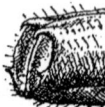

quadridens Hart.

Fig. 291. — Individu mâle.

4.4. Chez le ♂, le bord latéral portant 3 dents à crochets recourbés en arrièr\
    dont la médiane est la plus grande ; chez la ♀, le bord latéral por\
    deux petits tubercules recourbés en bas peu distincts.

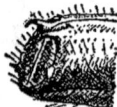

bistridentus Eichh.

Fig. 292. — Individu mâle.

8. — **Dryocœtes** Eichhoff.

Antennes avec funicule de 5 articles ; massue à extrémité spongieus\
obliquement tronquée ; tibias largement comprimés, le côté extérieu\
arrondi et crénelé ; corselet sur toute sa surface également granul\
écaillé ; la base de ce dernier, ainsi que la déclivité des élytres, sa\
bord relevé ; prosternum avec appendice proéminent, inséré entre l\
hanches.

1. Elytres finement ponctués-striés ; la suture presque également enfoncée \
    la base à l'extrémité.

2. Interstries à ligne de points plus fins et plus espacés que ceux des strie\

3. Strie suturale non enfoncée sur la déclivité des élytres, suture non rel\
    vée ; corselet présentant sa plus grande largeur dans le milieu.

autographus Ratz.

OBSERVATIONS

Bostriche à quatre crochets.

T. G. N° 8. Galeries entamant à peine l'aubier.
Attaque les divers pins, y compris l'arolle, et atteint
rtout les branches à écorce mince. — Dégâts assez
portants.

(Long. : 1,5-2,2 mm.).

Bostriche à 6 crochets ou Petit Bostriche de l'arolle.
T. G. n° 3 et n° 8. Les galeries entament profondé-
ent le bois. Cette espèce est celle qui, avec le *Tomi-*
s cembræ, s'élève aux plus hautes altitudes. Il atta-
ue le pin arolle, soit les arbres sains, soit les arbres
attus, et même les perches, piquets, etc., non
orcés.

(Long. : 2,2-2,8 mm.).

Fig. 293. — Galeries de *Tomicus bidentatus* (1/1) (Eckst.).

Syn. : *Bostrichus villosus* Gyll.

Bostriche autographe.

T. G. n° 10 (?). Système de galeries très embrouillé.
Attaque surtout le sapin et rarement les mélèze et pin Weymouth. On le trouve
à la partie inférieure des vieux arbres et aussi sur les épicéas gisants.

(Long. : 3-4 mm.).

3.3. Elytres profondément sillonnés en arrière ; suture relevée.

Alni Eichh.

2.2. Interstries à lignes de points différant peu de ceux des stries.

4.   Déclivité des élytres plane, lisse et brillante.

Coryli Perris.

4.4. Déclivité des élytres convexe, sérialement ponctuée.

Aceris Lindem.

1.1. Elytres à stries fortement crénelées, profondément sillonnées le long de la suture, surtout en arrière.

villosus Fabr.

9. — **Xyleborus** Eichhoff.

Corps cylindrique ; corselet et élytres sans bord relevé ; le premier, antérieurement ridé, tuberculé, postérieurement finement ponctué ou lisse, présentant généralement au milieu du disque un petit tubercule tronqué ou bourrelet ; prosternum échancré jusqu'aux hanches ; tibias largement comprimés, avec côtés extérieurs dentelés-crénelés ; le tarse peut se replier vers le tibia ; strie suturale des élytres régulièrement striée-ponctuée, pas ou à peine creusée.

1.   Corselet presque sphérique, arrondi sur les côtés, pas plus long que large.

OBSERVATIONS

Syn. : *Bostrichus Alni* Georg. — *B. Marshami* Rey.
T. G. n° 11. Type de système de galeries difficile à caractériser.
Les galeries n'entament pas l'aubier.
Peu commun. Attaque l'aulne (*Alnus glutinosa* Gœrtn.) dans le nord de
urope.
Long. : 2-2,3 mm.).

Bostriche du noisetier.
Couloir transversal.
Attaque le noisetier et aussi le charme.
(Long. : 1,7-2 mm.).

T. G. n° 10 (?).
Rare ; attaque l'érable (*Acer platanoïdes*).
(Long. : 2-2,5 mm.).

Syn. : *Hylesinus villosus* Fabr. — *Bostrichus villosus* Ratz.
T. G. n° 6.
Attaque les gros troncs à écorce épaisse, les souches et les bois dépérissants
chêne, châtaignier et quelquefois de hêtre. Il atteint rarement les bois
in.
(Long. : 2,5-3 mm.).

2 . Partie postérieure du corselet presque lisse, interstries des élytres be
coup plus finement ponctuées que les stries.

dispar Fabr.

2.2. Corselet à ponctuation assez profonde en arrière; interstries des élytr
presque aussi profondément ponctuées que les stries.

cryptographus Ratz.

1.1. Corselet cylindrique, à côtés presque droits, parallèles.

3 . Chez la ♀, bord antérieur du corselet presque droit, ce qui le fait paraî
presque carré ; corps noir ou brun de poix ; corselet, chez le ♂, larg
ment creusé antérieurement et muni dans son milieu d'une petite de
saillante.

eurygraphus Ratz.

3.3. Chez la ♀, le corselet antérieurement fortement arrondi ; présentant pa
fois, chez le ♂, une large impression et une petite dent proéminent
dans ce cas, tout le dessus du corps d'un jaune brunâtre clair ou d'u
brun rougeâtre.

4 . Corps noir de poix ou brun de poix; antennes et pattes claires.

5 . Corselet muni sur le milieu du disque, d'un petit tubercule obtusémer
arrondi, finement mais distinctement ponctué en arrière.

Pfeili Ratz.

OBSERVATIONS

Syn. : *Tomicus dispar*.
Bostriche dissemblable.
T. G. n° 15. Creuse ses galeries dans le bois même ; elles
t généralement peu étendues, ce qui en limite les
gâts. Attaque beaucoup de feuillus : chêne, hêtre, éra-
, aulne, frêne, platane, châtaignier, fruitiers, etc.
l recherche les bois dépérissants mais attaque aussi
arbres sains. On l'a observé sur du bois de construc-
n de pin. Assez commun.
(Long : 3-3,5 mm.).

Syn. : *Bostrichus villosus* Ratz.
Bois et écorce de peuplier. Rare.
(Long. : 2,3-3 mm.).

Syn. : *Tomicus eurygraphus* Ratz.
Enfonce profondément ses galeries dans le bois.
Recherche les arbres récemment abattus, notamment
s pins.
(Long. : 3,5-4 mm.).

Fig. 294. — Galeries maternelles et
galeries de larves de *Tomicus
dispar*. (Grand. nat.) (Eckst.).

Syn. : *Bostrichus alni* Muls. — *B. Pfeili* Ratz.
Vit sur les aulnes. Rare.
(Long. : 2,7-3 mm.).

5.5 . Corselet lisse vers la base, présentant, avant le milieu du disque, un p
bourrelet transversal.

Saxeseni Ratz.

4.4 . Corps entièrement brun jaunâtre ou brun rougeâtre.

6 .   Déclivité des élytres en pente convexe, brillante, striée-ponctuée, à int
valles également et sérialement tuberculés.

dryographus Ratz.

6.6 . Déclivité des élytres déprimée, mat, portant de petites dents en tubercu
largement espacées et disposées en carrés ; corselet beaucoup plus lo
que large.

monographus Fabr.

10. — **Trypodendron** Stephens

Yeux partagés en deux ; massue compacte, grosse, plus longue que
funicule de 4 articles ; le ♂ avec front concave et corselet transve
salement quadrangulaire, la ♀ avec front convexe et corselet sphér
que ; déclivité des élytres non dentelée.

1 .   Elytres sillonnés de chaque côté au sommet ; corselet entièrement noi
massue à sommet interne distinctement acuminé.

domesticum L.

OBSERVATIONS

Syn. : ♂ *Tomicus decolor* Boield.

Bostriche de Saxesen.

Couloir de famille dans l'intérieur du bois (T. G. n⁰ 13).

Cette espèce est très polyphage et attaque le bois de résineux : épicéa, pin sylvestre, mélèze, et de feuillus : chêne, hêtre, orme, aulne, bouleau, érable, peul, peuplier et fruitiers.

Il aime le bois qui conserve encore de la sève.

Il n'est pas très fréquent.

Long. : ♀ 2-2,4 mm. ; ♂ 1,5 mm.).

Traverse le bois de part en part.

Observé sur bois dépérissant de chêne, jamais sur le bois mort. — Rare.

(Long. : 2,3-2,6 mm.).

Bostriche monographe.

T. G. n⁰ 14. Galeries pénétrant très profondément dans le bois. Il attaque les bois dépérissants, de chêne notamment où on le trouve en compagnie de deux autres dangereux ennemis de ce bois: le *Lymexylon navale* et le *Platypus cylindrus*. Il lui faut la présence d'une certaine quantité de sève dans le bois et il n'attaque pas le bois absolument mort.

(Long. : 2-3,2 mm).

Syn. : *Bostrichus limbatus* Fabr. — *Xyloterus domesticus* Er.

T. G. n⁰ 12. Galeries s'enfonçant profondément dans le bois. Exclusif aux feuillus; son essence préférée est le hêtre ; s'attaque aussi à l'aulne, l'érable et quelquefois au chêne ; ses dégâts déprécient d'ailleurs rarement les bois d'œuvre.

(Long. : 3 mm.).

1.1. Elytres non sillonnés au sommet; corselet de couleur claire, du moins s
sa partie postérieure ; disque des élytres avec une tache ou une lig
longitudinale sombre.

2.   Elytres à stries ponctuées assez profondes et sensiblement ridées; mass
oblique antérieurement et à pointe interne émoussée.

Quercus Eich.

2.2. Elytres très finement ponctués en lignes et non ridées, à intervalle pla
massue obtusément arrondie au sommet.

lineatum Oliv.

II. — PLATYPODAE

Tête à angle droit, indépendante et plus large que le corselet ; antenn
coudées, à funicule très court et forte massue comprimée; corselet ant
rieurement, verticalement tronqué ; sur les côtés profondément écha
cré ; tarses très minces, filiformes, le 1er article plus long que les su
vants pris ensemble.

1. — **Platypus**. Herbst.

Funicule inséré à la pointe du scape; massue non articulée; pygidiu
recouvert par les élytres; hanches antérieures se touchant l'ur
l'autre.

Corselet assez densément et profondément ponctué ; postérieurement a
milieu, présentant une tache lisse ou très densément ponctuée ; élytre
à stries sillonnées.

cylindrus Fabr.

OBSERVATIONS

Syn. : *Xyloterus quercus* Eichh. — *Apate signata* Fabr.

Bostriche du chêne.

T. G. n° 12. Galeries profondément enfoncées dans le bois, ressemblent à cel-
de l'espèce suivante (Bostriche linné).

Exclusif aux feuillus : s'attaque aux arbres dépérissants de hêtre et aussi
rable, aune et chêne. Il déprécie rarement les bois d'œuvre.

Long. : 3,5 mm.).

Syn. : *Bostrichus lineatus.*

Bostriche linné.

Cause la vermoulure noire, qui déprécie les bois d'œuvre. C'est le grand
nemi des bois résineux dans leurs entrepôts.

(Voir plus loin étude spéciale).

Fig. 295.   Fig. 296.

Syn. : *Bostrichus cylindrus* Fabr.

Couloirs horizontaux et verticaux : le bois semble avoir été criblé de gre-
ille dans tous les sens.

Vit dans le bois et attaque les chêne et châtaignier et quelquefois les ormes et
frêne. Rarement observé.

(Long. : 5 mm.). Fig. 295 et 296.

Etude plus détaillée de quelques espèces de Bostriches

Le Bostriche typographe, *Tomicus typographus*, L. Ratz., *Bostrichus typographus* Ratz.

Cette espèce, qui cause parfois de vrais désastres, mérite une mention à part.

Caractères. — C'est un des scolytides les plus grands (4,5 — 5,5 mm.) ; ses élytres sont sillonnés de ponctuations grossières, et portent quatre dents de chaque côté sur la partie latérale de leur extrémité profondément excavée, la troisième de ces dents est plus grosse et terminée en bouton. Le corps est trapu, noir brillant, à pubescence jaune-brunâtre.

Fig. 297. — Le Bostriche typographe.

Mœurs. — Il résulte des observations de Eichhoff, et d'autres entomologistes, que ce dangereux Bostriche a deux ou trois générations ; lors de la première, l'hivernement a lieu sous forme d'insecte parfait, durant la seconde, sous forme de larve. Il essaime au printemps, et on le voit apparaître aux premières journées chaudes. Ces insectes se mettent à la recherche d'un emplacement convenable pour établir leur couvée et ils forment parfois dans l'air des attroupements que l'on peut comparer à de petits nuages. Ils donnent la préférence au vieux bois et à celui qui est abattu et s'installent à peu près toujours sur le tronc à l'exclusion des branches ; l'essence qu'ils recherchent entre toutes est l'épicéa.

Lorsqu'ils ont trouvé l'emplacement qui leur convient le mieux, les typographes percent un trou dans l'écorce qu'ils agrandissent graduellement pour constituer une loge où s'accomplit le rapprochement sexuel ; la galerie maternelle s'étend ensuite de chaque côté de la loge vers le haut et vers le bas. La femelle dépose ses œufs symétriquement à droite et à gauche de la galerie maternelle, ou galerie de ponte, au fur et à mesure de son forage. En admettant trois générations par an, M. Barbey calcule qu'un seul mâle et une seule femelle, peuvent produire 50.000 Bostriches en une seule année.

Après éclosion, les larves creusent de chaque côté de la galerie de ponte, les *galeries de larves* qui sont assez régulièrement disposées (fig. 298). Les galeries de ponte ont généralement de 5-25 cm. de longueur sur 3-5 mm. de largeur, avec des trous à air de distance en distance. Celles des larves atteignent 3,10 cm. de long.

Fig. 298. — Galeries creusées par le *Tomicus typographus* (1/2 grand.natur.) (Iu. et Ni.).

Les dégâts du typographe portent uniquement sur l'écorce.

Les métamorphoses, depuis la ponte jusqu'à l'insecte parfait, durent de huit à dix semaines ; la deuxième génération, qui bénéficie de la saison chaude, se développe encore plus promptement (juin, juillet) ; enfin, la troisième est effectuée à la fin d'août.

Ce Bostriche est l'hôte habituel des forêts d'épicéas dont il est un très dangereux ennemi. Il s'empare de ces arbres dès qu'ils sont affaiblis par une cause quelconque et il a généralement vite fait de les tuer complètement.

Il existe des exemples, fameux dans l'histoire forestière, des ravages de cet insecte.

En 1864, rapporte M. Grandjean, conservateur des forêts, un ouragan terrible renversa plus de 88.700 arbres des forêts

des massifs du Risoux et du Grand-Vaux (Jura), la plupart
de ces arbres étant des épicéas. Il fallut plusieurs années
pour exploiter ces bois qui représentaient un volume de 53.000
mètres cubes. Les arbres gisants ne tardèrent pas à être envahis par les Bostriches typographes. Après l'exploitation des
chablis (arbres renversés), ils se jetèrent sur les arbres
demeurés debout et en firent périr un grand nombre, qu'il
fallut exploiter d'urgence. C'est ainsi qu'on dut abattre, de
1870 à 1873, 180.000 arbres, représentant un volume de
73.000 mètres cubes. Ce n'est qu'à ce prix que le mal a pu
être conjuré.

Le cas rapporté par Judeich et Nitsche est encore plus
remarquable. En 1868, un ouragan sévit dans toute l'Allemagne centrale et ravagea les immenses forêts de Bohême et
de Bavière ; un autre orage non moins puissant, survenu en
1870, compléta le désastre, si bien qu'en moins de deux ans,
une surface de 100.000 hectares de forêts était envahie par le
typographe. L'administration forestière des deux pays dut
exploiter en hâte, écorçant et débitant aussitôt, les quantités
énormes de bois gisant sur le sol et représentant un cube de
2.700.000 m³ ; près de 9.000 ouvriers furent amenés sur
place pour venir à bout de ce travail, et en 1875, après avoir
fait des coupes à blanc étoc sur plus de 6.000 hectares de surface et avoir abattu plus de 300.000 arbres pièges, l'invasion
fut arrêtée, mais au prix de sacrifices pécuniaires énormes.

Si de pareilles invasions sont heureusement rares, il n'en
est pas moins vrai que trop souvent le typographe et ses
compagnons habituels : le chalcographe, le micrographe,
l'autographe et le pailleté, détruisent des massifs de moindre
importance.

On lutte contre ce dévastateur des forêts par les moyens que
nous avons indiqués en tête de ce chapitre : 1° culture rationnelle pour avoir des arbres bien résistants, l'insecte en question s'attaquant surtout aux individus souffreteux ; 2° mélange
d'essences diverses, et 3° installation d'arbres pièges.

Le BOSTRICHE LINNÉ, *Bostrichus lineatus* Oliv., *Trypodendron lineatum* Oliv. La vermoulure noire.

Tandis que le typographe, par exemple, opère dans l'écorce,
le B. linné creuse ses galeries assez profondément dans le
bois même.

Caractères. — Corps cylindrique noir. Massues des antennes obtusément arrondies à l'extrémité ; élytres
noirs, avec de très fines rangées de points ; interstries lisses et planes.

Longueur 2,8-3 mm.

Le mâle a le front excavé, la femelle le front
concave.

Fig. 299. —
Le Bostri-
che linné.

Mœurs. — Il essaime de bonne heure au printemps et on le voit voler dès mars, il cherche aussitôt à pénétrer dans les troncs des arbres. Il semble avoir
trois générations annuelles dans les régions tempérées ; l'hivernage a lieu habituellement à l'état d'insecte parfait.

Les galeries s'enfoncent jusqu'à 4 ou 5 cm. dans l'intérieur
du bois, c'est-à-dire moins profondément que celles du Bostriche du chêne auxquelles elles ressemblent.

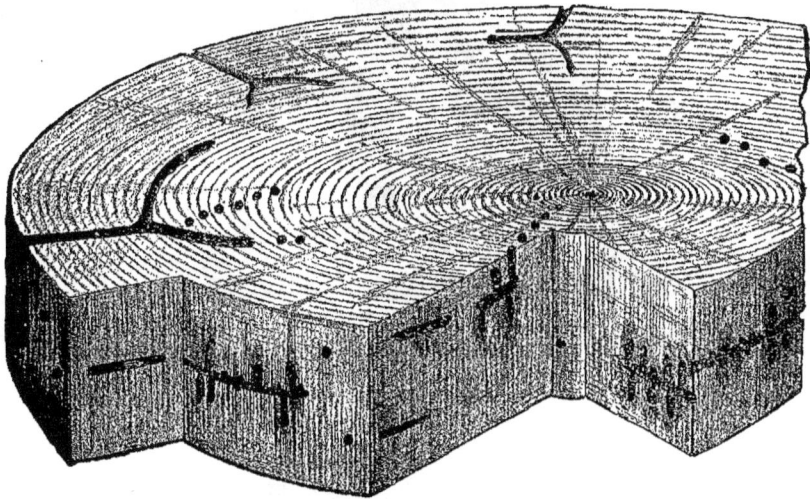

Fig. 300. — Rondelle de bois de sapin attaqué par le *Tomicus lineatus.* Cette
figure permet d'apprécier la direction des galeries (grand. natur. (Eckstein).

La femelle fait son trou d'entrée sur les bois écorcés comme
sur ceux qui ne le sont pas. Les couloirs sont en échelons
(Type n° 12, fig. 226-240) ; celui d'entrée est plus long et ceux
de ponte suivent d'abord les couches annuelles, puis finissent
par s'enfoncer obliquement dans le bois.

Cet insecte attaque exclusivement les résineux, qu'il atteint à tout âge lorsqu'ils sont affaiblis. Mais c'est surtout l'ennemi des bois de sapin et d'épicéa dans les entrepôts, les scieries, les chantiers, etc.

Il court dans le bois sans détacher l'écorce, aussi ne nuit-il pas d'une façon notable à la vie de l'arbre, autrement dit, ses « dégâts physiologiques » sont faibles ; par contre, il déprécie absolument le bois d'œuvre, ce qui fait dire que ses « dégâts techniques » sont considérables.

Un fait intéressant à noter, c'est que les parois des galeries

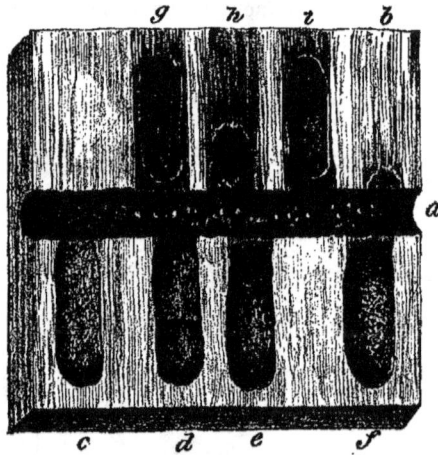

Fig. 301. — *Tomicus lineatus*. Une partie fortement grossie du système de galeries creusées par cet insecte : *a*, galerie maternelle avec végétations de champignons ; *b*, excavations pour les œufs ; *c, d, e, f*, galeries de larves fraîchement rongées et obstruées par des rognures de bois ; *g, h, i*, galeries de larves abandonnées (Eckst.).

creusées par cet insecte sont toujours de teinte noirâtre, ce qui fait donner à l'altération qu'il cause, le nom de *Vermoulure noire* ; ceci est dû, tout simplement, à ce qu'il se développe sur ces parois ligneuses, mises au contact de l'air au niveau des galeries, des végétations cryptogamiques de couleur foncée.

II. — HYMÉNOPTÈRES

Les Fourmis. — Il existe plusieurs espèces de fourmis qui s'attaquent au bois mort et y sculptent leurs nids ; on les désigne parfois sous le nom de fourmis charpentières (1).

Parmi les fourmis vivant dans le bois, nous citerons : la fourmi herculéenne, la fourmi rouge et la fourmi noire du bois.

Les deux premières espèces sont fréquemment rangées dans un genre spécial, le genre *Camponotus*, elles se distinguent par leur grande taille.

Fourmi herculéenne (*Formica* [*Camponotus*] *herculeana* L.). — C'est la plus grande des fourmis de nos pays, les femelles atteignent jusqu'à 17 mm. de longueur, les mâles et les ouvrières de 8 mm. 5 à 11 mm.

Cette espèce habite toute l'Europe septentrionale et centrale ainsi que le nord de l'Asie et de l'Amérique. Elle se tient de préférence dans les régions montagneuses où elle creuse ses nids dans les vieilles souches.

Cette fourmi, qui existe souvent en quantité innombrable dans les forêts de pins, est très nuisible en creusant des galeries dans les arbres à aiguilles pour y installer ses colonies. Elle dégrade par conséquent les arbres et cause parfois des dégâts importants. Evolution et ponte : juillet-août ; nymphose : juin-juillet ; hivernage à l'état de larve et d'insecte parfait (Voir fig. 302).

Moyen de destruction : abattre en hiver les arbres attaqués et détruire les colonies.

Fourmi ronge-bois (*Formica* [*Camponotus*] *ligniperda* Latr.). — C'est peut-être une simple race de l'espèce précédente dont elle diffère seulement par des taches rouge foncé sur le thorax. Elle a la même répartition géographique et se trouve aussi bien dans la plaine que dans la montagne.

Elle fait aussi son nid dans les troncs d'arbres pourris, où

(1) Il ne faut pas confondre les « fourmis blanches », qui sont des *termites*, avec les vraies fourmis dont nous parlons ici. Nous étudierons les termites à leur place, en parlant des Névroptères.

elle construit un très grand nombre de loges séparées par des cloisons de bois.

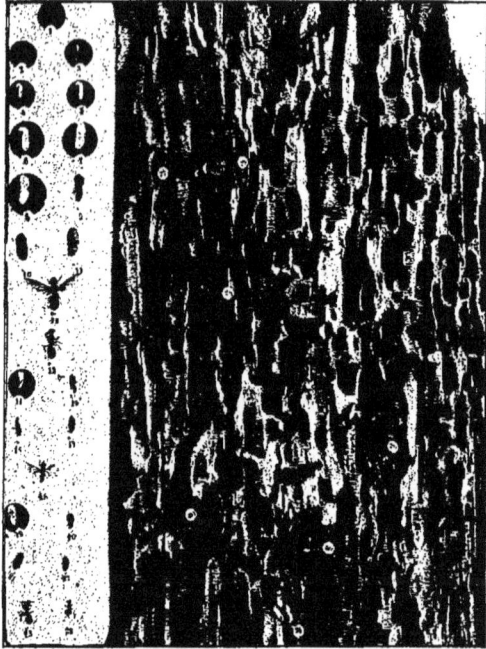

Fig. 302. — *Camponotus herculeana.* A. Fragment de tronc de pin montrant les œufs, larves, nymphes et fourmis, les galeries et les dégâts du bois dans l'intérieur du tronc : 1, œufs ; 2-7, larves dans leurs différents états, depuis l'éclosion jusqu'à complet développement ; 8, nymphe femelle avant la coloration ; 9, après la coloration ; 10, cocon femelle fermé ; 11, ouvert pour montrer la nymphe ; 12, femelle au vol ; 13, femelle aptère au repos ; 14, nymphe mâle avant la coloration ; 15, après ; 16, cocon mâle fermé ; 17, cocon mâle ouvert montrant la nymphe dans le cocon ; 18, mâle au vol ; 19, nymphe d'ouvrière avant la coloration ; 20, après ; 21, cocon d'ouvrière fermé ; 22, ouvert pour montrer la nymphe ; 23, ouvrières au repos ; 24, œufs ; 25, larves ; 26, cocons femelle, mâle et ouvrière ; 27, mâle ; 28, femelle ; 29, ouvrières de différentes tailles ; 30, dégâts en poussière du bois. (24 à 30 se trouvent dans les constructions faites à l'intérieur du bois) (Réduit).

Fourmi noire du bois ou fourmi fuligineuse (*Formica* [*Lasius*] *fuliginosa* Latr.) — Cette fourmi noire atteint 11 mm. de long. Elle existe dans toute l'Europe centrale et la plus grande partie de l'Europe méridionale. Elle s'établit dans les vieux troncs d'arbres, où elle construit ses galeries au moyen de parcelles ligneuses qu'elle agglutine avec un ciment que sécrètent d'énormes glandes dont elle est pourvue. L'édifice ainsi construit est extrêmement résistant. Elle utilise, pour s'y fixer, des troncs d'arbres dont le bois, déjà altéré par l'âge, tombe en poussière, ce qui facilite beauçoup son travail.

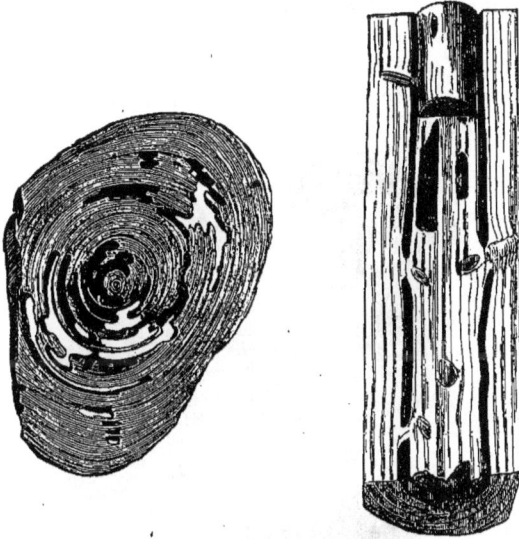

Fig 303. — Habitation de la fourmi ronge-bois dans un tronc d'arbre à aiguilles (conifères) ; coupes longitudinale et transversale (Réduit) (N.).

Architecture des fourmis sculptant le bois. — Elles s'attaquent très rarement aux arbres sains, et font, au contraire, promptement disparaître les vieilles souches inutiles. A ce titre, les forestiers les considèrent souvent comme des auxiliaires.

En général, les fourmis creusent leurs galeries dans le sens de la direction des fibres et réservent les parties les plus dures des couches annuelles pour en faire les parois de leurs loges. Ces nids sont souvent d'une finesse de structure merveilleuse (fig. 304).

Ces fourmis s'installent parfois malheureusement, dans l'intérieur de vieilles pièces des charpentes, poutres, etc., qu'elles peuvent ronger sur des mètres de longueur.

C'est avec leurs mandibules qu'elles creusent le bois. Ces

mandibules sont des organes triangulaires, très rigides, disposés à l'extrémité de la tête ; elles sont découpées en dents très
fortes, au nombre de cinq, et fonctionnent, tantôt comme une
scie, tantôt comme un racloir. Ces dents n'existent d'ailleurs
que chez les femelles et les ouvrières (qui sont, en somme,
des femelles incomplètement développées) ; les mandibules
des mâles sont en massue et lisses ce qui les rend impropres
au travail. Les arbres sur lesquels on trouve le plus fréquemment les fourmis que nous venons de citer sont : le
pin, le chêne, l'érable, etc..

Fig. 304. — Fragment d'architecture construite aux dépens d'un morceau de
bois, par la fourmi fuligineuse (1/4) (Eckst.).

LES SIREX ou guêpes du bois. — Les sirex sont des hyménoptères dont le corps est allongé et dont les antennes sont
filiformes. Les femelles ont une tarière droite.

Deux espèces sont à signaler pour les dégâts qu'elles causent au bois ; ce sont : le *sirex commun* ou des sapins (*Sirex
juvencus*) et le *sirex géant* ou des pins (*Sirex gigas*). La pre-

mière espèce est d'un bleu d'acier ; le mâle peut avoir de 15 à
36 mm. de longueur, et la femelle, de 12 à 30 mm. ; la deuxième

Fig. 305. — *Sirex spectrum.* — Commun dans les réserves de pins et de
sapins. Le sirex n'attaque pas seulement les troncs malades, mais aussi les
bois fraîchement abattus et sains. Évolution et ponte : juillet-août, jusqu'en
septembre. Nymphose : juillet-août. Hivernage à l'état de larve dans le
bois. La larve vit plusieurs années.
A. fragment de tronc fendu longitudinalement avec galeries larvaires
occupées par les larves après le premier hivernage ; B, fragment de tronc
montrant les dégâts au bois par les larves adultes ; C, fragment de tronc
avec écorce, montrant l'éclosion et les trous de sortie de l'insecte ; D,
coupe de bois, les galeries larvaires de forme ronde garnies de poussière
de bois : 1, ponte dans le bois (morceau A) ; 2 à 6, larves dans leurs différents états, prises des galeries ; 7, nymphe mâle ; 8, nymphe femelle ; 9, mâle
au vol ; 10, femelle au vol ; 11 à 13, larves rongeant dans l'intérieur du bois ;
14, nymphe dans son lit (morceau B) ; 15, mâle en train d'éclore perçant
l'écorce ; 16, femelle, au repos sur l'écorce, se préparant à prendre son vol ;
17, trous de sortie de l'insecte (Réduit).

espèce est jaune et noire, elle est d'une taille plus forte, les
mâles ayant 30-32 mm. et les femelles, 24-45 mm.

On trouve ces deux espèces dans les contrés où poussent

les conifères. La première dépose ses œufs de préférence dans les troncs des sapins, la deuxième vit à l'état de larve surtout dans les pins.

Ces deux espèces produisent annuellement deux générations, elles apparaissent une première fois de bonne heure au printemps, une deuxième fois tard dans l'année.

La femelle introduit ses œufs dans l'intérieur du bois jusqu'à une profondeur qui peut atteindre 8 mm. La larve, bientôt

Fig. 306. — *Sirex gigas* (grand. natur.).

éclose, pénètre plus profondément encore, et se met à ronger en creusant, à mesure qu'elle croit, des galeries sinueuses et de plus en plus larges ; elles peuvent avoir jusqu'à 4 mm. de diamètre. La larve met assez longtemps à se transformer en insecte parfait, soit un an au moins ; elle établit, à l'extrémité de sa galerie, une chambre plus large qui sera sa loge de nymphe, puis elle fore, à partir de là, un canal aboutissant à la surface du tronc, et grâce auquel pourra s'échapper à l'air l'insecte parfait.

Il arrive que des larves de *Sirex* soient transportées dans les maisons avec les bois qu'on utilise et qu'elles continuent à ronger. C'est ainsi que l'on peut voir brusquement apparaître l'insecte parfait dans les maisons habitées : il est arrivé assez fréquemment qu'on ait vu sortir du plancher, par exemple, de maisons construites depuis peu de temps, et même depuis deux et trois ans, des masses considérables de sirex se mettant à voler aussitôt. Il en apparaît parfois, par un même processus, dans les galeries de mines.

Ces larves ont des mandibules tellement puissantes qu'elles ont pu trouer des lames de métal lorsqu'elles sentaient le besoin de sortir d'une enceinte limitée. On rapporte, à ce

sujet, le fait curieux suivant : Lors de la guerre de Crimée,
le maréchal Vaillant signala les dégâts causés par le *Sirex
juvencus* ; des caisses ayant été faites avec des planches contenant des larves de cet insecte, on trouva les cartouches,
et aussi les balles de plomb, que contenaient ces caisses, perforées par le sirex.

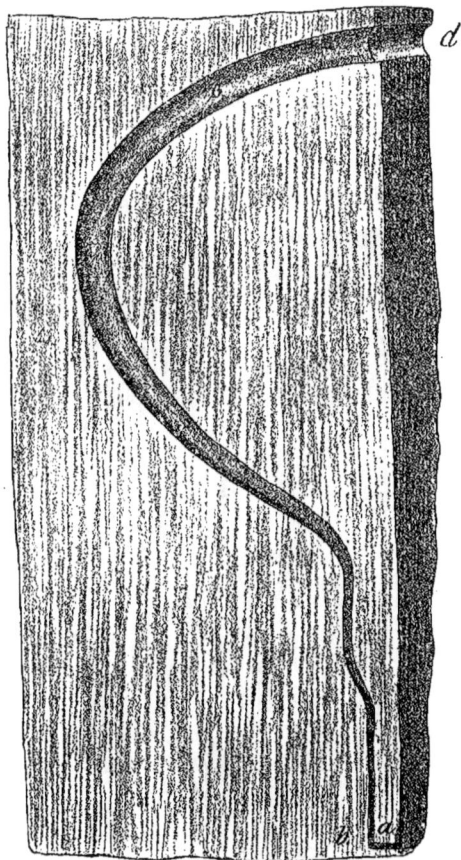

Fig. 307. — Galerie de *Sirex gigas* dans un bois de pin (R. Bos).

Les sirex se servent, pour perforer le bois, de leurs puissantes mandibules ; la tarière de la femelle entre en jeu, pour
trouer cette substance, seulement lorsque l'insecte a à déposer ses œufs.

L'abeille charpentière ou xylocope violet (Xylocopa viola-cea). — L'aspect de cet insecte rappelle celui des bourdons,

Fig. 308. — *Sirex juvencus* : mâle, femelle et larve (1/1) (Wo.).

avec un abdomen plus mince et moins velu sur sa face supérieure ; leur taille est d'ailleurs plus grande. Le corps du

Fig. 309. — Fragment de bois d'un tronc d'épicéa âgé d'environ soixante ans. On voit des galeries creusées par le *Sirex juvencus* : celle qui est placée en bas à gauche, près de la périphérie du bois, est très récente ; les autres, plus anciennes, sont plus ou moins remplies de sciure de bois. A l'extrémité de ces galeries, se trouve la chambre de puppe où se développent les guêpes femelles (1/2) (Iud. et Ni.).

xylocope est noir, les ailes sont violettes ; les jambes postérieures sont larges et très velues, elles constituent, avec le
premier article des tarses postérieurs, des appareils de
récolte. Sa longueur est d'environ 25 mm.

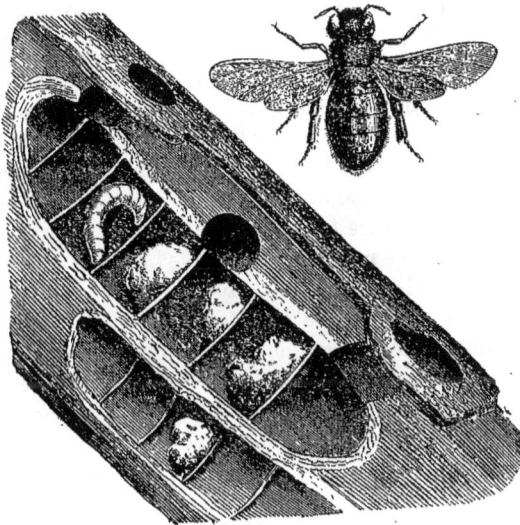

Fig. 310. — *Xylocopa violacea* (Abeille charpentière) (Rendu).

La femelle dépose ses œufs dans le bois. Elle recherche
particulièrement les bois déjà vieux et friables : perches,
palissades, poteaux vermoulus, troncs d'arbres, etc. Elle fore
perpendiculairement à l'axe, ou un peu obliquement, un trou
du diamètre de son corps qui pénètre à quelques millimètres
dans l'intérieur du bois, puis se dirige parallèlement à l'axe en
allant vers le bas. Elle se sert, pour forer le bois, de ses mandibules qu'elle emploie, soit séparément en guise de ciseau,
soit ensemble pour faire l'office de tenailles ; elle rejette à
l'extérieur les copeaux et prolonge sa galerie jusqu'à 31 cm.
de longueur, parfois ; elle se recourbe vers l'extérieur à son
extrémité. Ce travail étant achevé, la mère édifie, avec de la
sciure de bois mâchonnée, des cloisons qui séparent la galerie en chambres régulières, aussi longues que larges ; après
avoir établi une cloison, elle dépose sur elle un œuf et la

nourriture nécessaire à la larve qui en sortira ; c'est ensuite qu'elle se met à construire la cloison qui fermera la chambre ; sur cette nouvelle cloison elle recommencera la même opération, et ainsi de suite.

III. — LÉPIDOPTÈRES (Papillons)

Le *Cossus ronge-bois* ou C. des saules (*Cossus ligniperda*). — Les Cossus sont de gros papillons au corps cotonneux, avec des ailes grisâtres marbrées de lignes sinueuses et disposées en toit à l'état de repos. L'abdomen se termine chez la femelle par un oviducte extensible qui lui sert à enfoncer profondément ses œufs dans les fissures des écorces.

La chenille de ce papillon vit dans le bois des arbres, surtout dans le saule ; elle habite aussi les ormes, peupliers, aulnes, chênes, tilleuls et arbres fruitiers.

Ces chenilles sont quelquefois très nombreuses dans un même arbre ; les galeries qu'elles creusent suivent, en général, l'axe longitudinal de l'arbre ; quelquefois des galeries transversales réunissent les premières ou aboutissent au dehors pour permettre l'expulsion des déchets de bois. La chenille s'accroît fort lentement et il lui faut au moins deux années pour parvenir à sa taille définitive, qui est très forte, atteignant 9 cm. de long et près de 2 cm. de large.

La chenille du cossus s'attaque au bois sain comme au bois pourri, grâce aux mâchoires puissantes dont elle est pourvue, sa couleur est d'abord rouge rosé, puis devient couleur de chair terne, à l'exception de taches qui sont brunes sur la face dorsale des anneaux, et noires sur la tête. Pour subir la nymphose, la larve se rapproche de la galerie de sortie où elle tisse une coque (fig. 312 [9 et 10]) ; la chrysalide est brune (fig. 312 [11]) et mesure environ 4 cm. de long ; l'insecte parfait ne tarde pas à se dégager (fig. 312 [13, 14]).

Les ravages de cet insecte sont parfois considérables et le bois attaqué ne peut plus être employé comme bois d'œuvre.

Cet insecte est répandu dans toute l'Europe. Comme la chenille vit aussi bien dans les bois sains que dans les bois malades, elle est très nuisible, dans les forêts, aux chênes, tilleuls, saules et autres arbres à feuillage, de même que, dans les jardins, aux arbres fruitiers.

Evolution et ponte : juillet ; chrysalide en juin ; hivernage comme chenille.

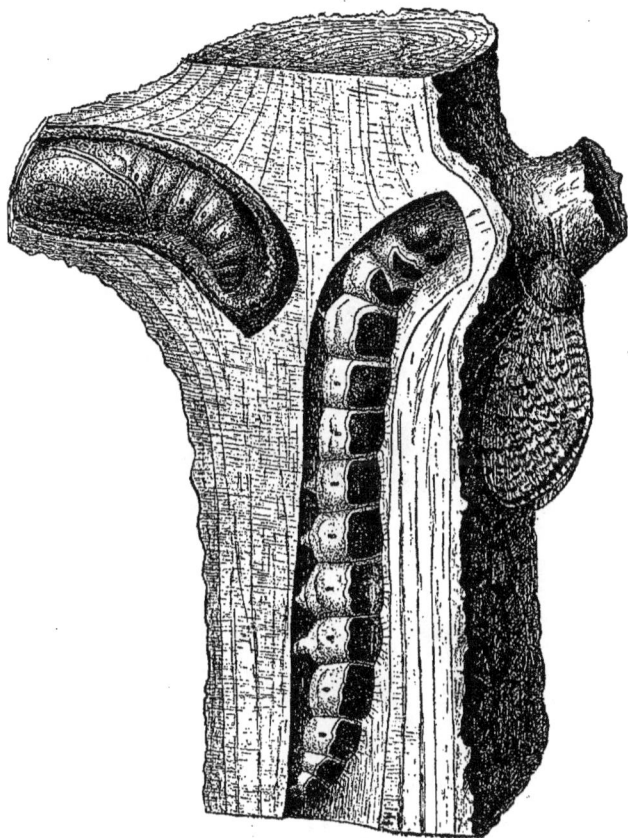

Fig. 311. — Chenille et puppe du *Cossus ligniperda*

Les moyens de destruction employés sont : les badigeonnages des troncs avec de la chaux, de la bouse de vache, de l'argile, etc.

La Zeuzère du marronnier (Zeuzera Æsculi). — Cette espèce est très voisine de la précédente. Le papillon est fort joli, ses ailes sont d'un blanc pur constellé de points d'un beau bleu foncé métallique ; le mâle n'a que la moitié de la taille de la femelle.

La chenille est jaune, couverte de points noirs ; elle ne vit pas seulement dans le marronnier, comme son nom pourrait le faire penser, mais sur une foule d'arbres et d'arbustes dont

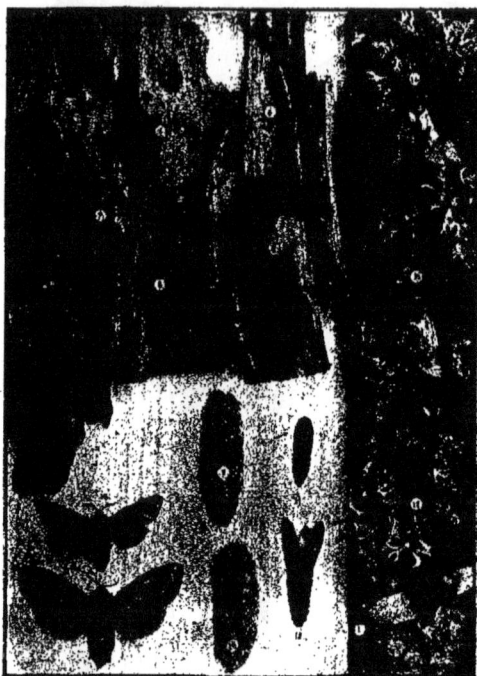

Fig. 312. — *Cossus ligniperda.* — 3 à 8, chenilles dans leurs différents états depuis l'éclosion jusqu'à complet développement. On voit les dégâts produits à l'intérieur du bois ; — 9, cocon de chrysalide fait de débris de bois ; — 10, un cocon ouvert montrant la chrysalide ; — 11, chrysalide dont le papillon n'est pas éclos, prise du cocon ; — 12, dépouille de chrysalide rejetée au dehors du bois par le papillon pendant l'éclosion ; — 13, dépouille de chrysalide abandonnée par le papillon ; — 14, papillon mâle ; — 15, papillon femelle ; — 16, mâle au vol ; — 17, femelle au vol (Réduit).

elle ronge le bois comme le fait la chenille du cossus. Ses hôtes les plus habituels sont : les marronnier, orme, tilleul, bouleau, chêne, pommier, poirier, etc.

Il faut au moins citer, en parlant des Lépidoptères, les *Sesia* (*S, culiciformis, Trachilium apiforme* ou Sésie apiforme, etc.), dont les chenilles vivent dans la partie inférieure des troncs de bouleau, de peuplier et de tremble où elles

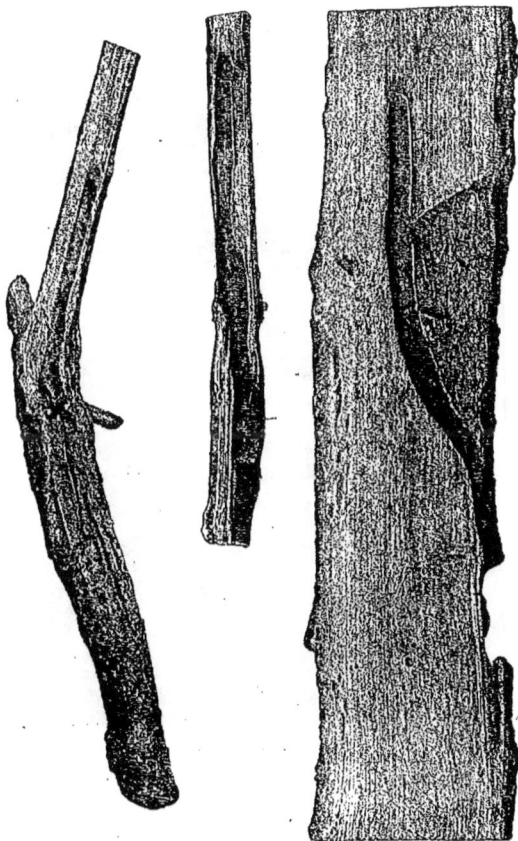

Fig, 313. — Galeries creusées dans le bois par la Zeuzère du marronnier (au milieu sur cormier, de chaque côté sur chêne) (Nitsche). Grand. natur.

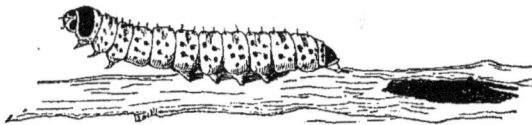

Fig. 314. — Chenille jaune du bois ou chenille du marronnier d'Inde (*Zeuzera Æsculi* ou *Cossus Æsculi*). Grand. natur.

creusent des galeries qui compromettent la solidité de l'arbre et causent souvent sa chute.

Dans les parties tropicales de l'Australie et de l'Amérique

Fig. 315. — *Sesia culiciformis.*

existent les représentants d'une très intéressante famille d'insectes perforants du bois; ce sont : les Castiniides, faisant eux-mêmes partie du groupe des Xylotrophes.

IV. — PSEUDONÉVROPTÈRES

Les Termites, fourmis blanches. — Les fourmis blanches, qui habitent surtout les régions tropicales, mais dont il existe aussi des représentants dans la région méditerranéenne, et en France, jusqu'à la Rochelle et Rochefort, sont de très dangereux ravageurs des bois de construction : charpentes, poutres, etc., qu'ils minent de façon à ne laisser subsister, après leur départ, qu'une mince et fragile enveloppe.

Caractères. — Les termites possèdent des appendices buccaux très forts ; le tarse a quatre articles ; 4 ailes mem-

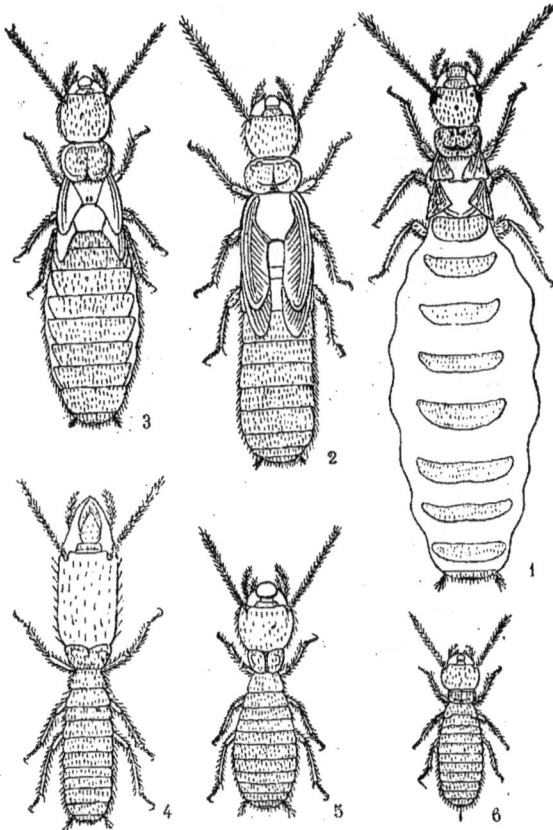

Fig. 316-321. — Termite (*Termes lucifugus*), d'après Ch. Lespès. — 1, femelle pleine (reine) ; 2, nymphe : 3, nymphe de la deuxième forme ; 4, soldat ; 5, ouvrier ; 6, larve.

braneuses et de même structure, qui sont, pendant le repos, repliées parallèlement au corps. Les larves sont terrestres ; les adultes mangent généralement le bois.

Les termites vivent en sociétés qui sont établies dans des

nids ou termitières ; ces sociétés sont composées d'individus de différentes sortes. C'est ainsi qu'il y a une femelle ou *reine* et un *roi* qui constituent le couple fécond de la société ; tous deux sont pourvus d'ailes amples, mais celles de la reine tombent après la fécondation. A côté de ces individus sexués et ailés, s'en trouvent d'autres, beaucoup plus nombreux dépourvus d'ailes, plus petits et devenus *neutres* par atrophie des organes sexuels ; ils sont désignés sous les noms d'*ouvriers* et de *soldats*, ces derniers bien reconnaissables à leur tête allongée et à leurs mandibules extrêmement puissantes. Il faut ajouter à ces formes celles de l'insecte en voie d'évolution, se présentant à l'état de *larve* et à l'état de *nymphe*.

La reine fécondée a un abdomen fort distendu sous lequel est caché le roi. Elle se tient dans une grande loge et pond les œufs que les ouvriers emportent dans des salles d'élevage faisant partie du nid ; d'autres cellules, voisines de celle de la reine, servent de logement aux ouvriers, et enfin, plus à l'extérieur, sont les cases des soldats ou défenseurs, ainsi que des magasins à provisions.

La structure des nids dont nous venons de parler atteint toute sa complexité pour les espèces qui les construisent dans l'intérieur de monticules ou tertres de terre, elle se simplifie chez celles qui les sculptent dans le bois.

Distribution géographique : Deux espèces, d'ailleurs voisines, appartiennent à l'Europe, ce sont : le Termite lucifuge et le Termite à cou jaune ; elles sont mineuses, et la structure de leurs nids n'a pu être étudiée comme celle des espèces qui les édifient au-dessus du sol. Elles sont, d'ailleurs, très dévastatrices.

Il existe un plus grand nombre d'espèces dans les pays chauds où les fourmis blanches constituent une véritable plaie.

Espèces principales : Nous nous contenterons de citer quelques-unes des espèces que l'on peut rencontrer sous nos climats :

Le *Termite lucifuge* (*Termes lucifugus*). — Couleur brun-noir foncé ; corps couvert de poils bruns ; longueur : 6 à 9 mm. ; envergure : 18 à 20 mm. (mâle). Cette espèce se présente sous les diverses formes que nous avons décrites, et qui sont représentées fig. 316-322.

Ce termite est commun dans la région méditerranéenne et remonte jusque dans les Landes de Gascogne où on le trouve fréquemment dans les habitations voisines de la côte, ainsi qu'à la Rochelle, Rochefort, Saintes, Bordeaux, etc. Non seulement il vit dans les souches des vieux pins, mais il cause encore de grands dégâts en rongeant les poutres des maisons, et aussi les pilotis sur lesquels reposent certaines parties de la ville de la Rochelle.

Cette espèce est celle qui remonte le plus au nord.

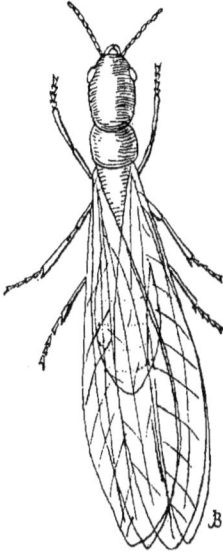

Fig. 322. — Termite (*Termes luciugus*). Individu mâle. (Grossi).

Le *Termite à cou jaune* (*Calotermes flavicolis*).—On ne connaît cette espèce qu'à l'état d'insecte ailé (mâle) et de soldat, on n'a pas observé les reines ni les ouvriers. Les insectes ailés sont brun-marron foncé, avec des ailes ayant 20 mm. d'envergure, et légèrement enfumées. La tête est carrée, avec un grand écusson échancré en avant. Les soldats, plus longs de 2 mm., atteignent 7 à 9 mm.

La tête en est extrêmement longue et les mâchoires sont moitié aussi longues que la tête.

Cette espèce est la seule, avec la précédente, que l'on trouve en Europe où elle habite dans la région méditerranéenne. Elle attaque les oliviers et d'autres arbres précieux, mais elle a, en somme, assez peu fait parler d'elle par ses dégâts.

On trouve, dans les pays chauds, en Abyssinie, sur les côtes orientales et occidentales du nord de l'Afrique, les *Termites belliqueux* et *fatal*, qui sont de forte taille et atteignent 18 mm. de long sur 65-80 mm. d'envergure ; le *Termite obèse*, aux Indes ; le *Termite terrible*, au Brésil et à la Guyane. Les termites, dont il existe des centaines d'espèces, sont répandus dans la plupart des contrées tropicales : Cochinchine, Soudan, Australie, etc.

Dégâts causés par les Termites. — Dans les pays chauds, les termites arrivent en troupes compactes pour ravager les vêtements, les livres, les papiers, les provisions et aussi les charpentes des maisons. Ils travaillent vite, sans, le plus souvent, trahir leur présence, si bien qu'il est souvent trop tard pour remédier au dommage lorsqu'on s'aperçoit de leur ravages ; le toit d'une maison peut s'effondrer avant qu'on ait eu le temps de se garer. Toutes les parties de la charpente d'une maison peuvent être sournoisement minées depuis les fondations jusqu'à la toiture, en passant par les planchers et les poutres de toutes sortes ; les meubles ne sont pas non plus épargnés. C'est ainsi qu'on cite des exemples de maisons d'Européens et de villages entiers de nègres complètement ravagés en une seule saison. Les fourmis blanches s'étant installées dans un vaisseau de ligne anglais, l'*Albion*, le minèrent si bien qu'on fut obligé de le dépecer.

Nous donnerons quelques détails concernant les dégâts causés par le *Termes lucifugus* qui existe en France.

Ces termites installent habituellement leurs nids dans de vieux troncs de sapin, de pin, de chêne, de tamaris ou autres arbres, à bois plus ou moins vermoulu et humide, situés près du sol.

Les colonies ne se maintiennent pas longtemps sous l'écorce : elles ne tardent pas à s'enfoncer dans le bois en creusant des galeries irrégulières ; ces insectes respectent cependant, autant que possible, la portion la plus dure des couches d'accroissement du bois. Il arrive parfois que des nids de fourmis ordinaires et des nids de termites soient contigus dans un même tronc et séparés seulement par une mince cloison.

Les dégâts des termites deviennent plus graves, lorsque, abandonnant la campagne, ils viennent s'acclimater dans les villes.

On n'avait pas entendu parler de ces insectes dans le bassin de la Charente, depuis les temps historiques, lorsque, en 1797, on découvrit pour la première fois des termites à Rochefort dans une maison inhabitée dont les charpentes, boiseries, meubles et leur contenu, avaient été complètement détruits ; de là, le fléau se répandit peu à peu dans les maisons voisines, et, dès 1829, les ateliers et magasins de la Marine étaient ravagés à leur tour. Le mal gagna aussi les contrées avoisinantes : La Rochelle, Saintes, Bordeaux, etc.

L'apparition brusque de ces termites dans la Charente-Inférieure et leur mode d'extension, ont fait supposer qu'il ne s'agissait pas sans doute des termites des champs, qui n'avaient point fait parler d'eux jusque-là, mais bien d'individus appartenant à une espèce voisine, introduits avec des ballots venant des pays chauds et vraisemblablement de Saint-Domingue. Dans les villes citées plus haut, les termites ont, dans des années favorables, produit l'écroulement de planchers et de toitures, rongé les piquets des jardins ou les planches abandonnées sur le sol, etc. Il est très curieux de constater que ces insectes cheminent toujours à couvert ; au besoin, ils construisent des galeries, le long des murs ou des colonnes creuses, allant du plafond au plancher pour avancer à l'abri. Ils forent leurs couloirs dans le bois en respectant une mince membrane externe, ils rongent des livres ou registres en ménageant les feuillets superficiels de façon à ce qu'on ne puisse soupçonner leur existence, que, bien souvent, le hasard seul fait découvrir. Les bois les plus durs ne sont pas respectés et on a pu constater que des poutres de chêne, en apparence robustes, s'écrasaient sous la main, parce qu'elles ne comportaient plus qu'une mince couche superficielle.

139. Les ennemis du bois à la mer. — Nous pouvons réunir sous ce titre l'étude des animaux dont il nous reste à parler. Les uns appartiennent à l'embranchement des Arthropodes, comme les Insectes, mais ils sont d'une classe différente, celle des Crustacés, ce sont les *Limnora*, *Chelura*, etc. ; les autres font partie de l'embranchement des Mollusques, ce sont les tarets. On désigne vulgairement ces animaux sous le nom de *vers à bois*.

I. — Crustacés

Les *Limnora* (*Limnora terebrans* Leach.[*lignorum* White]) sont de petits crustacés ayant 3 mm. de longueur, d'une couleur d'un brun verdâtre, que l'on trouve particulièrement dans la mer du Nord et la mer Baltique ; ils perforent les bois qui se trouvent dans l'eau au bord de la mer, d'un très

grand nombre de petites galeries qui restent séparées finalement par de très minces cloisons (fig. 225).

Le *Chelura terebrans* Phil. est un peu plus gros et a

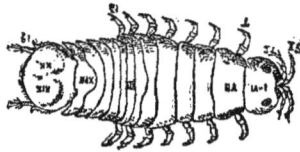

Fig. 323. — *Limnora terebrans*, vu
de dos (gross. 10/1) (Ni.).

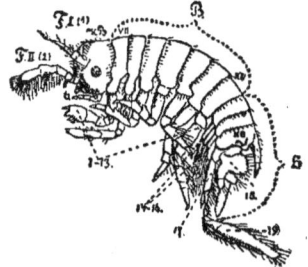

Fig. 324. — *Chelura terebrans*, vu
de côté (10/1) (Ni).

Fig. 325. — Bois de résineux rongé par le *Limnora* (Ni.)
(grand. nat.)

7-8 mm. de long. Il est également nuisible en rongeant les
bois immergés dans l'eau de mer.

Un certain nombre d'autres Crustacés, et Arthropodes (1), en
général, ayant des formes de vers, rongent également le bois.

(1) Certains Myriapodes produisent la phosphorescence du bois pourri.

II. — Mollusques

Cet embranchement renferme des ennemis très dangereux
du bois à la mer. Ce sont les Tarets surtout et les Pholades.

Les tarets. — Les tarets sont des mollusques, allongés en forme de vers, d'une
couleur blanc-grisâtre, possédant une
coquille à valves très petites, mais solides,
qui recouvrent la partie antérieure du
corps ; c'est grâce à elles que l'animal
peut percer le bois. Ce mollusque est enveloppé complètement par le « manteau »
qui laisse seulement une petite ouverture
pour le passage du « pied » (organe de
reptation), qui est épais. Le sac, que forme
le manteau autour de l'animal, se prolonge en deux points sous la forme de
tubes, nommés siphons, qui s'étendent à
l'arrière et sont recouverts, à leur origine,
chacun par une petite pièce calcaire ou
valve supplémentaire ; l'un d'eux sert à
l'entrée de l'eau pure et des aliments,
l'autre à la sortie de l'eau chargée d'acide
carbonique et des résidus de la digestion.
Ces siphons, très longs chez le taret, lui
permettent de vivre au fond de la galerie
qu'il occupe, car ils arrivent toujours près
de l'orifice. En somme, l'animal a la forme
d'un gros ver atteignant parfois plus de
40 cm. de longueur sur deux de diamètre ;
au gros bout se trouve une coquille à deux
valves, ressemblant à deux moitiés d'une
coquille de noisette, à l'autre bout, qui est
plus mince, le corps se bifurque en deux
tubes ou siphons recouverts à l'origine de
deux lames calcaires.

Les naturalistes discutèrent longtemps
pour se mettre d'accord sur le procédé
employé par les tarets pour perforer le
bois ; selon les uns, c'était grâce à une

Fig. 326. — Le taret
(*Teredo navalis*).
L'animal, en sécré-
tant une substance
calcaire, s'est consti-
tué autour de lui un
tube que l'on a par-
tiellement brisé pour
montrer le corps de
la bête.
A la partie anté-
rieure du corps, se
trouve la valve de la
coquille dont l'animal
se sert pour forer ses
galeries à l'intérieur
du bois ; à la partie
postérieure du corps
sont placés les si-
phons.

sécrétion permettant de dissoudre la matière ligneuse (Deshayes) ; pour d'autres, le pied charnu était l'organe actif (Hancook) ; pour de Quatrefages, ce rôle était départi à une portion du manteau ; enfin, on s'accorde maintenant, grâce

Fig. 327. — Bois travaillé par les tarets (*Teredo navalis*). Grand. natur.
(Eckstein)

à des observations prolongées et à l'expérimentation, à admettre que la coquille réduite est l'agent perforateur. On a fait un expérience consistant à fixer, avec de la gomme laque, la coquille à l'extrémité d'une petite tige en bois et à faire tourner ce système avec rapidité entre le pouce et l'index; on parvient ainsi, en 4 ou 5 heures, à forer dans le bois des trous de 30 mm. de profondeur. L'examen des muscles et de la coquille au microscope vient confirmer encore cette hypothèse (Harting) ; chaque valve présente, en quelque sorte, la réunion d'une lime avec une gouge ou mèche à cuiller ; elles agissent bien plus à la façon d'une râpe qu'à la manière d'une tarière, leur action s'effectuant par rotation ; on remarque, en effet, que le fond de la galerie est toujours hémisphérique. Des observateurs ont pu prendre sur le fait le taret travaillant dans le bois, en mettant brusquement à nu une portion de la galerie où il opérait. Le bruit que fait cet animal, et que l'on peut entendre parfois, est bien celui d'une râpe. Le travail du taret est facilité par l'amollissement du bois dû à la macération dans l'eau ; il l'est encore, sans doute, par les sécrétions du mollusque qui peuvent avoir une action corrodante sur le bois ; d'ailleurs, l'animal recouvre d'une sécrétion calcaire du manteau la paroi de la galerie qu'il creuse, tout en conservant dans ce tube calcaire toute sa liberté de mouvement.

Le taret vit dans l'eau de mer propre, l'eau douce le tue au bout de quelques jours et il ne vit pas longtemps dans l'eau saumâtre. C'est pour ces raisons que, dans un même port, on le trouve moins abondant dans les bois situés dans l'eau vaseuse ou près de l'embouchure d'un fleuve.

Les larves, produites par l'adulte, flottent dans l'eau de mer sous forme d'un petit têtard ayant environ un millimètre de long. Ces larves pénètrent dans les bois, de juin à septembre, par un petit trou qu'elles forent à la surface. Quinze jours après, elles sont déjà transformées en adultes qui creusent leurs galeries en suivant la direction des fibres du bois et n'en dévient que pour éviter la rencontre d'une galerie voisine. L'animal s'accroît au fur et à mesure qu'il avance, et le trou qu'il creuse s'allonge avec lui, naturellement. C'est dans l'intérieur de ces galeries que l'adulte hiverne avant de se reproduire.

Les tarets s'attaquent aux bois les plus durs, et les bois dits « bois de fer » ne sont pas toujours à l'abri de leurs atteintes ; de plus, ils détruisent le bois avec une très grande rapidité et une forte pièce de pin peut être dévorée en quelques mois.

Un exemple fameux des dangers que peuvent faire courir les tarets est le suivant : Vers 1731, les pilotis qui soutenaient les digues, en Hollande, étaient tellement envahis par ces mollusques qu'ils tombaient vermoulus et n'offraient plus aucune résistance à l'action des vagues ; l'inondation était imminente, elle se produisit même dans une partie du pays, causant de terribles ravages.

La *Pholade* (*Pholas dactylus*) est un autre mollusque, de forme beaucoup moins allongée que le taret, ayant 8-12 cm. de long, et pourvu d'une coquille bivalve bien développée ; cette coquille est baillante des deux côtés, dépourvue de dents cardinales et de ligament, mais avec des pièces calcaires ou valves accessoires appliquées sur la charnière.

La pholade perce des trous de gros calibre dans le bois et, plus souvent encore, dans la pierre.

140. Protection des bois à la mer contre les tarets et autres animaux marins. — On a préconisé depuis long-temps le doublage des pièces de bois à l'aide de divers revêtements pour les protéger contre les « vers à bois » de la mer. Les revêtements des pilotis, à l'aide de feuilles de zinc, ne durent pas ; le cuivre est excellent, mais trop coûteux ; les clous à large tête, dits « clous à tarets », que l'on a employés en Hollande, constituent une bonne protection jusqu'au moment où la tête de ces clous tombe par l'effet de la rouille ; les enduits et peintures se craquellent et tombent vite, ils sont par suite inefficaces.

On fait usage, en Amérique notamment, d'autres procédés que nous allons décrire (1).

On enrobe les pilotis dans une gaine en ciment, exécutée à l'aide de moules en deux parties, à l'intérieur desquels on coule un ciment clair qui se prend autour des pilotis. De cette façon, les tarets qui peuvent exister déjà dans le bois sont murés et leurs trous sont bouchés. La poutre, ainsi enrobée, ne tarde pas à se couvrir de coquillages ou d'herbes. Le prix de revient est d'environ 20 francs le mètre courant. Si au ciment on substitue des tuyaux de poterie remplis de sable, le prix s'abaisse à 10 fr. 50 le mètre courant protégé, mais la protection est moins efficace.

On peut encore imprégner ou injecter le bois avant l'emploi, à la façon ordinaire, avec de la créosote, contenant environ 4 à 5 0/0 de phénol et au moins 40 0/0 de naphtaline.

(1) Snow. Ch. H. *in American Society of civil Engineers*, 1900.

La remarque qu'on a pu faire, que le taret craint les assemblages et joints qui existent aux réunions des pièces de charpente, a mis les Américains sur la voie d'une nouvelle manière de protection contre ce mollusque. Le procédé essayé à San-Francisco a donné, parait-il, de bons résultats : On constitue des sortes de pilotis composés, formés d'une pièce longitudinale centrale à section carrée, de 120 mm. de côté, entourée d'une sorte de marqueterie de planches se croisant à angles droits et superposées de manière à réaliser la dimension de section que comporte le piloti que l'on veut obtenir. De tels pilotis étaient intacts après dix ans d'immersion dans des lieux exposés aux visites des tarets.

IVᵉ PARTIE. — DÉFAUTS DES BOIS DUS AUX AGENTS PHYSIQUES

En forêt, les dégâts causés par le vent, la foudre, les coups de soleil, le froid, les avalanches, les « météores » en un mot, suivant l'expression des forestiers, atteignent aveuglément les bois jeunes et vieux, en voie de croissance ou adultes. Les météores causent parfois d'irrémédiables dégâts qui compromettent pour longtemps l'avenir de la forêt, et cela d'autant plus qu'ils laissent très affaiblis les sujets qui n'ont pas succombé directement à leurs atteintes : ceux-ci deviendront facilement la proie de toutes les causes d'altérations, notamment les insectes et les champignons.

Le vent brise les arbres d'une façon irrégulière et produit des abatis de chablis, constitués par les arbres gisant sur le sol de la forêt.

La foudre produit sur les arbres des effets très variés tels que : sillons de l'écorce, décortication partielle et enfin rupture de l'arbre qui se partage longitudinalement et se fend en éclats. Le bois ne peut plus être utilisé que comme bois à brûler.

La neige, en pesant sur les branches d'arbres possédant encore ou déjà leurs feuilles, peut occasionner la rupture des bois. Il en est de même du *givre* et du *verglas*.

Les avalanches peuvent emporter des étendues considérables de forêt en brisant les arbres en mille éclats.

La grêle occasionne parfois des blessures atteignant jusqu'au bois ; elles se recouvrent ensuite, au fur et à mesure de l'accroissement en diamètre de l'arbre, de nouvelles couches de bois. On peut voir, après cinquante ans et plus, des traces de coups de grêlons sur des sections du bois. Les blessures ainsi produites servent, trop souvent, avant leur cicatrisation, de porte d'entrée aux microbes et autres agents d'altération.

Le froid : Non seulement le froid, se manifestant par des gelées tardives ou précoces au printemps ou à l'automne tue les organes verts, mais encore il provoque des dislocations du bois appelées : gélivure, roulure, lunure ou double aubier, etc. Il faut noter, d'ailleurs, que les gelées un peu vives ne font pas de tort aux végétaux lorsque la glace fond avant que le soleil ait pu faire sentir directement la chaleur de ses rayons.

Nous allons examiner maintenant un certain nombre de défauts du bois dont on peut attribuer l'origine à des agents physiques : froid, chaleur, contacts, etc.

Gerçures. — Elles se produisent sous l'influence de coups de soleil qui provoquent des fentes de l'écorce se prolongeant jusque dans l'aubier ; l'accroissement en épaisseur du bois devient alors irrégulier. Elles se forment encore aux dépens des bois abattus et écorcés soumis à une dessiccation trop prompte. Ces fentes partent de la périphérie et s'avancent plus ou moins vers le centre.

Cadranures ou fentes au cœur. — Ce sont des fentes partant du cœur et se dirigeant vers la circonférence comme les rayons d'un cadran. Il arrive que les cadranures rencontrent des gerçures ou des gélivures. Il faut débiter au plus tôt ces bois. La cadranure s'accompagne souvent de décompositions plus ou moins importantes, ce qui rend les bois impropres au service et à l'industrie, ils ont même perdu une grande partie de leur valeur comme bois de feu. Lorsque l'arbre sur pied est atteint de cadranure il devient souvent la proie de la pourriture rouge, qui ne se manifeste pas d'abord extérieurement, mais le bois devient finalement léger et friable et l'arbre « sonne creux » au marteau ou au dos de la hache. La percussion permet de reconnaître l'altération, mais lorsqu'il est trop tard pour en atténuer les effets par un prompt abatage.

La production de ces fentes s'explique de la façon suivante : Quand l'arbre est jeune et vigoureux, toutes les couches annuelles sont vivantes et humectées des sucs de la plante ; lorsque l'arbre vieillit, le cœur plus ancien se dessèche et ses couches éprouvent un retrait produisant ces fentes qui ont leur maximum de largeur au centre et vont en s'amincissant à

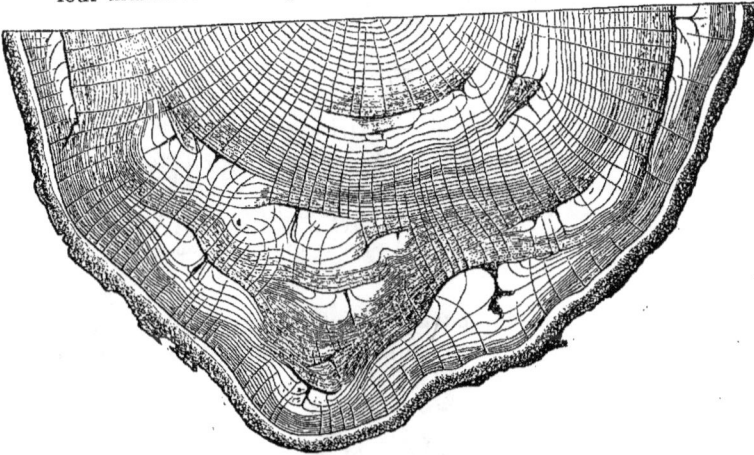

Fig. 328. — Coupe transversale d'un tronc de chêne présentant de nombreuses fentes dues à des coups de soleil. Souvent, au printemps, l'écorce se fendille sous l'influence de la chaleur des rayons solaires et le bois est ainsi mis à nu. Ces sortes de blessures sont généralement recouvertes, au bout d'un petit nombre d'années, par de nouvelles formations, et le bois présente alors l'aspect d'irrégularité figuré ici. Ce phénomène affecte surtout les arbres à écorce mince : le hêtre, le charme, l'érable et quelquefois aussi le chêne. (1/2 grand. nat.) (R. Hartig.).

la périphérie. Dans un arbre sain qui se fend par dessiccation, le contraire se produit : les couches extérieures étant plus directement soumises à l'influence desséchante, ce sont ces couches qui se fendillent d'abord et les gerçures partent de la périphérie pour s'avancer dans la direction du centre en suivant les rayons (1).

Gélivures. — Ce sont, comme dans le cas du desséchement, des fentes allant de la périphérie vers le centre du bois, mais

(1) On a préconisé le procédé suivant pour empêcher l'éclatement du bois: Le bois est imprégné de solutions chaudes de sels qui sont beaucoup plus solubles à chaud qu'à froid ; par le refroidissement ou l'évaporation de l'eau, les cellules du bois se remplissent de cristaux qui empêcheraient le bois de jouer (Br. allemand 117.150, de Jules Wallof, de Munich, 2 juin 1899).

37

leur cause est attribuée à la gelée. Les bois qui sont traversés
de ces fentes donnent un son sourd sous le marteau, parce

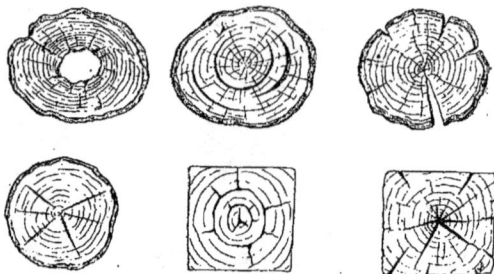

Fig. 329. — Bois à cœur pourri ; Fig. 330. — Roulures ; Fig. 331. — Gerçures
çures ; Fig. 332. — Gélivures ; Fig. 333. — Roulure cadranée ; Fig. 334.
— Cadranure. (L'ordre des figures est suivi en commençant en haut et à
gauche).

que leurs parois sont souvent atteintes de pourriture par suite
de l'infiltration de l'eau ; le son reste franc dans le cas de
fentes dues à la dessiccation.

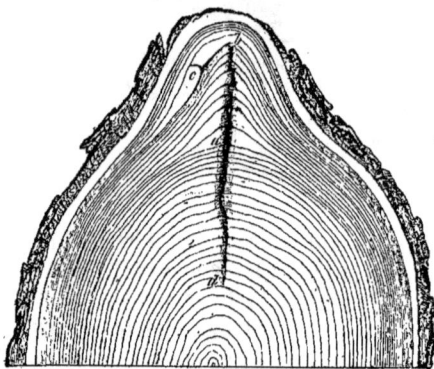

Fig. 335. — Gélivures d'un tronc de chêne. Pendant l'hiver qui a suivi la
formation de l'anneau *a*, s'est produite la fente *ad* ; les années suivantes,
sous l'influence du froid, la dislocation s'est continuée successivement jusqu'en *b* ; une année après, elle s'est effectuée latéralement en *c*. A partir de
cette époque, il ne s'est plus produit de dislocation (1/2 grand. nat.)
(R. Hartig.).

Les fentes de gélivures se recouvrent, par le fait de l'accroissement de l'arbre en diamètre, d'un bourrelet qui reste
toujours très visible.

Les bois atteints de gélivures sont peu propres à la charpente, et leur débit au sciage produit beaucoup de déchet.

Double aubier ou aubier entrelardé ou lunure (1). — Cette altération existe quand on voit au cœur du bois un anneau plus clair semblable à l'aubier extérieur.

Voici comment s'établit le double aubier : Sous l'influence de grands froids, la vitalité des cellules de l'aubier est atteinte et par suite la duraménisation, ou transformation de cet aubier en bois parfait, se fait mal. Suivant M. E. Henry, tout l'aubier est tué, sauf là ou les couches extérieures ; les cellules de celles-ci échappent à la mort par le froid parce qu'elles renferment des solutions plus concentrées et que de telles cellules n'éliminent de l'eau qu'à un degré de

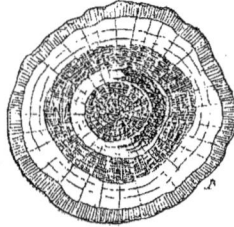

Fig. 336. — Section de tronc de chêne dont le bois présente une lunure. Une portion de cette lunure commence à être atteinte par la pourriture.

froid très élevé, or que c'est précisément cette élimination d'eau, à ce desséchement, qu'est dû la mort de la cellule quand elle dépasse certaines limites. Dans les cellules de l'aubier ainsi tuées, l'amidon ne peut se dissoudre et par suite les exsudats et les thylles, qui remplissent les cavités des vaisseaux du bois parfait, ne peuvent se former, pas plus que le tanin qui est, lui aussi, un dérivé de l'amidon ; en un mot, comme nous le disions plus haut, la duraménisation ne se fait pas (2). Si, les années suivantes, il ne se produit plus de froids anormaux, les nouvelles couches d'aubier formées se transformeront régulièrement plus tard en bois parfait. C'est ainsi que se constituera la zone de duramen extérieure au faux aubier de la lunure.

On a aussi donné comme explication du double aubier que sa formation coïnciderait avec le passage des racines dans une portion stérile du sol, ce passage entraînant une nutrition imparfaite. Cette hypothèse est peu fondée.

Le bois du double aubier, aussi bien que celui de l'aubier

(1) E. Henry, *Sur la lunure ou double aubier du chêne.*
(2) E. Mer, *Comptes rendus de l'Acad. des Sciences,* juin 1897.

normal, est très sujet à s'altérer et, en effet, il est promptement atteint de pourriture qui peut se communiquer au reste du bois. C'est un grave défaut qui, alors même qu'il ne coexiste pas avec la pourriture, réduit de beaucoup la portion utilisable du bois, parce qu'il faut rejeter, par prudence, la partie qui contient ce faux aubier, comme on le fait toujours pour l'aubier véritable, lorsqu'il s'agit de pièces destinées à durer longtemps.

La roulure. — C'est une séparation de deux couches consécutives annuelles qui ne sont plus adhérentes, soit partiel-

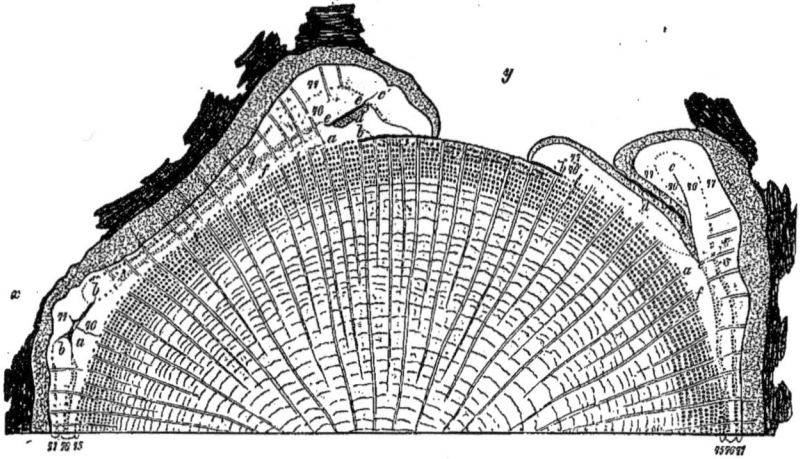

Fig. 337. — Cette figure montre de quelle façon s'opère la cicatrisation de blessures (x et y), faites sur un tronc de chêne. La plaie produite en x est complètement recouverte par suite de la jonction des bords du bourrelet cicatriciel ; celle qui existe en y n'est pas encore fermée. On voit que les nouvelles couches de bois, formées à partir de l'époque de la blessure, sont irrégulières comme épaisseur et comme direction (d'après R. Hartig).

lement, soit complètement. Elle résulte de l'action d'un hiver très rigoureux : le cambium est, dans ce cas, désorganisé, et il ne fonctionne plus pour donner l'aubier, ou du moins il ne produit qu'un tissu sans solidité ; lorsqu'il aura repris toute sa vigueur, ou lorsqu'il s'en sera reformé un, il donnera de nouvelles couches d'aubier qui seront séparées du bois antérieurement formé par une solution de continuité se manifestant suivant une ligne circulaire.

Il arrive, quelquefois, que le bois d'un arbre soit constitué par un cylindre creux extérieur, renfermant un cylindre

plein. Le phénomène peut s'effectuer sur toute la longueur de
l'arbre ou seulement à sa base.

On pourra utiliser le bois du tronc après réduction, dans ce
dernier cas ; dans le premier on ne pourra retirer profit de
l'arbre que par le débit en bois de fente.

Il existe la roulure simple et la roulure combinée avec la
cadranure ou roulure cadranée.

La *gelure* est une roulure incomplète : c'est-à-dire que le
cambium a pu fonctionner encore, mais il a donné naissance
à un tissu incapable de se transformer en bois parfait. Ce
phénomène est très voisin de celui dit double aubier et peut
être, à la rigueur, confondu avec lui.

Les tares suivantes n'ont plus les mêmes origines que les
précédentes : elles sont dues au mode d'abatage ou aux contu-
sions, chocs ou blessures.

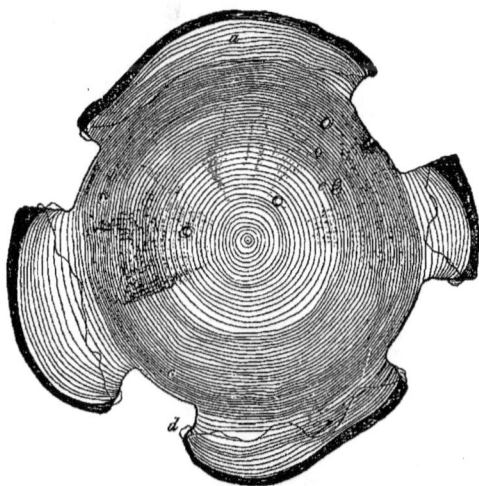

Fig. 338. — Coupe transversale d'un tronc de pin soumis au gemmage (ou
résinage) depuis 10-15 années, sur quatre côtés. Le bois placé vis-à-vis des
surfaces mises à nu est profondément pourri. On voit figurées, en outre,
dans l'intérieur du bois, des galeries de Sirex (1/5 grand. nat.) (R. Hartig).

Trou d'abatage. — Ce trou se produit au pied de l'arbre
quand il a été coupé en sifflet, ou simplement lorsqu'on a
négligé de couper, durant l'abatage, la partie centrale qui a
été alors arrachée en faisant un vide à la base du tronc au
moment où celui-ci est tombé sur le sol. Il fait perdre une

partie de la longueur utile, car on est obligé d'ébouter la pièce, mais il n'altère pas la qualité du bois.

La *frotture* et les *blessures.* — La frotture résulte de blessures locales faites à l'arbre. Le cambium a été détruit au niveau de la surface contusionnée ou blessée, le bois est mis

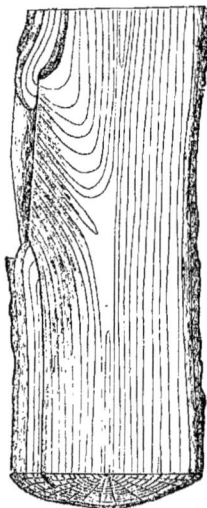

Fig. 339. — Si la blessure mise à nu par la chute ou l'ablation d'une branche n'est pas traitée par des antiseptiques, le goudron, par exemple, la pourriture ne tarde pas à s'y mettre et s'étend, en quelques années dans le bois, en empruntant surtout la direction descendante. Le traitement est beaucoup plus efficace, lorsqu'il est pratiqué à la fin de l'automne ou en hiver, que lorsqu'il est effectué au printemps ou dans le courant de l'été (1/2 gr. nat.) (R. Hartig)..

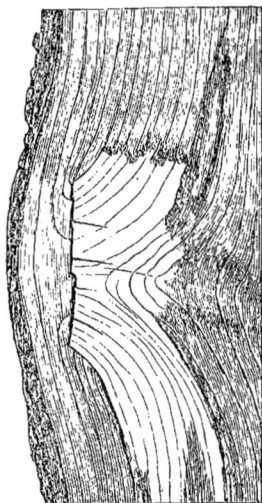

Fig. 340. — Tronçon de branche de chêne, complètement recouverte, par des formations d'origine cicatricielles, mais infectée par l'*Hydnum diversidens* qui produit une pourriture du bois (1/2 grandeur naturelle) (R. Hartig).

à nu à ce niveau. Le cambium cesse de fonctionner en ce point, alors que partout ailleurs il donne de l'aubier ; cependant il se forme autour de la plaie un bourrelet cicatriciel qui tend à la recouvrir, et, si la blessure n'a pas été trop grande, il arrivera un moment où elle sera effectivement recouverte ; à partir de cet instant, le cambium sera reconstitué dans son intégrité et donnera partout de l'aubier. Mais

ce phénomène cause une grande irrégularité dans la forme
des couches annuelles au niveau de la
blessure ; de plus, le bois d'aubier, qui
a été exposé à l'air au niveau de la blessure, devient généralement le siège d'une
pourriture, qui sera enfermée dans le sein
du bois, lorsque le cambium redeviendra
circulaire. Cette décomposition, qui peut
s'étendre plus ou moins, est une tare du
bois ; si la cicatrisation a été rapide, la décomposition n'a pas
eu le temps de s'effectuer et le dommage est peu grave.

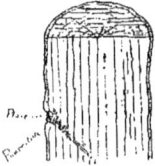

Fig. 341.

V⁰ PARTIE. — MOYENS DE RECONNAITRE UN BON BOIS

**141. Quels sont les signes qui peuvent faire con-
naître la qualité des bois des arbres qui sont encore
sur pied ?** — Ces signes, empruntés à des caractères extérieurs, sont toujours empreints de quelque incertitude ; néanmoins il est bon de les connaître, car ils peuvent rendre des
services dans bien des cas.

I. — *Signes qui indiquent qu'un arbre est vigoureux et
que son bois est de bonne qualité :*

1° Il est toujours de bonne augure de voir les branches du
sommet plus vigoureuses que celles qui sont vers le bas ; les
branches inférieures étant étouffées peuvent être jaunes, lan-
guissantes et même mortes, sans qu'on en puisse rien conclure au désavantage d'un tel arbre ;

2° Quand les feuilles sont bien vertes, d'une végétation
vigoureuse, et tombent tard en automne;

3° Quand l'écorce est bien homogène sur toute la surface
du tronc ;

4° C'est encore un signe de vigueur, si, au haut de l'arbre,
on aperçoit des branches qui s'élèvent et qui sont beaucoup
plus longues que les autres ; les arbres à tête arrondie ne
poussent pas avec beaucoup de force.

II. — *Signes qui indiquent que le bois d'un arbre est défectueux :*

Les arbres présentant les caractères que nous allons décrire
doivent être considérés comme suspects et il ne faudra en

régler l'achat que quand ils auront été abattus et équarris, afin d'en mieux connaître les défauts.

1° Les arbres dont l'écorce est terne, galeuse, ou s'est fendue et séparée elle-même en travers, de distance en distance, ou peut s'enlever à la main.

Il faut cependant remarquer qu'il y a des espèces d'arbres : chênes, ormes, etc., dont l'écorce est naturellement plus épaisse que chez d'autres arbres, comme par exemple, l'orme tortillard, qui est une espèce excellente, meilleure que l'orme à grandes feuilles dont le bois est tendre. Avec un peu d'habitude, on reconnaît aisément les arbres dont l'écorce est grossière pour cause de maladie, de ceux qui ne l'ont ainsi que par la nature de leur espèce ;

2° Si l'on voit sur l'écorce de grandes taches blanches ou rousses, venant de haut en bas, cela doit faire soupçonner des gouttières ou des écoulements d'eau ou de sève où les microorganismes pullulent et qui correspondent à une pourriture du bois.

On peut soupçonner des défauts intérieurs du bois, lorsque l'on voit le tronc ou les branches couverts de lichens et de mousses qui retiennent l'humidité extérieure au contact de l'arbre.

La présence de champignons sur les branches, le tronc, ou au pied de celui-ci, est l'indice d'une pourriture.

Quand on aperçoit le long du tronc d'un arbre, des chancres, des cicatrices de branches ou des nœuds pourris, en partie recouverts, qu'on nomme parfois *yeux de bœuf*, ou des écoulements de substance, on est presque assuré qu'il existe une carie intérieure.

Les loupes fréquentes et les excroissances ligneuses doivent rendre un arbre suspect. Les bourrelets longitudinaux, plus ou moins en forme de corde, annoncent une gélivure intérieure.

Les nœuds trop fréquents ont des inconvénients que nous avons déjà signalés.

Il faut examiner si les branches de la tête, qu'on désigne sous le nom de *couronne* ou de *chapeau*, ne sont point jaunes, et si plusieurs de ces branches, surtout parmi les plus élevées, ne sont point mortes, ce qui serait un signe infaillible que ces arbres, que l'on nomme *arbres couronnés*, seraient sur leur retour et commenceraient à dépérir. Si on voit le long de la tige des branches menues et chargées de beaucoup de feuilles vertes, on doit craindre qu'à ces endroits, ou aux environs, le bois ne soit rouge et de mauvaise qualité.

La couleur pâle des feuilles et leur chute précoce indiquent un arbre malade, dont les racines ne sont pas saines, ou ne peuvent s'étendre dans la terre, ou qui se trouvent dans un sol de composition minéralogique défavorable. Les arbres dont les racines sont trop découvertes par les ravines sont sujets aux défauts que nous venons de rapporter et leur bois est généralement de mauvaise qualité.

Il est encore important de visiter les *forcines* ou aisselles des branches, car, malgré la résistance particulière de ces parties, il arrive parfois que le poids du givre, ou les grands vents, séparent ou détachent un peu les branches d'avec le tronc ; l'eau, s'introduisant alors par les fentes, y forme des gouttières au niveau desquelles débute la pourriture du bois : c'est pour cette raison que tous les arbres qui ont été éclatés par le vent, dont les branches sont en partie rompues et pourries, doivent être rebutés.

Les bois fendus par la gelée doivent être soupçonnés mauvais, au moins aux endroits des fentes. Quand les fentes se cicatrisent, elles forment des saillies en corde suivant la direction des fibres.

Les arbres sur pied peuvent être attaqués par de nombreuses larves d'insectes, dont il est d'ailleurs souvent difficile d'apercevoir les trous ou de reconnaître la présence d'une façon quelconque ; les oiseaux appelés *Pics verts* les connaissent bien et les trouvent avec leur bec, c'est pourquoi les arbres auxquels ces oiseaux s'attaquent doivent être soupçonnés ; on peut être, de plus, assuré que le bois en est toujours tendre.

On est obligé, quand on veut s'assurer si plusieurs des défauts dont nous venons de parler sont considérables, de sonder l'intérieur du bois avec une tarière ou un ciseau ; on a aussi l'usage de frapper les arbres avec un marteau ou une masse pour reconnaître, au son qu'ils rendent, s'ils sont sains ou cariés. Si un arbre *sonne creux*, il est rebutable ; s'il *sonne plein*, il est réputé bon ; malheureusement, ce signe est bien incertain, car si un vice existe dans le cœur d'un gros arbre, le son n'en est point altéré ; d'ailleurs, les gerces, les roulures, les cadranures, ne sont presque pas sensibles quand un arbre est plein de sève et ces défauts ne changent pas notablement alors le son obtenu par percussion.

Il est bon d'ajouter que les arbres tarés, dont nous venons de parler, ne sont pas entièrement inutiles ; les marchands savent bien en tirer parti. Par exemple, les arbres qui ont des marques de retour, sont souvent bons à être employés en menuiserie pour l'intérieur des bâtiments ; ceux qui sont absolument gâtés en quelque partie, peuvent fournir, en d'autres, des billes propres pour les ouvrages de fente ; enfin, le rebut est destiné à faire du bois de chauffage.

Il ne faut pas oublier que la situation, l'exposition et la nature du terrain, influent beaucoup sur le mode de végétation et la qualité du bois.

Voici, au sujet des qualités que doit présenter un bois pour être réputé bon, un document officiel :

142. Extrait du devis-type arrêté par le ministère des travaux publics. — Art. 40. *Qualité des bois.* — « Les bois de fortes et de moyennes dimensions, les palplanches et les madriers seront en chêne ou en sapin, suivant les prescriptions.

Ils seront abattus en bonne saison, depuis un an au moins pour les charpentes. L'abatage des pins pour pieux et pilotis dans l'eau sera récent.

Ils seront de droit fil, ni échauffés, ni gras, sans malandre, aubier, roulure, gélivures, nœuds vicieux, pourritures et autres défauts.

Ils seront approvisionnés, autant que possible, sous des hangars, et, dans tous les cas, empilés sur cales, de manière que leurs surfaces ne touchent pas la terre et ne se touchent pas entre elles.

Les bois qui seront employés en menuiserie auront au moins trois années de coupe.

Les bois de charpente seront de deux qualités :

Ceux du premier choix seront parfaitement dressés, équarris, tels qu'ils sont généralement livrés au commerce.

Les bois employés pour services temporaires, comme cintres, ponts provisoires, bâtardeaux, etc., pourront n'être pas neufs, mais seront de qualité convenable pour l'objet auquel on les destine ».

143. Visite des bois de construction. — Voici, d'après M. Alheilig (1), comment se fait cette visite dans la Marine, dont la méthode peut servir de type :

La recette se fait à proximité des lieux d'exploitation, soit que les bois proviennent d'adjudication ou qu'ils aient été réservés dans les forêts soumises au régime forestier.

Les bois étant équarris, purgés des parties viciées, et disposés sur le terrain, on fait d'abord un examen sommaire qui a pour but de reconnaître les vices et les défauts, de les mettre en évidence par un blanchissage partiel des bouts et des faces et par un léger sondage des nœuds, gélivures, roulures, etc., et d'établir un premier classement en *signaux* et *espèces* (2).

Le *signal* caractérise surtout la configuration générale de la pièce : Bois droits, bois courbants (d'une courbure régulière), courbes (pièces brusquement coudées). L'*espèce* tient compte des dimensions de la pièce.

On passe ensuite à la visite minutieuse qui comporte tous les sondages nécessaires, les réductions ou déchéances, et la fixation des dimensions et du classement définitif.

Pour faire la visite, on rafraîchit en entier les deux bouts et, de distance en distance, les quatre faces. On apprécie de cette façon la couleur, l'odeur et le liant des copeaux ; le gros bout du pied de l'arbre doit être observé avec une attention spéciale. On perce, s'il y a lieu, un trou de tarière pour constater la cohésion et l'odeur de la moulée. S'il y a un commencement de pourriture, on perce des trous transversaux, jusqu'à ce qu'on tombe sur le bon bois. Si le mal s'arrête brusquement, on éboute ; s'il s'étend plus loin, on rebute.

On note les fentes au cœur ; si ce sont de vraies cadranures qui s'étendent assez loin, on rebute.

La lunure ou gélivure, sous forme de couleur blanchâtre correspondant à un commencement de pourriture à ce niveau, est un motif de rebut ; mais, si elle n'a qu'une faible épaisseur

---

(1) Alheilig. *Recette, conservation et travail des bois*, Gauthier-Villars et Masson.

(2) Ce classement était en usage dans la marine, il n'est plus guère usité.

et si l'aubier a pris de la dureté, on reçoit la pièce avec réduction, si toutefois elle est bien conditionnée d'autre part et si sa forme ou ses dimensions sont difficiles à trouver. La roulure est presque toujours une cause de rebut.

Les nœuds gâtés sont vidés et purgés. La grisette, les pourritures, peuvent, suivant leur étendue et leur situation, faire rebuter ou déchoir la pièce.

On dit qu'il y a *dépréciation* d'une pièce, lorsqu'on est obligé d'en réduire les dimensions, en l'éboutant, par exemple, afin de supprimer des parties altérées.

Il y a *déchéance* d'une pièce, lorsque, tout en étant parfaitement saine, elle a des défauts, tels que : fibres torses, nœuds, etc., qui empêchent qu'on ne l'utilise pour le rôle que paraissaient lui assigner ses dimensions. On l'emploie alors à des usages secondaires.

CHAPITRE VIII

CONSERVATION DES BOIS

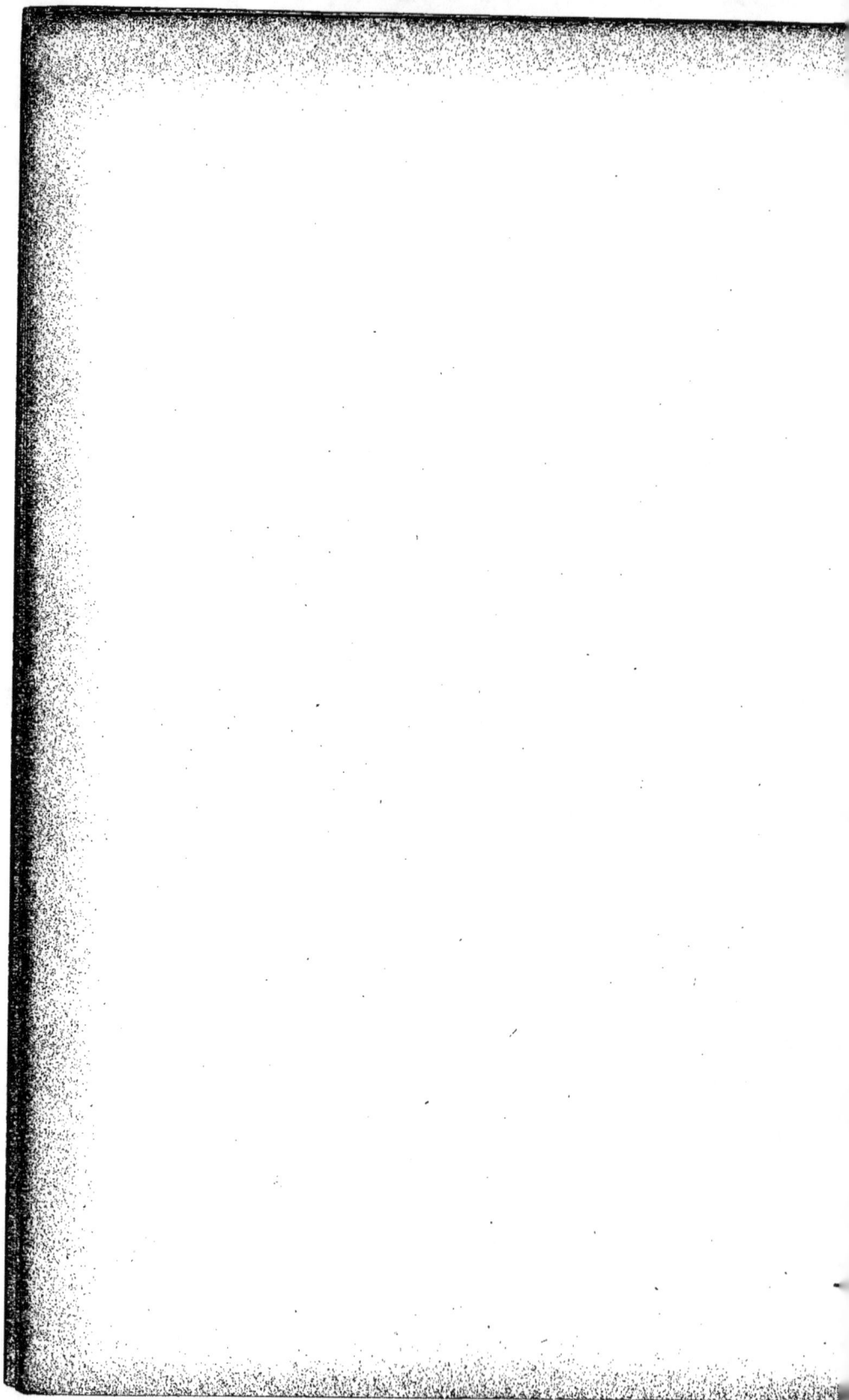

CHAPITRE HUITIÈME

CONSERVATION DES BOIS

145. Importance de la question. — La question de la conservation des bois a une très grande importance : il faut ménager, en la faisant durer plus longtemps, une substance qui tend à devenir rare. En effet, le bois devient de moins en moins abondant par suite du déboisement inconsidéré auquel on se livre depuis longtemps, et, d'autre part, les besoins de la consommation se sont accrus dans des proportions énormes, malgré l'usage plus fréquent que l'on fait actuellement du fer dans les constructions et dans beaucoup d'autres cas. Cet accroissement de la consommation s'explique par le développement des voies ferrées ; l'extension des lignes aériennes utilisées pour la télégraphie, la téléphonie, le transport de force par l'électricité ; l'extension du pavage en bois dans les villes ; la création de l'industrie de la pâte de bois pour la fabrication du papier, etc. ; en même temps que l'exploitation des mines réclame toujours une abondante provision de bois pour le boisage.

Citons un exemple propre à mettre en évidence l'importance qu'il y a à préparer les bois pour augmenter leur durée et en restreindre par suite la consommation : les compagnies de chemins des fer en France, vers 1889, employaient annuellement environ 4.000.000 de traverses (préparées par les procédés que nous décrirons plus loin) faisant un volume de 350.000 mètres cubes, mais nécessitant, par suite de déchets de sciage, 440.000 mètres cubes de bois d'une valeur de 14.000.000 de francs. Si ces traverses n'avaient été soumises aucune préparation, les compagnies auraient employé environ 10.000.000 de traverses, soit, 950.000 mètres cubes de bois d'une valeur de 34.000.000 de francs.

L'injection du bois fait donc faire aux compagnies des chemins de fer français une économie de 20.000.000 de francs dont il faut retrancher le prix de préparation, soit 1 fr. 20 par traverse, soit 5.000.000 de francs pour l'ensemble, ce qui donne une économie nette de 15.000.000 de francs, à laquelle il faudrait ajouter la diminution de dépenses résultant de l'abaissement des frais d'entretien de la voie et du volume moindre du bois à débiter.

146. Durée des bois. — Si bon que soit un bois et quelles que soient les conditions de son emploi, il ne dure pas indéfiniment, il subit des modifications plus ou moins rapides qui finissent par l'altérer suffisamment pour qu'il ne puisse plus remplir le but auquel on l'avait destiné.

Les bois qui entrent dans la constitution des combles des édifices bien abrités et continuellement au sec peuvent durer des siècles; les bois pharaoniques (1), des sarcophages égyptiens, se sont conservés jusqu'à nous en parfait état de conservation après des milliers d'années.

La plupart des bois, lorsqu'ils sont maintenus constamment sous l'eau, et par suite à l'abri du contact direct de l'air, peuvent se conserver fort longtemps, à moins qu'ils ne deviennent la proie des parasites spéciaux: tarets, etc. Placés dans ces conditions ils durcissent généralement et prennent une teinte foncée. Nous verrons que, cependant, les pilotis immergés dans des eaux contenant des sels, notamment des sulfates, peuvent subir une altération profonde et rapide.

Les bois qui sont enfouis dans la terre, ou qui subissent alternativement l'action de l'air et de l'eau, sont sujets à une prompte altération : tel est le cas des traverses de chemins de fer. Il faut les remplacer au bout de quelques années. Voici des exemples de durée de bois placés dans ces conditions :

Le *chêne*, entouré d'un ballast bien perméable et muni d'un égout facilitant l'écoulement des eaux, dure environ 14 ans; dans des conditions exceptionnelles il atteindra une vingtaine d'années ;

Le *sapin* ne dure souvent pas plus de 3 ans ou 4 ans, jamais plus de 7 à 8 ans;

Le *hêtre*, tout au plus 3 ans;

---

(1) M. le professeur Beauvisage, qui a fait une si curieuse étude de ces bois, rapportés d'Egypte par M. le docteur Lortet, nous en a montré une très belle collection.

Le *pin*, 2 ans au minimum et 6 ans au maximum ;

Le *mélèze*, 6 à 8 ans ou une quinzaine d'années.

L'écart de ces derniers chiffres provient de ce que la durée du pin ou du mélèze qui ont crû en montagne est beaucoup plus grande que celle de ceux qui ont crû en plaine. Dans le premier cas, la végétation plus lente a permis la constitution d'un bois plus serré, plus compact que dans le second, où la végétation active et rapide a entraîné la formation de gros vaisseaux et de larges anneaux annuels qui font, dans leur ensemble, un bois léger et poreux de faible durabilité.

Les chiffres de durée sus-indiqués sont ceux qui correspondent à nos latitudes, mais ils se modifient pour d'autres régions. Dans le midi, pour les voies établies au bord de la mer et près de son niveau, la décomposition est plus rapide.

En Italie et en Espagne, la durée des traverses est beaucoup moindre qu'en France. Sous la zone torride, elles se décomposent avec une rapidité extrême, et c'est là une grosse difficulté de l'exploitation des voies ferrées dans les pays chauds, comme, par exemple, aux Indes anglaises. On s'est servi, dans cette contrée, des bois indigènes qui paraissaient désignés pour résister aux atteintes du climat, mais le bois de teck, lui-même, dont la dureté est extrême, s'est promptement altéré. Il en a été de même du *bois de fer* et du Jarrah.

Nous voyons, d'après ces exemples tirés du cas particulier des traverses de chemins de fer, combien est variable la durée du bois avec l'espèce et aussi avec les influences extérieures.

Si les bois, au lieu d'être soumis à des alternatives de sécheresse et d'humidité, sont constamment à l'air libre ou sous l'eau, ils peuvent durer beaucoup plus longtemps, soit en général : 100 ans pour le chêne, 75 ans pour le hêtre, 85 ans pour les résineux. Dans un milieu constamment sec, la durée du chêne peut aller jusqu'à 300 ans et plus, celle du sapin de 120 à 150 ans.

Le chêne, le hêtre, le mélèze, placés constamment sous l'eau se conservent pour ainsi dire indéfiniment. L'aulne dure beaucoup plus longtemps sous l'eau qu'à l'air.

Les bois qui se conservent le mieux sous l'eau sont : le chêne, l'aulne, le hêtre, le mélèze, le pin ; ceux qui s'y altèrent le plus vite sont : le bouleau, le peuplier, le tilleul, le saule.

38

Les bois placés à l'air sec, s'ils sont moins exposés aux champignons et bactéries, le sont souvent plus aux insectes ; l'aubier, plus riche en amidon que le cœur, est plus sujet à leurs atteintes que ce dernier. Les bois riches en résine tels que le pin, le mélèze, etc., sont peu visités par les insectes, à l'encontre de ceux qui sont abondamment pourvus de sève, comme l'aulne, le saule, le bouleau, le charme.

Voici quelques observations pratiques concernant la durée des bois :

1° Plus la température est chaude et humide, plus le bois est rapidement détérioré ;

2° Les bois abattus en hiver sont plus durables que ceux abattus en été ; cela tient non seulement à une richesse moins grande de ces bois en eau, mais encore à ce fait qu'ils possèdent une constitution chimique différente, savoir : une quantité beaucoup moindre de potasse et d'acide phosphorique qui sont des aliments de premier ordre pour certains champignons ;

3° Les bois (résineux) produits dans les climats froids, dans les montagnes et dans les sols pauvres, sont généralement les meilleurs. Cela tient à une plus grande compacité du bois qui a crû lentement (voir p. 57).

147. Causes de l'altération des bois. — Nous savons donc que les bois s'altèrent, voyons maintenant quelles sont les causes de cette altération.

Les bois peuvent périr de vieillesse ou de mort accidentelle : de vieillesse, quand ils s'altèrent par le fait de l'oxydation lente de leurs éléments par l'oxygène de l'air, en se consumant, pour ainsi dire, pour finir par tomber en poussière ; d'accident, quand à l'effet de la première cause permanente d'altération vient se joindre celui de l'action de parasites tels que les bactéries et les champignons, qui ne tardent pas à produire une sorte de fermentation entraînant très promptement la mise hors d'usage du bois. Il faut encore citer les insectes et d'autres animaux comme les tarets, dont l'action destructrice n'est pas moins grande. Nous avons insisté longuement sur ces causes accidentelles dans le précédent chapitre.

Comment expliquer la possibilité de l'effet de ces divers

agents d'altération ? Par la nature même du bois. Dans les
vaisseaux, se trouve encore de la sève, qui contient non seulement de l'eau, mais des substances albuminoïdes ; dans les
parenchymes, peut subsister de l'amidon. Si ces substances
ne sont pas enlevées dans le bois abattu, par un traitement
approprié, elles vont constituer des aliments excellents pour
toutes sortes de microorganismes qui, en pullulant, ne tarderont pas à détériorer le bois.

Nous avons indiqué ailleurs les conditions spéciales qui
favorisent le développement et la multiplication de chacun
d'eux. Il importe donc, si l'on veut augmenter la durée des
bois, de leur enlever la sève qu'ils contiennent.

Une fois privé de la sève, le bois, devenu imputrescible s'il
est maintenu à l'état sec, n'en demeure pas moins soumis à
une cause permanente d'altération, celle de l'oxygène de
l'air. Il reste en effet le ligneux, substance ternaire, dont les
éléments sont peu à peu comburés par l'oxygène et les
oxydants, et cela d'autant mieux que les vaisseaux du bois
constituent de longs canaux creux où l'air peut toujours circuler.

Dans le cas d'un pilotis complètement immergé, à l'action
lente de l'oxygène inclus, vient se joindre celle plus intense
des sels dissous dans l'eau, notamment des sulfates : sulfate
ferreux, sulfate de chaux ; le sulfate, réduit par la matière
ligneuse, donne un sulfure, et l'oxygène, mis en liberté, cause
la destruction du bois par combustion lente. Le pilotis conserve sa forme, mais son bois s'est converti en une sorte de
tourbe qui se laisse facilement couper à la bêche.

148. Moyens d'augmenter la durabilité des bois. —
On conçoit que, pour augmenter la durabilité des bois, il
faut :

1° Chercher à le débarrasser de tous ses éléments susceptibles de constituer un aliment pour un être vivant qui en
deviendrait parasite ; tels sont : la sève avec son eau, les
sels qui y sont dissous et l'amidon ;

2° Empêcher la circulation de l'air dans le bois ;

3° Faire pénétrer dans ses canaux des substances antiseptiques qui le transformeront en un milieu réfractaire à la vie
de microorganismes.

Dans la pratique, on peut réaliser ces conditions isolément ou plusieurs d'entre elles simultanément.

On débarrasse le bois de sa sève par l'un des procédés suivants : séchage, flottage ou immersion, coction ou vaporisation ;

On lui enlève son amidon par l'annélation de l'arbre sur pied ;

On le met à l'abri de l'action de l'air par des enduits superficiels ou par l'injection dans sa masse de substances qui, en s'y solidifiant, obstruent ses pores ;

On en fait un milieu aseptique en faisant pénétrer des substances toxiques dans sa masse, soit par apposition d'enduits, soit par immersion, soit par injection, soit par l'action de l'électricité.

Un autre moyen d'augmenter la durée du bois, c'est de parer à sa destruction par le feu en l'*ignifugeant*.

Nous allons passer successivement en revue chacun de ces procédés.

149. Procédés ayant pour but d'enlever au bois sa sève et son eau. — I. Séchage. — C'est le procédé de conservation le plus simple et le plus économique, mais c'est aussi le moins efficace.

Il consiste à éliminer l'eau de la sève plus ou moins rapidement, tandis que se déposent en place les substances dissoutes. L'eau disparaissant, l'oxydation se fait plus lentement, les substances de la sève deviennent impropres à l'alimentation des microorganismes, et, de plus, la résistance du bois est accrue (Voir : Résistance des bois, p. 114). Les bois étant bien desséchés ne sont pas exposés à *travailler* une fois mis en œuvre ; ce dernier inconvénient, lorsqu'il subsiste, est particulièrement grave pour les bois de menuiserie et d'ébénisterie dont les assemblages peuvent alors jouer au plus grand détriment de la solidité et de la régularité des meubles qu'ils composent.

1. *Séchage naturel.* — Le séchage du bois commence dès l'abatage de l'arbre et avant l'équarrissage ; il sèche alors sous écorce. La dessiccation se fait bien plus rapidement après l'équarrissage ; l'évaporation s'effectue librement alors par les faces du bois mises à nu, ainsi que par les sections trans-

versales; elle devient réellement active quand le bois a été débité et que son contact avec l'air a été rendu de cette façon plus étendu.

La dessiccation à l'air réclame l'empilage des bois.

Piles. — Le mode le plus simple d'empilage des bois consiste à les placer à même sur le terrain en les recouvrant avec des enlevures. Ce procédé primitif est absolument vicieux et on ne doit point l'employer aujourd'hui que l'on est mieux au courant des causes d'altération et que l'on se rend mieux compte de la valeur d'une substance qui devient relativement rare. En effet, les bois ainsi laissés en contact les uns avec les autres sont bientôt attaqués par les insectes et la pourriture qui se transmettent rapidement d'une pièce à l'autre.

On peut améliorer les conditions de l'empilage en disposant les bois sur un terrain en pente, préalablement bétonné ou pavé, où l'on a ménagé des socs en pierre sur lesquels repose le premier plan de bois. Chacun des plans de bois superposés sera séparé du précédent par des cales en bois très sec. Ce dispositif empêche le contact des pièces et permet la libre circulation de l'air entre elles. Les piles peuvent être mises à l'abri de la pluie par le moyen de panneaux mobiles constituant une sorte de toiture. Pour que le procédé fût entièrement efficace, il serait bon de défaire les piles de temps à autre, pour mettre en haut les pièces qui étaient à la base et inversement. Un grave inconvénient des piles, c'est que la température s'y élève énormément en été, au-dessous des toitures; de plus, les extrémités des pièces ne sont point à l'abri de la pluie qui peut venir les frapper obliquement, et, si, sous prétexte d'obvier à cet inconvénient, on empêche le renouvellement de l'air en faisant autour un enclos complet, la pourriture ne tarde pas à se manifester, dans une atmosphère ainsi confinée et chaude.

Le procédé qui consiste à fermer, *à brayer* l'extrémité des pièces, est mauvais, parce qu'il empêche l'humidité de s'échapper.

Cas du bois de chauffage. — Les bois de feu doivent être empilés dans les coupes sur des emplacements secs. C'est une bonne précaution que de dresser les tas sur des pièces placées perpendiculairement à la longueur des bûches, pour éviter leur contact avec le sol. Il faudra sortir les bois de la coupe

avant la fin de l'automne qui suit la saison d'abatage. On les
empilera alors, sous des hangars bien aérés, à l'abri des influences atmosphériques. Un an environ après la coupe, le
bois, bien que contenant encore 12 à 15 0/0 d'eau, est dit
« sec » et peut être employé. Après deux ans de coupe, en
général, le bois de feu perd une partie de ses qualités. Le bois
« passé » est celui qui a fermenté ; il se reconnaît à son odeur
de moisi et à ce que, bien souvent, les moisissures le recouvrent superficiellement. Un tel bois brûle moins bien que
celui qui est sain et il dégage moins de chaleur.

Hangars. — Les hangars ne présentent pas les inconvénients que nous venons de signaler, et, si le simple empilage
peut suffire pour les chantiers de commerce où les bois atten-
dent rarement plusieurs années, les hangars sont indispen-
sables pour les chantiers de la marine, par exemple, où l'on
fait des approvisionnements pour 10 ou 15 ans et plus. On en
a construit dans différents ports.

Le système de construction de ces hangars doit être en
rapport avec le climat, autant que possible.

Dans le midi et dans les climats chauds, les hangars à
bois seront en maçonnerie, afin d'être moins facilement traversés par la chaleur directe du soleil. A cause de la température forcément élevée, il faut, avant tout, éviter que la dessiccation ne soit trop rapide et pour cela n'établir qu'une ventilation modérée. Dans les climats septentrionaux, il faudra
chercher, au contraire, à assurer une ventilation active dès
que le temps deviendra un peu sec, afin de hâter l'évaporation
et par suite la dessiccation.

On réalise ces courants d'air en munissant les hangars de
larges portes et les toitures de lanterneaux, que l'on ouvre ou
ferme, de façon à éviter les différences de température et les
alternatives d'humidité et de sécheresse.

Les pièces, après simple équarrissage, sont isolées les unes
des autres et disposées sur des cadres à claire-voie. Cette disposition permet de vérifier facilement les pièces et d'arrêter,
quand cela est nécessaire, les invasions des insectes ou de la
pourriture.

Le *Lymexylon* ou *lime-bois* (voir p. 458), notamment, est
un insecte qui pénètre volontiers dans les hangars ; pour
l'éviter, il est bon de produire d'actifs courants d'air. Les bois

qui ont été préalablement immergés pendant un laps de temps assez long, et qui ont été ainsi débarrassés de leur sève, sont beaucoup moins sujets aux atteintes de cet insecte. Il est très bon, d'ailleurs, de pratiquer, dans tous les cas, cette immersion avant la mise dans le hangar : quand les bois sont empilés immédiatement à leur sortie de la forêt, ils conservent une grande partie des éléments putrescibles de la sève encore très aqueuse, et la pourriture peut se produire avant que la dessiccation soit suffisante pour la rendre impossible. D'ailleurs, un bois non privé de sa sève, pourra devenir sujet à la décomposition, même une fois sec, si, placé en milieu humide, il récupère l'eau nécessaire pour en redissoudre les éléments.

On se sert des hangars surtout pour la conservation des résineux qui sont moins exposés que les bois de chêne à la pourriture sèche. Les bois feuillus, notamment le chêne et l'orme, sont conservés surtout dans l'eau ou dans la terre humide, comme nous le verrons plus loin.

Les bois de forts échantillons mettent deux ou trois ans à sécher ; ceux qui sont débités réclament au moins un an pour cela, et encore ces bois contiennent-ils souvent, après ce laps de temps, de 16 à 20 0/0 d'humidité. La durée de l'opération varie aussi suivant les conditions climatériques.

Ce long temps, réclamé pour la dessiccation, s'explique par la viscosité de la sève qui est fort longue à se déplacer dans les vaisseaux du bois.

Après dessiccation aussi complète que possible, le bois perd de 15 p. 100 (chêne) à 40 p. 100 (peuplier) de son poids, et sa densité descend pour le chêne de 1,07 à 0,98 et pour le peuplier de 0,88 à 0,64.

2. *Séchage artificiel.* — Les procédés précédents ont de graves inconvénients : ils sont longs et n'aboutissent qu'à un résultat imparfait ; ils nécessitent, pendant des mois et des années l'encombrement de vastes entrepôts et produisent l'immobilisation des capitaux pendant un long laps de temps, au grand détriment du négociant en bois : aussi, lorsque l'on veut économiser du temps, de l'espace et de l'argent, a-t-on recours aux méthodes de séchage artificiel. Elles ne sont pas toutes également bonnes et leur emploi exige de l'expérience et du discernement.

Chauffage direct et chauffage indirect. — Les anciennes méthodes, qui consistent à mettre le bois dans des chambres en briques et à le soumettre à l'action directe ou indirecte de la chaleur d'un foyer, présentent de nombreux inconvénients :

Dans la méthode par le *chauffage direct*, le foyer se trouve à l'intérieur de la chambre même, à l'extrémité opposée à la porte ; une cloison intérieure, suffisamment élevée, empêche la flamme de venir en contact direct avec le bois ; les gaz de combustion traversent le séchoir et sont évacués par une cheminée située à l'autre extrémité. On voit qu'il est impossible, par cette méthode d'obtenir une répartition uniforme de la température. Les bois situés dans les parties les plus chaudes sèchent trop vite et se fendent ; de plus, les poussières et fumées qui viennent se déposer sur le bois le détériorent sensiblement. Dans le système à *chauffage indirect*, le foyer se trouve en dehors du séchoir : les produits de combustion cheminent sous le plancher du séchoir et dans les parois où sont disposées des conduites *ad hoc*. L'eau évaporée par rayonnement s'échappe par un tuyau spécial. Cette méthode supprime, il est vrai, les inconvénients inhérents à la fumée et aux poussières, et le chauffage est plus régulier que par la méthode directe ; néanmoins la répartition de la chaleur se fait mal : les parties les plus voisines des conduites de gaz chauds sèchent trop rapidement, tandis que l'intérieur des piles de bois ne subit qu'une dessiccation incomplète.

Les dangers d'incendie, par ces deux méthodes, sont très grands, et la moindre négligence d'un surveillant peut amener une catastrophe. Les Compagnies d'assurance exigent des primes très élevées pour les séchoirs à feu.

Il est préférable d'avoir recours au système de séchage par l'air, autrement dit : séchage par ventilation.

Séchage par ventilation. — Le principe en est le suivant : on sait que l'air mis en contact avec l'eau en absorbe jusqu'à ce qu'il soit saturé. Lorsque l'air est saturé, il peut être mis en contact avec l'eau sans produire aucune évaporation ultérieure. D'autre part, la quantité d'eau nécessaire pour arriver à la saturation croît très rapidement avec la température ; c'est ainsi que le mètre cube d'air à $16°$ ne peut absorber plus de $0,013554$ kilog. d'eau, tandis que le même volume d'air à

50° absorbe 0,290725 kilog., c'est-à-dire environ 21 fois plus d'eau.

Il ressort de ces considérations que, pour sécher efficacement par l'air, il faut tenir compte des deux conditions suivantes :

1° La température de l'air mis en contact avec les matières à sécher doit être aussi élevée que possible, sans que toutefois la matière soit détériorée par l'excès de température. Il existe donc, pour chaque matière à sécher, une température maxima que l'on doit atteindre, mais ne pas dépasser. Cette température maxima est de 100°C pour le bois, mais elle ne doit pas dans la pratique aller au delà de 80-90°C ;

2° Le renouvellement des surfaces de contact entre l'air chaud et la matière à sécher doit être aussi fréquent que possible, afin que l'air, aussitôt saturé, soit évacué et n'ait pas tendance à laisser déposer par refroidissement l'humidité qu'il a absorbée ;

3° La température de toutes les parties du séchoir doit être sensiblement uniforme, et l'élévation de température doit se faire progressivement afin d'éviter le fendillement du bois.

Système Sturtevant. — Ces conditions sont satisfaites par le système Sturtevant que nous devons signaler ici. Ce système consiste essentiellement à provoquer dans des séchoirs en bois une circulation forcée et méthodique d'air convenablement réchauffé et sans cesse renouvelé.

Ce résultat est obtenu au moyen d'un groupe calorigène, qui se compose lui-même d'un ventilateur centrifuge et d'un réchauffeur spécial constituant un aéro-condenseur.

Ces ventilateurs appartiennent au type dit centrifuge et fonctionnent d'une façon analogue aux pompes centrifuges : ils aspirent l'air par une ouïe latérale et le refoulent à la périphérie. Ils présentent sur les autres ventilateurs hélicoïdaux certains avantages, en ce sens que le travail absorbé est toujours sensiblement proportionnel au volume d'air débité ; de telle sorte qu'à un débit deux fois moindre correspond une diminution de dépense de force de 50 0/0, ce qui n'est pas le cas pour les ventilateurs à hélice. Ils sont silencieux et ne s'encrassent jamais. Les portées et les paliers sont disposés de façon à éviter tout échauffement, et un graissage de temps en temps suffit à assurer leur bonne marche pendant des années.

Le réchauffeur d'air se compose d'une série d'éléments composés de 2 ou 4 écrans tubulaires parallèles enfermés dans un caisson en tôle d'acier. Chacun de ces écrans est constitué par une série de tubes en acier formant trois côtés de rectangle. Les extrémités de tous ces tubes sont vissées sur un support commun en fonte divisé lui-même en deux com-

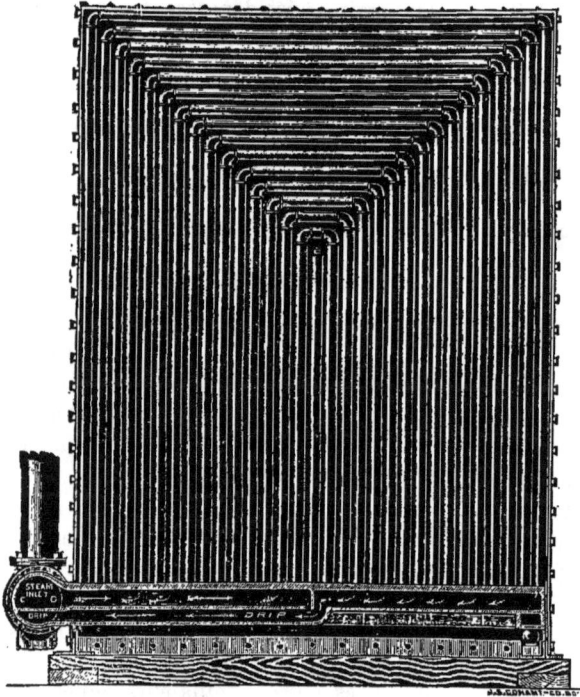

Fig. 342. — Réchauffeur d'air Sturtevant.

partiments distincts. La vapeur, vive ou détendue, entrant par l'un de ces compartiments, circule méthodiquement dans toute la longueur des tubes et revient condensée dans le compartiment inférieur du piètement. Les eaux de condensation sont recueillies dans un purgeur automatique, d'où elles s'écoulent librement ou sont refoulées à la chaudière par une pompe d'alimentation spéciale. Chacun des éléments d'un réchauffeur possède une alimentation de vapeur et une purge distinctes, et peut être alimenté, soit au moyen de vapeur vive à une pression pouvant aller jusqu'à 7 kilos, soit au moyen de vapeur d'échappement, ce qui est très économique. Ce dispositif permet de mettre en tension un nombre plus ou moins grand d'éléments de calorifères et par conséquent de régler le réchauffement de l'air à volonté.

L'appareil calorigène fonctionne de la façon suivante:

Le ventilateur aspire l'air frais de l'extérieur et le refoule à travers le réchauffeur avec une vitesse variable suivant les besoins du travail. L'air est refoulé perpendiculairement au plan des éléments, il chemine entre les intervalles des tubes et se réchauffe au contact des surfaces radiantes multiples en bénéficiant de toute la chaleur latente de la vaporisation de la vapeur contenue dans les faisceaux tubulaires. Cet air chaud et sec est ensuite refoulé sous pression et distribué d'une façon méthodique et continue dans toutes les parties du séchoir. La

Fig. 313. — Purgeur automatique.

question de la bonne répartition d'air est très importante et ne peut être résolue que par une longue expérience pratique.

Nous donnons ci-contre une série de figures montrant quelques-uns des dispositifs typiques.

Ces séchoirs peuvent être classés en deux catégories bien distinctes : *Séchoirs progressifs et séchoirs à compartiments*.

Système progressif. — Le séchoir est constitué par une ou plusieurs chambres avec plancher en pente, dans lesquelles l'air chaud pénètre à travers une série d'orifices pratiqués à la partie antérieure du plancher. Cet air chaud monte vers la partie supérieure, traverse les piles de bois sous l'influence du refoulement continuel de nouvel air chaud ; il se sature d'humidité en diminuant de température, de sorte qu'il tend à gagner la partie inférieure du côté opposé de la chambre où sont ménagés les orifices d'évacuation. Le bois est empilé

Fig. 344. — Purgeur automatique (Coupe).

sur des chariots qui avancent en sens inverse du courant d'air, de telle sorte que le bois frais rencontre l'air le moins chaud et le moins sec. Au fur et à mesure que l'on enlève les chariots contenant le bois sec par la face antérieure, les chariots de fond avancent sur le plancher en pente et viennent en contact avec l'air plus chaud et plus sec. Ce procédé continu convient surtout au séchage de grandes quantités de pièces de grandeur régulière. Il n'est pas brutal et donne les meilleurs résultats avec les bois de prix ou les bois délicats qui doivent être séchés avec précaution pour ne pas se fendre.

Système à compartiments. — Lorsqu'il s'agit de sécher simultanément des bois d'essences et de dimensions très variables, il y a lieu d'établir un séchoir à compartiments distincts dont chacun peut être réglé d'une façon indépendante au point de vue de la température et de la durée du séchage. Ce résultat est obtenu facilement en divisant le séchoir en plusieurs chambres, dont chacune est munie de registres d'entrée et de sortie d'air permettant de régler le tirage et la température. On peut également, lorsqu'il s'agit de morceaux de bois très courts, comme dans le cas de pavés en bois, opérer le chargement des compartiments par le haut, de façon que les pavés soient déchargés automatiquement par le bas lorsqu'ils sont secs.

Système Delaroche. — Le système breveté Delaroche et Neveu permet de sécher en quelques semaines les bois de charpente, de menuiserie et d'ébénisterie. L'opération comporte :

1° L'extraction de la sève par flottage ;

2° Le séchage proprement dit.

Le dispositif pour le séchage se compose d'un calorifère à vapeur communiquant avec une chambre à séchage munie

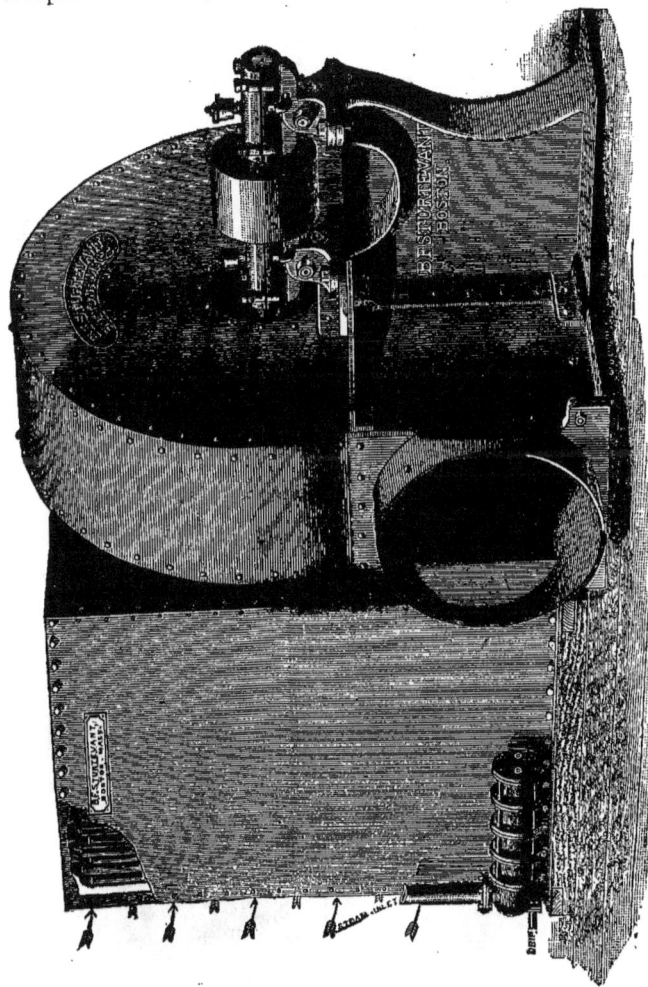

Fig. 345. — Groupe calorigène Sturtevant, avec ventilateur à commande par poulie.

d'un ventilateur. Celui-ci aspire fortement l'air qui, après s'être échauffé d'une façon variable dans le calorifère, passe sur le bois disposé convenablement dans l'intérieur de la chambre de séchage. Les ventilateurs déplaceurs d'air à palettes hélicoïdales et à turbine fermée, qu'emploient

Fig. 346. — Installation pour le séchage progressif des bois (Système Sturtevant).

MM. Delacommune frères, peuvent être, à volonté, adaptés
à de hautes, basses et moyennes pressions.

3. *Avantages et inconvénients des méthodes de séchage artificiel.* — Nous en avons dit les avantages réels et nombreux; nous devons en signaler les inconvénients, que les appareils que nous venons de décrire atténuent, autant qu'il est possible, grâce aux perfectionnements réalisés :

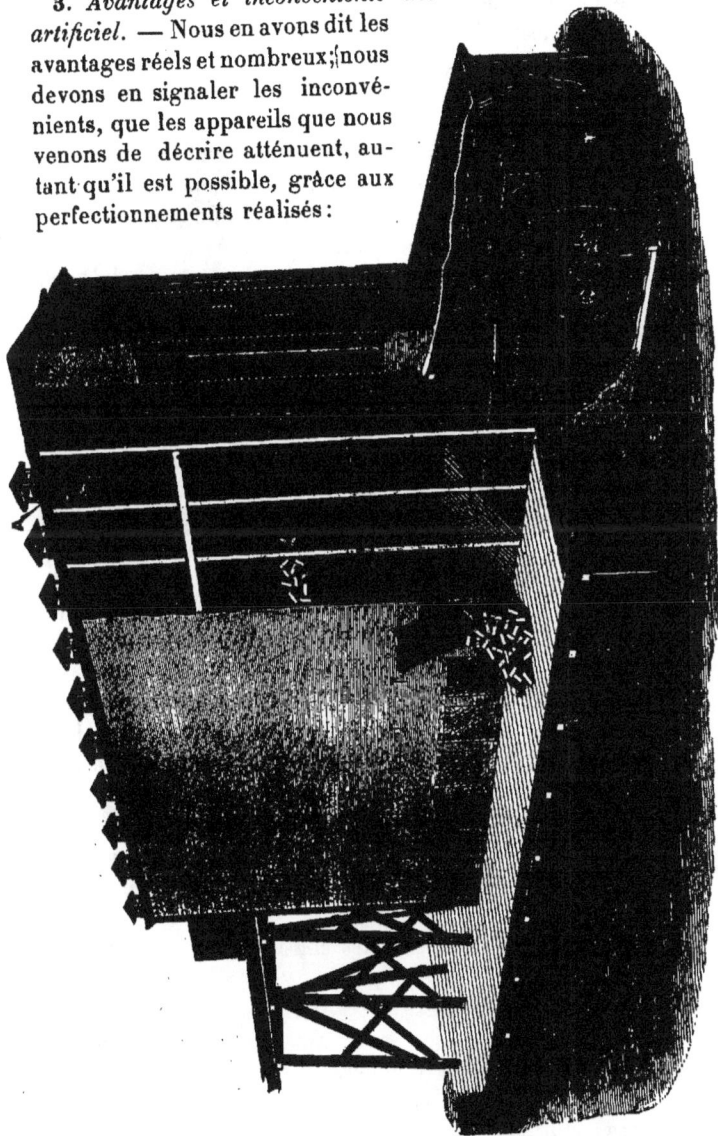

Fig. 347. — Autre dispositif pour le séchage progressif des bois (Système Sturtevant).

1° Elles dépassent quelquefois le but en desséchant trop le bois qui reprend, au contact de l'air, une partie de l'humidité perdue ;

2° Le bois peut perdre de son élasticité et, en même temps, de sa résistance, s'il est par trop sec, de telle sorte que l'on puisse craindre que des pièces de charpente, soumises à un poids trop fort, se brisent net, sans que l'on soit prévenu par un fléchissement préalable.

Malgré cela, on emploie, dans bien des ateliers, ce mode de dessiccation actif qui permet une grande économie de temps et qui a reçu, comme nous l'avons expliqué, de grands perfectionnements au cours de ces dernières années.

Il ne faut pas perdre de vue, au sujet du séchage du bois, que celui-ci est fort hygroscopique et que, après avoir été séché, il récupère une certaine quantité d'eau, d'autant plus grande qu'il est placé dans une station plus humide ; ce qui explique que les bois, même les mieux séchés, puissent devenir la proie de la pourriture, s'ils se trouvent dans des locaux trop humides.

Il faut noter que, quel que soit le mode de dessiccation, on ne peut empêcher certains bois de se fendre. Mais ce phénomène s'accentue quand on a procédé à un séchage trop rapide. On atténue beaucoup cette tendance en opérant le débit dès l'abatage, quand il s'agit de bois de sciage ou de fente. Quant aux bois de charpente, que l'on doit conserver en grosses pièces, les petites gerçures ne sauraient nuire en rien à leur solidité ; les grosses fentes, par contre, peuvent en diminuer notablement la force ; on en arrête le développement par des S en fer qu'on enfonce dans le bois, de part et d'autre de la fente.

Les opérations, qui consistent à donner rapidement au bois des propriétés qu'il n'acquerrait que lentement en vieillissant, s'il était livré à lui-même, portent le nom de *sénilisation*.

Le séchage artificiel peut être considéré comme une opération de sénilisation des bois.

II. CONSERVATION DES BOIS SOUS L'EAU. — *Immersion et flottage.* — Le flottage et l'immersion dans l'eau, en général, débarrassent le bois de sa sève. Il ne tarde pas à s'établir, dans ces conditions, des courants d'osmose dans les vaisseaux ligneux, qui en facilitent le départ, tandis que l'eau pure du milieu ambiant vient peu à peu se substituer à elle.

Après une immersion prolongée, les bois ramenés à l'air sèchent rapidement par l'évaporation de l'eau qui ne tient presque plus de corps en dissolution. Tel est le principe de l'immersion.

L'immersion peut se faire dans l'eau douce, dans l'eau salée ou dans l'eau saumâtre qui a des propriétés intermédiaires. Ces procédés sont appliqués en grand par les chantiers de la marine. Nous citons à ce sujet M. Alheilig, ingénieur de la marine (1).

La dissolution de la sève se fait plus facilement dans l'eau douce que dans l'eau salée, mais, d'un autre côté, l'action de l'eau douce paraît affaiblir sensiblement le bois au bout d'un certain temps. L'eau salée ne produit pas cet effet, et arrête même le développement de la pourriture sèche quand une pièce en est atteinte.

On cite le cas de navires à flot, gravement attaqués par cette pourriture, qu'une immersion de plusieurs mois dans l'eau de mer a radicalement guéris.

D'autre part, l'immersion dans l'eau de mer expose le bois aux attaques du taret. Pour résoudre cette difficulté, on a imaginé différents moyens :

1° Comme le taret ne vit pas dans l'eau saumâtre, on établit le dépôt de bois dans le voisinage de l'embouchure d'une rivière, là où la salure de l'eau est convenable. Le dépôt de la Penfeld, au fond du port de Brest, est dans ce cas ;

2° On a un espace séparé de la mer par une écluse dans lequel l'eau ne se renouvellera pas et dont on entretient la salure au degré convenable avec très peu d'eau douce ; on vide de temps en temps ce bassin de son eau de mer et on le remplit d'eau douce qui tue infailliblement le taret. L'anse de Kerkuon à Brest et le dépôt de Lagoubran à Toulon sont établis suivant ce système ;

3° Lorsque les localités ne permettent pas l'emploi de l'eau saumâtre, on soustrait les bois à l'action du taret, et en même temps on leur conserve une humidité permanente, en les

(1) Alheilig, ingénieur de la marine, professeur à l'École d'application du génie maritime. *Recette, conservation et travail des bois*, Gauthier-Villars et Masson, éditeurs.

39

recouvrant de vase ou en les enterrant dans le sable, car on sait que le taret ne séjourne que dans l'eau limpide. Ce procédé, employé à Cherbourg, à la mare de Tourlaville, est inférieur aux précédents : les bois ne sont pas lavés de leur sève comme par l'immersion dans l'eau ; de plus, leur mutation est extrêmement pénible ;

4° Un autre procédé, très pratique pour la manipulation des bois, consiste dans l'emploi des plages qui découvrent par la marée.

Au lieu de mettre les bois complètement sous l'eau, on les étage sur une plage dont la hauteur est telle que les bois qui y sont placés ne découvrent jamais assez longtemps pour être desséchés dans quelques-unes de leurs parties. Si, entre deux immersions, le bois avait le temps de perdre son humidité et d'être saisi par le soleil, il se détériorerait extrêmement vite.

Pour ne pas occuper un trop grand espace, on met les bois sur deux ou trois plans, et on les empêche de flotter au moyen de piquets enfoncés de distance en distance, sur lesquels on cloue des gardes qui maintiennent les pièces en place.

La hauteur de la plage doit être choisie de telle manière qu'à marée basse on puisse approcher facilement de la pièce dont on a besoin, y placer des crampes et des amarres, et qu'à marée haute il y ait assez d'eau pour qu'une chaloupe puisse venir se placer au-dessus pour la saisir au moyen des amarres disposées à cet effet.

Il faut être sûr, dans ce mode de conservation des bois, d'éviter les attaques du taret, tout en protégeant les bois contre la dessiccation. On peut arriver à atteindre ce double but en profitant des observations de M. Sganzin, ingénieur des travaux hydrauliques.

Il a remarqué que, sur une pièce ou un piquet enfoncé dans la plage, le taret ne se montre jamais plus haut qu'un certain niveau situé un peu au-dessus du plan moyen des marées, et que, sur une certaine hauteur, assez restreinte d'ailleurs, commençant au sommet de cette zone, les assèchements périodiques durent assez peu de temps pour que le bois conserve une humidité suffisante pour ne pas se détériorer. C'est dans cette zone que l'on doit placer les pièces à conserver.

A Lorient, où ce procédé est appliqué, la zone protégée a une hauteur de 80 à 90 cm. et les dénivellations dues à la marée sont suffisantes pour permettre un batelage facile à haute mer.

A Brest, le dépôt de Rostellec établi dans ces conditions a dû être abandonné en raison de l'invasion du taret.

Conservation des bois résineux. — Les bois résineux sont moins exposés que les bois de chêne à la pourriture sèche ; néanmoins, par une longue exposition à l'air, l'aubier devient friable, le bois se dessèche de plus en plus, abandonne sa résine, diminue de résistance et finit par perdre beaucoup de sa valeur. Ce dépérissement est surtout grave pour les bois de mâtures, qui ont besoin de toute leur force ; aussi est-il dans l'usage de les conserver dans l'eau, qui s'oppose à l'évaporation de la résine et à la pourriture de l'aubier.

La conservation dans l'eau présente d'ailleurs de sérieux inconvénients. Au bout d'un certain nombre d'années, l'aubier et même les premières couches du bois se ramollissent et n'ont plus aucune consistance. Ces bois se conservent mieux dans le sable mouillé, mais les frais de manipulation sont beaucoup plus grands.

Les dépôts sous l'eau doivent être établis avec plus de précautions encore que pour le bois de chêne, en raison d'abord de la faible densité de ces bois qui tend à les faire remonter plus facilement à la surface, et ensuite parce que le taret les détruit beaucoup plus rapidement que le chêne, et qu'il peut y vivre, même dans la zone protégée dont nous parlions plus haut. C'est pourquoi on préfère souvent conserver ces bois dans l'eau douce qui ne paraît pas les altérer plus que l'eau de mer. Les bois résineux retirés de l'eau et exposés à l'air sont assez longtemps à se débarrasser de leur humidité et éprouvent un retrait assez prononcé pendant leur dessiccation. Si l'on doit en faire des mâts ou des vergues d'une seule pièce, il est inutile de les laisser sécher et on peut les travailler de suite ; si l'on doit en faire des mâts d'assemblage, il est bon de laisser sécher les différentes parties après leur confection et avant l'assemblage, sinon ce dernier ne tiendra plus au bout de peu de temps. Les baux (1) peuvent aussi être

(1) Les *baux* sont de fortes poutres transversales qui soutiennent les

conservés sous l'eau, mais si on les emploie immédiatement, le retrait qu'ils prennent en séchant sera très nuisible et détruira les assemblages; si, d'autre part, on les laisse long-temps en pile avant de les travailler, ils se dessèchent trop ; le mieux est donc d'en faire un approvisionnement restreint, puisque ces bois ne sont pas rares, et de les conserver à terre. On peut en dire autant des billons.

Les bordages en *sap* doivent être conservés dans des han-gars, car on ne les emploie que très secs ; d'un autre côté, par un séjour trop prolongé dans les piles, ils sont exposés à dépérir comme les gros bois. Il convient donc également dans ce cas de n'avoir qu'un approvisionnement restreint représentant la consommation de deux ou trois années au plus.

Le *flottage des bois* en bûches perdues ou par trains ou radeaux, que nous avons décrit autre part (p. 241 et s.) comme moyen de transport des bois sur rivière ou même par mer, est en même temps un moyen de les assainir en les privant de leur sève par dissolution.

Précautions à prendre avant la mise en œuvre des bois immergés. — Les bois conservés dans l'eau ne peuvent pas entrer immédiatement à leur sortie du dépôt dans une con-struction, puisqu'ils sont saturés d'humidité.

Il est indispensable, si l'on veut avoir des constructions durables, de les laisser sécher à l'air pendant trois ans ou plus, s'il est possible, et par conséquent de les mettre dans des hangars. Malheureusement il est rare qu'on puisse satis-faire à cette condition, en raison de la difficulté de prévoir quelques années à l'avance la quantité et la nature des pièces dont on aura besoin. Aussi les constructions en bois actuelles sont-elles souvent de ce fait peu durables.

III. Coction et vaporisation. — On substitue dans ces pro-cédés l'action de l'eau chaude ou celle de la vapeur d'eau à l'action de l'eau froide. Ces deux procédés réalisent mieux le remplacement de la sève par l'eau et permettent une dessic-cation finale plus prompte.

Pour réaliser la coction, on dispose les bois dans des caisses

ponts des navires, maintiennent dans l'écartement voulu les flancs du bâti-ment et portent les bordages.

en bois ou en tôle, où l'on fait arriver de l'eau chauffée par un serpentin où circule de la vapeur. L'opération dure de 6 à 12 heures, elle n'est pratique que pour les petites pièces.

Dans le procédé de vaporisation ou vaporisage, on fait arriver un courant continu de vapeur dans une caisse, hermétiquement close, contenant le bois à traiter. L'eau produite par la condensation de la vapeur dissout les éléments de la sève ; on la fait écouler par un robinet. L'opération est complètement terminée quand l'eau coule claire. Les bois vaporisés sont séchés à l'air ou dans une étuve ; leur couleur est plus foncée, ils sont plus durs, légers et tenaces que les bois qui n'ont pas subi cette opération. Les bois perdent par la vaporisation de 5 à 10 0/0 de leur poids. La température de l'opération oscille entre 80° et 90° C.

Dans bien des cas, à la fin du vaporisage, on fait subir au bois un goudronnage en envoyant dans la caisse des vapeurs de goudron venant d'une chaudière spéciale, ou en ajoutant de l'huile de goudron de houille dans le générateur de vapeur.

150. Annélation de l'arbre sur pied pour débarrasser le bois de son amidon et le préserver de la vermoulure. — *Généralités.* — M. E. Mer a fait une étude très complète de la vermoulure. Cette altération des bois abattus, et notamment des vieux bois, est due à des insectes du genre *Anobium* appelés communément vrillettes. Nous les avons décrits au chapitre traitant des insectes du bois (p. 455 et s.). M. Mer a constaté que la poussière de bois, qui s'échappe des trous de vrillettes ne contient pas d'amidon, tandis que le bois non attaqué en est assez riche. Il a conclu de ce fait, que les vrillettes se nourrissent de l'amidon du bois, et que, pour les éviter, il faut chercher à débarrasser celui-ci de l'amidon qu'il contient. Pour y parvenir, il a expérimenté et proposé l'*annélation* ou la *décortication* des arbres sur pied. On pratiquera l'annélation de la partie supérieure du tronc et on supprimera tous les rameaux qui existent sur le tronc ou qui pourraient se développer ultérieurement sur lui. L'opération se fait généralement au printemps ; il en résulte ce fait, que l'arbre a perdu son amidon en automne, époque où l'on en opère l'abatage (octobre).

Tel est l'exposé très succinct de la méthode de M. Mer (1) ;
mais ses travaux sur la vermoulure sont d'un intérêt assez
grand pour les forestiers et les personnes qui s'intéressent à un
titre quelconque à la question des bois, pour que nous croyions
devoir en donner une analyse complète.

Vermoulure. — Elle se manifeste par de petits trous dont
sont perforés les meubles ou les objets quelconques, principalement ceux qui sont anciens et de bois de chêne. On dit
alors que le bois est vermoulu. Une dissection attentive
montre que les trous sont des orifices de galeries très étroites
d'où s'écoule, souvent, par secousses, une poussière composée
de très fins fragments de bois, provenant du percement des
galeries et à laquelle on donne improprement le nom de vermoulure qui doit être réservé à l'acte.

Ces galeries sont creusées par de petites larves appartenant
à divers insectes appelés communément vrillettes (*Anobium*),
qui paraissent préférer les bois situés à couvert et déjà desséchés. Leur attaque peut se prolonger plusieurs années. C'est
surtout quand les objets laissés au repos ne sont plus visités
chaque jour qu'ils sont exposés à l'invasion des vrillettes.
Pendant qu'on se sert de ces objets, les insectes dérangés
s'échappent. C'est ainsi que les vrillettes peuvent apparaître,
disparaître et réapparaître suivant l'usage fait. Elles peuvent
d'ailleurs quitter les meubles d'usage courant, les parquets, etc.,
sans qu'on puisse les voir, l'époussetage les faisant disparaître.

C'est précisément parce que l'aubier de chêne est très
exposé à la vermoulure qu'on est obligé de renoncer à son
usage pour les charpentes, parquets, meubles ; et, comme la
limite du cœur est irrégulière, l'aubier empiétant fréquemment sur lui, on est obligé, lors du débit, de sacrifier souvent
une assez forte proportion de bois parfait, ce qui occasionne
un déchet considérable. De là, des monceaux de fragments
d'aubier, qui encombrent les scieries et ne peuvent être vendus
que comme bois de chauffage. Il y a donc un grand intérêt à
savoir préserver l'aubier de la vermoulure, car il pourrait alors
servir pour bien des usages à couvert, et, de plus, lors même
qu'on voudrait l'exclure de certains autres usages comme

(1) Émile Mer. *Comptes rendus de l'Ac. des Sciences*, t. CXVII, p. 694,
et « Nouvelles recherches sur les moyens de préserver les bois de la vermoulure ». *Annales agronomiques*, t. XXV, 1889, pp. 16-27.

n'ayant pas les qualités de dureté, de résistance à la rupture et d'incorruptibilité du bois de cœur, on ne serait pas du moins obligé de sacrifier une partie plus ou moins grande de ce dernier, car la présence d'une faible proportion d'aubier serait alors sans inconvénient.

Or, on avait remarqué que certains bois sont plus sujets que d'autres à la vermoulure, que certaines régions d'un arbre sont attaquées de préférence à des régions voisines ; par exemple, dans le chêne, l'aubier est très souvent atteint, jamais le duramen.

Pour d'autres essences, parmi plusieurs échantillons provenant d'un même tronçon, les uns étaient attaqués par les vrillettes, les autres respectés. On avait remarqué aussi que l'époque d'abatage avait une influence, mais sans faire de travaux exacts dans le but d'en rechercher la cause.

M. Mer a prouvé que la présence de l'amidon est la seule cause de la disposition des bois à la vermoulure (1). Il vit dans un fragment de bois de chêne, que les galeries de l'insecte ne dépassaient pas la limite de l'aubier. La poudre de ce bois examinée était entièrement dépourvue d'amidon, tandis que celle des parois de la galerie en était pleine. L'amidon existe dans l'aubier et pas dans le duramen. Il y a entre la présence de l'insecte et la disparition de l'amidon un rapport de cause à effet.

Expérience. — M. Mer mêla des tronçons de chêne à aubier dépourvu d'amidon avec d'autres tronçons en contenant. Après trois ans, l'aubier de ces derniers tronçons était complètement détruit, et non celui des premiers. Cette expérience fut renouvelée sous diverses formes ; des rondelles de chêne à aubier contenant de l'amidon et d'autres n'en contenant pas furent superposées, on obtint le même résultat. L'attaque est donc moins une question de dureté qu'une question de présence d'amidon. Les vrillettes découvrent les moindres traces de cette substance. Il faut donc chercher à dépouiller l'aubier de son amidon.

Moyen de dépouiller de son amidon l'aubier d'un chêne. — Il consiste à enlever sur le tronc, au printemps, un anneau d'écorce assez large pour que les lèvres de la plaie ne puissent

_____

(1) *C. R. de l'Ac. des Sc.*, t. CXVII, p. 694.

pas se rejoindre et à supprimer les jeunes pousses qui parfois, à la suite de l'opération, se développent sur la portion du tronc située au-dessous de l'anneau. En prélevant des échantillons, tant dans cette région infra-annulaire que dans l'anneau lui-même, à des intervalles de plus en plus éloignés de l'époque de l'opération, on constate que l'amidon va toujours en décroissant, jusqu'au moment, assez variable (quinze mois environ), où il a complètement disparu. Au contraire, la portion du tronc située au dessus de l'anneau (région supra-annulaire) s'enrichit d'amidon à la suite de la décortication ; ses réservoirs amylifères en sont remplis. Ainsi le résultat de l'annélation est la disparition de l'amidon d'un côté, son accumulation de l'autre.

Cette expérience prouve : 1° que l'amidon fabriqué par les feuilles ne peut plus se rendre dans la région infra-annulaire ; que, par conséquent, il ne peut cheminer longitudinalement par le bois, mais seulement par le liber ; qu'en conséquence il est arrêté par une décortication annulaire ; 2° que l'amidon se résorbe à mesure qu'il se forme et que, s'il diminue dans la région infra-annulaire et finit par disparaître, c'est parce que cette fonction de résorption continue à s'exercer, tandis qu'est arrêté l'apport de l'amidon formé par les feuilles. L'amidon se résorbe encore plus vite au niveau de l'anneau. Si l'annélation est faite au mois de mai, le tronc a généralement perdu son amidon dès le premier automne après l'opération si l'annélation est double et, dans le cas d'une annélation simple, la région infra-annulaire ne perd complètement cette substance que dans le courant de l'été suivant.

Moyen de rendre le procédé pratique. — On peut opérer la décortication complète ou la simple annélation du tronc.

Le premier procédé a des inconvénients, quoiqu'il soit le plus prompt. Les voici :

a) Dans le cas de vieux et grands arbres, il faudrait employer des échelles nombreuses et de différentes hauteurs et les déplacer souvent autour du tronc, ou se servir d'échelles à coulisses peu transportables ;

b) L'aubier se dessèche avant la résorption complète de l'amidon ;

c) Pendant l'été, à la suite de l'opération, la surface dénudée se dessèche plus rapidement que les parties internes ; il en

résulte des gerçures nombreuses, parfois profondes, ce qui
constitue un défaut du bois ;

d) On perd l'accroissement en grosseur d'une année, ce qui
est une perte importante pour un massif.

Avec l'écorcement annulaire, la résorption finit toujours par
être complète. L'aubier, qui n'est pas exposé à la dessiccation, continue à vivre ; étant protégé, il ne gerce pas. L'accroissement en grosseur n'est pas complètement arrêté, quoique
les couches qui se forment durant la première et la deuxième
années soient de plus en plus étroites.

L'annélation est plus facile et moins coûteuse que l'écorcement. L'inconvénient du procédé est sa lenteur : la résorption
de l'amidon ne se termine généralement qu'au commencement ou dans le courant de l'été, et, comme l'exploitation ne
se fait que pendant le repos de la végétation, on ne pourrait
y procéder avant l'automne suivant. Un adjudicataire, acqué-
reur d'un lot de bois dans le courant de l'hiver, se résigne-
rait difficilement à ne l'exploiter que dix-huit mois plus tard ;
du moins faudrait-il pour cela introduire des modifications
assez profondes dans les usages commerciaux.

*Moyen d'obtenir la résorption complète de l'amidon dès le
premier été ; la double annélation*. — En pratiquant deux
annélations à quelque distance l'une de l'autre, à 0 m. 50 par
exemple, la résorption est bien plus rapide dans la partie du
tronc comprise entre les deux anneaux, que dans la portion
au-dessus de ceux-ci ou au-dessous.

Expérience : M. Mer pratiquait au commencement de mai,
sur un certain nombre de chênes âgés de 30 à 40 ans,
deux annélations, l'une au bas du tronc, l'autre sur les premières branches. Dès septembre, l'amidon avait complètement disparu de l'aubier.

Époque de l'annélation. — Il faut la pratiquer au commencement de mai.

L'époque n'est pas indifférente, car M. Mer a montré que la
réserve amylacée des arbres varie beaucoup avec les époques
de l'année, passant par deux maxima et minima. Si l'écorcement est fait pendant ces minima, il faudra moins de temps
pour la résorption de l'amidon.

a) *Le minimum printanier*, qui a lieu pour le chêne au
commencement de juin, est très court ; l'opération ne pour-

rait être faite dans un si bref délai, si les arbres étaient nombreux. De plus, la durée varie avec les conditions de température et d'humidité de la saison.

b) Le minimum hivernal est d'une durée plus longue. A Nancy sa durée se prolonge entre fin décembre et la première quinzaine de mai. L'opération peut être faite pendant toute cette époque ; cependant l'écorce se détachant mal en hiver : il vaudra donc mieux la pratiquer dès les premiers jours de mai, sans que cependant l'état hivernal de la réserve amylacée ait cessé. Si on dépasse cette époque, comme cela aura lieu dans la pratique, cela n'aura pas d'inconvénient pendant le premier mois, car l'amidon nouvellement formé par le liber et l'écorce des jeunes rameaux est immédiatement employé au développement des pousses.

On peut donc obtenir la résorption de l'amidon en 5 mois par **2** annélations, l'une en haut, l'autre en bas du pied.

La première annélation : pour un arbre élevé, l'ouvrier pourra l'exécuter au-dessus des premières branches. A l'aide d'une courte échelle, facilement maniable, il s'élèverait jusqu'à 6 mètres au-dessus du sol, et, s'élevant ensuite à l'aide des pieds à crampons dont se servent les ébrancheurs, il arriverait ainsi jusqu'aux premières branches sur lesquelles il s'appuierait et se hisserait pendant l'opération.

On amputerait ces branches grossièrement pour que le tronc ne soit pas en communication avec les feuilles.

Cette annélation supérieure est assez difficile, aussi y a-t-il lieu de résoudre la question suivante :

Pourrait-on se borner à l'annélation inférieure ? — Il semblerait que non, car l'annélation a précisément pour effet l'accumulation de l'amidon dans la partie qui est au-dessus de l'incision ; mais, si l'amidon s'accumule d'abord il est vrai aussi qu'il se met ensuite à décroître par l'effet du dépérissement graduel des branches. En effet, dès le second printemps qui suit l'opération, l'évolution d'un grand nombre de bourgeons est arrêtée et ceux qui se développent encore ne produisent que des feuilles exiguës, pâles et sans amidon. Il se produit donc, d'un côté (en bas), la résorption de l'amidon, et, de l'autre (en haut), une raréfaction de l'amidon. L'opération produit le résultat attendu au printemps ou à l'été, ou plus souvent encore à l'automne de la seconde année.

Ce procédé a des inconvénients : si l'on tarde à exploiter l'arbre, le liber risque d'être envahi par des larves d'insectes ou par des champignons qui se répandent bientôt dans le bois. On peut donc conclure que le procédé de l'écorcement réduit à l'annélation inférieure est commode, mais le résultat est scabreux, il recule l'exploitation de 18 mois et plus.

·*La résorption de l'amidon est toujours accompagnée d'un dépôt de tanin.* — Le dépôt de tanin est surtout abondant dans la région *supra*-annulaire, où s'est accumulé l'amidon des feuilles pendant des mois ; l'aubier, à l'encontre de ce qui a lieu habituellement, est très riche aussi en tanin (facile à reconnaître au moyen du perchlorure de fer qui donne avec lui une coloration noire), mais ce tanin n'est pas fixé sur les parois ligneuses comme dans le duramen.

Vermoulure de l'écorce, liber et cambium. — Elle est due à d'autres insectes que les vrillettes, qui attaquent les arbres morts ou sur pied. Ce sont de grosses larves produisant une sorte de vermoulure, qui recherchent moins la substance amylacée que la substance protéique renfermée dans les tissus jeunes et actifs.

En effet, elles ne s'attaquent pas aux bois écorcés après l'abatage, ni aux sapins exploités en hiver mais revêtus encore de leur écorce. Toutefois elles semblent encore donner la préférence aux tissus qui, outre la matière protéique, renferment encore de l'amidon. C'est ainsi que dans les chênes écorcés annulairement, la région du tronc située au-dessus de l'anneau est, après la mort de la cime, beaucoup plus fréquemment visitée par les larves que les parties situées au-dessous. Des pics-bois qui à leur tour se nourrissent de larves ne tardent pas à déchiqueter l'écorce de la première de ces régions tendres, tandis qu'ils épargnent celle de la seconde. Il résulte de ce qui précède que le procédé d'écorcement qu'a fait connaître M. Mer, n'est pas efficace contre ces larves, comme il le fait observer lui-même.

En résumé : Il est bon d'employer la double annélation : l'effet est plus rapide et plus sûr.

La résorption de l'amidon se fait *avant* la mort de la cime et surtout du tronc ; l'abatage peut donc s'effectuer, le liber étant encore vivant ; or c'est là une condition qu'il faut toujours s'efforcer de réaliser, car la mort du liber entraîne promptement la mort du bois qu'il recouvre, et le bois qui meurt debout perd toujours ses qualités, par suite de l'oxydation de son tanin. En outre, il n'y a pas à craindre qu'il soit envahi sur pied par les larves d'insectes ou les champignons, et l'on aura toute latitude pour exploiter comme d'habitude, depuis le mois d'octobre jusqu'au printemps.

L'aubier s'enrichit en tanin ; c'est là un avantage, car les extraits taniques, de plus en plus employés pour la fabrication du cuir, sont obtenus par le traitement des branches de chêne.

De l'annélation supérieure résultera donc un double bénéfice : au-dessous de l'anneau l'aubier dépouillé d'amidon sera réfractaire à la vermoulure ; au-dessus de l'anneau il sera enrichi en tanin.

Ce procédé peut s'appliquer non seulement au chêne, mais aussi au hêtre et au charme ; mais, pour ces essences, l'annélation supérieure suffira, si l'opération est faite au commencement de mai, époque où, de même que pour le chêne, le minimum hivernal de la réserve amylacée n'a pas encore cessé. Cette réserve étant toujours moins abondante que dans le chêne, la résorption de l'amidon dans la région infra-annulaire sera terminée dès le premier automne qui suivra l'opération. Toutefois, comme il est très facile de pratiquer une annélation au pied, elle est, pour plus de sûreté, à conseiller, en plus de l'annélation supérieure. En revanche, on ne saurait s'en contenter, car le hêtre et le charme résistent à l'annélation inférieure bien plus longtemps encore que le chêne : trois, quatre et jusqu'à cinq ans. La résorption amylacée de la région supra-annulaire ne serait donc complète qu'au bout de ce temps, ce qui serait un peu long.

Quant à la plupart des autres essences : sapin, épicéa, peuplier, tilleul, etc., le procédé de l'annélation offre moins d'intérêt, puisqu'en hiver leur tronc ne renferme plus d'amidon. Si donc l'on tient à ce que le bois de ces arbres soit préservé de la vermoulure, on n'a qu'à les exploiter en cette saison. C'est sans doute parce qu'on se trouvait en présence d'arbres coupés en été, qu'on avait cru devoir attribuer à l'époque d'abatage une certaine influence sur la qualité du bois, au point de vue de la vermoulure ; en quoi l'on ne se trompait pas, mais l'on ne soupçonnait pas la cause du phénomène.

Annélation de l'arbre qui donne le bois de Teck, au Siam.
— Les bûcherons qui exploitent les immenses forêts de teck,
au Siam, ont adopté, d'une façon empirique, une manière de
procéder tout-à-fait analogue, qui leur a permis d'obtenir
de bons résultats. On fait autour du tronc, et à une hauteur
de 1 m. 20 au-dessus de terre, une incision circulaire de
20 cm. de haut et de 10 cm. de profondeur, au moment où
l'arbre est en fleurs et la sève en mouvement. On laisse parfois l'arbre pendant trois ans sur pied après cette opération.
Souvent aussi on fait une incision profonde atteignant le cœur
sur deux faces opposées, et alors il suffit parfois de six mois
pour que le bois soit complètement saigné.

Il est probable que c'est pour une part à cette méthode
d'incision fréquemment appliquée au *Tectona grandis*, que le
bois de teck doit sa résistance si remarquable aux agents de
destruction.

*Moyens d'entraver les progrès de la vermoulure se produi-
sant dans le bois déjà mis en œuvre.* — Enfin on peut arrêter
les progrès des vers déjà installés dans le bois en faisant
pénétrer dans leurs galeries des substances antiseptiques
telles que : l'acide phénique, le sublimé en solution, l'essence
de térébenthine, etc.

On peut verser, par exemple, dans un flacon d'une contenance de 30 gr. environ, 10 gr. d'acide phénique et 10 gr.
d'essence de térébenthine ou d'essence de lavande. Choisir
un pinceau de martre rouge de 1 à 1 1/2 mm. de grosseur
sur 2 à 3 cm. de longueur, le tremper dans le mélange qu'on
aura soin d'agiter chaque fois, et l'introduire séparément
dans chaque piqûre.

Si le ver ne sort pas du trou, la mixture l'aura tué. Il est
bon de refaire l'opération une seconde fois.

On bouche ensuite les galeries de l'insecte à l'aide d'un
mastic.

Voici un autre procédé conseillé pour détruire les vrillettes
qui détériorent le bois des meubles. Transportez ceux-ci dans
une pièce de petites dimensions dont vous calfeutrerez portes
et fenêtres aussi hermétiquement que possible. Posez au
milieu de cette pièce une vieille terrine dans laquelle vous
aurez versé une couche de cendres de quelques centimètres
d'épaisseur et où vous aurez placé un mélange de soufre et

de salpêtre (1 de salpêtre pour 15 de soufre, en poids) dans la proportion de 1.600 grammes de ce mélange par 50 mètres cubes d'espace. Vous allumerez le soufre puis vous fermerez avec soin et vous abandonnerez ainsi pendant deux ou trois jours. Il faut se rappeler que l'acide sulfureux attaque et noircit les pièces métalliques; il faut donc ou bien enlever celles-ci ou les recouvrir d'un vernis protecteur.

Les renseignements que nous donnons ici complètent ceux que nous avons mentionnés en traitant des insectes qui produisent la vermoulure (p. 455).

151. Procédés utilisant des actions antiseptiques. — Les procédés précédents ont, en général, comme principal avantage, le bon marché de leur emploi. On doit leur préférer les méthodes qui utilisent des actions antiseptiques et rendent le bois imputrescible en en faisant un milieu impropre à la vie des microorganismes de la décomposition.

La pénétration de l'antiseptique n'est généralement que superficielle quand on emploie les enduits, l'immersion ou le flambage; aussi ces procédés sont-ils eux-mêmes beaucoup moins efficaces que l'*injection* qui fait pénétrer la substance toxique jusque dans la profondeur des pores du bois et peut en saturer complètement la masse.

L'application de ces procédés fait suite au séchage, qui doit toujours être pratiqué avec soin.

I. Pénétration superficielle de l'antiseptique

A. CARBONISATION SUPERFICIELLE OU FLAMBAGE. — Elle consiste à exposer directement les pièces de bois que l'on veut traiter, à l'action d'une flamme, jusqu'à ce que se produise un commencement de carbonisation. Il faut avoir soin de brûler seulement la partie la plus extérieure; il se forme une couche de charbon incorruptible, tandis que les germes, qui pouvaient exister au niveau de la région superficielle, sont détruits par la chaleur. Il se répand, en outre, plus ou moins profondément dans l'intérieur de la pièce, des produits antiseptiques provenant d'un commencement de distillation des parties du bois soumises à l'action de la chaleur.

Ce procédé est très simple et d'une application facile, aussi a-t-il été en usage à peu près de tout temps, notamment pour garantir de l'humidité et de la pourriture l'extrémité amincie des pieux et piquets que l'on enfonce en terre pour faire des clôtures. Ce n'est qu'à une époque relativement récente (1866) que M. de Lapparent, alors directeur des constructions navales, l'a méthodiquement employé et rendu véritablement industriel.

Procédé de Lapparent. — Il consiste dans l'emploi d'un jet de flamme lancé par un courant d'air comprimé sur le bois à carboniser superficiellement. Le gaz combustible peut être celui de l'éclairage, l'oxyde de carbone, l'hydrogène ou tout autre susceptible de donner en brûlant un grand dégagement de chaleur. L'appareil est d'ailleurs fort simple : deux tuyaux en caoutchouc, partant l'un du réservoir de gaz d'éclairage, l'autre d'une soufflerie à pédale, amènent dans le même tuyau de cuivre (la lance) à la fois le gaz combustible et l'air comprimé. Le mélange enflammé donne un jet capable de souder les métaux. Quand les pièces sont petites on les promène devant la flamme ; dans le cas contraire c'est la lance qui porte la flamme successivement devant toutes les pièces à carboniser. On lèche la superficie du bois comme avec une langue de feu. On détermine à la surface une chaleur considérable qui a pour premier effet de chasser l'eau contenue dans les couches superficielles et de faire passer à l'état sec les parties fermentescibles ; en second lieu, au-dessous de la couche externe complètement carbonisée dans l'épaisseur de 0 mm. 3 à 0 mm. 4, se trouve une surface torréfiée, c'est-à-dire presque distillée et imprégnée des produits de cette distillation qui sont des matières créosotées empyreumatiques. Ce procédé de flambage a l'avantage de s'appliquer aux bois ouvrés de menuiserie, aux pièces de bois de hêtre servant à la boissellerie, à la fabrication des pelles, des attelles, des bâts de selle, etc., et aux bois ouvrés de charpente, car la carbonisation est tellement superficielle que les surfaces n'en sont pas altérées et que les angles n'en sont pas émoussés. Il est précieux surtout pour les bois durs qui ne s'imprègnent que difficilement par les liquides antiseptiques. Ce procédé fut immédiatement adopté à la marine. Dans tous nos arsenaux on carbonisait les navires en chantier, à mesure que les différentes parties de la coque étaient mises en place. Malheureusement ce procédé est coûteux et d'ailleurs d'une application difficile dans les localités où l'on n'a pas le gaz d'éclairage à sa disposition.

Pour le rendre pratique, M. de Lapparent fils a imaginé la lampe portative, dite lampe chalumeau, dont le combustible est, soit l'huile lourde de goudron, soit l'huile de pétrole, soit un mélange de ces liquides à parties égales. Une grosse mèche cylindrique placée horizontalement sur le côté du réservoir fait monter le liquide par capillarité. Au milieu de cette mèche arrive le chalumeau qui communique avec la soufflerie à pédale. Une cheminée métallique, percée de trous à la base, complète l'appareil qui donne une flamme aussi intense que celle du jet de gaz et beaucoup plus économique. Ce procédé trouve une application avantageuse dans une foule d'industries, par exemple, dans les constructions rurales, pour les poutres, solives et charpentes des écuries, des étables, des buanderies, etc., qui sont exposées à une atmosphère chaude et humide que la respiration et l'exhalaison des animaux imprègnent de corpuscules organiques, causes premières des fermentations. Le même procédé est encore éminemment propre à la conservation des clôtures, barrages, treillages, claies de parc et surtout des échalas et des perches de houblonnières.

M. Hugon, modifiant ingénieusement la méthode de carbonisation, en a fait un procédé tout-à-fait économique et applicable sur une grande échelle. L'appareil consiste en une forge mobile, au moyen de laquelle on réalise, avec la houille humide et à l'aide d'une forte soufflerie à double effet, une longue flamme horizontale que l'on dirige sur toute la surface du bois. Cette forge peut recevoir un double mouvement de bas en haut et horizontal, à l'aide d'un levier à contre-poids qui permet d'obtenir sans efforts ces déplacements. Par une ouverture inférieure, on peut enlever les résidus de la combustion, et par une autre, supérieure, munie d'un couvercle, on opère le chargement. L'air de la soufflerie arrive par la partie inférieure, entraîne avec lui un peu d'eau, qu'un tube déverse goutte à goutte sur son passage, et, lorsqu'il traverse la couche épaisse de charbon, il y a production d'oxyde de carbone et d'hydrogène qui brûlent en donnant une flamme longue et chaude qui sort à la partie supérieure de la forge par un large tube recourbé horizontalement. Derrière la pièce de bois, que l'on fait mouvoir sur des rouleaux, en même temps que l'on gouverne les mouvements de la forge, se trouve une sorte de réflecteur métallique qui renvoie au besoin la flamme contre la partie postérieure de la pièce de bois. Un tube en caoutchouc unit le tuyau de la soufflerie à celui de la forge et se trouve maintenu à une température convenable par une couche d'eau qui l'entoure. Ce procédé s'applique aux bois de toutes dimensions ; il permet de carboniser 80 à 90 traverses de chemin de fer par jour.

Comme nous l'avons fait observer, on a appliqué le procédé de carbonisation dans la marine, à toute la surface immergée des coques de navires. M. de Lapparent faisait carboniser les différentes faces des pièces de membrure, les faces planes et les abouts des couples, ainsi que les faces de placage des bordages avant leur montage. Les faces courbes des membrures qui doivent être parées après le montage étaient carbonisées sur place.

Le procédé de carbonisation, tel que l'employait M. de Lapparent dans la marine, n'a pas répondu complètement aux espérances de son auteur, dit M. Alheilig, et il n'est plus appliqué dans les constructions navales, soit à cause de l'insuffisance de son efficacité, soit en raison des dangers d'incendie que présente son emploi.

Nous ne décrirons pas l'appareil de Hutin et Boutigny (1848) qui n'a qu'un intérêt de curiosité.

Procédé Haskin. — Le colonel Haskin a proposé tout récemment un procédé de « vulcanisation » des bois, qui produit les effets de la carbonisation superficielle, mais en les étendant à toute la masse du bois. Il permet de traiter directement les bois verts.

Les bois sont placés dans de grandes chaudières en tôle chauffées par un courant d'air chaud et sec. Après disparition des vapeurs qui se produisent d'abord, on ferme les chaudières et on y introduit, pendant huit heures consécutives, sous une pression de 13 atmosphères, de l'air à 200 degrés. Les résines et les huiles que renferme le bois se transforment par distillation sèche en substances conservatrices, uniformément réparties dans la masse.

40

Il résulte d'expériences faites au laboratoire technique de l'Université de Stockholm que le procédé Haskin augmente notablement la ténacité du bois, tout en diminuant les résistances à la flexion et à la compression.

L'opération dure 8 heures pour les bois tendres, et 10 à 20 heures pour les bois durs.

Ce procédé, qui est décrit avec détail dans le *Bulletin de la commission internationale des chemins de fer*, est actuellement exploité aux Etats-Unis.

B. Enduits. — La méthode des enduits consiste à appliquer à la surface des bois, parfaitement bien desséchés préalablement, une substance qui bouche les pores et prévient ainsi l'action destructrice de l'air et de l'humidité, et qui a, le plus souvent, des propriétés antiseptiques empêchant l'attaque du bois par les parasites.

Les principaux enduits employés sont: le goudron de bois, le goudron de houille ou coaltar et ses dérivés et aussi les peintures à l'huile de lin.

Goudronnage des bois. — On peut se servir pour cet usage de goudron de bois, sous la forme suivante : on fait un mélange de brai sec et de brai liquide ou goudron, substances qui se produisent dans les distillations plus ou moins imparfaites du bois; ce mélange forme une matière appelée *brai gras*, qui est très adhérente aux surfaces sur lesquelles on l'applique.

On emploie aussi le coaltar qui est un goudron de houille et que l'on appelle aussi goudron minéral, par opposition au goudron de bois parfois dénommé goudron végétal.

On peut encore se servir du mélange des deux, en adoptant, par exemple, les proportions suivantes :

60 0/0 de goudron végétal liquide à. . .   15 fr. le quintal.
20 0/0 de coaltar à   10   —
20 0/0 d'asphalte liquide de Bastennes à   15   —

Le prix de revient de cet enduit est d'environ 0 fr. 10 le m². Les surfaces à enduire doivent être parfaitement nettoyées et chauffées légèrement, si c'est possible. Le goudron s'étend à l'état bouillant, à l'aide d'une brosse ou d'un pinceau. On met souvent plusieurs couches.

L'emploi du goudron est particulièrement convenable pour les charpentes exposées à l'air ; il est bon d'en garnir tous les assemblages pour éviter l'action de la pluie et de l'humidité ; il convient aussi pour toutes les parties de la charpente qui doivent être enfoncées sous terre.

Le goudron reste longtemps liquide, ce qui peut être un inconvénient. On accélère sa dessiccation en le mélangeant avec 5 0/0 de son poids de poudre de chaux ou de ciment. On fait cette addition dans le camion au moment de l'emploi.

Peinture à l'huile. — Le goudronnage n'est applicable qu'aux charpentes grossières exposées à l'air : ponts, estacades, travaux des ports, clôtures. Il n'est pas admissible dans les habitations à cause de son odeur désagréable ; on le remplace alors par la peinture à l'huile.

Il est bon d'appliquer une première couche d'huile de lin pure, bouillante, qui pénètre dans toutes les fissures ; puis on bouche au mastic d'huile tous les trous et irrégularités de la surface ; enfin, on ajoute successivement deux autres couches d'huile, mélangée d'un peu d'essence et additionnée d'une substance siccative et de matières épaississantes inertes.

Compositions et produits divers pour enduits. — En dehors du goudronnage et de la peinture à l'huile, on a proposé une très grande quantité de recettes et de produits ayant pour but de protéger le bois. Il en paraît tous les jours de nouveaux : aussi notre intention n'est-elle pas d'en donner la nomenclature, mais seulement d'en citer quelques-uns à titre d'exemples.

L'*enduit Machabée,* qu'on appelle aussi *mastic Machabée,* présente la composition suivante, en grammes : poix grasse de Bordeaux, 60 ; bitume de Bastennes, 19 ; chaux hydraulique fusée à l'air, 61 ; ciment romain, 6 ; cire vierge, 4 ; suif de Russie, 3 ; galipot, 2. On fait fondre les matières résineuses et on y incorpore les corps gras, le bitume et enfin la chaux et le ciment. L'opération est terminée quand le mélange forme un tout homogène et très peu fluide. Cette composition est considérée comme préservant fort bien le l'humidité.

Autre enduit : résine, 30 gr.; huile de lin, 4 gr.; craie, 40 gr.; oxyde de cuivre, 1 gr. Ces matières sont fondues ensemble et le mastic formé est appliqué à chaud sur le bois.

On a préconisé l'enduit de *glu marine*, obtenu en dissolvant du caoutchouc et de la laque dans de l'huile provenant
de la distillation de la houille. Le caoutchouc et la gutta-
percha rentrent d'ailleurs dans la composition de divers
enduits.

Il y a l'*enduit de Ruolz*, dont la composition, où les éléments métalliques dominent, est très complexe et qui s'applique sur le bois comme sur les métaux et le plâtre.

Les objets en bois restant en plein air peuvent être protégés efficacement contre les intempéries au moyen de l'enduit
suivant :

On délaye dans de l'eau de colle de l'oxyde de zinc finement pulvérisé et l'on se sert de cette peinture pour badigeon-
ner les parois en bois, les haies des jardins, les bancs et
autres objets. Après séchage, soit au bout de 2 à 3 heures, les
objets seront badigeonnés à nouveau avec une solution très
diluée de chlorure de zinc dans l'eau de colle.

L'oxyde de zinc et le chlorure de zinc forment une combinaison brillante, solide, et résistant à toutes les intempéries.

Pour la peinture des lattes, des planches de couverture
des serres, des couches, etc., l'inspecteur Lucas, à Reutlin-
gen (Württemberg), recommande l'enduit ci-après : prendre
du ciment de la meilleure qualité, frais et bien conservé au
frais, le malaxer avec du lait, sur une pierre destinée à cet
usage, jusqu'à ce qu'il ait la consistance de la couleur à
l'huile.

Le bois destiné à recevoir cette couleur ne doit pas être
raboté et uni, mais il doit être brut, tel que le sciage le donne.

Deux ou trois couches de cette composition garantissent le
bois non seulement contre les intempéries, mais aussi contre
le feu. Il faut que le bois à traiter ainsi soit avant tout bien sec.

Citons encore la composition obtenue en mélangeant les
substances suivantes (1) :

Nitrophénol	0,1 à 0,7	parties	
Pyrolignite métallique .	3	6	—
Créosote de bois . . .	4	10	—
Huile végétale, animale			
ou minérale. . . .	100		—

(1) Lundberg, N. G. O. à Malmoe (Br. suédois 9812, 25 janv. 1898.
Chem. Zeitung).

On chauffe le mélange doucement pour obtenir un liquide homogène. Les bois enduits avec cette préparation sont inattaquables aux termites et autres insectes.

On a proposé un goudron de bois ayant subi une préparation spéciale et baptisé *groudroleum* (1).

Ce produit s'obtient en chauffant une portion de goudron A, dans un vase ouvert ou dans un alambic, jusqu'à une température, prise dans le liquide, d'au plus 190°. On peut d'ailleurs faire varier cette température et maintenir le goudron à 120° environ jusqu'à ce que l'eau, l'acide acétique et les autres produits légers aient distillé. Une autre portion B de goudron est rectifiée et l'on tient à part les produits passant entre 120° et 190° (suivant la température d'inflammation qu'on s'est proposée pour la préparation finie) et 270°C. On dissout le résidu de A dans les huiles rectifiées de B.

On a proposé aussi de mélanger au goudron du jus de tabac, dans l'espoir de le rendre plus efficace contre les vers du bois (?).

La *laque*, les *vernis en général* sont des préservatifs des bois.

On pourrait allonger pendant fort longtemps la liste de ces produits, sans grand intérêt d'ailleurs. Nous ferons cependant une mention à part pour le *carbolineum*, extrait du goudron de houille, et dont des expériences, dues à des personnes autorisées, ont mis en évidence l'efficacité, notamment pour préserver les bois des champignons. On emploie cette substance en badigeonnage et par immersion des pièces, aussi ne donnerons-nous des détails le concernant qu'en traitant de la conservation par immersion dans un bain antiseptique.

Extrait du devis type arrêté par le ministère des travaux publics. — Art. 92. — *Peinture des bois.* — « Les bois recevront trois couches de peinture.

La première couche sera appliquée bouillante sur les bois qui devront être très propres et avoir été exposés à l'air, sous des hangars, pendant un temps suffisant pour que toute leur humidité intérieure soit rejetée au dehors.

Après l'application de la première couche, on aura soin, avant de mettre la deuxième, de remplir exactement jus-

---

(1) Br. suédois 5718, 14 mars 1894.

qu'au fond, avec du mastic, les trous, fentes et gerçures qui paraîtront à la surface des bois.

Art. 93. — *Goudronnage.* On choisira un temps sec pour faire les goudronnages. Les bois à goudronner seront préalablement grattés, afin que leurs surfaces soient bien nettes, puis chauffés avec un feu de paille. On les nettoiera ensuite de nouveau et on appliquera une première couche de goudron bouillant.

Lorsque la première couche aura séché, on en étendra une seconde à laquelle on aura mêlé six à sept parties pour cent de chaux hydraulique en poudre tamisée. On fera de même pour la troisième couche. »

Mailletage. — On peut joindre à l'étude des enduits celle du mailletage qui est destiné à protéger les bois en mer (portes d'écluses, par exemple) contre les tarets. Il consiste à larder de clous à tête carrée et non saillante toute la surface du bois à préserver. Une telle surface doit être constamment surveillée.

Les *blindages* en tôle, ciment ou cuir employés pour recouvrir les bois en mer n'ont pas réussi.

C. Immersion dans un bain antiseptique. — Les procédés que nous venons d'indiquer, carbonisation et enduits, sont fort imparfaits. Si on les applique sur des bois insuffisamment secs, on peut dire que l'on « enferme le loup dans la bergerie » et, dans tous les cas, il pourra se produire ultérieurement des fentes par lesquelles les eaux et les germes de parasites pénétreront. Les méthodes d'immersion, et surtout d'injection, donnent des résultats beaucoup plus complets.

Par l'immersion, l'imbibition est plus ou moins profonde suivant la nature de la substance employée ; elle peut n'être souvent que de quelques millimètres, dans ce cas, on peut faire à cette méthode les mêmes critiques que comportent les enduits.

L'immersion a souvent été employée pour la préparation des traverses de chemin de fer, des pavés de bois, des échalas, pieux, etc.

Il faut distinguer : 1° l'immersion simple à froid ; 2° l'immersion à chaud ; 3° l'immersion dans un bain porté à l'ébullition.

On emploie, avec chacune de ces méthodes, un très grand nombre d'antiseptiques. En principe, tous sont bons, quoiqu'à des degrés divers ; nous ne pourrons en citer que quelques-uns.

Nous renvoyons d'ailleurs au paragraphe « Injection », où l'on trouvera des renseignements généraux sur les substances le plus souvent employées et sur leur action intime sur les bois.

1° *Immersion simple à froid.* — Elle est fort lente et demande un minimum de deux ou trois jours pour s'effectuer en atteignant sa limite ; aussi cette méthode appliquée, par exemple, aux traverses en chêne demi-rond du chemin de fer Amiens-Boulogne, a-t-elle été bientôt abandonnée ; l'antiseptique employé était le sulfate de cuivre. Ce procédé a cependant été longtemps usité en Allemagne sur les lignes de chemins de fer Berlin-Anhalt, Ouest-Saxon, Est-Saxon, où l'on prolongeait l'immersion pendant huit jours.

Dans le duché de Bade, le sulfate de cuivre est remplacé par le sublimé corrosif. Les traverses restent dix jours dans un bain à 1/150 ; les récipients sont des auges en sapin de 6 mètres de long, 2,55 de large et 1,50 de profondeur, revêtues intérieurement d'un enduit appliqué à chaud et constitué par : huile de lin, 1 partie ; cire, 1 ; gomme, 2 ; étoupe hachée. Il doit rendre le récipient parfaitement étanche.

La dissolution s'opère à chaud, en mettant seulement, à la fois, 0 k. 5 de sel par trois litres d'eau ; cette dissolution concentrée est amenée au titre de 1/150 par addition d'eau froide. La préparation par ce procédé coûte 11 fr. 48 le mètre cube.

On sait que l'emploi du sublimé est toujours très délicat, à cause de son extrême toxicité ; la solution de ce sel étant incolore et inodore, elle peut donner lieu à des méprises fâcheuses, surtout lorsqu'elle est employée par un personnel inexpérimenté et peu fait aux précautions délicates qu'exige la manipulation de tels poisons. A cause de cela, on prendra des mesures spéciales, telles que d'opérer la dissolution au moyen d'un agitateur dans un vase fermé qui doit recevoir l'eau bouillante et ensuite le sel. Si l'on faisait l'inverse, la vapeur pourrait entraîner des particules salines ;

l'ouvrier doit être d'ailleurs muni d'un tampon sur la bouche.

C'est Kyan, en 1836, qui exploita le premier un procédé d'imbibition au moyen d'une solution aqueuse de sublimé corrosif, qu'il employait au titre de 2 0/0.

Depuis cette époque, on a fait usage d'autres substances toxiques, des sels métalliques comme les sulfates de cuivre et de zinc, le chlorure de zinc, le pyrolignite de fer, le chlorure de manganèse, le sel marin.

On a proposé récemment un procédé de conservation des bois *par la bétuline*, produit végétal de consistance pâteuse, qui porte aussi le nom de résine des bouleaux. Il faut d'abord dissoudre la bétuline, que l'on peut avoir, à l'état brut, à un prix peu élevé ; on immerge ensuite entièrement le bois, pendant douze heures environ, dans la solution fluide, à une température de 14 à 16° centigrades.

Après ce premier bain, on plonge le bois dans un second bain formé d'une dissolution d'acide pectique pesant 40 à 45° à l'aréomètre Baumé et d'une certaine proportion d'un carbonate alcalin, par exemple le carbonate de potasse du commerce, dans le rapport de 1 de carbonate environ, pour 4 de dissolution. Le bois reste immergé dans cette composition pendant 12 heures encore ; il est ensuite retiré et mis à égoutter durant 8 à 15 jours, le temps étant variable suivant la température et la nature du bois. Ce second bain a pour effet de fixer d'une manière absolue la bétuline introduite par la première immersion.

L'opération, conduite sous forte pression, augmente encore la durée du bois et lui communique des qualités nouvelles de densité, dureté, etc.

Le sulfate de cuivre, dont nous avons signalé l'insuffisance comme moyen de conservation des traverses, peut donner de bons résultats pour des objets de faibles dimensions, beaucoup moins longs à imprégner, tels sont : les échalas, pieux, palissades. On obtient une bonne conservation en les plongeant dans un bain de sulfate de cuivre, à 4° du pèse-sel ordinaire, pendant 8 à 15 jours, suivant la nature du bois et son épaisseur ; après les avoir fait sécher à moitié, on les immerge dans un bain de lait de chaux : il se forme, avec le sulfate, un composé insoluble, qui empêche les eaux de pluie de dissoudre le cuivre entré dans le bois. Ce procédé est particulièrement efficace pour les échalas de vigne et le bois blanc (peuplier).

Le procédé Schenkel (1) consiste à imprégner les bois avec une solution de chlorure de calcium et d'hydrate de chaux. Pour cela, on met 50 à 100 parties de chaux éteinte dans une solution de 100 parties de chlorure de calcium dissous dans 350 parties d'eau ou bien dans une lessive de chlorure de calcium à 15 ou 20 0/0. On peut ajouter à la liqueur du chlorure de sodium, du chlorure de magnésium et du chlorure d'ammonium.

2° *Immersion à chaud*. — On ne tarda pas à reconnaître par l'usage, que les substances antiseptiques administrées dans un bain simple, étaient peu efficaces, à cause de la faible profondeur de pénétration dans le bois, ou bien il fallait prolonger l'immersion pendant un temps très long.

Sous l'influence de l'humidité, agissant sur les pièces une fois en place, les matières antiseptiques superficielles se dissolvaient peu à peu ou disparaissaient en certains points par les fissures, les chocs ou les frottements, laissant ainsi une brèche ouverte aux agents d'altération.

Dans le but d'obtenir une pénétration plus profonde, on eut alors recours à l'immersion à chaud.

Dans un bain de sulfate de cuivre à 1 1/2 0/0, à la température de 70°, on plongeait durant quelques heures des pièces de bois débitées, telles que traverses de chemin de fer, échalas, cercles de tonneaux, etc., et l'on obtenait des effets plus durables que par l'opération faite à froid. Ainsi, dans le cas de la ligne Amiens-Boulogne, que nous signalions plus haut, on a constaté qu'en portant le bain du sel de cuivre à une température de 60°, on obtenait en une demi-heure, un résultat au moins égal à celui que réalisait l'immersion à froid prolongée pendant deux jours et plus, les autres conditions étant égales d'ailleurs. Aussi cette méthode, plus économique (0 fr. 35 à 0 fr. 40 par traverse), fut-elle adoptée.

Toutefois ce procédé qui donnait d'assez bons résultats avec le chêne, parce que l'aubier y est d'une faible épaisseur, était tout-à-fait insuffisant pour les pin, sapin et en général les

(1) Schenkel, Br. fr., 28.863, 8 mai 1899.

bois d'essences légères, qui possèdent beaucoup d'aubier. La partie imprégnée était encore très mince et ne résistait pas aux chocs, aux frottements, au clouage. Les moindres solutions de continuité de la couche superficielle permettaient l'introduction de l'air et l'évolution des germes qui pouvaient pénétrer au niveau du bois non traité.

Nous verrons d'ailleurs plus loin que le sulfate de cuivre est un antiseptique sujet à caution ; disons du moins, pour éviter de généraliser, qu'il est inefficace contre certaines causes de décomposition.

Le procédé en question est aujourd'hui à peu près abandonné et à juste titre.

La créosote et les produits qui en contiennent de notables quantités, comme cela a lieu pour les substances appelées carbolineum, carburinol, les huiles lourdes de résine, etc., donnent des résultats incomparablement meilleurs. L'huile lourde de goudron, que l'on désigne sous le nom de créosote, est aujourd'hui généralement employée pour l'imprégnation des traverses de chemins de fer, etc. Mais on l'opère non pas par immersion, mais par injection sous haute pression.

On emploie souvent, pour l'immersion à froid, mais préférablement à chaud, les dérivés voisins du goudron, appelés carbolineums carbonyles, carbonéines.

Carbolineum (1). — Nous prendrons pour type le carbolineum, dont les expériences sur le *Merulius* et sur divers agents destructeurs des bois, nous sont connues.

Le carbolineum, ainsi désigné par son inventeur, M. Avenarius (1875), est essentiellement constitué par des huiles lourdes de goudron. Il a été employé surtout, jusqu'ici, pour préserver, par badigeonnage ou immersion, les bois de charpente, les échalas et pieux, contre l'action des champignons (voir Merulius, p. 414).

On expérimente aussi son action, en agriculture, contre les insectes.

Ce produit a une odeur de goudron, il rend les bois plus

---

(1) D'après les recherches faites à la station agronomique de Nancy, le carbolineum avenarius a une densité de 1,110 ; il est formé en majeure partie d'huiles distillant entre 188° et 360° et contient de la naphtaline. Une de ses contrefaçons, le carbolineum *supra*, est moins dense (D = 1,060) et il commence à distiller à une température un peu plus basse.

inflammables parce qu'il contient des huiles éthérées, enfin son maniement exige certaines précautions, surtout pendant les chaleurs qui activent l'évaporation de certaines substances irritantes pour les yeux et le visage. Malgré ces inconvénients, qu'il partage avec la plupart des produits dérivés du goudron de houille, il présente des avantages suffisants, comme efficacité, modicité de prix — 0 fr. 40 le kilogramme —, facilité d'emploi, pour que son usage se généralise.

Nous avons rapporté, en traitant du Merulius (p. 414), les expériences faites au moyen de cette substance.

Contentons-nous de rappeler que M. Henry s'est servi de carbolineum à 68° pour imprégner des bois de diverses essences. Il a constaté que dans certains bois, tels que le hêtre, le cerisier, l'imprégnation est pour ainsi dire instantanée et se constate de suite, tandis que chez le frêne, le chêne, le sapin même, elle semble tout d'abord superficielle, mais, sur les points exposés à l'air elle envahit une zone de plus en plus large.

Peut-être faut-il, ajoute M. Henry, que les produits solides (tels que la naphtaline) s'évaporent au contact de l'air pour que les éléments fluides pénètrent plus avant, ou bien se produit-il une oxydation qui colore certains éléments en modifiant leur composition.

On peut utiliser la facilité de pénétration du carbolineum dans l'intérieur du bois dans le cas suivant :

Il arrive souvent que, pour une raison ou pour une autre, on néglige de faire subir l'imprégnation aux bois destinés à être plantés en terre, tels que mâts, poteaux, colonnes d'écuries, etc. ; ils sont promptement altérés par les bactéries et agents chimiques provenant des fermentations du sol.

Il serait impossible, une fois en place, de déplanter ces bois pour les passer au carbolineum ou au goudron, surtout si ces pièces sont noyées dans un mur ou dans une maçonnerie de béton ; il faut alors avoir recours à un autre moyen. On perce de haut en bas, et en biais, tout près de l'endroit où la pièce de bois sort de terre, un trou d'un centimètre environ de largeur que l'on remplit de carbolineum et que l'on bouche ensuite avec une cheville de bois.

Selon la consistance du bois, le liquide sera absorbé au bout de un ou deux jours. On remplira à nouveau le trou et on continuera, jusqu'à ce que le trou soit encore rempli au bout de huit jours.

Le carbolineum remplace peu à peu toute l'eau que le bois contient encore. Le bois étant alors bien imprégné, on ferme le trou définitivement avec un bouchon de bois que l'on scie au niveau de l'orifice. Le bois se conservera ainsi tout aussi bien que s'il avait été enduit préalablement de carbolineum.

Employé comme enduit, un kilogr. de la substance suffit pour recouvrir une surface de 5 à 6 mètres carrés de bois ; il est plus fluide que le goudron et par suite s'étale mieux et est d'un plus grand rendement. La supériorité de ce produit consiste surtout dans sa facilité de pénétration dans l'intérieur du bois.

Nous citerons aussi les produits allemands dénommés : *antinonnine*, extrait du goudron de houille, et *mycothanaton*, composé exclusivement de sels minéraux. Nous avons étudié leur action, en traitant des champignons qui attaquent le bois (p. 412).

Il existe des procédés d'imprégnation plus complexes, tel est celui de Thomasso Giussani, de Milan, qui consiste à plonger tout d'abord le bois dans un mélange à 100° d'anthracène et de brai ; quand toute l'humidité du bois est expulsée, on le retire du bain, on laisse refroidir et on le plonge dans un second bain formé de chlorure de zinc et de créosote.

Ce mode opératoire peut également être classé parmi les procédés d'imbition par *refroidissement* dont nous allons parler.

3° *Immersion dans le bain porté à l'ébullition* ou méthode par refroidissement. — Cette méthode consiste à porter le bain à l'ébullition, de telle sorte que l'air et le gaz qui se trouvent renfermés dans le tissu végétal en soient chassés, et c'est au moment du *refroidissement* que la pression atmosphérique fait pénétrer le liquide du bain dans les pores du bois où l'ébullition avait fait le vide.

Ce procédé a été appliqué, avec le sulfate de cuivre, notamment en Allemagne et surtout en Bavière où il était en faveur, dit M. Debeauve, il y a plusieurs années. Les traverses de sapin équarries étaient placées verticalement dans de grandes cuves, elles étaient fixées par en haut afin d'en empêcher le flottement ; la liqueur était introduite alors dans le récipient et portée à l'ébullition au moyen d'un jet de vapeur emprunté à une petite chaudière ; l'injection de vapeur durait 45 minutes environ. On laissait le tout refroidir lentement, c'est surtout à ce moment que s'effectuait la pénétration.

On peut reprocher à cette méthode ce fait que, par suite de la grande élévation de température, elle cause l'altération de certains éléments du bois et modifie, par suite, ses qualités physiques, de résistance notamment.

Il faut rapprocher de cette méthode les procédés suivants que nous réunirons sous le titre de :

4° *Procédés d'imbibition par refroidissement.*—Cette manière de procéder a été indiquée par M. Hossard. Elle consiste à chauffer la pièce de bois pour en expulser une grande partie de l'air qui s'y trouve et à la plonger immédiatement après dans le liquide antiseptique. Le refroidissement produit un vide partiel, grâce auquel le liquide ambiant pénètre dans l'intérieur du bois.

Dans ce procédé et les suivants, c'est la pression atmosphérique qui fait pénétrer la substance antiseptique dans l'intérieur du bois où l'on a produit un vide relatif au préalable. Cette méthode fait en quelque sorte la transition entre l'immersion simple et l'injection par *vide et pression*. Ici la pression est celle de l'atmosphère, tandis que dans l'injection proprement dite la pression équivaut à plusieurs atmosphères ; c'est la principale différence.

Le baron Champy, en 1832, est parvenu, l'un des premiers, à conserver des pièces de bois en les trempant, encore humides, dans du suif porté à la température de 200°. Pendant cette immersion, l'eau se réduit en vapeur, chasse l'air et les gaz renfermés dans le tissu végétal. La condensation qui s'effectue ensuite par le refroidissement opère un vide, et la pression atmosphérique fait monter la matière grasse dans les pores du bois. Les pièces ainsi injectées se conservent parfaitement. On peut opérer de la même manière avec les liquides dont le point d'ébullition est plus élevé que celui de l'eau, comme les huiles, les résines, les goudrons, agents efficaces de conservation des bois légers : M. Payen a pu de cette manière, en augmenter le poids de 50 à 60 0/0 et les douer d'une imputrescibilité qui permettait de les employer dans les constructions où règne une humidité habituelle, où les bois durs eux-mêmes ne résistent pas, ainsi que dans les fabriques de produits chimiques où les vapeurs acides attaquent les bois plus rapidement que l'humidité seule. Dans tous les cas, ce n'est qu'avec le bois sec que les procédés par imbibition peuvent donner des résultats satisfaisants ; car avec les bois chargés encore de sucs végétaux, l'imprégnation est presque nulle et la préservation illusoire.

Le procédé suivant, dû à M. Giussani (1), se rapproche beaucoup des précédents. Il consiste à tremper le bois dans un bain bouillant ou à 100°C, de goudron, huile de lin ou solutions métalliques, pendant un temps plus ou moins long, de manière à permettre à la vapeur d'eau de se dégager; puis à laisser refroidir, de telle sorte que le contenu du bain pénètre dans les pores du bois débarrassé de la vapeur d'eau.

On voit en effet se manifester dans le bain une agitation analogue à l'ébullition ; elle est produite par l'eau de la sève, contenue dans les cavités des éléments du bois, qui s'échappe à l'état de vapeur en traversant le bain.

Si on laisse le bois immergé en maintenant une température constante, jusqu'à ce que toute trace d'agitation ait disparu, on obtient, comme résultat, que toute l'eau qui se trouve dans les pores du bois est expulsée, à l'exception d'une très faible quantité qui, se trouvant sous forme de vapeur, ne représente guère que la 1700ᵉ partie du poids primitif de l'eau contenue ; l'air présent dans les pores est également expulsé.

Si on laisse refroidir le liquide, cette vapeur se condense en formant un vide qui se trouve immédiatement comblé par l'introduction, dans les pores, du liquide du bain, sous l'action de la pression atmosphérique. De cette façon, le bois se trouve complètement imbibé de la matière du bain, quelles que soient sa forme, ses proportions et la compacité de son tissu.

Jusqu'ici, le procédé ne diffère guère d'autres méthodes employées depuis longtemps en France, en Belgique et aux Etats-Unis ; on peut faire observer également que, pour

(1) Giussani (de Milan). *Nouveau procédé pour la conservation du bois par absorption à l'aide du vide* (Br. fr. 311.561, juin 1901). Voir aussi l'étude parue dans le *Bulletin de la Société des ingénieurs civils*, étude faite d'après le mémoire publié dans le *Bulletin de la Société des ingénieurs et des architectes italiens*.

atteindre l'effet cherché, il n'est pas nécessaire de recourir à l'emploi des huiles lourdes de goudron. Toutefois, celles-ci ont l'avantage de laisser, à la surface des pièces préparées, une sorte de vernis qui contribue à les protéger contre la moisissure, les vers, l'humidité et la combustion lente.

Voici la suite de la description : le même phénomène de pénétration se produit aussi dans le cas où, sans laisser le bois refroidir dans le bain, on l'en sort pour le plonger immédiatement dans un bain froid de même nature que le précédent, ou d'une nature différente. Ce point est très important, parce qu'il permet d'employer, comme liquide d'absorption, des matières ayant un point d'ébullition inférieur à 100°, et différant, sous ce rapport, du premier bain, qui doit être composé d'un liquide à point d'ébullition supérieur à 100°.

Si, au lieu d'un bain froid de nature homogène, on avait deux liquides de densités différentes séparés en deux couches, on pourrait, avec des précautions convenables, immerger le bois successivement dans chacun des liquides, de manière à pouvoir y faire pénétrer des quantités données de chacun d'eux. Ces liquides sont de l'huile lourde de goudron et une solution de chlorure de zinc de 2° à 4° Baumé. Le premier, qui est plus dense, reste au fond du vase, et le second est au-dessus. Si on plonge d'abord le bois dans une solution saline, elle pénètre jusqu'au fond des pores, et si on termine par l'absorption de l'huile lourde, celle-ci forme une couche pour ainsi dire superficielle qui s'oppose au lavage de la solution saline inférieure, aussi bien qu'à la pénétration de l'humidité.

Tel est le principe du procédé Giussani ; si ce principe n'a rien d'absolument nouveau, il est du moins appliqué sous une forme ingénieuse et propre à produire des effets avantageux.

On a fait des expériences avec toutes espèces d'essences de bois, même de chêne très dur. Dans la préparation de traverses en chêne, pour le chemin de fer du nord de Milan, on a constaté que les pièces étant soumises à la température de 100°, dans un bain d'huile lourde de goudron pendant quatre heures, perdaient 6 à 7 0/0 de leur poids, représenté par l'eau et des substances albuminoïdes et qu'elles absorbaient, en huile lourde et en chlorure de zinc, de quoi présenter une augmentation de 2 à 3 0/0 sur le poids primitif.

Les pièces de chêne soumises à ces expériences provenaient de bois coupés depuis plus d'un an et d'une densité égale à 1,04-1,07. Les éléments constitutifs du bois ne subissent aucune déformation du fait de ce traitement, de plus, le bois traité présente un accroissement de sa faculté de résistance à la flexion, à la traction et à l'arrachement des pièces métalliques, telles que crampons, clous, etc. Cette méthode paraît d'ailleurs simple, peu coûteuse, facile à contrôler, toutes circonstances qui favorisent son adoption dans l'industrie.

Le *procédé Petrerschek* (1) consiste à faire cuire le bois dans une solution d'acide borique ou de borax, mélangée de fer ou de zinc métallique, pendant 4 à 24 heures, suivant les dimensions du bois. Pour cela on emploie une solution, à 1000 d'eau, de 280 parties d'acide borique, 100 de borax et 20 de cyanure de fer.

II. — Pénétration profonde de l'antiseptique. — Injection. — Etude des principales substances antiseptiques employées.

L'immersion ne donne qu'une très faible pénétration du liquide antiseptique dans la masse ligneuse. Ce fait tient à la résistance des gaz et liquides contenus dans le bois et qui sont difficilement déplacés; le procédé ne peut guère être efficace que pour les pièces de faible équarrissage et constituées par un bois léger. On préfère la méthode de l'injection par laquelle on chasse, par l'action de pressions plus ou moins fortes, le contenu des vaisseaux du bois pour y faire pénétrer ensuite l'antiseptique. Les méthodes d'injection sont très nombreuses et les substances antiseptiques qu'elles mettent en œuvre le sont encore plus. Il importe de connaître les qualités que doivent présenter les antiseptiques, leur influence sur le bois, leur mode de pénétration dans le tissu ligneux. Il faut savoir encore quelles sont les substances le plus généralement employées et quelles sont parmi celles-ci les plus efficaces. Aussi croyons-nous bon de placer ici une étude spéciale des antiseptiques employés pour la conservation du bois et de leur action.

(1) Petrerschek, Br. fr. 288.087, 21 avril 1899.

A. Antiseptiques employés pour la conservation du bois. —
Tous les bois ne se décomposent pas avec une égale rapidité
ni avec une égale facilité; cela tient à ce que certains bois
contiennent des substances antiseptiques, produits accessoires
de la végétation, qui se trouvent dans les éléments du bois ou
imprègnent ses tissus. Elles se dissolvent dans les eaux d'imbibition ou empêchent leur pénétration.

C'est cette observation qui a donné l'idée de faire pénétrer
artificiellement des substances antiseptiques dans l'intérieur
du bois. Les essais ont réussi et depuis lors on a préconisé,
souvent avec succès, de nombreux procédés d'injection du
bois.

Qualités que doivent posséder les substances antiseptiques.
— Il faut : 1° qu'elles soient suffisamment actives pour empêcher la vie de microorganismes ;

2° Qu'elles ne nuisent pas au tissu en le décomposant et
l'affaiblissant ;

3° Qu'elles s'injectent facilement dans le bois et s'y fixent,
de manière à ce que l'humidité ne puisse pas les en chasser.
Elles doivent former des composés chimiques stables et être
facilement dialysables ;

4° Elles ne doivent pas être d'une manipulation dangereuse.
On ne doit pas perdre de vue qu'elles seront employées par
des ouvriers généralement peu au courant de l'action physiologique des substances toxiques ;

5° Il est bon que le corps employé ait une composition
déterminée et stable, ce qui permettra d'obtenir toujours les
mêmes effets et d'éviter les mécomptes dus à la qualité plus
ou moins bonne du produit.

6° Elles ne doivent pas posséder d'odeur s'il s'agit de pièces de bois devant être utilisées dans des espaces habités ;

7° Il faut qu'elles ne donnent pas de coloration au bois ou
tout au moins qu'elles ne lui communiquent qu'une coloration
sans inconvénient pour la fin à laquelle on le destine ;

8° Leur prix doit être peu élevé.

Influence des antiseptiques sur les qualités du bois. — En premier lieu, ils en augmentent la durée, et, en outre, ils peuvent en augmenter la dureté, dans une certaine mesure, en
incrustant les parois ou en remplissant la cavité des cellules;
on peut supposer, *a priori*, qu'elles ont d'autres effets sur les

41

qualités de résistance du bois qu'elles peuvent modifier en durcissant ou en amollissant le tissu suivant la nature de l'antiseptique, sels métalliques ou huiles. Mais cette hypothèse n'a pas encore été vérifiée.

D'autres substances que les huiles auraient la propriété d'augmenter l'élasticité du bois, ce sont celles qui sont déliquescentes, c'est-à-dire qui absorbent l'humidité atmosphérique; tels sont : les chlorures de zinc, de calcium et de sodium, les eaux mères des marais salants. Elles s'opposent, en outre, au retrait, au travail, à la torsion, au voilage, au gauchage des bois; mais le fait qu'elles absorbent l'humidité les rend défavorables à la durée.

Certaines substances injectées ont la propriété de rendre le bois presque ininflammable. Nous verrons quelles sont les plus employées, en traitant de l'*ignifugation* des bois.

Enfin, l'intérêt principal de l'action des antiseptiques, surtout lorsqu'ils sont employés en injection, est de rendre l'aubier utilisable au même titre que le cœur, ce qui diminue énormément les déchets du façonnage et permet d'utiliser des bois d'un plus faible diamètre et par suite plus jeunes. Les résultats sont donc heureux, à la fois pour le producteur et le consommateur.

Phénomènes intimes de la pénétration des antiseptiques dans l'intérieur du bois. — Voici comment M. Thil rend compte de ces phénomènes :

Les *bois feuillus* sont pourvus de vaisseaux plus ou moins ouverts, plus ou moins obstrués par des dépôts résiduaires ou thylles. Plus ces vaisseaux sont ouverts et grands, plus le liquide à injecter y pénètre facilement. Il imprègne en même temps les parois, et, par endosmose, passe d'autant plus facilement dans les cellules voisines, que la paroi est plus fine et les ponctuations plus nombreuses. Les parenchymes radial et vertical sont donc les premiers envahis, puis les fibres dont l'injection est souvent difficile à raison de l'épaisseur de leurs parois et de leurs ponctuations rares et étroites. Il en résulte que l'injection se fait très facilement et régulièrement dans les bois, comme le hêtre et le poirier, dont les vaisseaux sont nombreux et assez également répartis dans le tissu, et qui sont composés d'un mélange intime de fibres et de parenchyme entourant les vaisseaux. L'injection est, au contraire, très difficile et irrégulière dans les bois comme le karri et le jarrah, dont les vaisseaux sont étroits et remplis de gommes, dans l'acacia dont les fibres forment des faisceaux compacts et relativement larges.

L'injection des *bois résineux* se produit plus difficilement et plus lentement que celle des bois feuillus, à raison du manque de vaisseaux, des zones dures de bois d'automne, de l'existence de la résine dans les canaux et de l'épaisseur des parois diverses. La transmission du liquide conservateur ne peut se faire que par voie d'endosmose, surtout au travers des ponctuations aréolées; mais, en raison du peu d'épaisseur de la paroi séparative des aréoles, lorsque l'on agit par fortes pressions, il doit arriver qu'une partie de ces parois séparatives se brisent, et la circulation peut se faire librement de l'une à l'autre des trachéides en contact. La question de l'épaisseur des parois a son importance aussi, car le bois de printemps est toujours plus riche en produits introduits que le bois d'automne; mais aussi ce dernier, plus riche naturellement en résine, a moins besoin de cette injection.

Au sortir des appareils d'injection les bois se dessèchent; les matières introduites par les dissolutions restant à l'intérieur du tissu, leur poids vient s'ajouter à celui du bois et en modifie la densité. Les dissolutions se concentrent bientôt, et les matières introduites par l'eau peuvent cristalliser et se déposer dans les cavités. Elles forment ainsi des réserves qui pourront se redissoudre à nouveau, lorsque les bois seront envahis par l'humidité, de sorte que ni les insectes, ni les végétaux ne pourront se développer dans les tissus injectés, tant que la réserve du corps antiseptique ne sera pas épuisée par les eaux d'imbibition venant du milieu où le bois est employé.

Revue critique des principaux antiseptiques employés pour la conservation des bois. — Avant d'aborder l'énumération fort longue des substances qui ont été employées à cet effet, il est bon de dire quelles sont celles dont il est fait le plus usage actuellement, en grand pour la préparation des traverses de chemins de fer, des poteaux télégraphiques, des bois de mines et des pavés en bois. Ce sont :

a) la *créosote* ou *huile lourde de goudron de houille* (procédé Béthell et ses perfectionnements) qui vient la première en date mais qui a comme désavantage d'être d'un prix de revient un peu élevé ;

b) le *sulfate de cuivre* qui a des inconvénients que nous signalerons ; il est d'un prix de revient assez bas ; on l'emploie encore exclusivement en France pour l'injection des poteaux télégraphiques et pour une grande partie des traverses des chemins de fer de la compagnie du Midi (procédé Boucherie) ;

c) le *chlorure de zinc* (W. Burnett, Pfister), qui a aussi ses défauts, est employé pour les traverses de chemins de fer en Allemagne, Autriche, Russie, Hollande et Danemark. Cette substance est d'un usage économique. Le *mélange de chlorure de zinc* et de *créosote*, qui tend chaque jour à se substituer à chacune de ces substances, là où on les employait seules, est actuellement utilisé pour l'injection des traverses par les compagnies des chemins de fer français et par les chemins de fer de l'Etat en Allemagne, en Prusse surtout ; on l'utilise aussi pour l'injection des poteaux télégraphiques.

A côté de ces trois substances, dont l'usage est le plus répandu, il en est beaucoup d'autres qui se recommandent par des qualités spéciales et dont nous aurons à signaler l'intérêt dans le cas d'applications particulières.

Après avoir dit quelles substances il convient d'injecter pour conserver le bois, nous dirons *comment* on peut les injecter ; autrement dit, nous passerons en revue les méthodes d'injection après avoir étudié les divers produits susceptibles d'être injectés.

Le goudron. — Le goudron (de houille ou de bois) est utilisé pour la conservation des bois, surtout sous forme d'enduit superficiel, comme nous l'avons vu plus haut. On l'a cependant employé aussi en injection : M. Melsens, qui s'est occupé du problème de la conservation des bois depuis 1843 (*Bull. de l'Ac. roy. de Belgique*, 1848 et 1865), obtient l'injection en rendant le goudron plus liquide par l'action de la chaleur et en utilisant, comme force mécanique, la condensation de la vapeur d'eau produite à une température élevée. Le bois est immergé dans la substance préservatrice ; par l'action de la chaleur et en alternant les effets de chauffe et de refroidissement, on peut arriver à le pénétrer complètement.

Quand l'injection n'est que partielle, elle se fait toujours dans le même sens, de la même manière et suit le même chemin que la détérioration, de façon que, lorsque celle-ci commencera, elle devra passer par les endroits injectés avant d'atteindre les parties plus profondes non injectées. Un grand avantage de l'injection par les matières goudronneuses, consiste dans l'emploi que l'on peut faire de bois en grume, équarris, verts, desséchés ou ayant subi des préparations quelconques.

M. Melsens a trouvé que des blocs de 0 m. 40 de long sur 0 m. 25 de diamètre étaient restés parfaitement indemnes d'altération après plus de vingt ans, quoique ayant été soumis d'une manière permanente aux causes qui favorisent le plus la détérioration.

L'aulne, le charme, le hêtre et le saule s'imprègnent facilement ; les bois résineux s'imprègnent beaucoup plus difficilement et dans le sapin, par exemple, les couches centrales restent blanches ; le tremble et le chêne offrent une grande résistance à l'injection

Les bois peuvent absorber jusqu'à 30 à 50 0/0 de leur poids sec de goudron.

Notons ici que M. Melsens fit d'autres expériences. Il se servit, comme substances préservatrices pour le bois, de tous les composés organiques fixes, insolubles dans l'eau, inaltérables par l'air et l'humidité, fusibles à une température qui ne dépasse pas celle où le bois se détériore ; soit, outre les goudrons, les bitumes, cires, huiles fixes, colophane, etc.

La créosote. — La créosote, beaucoup plus efficace pour prévenir les altérations du bois que les sulfates de cuivre et de zinc, surtout en milieu humide, est une huile lourde de goudron, provenant de la distillation des goudrons de houille ou de bois.

La distillation du goudron donne d'abord les *huiles légères*, désignées encore sous le nom d'*essence légère de houille* ; on considère du moins comme tel ce qui passe entre 50 et 200°. En continuant à chauffer, on obtient alors les *huiles lourdes*. Les huiles légères sont riches en phénols et en benzols ; les huiles lourdes, obtenues vers 200°, sont encore accompagnées de phénols, mais ils disparaissent au fur et à mesure que la température s'élève, par contre s'accroît la proportion de naphtaline; et enfin entre 290° et 350° on obtient les huiles à anthracène, qui se prennent en masse par refroidissement. Le résidu de la distillation du goudron est le *brai*. Le goudron donne de 20 à 25 0/0 de son poids d'huiles lourdes.

Les huiles lourdes, avons-nous dit, sont souvent désignées sous le nom générique de créosote. Il faut distinguer la *créosote brute,* que l'on emploie pour la conservation des bois, et la *créosote pure* ; celle-ci a subi diverses préparations qui l'ont débarrassée de certaines substances pouvant être défavorables aux effets qu'on en attend, en médecine par exemple.

On prépare la créosote pure en distillant d'abord les goudrons qui proviennent de la fabrication de l'acide acétique, le produit distillé porte le nom d'huile lourde ou *créosote brute.*

Pour avoir la créosote purifiée, on agite l'huile lourde avec une solution aqueuse d'un carbonate alcalin pour la priver des acides libres qu'elle contient (acides acétique, propionique, butyrique) ; puis, la portion huileuse décantée est agitée avec une solution de soude étendue. Tout ce qui est phénol passe dans la liqueur aqueuse. Après avoir agité celle-ci avec du benzène pour enlever quelques produits neutres, on la traite par l'acide chlorhydrique ; les phénols se séparent, on les décante. On épuise la liqueur aqueuse par le benzène qui enlève les phénols dissous dans l'eau. On distille la solution benzénique et le résidu est réuni à l'ensemble de la créosote.

Le liquide ainsi obtenu bout depuis 180° jusqu'à 380° et au delà ; néanmoins la majeure partie distille de 200° à 220°.

La créosote ainsi produite est un mélange très complexe, formé de monophénols et d'éthers monométhyliques des diphénols.

Propriétés : La créosote *pure* constitue un liquide oléagineux, très réfringent, incolore mais jaunissant à l'air, répandant une odeur spéciale de fumée de bois ; de saveur brûlante. Elle bout vers 200° et ne se solidifie qu'à — 27°.

Elle est peu soluble dans l'eau, mais se dissout très bien dans l'alcool, l'éther, les huiles fixes ou essentielles, l'acide acétique, les lessives alcalines. Elle dissout les résines, les matières grasses, quelques acides organiques tels que les acides oxalique, tartrique, citrique, etc., des métalloïdes comme le soufre et le phosphore, des matières colorantes comme l'indigo, divers sels comme les acétates de potassium, de sodium, de plomb, de zinc, etc., et les chlorures de calcium et d'étain.

Elle coagule l'albumine, c'est à cette propriété qu'elle doit son rôle d'antiseptique.

La créosote employée pour l'injection des bois est généralement la *créosote brute*.

Qualités que doit avoir la créosote brute : Les compagnies de chemins de fer imposent aux distillateurs de goudron de houille, certaines conditions qui peuvent se résumer comme suit :

La créosote brute sera constituée par l'ensemble des produits volatils plus lourds que l'eau, retirés de la distillation du goudron de houille (servant à la fabrication du gaz).

La créosote, entièrement liquide à 4°, sera entièrement soluble dans la benzine. Elle devra contenir au moins 6 0/0 d'acide phénique ou principes analogues et ne laissera pas déposer plus de 25 0/0 de naphtaline à la température de 15°; sa densité sera de 1,050 à 15°.

De nombreuses recherches ont été faites pour déterminer, parmi les multiples produits qui entrent dans la composition de l'huile lourde, quels sont ceux qui sont le plus actifs.

Des essais nombreux furent faits dans ce but.

En 1867, au moment de la vogue de l'acide phénique (acide carbolique ou phénol), Lettreby crut devoir attribuer à cette substance le rôle principal dans l'action de la créosote. Celle-ci devait, d'après lui, présenter les qualités suivantes :

Densité variant de 1,045 à 1,055 ; ne pas déposer de naphtaline à 4° 5 ; contenir 5 0/0 d'acide carbolique brut et autres acides de goudron, 90 0/0 d'huile liquide distillée à partir de 335°.

M. Château, partageant les mêmes idées, propose de remplacer la créosote par l'acide phénique en dissolution aqueuse.

En 1862, Rottier concluait, au contraire, que l'acide phénique, étant donnée sa volatilité et malgré son activité antiseptique, n'était pas la cause du succès de la créosote qu'on devait attribuer aux huiles lourdes moins volatiles.

En 1866, un ingénieur belge, Coisne (1), fit de nombreuses

_____

(1) 1864-1866. C. Coisne. Note sur l'application des huiles créosotées à la préparation des bois. *Annales des travaux publics de Belgique*, t. XXII et XXIV.

expériences avec des créosotes fabriquées dans divers pays : France, Belgique, Ecosse, Angleterre, et il conclut aussi que les propriétés antiseptiques de la créosote sont dues, non aux phénols, mais aux huiles lourdes. Le gouvernement belge ne demande pas de phénols de goudron ; mais exige que les deux tiers au moins de créosote aient été obtenus par une distillation comprise entre 200 et 250° ; il autorise 50 0/0 de naphtaline estimée à la température ordinaire.

En 1882, Coisne étudia dix-sept pièces de bois créosotées (traverses) qui avaient résisté 16 à 32 ans. Voici quels furent les résultats de ses analyses :

1° On ne trouvait dans aucun cas des acides de goudron (phénols) ;

2° Sur quatorze des dix-sept pièces, on rencontrait les constituants demi-solides des huiles de goudron ; dans douze il y avait de la naphtaline et parfois en quantité considérable ;

3° Il ne restait qu'une faible proportion d'huile distillant au-dessous de 230°. Dans la plupart des échantillons, 60 à 75 0/0 des substances restantes ne distillaient pas au-dessus de 315°.

La conclusion s'imposait que le bois avait été le plus efficacement protégé par les substances les moins volatiles, c'est-à-dire par les huiles les plus lourdes du goudron, les autres constituants ayant disparu.

Avec des réactifs plus délicats pour déceler les phénols, Gréville-Williams fit des analyses sur les mêmes échantillons. Il utilisait le procédé au brome et à l'ammoniaque employé par Cloeta et Schaar pour déceler le phénol dans l'urine. Il découvrit dans quelques cas de l'acide phénique, toujours en faible proportion, à tel point qu'il ne pouvait compter comme antiseptique.

Voici les résultats d'autres expériences instituées par Gréville-Williams :

1° Si l'on expose à la température ordinaire, ou à une température de 54°, les acides de goudron (phénols) et la naphtaline, les premiers seront évaporés beaucoup plus rapidement que la seconde ;

2° Les mêmes résultats se produisent après injection des bois ;

3° Les huiles légères riches en acides de goudron s'évaporent beaucoup plus vite que les huiles lourdes, riches en naphtaline ;

4° Par des lavages à l'eau froide, fréquemment répétés, on se débarrasse de tout l'acide phénique.

Tidy fit l'expérience suivante au moyen de la naphtaline : Il en injecta des pièces de bois à la température de 65°5 et il constata que l'évaporation n'était que superficielle et cessait après quarante-huit heures ; la naphtaline restait incluse dans les pores du bois et le protégeait ainsi.

Aussi Aitken remplace-t-il purement et simplement les huiles créosotées par la naphtaline.

Enfin, d'après Lunge, les phénols de la créosote seraient loin d'avoir le peu d'importance, au point de vue de la conservation des bois, que pourraient faire supposer les conclusions tirées de leurs expériences par les auteurs que nous venons de citer. Les phénols produisent presque immédiatement leur effet coagulant sur les substances albuminoïdes ; dès lors, il importe peu qu'ils disparaissent plus ou moins avec le temps : « Les effets de l'imprégnation des bois à la créosote sont chimiques et mécaniques. Sous le rapport chimique, on attribue la principale action aux acides que renferment ces huiles, c'est-à-dire aux *phénols* ou acides phéniques, qui coagulent immédiatement l'albumine, le protoplasma, et rendent par suite la vie organique impossible... D'après cela, la valeur de l'huile lourde, considérée comme antiseptique, devrait être en rapport avec sa teneur en phénols. Mais on a soutenu aussi que les huiles dites indifférentes contribuent pour une très grande part au pouvoir conservateur de la créosote de goudron de houille. Elles jouent en tout cas un rôle important dans l'action physique de la créosote ; par cette action physique, les pores du bois sont bouchés par l'huile et toutes les parties de ce dernier sont en quelque sorte collées ensemble, de sorte qu'il ne peut pas y pénétrer d'eau, élément indispensable au développement des organismes (bactéries ou myceliums). Cela empêche en même temps que les phénols eux-mêmes soient entraînés par l'humidité du sol » (1).

(1) Lunge, *Traité de la distillation du goudron de houille*. Paris, Savy, p. 239-241.

Les expériences les plus récentes établissent que ce sont les phénols bouillant à une haute température qui protègent le mieux les bois contre les altérations.

Voici les qualités que se propose de réaliser la maison Rütgers pour la fabrication de la créosote employée seule pour la préservation des bois :

La créosote extraite du goudron de houille ne doit pas contenir plus de 1 0/0 d'huile bouillant au-dessous de 125°C.

Elle doit bouillir entre 150° et 400°, et au moins 75 0/0 de sa masse doit bouillir au-dessus de 235°.

Elle doit contenir au moins 10 0/0 de substances acides, solubles dans une lessive de soude de densité 1,15 (phénols).

A + 15°, elle doit être complètement liquide et libre de substances grasses, de telle façon que, versée sur du bois debout, elle ne laisse rien d'autre qu'un dépôt huileux.

D'autre part, elle doit être, autant que possible, libre de naphtaline et ne doit pas en abandonner à + 15°.

Elle doit contenir tout au plus 1 0/0 d'huile de densité inférieure à 0,90, tandis que la densité de la créosote elle-même doit être comprise entre 1,045 et 1,10.

On doit faire en sorte qu'après l'injection, la créosote soit complètement retenue dans les pores du bois. La créosote de goudron de houille peut être mélangée au plus de 15 0/0 d'huiles extraites de corps bitumineux, mais le mélange doit, dans tous les cas, présenter des propriétés conformes aux prescriptions ci-dessus.

Suivant l'auteur du brevet Brissonnet (1), on augmente-rait la durée de conservation des bois créosotés, par l'addi-tion à la créosote d'un sel de créosote : carbonate, phos-phate, etc., dans la proportion de 1 p. pour 50 p. Pour préparer les sels de créosote, le phosphate de créosote, par exemple, on prend : créosote, 380 parties ; soude caustique, 120 ; oxychlorure de phosphore, 1.535. On peut dissoudre la créosote dans du toluène, de la benzine ou autre et chauffer au réfrigérant ascendant avec du sodium en quantité équimo-léculaire, soit 22 parties de sodium pour 380 de créosote ; laisser refroidir et faire tomber l'oxychlorure dilué dans le toluène.

(1) Br. 271.693 (Paris), 26 nov. 1897 et cert. d'addition, 29 nov. 1897.

Les bois qui absorbent le mieux la créosote sont : le hêtre en première ligne, puis l'orme et le sapin, pourvu qu'ils soient bien sains et secs. Dans le sapin, la pénétration sera complète pourvu qu'il s'agisse d'une espèce à croissance rapide et de grain peu compact (sapin de Dantzig). Certains bois particulièrement résineux, comme le pitchpin, résistent à l'injection, même sous pression, à cause de la présence de la résine dans les vaisseaux. Mais, dans la plupart des autres cas on peut, grâce à la pression, faire pénétrer la créosote dans le bois.

La créosote s'est montrée supérieure aux autres antiseptiques pour l'injection des traverses de chemin de fer. On l'emploie aussi pour la préparation des bois de mines, pavés en bois, etc.

On a constaté aussi que les bois traités à la créosote résistent bien aux animaux marins, tels que les tarets. Des expériences nombreuses ont été faites en Angleterre et en Belgique, puis l'injection à la créosote des bois devant séjourner dans l'eau de mer a été appliquée en France par M. Forestier, aux Sables d'Olonne. Ces bois résistaient très bien aux tarets, tandis que ceux qui avaient été injectés au sulfate de cuivre, placés dans les mêmes conditions, étaient rapidement rongés. On n'a guère appliqué ce procédé que sur des bois de pin et de sapin et on a constaté que le cœur s'injecte difficilement. Ce procédé est donc surtout efficace pour les pièces et pilotis faits au moyen de billes rondes garnies de leur aubier.

Les bois créosotés se travaillent très bien. L'expérience montre qu'ils gagnent même en flexibilité et résistance.

Les principaux procédés qui mettent en œuvre de la créosote sont ceux de Bethell, Blythe de Bordeaux, A. Tack, appareil des Sables d'Olonne, Rütgers, etc. Avec un des procédés Rütgers, on emploie aussi un mélange de créosote et de chlorure de zinc ; ce mélange a une double valeur antiseptique ; de plus, la créosote empêche le sel de zinc d'être dissous par l'eau.

L'inconvénient de la créosote est son prix relativement élevé et dont le chiffre va toujours en augmentant. On a cherché à atténuer cette difficulté, en diminuant la quantité de créosote absorbée par le bois (procédé Blythe, procédé A. Tack) ou en mélangeant la créosote à d'autres substances moins coûteuses, comme le chlorure de zinc (Rütgers), ou en l'employant à l'état d'émulsion (Rütgers).

Emploi de la créosote à l'état d'émulsion (Rütgers). Ce procédé fait l'objet d'un récent brevet de M. Rütgers. Il consiste à émulsionner la créosote, de façon à la répartir dans l'eau en très fines gouttelettes. On obtient ainsi un liquide qui produit très sensiblement les mêmes effets que la créosote pure, tout en contenant 50 0/0 en moins. Ce procédé réalise donc une grande économie, et, grâce à lui, on peut injecter les poteaux télégraphiques avec l'huile de goudron, tandis qu'on devait s'en tenir, jusqu'à ce jour, pour cet usage, au chlorure de zinc ou au sulfate de cuivre, le grand volume des pièces en question obligeant à recourir à des substances peu coûteuses.

L'émulsion de créosote est préparée en mélangeant 100 parties d'huile de résine avec 100 parties d'acide sulfurique. Il se forme un mélange presque homogène d'acide sulfurique et d'éthers résineux composés, qui se décomposent par suite de l'addition d'une petite quantité d'eau.

On obtient deux couches, l'une inférieure, formée par l'acide sulfurique dilué, et l'autre supérieure, contenant la presque totalité des éthers avec un peu d'acide sulfurique et l'huile de résine non dissoute.

On chauffe alors pendant quelque temps, afin de séparer encore une certaine quantité d'acide ; on neutralise la couche supérieure avec une solution de soude ou de potasse, et on ajoute de l'eau. Le liquide, qui est alors presque transparent, est mélangé avec une quantité égale d'huile de goudron ; on ajoute encore de l'eau jusqu'à ce que le degré voulu de dilution du liquide d'imprégnation soit obtenu.

On utilise souvent aussi les résines associées à l'huile de goudron (Honnay, Rütgers (1), etc.), et à d'autres produits : l'huile de pitchpin (Creosot Lumber and Construction), formaldéhyde (Kummer), etc.

---

(1) J. Rütgers obtient un liquide miscible ou soluble en toute proportion dans l'eau, en faisant dissoudre de l'huile de goudron dans une solution d'un sulforésinate alcalin (Br. allemand 117 512, 21 mai 1899).

Un peu après, J. Rütgers prend un autre brevet, ayant pour objet la dissolution des huiles de goudron dans les sulfoconjugués qui dérivent de l'action de l'acide sulfurique concentré sur les huiles de résine.

Voici en quoi consiste le *procédé Kummer* qui est de date récente et que l'on emploie surtout pour la préparation des traverses de chemins de fer :

Les bois sont chauffés lentement jusqu'à 102 degrés, puis progressivement jusqu'à 141 degrés, sous une pression croissant jusqu'à 7 atmosphères environ. Ensuite on laisse le bois se refroidir et on y injecte sous haute pression un mélange de 38 0/0 d'huiles lourdes, de 2 0/0 de formaldéhyde et de 60 0/0 de résine fondue ; cette dernière substance servant à rendre le bois absolument imperméable.

Substances extraites du goudron de houille et contenant de la créosote. — Ces substances sont nombreuses et connues dans le commerce sous des noms particuliers, tels que *carbolineum, carburinol, carbonyle, carbonéine, lysol, antinonnine, antigermine* etc. Ces produits sont employés généralement en badigeonnages superficiels ou en bain d'immersion qui donnent une pénétration plus ou moins profonde dans l'intérieur du bois ; avec le carbolineum, notamment, l'imprégnation est très profonde pour certains bois qui acquièrent, du fait du traitement, une grande dureté. Le prix de ces substances est malheureusement un peu élevé. Nous avons parlé de la plupart de ces produits en traitant du *Merulius lacrymans* et de la préservation des bois par immersion (voir p. 412 et p. 634).

Il faut citer encore les huiles lourdes des résines (Thomas) utilisées au même titre que les huiles lourdes de goudron.

L'acide pyroligneux a été employé pour la conservation des bois ; il a l'inconvénient d'absorber l'humidité de l'air et de produire, par suite, la rouille des ferrements au contact des pièces de bois. On a utilisé aussi les pyrolignites de zinc, de cuivre et de fer. C'est avec cette dernière substance que Boucherie fit ses premières expériences d'injection des bois. Il pensait que c'était là la substance préservatrice par excellence, parce qu'à l'état brut, elle est toujours mélangée

---

On mélange, dans ce but, 100 parties d'huile de résine brute, on épure avec 100 parties d'acide sulfurique concentré contenant un peu d'anhydride. Il se forme deux couches. On chauffe un peu et on neutralise la couche supérieure par une légère quantité de soude diluée et on additionne de l'eau de façon à faire 200 parties. On ajoute une quantité égale de goudron et on étend avec de l'eau au degré voulu.

de goudron et de créosote. Mais l'expérience n'a pas justifié ce choix, à cause de l'action oxydante de cette substance sur le bois qu'elle attaque lentement.

Résines. — Le prix du phénol ou des huiles lourdes de goudron allant toujours en augmentant, on a été amené à chercher d'autres produits moins coûteux ; on en a trouvé un certain nombre, qui sont d'ailleurs employés quelquefois mélangés avec de la créosote. Parmi ces produits sont les résines.

Celles-ci sont en effet assez abondantes et leur prix est peu élevé, soit de 15 à 25 francs les 100 kilogr.

Le procédé Honnay (*Brev. fr.*, 306.678, déc. 1900) consiste à injecter, au moyen des appareils ordinaires, un mélange de 1 partie de résine et de 8 parties d'une huile de houille.

Kummer utilise l'action combinée d'huiles lourdes, de formaldéhyde et de résine (voir p. 652).

M. Kretzschmar (*Chem. Zeit.*, t. 13, p. 31) propose les sels métalliques des acides des résines. Voici comment l'auteur recommande d'opérer : on prépare, d'une part, un savon alcalin de résine en dissolvant à chaud 1 partie de résine dans 3 parties de lessive de soude à 10,5 0/0 ; on fait, d'autre part, une solution de sulfate de cuivre au dizième. On immerge d'abord le bois dans la solution métallique, ou on le badigeonne avec cette solution jusqu'à ce qu'il n'absorbe plus de liqueur ; on le laisse sécher et on applique ensuite la solution de savon de résine. Lorsque le premier enduit est sec, on en applique un second.

Quand on a affaire à un bois très tendre, dont les fibres pourraient être attaquées par l'excès de soude, on lave ensuite le bois avec une solution d'acide acétique à 5 0/0. Cette opération est surtout nécessaire lorsque le bois doit recevoir une couche de peinture qui pourrait être altérée par l'alcali.

Enfin l'auteur recommande, lorsque le bois doit rester constamment en contact avec l'eau, d'employer un savon de résine possédant un excès de résine.

. Lorsque le bois a été enduit, on le laisse sécher pendant plusieurs jours et on enlève l'excès de résine en le frottant avec un tampon d'étoupe.

Jusqu'à présent, les essais faits avec ce produit n'ont

porté que sur de petites pièces de bois, mais les résultats ont été satisfaisants (1).

On emploie aussi *des résines en solution dans des hydrocarbures* (Detwiler et Gilder) ; la résine dissoute dans le naphte est injectée sous pression et à haute température.

M. Zironi, de Milan, a proposé, en 1892 (2), de chauffer le bois dans le vide en vase clos. On élimine la sève de cette façon ; on fait ensuite arriver dans le récipient de la résine en solution dans un hydrocarbure.

L'imbibition s'effectue en deux heures. Une fois le bois saturé, on laisse couler le liquide et on amène un jet de vapeur qui entraîne le dissolvant pendant que la résine reste dans les pores du bois et en augmente notablement le poids.

M. Chemallé rend très durables les pièces de bois qu'il importe le plus de conserver, tels que les chevilles des charpentes, les coins des railways, en les soumettant à des injections successives de vapeur, de résine liquéfiée à chaud dans l'huile ou le goudron, puis en les comprimant ensuite dans des moules en fonte, espèces de filières de diamètres successivement plus petits, de façon à réduire le volume de ces objets de 1/5.

Carbures d'hydrogène : Résidus de la distillation du naphte. — On emploie parfois l'asphalte, le naphte, seuls ou concurremment avec des résines (voir résines).

On applique, depuis une époque récente, *les résidus de la distillation du naphte* à l'injection des bois, notamment des traverses de chemin de fer. Ce procédé est particulièrement employé, concurremment avec le chlorure de zinc, dans le sud de la Russie où les naphtes du Caucase donnent une matière première abondante, tandis que la créosote y est à un prix élevé. Voici quelques détails sur ce procédé (3) :

Le naphte, dont il a été beaucoup question dans ces dernières années, n'a pas réalisé les espérances qu'on en atten-

(1) R. Rittmeyer (*Dingler's Journal*, t. 271, p. 228).
(2) Conservation du bois au moyen d'injections de substances résineuses et de matières similaires et produits obtenus de la sorte (Br. pris à Paris, 2 nov. 1892).
(3) D'après le *Bulletin de la Société d'encouragement* de juin 1899 et la *Revue générale des sciences* de juillet 1899.

dait. Il n'imbibe point le bois dans toute son épaisseur, quelle que soit la pression à laquelle se fait l'injection, et, d'ailleurs, MM. Karitschkoff et Kautos viennent de montrer qu'il n'empêche nullement le développement du *Bacillus amylobacter*.

Cependant, plusieurs chimistes russes poursuivaient leurs recherches du côté du naphte et de ses dérivés, car ce corps se récolte abondamment dans la région du Caucase et revient à un prix relativement peu élevé. L'un d'eux, M. Karitschkoff, semble être arrivé à la solution de cette importante question en montrant que les acides organiques qui se trouvent dans le naphte brut, et qui, après rectification du pétrole par la soude caustique, restent à l'état de sels de soude, constituent des préservatifs puissants contre la putréfaction du bois.

Déjà en 1862, Wagner avait trouvé la nature antiseptique des acides organiques et les avait proposés pour injecter les bois ; ses essais, faits avec l'oléate d'alumine, l'oléate de cuivre, le palmitate de zinc, réussirent complètement. Plus tard, Müller fit injecter des morceaux de chêne avec du savon et du sulfate de cuivre; il trouva que les bois ainsi imbibés se conservent bien dans l'humidité. Mais si l'emploi des sels des acides organiques, malgré leurs fortes propriétés antiseptiques, ne se répandit pas, c'est que leur prix était, et est encore aujourd'hui, très élevé.

Aussi la découverte de M. Karitschkoff sera-t-elle certainement accueillie avec faveur, le prix de revient des acides organiques du naphte étant bien inférieur à celui des acides organiques ordinaires du commerce.

La constitution des acides du naphte a été élucidée, il y a quelques années, par MM. Morkovinikoff et Oglobine qui trouvèrent qu'ils appartiennent au groupe des acides $C^nH^{2n} - {}^2O^2$. Ils dérivent des carbures C^nH^{2n} (groupes du naphtalène), d'où le nom d'acides naphténiques. Ce sont des liquides huileux, jaunes et insolubles dans l'eau. Ils forment des sels neutres et des sels acides; tous les sels acides, ainsi que les sels neutres des métaux lourds, sont solubles dans les hydrocarbures.

M. Karitschkoff a étudié, en détail, les propriétés antiseptiques de ces acides et de leurs sels. Des expériences faites sur le *Bacillus amylobacter* il conclut que les propriétés antiseptiques de l'acide sont supérieures à celles de ses sels ; parmi les sels, celui de cuivre agit mieux que les autres. Dans d'autres expériences faites avec un des agents les plus actifs de la putréfaction, le *Polyporus sulfureus*, des copeaux de bois injectés, puis plongés dans l'eau, étaient encore intacts au bout de 8 mois, tandis que, dans des copeaux non injectés, le parasite s'était développé au bout de quelques jours.

Les propriétés antiseptiques des acides du naphte sont donc incontestables. Mais l'auteur a dû écarter l'emploi des acides purs, qui ne se fixent pas sur le bois et dont la stabilité et la résistance à l'eau sont donc douteuses. Parmi les sels, celui de cuivre s'imposait comme ayant donné les meilleurs résultats aux essais. L'auteur le prépare de deux façons : soit en faisant réagir l'acide libre sur des copeaux de cuivre à l'air libre, soit par double décomposition du sel de soude de l'acide avec le sulfate de cuivre. Le second procédé est le plus rapide.

Il restait à trouver un dissolvant, les sels des acides naphténiques étant insolubles dans l'eau. On aurait pu, à la vérité, produire le sel de cuivre par double décomposition à l'intérieur même du bois, en introduisant d'abord le sel de soude puis le sulfate de cuivre. Mais l'opération est longue et compliquée et entraîne la perte d'une partie du produit qui se forme à l'extérieur du bois. L'auteur a heureusement trouvé un dissolvant qui remplace avantageusement l'eau ; c'est un autre produit de la distillation du naphte : la *ligroïne*. Elle dissout facilement les acides naphténiques et leurs sels. Elle présente un inconvénient : sa grande inflammabilité, à laquelle on remédie en prenant les précautions nécessaires et en se servant d'appareils spéciaux; mais elle est supérieure aux autres dissolvants : car, 1° elle permet d'éviter des manipulations doubles ; 2° son évaporation exige neuf fois moins de chaleur que celle de l'eau, grâce à sa chaleur latente qui est neuf fois plus faible ; 3° son évaporation n'entraîne aucune altération des bois.

L'opération de l'injection des traverses, telle que M. Karitschkoff la pratique, se fait de la façon suivante : Les traverses sont desséchées dans des séchoirs spéciaux ; on peut

42

aussi en éliminer la plus grande partie de l'eau qu'elles contiennent en les plaçant dans un courant de vapeur de ligroïne. Puis l'injection se fait dans un cylindre spécial par le procédé Béthell ; comme la ligroïne est parfaitement dialysable, il suffit d'une pression de quatre atmosphères. Enfin, on élimine le dissolvant par l'évaporation à l'air chaud dans les cylindres mêmes qui ont servi pour l'injection.

Chaque traverse exige 800 grammes d'antiseptique ; l'injection d'une traverse revient à environ 50 centimes ; les acides naphténiques fournis par la distillation à Bakou suffiraient pour injecter 22 millions de traverses par an.

Autres produits organiques. — Signalons un procédé préconisé par E. Schaal (*Dingler's journ.*, t. CCXXXVI, p. 358), qui consiste à employer la paraffine dissoute dans l'éther de pétrole ou le sulfure de carbone. L'opération est suivie d'un traitement par le silicate de potasse et l'acide chlorhydrique.

Managnan-Effendi (Brev. fr. 305.635, 22 nov. 1900) imprègne le bois avec une solution de bétuline (substance extraite de l'écorce de bouleau), puis d'un pectate alcalin, et le soumet ensuite à une pression de 20 kilogr. par centimètre carré.

Pour arriver à ces résultats, on immerge le bois pendant 12 heures dans une solution de bétuline à une température de 14 à 16° C., puis on le transporte dans un bain, à 40-45° B. d'acide pectique contenant 30 0/0 d'alcali carbonaté. On y laisse le bois pendant 12 heures ; on le fait sécher ensuite pendant 8 à 15 jours, puis on le soumet à la pression de 20 kilogr. par centimètre carré.

Savons des acides minéraux. — Wagner imprègne les bois (1862) avec des savons insolubles, tels que l'oléate de cuivre, le palmitate de zinc, l'oléate d'aluminium. Pour cela, les bois sont injectés avec une solution savonneuse, ensuite avec une solution métallique de cuivre, de zinc ou d'aluminium. Jarry a proposé le savon d'aluminium pour injecter les traverses de chemin de fer.

Parmi les produits organiques que l'on emploie encore pour la conservation des bois, nous citerons :

Le *tannin*, le *tannate de fer.* — Cette dernière substance est l'agent actif dans le procédé Hatzfeld ; l'application se fait comme dans les procédés à la créosote, mais ici l'opération est double : on injecte d'abord l'acide tannique (solution d'extrait de châtaignier, puis de pyrolignite de fer). Le tannate de fer se forme, et l'on s'arrange dans le dosage de manière à avoir un excès d'acide tannique. Ce procédé semble efficace et donne au bois une teinte d'ébène.

Le tannin sert encore souvent, comme adjuvant destiné à fixer le chlorure de zinc par ses combinaisons insolubles, soit avec de la colle (procédé Wellhouse), soit avec de la gélatine (procédé Chanute). (Voir plus loin : Chlorure de zinc).

On a récemment proposé l'*aldéhyde formique*, dont les propriétés conservatrices sont bien connues ; toutefois la grande volatilité de ce corps diminue notablement son efficacité.

Penières (1), à Toulouse, préconise le formol en 1898.

Le *procédé Lebioda* (2) consiste à introduire dans les bois, soit par badigeonnage, soit par immersion, soit par injection sous pression, ou de toute autre manière convenable, un liquide antiseptique composé :

1° D'une solution aqueuse d'aldéhyde formique de 1/2 à 3 0/0 ;

2° D'une solution aqueuse de corps tels que la gélose (ou agar-agar), la gélatine, ou, en général, les substances contenant de la chondrine ou bien encore des matières albuminoïdes solubles ; tous ces corps, à la dose de 1/2 à 3 0/0.

Sels métalliques, etc. — Les principaux sels métalliques employés pour la conservation des bois sont : le sulfate de cuivre et le chlorure de zinc ; viennent ensuite le bichlorure de mercure, puis le sulfate de fer, les sulfates de magnésie, d'alumine, de chaux, de baryte, de soude, les chlorures de sodium et de calcium, l'alun.

On expérimente actuellement, en Autriche surtout, une série de combinaisons du fluor avec les métaux : métaux alcalins tels que le sodium, le potassium, le magnésium, etc. ; l'aluminium ; les métaux lourds comme le cuivre, le fer, le zinc, le chrome. On peut espérer, étant donnés les premiers résultats obtenus, que ces substances entreront bientôt dans

(1) Penières. *Conservation des bois par le formol* : Brev. fr. 279.052, 24 juin 1898.

(2) Lebioda (G. F.). *Procédé pour la conservation des bois* : Brev. fr. 293.358, 14 oct. 1899.

la pratique des traitements du bois, au même titre que le chlorure de zinc, le sulfate de cuivre et la créosote.

L'emploi des combinaisons métalliques du fluor, comme le fluorure de sodium facilement soluble dans l'eau, par exemple, dans la pratique du traitement des bois, est subordonnée à la découverte de moyens permettant de ne pas rendre leur usage dangereux pour la santé de ceux qui devront les manipuler ; les combinaisons du fluor sont en effet des plus toxiques et on peut leur attribuer, à ce point de vue, les mêmes inconvénients qu'au bichlorure de mercure (1).

Citons enfin toute une série de sels métalliques que nous étudions avec les substances organiques : pyrolignite de zinc et de cuivre, sels métalliques des résines, oléate de cuivre, palmitate de zinc et oléate d'aluminium.

Bien souvent les substances que nous venons de citer sont employées mélangées entre elles ou avec d'autres corps.

Sulfate de cuivre. — Le sulfate de cuivre a une vieille réputation comme parasiticide et antiseptique en général.

On sait l'emploi heureux qu'on en fait en agriculture pour lutter contre les maladies des plantes, notamment contre le mildew et le blackrot de la vigne. Il est administré concurremment avec de la chaux ou de la soude et constitue alors les produits désignés sous les noms de bouillies bordelaise et bourguignonne. On l'a utilisé de bonne heure pour l'injection des bois : Bréant, Boucherie d'abord, puis Renard-Périn, Légé et Fleury-Pironnet, etc., s'en sont servi successivement.

Nous ne craignons pas de dire, cependant, que sa réputation a été un peu surfaite ; on a eu le tort de le considérer comme l'antiseptique universel ; il se trouve au contraire souvent en défaut. Nous avons dit, autre part, ce qu'il faut en penser (voir article Merulius, p. 410).

En outre, le sulfate de cuivre est un sel à réaction acide qui attaque lentement la substance du bois et peut avoir sur lui une action défavorable au point de vue de sa résistance. Il faut l'employer aussi neutre que possible : Rottier se sert

---

(1) Consulter, sur ce sujet et sur l'ensemble des recherches exécutées par l'artillerie et le génie autrichiens, l'intéressant mémoire de Basilius Malenkovic : *Zur Lehre und Anwendung der Holzkonservierung im Hochbaue*, avec une planche (*Sonderabdruck aus den « Mitteilungen über Gegenstände des Artillerie-und Geniewesens »*, 1904).

du sulfate de cuivre ammoniacal. On pourrait essayer aussi de le neutraliser par la chaux, la soude, etc., et répéter pour l'injection des bois les expériences que l'on a instituées en agriculture, pour rechercher les meilleurs modes de préparation des solutions cupriques.

Certains agents atmosphériques font disparaître graduellement une partie du cuivre que contient le bois injecté et qui lui communique des propriétés antiseptiques.

Il se dissout à la longue dans l'eau de mer.

Il faut que le sulfate de cuivre employé ne contienne pas de sulfate de fer, dont les effets sont très nuisibles. Ce sel, en présence du sulfate de cuivre, réagit, en se peroxydant, sur les fibres ligneuses, et les désagrège. C'est pour obvier à cet inconvénient que MM. Légé et Pironnet ne font entrer que du cuivre dans la composition de leur appareil à injecter les bois.

Les solutions employées sont généralement à une dose assez élevée, soit, par exemple, 2 kg. de sulfate de cuivre pour 100 litres d'eau.

L'injection au sulfate de cuivre a donné des résultats très inégaux, comme d'ailleurs la plupart des procédés ayant pour but la conservation des bois. Plusieurs compagnies de chemins de fer l'ont abandonné après en avoir fait usage quelque temps. On connaît des exemples assez nombreux où des bois injectés au sulfate de cuivre ont pourri avec une rapidité singulière.

Il forme avec les matières albuminoïdes de la sève une combinaison chimique très faible; il est pour ainsi dire à l'état libre et peut être assez facilement entraîné par les eaux.

Il n'a pas réussi du tout pour protéger les bois à la mer contre les tarets, parce qu'étant soluble dans l'eau de mer il ne tarde pas à être entraîné.

C'est avec le bois de hêtre que le sulfate de cuivre paraît donner les meilleurs résultats.

Ce sont les assemblages qui résistent le moins bien. M. Debeauve, en signalant ce fait, en donne l'explication suivante : la liqueur injectée chemine parallèlement aux fibres qu'elle entoure sans les pénétrer; dans les assemblages, le bois est généralement coupé obliquement et l'on met à nu toutes les sections des fibres que le liquide n'imprègne pas ;

aussi ces surfaces, mal défendues, sont-elles facilement
atteintes par les agents de destruction.

M. Villon a proposé l'emploi du cuivre à l'état de fluosili-
cate de cuivre seul ou ammoniacal.

Le chlorure de zinc (W. Burnett, Pfister, Wellhouse, etc.) (1).
— Ce sel métallique a été employé, dès 1835, à Woolwich par
W. Burnett, et on put dès lors constater les bons effets de son
usage : des bois traités par la solution de ce sel étaient
restés plus de 5 ans dans une fosse humide sans s'altérer.

Le sel de zinc donne avec le tannin et les matières colorantes du bois des composés insolubles, comme cela se produit pour le sulfate de cuivre, et, de plus, il forme avec l'albumine une combinaison qui n'est pas dissoute dans l'eau de
mer, comme cela se produit dans le cas de l'emploi du sel de
cuivre. Il n'est pas d'une manipulation dangereuse comme
le sublimé corrosif, et enfin, il est bien moins coûteux que
les goudrons de bois et de houille et surtout que la créosote.

Les expériences nombreuses faites en vue de comparer les
divers procédés de conservation des bois ont mis en évidence
la supériorité du chlorure de zinc sur le sulfate de cuivre et,
bien que cette substance ait été abandonnée par les compagnies de chemins de fer françaises et anglaises, elle était presque exclusivement employée en Allemagne, Russie, Autriche,
Hollande et Danemark jusqu'à ces derniers temps.

Ce sel est malheureusement très hygrométrique, ce qui
constitue un grave inconvénient. Pour cette raison, il ne
pourra être employé pour les bois qui devront être placés
dans des lieux non abrités contre la pluie (2). D'après les
expériences qui en ont été faites, des traverses de chêne
ne contenaient plus, après 3 années de service, que 3 ou 5
pour 100 du sel métallique, et, dans les meilleures conditions, elles en renfermaient 10 0/0 tout au plus. Le hêtre
et le pin retenaient mieux cette substance et en contenaient
encore 15 0/0 au bout du même temps. Cela tient à ce que
le hêtre s'imbibe avec une facilité particulière, comme nous

_____

(1) Le sulfate de zinc offre des propriétés antiseptiques beaucoup plus faibles que le chlorure de zinc.

(2) On a préconisé l'imprégnation du bois au moyen d'une solution de
β-naphtaline sulfonate de zinc. Ce sel a sur le chlorure de zinc l'avantage
d'être très soluble à chaud et peu soluble à froid (Br, allemand 118,401, du
16 juin 1900, par C.-B. Wiese, à Hambourg).

avons déjà pu le signaler pour l'injection au sulfate de cuivre. Dans le chêne, la pénétration se fait seulement jusqu'à 2 centimètres de profondeur; quant au pin, il est spécialement garanti contre l'action de l'eau par la résine qu'il renferme.

On a constaté, en effet, que des traverses de hêtre et de pin injectées ont résisté 6 à 8 ans, tandis que la durée du chêne n'était pas sensiblement modifiée par cette opération.

En somme, l'emploi du chlorure de zinc peut être très avantageux, lorsqu'il s'agit de bois abrités. Dans les autres cas, on sera obligé de recourir à d'autres substances non hygrométriques, notamment aux huiles lourdes de goudron, qui sont plus chères, mais dont l'action préservatrice sera alors incomparablement plus efficace.

La dose généralement employée est de 5 kilogrammes de sel métallique pour 100 litres d'eau.

Mélange de chlorure de zinc et de créosote. Procédé Rütgers. — On peut obtenir, par le mélange de la créosote et du chlorure de zinc, un produit doublement antiseptique et dans lequel la créosote empêche la dissolution du sel métallique par l'eau.

Ce mélange est employé dans le procédé Rütgers.

M. Rütgers, qui faisait usage depuis 1855 du chlorure de zinc pur et depuis 1860 de la créosote seule, eut, vers 1875, l'idée d'employer le mélange des deux substances. Ce mélange a été substitué presque partout au chlorure de zinc pur. C'est celui qui est utilisé pour l'injection des traverses par les chemins de fer de l'État français, par les chemins de fer de l'État prussien, et pour l'injection des poteaux télégraphiques en Allemagne.

Fabrication et essai de la créosote par la méthode Rütgers. La créosote fabriquée par les usines Rütgers, est tirée du goudron de houille ; elle est liquide, colorée, de consistance huileuse et de saveur brûlante ; elle contient un mélange de phénols et de corps oxydés.

La principale des usines appartenant à la maison Rütgers où se fabrique la créosote est située, dit M. Besson (1), à

---

(1) « L'état actuel de nos connaissances sur la conservation des bois, conservation des bois par le procédé Rütgers », par H. Besson. *Revue générale de Chimie pure et appliquée,* août 1901.

Rauxel en Westphalie, au centre d'un pays minier, grand producteur de goudron. Le goudron distillé provient des nombreux fours à coke des environs ; il est amené à l'usine par des wagons citernes. Cette usine traite annuellement 40 à 50.000 tonnes de goudron qui donnent 12 à 15.000 tonnes de créosote et des sous-produits, à savoir : 22 à 25.000 tonnes de brai, environ 3.000 tonnes de naphtaline, 400 à 500 tonnes d'anthracène et environ 300 tonnes de benzène et ses homologues : toluène, etc.

La créosote sert à l'injection des traverses, le brai est employé à faire des briquettes, la naphtaline est vendue à la fabrique d'indigo artificiel *Badische Anilin und Sodafabrik*, qui s'est assuré par contrat la totalité de la production, et enfin l'anthracène est acheté à l'état brut par des fabricants d'encre d'imprimerie qui le calcinent.

Les wagons citernes contenant le goudron sont amenés près d'un réservoir fermé, placé dans le sol, où le goudron coule en vertu de son poids. Une pompe à vapeur aspire le goudron de ce réservoir pour le refouler, par une canalisation aérienne, soit dans les réservoirs de réserve, soit directement dans les réservoirs d'alimentation des cornues de distillation.

Ces cornues sont en fer de 16 à 18 millimètres d'épaisseur ; elles ont chacune 20 tonnes de capacité et sont chauffées à feu nu au coke jusqu'à une température de 400 degrés.

Il distille de la *créosote brute* et il reste du *brai* au fond de la cornue. L'opération dure 6 à 8 heures.

La créosote brute obtenue est liquéfiée dans des condensateurs dont la surface est parcourue par des serpentins à eau froide ; de là, elle se rend dans des réservoirs, d'où elle est reprise par des pompes et envoyée dans des rafraîchissoirs où se déposent la naphtaline et l'anthracène. La naphtaline est aussitôt pressée en galettes qui sont raffinées à l'acide sulfurique et à la soude et livrées à la fabrique d'indigo.

On sépare ensuite la créosote du benzène par distillation fractionnée. La créosote contient encore les phénols que l'on y laisse conformément aux spécifications du contrat avec l'administration des chemins de fer. Elle est envoyée dans cet état aux ateliers d'injection.

Les wagons citernes contenant la créosote sont soumis, au moment de leur arrivée à l'usine à injection, au prélèvement d'échantillons qui sont analysés ; le bulletin d'analyse est envoyé à l'administration des chemins de fer, lorsqu'il s'agit de traverses lui appartenant.

Cette administration se réserve d'ailleurs le droit de procéder elle-même à des analyses.

L'analyse comporte tout d'abord la distillation fractionnée de l'échantillon de créosote, elle est opérée de 20° en 20°, entre 100° et 300°.

La distillation est continuée ensuite sans thermomètre jusqu'à ce qu'il ne reste plus que du brai au fond de la cornue. On évalue ainsi la quantité d'eau contenue dans la créosote et enfin la quantité de matière solide. Pour déterminer la teneur en phénol, on met 50 cc. du produit distillé dans un tube gradué avec 50 cc. de lessive de soude de densité 1,15, laquelle a été amenée par une addition de chlorure de sodium jusqu'à la densité de 1,20. Cette lessive est versée avec précaution, et ensuite on ajoute 15 cc. de benzine. Enfin on opère le mélange avec la masse huileuse et on agite fortement le tout. Après complète séparation des deux masses, ce qui demande au moins deux heures dans un milieu à la température de 12°, les 50 cc. de lessive de soude se trouvent augmentés d'un certain volume qui représente la teneur en phénol de la créosote analysée.

Voici, d'après le cahier des charges, quelle doit être la composition de la créosote employée comme complément au chlorure de zinc, pour le compte de l'administration des chemins de fer de l'État prussien :

Elle doit contenir, au plus, 1 0/0 d'huile bouillant au-dessous de 125°. Elle doit être assez lourde pour que son point d'ébullition soit compris entre 150° et 400°.

Dans aucun cas, elle ne doit contenir plus de 30 0/0 de parties volatiles au-dessous de 235°.

Elle doit contenir au moins 10 0/0 de substances acides solubles dans une lessive de soude de densité 1,15 (phénols).

La créosote doit, à + 15°, être parfaitement liquide et, autant que possible, libre de naphtaline, de telle façon que, par distillation fractionnée, on n'en puisse séparer que 5 0/0 de naphtaline.

Son poids spécifique à + 15° ne doit pas descendre au-dessous de 1,03, ni être supérieur à 1,10.

La créosote doit être ajoutée à la solution de chlorure de zinc pendant le chauffage de cette dernière ; une traverse de chemin de fer de 2 m. 50 de long doit en absorber 3 kg., soit 30 kg. par mètre cube de bois.

Pour obtenir un mélange aussi complet que possible de la solution de chlorure de zinc avec la créosote, on doit opérer un bon brassage au moyen d'un courant de vapeur et d'air.

Préparation et essai du chlorure de zinc. Le chlorure de zinc est fabriqué par la maison Rütgers, dans son usine de Hanau, au moyen de l'acide chlorhydrique et de l'oxyde de zinc qui lui sont livrés par des fabriques de produits chimiques.

Le sel métallique est soumis avant son emploi à une analyse soigneuse, afin de vérifier s'il ne contient ni acide libre, ni sels de fer, ces substances ayant une action corrosive sur les fibres du bois, et étant susceptibles de détériorer les crampons, semelles, coussinets et tire-fond.

1° *Recherche de l'acide chlorhydrique libre* : On dilue 2 gr. de solution saturée de chlorure de zinc dans 10 cc. d'eau distillée et on agite le mélange.

a) Si ce dernier se trouble et abandonne des flocons blancs qui disparaissent aussitôt que la liqueur est additionnée de quelques gouttes d'acide chlorhydrique, la lessive de chlorure de zinc ne contient pas d'acide libre ;

b) Si le mélange reste clair, on ajoute encore deux gouttes d'une solution de carbonate de soude au 1/10 et on agite le mélange. Si le chlorure de zinc ne contient pas d'acide libre, il se produit, par la séparation d'un peu de carbonate de zinc, un trouble persistant qui disparaît par l'addition d'une goutte d'acide chlorhydrique de densité 1,05. Si, au contraire, le mélange contient de l'acide libre, il reste clair, même après l'addition de carbonate de soude. Dans ces conditions, le chlorure de zinc ne doit pas être employé.

2° *Recherche des sels de fer* : On dilue à nouveau 2 gr. de solution saturée de chlorure de zinc dans 10 cc. d'eau distillée, on ajoute 2 gouttes d'acide nitrique concentré. On agite et on complète le mélange par 10 cc. d'une solution de ferrocyanure de potassium au 1/20. Lorsque la solution est complètement exempte de fer, le précipité est blanc ; si elle en contient, il est teinté de bleu.

Le degré de coloration indique si la solution est à rejeter. Une faible coloration n'a pas d'importance, mais, dès que la coloration bleue est nettement marquée, le chlorure ne doit pas être employé.

Application du procédé aux bois de diverses essences. Les trois catégories de bois employées partout en Europe pour les traverses, savoir : le chêne, le sapin et le hêtre, doivent être traitées d'une façon différente.

La créosote est incontestablement le meilleur antiseptique à employer, mais son emploi est trop onéreux quand on en use à l'état pur et qu'il s'agit du pin. On n'a pas intérêt à augmenter de 3 fr., pour ce bois, le prix de chaque traverse ; seul le chêne doit être traité par la créosote à l'état pur.

Le mélange de créosote et de chlorure de zinc convient bien pour le pin ; il a été éprouvé, et est actuellement fréquemment employé, en Allemagne, Autriche, Hollande, Danemark et Russie.

Il est économique, avons-nous dit, quoique plus cher que le sulfate de cuivre, parce qu'il donne au bois une durée beaucoup plus grande. C'est ainsi que l'injection d'une traverse de pin coûte 3 fr. avec la créosote pure, 1 fr. avec le mélange créosote-zinc, et 0 fr. 70 avec le sulfate de cuivre. Mais la durée est de 12 ans avec le mélange de zinc et créosote, tandis qu'elle n'est que de 8 ans avec le sulfate de cuivre.

Le hêtre, qui contient une grande quantité de sève fermentescible, cause de détérioration rapide, doit être traité avec un soin particulier. Le procédé au mélange de chlorure de zinc et de créosote, employé à l'aide des appareils spéciaux de M. Rütgers, que nous décrirons plus loin, paraît donner satisfaction. Il permet d'extraire complètement l'humidité de ce bois sans le détériorer et d'y introduire ensuite une substance antiseptique peu coûteuse qui vient en combler exactement les pores. Actuellement, en Allemagne, où le chêne et les bois durs en général se font rares, comme en France, on se préoccupe beaucoup de l'emploi du hêtre sur une grande échelle ; on conçoit donc l'intérêt qu'il y a d'essayer de rendre ce bois le plus durable possible.

Le procédé d'injection au mélange de créosote et chlorure de zinc, dit encore M. Besson bien placé pour en connaître la valeur, peut s'appliquer à beaucoup d'autres bois, parmi les-

quels les bois tendres qui, jusqu'à présent, ont été rejetés à
cause de leur manque de résistance à l'arrachement des tire-
fonds (bien plus qu'à cause de leur putrescibilité). On constituerait ainsi des traverses économiques qu'il suffirait de
munir de trénails spéciaux (inventés par M. Collet) pour
obtenir une grande durée. Les trénails auraient encore cet
avantage, qu'injectés à la créosote pure, ils empêcheraient
tout contact du chlorure de zinc avec les tirefonds et pré-
viendraient ainsi toute corrosion de ces derniers dans le cas
où le chlorure de zinc employé ne serait pas parfaitement
neutre.

Le bichlorure de mercure ou sublimé corrosif. — C'est un
des plus puissants antiseptiques. Il produit avec les albuminoïdes des composés insolubles. Il semblerait, pour ces raisons, que son emploi eût dû se généraliser, et de fait, en
1830, Kyan propose de faire usage d'une solution faible de
bichlorure de mercure ; on s'en est servi longtemps en Allemagne, dans la Saxe et le duché de Bade. Nous avons dit, au
sujet du traitement des bois par immersion, que les dangers
de la manipulation de ce toxique si actif avaient dû faire
renoncer à son usage.

Il est possible de l'employer en bain et en injection sous
pression. La dose est de **1** partie de bichlorure de mercure
pour **50** ou **100** parties d'eau.

Le produit appelé *mycothanaton* (de Müller) contient une
notable proportion de sublimé allié à d'autres sels métalliques, soit :

    66   grammes de sublimé ;
    750   —   de chlorure de calcium ;
    2,250 —   d'acide chlorhydrique ;
    1,500 —   de sulfate de soude.

Il est fabriqué en Allemagne et il a été expérimenté en
Russie par le colonel Baumgarten pour détruire, par badigeonnage des pièces, les myceliums de champignon qu'elles
peuvent contenir. Les résultats ont été favorables ; Baumgarten pense que le chlore, élément gazeux qui se dégage
dans le bois, contribue pour une bonne part à l'efficacité du
produit.

Il faut prendre quelques précautions en employant cette
substance à cause du chlore et du sublimé ; on doit alors

ouvrir les fenêtres pour établir un courant d'air. Cet ingrédient a comme avantages, outre son efficacité, ceux de n'avoir pas d'odeur désagréable et de ne pas rendre le bois plus inflammable, comme cela a lieu avec les huiles de goudron qui contiennent des substances éthérées.

Le sulfate de fer. — Le *sulfate de fer* fut une des premières substances employées. Nous voyons Fagot le proposer sous forme de bain d'immersion pour la conservation du bois dès 1740. Il paraît cependant peu recommandable. Les sels de fer altèrent lentement les fibres du bois par oxydation et sont faiblement antiseptiques.

On l'a employé, soit seul, soit à l'état de mélange ou combinaison avec d'autres corps.

Rütgers employait, jusqu'en 1849, le sulfate de fer et le sulfure de baryum qui, en se combinant, donnaient des précipités insolubles (sulfate de baryte et sulfure de fer). Ce procédé avait le désavantage de ne pas s'appliquer à l'injection des bois de plus de 0 m. 50 de longueur, à cause de l'impossibilité d'obtenir un dépôt bien régulier des produits précipités avec les pièces de plus grandes dimensions.

Un peu plus tard, Buchner et Eichtal imprègnent le bois avec du sulfate de fer et ensuite avec du silicate de potasse ou de soude, ces dernières substances ayant pour but de rendre le bois ignifuge.

Dans le procédé du Dr Pénières, employé à Paris, on utilise une solution contenant par litre d'eau :

Sulfate de fer. . . .   4 grammes
Sulfate de cuivre. . .   2   —
Sulfate de zinc . . .   2   —

Les bois, avant d'être injectés au moyen de cette solution, sont soumis à un vide de 8 ou 10 cm. de mercure.

L'absorption est d'environ 270 litres de la solution par mètre cube, soit à peu près 2 kg. 150 de sels. Après cette première préparation, les madriers sont empilés et exposés à l'air pendant un mois environ, puis ils reçoivent, dans le vide et sous pression, comme dans l'opération première, une injection de ferrocyanure de sodium (environ 100 litres par mètre cube à la dose de 6 à 12 gr. par litre). Cette double préparation donne naissance, dans les tissus ligneux, à des précipités insolubles de ferrocyanure de fer (caractérisé par une coloration gris-bleu), de cuivre et de zinc ; ces précipités sont neutres, inoffen-

sifs et antiseptiques. Mais ce procédé est du double environ
plus coûteux que le sulfatage ordinaire, c'est-à-dire qu'il
revient à peu près à 9 ou 10 fr. le mètre cube, sans compter
les frais de transport.

Citons encore le *procédé Hasselmann* (bois xylolisé). Il consiste à plonger le bois dans une solution renfermant 80 0/0
de sulfate de fer et 20 0/0 de sulfate de cuivre et en outre de
l'alumine et de la kaïnite. Cette dernière substance est plus
connue comme engrais, elle est riche en potasse et répond à
la formule $SO^4K^2SO^4Mg, MgCl^2 + 6H^2O$; elle contient, en
outre, 30 à 40 p. 100 de chlorure de sodium; elle abonde dans
la partie supérieure du gisement de sel gemme de Stassfurt-
Anhalt.

On fait bouillir sous une faible pression (1 à 3 atmosphères);
il se forme des composés de cellulose qui n'influencent pas
les qualités techniques du bois comme cela se produirait si
le sulfate de fer était employé seul.

Cette méthode est employée par les chemins de fer du sud
de l'Allemagne (Etat bavarois) et dans les chantiers de Pittlak
de la compagnie Xylosita, à Croydon.

Hasselmann est aussi l'auteur de la méthode suivante qui a
pour objet de produire une union chimique du bois et de la
substance préservatrice. Le procédé consiste en une double
cuisson du bois et en un traitement par l'acide sulfurique et
le sulfate de fer. On place ensuite le bois dans un bain de
chlorure de chaux, auquel on ajoute un lait de chaux à une
température de 100° à 125°C., sous une pression de 40 livres
par pouce carré. La première cuisson détruit les germes de
fermentation et provoque l'union mécanique du liquide préservateur avec la fibre du bois. La seconde, durcit le bois et
change tellement son caractère qu'il reste sec même lorsqu'il
séjourne dans les endroits très humides. L'opération complète
dure environ 6 heures et le prix de revient est des plus
minimes.

Cette méthode a été appliquée pour le traitement des
traverses de chemins de fer par l'Etat bavarois.

Le procédé dit *minéralisation des bois*, indiqué par Strutzki
en 1854, et recommandé par Oppelt, d'Iéna, consiste à abandonner le bois au contact de charbon riche en fer sulfuré. Ce
dernier, sous l'influence de la pluie et de l'air, se transforme

en sulfate de fer, qui imprègne le bois. Kuhlmann a démontré que ce procédé ne permet pas de conserver le bois d'une manière suffisante.

Le chlorure de sodium. — Le chlorure de sodium agit peu comme substance toxique antiseptique, mais bien par l'effet de sa concentration, qui doit être grande. Il a été utilisé en injection particulièrement en Russie. Il a surtout pour lui son extrême bon marché qui en fait la substance la plus économique qui soit employée pour la conservation des bois. Malheureusement le sel marin est hygroscopique, il entretient dans le bois une humidité fâcheuse, surtout par ce fait qu'elle produit la rouille des ferrements qu'on applique aux pièces en œuvre. De plus, les bois ainsi traités ne peuvent plus être plongés dans l'eau ni exposés à la pluie à cause de la solubilité du sel.

Il doit être rejeté pour les bois de navires, par exemple, car il entretient dans les cales une humidité malsaine et qui peut nuire au chargement.

Le chlorure de calcium. — Il a ce même défaut d'être hygrométrique, il est aussi très faiblement antiseptique.

L'alun. — On a encore employé l'*alun*, mais sans grand succès.

La chaux. — La *chaux*, qui a l'avantage d'être peu coûteuse, s'emploie à l'état d'eau de chaux, seule ou avec d'autres corps, l'acide sulfureux, par exemple. Ce dernier procédé s'applique surtout aux bois de pin et de sapin : après qu'ils ont été parfaitement desséchés à l'étuve, on les plonge dans les bains contenant l'eau de chaux et l'acide sulfureux. On ferme le cylindre hermétiquement et on fait agir une forte pression pour obtenir une bonne pénétration. On sèche à nouveau. L'acide sulfureux et la chaux imprègnent le bois d'une incrustation capable de le garantir contre l'humidité, les insectes, et un peu contre le feu.

Lorsqu'on emploie l'eau de chaux sans autre substance dissoute, il faut prolonger l'immersion pendant une huitaine de jours.

Acide arsénieux. — L'*acide arsénieux*, que l'on a proposé, est d'un emploi dangereux, il ne saurait convenir à l'imprégnation des bois pour des raisons multiples.

Les *acides libres*, tels que l'acide sulfurique, attaquent la fibre du bois et ne sauraient être employés.

Tableau résumé des substances employées pour la préservation des bois

Goudron de houille et de bois.
Huiles lourdes de goudron (créosote).
Phénols.
Naphtaline.
Naphtol (α et β).
Lysol.
Carbolineum.
Carburinol.
Carbonyle.
Carbonéine.
Antigermine.
Créosotyle (1).
Antinonnine.
Acide pyroligneux.
Résines.
Huiles de résines.
Résines dissoutes dans des hydrocarbures.
Résidus de la distillation du naphte.
Naphte.
Tannin.
Bétuline.
Aldéhyde formique.

Formaldéhyde.
Paraffine.
Jus de tabac (2).
Sulfate de cuivre.
Oléate de cuivre.
Fluo-silicate de cuivre.
Pyrolignite de cuivre.
Chlorure de zinc.
Palmitate de zinc.
Pyrolignite de zinc.
Sulfate de fer.
Tannate de protoxyde de fer.
Combinaison du Fluor et de divers métaux.
Antipolypine (3).
Bichlorure de mercure.
Chlorure de baryum.
Chlorure de calcium.
Sels métalliques de résines.
Oléate d'aluminium.
Chlorure d'aluminium.
Alun.
Chaux.
Acide arsénieux.
Chlorure d'arsenic.
Etc.

(1) Ce produit et les six précédents sont des huiles de goudron, plus ou moins analogues à la créosote brute, qui ont reçu des noms spéciaux de leurs auteurs.
(2) Très faible valeur.
(3) Constitué par : Naphtol β, Hydroxyde de sodium et Fluorure de sodium ; préparé en Hongrie. Bons résultats.

B. Prix de revient. — Le prix de revient pour l'injection d'un mètre cube de bois est, d'après Château (1) :

Procédé Boucherie . . . . 12 à 15 fr.
Méthode Bréant perfectionnée, avec emploi de :
  Sulfate de cuivre. . . . . 9 à 8 fr.
  Créosote brute . . . . 16 à 18 fr.
  Chlorure de zinc . . . . 8 fr.
  Goudron de bois et de houille . . . 14 à 16 fr.
  Sel ordinaire. . . . . 4 fr.
  Tannate de fer . . . . 8 à 12 fr.

Ces chiffres n'ont rien d'absolu et varient forcément avec la nature de l'essence employée, qui absorbe plus ou moins de la substance.

D'après Schwackhöfer, la quantité de liquide absorbé par 1 mètre cube des principales essences de bois, serait :

	Chlorure de zinc	Chlorure de zinc et huile de goudron	Huile de goudron
Chêne . . .	8,5 à 10 kgr.	7 à 8,5 kgr.	5 à 8 kgr.
Hêtre . . .	25 à 33 kgr.	20 à 30 kgr.	18 à 22 kgr.
Sapin. . . .	20 à 25 kgr.	18 à 20 kgr.	12 à 18 kgr.

Considérons maintenant le cas des traverses de chemin de fer.

En France, la compagnie des chemins de fer du Nord emploie la créosote à l'état de vapeur surchauffée à plus de 200° et entraînée par un courant de vapeur d'eau (procédé Blythe).

Un mètre cube de bois préparé par ce procédé absorbe 30 à 120 kilogr. de créosote (suivant qu'il est simplement carburé ou qu'il subit un bain supplémentaire) coûtant 1 fr. 65 à 6 fr. 60.

La plupart des autres compagnies, et notamment celle de

(1) *Technologie du bâtiment*, II. 70.

43

l'Est, emploient la créosote (procédé Béthell perfectionné) pour l'injection des traverses.

Les traverses de chêne absorbent de 6 à 7 l. par pièce de 2 m. 55 $\times$ 0 m. 230 $\times$ 0 m. 140 (dimensions moyennes), soit 80 à 90 l. par mètre cube.

Les traverses de hêtre absorbent de 25 à 30 l. par pièce de 2 m. 65 $\times$ 0 m. 235 $\times$ 0 m. 145 (dimensions moyennes), soit 290 à 330 l. par mètre cube.

La créosote coûte environ 65 fr. à Paris.

La compagnie P.-L.-M., jusqu'en 1875, et celle du Midi actuellement encore, ont employé le sulfate de cuivre : la compagnie du Midi s'en sert notamment pour l'injection des pins des Landes qui servent de traverses, tandis que la compagnie P.-L.-M. s'en servait pour ses traverses de hêtre.

Il est possible de faire pénétrer environ 35 kg. de dissolution de sulfate à 1,5 0/0 dans chaque traverse de hêtre, ce qui correspond à 500 ou 600 gr. de sulfate de cuivre.

Le prix de ce sel est aujourd'hui d'environ 70 fr. les 100 kilog., ce qui fait, par traverse, une dépense d'environ 0 fr. 35 à 0 fr. 40.

Les traverses de chêne avec aubier absorbent seulement 7 à 10 kg. de dissolution de sulfate de cuivre.

En Allemagne, le chlorure de zinc coûte 25 fr. les 100 kg., la créosote, 12 à 15 fr. les 100 kg., et la préparation des traverses de bois revient :

De 0 fr. 40 à 0 fr. 63 pour le chlorure de zinc ;

De 0 fr. 75 à 1 fr. 06 pour le sulfate de cuivre ;

De 1 fr. 25 à 2 fr. pour le bichlorure de mercure sous pression ;

De 1 fr. 82 à 2 fr. 87 au moyen de la créosote sous pression.

Avec le mélange créosote-zinc (Rütgers), l'injection d'une traverse de pin revient à 1 fr. environ, au lieu de 3 fr. si on emploie la créosote seule.

Une traverse de pin absorbe 41 kg. du mélange zinc-créosote, une traverse de hêtre en retient environ 35 kg.

C. MÉTHODES D'INJECTION. — Nous avons vu quelles étaient les substances dont on peut faire usage pour la conservation des bois, voyons maintenant de quelle façon on peut arriver à les faire pénétrer dans l'intérieur du bois, autrement dit, passons en revue les méthodes d'injection.

Les méthodes actuellement les plus employées sont :

1° La méthode par *déplacement de sève* ou du Dr Boucherie (1832-1838), avec les perfectionnements qui lui ont été apportés successivement par Renard-Périn, Pfister, Hermann Liebau, Lebioda, etc. ;

2° La méthode par *vide et pression* qui est la plus employée de toutes. Elle est due à Bréant (1831) et a reçu de notables perfectionnements de Béthell, Legé et Fleury-Pironnet, Rütgers, etc. ;

3° La méthode dite *thermo-carbolisation* ou de Blythe, de Bordeaux, avec modifications d'Aug. Tack, etc. ;

4° La méthode par l'emploi de l'*électricité* de MM. Nodon et Bretonneau.

Les méthodes d'injection, le plus souvent employées pour la conservation des bois, peuvent encore servir à leur ignifugation et à leur teinture si on injecte des liquides contenant des substances ignifuges ou des matières colorantes.

Nous allons les passer successivement en revue.

1. MÉTHODES PAR DÉPLACEMENT DE SÈVE. — Ces méthodes, qui ont pour origine les expériences du Dr Boucherie (1832 à 1837), permettent d'injecter les arbres sur pied ou récemment abattus. Elles reposent sur ce fait que la sève, en s'élevant dans l'arbre, peut entraîner, jusqu'au sommet du végétal, les divers liquides que l'on met en rapport avec elle ; ou plus exactement, la force ascensionnelle qui produit l'élévation de la sève, peut élever aussi bien n'importe quel liquide.

Pour mieux comprendre le phénomène, analysons les conditions qui y président. Le courant ascensionnel de la sève résulte de trois facteurs : la structure du bois, l'évaporation qui se produit par les feuilles et la pression qui s'effectue au niveau des racines. Le chemin que prend dans l'arbre la masse ascendante du liquide est déterminé par le système vasculaire qui se prolonge dans les branches pour arriver aux feuilles au niveau de leurs nervures. L'évaporation a lieu par les stomates, ouvertures microscopiques situées à la surface des feuilles ; son énergie dépend de la température et de l'humidité de l'air ambiant. Enfin, la pression qui s'exerce au niveau de la racine résulte de la turgescence de son tissu qui absorbe plus ou moins de liquide aux dépens du sol ; elle contribue dans une large mesure à l'ascension du liquide dans les vaisseaux du bois.

En dehors des vaisseaux ou canaux, le bois comprend encore des cellules, sans communications directes, qui constituent les tissus appelés parenchyme ligneux et rayons médullaires, ces cellules ne s'ouvrent point non plus, généralement, par des pores, sur les vaisseaux, la circulation ne peut s'y faire que par osmose à travers les membranes ; la propagation est déterminée par la différence de pression osmotique résultant de la concentration plus ou moins grande du suc cellulaire ; par suite cette circulation est très lente.

Lorsque l'arbre est sur pied, les trois facteurs précédents agissent ; lorsqu'il est abattu seul celui de la structure subsiste encore et la pénétration est faible : il faut alors y suppléer en faisant arriver le liquide antiseptique sous pression d'un côté du tronc, ou bien en faisant le vide du côté de la pièce de bois opposé à celui où se fait l'arrivée du liquide, ou bien employer les deux moyens à la fois, c'est-à-dire faire le vide d'un côté pour aspirer le liquide injecté sous pression de l'autre côté (procédé Renard-Périn).

a) *Procédé Boucherie* (1). *Application à l'injection des traverses de chemin de fer et des poteaux télégraphiques.* — La substance conservatrice employée fut d'abord une solution de pyrolignite de fer, bientôt remplacée par une solution de sulfate de cuivre à 1 ou 1 1/2 0/0.

On peut injecter l'arbre sur pied ou abattu. Lorsqu'il s'agit de traiter l'arbre sur pied, on fait à sa base un ou deux traits de scie ou des trous assez profonds (fig. 342) ; on pratique tout autour de la base du tronc une sorte de cuvette en glaise, ou bien on l'enveloppe à sa partie inférieure d'une bande de toile enduite de caoutchouc formant manchon et on met en communication avec le récipient contenant la dissolution de l'antiseptique ; celui-ci s'élèvera peu à peu dans l'intérieur de l'arbre et arrivera au sommet après un ou plusieurs jours,

---

(1) *Annales des ponts et chaussées*, rapports de MM. Avril, Didion, Mary sur le procédé du Dr Boucherie (1850). — Boucherie. Mémoire sur la conservation des bois. *Annales de chimie et de physique*, t. LXXIV, 1867.

suivant la structure du bois de l'essence injectée ; plus celle-ci sera riche en larges vaisseaux, plus, naturellement, l'ascension sera rapide. La vitesse dépend encore de l'abondance plus ou moins grande du feuillage qui permet une évaporation plus ou moins active. Il faut, pour que l'expérience réussisse, que le liquide injecté ne soit pas à une trop forte concentration, car il pourrait alors cristalliser pendant son ascension et obstruer les canaux du bois.

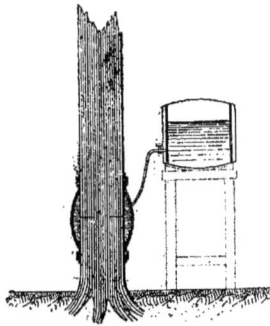

Fig. 342. — Injection d'un arbre sur pied par utilisation de la force ascensionnelle de la sève (Procédé Boucherie).

Cette méthode, employée d'abord comme nous venons de le décrire, se modifia ; on put constater que, même après abatage complet, la sève conservait encore son mouvement ascensionnel, quoique fort ralenti, l'évaporation qui se fait par la section du tronc étant moins forte que celle qui s'effectue par les feuilles qui présentent, dans leur ensemble, une très grande surface d'évaporation ; de plus, la pression qui s'effectuait au niveau des racines a disparu.

Malgré la faible valeur de la force ascensionnelle que ce système comporte, il a été quelque temps en usage. Voici comment on l'appliquait : Le tronc récemment abattu est placé dans la situation horizontale, qui est plus commode que toute autre ; on enveloppe une des extrémités avec un sac de cuir, bien imperméable, on fixe ses bords au tronc en plaçant entre eux de la glaise et on ligature ; le sac est mis ensuite en communication par un tube avec le tonneau contenant la liqueur préservatrice.

Ce procédé fut peu employé, parce que la pénétration est incomplète en même temps que la main-d'œuvre en est assez coûteuse.

En 1841, Boucherie perfectionna son procédé, en substituant à la simple force ascensionnelle de la sève la pression du liquide d'injection. Ce procédé a produit de très bons résultats et a donné lieu à de grandes exploitations industrielles. Il est encore appliqué pour l'injection des poteaux télégraphiques et téléphoniques français, pour la plupart de ceux employés en Autriche et une grande partie de ceux utilisés en Allemagne. Elle n'est à peu près plus employée aujourd'hui pour l'injection des traverses de chemins de fer, pour lesquelles on utilise, même lorsque le liquide à injecter est une solution de sulfate de cuivre, le système de vide et pression. Néanmoins, cette méthode ayant été fort longtemps appliquée à cet usage, à l'exclusion presque complète de toute autre, nous allons la décrire succinctement.

Lorsqu'il s'agit d'injecter des traverses de chemin de fer, au lieu d'injecter les arbres entiers on les débite en billes ayant deux fois la longueur d'une traverse ; on donne un trait de scie partiel au milieu et on ouvre la fente par un léger soulèvement ; on y introduit une corde en étoupe goudronnée, on enlève la cale qui tenait la pièce soulevée en son milieu, la fente se referme et serre fortement l'étoupe. On fait alors un trou de mèche du côté opposé à la fente et à son niveau, de manière à ce qu'il vienne s'ouvrir sur l'étoupe ; on introduit dans

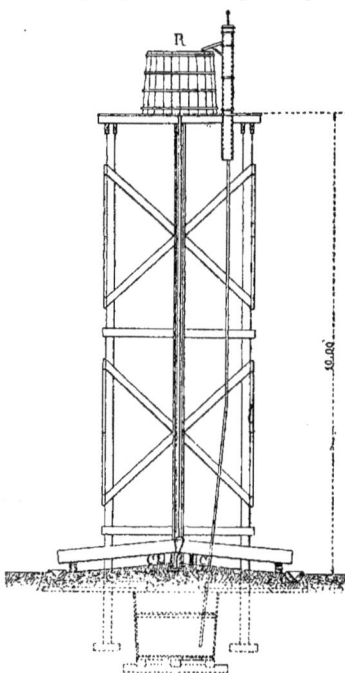

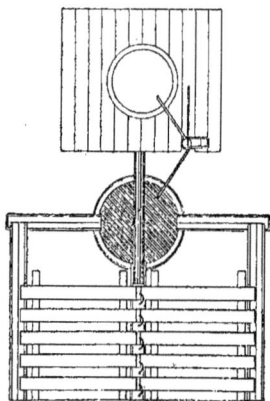

Fig. 343. — Injection de traverses de chemins de fer par le procédé Boucherie (Plan et élévation).

le canal un tuyau par lequel arrivera le liquide préservateur ;
celui-ci provient d'un bassin élevé à 10 ou 15 mètres de
hauteur. En arrivant sous cette pression dans le bois, au
niveau de l'étoupe, le liquide se répand de part et d'autre
dans la pièce et vient finalement s'écouler de chaque côté
dans des rigoles disposées à cet effet ; il a, de cette façon,
chassé la sève devant lui, et l'opération est terminée quand la
solution s'écoule bien pure sans mélange de sève.

La figure 343 donne, en élévation et en plan, l'ensemble et
les détails de l'installation ; on remarquera la position d'une
bille posée sur deux appuis et en communication avec le
liquide venant d'un réservoir supérieur ; on voit aussi que le
procédé peut permettre d'injecter simultanément un grand
nombre de billes placées les unes à la suite des autres.

Le liquide employé est le sulfate de cuivre à 1 ou 2 0/0.

La durée du passage de la solution dans les pièces de bois
varie avec la nature du bois, dont la structure est plus ou
moins favorable suivant les essences. En moyenne, on laisse
filtrer pendant 36 à 48 heures, suivant la vitesse de l'écoulement, et jusqu'à ce que le volume filtré représente environ
trois fois celui de la sève expulsée.

Le bois ne doit pas être sec pour que l'opération réussisse
et que l'injection soit régulière autant que cela est possible ;
il ne doit pas avoir plus de 5 à 6 mois de coupe.

Nous avons donné (p. 674) la quantité de cuivre absorbé et le
prix de revient de l'injection d'une traverse de chemin de fer.

Voyons maintenant l'application de la méthode à l'injection des *poteaux télégraphiques*.

L'administration des lignes télégraphiques françaises est
propriétaire du procédé du Dr Boucherie en ce qui concerne
les poteaux destinés à son service. Il existe un cahier des
charges qui est remis à chacun de ses fournisseurs de
poteaux.

La quantité de sulfate de cuivre exigée est de 1 kg. par
100 kg., proportion qui ne peut être dépassée de plus de
15 à 20 0/0.

Les arbres qui sont destinés à être transformés en poteaux
télégraphiques sont transportés sur les chantiers et injectés
aussitôt après l'abatage ; ils sont, pour cela, mis en communication avec la cuve qui contient le sel métallique.

L'injection doit se faire par le gros bout de l'arbre pour chasser devant elle la sève qui s'écoulera par le petit bout. Lorsque l'opération est terminée, les arbres traités sont mis de côté pendant un mois ; après ce temps, ils sont écorcés et leur dessiccation doit s'opérer lentement et à l'ombre : l'exposition au soleil provoquerait le gauchissement des pièces et la formation de fentes.

Les entrepreneurs sont obligés de garantir la parfaite conservation des poteaux pendant cinq ans. Pendant la première année, il ne doit se trouver aucun poteau hors de service, pendant la deuxième, la tolérance est de 1 sur 1.000 seulement, 4 sur 1.000 pendant la troisième, 9 pour la quatrième et 16 pour la cinquième. Le surplus du déchet qui pourrait se produire serait dû à l'administration.

Voici les conclusions que le Dr Boucherie a tirées de ses travaux, qui ont servi de base à toutes les recherches ultérieures sur l'injection préservatrice des bois :

1° La pénétration est plus ou moins profonde suivant les essences ;

2° L'aubier s'injecte beaucoup plus facilement que le cœur ;

3° La quantité de liqueur absorbée par le bois est au minimum la moitié de son cube ;

4° La quantité de sulfate de cuivre retenue par un stère de bois est de 5 à 6 kg., pour une solution de sulfate de cuivre à 1 kilogr. 5 pour 100 litres d'eau ;

5° Le temps nécessaire à la pénétration d'une bille de 2 m. 60, par la solution de sulfate de cuivre, provenant d'un récipient élevé d'un mètre, est de deux jours, quand le bois est récemment coupé ; trois jours, s'il a trois mois d'abatage ; quatre jours, pour quatre mois ;

6° L'élévation du réservoir qui fournit la liqueur rend la pénétration plus facile et complète ;

7° Cette influence de la pression ne se fait sentir que pour les bois pénétrables, comme le hêtre, le charme, le bouleau, le pin, etc. Les essais faits pour produire la pénétration, au moyen de la pression, dans les bois impénétrables dans les conditions ordinaires sont restés sans résultat ;

8° L'augmentation du poids du bois après pénétration varie avec l'essence, ainsi :

Le hêtre augmente de . . .	95	kg. par stère	
L'aubier du chêne	25	»	—
— charme	21	»	—
— bouleau	21	»	—
— peuplier d'Italie .	31,5	»	—
— grisard	22,7	»	—
— d'aulne	70,7	»	—
— de frêne	22,8	»	—
— du pin	57,5	»	—
— sapin	24	»	—

9° La pénétration est possible toute l'année, sauf au moment des gelées par suite de la solidification de la liqueur à injecter ou de la sève qui s'écoule ;

10° Les essences dont le bois est le plus riche en eau, ou, parmi les essences de même espèce, les bois provenant d'individus ayant cru dans les lieux les plus humides, sont ceux qui se pénètrent le mieux. D'où il résulte que les arbres réputés les moins bons et qui se vendent le moins cher, sont ceux qui donnent les meilleurs résultats après imprégnation au sulfate de cuivre.

b) *Procédé Renard-Périn.* — Ce procédé consiste à faire le vide sur une des sections de la pièce de bois, tandis que la pression atmosphérique fait pénétrer le liquide par l'autre section. Il se produit une sorte d'aspiration à une des extrémités du tronc injecté, analogue à celle que produit l'évaporation de l'eau par les feuilles dans l'arbre vivant.

Voici le dispositif : la pièce est sciée nettement aux deux bouts, à l'un des bouts on adapte une sorte de sac, en toile imperméable, dans lequel arrivera la solution et, à l'autre, on fixe un récipient métallique où l'on fait le vide en produisant une grande flamme alimentée par de l'alcool méthylique imprégnant des étoupes, en même temps qu'on le ferme hermétiquement.

La sève aspirée s'écoule dans le récipient et est remplacée au fur et à mesure par la substance antiseptique. On peut, en outre, par ce procédé, introduire successivement dans le bois, des solutions colorées et des mordants qui produisent des teintures ou des veinages divers. C'est un moyen de colorer les bois.

c) *Procédé Pfister*. — Pfister emploie une pompe de compression ; son appareil se transporte dans la coupe même, et les tiges son injectées sur place. L'injection n'est faite que dans la portion centrale des arbres, en laissant de côté l'écorce et les parties voisines qui ne seront pas travaillées.

La manœuvre de la machine exige deux hommes et chaque tige est injectée en trois ou quatre minutes.

Le liquide employé est le chlorure de zinc, de densité 1,0080 pour les arbres secs, et de densité 1,01 pour le travail dans la coupe. On peut utiliser de nouveau la sève qui s'écoule de l'arbre, mêlée de $ZnCl^2$, pendant l'injection et s'en servir pour étendre la solution concentrée que l'on transporte seule dans la coupe.

Il est bon de laisser sécher les bois quelques mois avant de les employer.

On peut injecter de la même manière des solutions colorantes ou ignifuges.

L'injection par la machine Pfister n'est pas aussi complète qu'on pourrait le supposer.

En arrêtant l'opération lorsque le liquide coulant à la partie supérieure a une densité de 1,015, on arrive pour la teneur en $ZnCl^2$ aux résultats suivants :

$ZnCl^2$ pour 100 dans une section à l'extrémité

la plus épaisse	la plus mince
1,12	0,27
1,21	0,59
1,90	0,80

L'appareil Boucherie exige un temps plus long pour injecter une tige seule, mais on peut injecter simultanément un grand nombre de tiges, et celles-ci sont imprégnées plus régulièrement et plus sûrement.

d) *Procédé Hermann Liebau*, de Magdebourg (1891). — Ce procédé permet d'imprégner les poteaux télégraphiques, pour lesquels on en fait surtout usage, en établissant un courant de la solution allant de la portion centrale de la pièce vers ses parties extérieures.

Il faut noter que les parties centrales du poteau sont celles qui sont sujettes à se détériorer le plus vite.

Le liquide antiseptique est injecté dans un petit canal foré au centre de la partie du poteau qui doit être en contact avec le sol. Pour procéder à l'opération, qui se fait le poteau étant en place, on perce, sur le côté de celui-ci, un trou qui va rejoindre le canal central, lequel est fermé au bas par une cheville. C'est par l'ouverture ainsi pratiquée que le liquide est injecté.

Un procédé analogue est employé en Norvège pour l'imprégnation des poteaux télégraphiques. On perce dans chaque poteau un trou de tarière à 75 mm. du sol, en lui donnant le plus de pente possible dans l'intérieur du bois, jusque vers le milieu de la pièce ; le diamètre en est de 25 mm. La cavité obtenue permet de loger 100 à 150 grammes de sulfate de cuivre. Le trou est ensuite fermé par une cheville de bois. On remplace le sulfate de cuivre tous les trois ou quatre mois. Le bois absorbe peu à peu l'antiseptique qui gagne insensiblement les extrémités.

e) *Procédé Lebioda* (1). — Ce nouveau procédé emprunte, en la perfectionnant, l'ancienne méthode de Boucherie : au lieu d'opérer en vase clos, comme dans le système du *vide*, une extrémité de l'appareil reste ouverte pour remplacer le feuillage, facteur essentiel de l'évaporation, et une pression hydraulique tient lieu de celle des racines. En somme, on chasse le liquide contenu dans les canaux par un courant puissant du liquide antiseptique. En élevant, en outre, la température, on dilate les gaz qui remplissent une partie des canaux et qui contribuent ainsi à l'évacuation du liquide contenu dans l'arbre.

Quant au tissu parenchymateux, la pénétration du liquide injecté ne peut y être obtenue que par une augmentation de pression ; le liquide nouveau s'introduit peu à peu dans les couches successives du tissu cellulaire et se mélange au liquide qui s'y trouve déjà ; puis, de nouvelles injections, sous pression plus forte encore, débarrassent complètement les cellules de leur contenu naturel, qui s'écoule en dehors par les canaux voisins.

(1) Lebioda, Système d'appareil perfectionné pour l'injection, à haute pression en courant continu, des bois. Brev. fr., n° 297.951, 7/3, 1900.

Disposition de l'appareil : Elle est facile à concevoir. Le tronc à injecter est placé dans un récipient ouvert à un bout et dont le fond est relié par un tuyau à une pompe foulante ; le bois s'appuie à ses deux extrémités sur deux couronnes tranchantes, l'une vissée sur le fond du récipient, l'autre portée par une sorte de piston annulaire qu'on peut fixer dans l'appareil au point voulu. Le bois communique donc avec l'air libre — et c'est là la caractéristique du procédé — par le vide de cette couronne.

Enfin une enveloppe chauffante entoure tout l'appareil.

Si l'on fait agir la pompe, le liquide pénètre dans le bois, se mélange avec la sève et la chasse du côté ouvert ; quand le liquide sort tel qu'il est introduit, l'opération est terminée.

Pour abréger sa durée, un dispositif spécial permet de renverser à un moment donné le sens du courant dans l'appareil sans déplacer la pièce ; cette manœuvre, comme d'ailleurs le serrage du bois, l'ouverture des robinets, etc., se fait hydrauliquement. La durée de l'injection qui est, en général, de cinq à douze minutes, ne dépasse jamais une demi-heure.

Ce système, dit son auteur, permet l'injection intégrale de la masse des bois, c'est-à-dire qu'elle atteint le cœur aussi bien que l'aubier ; il ne réclame pas un étuvage préalable des bois, qui peuvent être traités efficacement le jour même de l'abatage, quel que soit d'ailleurs l'équarrissage.

Ce procédé s'applique également à l'imprégnation des troncs d'arbres avec des substances antiseptiques, ignifuges et colorantes.

2. MÉTHODES DE VIDE ET PRESSION. — Dans les méthodes par déplacement de sève, on utilise la simple pression de l'atmosphère pour produire la pénétration du liquide dans le bois ; dans celles dont il va être question maintenant, on fait intervenir une pression beaucoup plus considérable, ce qui oblige à opérer en vase clos ; la pièce traitée n'est plus en communication avec l'air extérieur, comme cela avait lieu dans tous les systèmes précédents.

Ces méthodes consistent à faire dans le bois un vide permettant ensuite l'introduction du liquide conservateur dans les vaisseaux du bois. En même temps qu'on fait le vide, on

élève la température pour dégorger les canaux par l'évaporation de l'eau qu'ils peuvent renfermer, puis on injecte le
liquide à l'aide d'une pompe de pression ou par une force
accumulatrice quelconque ; la pression varie de 6 à 10 kilogrammes par centimètre carré.

Ce système, qui est actuellement le plus employé, présente
cependant quelques inconvénients : Il demande que les bois
soient abattus depuis un an au moins, et, malgré leur état de
dessiccation relative, on doit encore les étuver pendant
24 heures, puis les sécher à l'air chaud.

Par l'action successive de la chaleur et du froid, on s'expose à des gerçures souvent profondes. De plus, le système
ne convient qu'à des bois de faible diamètre et, dès qu'on a
affaire à des bois un peu durs, tels que le chêne, on doit répéter l'opération plusieurs fois, sans qu'on soit sûr pour cela
d'injecter à fond le cœur de l'arbre.

En effet, à côté des canaux du bois dans lesquels la matière
injectée pénètre aisément, il se trouve, comme nous l'avons
expliqué dans l'exposé de la structure du bois, une quantité
d'autres éléments courts, les cellules proprement dites, qui
correspondent beaucoup plus difficilement les unes avec les
autres, de telle sorte que la pénétration de la substance antiseptique s'y fait fort lentement et d'une façon plus ou moins
incomplète. De plus, l'injection s'effectuant en vase clos, la
pression s'exerce en tous sens vers le centre, de sorte que le
liquide s'arrête dès que les parties non dégorgées et l'air comprimé offrent une résistance supérieure à la pression du
liquide injecté ; et ainsi, forcément, le cœur ne subit point
les effets de l'injection que la périphérie elle-même ne res-
sent pas complètement. On s'explique, par là, comment l'injection des bois ne donne pas toujours les résultats qu'on
en attend, malgré l'efficacité des antiseptiques employés.

a) *Procédé Bréant.* — Bréant eût le premier l'idée (1831)
d'un procédé par pression en vase clos, et si ses appareils ne
sont plus en usage, c'est du moins en les perfectionnant qu'on
est arrivé à constituer ceux dont on se sert aujourd'hui. Ils
méritent, à ce titre, d'être rappelés.

La machine dont il se servit d'abord était constituée d'un
cylindre en fonte vertical, à parois très résistantes, dans
lequel on introduisait la pièce équarrie et la dissolution à

injecter ; puis, à l'aide d'une pompe foulante, on exerçait une pression de 7 à 10 atmosphères dans le cylindre parfaitement étanche. Le liquide pénétrait dans le bois sous l'action de cette pression.

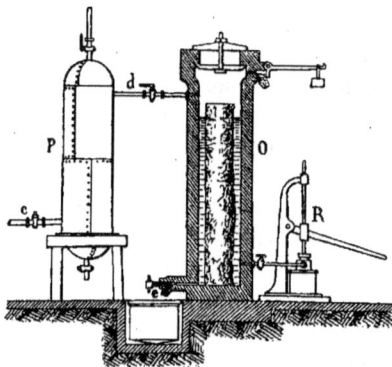

Fig. 344. — Appareil Bréant

O. Cylindre en fonte où l'on introduit la pièce de bois et le liquide. — R. Pompe foulante. — P. Condensateur. — c. Tube qui amène la vapeur puis l'eau froide. — e. Orifice de sortie du liquide. — d. Robinet de communication.

Bréant perfectionna son procédé, en faisant le vide dans le cylindre au moyen de la condensation de la vapeur, avant d'opérer la pression de 10 atmosphères. Cette pression était maintenue pendant un temps variable suivant les essences de bois, soit, en moyenne, 5 ou 6 heures. Par ce procédé, le pin, le hêtre, le sapin, le peuplier se laissent mieux injecter que le chêne. L'aubier de celui-ci est seul pénétré, non le cœur, ce qui n'a d'ailleurs pas grand inconvénient étant donné que le duramen du chêne, très riche en tannin, est fort peu attaquable.

Le volume considérable que l'on doit donner aux récipients s'est opposé à l'extension de cette méthode qui est peu économique.

b) *Procédé Béthell.* — La patente de Béthell, qui date de 1838, n'est en somme qu'un perfectionnement du procédé Bréant.

Le liquide employé est la créosote brute.

Ce procédé est encore en usage pour l'injection des traverses de la plupart des chemins de fer français et notamment de la compagnie de l'Est. Il y est appliqué de la façon suivante (1) :

Les traverses sont empilées aux lieux de livraison, en piles de 1 m. 80 de hauteur minima, sur des sous-traits, et séchées d'abord à l'air libre. Elles sont ensuite entaillées et percées à la machine à saboter, puis chargées sur des petits charriots à voie de 0 m. 92 qu'on transporte, au moyen de lorrys, dans une étuve où elles restent 24 heures au minimum.

Après le séchage à air chaud, à une température maxima de 80°, les charriots sortant de l'étuve sont immédiatement introduits dans un grand cylindre en tôle de 1 m. 90 de diamètre sur 11 m. de longueur, qu'on ferme hermétiquement avec 2 couvercles mobiles. On fait ensuite le vide dans le cylindre au moyen d'une pompe à double effet, jusqu'à ce que la pression soit réduite à 0 m. 11 de mercure.

Le vide est maintenu pendant une demi-heure environ. On ouvre alors une vanne de communication, placée entre le cylindre de tôle qui contient les traverses et les réservoirs d'huile lourde de goudron.

L'huile est chauffée à 80° centigrades, et le cylindre est rempli, par la pression atmosphérique, jusqu'à une certaine hauteur.

Lorsque le niveau de l'huile ne s'élève plus dans le cylindre, on ferme la vanne de communication avec les réservoirs d'huile et on termine le remplissage avec une pompe aspirante et foulante à simple effet. La pression est portée jusqu'à 6 kilogrammes par centimètre carré et on la maintient de 1 heure à 1 h. 15 environ.

Quand les traverses ont absorbé la quantité d'huile nécessaire, on arrête la pompe foulante et on ouvre la vanne de communication avec les réservoirs, en même temps qu'un robinet d'air placé à la partie supérieure du dôme du cylindre. L'huile en excédent retourne dans les réservoirs. On ouvre ensuite les deux fonds du cylindre en tôle et on retire les charriots chargés de traverses préparées. On peut commencer aussitôt une nouvelle opération.

(1) *Revue générale des Chemins de fer* (février 1890).

Le cylindre contient quatre charriots, chargés chacun en moyenne de 42 traverses ; on peut donc préparer, par opération, 168 traverses

La quantité d'huile absorbée se mesure au moyen d'un flotteur, dont l'index se déplace sur une règle verticale, divisée en centimètres, qui est posée sur le réservoir d'huile. En prenant le niveau de l'huile dans le réservoir, avant et après l'opération, on détermine, par différence, le volume absorbé par les traverses renfermées dans le cylindre.

Les essences utilisées sous forme de traverses sont principalement le chêne et le hêtre.

Les quantités de liquide absorbé, au cours de l'injection, par les traverses, ont été données p. 674.

La durée d'une opération comprenant : le chargement du cylindre, le vide, la pression, la vidange, l'ouverture des fonds et le déchargement, est d'environ 4 heures.

Ce mode de préparation est pratiqué par la Compagnie depuis 1865.

Moll supprimait la pompe foulante des appareils de Bréant et Béthell de la façon suivante : Le bois était placé dans une chambre close, il y faisait le vide partiel par la condensation de la vapeur d'eau ; les gaz contenus dans le bois s'échappaient dans l'air raréfié. Il introduisait alors de la vapeur d'une substance conservatrice volatile, la créosote par exemple, qui se condensait aussitôt dans le bois et l'imprégnait de cette façon.

c) *Le procédé de Payne* ne diffère guère de celui de Bréant. Il exige l'emploi d'appareils dispendieux ; ces appareils sont d'énormes cylindres de tôle de fer, très résistants, dont on chasse l'air au moyen de la vapeur d'eau.

Quand le courant de vapeur a entraîné tout l'air, on ferme les cylindres, la vapeur se condense par refroidissement et le vide se fait, grâce auquel s'échappent du bois la sève et les gaz qu'il contient. Le liquide conservateur est alors introduit à l'aide d'une pompe foulante. C'est tout à fait le principe des procédés Bréant et Béthell.

M. *Chemallé* a appliqué une méthode identique à la conservation d'objets spéciaux (voir p. 655).

d) *Procédé Légé et Fleury-Pironnet* (1). — Le principe en est celui du procédé Bréant : vide et pression en vase clos. La différence consiste en ceci : la solution utilisée étant le sulfate de cuivre, on a pris des précautions spéciales pour que celui-ci, employé aussi neutre que possible, demeure pur de sels de fer; pour cela, toutes les parties de l'appareil sont en cuivre, au lieu de fer : chaudières, chariots, rails. Les cuves à dissolution sont en bois : on évite ainsi la formation de sulfate de fer dont nous avons dit l'action nuisible sur la solidité des bois. On peut préparer par ce procédé les bois débités aussi bien que les bois en grume, quel que soit le temps écoulé depuis l'abatage de l'arbre.

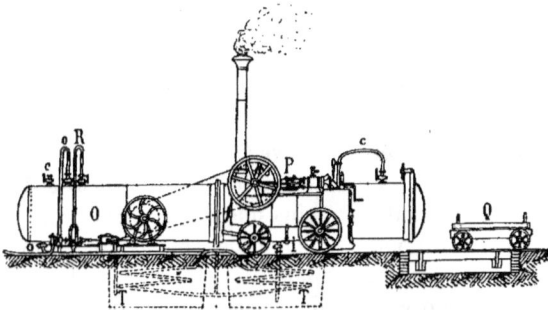

Fig 345. — Appareil Légé et Fleury-Pironnet

La chaudière cylindrique horizontale a 12 mètres de longueur sur 1 m. 60 de diamètre et 0 m. 01 d'épaisseur. Les pièces sont introduites dans le cylindre, dont un des fonds peut s'ouvrir, au moyen de petits chariots roulant sur des rails intérieurs. On referme hermétiquement le cylindre et l'on y fait arriver la vapeur d'eau, tandis qu'elle reçoit une issue à l'extérieur au moyen d'une ouverture à robinet placée à la partie inférieure de l'appareil et du côté opposé à celui où se fait l'arrivée de la vapeur. Le cylindre est, de cette façon, complètement traversé par le courant de vapeur d'eau. Pendant cette opération, les pièces s'échauffent progressivement, une partie de la sève et des gaz sont entraî-

(1) Conservation des bois au sulfate de cuivre, procédé A. Légé et Fleury-Peronnet, rapport de MM. Ch. Richoux, E. de Hennezel, Vésignié, Sochet, Th. Ricour.

nés. Quand la plus grande partie de l'air a été chassée par le
courant de vapeur et que le jet en devient continu, ce qui a
lieu après un quart d'heure environ, on ferme le robinet d'é-
chappement et on met le cylindre en communication avec un
condenseur où arrive un courant d'eau froide ; le vide se fait
peu à peu par condensation de la vapeur d'eau, on le maintient environ un quart d'heure à la pression de 0 m. 09 à
0 m. 10 de mercure. On ouvre ensuite le robinet de la conduite de communication du cylindre avec la cuve qui contient
la solution de sulfate de cuivre ; celle-ci s'introduit naturellement dans le cylindre ; on complète le remplissage au
moyen d'une pompe foulante, jusqu'à obtenir une pression de
10 atmosphères. Cette partie de l'opération réclame une demi-
heure, et l'opération totale, 2 heures environ.

e) *Appareil de Lovenfeld* (1). — Les chemins de fer hon-
grois injectent leurs traverses d'après le procédé par vide et
pression de vapeur. Voici comment sont constitués les appareils : Deux chaudières reçoivent chacune 150 traverses de
chêne ou de hêtre, qui sont traitées par la vapeur à 1 atmosphère 1/2, pendant au moins une demi-heure pour le bois
sec, et une heure pour le bois frais. Une pompe à air fonctionne sur le bois sec pendant une heure, sur le bois frais
pendant une heure et demie, et produit un vide de 60 centimètres au moins. La compression du liquide préservateur est
prolongée pendant une demi-heure sous une pression de
8 atmosphères pour le hêtre, et pendant 3 heures pour le chêne,
à la même pression. On emploie comme liquide préservateur
le chlorure de zinc dilué ayant comme densité 1,015.

On détermine la dose de liquide injecté en pesant les traverses avant et après.

Une traverse de chêne frais prend de 4 à 8 kilogrammes ;
sec, 8 à 12 kilogrammes. Une traverse de hêtre prend de même
12 à 30 kilogrammes à l'état frais et de 30 à 45 kilogrammes
à l'état sec ; pour que toutes les traverses reçoivent le même
poids de $ZnCl^2$, on augmente la concentration en raison inverse
de l'augmentation de poids.

Les bois pourrissent très vite si on les emploie immédiate-

---

(1) Injection des bois à l'Exposition de Vienne, Rittmeyer (*Dingler's poly-
techniches journal*, t. 278, p. 221).

ment, sans attendre qu'ils soient parfaitement secs, ou s'ils étaient attaqués par la maladie avant l'injection. Le bois malade, teinté en rouge, s'imprègne mal et ne prend presque pas de ZnCl².

L'appareil de Lovenfeld, basé sur ces principes (action de la vapeur, vide, puis compression de ZnCl²), est monté sur trucs et peut ainsi se déplacer sur toute une section de ligne.

f) *Procédé Rütgers*. — C'est le système de Bethell, notablement perfectionné. M. Rütgers, qui possède soixante-dix-huit usines établies surtout en Allemagne, Autriche, Hollande, Danemark et Russie, se sert, pour injecter les bois, non seulement de la créosote et du chlorure de zinc seuls, mais surtout du mélange de ces deux substances (Voir p. 663).

Description des appareils d'injection : La créosote est renfermée dans un récipient que l'on remplit, de l'extérieur de l'usine, au moyen de pompes prenant la créosote dans les wagons citernes qui l'amènent à l'usine.

De ce réservoir, la créosote se rend dans l'appareil de chauffage qui peut être chauffé soit à la vapeur, au moyen d'un serpentin et d'un double fonds, soit à feu nu.

Une pompe à vapeur refoule alors la créosote chaude dans le récipient d'injection. Cette pompe peut produire une pression de refoulement supérieure à 7 atmosphères.

Le récipient à injection est un grand cylindre en tôle, fermé à ses deux extrémités de façon hermétique. A l'un des bouts, est une porte permettant l'entrée et la sortie des bois. Le récipient est assez spacieux pour permettre l'introduction de poteaux télégraphiques de 17 mètres de long; il est muni d'un manomètre, d'un niveau d'eau et d'un robinet de purge destiné à faire écouler l'eau de condensation lorsqu'on chauffe le récipient à la vapeur directe. Ce robinet sert aussi à l'extraction de la créosote après l'injection terminée.

Le récipient peut être chauffé par de la vapeur directe ou par un double fond, suivant le mode d'injection employé, ainsi que nous le verrons plus loin en donnant les prescriptions concernant l'injection.

Un tube réunit le récipient au condenseur et à la pompe à vide. Cette pompe est mue par la vapeur, ainsi que la pompe de circulation d'eau du condenseur. L'installation est complétée par une chaudière fournissant la vapeur nécessaire aux machines des pompes et au chauffage de la créosote.

La vapeur d'eau, extraite du bois pendant la période de

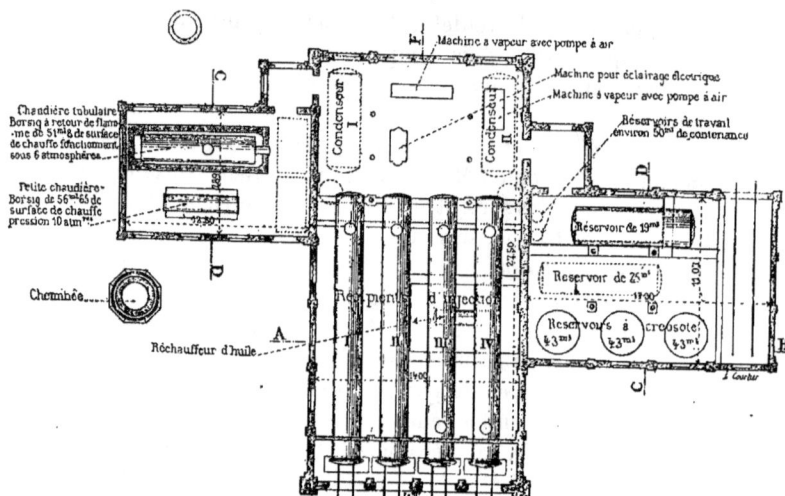

Fig. 346. — Plan d'une usine (Stendal) pour l'injection des bois.
Procédé Rütgers (1).

dessiccation, est refroidie dans le condenseur, et ensuite mesurée, car cette mesure indique la quantité extraite du bois pendant la dessiccation.

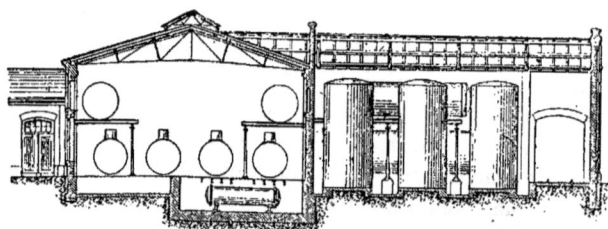

Fig. 347. — Coupe suivant AB.

(1) Tous les clichés, concernant les procédés d'injection Rütgers, nous ont été obligeamment prêtés par M. Jaubert, directeur de la *Revue générale de chimie*. Nous avons d'ailleurs puisé les éléments de cette étude dans le travail de M. Besson, paru dans cette même Revue.

Les figures montrent la disposition d'une usine d'injection. L'emploi des appareils figurés dans ces plans est expliqué dans les prescriptions appliquées par les chemins de fer

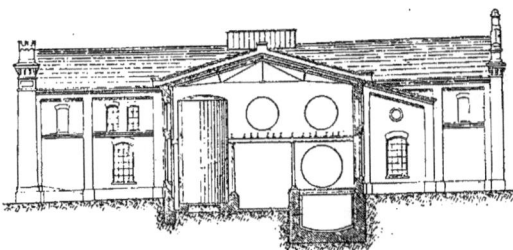

Fig. 348. — Coupe suivant CD.

de l'Etat prussien, pour l'injection des traverses par le procédé Rütgers. Nous les donnons ci-dessous.

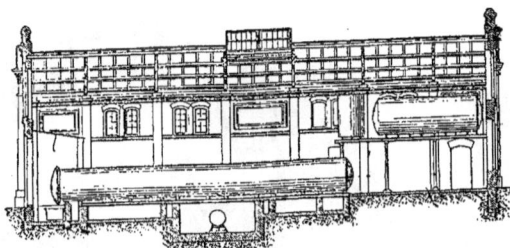

Fig. 349. — Coupe suivant EF.

I. — Injection au moyen d'une solution de chlorure de zinc avec adjonction de créosote phéniquée.

L'injection comprend trois phases:
1° Etuvage du bois à la vapeur ;
2° Aspiration de l'air et introduction du liquide d'injection ;
3° Emploi de la pompe de refoulement.

1° *Etuvage à la vapeur*. — Le bois, enfermé dans un récipient d'injection clos et étanche, est tout d'abord chauffé à la vapeur. La durée de l'étuvage dépend de l'âge et de la nature du bois. Le courant de vapeur doit, autant que possible, rendre le bois absorbant, le nettoyer, l'amollir et faire tomber les matières mucilagineuses remplies de poussière et de sable adhérent, surtout du côté du bois debout.

Le courant de vapeur est conduit de telle façon que le manomètre relié au récipient d'injection indique, au bout de 30 minutes au moins, une pression d'une atmosphère et demie au-dessus de la pression atmosphérique. Le bois reste soumis ensuite 30 minutes à cette pression. Quand on traite du bois

Fig. 350. — Vue extérieure d'une usine d'injection Rütgers.

En dehors de l'usine sont placés les réservoirs à créosote et à chlorure de zinc dans lesquels ces liquides sont conduits par des tuyaux aériens, visibles sur la figure ; ils viennent prendre la créosote dans des wagons citernes amenés par la voie ferrée visible au premier plan.

Au dessus du bâtiment de l'usine, on voit un tube en U dont la hauteur est calculée de façon à permettre de faire le vide dans un récipient d'injection plein de liquide, sans aspirer ce dernier.

jeune, qui paraît ne devoir pas posséder une capacité absorbante suffisante pour le liquide d'injection, l'action de la vapeur est prolongée de telle façon que la pression soit maintenue à une atmosphère et demie pendant 60 minutes.

Pendant l'arrivée de la vapeur, on fait échapper l'air du

récipient par un purgeur placé à sa partie inférieure, jusqu'à ce que l'on voie sortir la vapeur en un jet continu L'eau de condensation de la vapeur est extraite de la même manière.

Les mêmes prescriptions sont valables pour le bois de chêne et pour le pin. Comme le bois de hêtre contient une grande quantité de sève très fermentescible, l'action de la vapeur doit être poussée jusqu'à ce que la sève, contenue dans le cœur du bois, ait atteint son point d'ébullition.

Fig. 351. — Cette figure montre de quelle manière se fait l'introduction des traverses dans les cylindres d'injection : les wagonnets quittent les lorrys pour s'engager sur des voies étroites pénétrant dans les cylindres.

Le hêtre, qu'il soit sec ou vert, doit, pour qu'on arrive à ce résultat, subir pendant quatre heures l'action de la vapeur, y compris les 30 minutes nécessaires pour amener la pression de vapeur à 1 atmosphère 1/2.

Après que le bois a été traité suffisamment longtemps par la vapeur, on fait échapper cette dernière du récipient d'injection.

2° *Aspiration de l'air et introduction du liquide d'injection.* — Après échappement de la vapeur, on aspire l'air du récipient contenant le bois à injecter, jusqu'à ce que l'on atteigne un vide d'au moins 60 centimètres de mercure. Ce vide doit être maintenu pendant 10 minutes.

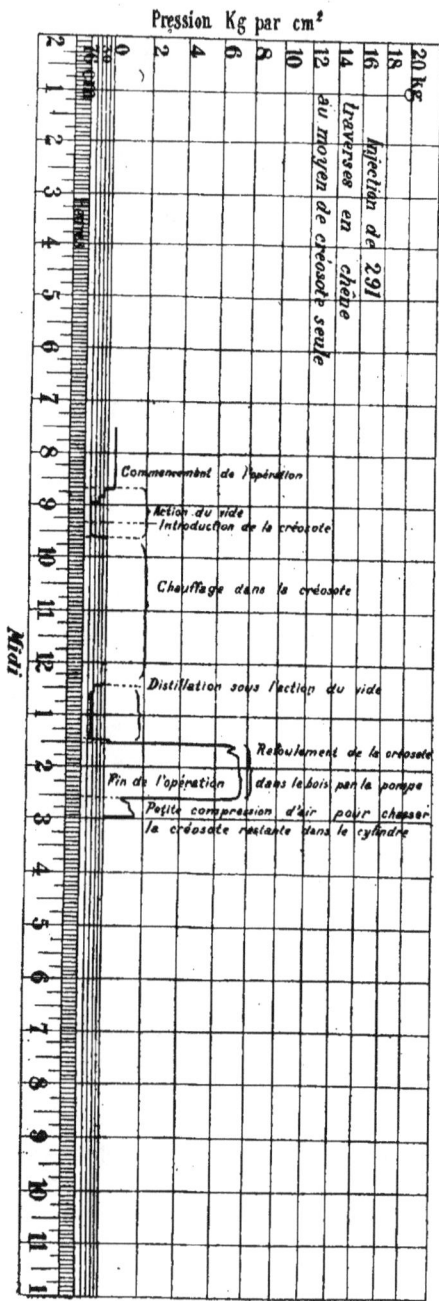

Pression Kg par cm²

20 kg
18
16 Injection de 291
14 traverses en chêne
12 au moyen de créosote seule
10
8
6
4
2
0

Midi

Commencement de l'opération
Action du vide
Introduction de la créosote
Chauffage dans la créosote
Distillation sous l'action du vide
Refoulement de la créosote
Fin de l'opération   dans le bois par la pompe
Petite compression d'air pour chasser
la créosote restante dans le cylindre

Fig. 352. — Diagramme des pressions dans le cylindre pendant l'injection de 290 traverses en pin au mélange de chlorure de zinc et de créosote.

Ensuite commence le remplissage du récipient, sans abaissement du vide barométrique, au moyen du liquide d'injection qui a été préalablement chauffé à 65°.

Fig. 353. — Vue de l'intérieur de l'usine de Stendal. On voit à gauche une suite de quatre cylindres d'injection et à droite les pompes de refoulement.

3° *Emploi de la pompe de refoulement.* — Après complet remplissage, le liquide d'injection continue à être refoulé au travers du bois, au moyen d'une pompe, jusqu'à ce que la pression atteigne un minimum de 7 atmosphères au-dessus de la pression atmosphérique.

Pour obtenir la saturation complète du bois, cette pression doit être maintenue pendant 30 minutes au moins pour le pin et le hêtre, et pendant 60 minutes pour le chêne; au besoin, cette pression doit être prolongée, jusqu'à ce que la quantité de liquide d'injection absorbée soit conforme aux prescriptions.

Lorsque l'injection est complète, on fait écouler le surplus du liquide.

II. — Injection au moyen de la créosote phéniquée chaude.

L'injection comprend deux phases :

1° Dessiccation du bois, c'est-à-dire extraction de l'eau contenue dans le bois, par l'action de la créosote chaude avec
emploi du vide;

2° Refoulement de la créosote dans le bois au moyen de la
pompe à compression.

Fig. 354. — Vue représentant à droite deux récipients, et au fond, la pompe
à vapeur destinée à faire le vide dans les cylindres d'injection et à produire
la chasse d'air qui expulse l'excédent de liquide une fois l'injection terminée.

1° *Dessiccation du bois.* — Le bois destiné à être injecté est
introduit dans le récipient d'injection qui est ensuite fermé
hermétiquement. Puis, l'on opère dans le récipient un vide
d'air qui doit atteindre au moins 60 centimètres de mercure;
au bout de 10 minutes, pendant lesquelles le vide est maintenu à cette valeur, on introduit dans le récipient la créosote,
chauffée au préalable, jusqu'à une hauteur telle qu'elle ne
puisse pas être aspirée par la pompe à vide.

La durée du contact avec la créosote chaude dépend du

degré de dessiccation du bois. L'opération peut être faite ou en une seule fois ou avec interruption.

Pendant et après le remplissage, la créosote contenue dans le récipient est chauffée jusqu'à une température de 105° à 115°, au moyen d'un serpentin de vapeur disposé à la partie inférieure du récipient, ou au moyen d'une chaudière tubulaire placée sous le récipient. Ce chauffage doit être prolongé pendant 3 heures, au moins. Lorsque la température voulue est atteinte, elle doit être maintenue au moins 60 minutes, avec ou sans vide selon la nécessité, de façon que le bois absorbe la quantité de créosote prescrite. Dès l'instant où commence le remplissage du récipient par la créosote chaude, ce dernier est mis en communication avec un condenseur tubulaire, qui condense la vapeur d'eau extraite du bois et envoie l'eau de condensation dans un récipient spécial.

Ce récipient est muni d'un niveau d'eau gradué, sur lequel on peut lire la quantité d'eau extraite du bois.

2° *Refoulement de la créosote.* — Après la dessiccation, c'est-à-dire lorsque l'eau contenue dans le bois a été enlevée, on remplit complètement de créosote le récipient d'injection et on fait agir la pompe de refoulement qui donne une pression d'au moins 7 atmosphères.

Cette pression est maintenue pendant 30 minutes pour le pin et le hêtre, pendant 60 minutes pour le chêne, et même davantage lorsqu'une prolongation est utile pour que l'absorption de la quantité prescrite de créosote soit réalisée.

L'injection du bois est alors terminée et on fait écouler le trop-plein de créosote.

3° MÉTHODE DE THERMO-CARBOLISATION. — Elle consiste essentiellement à faire pénétrer les huiles lourdes de goudron dans le bois, en les entraînant, à l'état de vapeurs, par la vapeur d'eau. L'injection du bois est due, dans cette méthode, à l'action de la chaleur, qui produit les vapeurs d'eau, et du produit antiseptique où domine l'acide phénique ou carbolique. Ces faits ont fourni le nom de *thermo-carbolisation*, attribué généralement à la méthode en question.

Cette méthode est due à M. Blythe (1879), de Bordeaux; son avantage est de permettre d'imprégner un même volume de bois à l'aide d'une quantité de créosote notablement plus faible que lorsqu'on l'emploie à l'état liquide. Elle réalise une

sérieuse économie sur le procédé Béthell, tout en assurant au
bois un degré remarquable de conservation.

a) *Procédé Blythe* (1). — Le traitement des bois comprend
deux opérations bien distinctes :

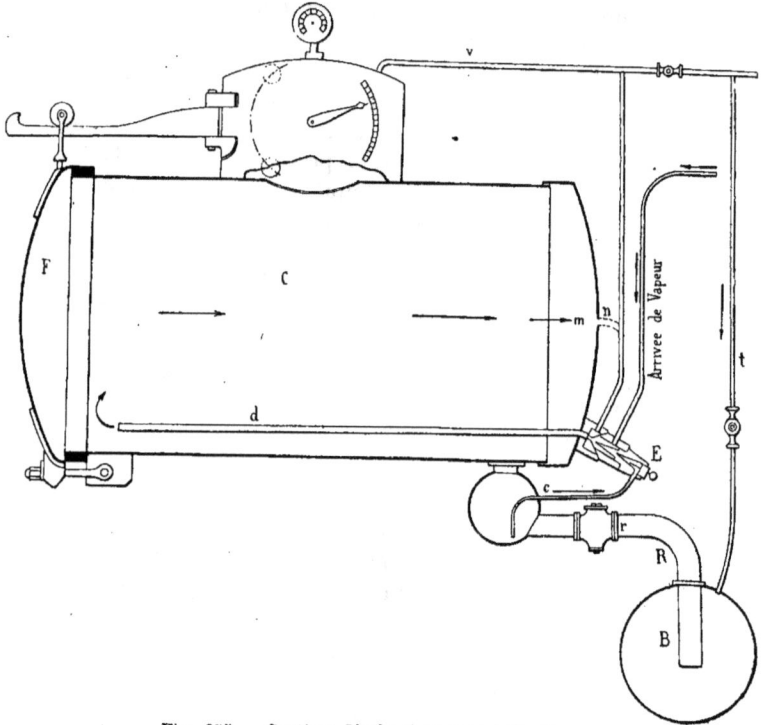

Fig. 355. — Système Blythe-thermo-carbolisation.

1° Traitement à la vapeur carburée, ayant pour but d'extraire l'eau qui se trouve dans le bois, tout en le chargeant
de la substance préservatrice. Ce traitement suffit pour les
bois de charpente, menuiserie, ébénisterie, etc., qui seront,
en général, peu exposés à l'humidité.

2° Pour les traverses de chemins de fer et les bois des constructions ou travaux hydrauliques, on procède, en outre, à un

(1) Notes sur les divers traitements employés pour la conservation des
bois. J. B. Blythe (1880).

deuxième traitement succédant au premier. Il consiste à injecter une certaine quantité d'huile lourde.

Description de l'appareil. — Il se compose d'une ou plusieurs chambres (fig. 355 à 357) à injection ; vers l'une des extrémités se trouve un fond mobile F (fig. 355), qui permet l'introduction des pièces à préparer. Au-dessous de chaque chambre, se trouve un récipient qui reçoit la matière employée pour la production de la vapeur carburée. Un éjecteur E est actionné par un jet de vapeur, qu'il convient de surchauffer à une température au moins égale à celle où se vaporise la matière employée. Le liquide contenu dans le récipient inférieur est aspiré par l'éjecteur et passe dans le tuyau c. L'éjecteur aspire en même temps les gaz ou vapeurs contenus dans la chambre. La décharge de l'éjecteur débouche dans un tuyau placé au fond de la chambre et occupant la plus grande partie de sa longueur d; l'aspiration de l'éjecteur est obstruée à son origine dans la chambre par un écran (non représenté sur la figure où il devrait se trouver à droite de la chambre). Il oblige les gaz et vapeurs à se diviser avant de faire retour à l'éjecteur.

Un récipient B contient les matières antiseptiques destinées au deuxième traitement. Lorsque celui-ci doit être effectué après l'action de la vapeur carburée, on met le récipient B en communication avec la chambre C, à l'aide du robinet r, placé sur la conduite R.

Ce schéma de la disposition générale est susceptible de varier un peu suivant les installations, mais on retrouve toujours les éléments essentiels qui viennent d'être décrits.

Marche de l'opération. — Une des chambres étant chargée de bois et fermée, on remplit le récipient de la matière destinée à la formation de vapeur carburée; puis on ouvre sur l'éjecteur E le robinet qui permettra l'introduction de la vapeur surchauffée. Immédiatement arrive, par le tuyau c, une petite quantité de vapeur carburée qui se trouve chauffée, en arrivant dans l'éjecteur, par la vapeur entourant la tuyère d'arrivée et ensuite divisée et vaporisée à la sortie de la tuyère par la vapeur surchauffée.

Ce mélange de vapeur d'eau et de matière hydrocarburée est refoulé dans le tuyau d; à ce mélange se joignent les gaz et vapeurs entraînés par le tuyau n, placé derrière

l'écran circulaire situé du côté de la paroi où s'abouche
l'éjecteur.

Les vapeurs refoulées à l'extrémité de la chambre sont as-
pirées à l'autre extrémité, après avoir agi sur le bois qui en
absorbe une partie, et repassent dans l'éjecteur. Il résulte, de

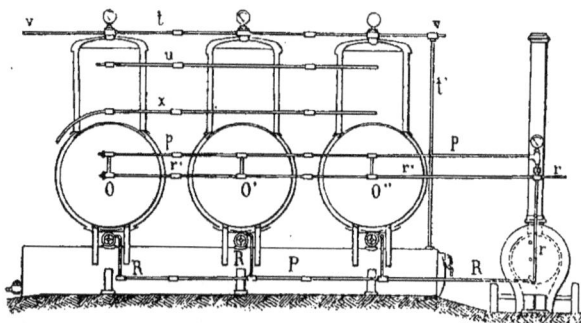

Fig. 356.

l'action continuelle de refoulement et d'aspiration, exercée
au moyen de l'éjecteur dans l'intérieur de la chambre, une
intense circulation de vapeur carburée au travers du bois
traité.

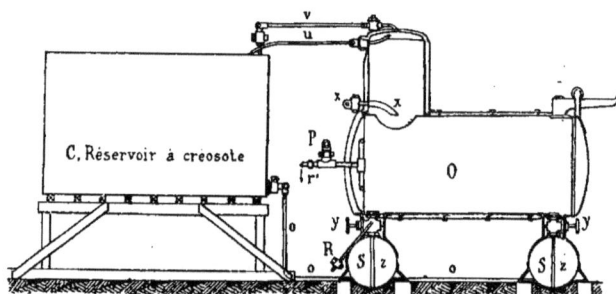

Fig. 357. — Système Blythe-thermo-carbolisation. Vue d'ensemble
des appareils.

Après 25 ou 30 minutes, la pénétration par les vapeurs de
créosote est complète, et l'opération de la thermo-carbolisation est achevée. Pour pratiquer le deuxième traitement,
c'est-à-dire l'injection par la créosote liquide, on met la
chambre C en communication avec le réservoir B de créosote,

au moyen du robinet *r* de la conduite R. Le refoulement du liquide dans la chambre s'effectue par pression de la vapeur arrivant par le tuyau *t*. Le flotteur du dôme indique l'instant où la chambre est pleine de liquide; on ferme alors *r*, et l'on fait arriver la vapeur de la chaudière par le tube *v*; on obtient ainsi rapidement une pression égale à celle de la chaudière, le liquide pénètre peu à peu dans le bois et la quantité absorbée est indiquée par le flotteur du dôme.

Lorsque le bois a absorbé la quantité de liquide qu'on se proposait d'y faire pénétrer, on arrête la pression de la vapeur et on laisse descendre le liquide non utilisé dans la cuve B.

La durée de cette deuxième opération est de dix minutes environ. Lorsqu'elle est terminée, on retire le bois, et l'appareil est prêt à fonctionner pour une autre opération.

Par cette méthode, M. Blythe est arrivé à obtenir la pénétration complète des cœurs des bois de chêne, pin des Landes, hêtre, et il a réalisé cette pénétration, toujours considérée jusque-là comme très difficile, avec des huiles lourdes, du coaltar, des goudrons végétaux, etc.

Un mètre cube de bois, traité par ce procédé, absorbe 30 à 120 kilogrammes de créosote, suivant qu'il est soumis ou non au bain supplémentaire. Le procédé Blythe est appliqué actuellement, par la compagnie des chemins de fer du nord, pour l'injection des traverses.

b) *Procédé Aug. Tack* (1). Ce procédé a beaucoup d'analogie avec celui de Blythe. Il consiste à employer la vapeur de créosote à une pression de quatre atmosphères, correspondant à une température de 280°; les vides créés dans le bois sont aussitôt remplis par ces vapeurs à haute tension; il se fait en même temps une sorte de dessiccation.

4. MÉTHODE PAR EMPLOI DE L'ÉLECTRICITÉ. — *Procédé Nodon-Bretonneau*. — Ce procédé, appelé encore *sénilisation rapide des bois*, est appliqué près de Paris, à Aubervilliers. Il consiste, en principe, dans l'action électro-capillaire d'un courant électrique qui entraîne une matière saline à l'intérieur du bois, puis la fixe sur le ligneux.

Composition de l'appareil : L'appareil est constitué par

(1) Procédé de créosotage perfectionné par Aug. Tack (1888).

une cuve de sénilisation dont la paroi est en ciment armé, doublée de plomb et reposant sur de la porcelaine isolante. Dans la cuve est un serpentin placé horizontalement et un faux fond mobile recouvert d'une lame de plomb de deux millimètres d'épaisseur formant une des électrodes. Ce faux fond est destiné à recevoir les bois à traiter. Pendant l'opération, on place sur les bois empilés la seconde électrode. Elle est constituée par une feuille de plomb d'un millimètre d'épaisseur, enfermée dans un vase poreux; celui-ci est formé par un cadre de bois, fermé à la partie inférieure par un feutre pris entre deux toiles rabattues et fixées sur les parois du cadre.

Marche de l'opération : Les bois que l'on désire traiter sont chargés sur le faux fond mobile, placé hors de la cuve dans l'endroit affecté à cette opération. Ils sont mis à plat les uns sur les autres; les bois en grume doivent avoir un *plat* d'une largeur au moins égale à la moitié du diamètre de la pièce; on désigne sous le nom de plat la surface que détermine la scie en enlevant l'écorce dans le sens vertical de la pièce. Le faux fond est descendu avec sa charge dans la cuve au moyen d'un treuil, qui est généralement un treuil électrique dans les grandes usines. La pile de bois est recouverte par la seconde électrode, dont le vase est rempli d'eau, afin d'assurer le contact du bois et du plomb. Les lames de plomb des deux électrodes sont reliées entre elles et mises en relation avec l'un des pôles d'une dynamo. Quand tout est en place, on verse la solution saline dans la cuve et on la maintient vers 35° en la chauffant à l'aide du serpentin où circule de la vapeur d'eau.

La solution saline varie de composition suivant le but que l'on se propose. Quand on ne désire opérer que la sénilisation proprement dite, c'est-à-dire le séchage rapide du bois, on fait usage d'une solution renfermant 20 0/0 de sulfate de magnésie. Pour obtenir l'imputrescibilité, en plus de la sénilisation, on emploie une solution de sulfate de zinc à 35 0/0. Afin d'opérer l'ignifugation des bois, ou ininflammabilité, on se sert d'une solution à 20 0/0 de borate et de sulfate d'ammoniaque.

Les bois doivent plonger entièrement dans la solution. La solution peut servir pour plusieurs bains et indéfiniment, à la condition de maintenir constante la teneur en sels. Tous les

www.ingramcontent.com/pod-product-compliance
Lightning Source LLC
Chambersburg PA
CBHW031540210326
41599CB00015B/1965